安徽大洪水

A ... FLOOD

李京兵 主编

河海大学出版社
HOHAI UNIVERSITY PRESS
·南京·

图书在版编目(CIP)数据

安徽大洪水 / 李京兵主编. -- 南京 : 河海大学出版社，2022.11
ISBN 978-7-5630-7631-4

Ⅰ. 安… Ⅱ. ①李… Ⅲ. ①洪水—水灾—研究—安徽 Ⅳ. ①P426.616

中国版本图书馆 CIP 数据核字(2022)第 178445 号

书　　名	**安徽大洪水**
书　　号	ISBN 978-7-5630-7631-4
责任编辑	章玉霞
特约校对	袁　蓉
装帧设计	徐娟娟
出版发行	河海大学出版社
地　　址	南京市西康路 1 号(邮编:210098)
电　　话	(025)83737852(总编室)　(025)83722833(营销部)　(025)83787107(编辑室)
经　　销	江苏省新华发行集团有限公司
排　　版	南京布克文化发展有限公司
印　　刷	苏州市古得堡数码印刷有限公司
开　　本	880 毫米×1230 毫米　1/16
印　　张	21.5
字　　数	712 千字
版　　次	2022 年 11 月第 1 版
印　　次	2022 年 11 月第 1 次印刷
定　　价	129.00 元

《安徽大洪水》编撰委员会

主　编　李京兵

副主编　胡余忠　方　泓　曾青松　马爱护　王　伟　王　萍
　　　　　章彩霞　丁　启　李克桂　张扬勇　沈家涛　汪朝霞

统　稿　顾李华　张锦堂　王玉丽

主要编写人员

安徽省水文局　顾李华　张锦堂　史　俊　王玉丽
　　　　　　　　吴　峥　朱　琼　钟小燕
宿州水文水资源局　蒋永奎　孙　强
阜阳水文水资源局　冯清华　张志明　胡　标
蚌埠水文水资源局　严　寒　冯国林　强　劲
六安水文水资源局　高　愈　刘　青　孙方坤　江　悦
合肥水文水资源局　沈　捷　王海玉　林婉秋　梁　晓
滁州水文水资源局　王　伟　洪建智　王芙蓉　高　峰
　　　　　　　　任　毅　周福建　张　寅
安庆水文水资源局　郝勇君　伍小磊　严　伟　王　瞳
芜湖水文水资源局　吕绍鹏　殷　寅　张琴玲　胡凤姣
马鞍山水文水资源局　莫祚年　吴　婷
黄山水文水资源局　罗小瑛　张乐晖　汪竹红

参加人员

安徽省水文局　祝延金　徐光淮　卞志勇　孟　辉
宿州水文水资源局　汪　洁　沙海洋　刘国霖
阜阳水文水资源局　万　路　张　浩
蚌埠水文水资源局　李　灿　顾　捷
六安水文水资源局　汪　洋　韩　柳　柯　骏
合肥水文水资源局　潮洪斌　周　奇
滁州水文水资源局　潘绍京　高若婷　张　臣
安庆水文水资源局　包　赢　杨　敏
芜湖水文水资源局　邹鸣曦
马鞍山水文水资源局　沈佳佳
黄山水文水资源局　张　兰　徐国平

前言

安徽省地处华东腹地，境内有长江、淮河、新安江三大流域。长江、淮河横贯省境，将全省划分为淮北平原、江淮丘陵和皖南山区三大自然区域。淮河以北，地势坦荡辽阔，为华北平原的一部分；江淮之间西耸崇山，东绵丘陵，山地岗丘逶迤曲折；长江两岸地势低平，河湖交错，平畴沃野，属于长江中下游平原；皖南山区层峦叠嶂，峰奇岭峻，以山地丘陵为主。全省共有河流 2 000 多条，湖泊 110 多个。安徽省属于南北气候过渡带，南北冷暖气团交汇频繁，天气多变，正常情况下，汛初江南先进入雨季，长江流域正常梅雨季节发生在 6 月上中旬到 7 月上中旬，淮河流域雨季从 6 月中下旬开始可延续到 9 月，汛末随着副热带高压（以下简称副高）南退，雨区又由北向南退出安徽，另外台风（热带气旋）登陆带来的暴雨，对安徽省有很大影响，一般发生在每年的 5—11 月，其中 7、8、9 月最多，而 8 月份是影响最多的月份，几乎占全年总数的一半。特殊的水系、地理、气候等因素造成了安徽省水旱灾害频发。据统计资料显示，自 1949 年以来，共有 16 年发生大水灾，大洪水发生率约为 5 年一遇。

为全面、系统、客观地反映安徽省境内各流域发生的主要暴雨洪水，本书对暴雨时空分布、成因及特点，洪水过程及特性进行分析和论述，对工程排涝对洪水的影响进行分析。为从事安徽省内各流域洪水管理、规划设计、预报预警、工程调度等工作提供有价值的资料，安徽省水文局于 2020 年 6 月部署并组织局直各单位开展《安徽大洪水》相关流域的编写工作，2020 年年底完成了初稿，由于 2020 年安徽省发生了历史罕见全省全流域大洪水，考虑大洪水资料宝贵，因此要求各局直单位增加编写 2020 年洪水情况，经多次讨论修改于 2022 年定稿。

本书在编写及出版过程中得到了“中小河流洪水防控与应急管理关键技术研发与示范项目”项目组、安徽省水文局十个局直单位及河海大学出版社的大力支持，在此表示衷心感谢。由于编者的技术和文字水平有限，本书缺点和错误在所难免，恳请读者批评与指正。

目录

第一篇 综述

第一章 自然地理概况

安徽位于东经114°54′～119°37′、北纬29°41′～34°38′，全省东西宽约450 km，南北长约570 km，总面积为14.01万 km^2，约占全国总面积的1.45%，全省地势西南高、东北低，地形地貌南北迥异，复杂多样。长江、淮河横贯省境，分别流经我省长达416 km和430 km，将全省划分为淮北平原、江淮丘陵和皖南山区三大自然区域。淮河以北，地势坦荡辽阔，为华北平原的一部分；江淮之间西耸崇山，东绵丘陵，山地岗丘逶迤曲折；长江两岸地势低平，河湖交错，平畴沃野，属于长江中下游平原；皖南山区层峦叠嶂，峰奇岭峻，以山地丘陵为主。境内主要山脉有大别山、黄山、九华山、天柱山，最高峰黄山莲花峰海拔1 860 m。全省共有河流2 000多条，湖泊110多个，著名的有长江、淮河、新安江和全国五大淡水湖之一的巢湖。

淮北地区为冲积平原区，是黄淮海平原的一部分，地面由西北向东南略有倾斜，高程一般在20～40 m（黄海基面，下同），沿淮最低地面高程在13 m左右。江淮之间分属淮河、长江两大流域，其西部为大别山区，地势险要，高程大多在500～1 000 m，霍山县境内的白马尖海拔高程为1 774 m；中东部为江淮丘陵地区，地面主要由丘陵、台地和其间的河谷平原组成，山岭呈东北—西南走向，除少量高程在300 m以上的低山外，高程一般在40～80 m。沿江为狭长的平原圩区，是长江中下游平原的一部分，包括巢湖流域的湖积平原和长江沿岸的冲积平原，河网密集，高程多在8～15 m，地势最低处仅为6 m。江南地区分属长江和新安江流域，除沿江圩区外，大部分是丘陵岗地和山区，高程一般在200～400 m，其中黄山主峰海拔1 873 m（吴淞标高）。

安徽省的土壤发育受气候影响，表现出一定的过渡性，由北向南地带性土壤分别为棕壤、黄棕壤、黄壤和黄红壤。平原台地还大量分布着一些非地带性土壤，如砂姜黑土、潮土、石灰土、水稻土等，多数土壤由于结构和开垦方面的原因比较贫瘠。淮北北部土壤主要是近期黄泛冲积的潮土（砂土、两合土、淤土等），中部、南部多为砂姜黑土。淮河以南、江淮分水岭以北的丘陵地区均为水稻土。整个大别山区及沿江淮分水岭延伸到江淮之间东部为灰棕土壤，沿江及东部长江两岸均系水稻土。江南地区除黄山、九华山、天目山为灰棕土壤外，其余均为红壤及水稻土。

全省林业用地440.35万公顷，约占全省国土总面积的31.4%，与耕地面积接近；湿地面积2.9万 km^2，约占全省国土总面积的20%。森林总面积为360.07万公顷，森林覆盖率为25.7%（林木绿化率30.3%），活立木总蓄积量为1.626亿 m^3。淮河以北的地带性植被是暖温带落叶阔叶林；淮河以南是北亚热带落叶阔叶与常绿阔叶混交林地带，但规模不大，只有在皖西大别山区与皖南山区腹部有部分保存；其他地区以天然次生林、人工营造的针叶林为主。全省植物种类丰富，共有木本植物1 300余种，草本植物2 100多种。

第二章　水文气象

安徽省位于南北冷暖气流交汇较频繁的区域，气候温暖湿润，四季分明，具有明显的特点：一是虽属内陆省份，但距海较近，受季风气候影响非常明显；二是由于地处中纬度，属于亚热带向暖温带的过渡区域，气候表现出明显的过渡性。全省大致以淮河为界，北部为暖温带半湿润季风气候，南部为亚热带湿润季风气候。

全省年平均气温为 14～17℃，南北差别不大。年平均日照时数为 1 800～2 500 h，年平均无霜期为 200～250 d，全省水资源总量约为 680 亿 m^3。降水量较丰富，年平均降水量为 800～1 800 mm。受季风和地形影响，地区间降水量差异明显，由南向北递减，山区大于平原和丘陵区。淮北北部年平均降水量为 800 mm，沿淮地区 900 mm；江淮分水岭 900～1 000 mm；大别山区 1 200～1 400 mm，沿江地区 1 000～1 400 mm，江南地区 1 200～1 400 mm，黄山地区 1 600～2 200 mm。最大年降水量与最小年降水量之比，淮河流域为 2～6，长江流域为 2～4；多年平均汛期最大 4 个月总降水量占全年总降水量的比重由南向北递增，其中大别山区、江淮丘陵区、皖南山区的比重为 50%～55%，淮河流域南部为 55%～60%，中部为 60%～65%，北部在 65%以上。

全省多年平均年水面蒸发量自北向南递减，淮北平原最大，为 900～1 100 mm（E601 蒸发器观测，下同）；江淮丘陵区次之，为 800～1 000 mm；大别山区和皖南山区最小，为 750～850 mm。水面蒸发量在一年中的变化基本上服从各月的温度、湿度、风速的变化。随着地区的不同，多年平均月最大蒸发量分别出现在 6—8 月份，多年平均月最小蒸发量一般出现在 1 月份。

安徽省地表径流以大气降水补给为主，其年内与年际变化以及地区之间的变化特点与降水相似。年内分配集中，年际变化幅度大，地区分布自北向南递增，淮北最小，大别山区和江南山区较大，尤以皖南山区最大。全省多年平均年径流深为 100～1 200 mm，皖南局部山区多在 1 400 mm 以上。径流的年内分配受降水、下垫面条件等因素的影响，在时间上表现出较大的差异性，主要集中在汛期，淮北地区连续最大四个月径流量占年径流量的 70%～80%，其他地区在 60%左右。由于径流受到下垫面等较多因素的影响，其年际变化幅度较降水量大得多，地区性差异显得更为突出。

第三章　河流水系

安徽省主要河流分属淮河、长江、钱塘江三大水系，北部砀山县、萧县境内有一小部分区域分属废黄河和沂沭泗流域的复兴河水系。其中淮河水系面积为 6.72 万 km^2（包括废黄河 470 km^2、复兴河 163 km^2），长江水系面积为 6.67 万 km^2，钱塘江水系面积为 6 200 km^2。平原、山区、丘陵、圩区、湖沼洼地分别占全省总面积的 25.5%、31.2%、29.5%、5.8%、8.0%。

全省共有流域面积在 50 km^2 及以上的河流 901 条，总长度为 2.94 万 km，自北向南分属淮河、长江和钱塘江流域。其中干流（0 级）4 条（长江、淮河、废黄河、钱塘江），1 级河流 70 条，2 级河流 315 条，3 级河流 282 条，4 级河流 104 条，5 级河流 33 条，6 级河流 4 条。流域面积在 100 km^2 以上的河流有 458 条，1 000 km^2 以上的河流 66 条，3 000 km^2 以上的河流 29 条，5 000 km^2 以上的河流 19 条，10 000 km^2 及以上的河流 8 条。

安徽省境内大小湖泊有 580 多个，总面积为 35 万公顷。其中，面积在 0.67 万公顷（10 万亩①）以上的大型湖泊有 14 个，666.7 公顷（1 万亩）至 0.67 万公顷（10 万亩）的中型湖泊有 37 个。湖泊主要分布于长江、淮河沿岸，其中长江水系湖泊面积为 25.3 万公顷，占安徽全省湖泊总面积的 70%左右；淮河水系湖泊面积为 9.7 万公顷，占安徽全省湖泊总面积的 30%左右。

淮河发源于河南桐柏山，由我省西北部流入，流经我省的干流长度为 430 km。安徽省境内淮河流域面积约占整个淮河流域面积的 35.8%。淮河以北主要支流有洪汝河、沙颍河、西淝河、涡河、茨淮新河、怀洪新河、浍河、北淝河、奎濉河、新汴河等，其中茨淮新河、怀洪新河、新汴河为人工开挖的行洪河道，其兼具灌溉的功能。淮河以南支流主要有史河、淠河、东淝河、池河等。

长江横贯我省中部，呈西南—东北流向，境内干流长 416 km，境内长江流域面积约占长江流域总面积的 4%。长江水系湖泊众多，较大的有巢湖、龙感湖、南漪湖。其中巢湖面积 800 km^2，为中国五大淡水湖之一。长江左岸较大的一级支流有华阳河、皖河、菜子湖、陈瑶湖、巢湖、滁河等，右岸有尧渡河、黄湓河、秋浦河、九华河、大通河、顺安河、漳河、青弋江、水阳江等。

钱塘江上游属新安江水系，发源于皖南黄山山区，在我省境内干流长 242 km，域内河网密度大，源短流急，坡度陡，落差大，水量丰富。新安江为钱塘江正源，其主源为率水，主要支流有横江、练江等。

---

① 1 亩≈0.066 7 公顷。

第四章　水利工程

4.1　堤防

全省堤防总长度为 34 463.3 km，其中 5 级及以上堤防 21 073.4 km；主要堤防集中在沿江、沿淮地区，其中 1 级堤防总长度 1 100 km，主要有淮河淮北大堤、长江无为大堤及合肥、安庆、芜湖、淮南和蚌埠市城市防洪堤等；2 级堤防总长度 1 625 km，主要有同马大堤、广济江堤、枞阳江堤、和县江堤、麻风圩江堤、芜当江堤、马鞍山市江堤、怀洪新河堤、茨淮新河堤、颍右堤及宣城市、池州市和铜陵市城市防洪堤等。

4.2　水库

全省水库有 5 826 座，其中大型水库有佛子岭、磨子潭、白莲崖、响洪甸、梅山、龙河口、花凉亭、港口湾、董铺、大房郢、黄栗树、沙河集、屯仓、釜山、陈村水库等。江巷、下浒山、月潭 3 座大型水库正在建设中。水利部门注册等级的大中型水库有 117 座。

4.3　水闸

全省过闸流量在 1 m^3/s 及以上的水闸有 15 561 座，其中过闸流量在 5 m^3/s 及以上的水闸有 4 067 座。目前水利部门注册等级的大型水闸 62 座、中型水闸 380 座。蚌埠闸枢纽工程和临淮岗洪水控制工程为淮河干流的两个拦河控制工程。

4.4　灌区

全省现有万亩以上灌区 498 处，有效灌溉面积达 2 010.4 千公顷，其中淠史杭灌区设计灌溉面积 798 千公顷。

4.5　泵站

全省共有泵站 20 562 座，其中装机流量在 1 m^3/s 及以上或装机功率在 50 kW 及以上泵站 7 415 座。全省单站装机最大的泵站是凤凰颈站，单站装机达 1.48 万 kW。

4.6　水电站

全省共有水电站 808 座，装机容量为 289.24 万 kW。其中装机容量在 500 kW 及以上的有 339 座，装机容量共 279.16 万 kW。

第五章　水文测站基本情况

安徽省境内现有基本水文站111个(淮河流域53个,长江流域52个,新安江流域6个,其中国家重要水文站57个),水位站62个,雨量站638个,泥沙站点27处,蒸发站点42处,地下水位监测站点307个,地下水水质监测站点540个,墒情监测站点163个,专用水文站103个,专用水位站113个。

全省各类水文测站详见表1.1-1至表1.1-4。

表1.1-1　安徽省水文站一览表

站类	数量	流域		站名
国家重要水文站	57	淮河	35	王家坝、润河集(陈郢)、临淮岗闸、鲁台子、蚌埠(吴家渡)、小柳巷、方集、界首、阜阳闸、颍上闸、杨桥闸、茨河铺闸、插花闸、阚町闸、亳县闸、涡阳闸、蒙城闸、安溜、上桥闸、西坝口闸、临涣闸、固镇闸、宿县闸、团结闸、徐楼闸、浍塘沟闸、梅山水库、红石咀、响洪甸水库、横排头、白莲崖水库、佛子岭水库、明光(二)、天长、淠史杭蒸发实验站
		长江	21	花凉亭水库、石牌、枞阳闸、巢湖闸、裕溪闸、铜城闸、凤凰颈排灌站、凤凰颈闸、乌江闸、襄河口闸、汉河集闸、黄栗树水库、陈村水库、西河镇(二)、大砻坊、宣城、新河庄、港口湾水库、当涂、龙河口水库、董铺水库
		新安江	1	屯溪
省级重要站	44	淮河	14	地理城、唐河地下涵、固口闸、符离集闸、栏杆集、石角桥闸(闸下游)、新马桥、新开沱河闸、何巷闸、淮南、黄泥庄、青山、磨子潭水库、黄尾河
		长江	27	晓天(二)、沙河集水库、滁州、宿松、周家河、潜山、岳西、沙河埠(二)、东至(二)、黄湓闸、高坦、青阳(二)、新桥闸、兆河闸、开城桥、梁家坝、黄雒闸、晋集闸、南陵(二)、三口镇、胡乐司、誓节、宁国、郎溪、高亮集(三)、桃溪、芦溪
		新安江	3	渔梁、月潭、临溪
一般水文站	10	淮河	4	三界、杨楼、七邻(二)、薛庄
		长江	4	城西、旌德、三连圩、黄山(舒家)
		新安江	2	新亭、三阳坑
合计	111			

表1.1-2　安徽省专用水文站一览表

流域	数量	站　名
淮河	41	关集、王市集、赵王、城父、济河闸、陶坝闸、包河闸、苗寺、板桥集、童台闸、仲大庄闸、淮纺闸、草坝闸、柏山闸、方店闸、窑河闸、青年闸、茨河闸、四方湖闸、濠城闸、老胡洼闸、张家沟闸、临淮关(濠河)、马桥、李庄、涧溪、南庄、川桥、挂车、漫水河、林镇、黄村、城西湖退水闸(闸上游)、桥沟、迎河集、庄墓河、草沟闸、罗管闸、东淝河闸、西淝河闸、耿楼闸

（续表）

流域	数量	站　　名
长江	58	舒城、杭埠、高亮、炉桥、全椒、来安、钓鱼台水库(渠首)、望江、高河埠、九华山、殷家汇、来榜、杨湾闸、孔城、白荡闸、幸福闸、石台、老镇、七星河、东门、姥下河闸、石跋河闸、金河口闸、慈湖、查湾、漕港、寒亭、双桥、马埠、顺安、黄浒、上桥、中渡、太平、二蔡、店埠、三汊河、四里河、板桥河、大房郢水库、撮镇、梁园河、泥河、柘皋、缺口、金凤、三河、派河、祁门、木镇、皖河闸、王巷、水阳、文昌、黄池、雁翅、界牌、周寒河口站
新安江	4	徽州、休宁、绩溪、瀛洲
合计	103	

表 1.1-3　安徽省水位站一览表

站类	流域	站数	站　　名
基本站	淮河	27	曹集、凤台(峡山口)、西淝河闸、刘桥闸、龙亢集、蚌埠闸、九湾(怀)、五河、樊集、唐河地下涵、宿县沱河闸、陈村、南照集、城西湖闸、汪集、东湖闸、东淝河闸、正阳关、河口集、六安、瓦埠、安丰塘、临淮关(二)、浮山、炉桥、旧县闸、茨河闸
	长江	35	古河(二)、赤镇(三)、红花桥水库(坝上)、合肥、塘西、忠庙、槐林镇、缺口、黄西、马鞍山、花津、无为、北徐村(二)、泾县、平垣、湾沚、中渡、清水镇、黄池、三埠管、芜湖、沙埠、水阳、雁翅、南姥咀、武村湾、百车口、雁塔、袁家渡、下仓埠(二)、田祥嘴、武昌渡、车富岭、高庙山、花凉亭水库坝上
	新安江		
	合计	62	
专用站	淮河	35	涎河闸、武家河闸、阜蒙新河闸、原墙闸、架河闸、潘集闸、小李庄闸、夏桥闸、丁庄闸、李大桥闸、二里庄闸、板桥、南沙河水库、石坝水库、铜城、陈路口闸、北山闸、汤桥闸、小南京、斑竹园、九子堰水库、粉坊水库、固镇、小甸集、瓦房、幸福涵、凤凰桥排涝站、城西湖湖心、大官塘水库、大唐郢水库、乌江水库、元艺水库、正阳涵、洪集、工农兵大桥
	长江	74	施口、店埠镇、刘桥坝、夏阁、界河、丰乐镇、潭冲水库、中派、龙潭河、新坝、马厂水库、乌衣、施官、王巷、付冲水库、孙庄、真龙地、双河镇、张家店、东河口、金杯塘、清溪镇、仙踪镇、钳口水库、赵家河口、泥河河口、中津河口、董冲水库、梅红水库、瓦屋杨水库、双塘水库、龙山水库、三溪、管家桥、兴隆、养马滩、汤泊河口、红杨、横山、羊湖、三里、汪溪坝河口、幕桥、邱村、何湾、扁担河河源、荆山、塔上水库、白地、城山涝水库、后港河口、无为、万全、杨联圩、木镇、丁桥、万罗山、梅街、大演、栗坑、雷公井水库、梅湖圩、黄大口水库、河塌、陈瑶湖、花园、青草、赵汝墩、姜坝、梨园港、水渡山、破罡闸、仙源、祁门(坝上)
	新安江	4	王村、富堨、黟县、渔亭
	合计	113	

表 1.1-4　安徽省水文局测站情况统计表

类别	水文站		水位站		雨量站				泥沙站数	蒸发站数	地下水位监测站数	水质监测站数	墒情监测站数
	站数	测流断面数	站数	观测项目数	站数	观测项目数	委托站数	自记站数					
基本站	111	131	62	254	638	786	578	764	27	42	307	540	163
专用站	103	102	113	218	681	759	88	7	—	—	17	1	6

注:泥沙、蒸发、地下水、水质、墒情站数按项目统计。

第六章　大洪水及成因概述

6.1　大洪水

安徽省洪涝灾害多发生在长江、淮河及其支流，大别山区、皖南山区常发生山洪、泥石流灾害。据统计资料显示，自 1949 年以来，共有 16 年发生大水灾，大洪水发生频率约为 5 年一遇，详见表 1.1-5。

表 1.1-5　安徽省 1949—2020 年洪水年份

年份	水灾简况
1950 年	沿淮淮北夏季洪、涝，淮河干流洪水
1954 年	淮河、长江、新安江三个流域大水，长江、淮河干流堤防决口，屯溪漫堤，洪、涝灾情严重
1956 年	沿淮淮北春夏持续多雨，涝灾严重，淮河干流及颍河发生洪水，8 月沿江东部、江淮地区、皖南山区和淮北又先后因台风及暴雨成灾
1963 年	4—5 月全省春涝，7—8 月沿淮淮北夏季又遇洪涝，淮河干流洪水，淮河流域重灾
1969 年	6—8 月江淮之间西部和江南洪涝成灾，长江、淮河干流洪水，新安江屯溪漫堤，10 月到次年 2 月秋冬连旱
1975 年	6 月中下旬沿江、沿淮西部，江淮之间东部发生涝灾，8 月沿江、江淮之间和淮北因台风暴雨先后发生洪涝，来安一带强暴雨，局部洪灾严重，淮河上游垮坝形成特大洪水
1991 年	5—7 月全省暴雨面广量大，巢湖、滁河流域及淮河两岸发生特大洪涝
1996 年	江南、淮北普降大到暴雨，长江、淮河及其干支流均发生洪涝；11 月上中旬淮河干流发生冬汛
1998 年	长江发生全流域大洪水，皖南山区暴发山洪
1999 年	长江、新安江发生流域性洪水
2003 年	7 月，淮河发生流域性大洪水，滁河、西河流域均发生大洪水
2005 年	5—6 月，淮河流域、滁河流域发生洪涝，9 月上旬大别山区发生严重山洪灾害
2007 年	7 月淮河发生流域性大洪水，滁河流域、沿淮淮北地区内涝严重；皖南山区发生山洪、泥石流灾害
2008 年	6 月皖南山区发生山洪灾害；9 月滁河流域发生特大洪水
2016 年	6 月底巢湖流域发生特大洪水
2020 年	7 月淮河、长江、新安江三个流域发生大水，淮河全线先后运用八个蓄滞洪区

6.2　水灾成因

其成因主要是气候条件和地理环境因素，此外，经济社会因素和人类活动对水旱灾害的发生、发展也有着不可忽视的影响。

6.2.1 气候

安徽在气候区上为南北气候过渡带，属季风盛行区。冬季多受西伯利亚、蒙古高压控制，盛行西北季风，寒冷干燥；夏季因西太平洋副热带暖性高压强盛，形成东南季风，带来暖湿气流，温暖而潮湿。淮河以北属（暖）温带半湿润季风气候，淮河以南属亚热带湿润季风气候。安徽由于地处南北气候的过渡地带，南北冷暖气团交汇频繁，天气多变，降雨的年际变化较大。正常情况下，汛初江南先进入雨季，长江流域正常梅雨季节发生在6月上中旬到7月上中旬，约27 d；淮河流域雨季从6月中下旬开始可延续到9月，汛末随着副高南退，雨区又由北向南退出安徽。安徽雨季的早、迟、长、短、强、弱，雨区位置和持续时间，是大尺度的大气环流，还有中小尺度的地面静止锋和气旋活动，江淮切变和西南低涡活动等各种天气系统共同作用的结果。副高生成于西太平洋洋面上，其脊线位置，一般情况下5月在北纬15°以南，6月向北推移到北纬15°以北，当它移到北纬20°以北，西南暖湿气流活跃，北方不断有冷空气南下时，江淮梅雨期开始；7月移到北纬25°以北，雨区移到淮河流域；8月可达北纬30°以北，9月开始南退。造成安徽雨季降水量大的形势是在亚洲中高纬度地区有明显的阻塞高压区，其位置在贝加尔湖附近或在乌拉尔山、鄂霍次克海附近，使高槽后的冷空气不断扩散南下，与进入低槽的西太平洋、南海、孟加拉湾的暖湿气流相结合，再遇太平洋副热带高压增强，就在江淮上空形成切变线，如副高稳定，在地面上就形成静止锋，产生持续的强降雨，随着副高与大陆高压强度的变化，切变线和锋面将南北摆动，雨区亦随之摆动。若在江淮上空来回摆动或停滞时间长，则降水量大，所属洪涝年份。1954年、1991年的梅雨期分别长达58 d和56 d。

6.2.2 降水

1. 年降水量及年内降水量

安徽省年降水量分布呈南多北少，山丘区多于平原区，降水量变化：淮北和江淮之间、沿江江南地区在800～1 300 mm，大别山区和皖南山区在1 300～1 700 mm。最大年降水量与最小年降水量比值：淮北、大别山区和沿江江南地区为3，江淮之间和皖南山区为1～2。

年内雨量分布也不均匀，多年平均最大4个月总降水量：淮北地区6—9月，江淮之间和大别山区5—8月，沿江江南和皖南山区4—7月，占全年总雨量的比重分别为65%、57%～59%、52%～54%，由南向北递增。多年平均最大月降水量和最小月降水量之比：南部地区为5～6，向北渐增，淮北地区高达12。

2. 梅雨

安徽省多年平均梅雨天数为25 d，最长的为1954年的58 d，最短的为1951年和2000年的6 d。平均入梅日期为6月16日，平均出梅日期为7月10日。入梅最早的是1991年5月18日，最晚的是1982年7月9日，两者相差52 d；梅雨结束最早的是1961年6月15日，最晚的是1954年和1987年，均为7月31日。早晚相差46 d。多年平均梅雨量为254 mm，占全年降水量的22%，其中淮北191 mm、江淮之间244 mm、大别山区305 mm、沿江江南284 mm、皖南山区339 mm。梅雨量最多年与最少年的比值：全省为11.5，淮北地区、江淮之间、大别山区、沿江江南和皖南山区分别为73.4、14.8、15.7、18.1、12.0。

3. 台风雨

台风（热带气旋）登陆带来的暴雨对安徽省有很大影响，一般发生在每年的5—11月，其中7、8、9月最多，而8月份是影响最多的月份，几乎占总数的一半。影响安徽省的台风登陆地点和路径主要有以下5条：

（1）从福建附近登陆。台风登陆后，穿闽、赣、皖在内陆消失，或经安徽由苏北、鲁南出海，对安徽省影响较大，如0513号（“泰利”）、0605号（“格美”）、0808号（“凤凰”）、0908号（“莫拉克”）和1211号（“海葵”）。

（2）从浙江一带登陆。台风登陆后，经皖西北上，再转向河南消失，主要降雨区在安徽西部和中南部，如1975年8月的来安暴雨。

（3）由菲律宾西部北上。台风经台湾在福建并沿海北上由长江口出海，主要雨区在皖东和皖南，雨量一般不大。

（4）在两广登陆。南海台风在广东、广西一带登陆，向东北转向经浙江出海，仅对皖南稍有影响。

（5）由冲绳岛北上。台风北上后西转，由上海及以北登陆西行，对安徽东部、中北部有影响，如1818

号("温比亚")。

4. 暴雨

24 h 暴雨易造成局部及小流域洪涝,历时 3 d 的暴雨极易造成流域性洪水泛滥。全省 3 d 暴雨存在 3 个主暴雨区,分别为皖南山区黄山风景区一带,雨量为 507～598 mm;大别山区霍山、金寨、岳西县一带,雨量为 504～696 mm;巢湖南岸庐江、桐城、潜山、无为一带,雨量为 521～710 mm。在江淮东部来安县、明光市,淮北地区泗县、界首市也存在暴雨中心。

6.2.3 地形

安徽全境按地形分类,有平原、丘陵、圩区和山区四大类,不同的地形条件有不同的水旱灾害特点。

(1) 淮北平原

淮北平原地势平坦,地面坡度小,河沟量少且不配套,蓄水困难,排灌条件差,是全省水旱灾害最重的区域。

(2) 丘陵地区

安徽丘陵地区有两大片,一片是江淮丘陵区,一片是江南丘陵区,是安徽水稻的主产区之一。这个地区地势较高,岗冲交错,坡度较陡,排水容易,蓄水较难。

(3) 沿江圩区

沿江圩区是水稻、棉花生产区,水源丰富,因地势低洼,汛期外河水位高,内水不能自排,易产生洪涝。

(4) 山区

安徽山区也有两大片,一片为皖南山区,另一片为大别山区,山高坡陡,暴雨易引发山洪、泥石流。

6.2.4 人类活动

人类活动对自然环境的影响和破坏,也是导致水灾的一个重要原因。随着人口的增长,对耕地的需求量在增长,城市、工矿、交通的发展也需要大量土地,不少地方出现毁林开垦、围湖造田等现象。毁林开垦导致部分地区水土流失严重,使下游水库、河道逐年淤积,抬高河床和洪水位,危及防洪安全。围湖造田、侵占河道又直接减少屯水场所,缩小过水断面,减少行洪能力,增加了洪水灾害的威胁。

第二篇 典型大洪水

第一章　长江流域

长江是中国第一大河，干流全长6 300余千米，多年平均入海水量约为9 600亿m^3。长江发源于青藏高原唐古拉山脉主峰各拉丹冬雪山西南麓，沱沱河为其正源，流经通天河、金沙江，至宜宾汇入干流。宜宾以下至入海口通称长江。从源头流经青、藏、滇、川、渝、鄂、湘、赣、皖、苏、沪11个省（自治区、直辖市），总流域面积达180万km^2。长江可供开发的水能总量达2亿kW，是中国水能最富集的河流之一。长江干流通航里程达2 800多千米，素有“黄金水道”之称。长江经济带是中国最发达的地区之一，有上海市、南京市、合肥市、武汉市、南昌市、苏州市、无锡市、常州市、南通市、芜湖市、长沙市等重要城市。

长江安徽段处于长江的下游，干流河道自鄂皖交界处段窑起，向东流经安庆、池州、铜陵、芜湖、马鞍山等主要城市，至皖苏交界的驻马河口止，长416 km，流域面积为6.67万km^2。皖境长江左岸区域西起大别山区，逶迤东延，高程一般为500～1 000 m；大别山以东，地势显著降低，岗丘连绵，丘陵带分两列分布，北列从霍山向东北至洪泽湖以南，形成江淮分水岭；南列从舒城、桐城之间向东北延伸，经巢湖南侧和东侧，转向东北，丘陵断断续续，高程最高的有近600 m，低的仅约为20 m。左岸区域面积为3.59万km^2，地形总趋势是西北高、东南低，主要支流有华阳河、皖河、枞阳河、裕溪河、得胜河等。沿江左岸主要湖泊有龙感湖、大官湖、泊湖、武昌湖、菜子湖、白荡湖、黄陂湖和巢湖等。巢湖是安徽省最大的湖泊，是在构造盆地基础上发育而成的，东西长54.5 km，南北宽21 km，水域面积约为750 km^2，为中国五大淡水湖之一，来水面积有9 130 km^2，主要入湖河流有南淝河、派河、丰乐河、杭埠河等。长江右岸区域面积为3.08万km^2，主要支流有属鄱阳湖水系的南宁河、龙泉河；直接入长江的有尧渡河、黄湓河、秋浦河、九华河、大通河、顺安河、黄浒河、漳河、青弋江、水阳江等。沿江右岸主要湖泊有七里湖、升金湖、南漪湖、石臼湖和固城湖等。

1.1　巢湖流域

1.1.1　概述

1.1.1.1　流域概述

1. 自然地理

巢湖流域位于我省中部，流域西部为江淮分水岭丘陵区；东南为沿江水网区，属长江下游左岸水系。巢湖流域东濒长江，西北为江淮分水岭，东北邻滁河流域，南与陈瑶湖、菜子湖及皖河流域毗连。流域跨合肥市、芜湖市、马鞍山市、六安市以及安庆市5市16个县（市、区），流域总面积为13 486 km^2，约占安徽省总面积的9.6%。按地形划分，山丘区面积为9 403 km^2，占流域总面积的70%；圩区面积为3 275 km^2，占流域总面积的24%；湖泊面积为808 km^2，占流域总面积的6%。巢湖闸以上流域面积为9 153 km^2，主要支流有丰乐河、杭埠河、派河、南淝河、白石天河、兆河、柘皋河等，呈放射状注入巢湖；巢湖闸下裕溪河水系流域面积为3 929 km^2，主要有巢湖对江的排水河道裕溪河、西河等；铜城闸以下牛屯河分洪道流域面积为404 km^2。按行政区域划分，合肥市有6 975 km^2，芜湖市有2 532 km^2，马鞍山市有671 km^2，六安市有3 157 km^2、安庆市有151 km^2。

2. 河流水系

(1) 巢湖

巢湖接纳杭埠河、南淝河、兆河等诸河流来水，经湖泊调蓄后由裕溪河和牛屯河分洪道等注入长江。西河上接兆河，下连裕溪河，既是巢湖流域的排江河道之一，也是现状情况下重要的通江河道。

巢湖湖底高程一般为5.0～6.0 m，正常蓄水位8.00 m时的相应湖面面积为755 km^2，容积为17亿 m^3；设计防洪水位12.50 m时的相应湖面面积为780 km^2，容积为52.0亿 m^3。巢湖高程(H)-面积(A)-容积(V)关系见表2.1-1。

表2.1-1 巢湖高程(H)-面积(A)-容积(V)曲线表

高程 H(m)	面积 A(km^2)	容积 V(亿 m^3)
6.0	560	3.50
7.0	703	9.86
7.5	729	13.46
8.0	755	17.17
9.0	770	24.82
10.0	774	32.53
11.0	776	40.29
12.0	780	48.1
12.5	780	52.0
13.0	780	55.9

(2) 南淝河

南淝河古称施水、金斗河，为巢湖支流，发源于蜀山区高刘镇大潜山余脉的南部，有南北两源：北源(主源)在蜀山区长岗社区邓店村西侧，南源在蜀山区小庙镇将军岭，两源于鸡鸣山北麓汇合，向东南流入郊区，进董铺水库，穿合肥城区，再转向东南流经合肥包河区和肥东县边界，于施口注入巢湖。南淝河流域面积1 446 km^2，河道全长70 km。主要一级支流有7条，左岸有四里河、板桥河、史家河、二十埠河(又名龙塘河)、店埠河、长乐河6条支流，右岸有二里河。其中流域面积大于100 km^2的有四里河、板桥河、二十埠河和店埠河。此外，尚有原为南淝河支流的十五里河(流域面积为111.25 km^2)，由于1957年改道直下巢湖，成为巢湖支流。

(3) 派河

派河发源于肥西县中部周公山，先东北流，穿小蜀山分干渠姚家畈渡槽，下折东南流，经上派、宋坎、中派，至下派入巢湖，河道全长60 km，流域面积为584 km^2。派河支流共8条，流域面积均小于100 km^2。其中，右岸有梳头河、王老堰河、倪大堰河3条支流；左岸有滚子河、岳小河、斑鸠堰河、祁小河、古埂河5条支流。

(4) 杭埠河

杭埠河为巢湖支流，亦名巴洋河，古称龙舒水，清代称前河。流域西及西北以江淮分水岭为界，东北与派河流域为邻，东至巢湖之滨，南与菜子湖、西河水系相接。杭埠河发源于岳西县境大别山区的猫耳尖，河长145.5 km，流域面积为4 150 km^2，跨安庆市岳西县，六安市舒城县、霍山县、市区及合肥市肥西县、庐江县。杭埠河以晓天河为主源，流域面积在100 km^2以上的一级支流有6条：左岸有丰乐河、毛坦厂河；右岸有河棚河、龙潭河、孔家河、清水河。

(5) 丰乐河

丰乐河古称界河、桃溪，清代称后河，因流经肥西县丰乐镇而得名，系杭埠河左岸支流，发源于六安市横塘岗豪猪岭，经张家店至双河入肥西县境。东流经舒城县桃溪镇，肥西县新仓、丰乐镇至三河镇汇入杭埠河，经新河口入巢湖。丰乐河河道全长 117.5 km，流域面积为 2 080 km^2。丰乐河支流众多，在肥西县境内有长堰河、杨弯河、陈家堰河、程老堰河、龙潭河、二里半河、赵小河、肖小河、方桥河等。

(6) 白石天河

白石天河位于庐江县境内，西临杭埠河流域，北抵巢湖，东接兆河，南与西河、孔城河流域接壤，河道全长 35.5 km，流域面积为 619 km^2。白石天河自小河沿至罗埠河口称为上游，长 21 km，由西向东流，河道弯曲狭窄，其间汇入的主要支流有金牛河、罗埠河。罗埠河口至巢湖为下游段，长 14.5 km。

(7) 西河

西河为裕溪河支流，西河流域北抵巢湖、裕溪河，东临长江，河流起点位于庐江县城文明路，先后流经庐江、无为县，在无为市无城镇黄雒社区汇入裕溪河。河流全长 96.5 km，其中合肥市境内长度为 23.07 km，流域面积为 2 305 km^2，河流平均比降为 0.072%。流域内面积在 50 km^2 及以上的支流有 8 条，分别为黄泥河、瓦洋河、黄屯河、郭公河、湖陇河、十里长河、永安河、花渡河。西河上游穿庐江县城至黄陂湖入口段又名县河，源出庐城镇西郎家山、鸭池山，经城西刘桥、柏家井至南门大桥，东流至八字口入黄陂湖，长 10.1 km，集水面积为 163 km^2，设计流量为 420 m^3/s。其上游支流文昌河源出冶父山，经庐城东南流入县河。

(8) 兆河

兆河位于安徽省合肥市庐江县，又名塘串兆河，属人工河道，全长 34 km，流域面积为 536 km^2(不含黄陂湖来水流域面积 602 km^2)。从西河上游的缺口开始，承黄陂湖来水，向东北经塘串河口，穿过白湖农场至姥山颈，北流至夏公咀，左纳盛桥河，折东北经沐集镇，于马尾河口注入巢湖。

(9) 裕溪河

裕溪河古称濡须水，为长江左岸一级支流，系巢湖流域洪水入江的主要通道，亦是巢湖引江的重要通道。裕溪河由巢湖闸上承巢湖来水，下注长江。河道全长 60.4 km。其中巢湖闸至裕溪闸长 56.5 km，裕溪闸至河口长 3.9 km。裕溪口以上总流域面积为 12 938 km^2，流域面积大于 100 km^2 的支流有西河、清溪河、黄陈河。

(10) 柘皋河

柘皋河古称石梁河，发源于浮槎山，流经巢湖市柘皋镇，自北而南，于秦家湾左汇入支流夏阁河，至河口村在龟山西南注入巢湖，属自然平原河流，水源由支流和巢湖水倒灌补给，河道全长 24.4 km，流域面积为 507 km^2。

潮河流域主要河流情况见表 2.1-2。

表 2.1-2　巢湖流域主要河流水系一览表

河流名称	集水面积 (km^2)	起点	终点	河道长度 (km)	平均坡降 (‰)
南淝河	1 446	长丰县岗集镇双庙村	肥东县长临河镇施口村	70	0.38
派河	584	肥西县铭传乡周公山村	合肥市包河区义城街道巢湖湖口	60	0.52
十五里河	111.25	合肥市蜀山区大蜀山	合肥市包河区义城镇董城村	22.5	0.72
柘皋河	507	巢湖市庙岗镇清涧村	巢湖市中垾镇山口村	24.4	0.64
杭埠河	4 150	岳西县主簿镇余畈村	肥西县三河镇任倪村	145.5	1.83
丰乐河	2 080	六安市金安区中店乡椿树岗村	肥西县三河镇任倪村	117.5	0.22
白石天河	619	庐江县郭河镇广寒桥	庐江县白山镇巢湖湖口	35.5	0.13
兆河	536	庐江县白湖镇吴渡村	巢湖市槐林镇巢湖湖口	34	0.22

（续表）

河流名称	集水面积（km^2）	起点	终点	河道长度（km）	平均坡降（‰）
西河	2 305	庐江县城	无为市无城镇黄雒社区	96.5	0.07
裕溪河	12 938	巢湖市巢湖闸	芜湖市鸠江区裕溪口办事处	60.4	0.20
清溪河	241	含山县清溪镇姚垄村	巢湖市亚父街道前进村	35	0.70
炯炀河	91.5	巢湖市炯炀镇朝阳村	巢湖市炯炀镇巢湖村	12	1.69
蒋口河	73.2	肥西县上派镇鲍冲村	肥西县严店乡新建村	19	0.74
鸡裕河	81.8	巢湖市庙岗镇尖山村	巢湖市炯炀镇巢湖村	20	1.43

3. 水利工程

1）涵闸

巢湖流域共有各类涵闸700余座，其中主要涵闸有裕溪闸、巢湖闸、兆河闸、新桥闸、铜城闸、凤凰颈闸等。

（1）裕溪闸

裕溪闸枢纽工程位于长江下游左岸，距巢湖流域裕溪河入江口约4 km处。工程于1968年11月建成，2014年12月—2018年4月除险加固。工程集防洪、排涝、灌溉于一体，同时该船闸还是省会合肥市通往长江水上航线的咽喉要道。设计工程效益为：排涝220万亩、防洪260万亩、保证灌溉328万亩。老节制闸共24孔，其中深孔8孔，浅孔16孔，单孔净宽5.0 m，闸门为平面钢闸门，底板高程：深孔2.5 m，浅孔5.0 m，设计流量为1 170 m^3/s，校核流量为1 400 m^3/s。新闸设计洪水标准为50年一遇，校核洪水标准为100年一遇；设计流量为1 270 m^3/s，校核流量为1 475 m^3/s。闸室为胸墙式结构，共14孔，单孔净宽8 m，总净宽112 m。闸底板高程为3.0 m，胸墙底高程为10.0 m，闸顶高程为14.5 m，闸室顺水流方向长18 m，闸室总宽度为134.4 m。公路桥设计荷载公路-Ⅱ级，桥面净宽7.5 m，总宽10 m，桥梁总长211.6 m。鱼道断面采用钢筋砼“U”形结构，净宽3.01～4.15 m，底高程为3.0～5.5 m。

（2）巢湖闸

巢湖闸枢纽工程始建于1959年，2001年进行扩建加固，2017年除险加固。工程为Ⅱ等2级建筑物，其主要作用是防洪、灌溉、城市供水和航运等，主要包括节制闸、船闸、鱼道、上下游引河、导流堤、封闭堤等。节制闸共16孔，单孔净宽5.0 m、孔高7.5 m，闸门型式为平面定轮钢闸门，设计泄洪流量为1 370 m^3/s，反向最大流量为700 m^3/s，闸上设计防洪水位为13.30 m，闸下为12.50 m。船闸按三级航道设计，闸室长195 m、净宽15 m，设计通航能力为1 000 t。通航条件：闸上最高为12.50 m，正常为8.50 m，最低为7.00 m；闸下最高为11.50 m，正常为8.00 m，最低为6.50 m。

巢湖复线船闸位于现有巢湖船闸西侧，于2009年开工建设，建筑物的纵向布置长408.8 m：上闸首29.4 m，下闸首29.4 m，闸室段230 m，上下游导航墙各60 m。设计达到三级船闸标准兼顾二级通航水深要求，可通过1 000吨级船舶，年通过能力可达6 000万 t。

（3）兆河闸

兆河闸位于巢湖市沐集镇，坐落在人工开辟的兆河上。兆河闸于1956年兴建，1957年投入运用，2011年3月—2012年12月老闸拆除重建。其主要作用为拦蓄洪水入巢湖，保障沿湖两岸及合肥、巢湖等防洪安全；配合兆河排泄白湖积水进行垦殖，分泄西河流域部分洪水入巢湖，削减西河洪峰；兼有航运功能。原闸共3孔，单孔净宽9.3 m，底板高程为6.0 m，设计流量为260 m^3/s。重建后的兆河闸为7孔，净宽52 m，其中1孔宽10 m，为通航孔，设计流量为650 m^3/s；疏浚兆河闸上、下游河道1 282 m，河床底宽60 m，高程为4.5 m。

（4）新桥闸

新桥闸枢纽建成于1978年10月，位于马鞍山市和县，系巢湖流域牛屯河分洪道入江口控制建筑物，由节制闸和船闸组成。其主要功能为防洪、排涝、灌溉、航运等。2017年对老闸进行原址拆除重建。节制闸闸室为胸墙式结构，共9孔，单孔净宽8.0 m，净高8.2 m。闸底板高程为2.0 m，闸室总宽度为82.0 m，闸室长20.00 m。闸门为浅孔式平面定轮钢闸门，工程设计流量为1 000 m^3/s，相应闸上牛屯河水位为11.00 m，闸下水位为10.90 m，过闸落差0.10 m；最大校核泄洪流量为1 150 m^3/s，相应闸上水位为12.65 m，闸下水位为12.55 m，过闸落差0.10 m；设计防洪闸上水位为11.20 m，闸下水位为13.29 m。

（5）凤凰颈闸

凤凰颈闸具有防洪、排涝和引江灌溉等功能，防洪面积427.3万亩，排涝面积60万亩，灌溉面积131.4万亩。该闸始建于1953年，凤凰颈老闸现已拆除，新建凤凰颈新站，为闸站结合，设计抽排、抽引流量均为150 m^3/s。泵站长江侧设计防洪水位为16.34 m，西河侧设计防洪水位为12.50 m；在排洪工况下，西河侧设计水位为10.50 m，长江侧设计水位为14.60 m，设计扬程为4.10 m；在引江工况下，西河侧设计水位为10.00 m，长江侧设计水位为4.80 m，设计扬程为5.20 m。

（6）铜城闸

铜城闸建成于1990年5月，位于巢湖流域裕溪河、牛屯河、三汊河交汇处，为牛屯河分洪道的进水闸。节制闸设计分洪量为455 m^3/s，共6孔，单孔净宽8.0 m，总净宽48.0 m，中墩厚1.0 m，边墩及岸墙空箱厚5.8 m，节制闸总长64.6 m。闸门为双扉门式，上下均为平面钢闸门，上扉门门顶高程为12.80 m，门底高程为8.0 m，门高4.8 m，卷扬式启闭机；下扉门门顶高程为8.15 m，门底高程2.90 m，门高5.25 m，卷扬式启闭机。

2017年对原闸进行除险加固，铜城闸选用“开敞式”结构，共11孔，单孔净宽8.0 m。闸底板高程为1.5 m，闸门为露顶平面定轮钢闸门，配2×400 kN卷扬式启闭机。闸孔宽度为8.0 m，高度为9.75 m，设计过闸流量为1 000 m^3/s，校核过闸流量为1 140 m^3/s（泄洪）。

（7）黄雒闸

黄雒闸建成于2004年12月，位于无为县黄雒镇西河河口附近，具有防洪、泄洪等作用，是神塘河排灌站的主要配套工程。水闸共7孔，左侧边孔为通航孔，开敞式结构，净宽10 m，其余6孔孔宽均为8 m，闸底高程为4.5 m，胸墙底高程为10.5 m，孔口高6 m；正向设计排洪水位为西河侧11.90 m、裕溪河侧11.80 m，过闸流量为450 m^3/s；反向设计排洪水位为西河侧12.05 m、裕溪河侧12.20 m，过闸流量为390 m^3/s。最高、最低通航水位分别为9.50 m、6.50 m。

（8）黄湾闸

黄湾闸于2012年11月开工建设，2014年5月建成，位于西河下游无为县姚沟镇境内，是经安徽省发展改革委员会批复的流域性水利建设项目，同时是“引江济巢”工程的前期应急项目，旨在进一步改善、提高巢湖流域整体防汛抗旱和供水能力，满足“引江济巢”调度服务需要。该工程地处南都圩和赵翟圩之间，距凤凰颈排灌站约8.0 km，距无为大堤凤凰颈闸约4.0 km，距无为大堤堤顶约800 m。主体建设工程为5孔中型涵闸，其中1孔为通航孔，单孔净宽12 m，其余4孔为非通航孔，单孔净宽9 m，闸坎高程为4.50 m，桥面高程为16.30 m，桥面总宽9 m。该闸设计洪水标准为20年一遇，校核洪水标准为50年一遇，排涝流量为500 m^3/s。

（9）东大圩进洪闸

东大圩进洪闸位于安徽省白湖监狱管理局白湖农场东大圩兆河堤防上（庐江县白湖镇内）。该工程是环湖生态示范区项目兆河治理工程建设内容，于2014年11月下旬开工，2016年汛前基本完成并具备运行条件，并于同年7月1日投入使用、首次进洪。东大圩进洪闸设计流量为230 m^3/s，属三等中型水闸，其主要建筑物为3级，次要建筑物为4级，临时建筑物为5级。水工结构采用涵洞式钢筋混凝土水闸方案，共6孔，单孔宽5.0 m，孔高5.0 m，涵底高程为5.0 m。6孔涵洞分为两联，3孔一联，两联之间净距5.0 m，中间填土。涵洞沿洞身方向总长24 m，分成2节，各节长度相同。涵洞出口布置闸门控制段，设置防洪工作闸门和检修闸门各一道。涵洞顶、底板厚0.8 m，侧墙厚0.7 m，中隔墙厚0.6 m。

巢湖流域主要闸坝排洪能力见表2.1-3。

表 2.1-3　巢湖流域主要闸坝排洪能力统计表

名称	设计排洪水位(m)		最大允许水位差(m)	设计排水能力(m^3/s)	备注
	闸上	闸下			
巢湖闸	13.30	12.50	2.25	1 370	
裕溪闸	11.50	11.30	1.80	1 170	
铜城闸	10.10	10.00	—	1 000	黄海高程
凤凰颈闸	11.56	9.00	5.84	112	
凤凰颈排灌站机排	11.00	15.84	4.84	240	
兆河闸	11.70	11.50	—	650	
黄湾闸	12.00	11.90	3.00	500	
黄雒闸	11.90	11.80	—	450	
新桥闸	11.00	10.90	5.00	1 000	

2）圩口

巢湖流域有主要圩口 278 个、圩堤总长 2 121.48 km，其中万亩以上圩口 56 个、圩堤总长 1 144.16 km。圩口保护面积 3 275 km^2，保护耕地 313 万亩，保护人口 224 万人。大部分圩口未经过系统达标整治，防洪能力约为 10～20 年一遇，少数不足 10 年一遇。

3）泵站

巢湖流域共有泵站 400 余座，设计抽排流量约为 1 316 m^3/s，其中主要泵站有凤凰颈排灌站。

凤凰颈排灌站位于芜湖市无为县刘渡镇境内，是安徽省“七五”期间引用外资重点建设项目，属国家级大型水利枢纽。泵站工程等别为大(1)型，主体工程于 1991 年 3 月底通过验收、交付使用，2006 年进行更新改造。泵站站身采用河床式“X”形双向流道，设计安装 6 台直径为 3.1 m 的立式轴流泵，配套 6 台同步电机，总装机 1.48 万 kW，系大型排灌结合泵站。泵站具有机排、机灌、自排、自灌四大功能，闸站合一。设计机排流量为 240 m^3/s，机引灌溉流量为 200 m^3/s，自排、自灌流量均为 380 m^3/s。工程直接排涝面积为 270 多万亩。

4）水库

巢湖流域共有水库 236 座，总集水面积为 2 631.7 km^2，总库容为 17.53 亿 m^3，兴利库容为 8.3 亿 m^3。其中大型水库 3 座，分别为龙河口水库、董铺水库、大房郢水库；中型水库 7 座，分别为下汤水库、众兴水库、张桥水库、蔡塘水库、磨墩水库、张院水库、大官塘水库。

(1) 龙河口水库

龙河口水库位于舒城县西南 25 km 的杭埠河中上游，是以防洪、灌溉为主，结合发电、养鱼等综合利用的大型水库。枢纽工程包括东、西大坝，溢洪道，梅岭进水闸，牛角冲进水闸，凤凰冲、门坎石非常溢洪道和八座副坝等。水库按百年一遇洪水设计、万年一遇洪水校核，总库容 9.03 亿 m^3。坝顶高程为 75.8 m，防浪墙高 1.3 m，汛限水位为 65.00～65.50 m，正常蓄水位为 68.30 m，相应库容为 5.16 亿 m^3。1986 年利用梅岭进水闸两边孔兴建一座装机 2 台共 3 200 kW 的水电站，2005 年利用牛角冲进水闸灌溉孔兴建一座装机 2 台共 3 200 kW 的水电站，1998 年龙河口水库大坝被评定为三类坝。2005 年 3 月，《龙河口除险加固工程修改初步设计报告》通过水利部长江水利委员会的审批。除险加固工程主要内容有：东大坝坝基防渗墙、大坝抗震加固，坝顶加高；西大坝抗震加固，坝顶加高；斗笠岗溢洪道进水口切除阻水山嘴，溢洪闸上下游防冲加固；八座副坝加高至 75.5 m 并建 1.0 m 高的防浪墙；两座非常溢洪道自溃坝加固；牛角冲、梅岭进水闸进水口钢筋砼结构表面碳化处理，水库除险加固工程于 2002 年初开工，截至 2008 年底，除险加固主体及附属工程均已完工。

(2) 董铺水库

董铺水库位于巢湖水系南淝河正源上游，是一座以防洪、供水、生态等综合利用的大型水库，按千年一遇洪水设计，可能最大洪水(PMP)标准校核。流域内有滁河干渠和大蜀山分干渠穿过，集水面积为207.5 km²，总库容为2.42亿m³。水库汛限水位为28.00 m，正常蓄水位为28.50 m；设计水位为31.40 m，校核水位为34.30 m。枢纽工程由大坝、泄洪涵洞和溢洪道等组成。大坝为碾压式均质土坝，坝顶高程为36.0 m。泄洪涵洞为单孔，洞身长64 m，钢筋混凝土结构。溢洪道位于大坝北端约900 m凹地处，堰顶高程为30.6 m，堰长120 m，最大泄量为1 619 m³/s。

水库经历了兴建、续建、保坝、沟通淠史杭灌区工程引水入库等几个阶段。水库原按二级水工建筑物设计，洪水标准按百年一遇洪水设计，千年一遇洪水校核，万年一遇洪水保坝。水库于1958年4月建成，坝顶高程为33.1 m，总库容为1.73亿m³。1965年初，将枢纽工程按一级水工建筑物复核，坝顶增加1.2 m高防浪墙一道，开挖50 m宽溢洪道。1976年4月，在原坝顶加高1.2 m，大坝顶上再做0.8 m子堰，溢洪道底高程由30.0 m降为29.0 m，底宽拓至100 m。1978—1982年，水库进行除险加固，洪水标准按千年一遇洪水设计，可能最大洪水(PMP)标准校核。2004年5月，大房郢水库连通董铺水库工程完成，两库正式实现连通；2009年11月，进行溢洪道扩建及南淝河生态补水工程，在原溢洪道底中间开挖底宽10 m的渠道，并向南延伸，汇入南淝河；在原溢流堰中间增设设计流量为70 m³/s的深孔闸，闸底板高程为26.0 m，溢洪道溢流段堰宽110 m。

(3) 大房郢水库

大房郢水库坝址位于南淝河支流四里河下游，是以防洪、供水、生态等综合利用的大(2)型水库，集水面积为184 km²，总库容为1.84亿m³。水库坝顶高程为34.0 m，设计洪水位为30.74 m，校核洪水位为33.64 m，汛限水位为27.50 m，正常蓄水位为28.00 m，死水位为18.00 m，防洪库容为0.48亿m³。

枢纽工程由主坝、东西副坝、泄洪涵洞、正常溢洪道和非常溢洪道等组成。主坝为均质土坝，坝顶高程为34.0 m，坝顶宽8.0 m。副坝有东副坝和西副坝，皆为均质土坝。泄洪涵洞位于四里河右岸的岗地边缘；正常溢洪道位于四里河、左岸、靠近主坝左坝头附近的岗地上，由3孔弧形闸门控制；非常溢洪道位于主坝右坝头与西副坝之间，为自溃坝，底宽170 m。大房郢水库于2005年底通过竣工初步验收，水库工程建成后，可保护合肥市市区，通过拦蓄洪水可将合肥市城市防洪标准提高到100年一遇(与河道整治相结合)。

大房郢水库通过输水隧洞和明渠与董铺水库连通，隧洞全长1 210.3 m，为两条内径为2.6 m的圆形隧洞，洞底高程为20 m；两侧用明渠引水，渠底高程为19.5 m。设计运用条件为两库水位差为0.3～0.4 m，相应输水流量为7.6 m³/s。

4. 行蓄洪区

(1)东西大圩

1952年，安徽省人民政府决定围垦白湖，兴办劳改农场。1953年围湖造田，分东西两个大圩，占地面积为162 km²，耕地15万亩。1956年3月，由农业厅、公安厅、水利厅编制的《国营安徽省白湖农场设计任务书》中，提出白湖农场西大圩为蓄洪垦殖区、东大圩为安全生产区，1980年7月安徽省政府根据公安厅意见，将蓄洪垦殖区调整为东大圩，并沿用至今。东大圩蓄洪区面积为60.3 km²，耕地6万亩，平均地面高程为7.5 m，按平均蓄水深4.0 m计，东大圩蓄洪容量为2.41亿m³。

2015年6月25日，安徽省防汛抗旱指挥部(以下简称省防指)印发了《巢湖防汛抗旱调度暂行规定(2015年修订)的通知》，要求：当缺口水位达到11.30 m，并继续上涨时，应做好东大圩蓄洪准备；当缺口水位达到11.90 m(2014年之前为11.73 m)，根据当时雨水情和汛情，需要蓄洪时，由省防指下达蓄洪命令，通知合肥市防指执行。当运用东大圩蓄洪区时，兆河闸应及时关闭，防止巢湖洪水倒灌。

(2)东西大圩历史运用情况

白湖垦区围成后，曾有1964年、1969年、1983年、1991年、2003年5次扒口蓄洪，2016年开闸泄洪。

5. 水文测站

巢湖流域内现有基本水文站16处、水位站4处、雨量站53处，共计73处水文站点。水文站网分布较合理，站网密度较大，基本能控制巢湖流域水文特性的变化规律，测站基本情况见表2.1-4。

表 2.1-4　巢湖流域主要水文测站基本情况表

序号	水系	站名	设站年份	观测项目	备注
1	巢湖	巢县	1950 年	水位	
			1951 年	流量	
			1934 年	雨量(间断)	
		巢湖闸上(下)	1963 年	水位	
			1967 年	流量、雨量	
2	裕溪河	裕溪	1950 年	雨量、水位	
		裕溪闸上(下)	1968 年	雨量、水位	
			1970 年	流量	
3	裕溪河	黄雒河	1956 年	水位(间断)	
		黄雒闸上(下)	2006 年	水位、流量	
		黄雒河	1954 年	雨量(间断)	
4	裕溪河	铜城闸上	1991 年	水位	
	牛屯河	铜城闸下		水位、流量	
	裕溪河	铜城闸	1957 年	雨量(间断)	
5	兆河	兆河	1954 年	水位	
		兆河闸上(下)	1959 年	水位、流量	
		兆河闸	1958 年	雨量	
6	牛屯河	新桥闸上(下)	1979 年	水位、流量(间断)	
		新桥闸	1982 年	雨量	
7	西河	梁家坝	1956 年	水位(间断)、流量	
		梁家坝(二)	2000 年	水位	
		梁家坝	1953 年	雨量	
8	西河	无为	1954 年	水位、流量(间断)	
			1932 年	雨量(间断)	
9	西河	凤凰颈闸上(下)	1967 年	水位、雨量	
		凤凰颈闸上	1973 年	流量	
10	长江	凤凰颈排灌站上(下)	1991 年	水位、流量	
11	永安河	开城桥	1965 年	水位、流量、雨量	
12	丰乐河	桃溪	1951 年	水位(间断)、雨量	
			1954 年	流量	
13	杭埠河	晓天(二)	1953 年	水位	
			1958 年	流量	
		晓天	1953 年	雨量	
14	杭埠河	龙河口	1951 年	雨量(间断)	
		龙河口水库(坝上)	1954 年	水位、流量(间断)	

（续表）

序号	水系	站名	设站年份	观测项目	备注
15	南淝河	合肥（北）	1959 年	水位	
			1934 年	雨量（间断）	
		合肥（双岗街）	1954 年	水位（间断）	
		合肥（东门）	1981 年	水位（间断）	
			1982 年	流量（间断）	
16	南淝河	董铺水库（坝上）	1958 年	水位（间断）	
		董铺水库（坝下）	1965 年	水位、流量（间断）	
		董铺水库	2002 年	流量	
		董铺	1957 年	雨量（间断）	
17	巢湖	槐林镇	1953 年	水位、雨量（间断）	
18	巢湖	塘西	1958 年	水位（间断）	
			1967 年	雨量	
19	巢湖	忠庙	1959 年	水位（间断）	
			1956 年	雨量（间断）	
20	西河	缺口	1954 年	水位（间断）	
			1955 年	雨量（间断）	
基本雨量站 49 处		主簿源、花岩山、双河、黄土关、曹家院、毛坦厂、芦镇关、西汤池、舒茶、钱大山、汤池、金牛、白山、栖凤岭、张家店、中店子、孙岗、椿树岗、双河镇、东河口、张母桥、山南、严店、肥西、将军岭、井岗、四十铺、元疃、肥东、桥头集、炯炀、柘皋、夏阁、秀芙、清溪、石涧、庐江、泥河、砖桥、裴岗、黄屯、牛埠、郑家弄、严家桥、明堂、油坊、六店、泥汊、陡沟			

1.1.1.2 暴雨特性

巢湖流域处于典型的季风气候区，冬季强大的蒙古高气压干冷气流控制大陆，雨量稀少，夏季为西太平洋副热带高压和大陆低气压占优势的暖湿气流，雨量多且集中，春秋两季是两股气流交替过渡期，受季风影响大，因此有降水量分配不均衡的特点。一般年份春季 4 月冷暖气候交接面多位于南海，江淮丘陵区还处在蒙古冷高压控制之下，常受变性暖湿气流影响，雨量比冬季略多。到了 5、6 月，蒙古高压北退，西太平洋副高脊线移到北纬 22°附近，势力逐渐增强，西南季风开始暴发，冷暖气流交接后北移到长江中下游，这时若遇大气环流平直少变，冷暖气流交接面成为静止锋，将会造成连绵不断的降雨过程，这就是该区域从 6 月中旬开始的梅雨季节，到 7、8 月份西南季风达鼎盛时期，冷暖气流交接面移到黄淮流域，此时沿淮以北雨量反比江南多，区域所属江淮丘陵区 7 月份雨量最多。

综上所述，降雨的季节分配不均衡和年际变幅大，洪涝灾害的形成等，主要是大气环流反常造成某些气候系统持久的结果。

1.1.1.3 特征雨量

巢湖流域特征时段雨量见表 2.1-5。

表 2.1-5　巢湖流域不同频率降水量统计表

重现期（年）	各时段设计频率降水量（mm）						
	最大 1 d	最大 3 d	最大 7 d	最大 15 d	最大 30 d	最大 60 d	最大 90 d
2	58.6	95.8	123.8	176.3	249.6	381.3	488.0
5	96.6	156.4	203.9	290.3	390.2	565.9	705.9

(续表)

重现期(年)	各时段设计频率降水量(mm)						
	最大 1 d	最大 3 d	最大 7 d	最大 15 d	最大 30 d	最大 60 d	最大 90 d
10	125.9	202.3	264.9	377.1	493.2	696.1	856.1
20	155.3	248.2	325.9	464.1	594.7	822.3	1 000.5
50	194.6	308.8	406.8	579.2	727.5	985.3	1 186.1
100	224.4	354.7	468.1	666.5	827.2	1 106.6	1 323.4

1.1.1.4 洪水特性

巢湖流域形成大面积洪涝灾害和巢湖出现高水位，主要取决于暴雨量级、时空分布和洪水的蓄与泄具体条件等，也就是与最大 30 d 暴雨相应的长江水位、工程情况以及破圩面积等因素有关。巢湖流域汛期山丘区洪水汇流速度快，首先是防御山洪；其次是防御外洪和内涝，即长江水位顶托程度是否影响河道下泄，以及流域内是否发生较大降雨；最后是注意巢湖风浪对沿巢周边堤防的危害。

暴雨：巢湖流域洪水主要由暴雨形成，降水量的不稳定，是形成水旱灾害的主要原因。短历时暴雨极易造成山洪暴发和圩区、城区的内涝灾害。长历时暴雨造成内河水位陡涨，持续高水位，是形成流域性洪涝灾害的主因。

长江高水位的影响：巢湖流域易受洪涝灾害区域主要是圩区，其地面高程在 7～8 m，与巢湖及其他河流的水位紧密相关，而巢湖水位又受长江水位的影响，汛期长江水位常高于巢湖水位，湖水受江水顶托不能下泄入长江，圩区就常处在高出地面的外水位压迫之下，特别是有些圩堤堤身单薄矮小，沟塘率低，蓄洪能力小，泵站装机容量不足，排涝能力低，若遇大暴雨，内外水夹攻，极易发生洪涝灾害。

台风：巢湖流域夏季台风活动频繁，因台风登陆带来强暴雨而导致的洪涝灾害也屡见不鲜，但受台风直接影响的不多见，多数为间接影响，发生的时间也主要集中在 7—9 月，特别是 8—9 月。2005 年“泰利”台风带来的强降水范围之大，为自 1949 年以来对流域影响最大的一次。

其他因素：由于城镇范围的扩大，一些开发区盲目地向低洼地发展，与湖滩争地，随意围湖、填塘，挤占天然低洼地，致使城内的湖泊、池塘、河沟滞蓄和排泄洪水的功能大大削减，从而加重了城镇内部的洪涝灾害；随着城市的发展，“热岛”效应加剧了城市上空的空气对流；城镇建设道路和建筑物的增加，改变了地面汇流条件，从而使径流系数加大，使得发生暴雨、洪水的概率增大；由于现有水利工程管理不善，河沟淤塞，设备老化毁坏严重。

根据实际发生的洪水统计资料，巢湖流域内洪水大致可分为以下三类：一是流域内长历时暴雨遇长江高水位，1954 年、1983 年、1998 年、2016 年、2020 年属于这一类；二是流域内遭遇长历时暴雨，但对江排水条件较好，1969 年、1991 年、1996 年、1999 年洪水属于这一类；三是流域内局部暴雨，1953 年、1956 年、2003 年、2005 年杭埠河大水、1984 年南淝河大水及 1991 年西河流域大水等属于这一类。

1.1.1.5 洪涝灾害

巢湖流域地理位置特殊，气候条件复杂，水旱灾害频发。圩区及大部分城镇和村庄因地势较低，汛期处于长江和内河洪水位之下，易发生洪涝灾害。自 1949 年以来，发生较大洪涝灾害的有 20 年，即 1949 年、1953 年、1954 年、1956 年、1964 年、1969 年、1974 年、1980 年、1983 年、1984 年、1989 年、1991 年、1995 年、1996 年、1998 年、1999 年、2003 年、2005 年、2016 年和 2020 年，约 3～4 年一次，尤以 1954 年、1969 年、1983 年、1991 年、1998 年、2003 年、2016 年最为严重。其中 1954 年流域淹没面积有 300 万亩以上，巢湖沿岸漫破较大圩口 20 个、面积 34.75 万亩；1991 年流域破圩 500 多个，洪水淹没面积 80 余万亩，内涝面积 90 余万亩；2003 年巢湖流域溃破圩口 231 个、面积 17.4 万亩，均为万亩以下圩口。

1.1.1.6 洪水组成

巢湖流域各河流的洪水均出现在暴雨集中的季节，并且量大，洪水过程及高水位持续时间长。巢湖闸以上各河流的洪水均汇入巢湖，靠巢湖来调蓄。巢湖洪水量主要来自杭埠河、丰乐河流域，约占来水总量的 45%～65%。巢湖洪水主要经裕溪河排入长江。洪水期与暴雨期的时间分布是一致的，每年 5、6 月份的暴雨洪水期，湖河槽蓄能力大，其水位不至于很高。进入 7 月份后，暴雨量增大，槽蓄能力减小，而长江水位又到高峰期，流域内洪水难以外排，使得洪水遭遇程度加大。流域内洪水类型主要有倒灌型、顶托型、畅流型和混合型等。

1.1.2 典型年洪水

1.1.2.1 1954 年洪水

1954 年气候异常，晚春初夏时副热带高压明显偏强，到了 7 月，副热带高压又偏弱，冷暖空气在长江中下游一直徘徊，导致长江干流发生特大洪水。巢湖流域梅雨季节较常年提前，偏长近一个月，雨带长期徘徊，降雨日多，覆盖面广。长时间的暴雨造成内河山洪暴发，巢湖以及各内河洪水急剧上涨，多条河流持续高水位，同时由于长江溃水涌入西河，注入巢湖，导致巢湖持续 152 d 的高水位。1954 年 5—7 月暴雨频发，9—11 月又出现干旱少雨，水旱交错，为先涝后旱年。

1. 雨情

1) 雨情概述

1954 年巢湖流域年降水量为 1 811.1 mm，比多年平均（1956—2020 年，下同）年降水量偏多 5 成，流域内最大年降水量为龙河芦镇关站的 2 322.4 mm；主汛期（6—8 月）面平均降水量为 955.7 mm，比多年平均偏多近 1 倍，其中 7 月为 546.0 mm。

1954 年巢湖流域的降雨具有范围广、强度大、历时长、频率高、降雨间隔时间短等特点。自 5 月起，巢湖流域降雨不断，一直持续至 7 月底，其中最大 30 d 降水量达 646.2 mm。自 6 月 4 日入梅到 7 月 31 日出梅，梅雨期共 58 d，较常年偏长近一个月，梅雨期巢湖流域面平均降水量为 867.6 mm。

2) 暴雨过程

1954 年巢湖流域共出现 5 次明显的暴雨过程，分别为 5 月 5—10 日、5 月 12—25 日、6 月 12—18 日、6 月 24—28 日、7 月 1—30 日。

(1) 第 1 场暴雨（5 月 5—10 日）

刚入汛巢湖流域就出现第一次强降雨过程，流域面平均雨量为 53.4 mm，县河庐江站次雨量为 69.5 mm，裕溪河裕溪闸站次雨量为 68.3 mm；最大 1 d 降水量为黄屯河的黄屯站的 120.5 mm，西河凤凰颈闸站次之，为 110.0 mm。

(2) 第 2 场暴雨（5 月 12—25 日）

5 月中旬至下旬，巢湖流域普降大到暴雨，流域面平均雨量为 202.9 mm，本次降雨过程中雨量超过 200 mm 的笼罩面积占全流域面积的 44.3%。县河庐江站次雨量为 267.0 mm，西河无为站次雨量为 236.0 mm，裕溪河裕溪闸站次雨量为 231.0 mm；最大 1 d 降水量为派河肥西站的 77.8 mm，县河庐江站 77.2 mm 次之。

(3) 第 3 场暴雨（6 月 12—18 日）

6 月 12 日巢湖流域迎来入梅以来的第一场暴雨，流域面平均雨量为 99.7 mm，本次降雨过程中雨量超过 100 mm 的笼罩面积占全流域面积的 49.2%。西河无为站次雨量为 166.0 mm，裕溪河裕溪闸站次雨量为147.0 mm；最大 1 d 降水量为西河无为站的 135.1 mm，裕溪河裕溪闸站 119.6 mm 次之。

(4) 第 4 场暴雨（6 月 24—28 日）

自 6 月中旬以来，巢湖流域降雨连绵不断，下旬又发生一次全流域的强降雨，本次降雨历时短、雨强大，流域面平均雨量为 149.8 mm，主要集中在 24—25 日（面平均雨量达 137.1 mm）。次雨量超过 200 mm 的笼罩面积占全流域面积的 22.4%；超过 100 mm 的笼罩面积占全流域面积的 75.9%。西河无为站次雨量为 233.0 mm，县河庐江站次雨量为 206.0 mm；最大 1 d 降水量为西河无为站的 194.7 mm，县河庐江站 156.4 mm 次之。

(5) 第 5 场暴雨（7 月 1—30 日）

7 月巢湖流域发生了全流域强降雨过程，历时长、强度大、范围广均为历史罕见。整个 7 月巢湖流域几乎在持续降雨，各站降雨日数在 22～29 d，流域面平均雨量为 546.0 mm，次雨量超过 600 mm 的笼罩面积占全流域面积的 11.5%；超过 500 mm 的笼罩面积占全流域面积的 55.8%。南淝河合肥站次雨量达 678.0 mm，店埠河肥东站次雨量为 631.0 mm，南淝河将军岭站次雨量达 591.0 mm；最大 1 d 降水量为南淝河合肥站的 196.1 mm，西河无为站 178.3 mm 次之。

3）暴雨特点

（1）梅雨期长，暴雨总量大、范围广

1954 年巢湖流域梅雨期长达 58 d，较常年偏长近一个月。6 月下旬至 7 月底持续降雨，5 月降雨日数为 20～22 d，6 月降雨日数为 14～17 d，7 月降雨日数为 22～29 d，最大 30 d 面平均雨量达 646.1 m。南淝河合肥站最大 1 d 降水量为 196.1 mm，最大 7 d 降水量为 381.8 mm，也均为历史极值。1954 年巢湖流域部分站点最大 15 d 及最大 30 d 降水量情况详见表 2.1-6。

表 2.1-6　1954 年巢湖流域长历时降水量统计表

河流	站名	最大 30 d 降水量(mm)	历史排位	最大 15 d 降水量(mm)	历史排位
南淝河	合肥	677.5	1	508.8	1
南淝河	将军岭	591.4	2	426.6	3
滑石河	毛坦厂	681.2	3	363.1	7
晓天河	晓天	741.8	3	390.1	8
西河	无为	779.6	3	403.4	10
杭埠河	龙河口	665.7	4	360.8	8
县河	庐江	715.5	5	451.2	7
巢湖	槐林镇	593.8	5	358.0	8

（2）先涝后旱，降雨年内分布极其不均

1954 年巢湖流域降雨年内时程分布极其不均，汛期暴雨频发，汛后干旱少雨。5—7 月降雨总量为 1 142.7 mm，占年降水量的 63.1%，是多年平均降水量 468.4 mm 的 2.44 倍，其中 5 月降水量 261.7 mm 是多年平均降水量 118.8 mm 的 2.20 倍，历史排名第 1 位；6 月降水量 335.0 mm 是多年平均降水量 168.1 mm的 1.99 倍，历史排名第 4 位；7 月降水量 546.0 mm 是多年平均降水量 182.0 mm 的 3.00 倍，历史排名第 2 位。9—10 月降雨总量为 109.4 mm，占年降水量的 6%，比多年平均降水量 206.5 mm 偏少近 5 成，详见表 2.1-7。

表 2.1-7　1954 年巢湖流域各月面平均雨量统计表

月份	1 月	2 月	3 月	4 月	5 月	6 月	7 月
降水量(mm)	108.2	86.7	34.0	115.3	261.7	335.0	546.0
占全年比(%)	6.0	4.8	1.9	6.4	14.4	18.5	30.1
月份	8 月	9 月	10 月	11 月	12 月	年降水量	6—8 月
降水量(mm)	74.7	69.6	39.8	20.4	119.7	1 811.1	955.7
占全年比(%)	4.1	3.8	2.2	1.1	6.6	—	52.8

注：本书计算数据或因四舍五入原则，存在微小数值偏差。

2. 水情

1）水情概述

1954 年汛期长江干流发生特大洪水，长江水位快速上涨，造成高水位持续时间长、洪水总量大。6 月中旬至 7 月下旬巢湖流域连续普降暴雨，干、支流水位猛涨，8 月 1 日无为大堤在安定街漫决，江洪窜入巢湖。8月31日，巢湖槐林站最高水位为13.02 m，巢县站最高水位为12.93 m(巢湖闸建闸前)，全流域圩区几乎全部受淹。1954年5、6、7三个月的洪水总量约为94亿m^3(含牛屯河流域)，仅次于1991年。

由于巢湖流域各支流洪水汇聚，江水倒灌导致巢湖持续高水位，自6月16日至11月15日，水位均在警戒水位(10.50 m)以上，持续152 d。

2) 洪水过程

(1)丰乐河桃溪站19540626号洪水

受流域强降雨影响，丰乐河桃溪站水位从6月初开始上涨，其间有所回落，6月22日起水位从10.88 m再次快速上涨，6月26日达洪峰水位16.08 m，涨幅达5.20 m。之后受巢湖高水位顶托影响，10月6日前水位一直持续在12.00 m以上。

(2) 西河缺口站19540825号洪水

1954年江堤溃破，江水涌入西河，对西河水位有所影响。1954年7月9日缺口站开始观测水位，8月2日水位从11.92 m起陡涨，8月25日达洪峰水位14.38 m，涨幅为2.46 m。位于无为县李子树村的西河站水位全年观测，水位从6月13日起至12月3日均在10.50 m以上，持续173 d高水位，最高水位为14.34 m(8月25日)。

(3) 南淝河合肥水位站19540711号洪水

1954年5月14日合肥(双岗街)站开始观测水位，水位从6月9日的10.05 m开始上涨，7月11日达洪峰水位16.19 m，涨幅达6.14 m，之后水位回落缓慢，10月6日降至12.00 m以下。

3) 洪水特点

(1) 江水位高，内河高水位持续时间长

1954年长江流域普降大雨，长江干流水位持续上涨，长江芜湖站实测最高水位达12.87 m(8月25日)；巢湖流域大面积遭受暴雨袭击，内河山洪暴发，巢湖以及内河洪水急剧上涨，巢湖及部分支流水位持续居高达100多天，详见表2.1-8。

表2.1-8　长江(安徽段)各主要控制站1954年水位特征值表

站名	警戒水位(m)	保证水位(m)	1954年最高水位(m)	出现日期	历史排位
大通	14.40	17.10	16.64	8月1日	1
芜湖	11.20	13.40	12.87	8月25日	1

(2) 江堤溃破，洪水入湖影响大

1954年7月22日，无为县姚沟镇上九连圩内河堤溃破；7月31日，无为大堤三坝埂至李家花园堤段江水已与堤顶相平，全堤段江水漫溢；8月1日无为大堤安定街堤段漫坡，江水直泄无为县二十四圩、练塘圩，全县圩田尽没。长江溃水涌入西河，注入巢湖，造成西河出现历史最高水位，巢湖高水位持续几个月。

4) 洪水重现期

1954年洪水暴雨历时长，长江水位高，无为大堤溃口江洪窜入巢湖，其最大30 d面平均雨量约为30年一遇。但长江芜湖站实测最高洪水位为12.87 m，其水位过程的重现期约为70年。由于无为大堤溃口，全流域圩区几乎被淹。巢湖最高洪水位为13.02 m，根据降雨和长江水位遭遇情况综合分析，巢湖流域1954年洪水约为40年一遇。

3. 灾情

1954年长江流域发生特大洪水，7月22日无为县上九连圩内河堤溃破；7月31日无为大堤三坝埂至李家花园堤段全堤段江水漫溢；8月1日无为大堤安定街堤段漫坡，江水直泄无为县二十四圩、练塘圩，全县圩田尽没。长江溃水涌入西河，注入巢湖，沿江、沿湖一片汪洋，淮南铁路中断，洪水顶托波及合肥市，合肥市东门南淝河沿河一带地面淹水深1.3～1.7 m。

巢湖流域受灾面积达427.30万亩，受灾人口230.52万人，其中仅无为县受灾面积达141.30万亩，受灾人口84万人，死亡453人。巢湖沿岸漫破较大圩口达20个、面积34.75万亩；合肥等城市也遭受洪水影响，破圩面积156万亩，损失惨重。

4. 结语

1954 年长江干流发生特大洪水，长江水位上涨较快。巢湖流域梅雨季节提前，较常年偏长近一个月，雨带长期徘徊，5—7 月巢湖流域先后多次出现大范围暴雨，湖、河持续高水位，8 月江堤溃破，江洪涌入西河注入巢湖，加重了巢湖流域的灾情。梅雨期长和外洪涌入是造成巢湖流域大洪水的主要原因。

1.1.2.2 1969 年洪水

1969 年，受"厄尔尼诺"现象影响，巢湖流域降雨空间及年内分布极其不均，汛期暴雨集中、强度大，非汛期干旱少雨。特别是 7 月中上旬的强降雨使多处站点日降水量达历史极值，造成滞涝严重，巢湖流域又一次发生了流域性大洪水。

汛期受强降雨影响，流域内河、湖、库水位猛涨，多条河流发生超警戒或超保证洪水，由于同期长江干流水位偏低，巢湖及各内河外排内水条件相对较好，洪水历时相对较短。

1. 雨情

1) 雨情概述

1969 年巢湖流域年降水量为 1 410.6 mm，比多年平均(1956—2016 年)偏多 2 成，流域内年最大降水量站点为晓天河主簿源站的 2 518.6 mm；主汛期(6—8 月)面平均雨量为 803.5 mm，比多年平均偏多 6 成。

1969 年汛期降雨具有总量大、雨强大、降雨集中的特点，强降雨主要集中在巢湖流域西南部，特别是西河、丰乐河流域，降雨时间主要在梅雨期。1969 年 6 月 28 日入梅，7 月 18 日出梅，入梅较常年偏晚，属于迟梅型梅雨。从春季开始，暖湿空气势力逐渐增强北移，初夏延伸至长江中下游地区，但此时受北方南下的冷空气阻碍，直到 7 月 1 日，冷暖空气在长江中下游相遇，形成锋面雨，但是由于暖湿空气强度不够，推进速度慢，于是锋面在长江中下游附近来回摆动，致使本流域强降雨持续到 7 月 17 日才结束。

2) 暴雨过程

1969 年巢湖流域共出现 2 次明显的暴雨过程，分别为 7 月 1—17 日、9 月 26—30 日。

(1) 第 1 场暴雨(7 月 1—17 日)

入梅后，巢湖流域降雨集中，7 月 1 日后连降暴雨、特大暴雨，特别是 7 月 14 日雨量之大，为历史所罕见。本次降雨过程流域面平均雨量为 617.7 mm，雨量超过 600 mm 的笼罩面积占全流域面积的 52.3%；超过 500 mm 的笼罩面积占全流域面积的 74.1%。暴雨中心位于巢湖流域南部，最大次雨量为柯坦河柯坦站的 1 090.9 mm，县河庐江站 971.7 mm 次之；最大 1 d 降水量为县河庐江站的 449.9 mm(7 月 14 日)，塘串河栖凤岭站 440.9 mm(7 月 14 日)次之。

(2) 第 2 场暴雨(9 月 26—30 日)

汛末巢湖流域迎来一次强降雨过程，流域面平均雨量为 116.5 mm，本次降雨过程雨量超过 200 mm 的笼罩面积占全流域面积的 13.3%，超过 100 mm 的笼罩面积占全流域面积的 51.5%。暴雨中心位于巢湖流域西南部，最大次雨量为黄莺河黄土关站的 303.8 mm，丰乐河中店子站的 253.0 mm 次之；最大 1 d 降水量为丰乐河中店子站的 198.3 mm，丰乐河张家店站 159.4 mm 次之。

3) 暴雨特点

(1) 暴雨强度大，日降水量达历史极值

7 月巢湖流域普降暴雨及特大暴雨，强度大，范围广。其中最大 1、3、7、15 d 面雨量均位居历史第 1 位；流域内多个雨量站点最大 1 d 降水量达到历史极值，尤为突出的是县河庐江站、塘串河栖凤岭、永安河明堂站，最大 1 d 降水量均超过 400 mm，均发生于 7 月 14 日，详见表 2.1-9 和表 2.1-10。

表 2.1-9 1969 年巢湖流域长历时降水量统计表

时段	最大 1 d	最大 3 d	最大 7 d	最大 15 d	最大 30 d
降水量(mm)	203.8	326.6	419.4	604.0	636.6
历史排位	1	1	1	1	4

表 2.1-10　1969 年巢湖流域部分站点最大 1 d 降水量与典型年对比统计表　单位：mm

河流	站名	1969 年	1991 年	2016 年	2020 年
县河	庐江	449.9	204.0	230.0	262.0
塘串河	栖凤岭	440.9	148.1	230.0	214.5
永安河	明堂	434.5	166.1	225.0	177.5
永安河	郑家弄	384.5	155.8	275.0	275.0
黄屯河	黄屯	301.2	108.0	200.0	188.0

（2）汛期降雨集中，汛后干旱少雨

1969 年降雨主要集中在 7 月份，7 月总降水量为 628.3 mm，占汛期降水量的 61.5%，占全年总降水量的 44.5%，较多年平均降水量偏多 2.5 倍，超过 1954 年、1991 年、2020 年的同期降水量，历史排名第 1 位。

1969 年汛后雨量偏少，10—12 月总降水量为 51.9 mm，较多年平均偏少 7 成，仅占全年降水量的 3.7%；其中 10 月总降水量仅为 1.6 mm，排历史上 10 月最少雨量第 2 位（1979 年 10 月降水量为 0）。

2. 水情

1）水情概述

1969 年 7 月中旬巢湖西南部普降大暴雨，由于雨量集中，山洪暴发，巢湖流域各内河水位急剧上涨，巢湖和西河、丰乐河、杭埠河等多条河流发生超警戒或超保证洪水，多座水库达到或超汛限水位运行，龙河口水库水位位居历史第 1 位。西河缺口最高水位近 12.00 m，桃溪最高水位达 17.43 m，同期长江芜湖站最高水位为 11.47 m，裕溪闸下最高水位为 11.28 m，外排入江条件相对较好。

巢湖忠庙站水位自 7 月 3 日 8 时 7.60 m 开始上涨，于 7 月 16 日 14 时达警戒水位，24 日 14 时达最高水位 11.79 m，超警戒水位 1.29 m，涨幅 4.19 m，位居历史第 6 位。9 月 10 日 8 时回落至警戒水位以下，在警戒水位以上持续 56 d。汛期（5—9 月）巢湖闸下泄水量 29.89 亿 m^3，其中 7 月 4—18 日期间裕溪河水位偏高，出现逆流。

2）洪水过程

（1）丰乐河桃溪站 19690715 号洪水

受流域强降雨影响，丰乐河桃溪站水位于 7 月初开始上涨，7 月 9 日 14 时水位涨至 15.38 m 后有所回落，12 日 12 时落至 14.59 m；13 日受流域内降雨影响，桃溪站水位再次上涨，7 月 13 日 22 时开始超警戒水位，15 日 23 时 48 分达洪峰水位 17.43 m，超警戒水位 1.87 m，距保证水位 0.13 m，位居历史第 4 位，涨幅 2.84 m，历时约 50 h。其中 7 月 15 日水位从 0 时的 15.89 m 涨至 23 时的 17.43 m，近一天内陡涨 1.54 m，洪峰流量为 661 m^3/s（7 月 15 日），7 月 20 日 8 时落至警戒水位以下，超警戒水位持续时间约 168 h。

（2）西河缺口站 19690715 号洪水

1962 年至 1972 年西河缺口站水位停测。据《安徽省水旱灾害》记载，受 7 月 1—17 日流域强降雨影响，缺口最高水位接近 12 m，位居历史第 8 位。

（3）西河梁家坝站 19690715 号洪水

受强降雨影响，西河梁家坝站水位自 7 月 1 日 20 时 7.70 m 起涨，5 日 17 时涨至 9.42 m 后有所回落，7 日 8 时从 9.38 m 再次起涨，13 日 20 时开始超警戒水位，15 日 2 时开始超保证水位，15 日 8 时涨至洪峰水位 11.70 m（保证水位 11.50 m），涨幅达 2.32 m，超保证水位 0.20 m，位居历史第 6 位（梁家坝 1956—2000 年），洪峰流量为 159 m^3/s（7 月 14 日），15 日 9 时落至保证水位以下，超保证水位持续约 7 h，17 日 20 时再次超保证水位，24 日 20 时落至保证水位以下，持续时间约为 6 d；8 月 3 日 5 时又一次超保证水位，最终于 8 日 8 时落至保证水位以下；总计超保证水位 11 d。9 月 12 日 8 时落至警戒水位以下，超警戒水位持续时间约为 61 d。

（4）西河凤凰颈闸站 19690715 号洪水

受流域强降雨影响，西河凤凰颈闸站水位自 7 月 3 日 7.58 m 起涨，14 日开始超警戒水位，15 日开始超保证水位并涨至洪峰水位 11.51 m，涨幅达 3.93 m，超保证水位 0.01 m，16 日落至保证水位以下，超保证水位持续约 1 d;9 月 11 日落至警戒水位以下,超警戒水位持续时间约为 58 d。

(5) 南淝河合肥站 19690715 号洪水

受流域强降雨影响,南淝河发生超警戒洪水。合肥站水位自 7 月初开始上涨,8 日 5 时涨至10.82 m 后有所回落,11 日 20 时从 10.02 m 再次起涨,12 日 18 时开始超警戒水位,13 日 12 时落至警戒水位以下,其间超警戒水位 18 h;受降水影响,15 日 8 时水位再次超警戒水位,17 时涨至洪峰水位 12.52 m,超警戒水位 0.52 m,7 月 16 日 16 时落至警戒水位以下;17 日 0 时再一次超警戒水位,最终于 18 日 17 时落至警戒水位以下,累计超警戒水位持续时间约为 52 h。

3) 洪水特点

(1) 暴雨集中,各支流水位上涨速度快

受降雨历时短、强度大影响,巢湖流域各支流水位快速上涨,巢湖和西河、丰乐河等多条河流发生超警戒或超保证洪水,丰乐河桃溪水文站实测最高洪水位为 17.43 m,超警戒水位 1.87 m,位居历史第 4 位,其中 7 月 15 日一天陡涨 1.54 m。

(2) 长江水位低,自排入江条件较好

1969 年长江芜湖站最高水位为 11.47 m,长江大通站最高水位为 14.94 m,长江水位属于中等洪水年。7 月 21 日裕溪河巢湖闸下站达洪峰水位 12.26 m,同期长江裕溪闸下水位为 11.18 m,长江水位低于巢湖流域各支流洪水位,自排入江条件较好。汛期约 11.7 亿 m^3 洪水排入长江,但仍有 9.4 亿 m^3 洪水无出路。

4) 洪水重现期

1969 年巢湖流域最大 30 d 面雨量约相当于 40 年一遇,长江芜湖站最高洪水位为 11.47 m,长江水位重现期仅为 5 年。根据降雨和长江水位遭遇情况综合分析,巢湖流域 1969 年洪水约为 20 年一遇。

3. 工情

1) 湖库

(1) 巢湖

1969 年汛期,巢湖忠庙站洪峰水位为 11.79 m(7 月 24 日),超警戒水位 1.29 m,位居历史第 6 位,巢湖闸(闸上游)最高水位为 11.88 m(8 月 2 日),位居历史第 5 位。5—6 月通过巢湖闸下泄水量 8.69 亿 m^3,7 月巢湖水量无法外排,8—9 月通过巢湖闸下泄水量 24.39 亿 m^3。全年最大下泄流量为 762 m^3/s,发生在 2 月 14 日,汛期最大下泄流量为 574 m^3/s,发生在 8 月 19 日。

(2) 龙河口水库

1969 年汛期,受强降水影响,龙河口水库水位自 7 月 3 日 8 时的 59.72 m 开始上涨,15 日 11 时达洪峰水位 69.63 m 后有所回落;16 日 10 时水位自 68.63 m 再次起涨,7 月 17 日 4 时达洪峰水位 69.94 m(超汛限水位 2.94 m),位居历史第 1 位,涨幅 1.31 m,超汛限水位共计 5 d。最大下泄流量为 2 050 m^3/s(7 月 17 日)。龙河口水库通过杭埠河向下游泄洪,增加了巢湖、裕溪河的防汛压力。

(3) 董铺水库

董铺水库水位于 7 月 3 日 8 时 27.57 m 起涨,8 日 13 时达洪峰水位 28.19 m 后有所回落;12 日 4 时水位自 28.02 m 再次起涨,15 日 12 时达洪峰水位 28.52 m(超汛限水位 1.02 m),历时 80 h,涨幅0.50 m。董铺水库汛期超汛限水位(27.50 m)运行共计 83 d,5—7 月先后 3 次开启泄洪洞泄洪,总泄量为 0.627 亿 m^3,最大下泄流量为 54.7 m^3/s(7 月 16 日)。

2) 行蓄洪区

1969 年西河、兆河流域发生大暴雨,县河庐江站最大 1 d 降水量达 449.9 mm。在缺口水位达 11.90 m、塘串河(兆河支流)水位约为 11.70 m 时,省防指 7 月 14 日 23 时调度西大圩破坝蓄洪,最高蓄水位为 11.60 m,拦蓄水量约为 1.8 亿 m^3。进洪前黄陂湖上游圩口大都溃破,进洪后西河缺口、塘串河水位短时均有所下降,但因来水过大,水位后期仍继续上涨,杨柳圩随即溃破。

4. 灾情

1969 年,受强降雨影响,河湖水位猛涨,各类堤防险情不断。7 月 15 日至 16 日,庐江县石大圩和杨柳圩先后溃破,7 月 15 日,白湖西大圩破坝蓄洪,10 余万百姓被困水中三昼夜。安徽省革命委员会、省军区立即调舟桥部队实施救援，并派飞机对重灾区空投干粮4万多斤[1]、救生圈1万多个。全年仅无为、庐江、含山、和县、肥东5个县，溃破大小圩口458个，淹没农田67万亩，其中溃破万亩以上大圩13个，淹没面积24万亩。流域洪涝受灾面积达226万亩，受灾人口179万人。

5. 结语

1969年巢湖流域梅雨期出现降雨集中、雨强大的暴雨，降雨主要集中在巢湖流域西南部，多个雨量站点最大1 d降水量为历史之最，致使巢湖和西河、丰乐河等多条河流发生超警戒或超保证洪水，龙河口水库发生位居历史第1位的洪水。流域内短期暴雨集中，是造成巢湖流域大洪水的主要原因，由于同期内河入江口对江排水条件较好，洪水历时相对较短。

1.1.2.3 1991年洪水

1991年巢湖流域年降水量为历年之最，汛前降水量较常年同期偏多，入汛后自5月中旬起，副高明显西伸北抬，导致巢湖流域梅雨期长达57 d。汛期梅雨期长、暴雨量大、范围广、持续时间长、洪水量大，同时入江排洪通道小，导致河、湖水位急剧上涨，沿湖、河圩区滞留大量的超额洪水，形成了全流域洪涝灾害。

1. 雨情

1）雨情概述

1991年巢湖流域年降水量为1 800.0 mm，比多年平均偏多6成，流域内最大年降水量为湖陇河牛埠站的2 614.9 mm；主汛期(6—8月)面平均雨量为1 072.1 mm，比多年平均偏多1.2倍。

1991年降雨具有总量大、范围广、历时长的特点，自5月中旬开始，流域内降雨连绵不断，梅雨期大面积持续降雨不断出现。6月中旬前期、下旬后期至7月上旬，副高脊线在北纬24°附近稳定不动，冷暖两股气流在江淮地区相遇，产生强烈辐合，造成流域暴雨叠加，形成了持续暴雨的天气。

2）暴雨过程

1991年巢湖流域共出现3次明显的暴雨过程，分别为5月18日—6月15日、6月30日—7月11日、7月31日—8月7日。

(1) 第1场暴雨(5月18日—6月15日)

受地面气旋波发展东传及北方冷空气不断扩散南下的影响，巢湖流域5月18日入梅后普降大到暴雨。流域面平均雨量为374.2 mm，次雨量超过400 mm的笼罩面积占全流域面积的24.8%，超过300 mm的笼罩面积占全流域面积的90.1%。暴雨中心位于巢湖流域南部，最大次雨量为西河缺口站的580.0 mm，黄泥河泥河站549.0 mm次之；最大1 d降水量为清溪河清溪站的208.2 mm。

(2) 第2场暴雨(6月30日—7月11日)

6月底，西太平洋副高重新加强北抬，西南气流再度活跃，切变线在江淮流域再度生成，造成第二次大范围强降水过程。本次降雨强度更大、范围更广，流域面平均雨量为597.7 mm，其中6月30日、7月10日面平均雨量分别达到94.8 mm和131.1 mm；本次雨量超过600 mm的笼罩面积占全流域面积的59.0%，超过500 mm的笼罩面积占全流域面积的85.7%。暴雨中心位于巢湖流域南部及东部局部地区，最大次雨量为清溪河清溪站的783.0 mm，永安河六店站742.0 mm次之；最大1 d降水量为查湾河花岩山站的254.8 mm，双河双河站246.3 mm次之。

(3) 第3场暴雨(7月31日—8月7日)

入伏以后，受副高控制，巢湖流域进入高温酷暑的天气。7月31日起流域持续降雨，特别是8月6、7日面平均降水量达105.1 mm。本次暴雨中心位于巢湖流域南部及肥东县境内，流域面平均雨量为163.4 mm，次雨量超过200 mm的笼罩面积占全流域面积的7.5%，最大次雨量为湖陇河牛埠站的256.0 mm，店埠河肥东站243.0 mm次之；最大1 d降水量为清溪河清溪站的158.8 mm，丰乐河张家店站124.9 mm次之。

---

① 1斤=0.5 kg。

3）暴雨特点

（1）梅雨期历时长，强降雨频发

从5月中旬后期开始，副高明显西伸北抬，导致长江中下游地区较常年提前入梅。1991年梅雨期从5月18日开始至7月13日，共计57 d，巢湖流域梅雨期降雨总量大、历时长、雨强大。流域面平均雨量为983.1 mm，占年降水量的54.6%，占汛期雨量的75.6%。6月上中旬连续多日强降水，流域内已经出现局部涝灾；6月30日流域再次突降大暴雨，并连续多日，直到7月11日才基本结束。流域最大15、30 d位居历史第1位，部分站点长历时降水量位居历史第1位，其中最大15、30 d降水量有32个站点位居历史第1位，部分站点统计见表2.1-11至表2.1-13。

表2.1-11 1991年巢湖流域长历时降水量统计表

时段	最大1 d	最大3 d	最大7 d	最大15 d	最大30 d
降水量(mm)	131.1	236.2	326.7	600.2	737.9
历史排位	4	4	4	2	1

表2.1-12 1991年巢湖流域长历时降水量位居第1位站点统计表1 单位：mm

河流	站名	最大1 d	河流	站名	最大3 d	河流	站名	最大7 d
查湾河	花岩山	254.8	黄沙河	曹家院	380.3	查湾河	花岩山	528.7
黄莺河	黄土关	241.2	滑石河	毛坦厂	370.4	滑石河	毛坦厂	456.8
小涧冲河	小涧冲	232.5	丰乐河	东河口	368.2	丰乐河	东河口	452.6
			巢湖	忠庙	346.7	巢湖	忠庙	433.3
			夏阁河	夏阁	285.0	炯炀河	炯炀	392.4
			炯炀河	炯炀	272.6	夏阁河	夏阁	386.5
						南淝河	董铺	291.1

表2.1-13 1991年巢湖流域长历时降水量位居第1位部分站点统计表2 单位：mm

河流	站名	最大15 d	河流	站名	最大30 d
清溪河	清溪	783.8	清溪河	清溪	993.6
查湾河	花岩山	773.6	永安河	六店	959.7
永安河	六店	744.4	塘串河	裴岗	948.7
巢湖	忠庙	741.1	永安河	明堂	902.2
小涧冲河	小涧冲	738.8	永安河	开城桥	892.3
塘串河	裴岗	734.1	巢湖	忠庙	891.7
丰乐河	东河口	731.8	永安河	油坊	848.7
滑石河	毛坦厂	726.7	黄沙河	曹家院	845.9
金牛河	金牛	715.1	裕溪河	巢湖闸	845.7
裕溪河	巢湖闸	714.6	永安河	严家桥	840.1

（2）时空分布不均，强降水集中

1991年巢湖流域降雨区域分布及各月降水量分布不均，汛前降水量较常年同期偏大，其中2—4月394.0 mm较常年同期偏多6成；1991年主要降水集中在6、7两个月，6—7月降水量为903.2 mm，占全年降水总量的50.2%，接近正常年份全年的降水量，其中7月降水量为519.6 mm，排历史第4位。10—11月份降水量偏少，比常年同期偏少近9成。

2. 水情

1）水情概述

入梅以后，受多次强降雨影响，巢湖、各内河及水库水位快速上涨，致使巢湖和西河、兆河、丰乐河、永安河、裕溪河等多条河流同时发生超保证水位以上洪水，多座水库达到或超汛限水位运行。

受梅雨期强降雨影响，巢湖忠庙站于6月18日8时开始达警戒水位10.50 m，6月21日8时回落至警戒水位以下。7月2日8时再次达警戒水位；11日8时开始超保证水位，13日8时达最高水位12.80 m，超保证水位0.30 m，位居历史第2位；22日8时落至保证水位，超保证水位共11 d。

1991年汛期巢湖闸下泄水量73.73亿m^3；裕溪闸排入长江水量约75.8亿m^3，西河凤凰颈闸开闸时间集中在6月中旬及7月初，排入长江水量约0.54亿m^3；凤凰颈排灌站于7月5日—9月25日自排及机排水量约30亿m^3。6月12日至9月30日，铜城闸一度开闸，经牛屯河分洪道泄洪入江7.21亿m^3。

2）洪水过程

(1)丰乐河桃溪站19910712号洪水

受流域强降雨影响，丰乐河水位6月底开始快速上涨，桃溪站7月2—5日先后有2次超警戒水位过程，7月4日涨至最高水位16.19 m，超警戒水位0.63 m，7月8日水位回落至13.26 m。受再次强降雨影响，7月8日0时水位快速上涨，9日23时达警戒水位15.56 m，涨幅为2.30 m，历时47 h；11日由于多处圩口溃决，桃溪站水位涨至17.51 m后短暂下落，10 h后继续上涨，至12日3时达保证水位17.56 m，涨幅为4.30 m，历时99 h；12日5时30分桃溪站达洪峰水位17.67 m，居历史第3位，涨幅达4.41 m，历时约为101 h；洪峰流量达1 250 m^3/s(7月12日)，居历史第2位。桃溪站水位7月12日11时回落至保证水位以下，14日14时退至警戒水位以下，在警戒水位以上约166 h。

1991年7月11日，三河镇杭埠河水位为14.23 m，16时17分杭埠河北岸与三河镇杨婆圩毗连的庐江县新圩段决口；三河镇(船厂)的水位也高达14.15 m，沿河大面积破圩，双河镇、桃溪镇及三河镇等主要城镇受淹。

(2) 西河缺口站19910712号洪水

受流域强降雨影响，西河缺口站6月有一次超警达保洪水过程，6月16日水位涨至11.73 m(达保证水位)后持续回落，23日落至警戒水位以下。受7月上旬强降雨影响，缺口水位快速涨至12.20 m，7月9日东大圩破口进洪后，水位有所回落。受继续降雨影响，7月12日2时，缺口站涨至洪峰水位12.25 m，超保证水位0.52 m，居历史第6位。7月28日缺口站水位回落至保证水位，受8月上旬强降雨影响，缺口站水位于8月6日小幅上涨，7日再次超保证水位，13日退至保证水位，9月11日退至警戒水位。西河缺口站水位先后在保证水位(11.73 m)以上约32 d，在警戒水位(10.50 m)以上约83 d。

(3) 西河梁家坝站19910712号洪水

受流域强降雨影响，西河梁家坝站6月发生一次超警超保洪水，6月16日2时水位涨至11.54 m(超保证水位0.04 m)后持续回落，23日20时落至警戒水位。受7月上旬强降雨影响，梁家坝站水位自6月30日20时9.75 m开始起涨，7月1日20时水位涨至10.65 m，超警戒水位0.15 m，4日8时水位涨至11.56 m，超保证水位0.06 m，受圩区破圩影响，7月4—10日期间，水位小幅震荡，7月12日2时涨至洪峰水位12.18 m(相应流量169 m^3/s)，居历史第2位(梁家坝1956—2000年)；8月1日8时水位回落至保证水位。受8月初降雨影响，梁家坝站水位于8月6日小幅上涨，7日11时再次超保证水位，13日8时回落至11.49 m，30日回落至警戒水位。8月7日17时，实测年最大流量241 m^3/s(相应水位11.74 m)。西河梁家坝站水位先后在保证水位(11.50 m)以上约35 d，在警戒水位(10.50 m)以上约70 d。

(4) 西河凤凰颈排灌站19910713号洪水

受流域降雨影响，西河凤凰颈排灌站(站上游)6月发生超警戒洪水，最高水位涨至10.89 m(超警戒水位0.49 m)，6月下旬回落至警戒水位以下。受6月30日—7月11日强降雨影响，水位自6月30日起涨，7月13日涨至洪峰水位12.03 m，超保证水位0.53 m，位居历史第3位，7月28日回落至保证水位，8月24日回落至警戒水位，其间7月5日—9月25日凤凰颈排灌站多次开机外排，大大减轻西河流域的洪水压力。西河凤凰颈排灌站水位在保证水位(11.50 m)以上约19 d，在警戒水位(10.50 m)以上约62 d。

(5) 西河凤凰颈闸站19910712号洪水

受降雨影响，西河凤凰颈闸(闸上游)6月发生超警戒洪水，6月下旬回落至警戒水位以下。受6月30日—7月11日强降雨影响，水位自6月30日9.71 m起涨，7月12日涨至洪峰水位12.09 m，超保证水位

0.59 m,位居历史第 3 位,7 月 29 日回落至保证水位,8 月 25 日退至警戒水位。西河凤凰颈闸站水位在保证水位(11.50 m)以上约 22 d,在警戒水位(10.50 m)以上约 63 d。

(6) 南淝河合肥站 19910710 号洪水

受强降雨影响,南淝河合肥站 6 月底至 7 月初发生一次超警戒洪水,水位自 6 月 29 日 10.15 m 起涨,7 月 4 日涨至 12.80 m,超警戒水位 0.80 m;5 日水位回落至 11.94 m,受强降雨影响,7 月 10 日涨至洪峰水位 14.56 m,超警戒水位 2.56 m,位居历史第 4 位。受巢湖高水位顶托,7、8 月合肥站水位持续在警戒水位以上,8 月初的强降雨致使合肥站水位于 8 月 6 日再次上涨至 13.82 m,超警戒水位 1.82 m,12 日落至警戒水位。南淝河合肥站水位在警戒水位(12.00 m)以上 34 d。

3) 洪水特点

(1) 多轮降雨来袭,多条支流超保

1991 年梅雨期历时长,多轮强降雨造成巢湖及西河、兆河、丰乐河、杭埠河、永安河、裕溪河等河流同时发生超警戒或超保证洪水,巢湖最高水位达 12.80 m(7 月 13 日),居 1954 年之后历史第 2 位,详见表 2.1-14。

表 2.1-14　1991 年巢湖流域主要河道站水情统计表

河名	站名	警戒水位(m)	保证水位(m)	最高水位(m)	出现日期	历史排位
西河	缺口	10.50	11.73	12.25	7 月 12 日	6
	梁家坝	10.50	11.50	12.18	7 月 12 日	2
兆河	兆河闸	10.50	12.00	12.18	7 月 8 日	3
裕溪河	巢湖闸下	10.50	12.00	12.44	7 月 14 日	3
丰乐河	桃溪	15.56	17.56	17.67	7 月 12 日	3
南淝河	合肥	12.00	15.00	14.56	7 月 10 日	4
永安河	开城桥	10.50	11.50	12.24	7 月 11 日	4

(2) 洪水总量偏多,下泄能力不足

自 1991 年入汛以来,长江干流水位一直较常年同期偏高,入梅以后,受长江上游来水及区间降雨影响,长江干流水位快速上涨,6 月 15 日安徽省长江干流全线超警。在巢湖最高水位期间,长江水位偏低,这有利于巢湖流域内水外排,汛期排入长江总水量约 113.6 亿 m^3。但由于流域洪水来量大,河、湖、圩内滞留大量的超额洪水(估算超额洪水量约 23 亿 m^3),沿湖四周圩堤大都破圩进水,巢湖蓄量增加,下泄能力不足,从而形成全流域的洪涝灾害。

4) 洪水重现期

1991 年巢湖流域暴雨集中,洪水量大,其最大 30 d 面雨量重现期约为 70 年,但长江属于中等洪水年,长江芜湖站最高江水位为 11.78 m,其重现期为 10 年。根据降雨和长江水位情况综合分析,巢湖流域 1991 年洪水约为 50 年一遇。

3. 工情

1) 湖库

(1) 巢湖

1991 年汛期,巢湖忠庙站洪峰水位为 12.80 m(7 月 13 日),超保证水位 0.30 m;巢湖闸(闸上游)最高水位为 12.71 m(7 月 14 日),均位居历史第 2 位,汛期通过巢湖闸下泄水量 73.73 亿 m^3,最大下泄流量为 1 400 m^3/s,发生在 7 月 15 日,位居历史第 1 位。

(2) 龙河口水库

1991 年汛期,受 6 月上旬至中旬持续降雨影响,龙河口水库发生一次明显洪水过程,水位自 6 月 1 日 8 时 64.75 m 起涨,13 日 12 时达 67.39 m,超汛限水位 0.39 m。7 月受强降雨影响,水位自 7 月 1 日 2 时 64.19 m 起涨,10 日 13 时达汛限水位,11 日达洪峰水位 69.76 m,超汛限水位 2.76 m,位居历史第 3 位,

13 日落至汛限水位。7 月 11 日实测最大下泄流量为 2 010 m^3/s，汛期龙河口水库共拦蓄洪水 2.48 亿 m^3，削减洪峰率为 68%。汛期龙河口水库超汛限水位共计 151 h(约 6 d)。

(3) 董铺水库

1991 年汛期，受强降雨影响，董铺水库水位自 6 月 30 日 8 时 27.78 m 起涨，于 7 月 11 日达洪峰水位 29.85 m(超汛限水位 2.35 m)，位居历史第 1 位；实测最大下泄流量 58.9 m^3/s(7 月 12 日)，汛期拦蓄洪水 0.49 亿 m^3，削减洪峰率为 83%。自 6 月 14 日至 12 月 31 日，董铺水库持续在汛限水位以上运行。

2) 行蓄洪区

1991 年 6—7 月巢湖流域遭受连续暴雨袭击，洪水来量大，持续时间长，大小圩口几乎全部溃决。西河缺口站 7 月 4 日 10 时水位为 11.78 m，超过东大圩规定进洪水位(11.73 m)。7 月 9 日水位涨至 12.00 m，9 时 15 分接到省防指破口进洪电报，11 时 28 分第一条沟进洪，13 时 30 分铲堤进洪任务结束，进洪流量为 200 m^3/s，17 时 45 分口门全部冲开，冲深 3～4 m，进洪流量超过 1 000 m^3/s。圩内最高蓄水位为 10.80 m，总拦蓄水量为 2.42 亿 m^3。兆河流域总破圩面积约 12 万亩，西河、兆河水位有所回落。

3) 排灌站

1991 年汛期，凤凰颈排灌站于 7 月 5 日—9 月 25 日机排、自排西河洪水，累计开机台时 11 112 h，机排洪水 16 亿 m^3，自排洪水 14 亿 m^3。

4. 灾情

1991 年巢湖流域破圩 500 多个，洪水淹没面积 80 余万亩，内涝面积 90 余万亩。合肥市、巢湖市等部分城区及三河、桃溪、撮镇等城镇受淹，圩区平均淹没水深为 3.5 m。城区受淹面积达 20.4 km^2，合裕、合安等主要公路部分路段被淹，交通中断一个多月。由于巢湖市万亩圩口中埠联圩溃破，淮南铁路交通中断 18 d。据统计，该年巢湖流域洪水造成的工农业直接损失达 48.5 亿元。沿河耕地和三河、杭埠、丰乐、桃溪、双河等集镇都遭受了不同程度的洪涝灾害，损失严重。整个流域内的 48.3 万亩圩区土地几乎一半被淹，位于两河下游的三河镇损失巨大。

5. 结语

1991 年巢湖流域梅雨期长达 57 d，长历时强降雨致使巢湖和西河、兆河、丰乐河、永安河、裕溪河等多条河流同时发生超保证洪水，多座水库达到或超汛限水位运行。洪水来势迅猛，下泄能力不足，导致流域各内河不仅水位高，而且高水位持续时间长，在水位居高不下的情况下，众多圩口溃破，造成了全流域严重洪涝灾害。长历时暴雨及下泄能力不足是 1991 年流域性洪涝灾害的主要原因。

1.1.2.4 2016 年洪水

2016 年，受"厄尔尼诺"现象的影响，巢湖流域汛期暴雨过程多，滞涝严重，秋季出现罕见连阴雨。流域年降水量较常年同期偏多，空间及年内各月降雨分布不均。

汛期巢湖流域遭受连续不断的强降雨，致使河、湖、库水位猛涨，多条河流发生超保证或超警戒洪水。由于长江干流来水早、汛情大，受外江洪水顶托，巢湖及内河基本失去了向外排水的条件，巢湖流域再次发生了流域性大洪水。特别是 6 月 30 日—7 月 6 日这场强降雨使多处站点接近或超过历史极值。

10 月份，一方面西太平洋副高强度偏强、位置偏北，其与北方南下的冷空气结合，造成巢湖流域降雨频繁；另一方面西太平洋副高强度偏强、台风活动偏多，二者无缝对接，导致巢湖流域出现了历史最长时间的秋季连阴雨。

1. 雨情

1) 雨情概述

2016 年巢湖流域年降水量为 1 745.3 mm，比常年同期偏多 5 成，流域内最大年降水量为郭公河刘家院站的 2 547.8 mm。主汛期(6—8 月)面平均雨量为 675.3 mm，比常年同期偏多近 4 成。

2016 年汛期降雨具有总量大、雨强大、历时长、分布不均的特点，强降雨主要集中在巢湖流域南部，特别是西兆河、裕溪河、杭埠河流域，降雨时间主要在梅雨期。2016 年自 6 月 18 日入梅到 7 月 21 日出梅，梅雨期共 34 d，较常年偏长 8 d，出梅偏晚，梅雨量多、强度大；梅雨期巢湖流域面平均雨量为 587.5 mm，其间发生 2 次明显强降雨过程。

2）暴雨过程

2016 年巢湖流域共出现 4 次明显的暴雨过程，分别为 6 月 19—28 日、6 月 30 日—7 月 7 日、9 月 27 日—10 月 2 日、10 月 19—31 日。

（1）第 1 场暴雨（6 月 19—28 日）

入梅后第 2 天巢湖流域就出现了第一次暴雨过程，流域面平均雨量为 157.9 mm，本次降雨过程雨量超过 200 mm 的笼罩面积占全流域面积的 10%；雨量超过 100 mm 的笼罩面积占全流域面积的 92%。6 月 19—23 日，流域东北部雨量较大；24—28 日雨带南压，流域南部雨量较大。最大次雨量为黄屯河黄屯站的 292.5 mm，西河凤凰颈闸站 274.5 mm 次之；最大 1 d 降水量为黄屯河黄屯站的 120.5 mm，西河凤凰颈闸站 110.0 mm 次之。

（2）第 2 场暴雨（6 月 30 日—7 月 7 日）

第 1 场暴雨刚结束，巢湖流域又迎来强度更大、范围更广的一次全流域强降雨过程。本次降雨流域面平均雨量为 379.5 mm，雨量超过 300 mm 的笼罩面积占全流域面积的 68%；雨量超过 200 mm 的笼罩面积占全流域面积的 85%。暴雨中心位于巢湖流域南部，最大次雨量为黄泥河泥河站的 558.0 mm，裕溪河巢湖闸站及秀芜站 545.0 mm 次之；最大 1 d 降水量为裕溪河秀芜站的 284.5 mm，裕溪河巢湖闸 284.0 mm 次之。

（3）第 3 场暴雨（9 月 27 日—10 月 2 日）

受 17 号台风“鲇鱼”影响，巢湖流域普降大雨，局部地区暴雨、大暴雨。本次降雨主要集中在舒城县及庐江县境内，流域面平均雨量为 150.2 mm，雨量超过 100 mm 的笼罩面积占全流域面积的 84%。最大次雨量为黄泥河泥河站的 220.5 mm，龙河芦镇关站 213.0 mm 次之，最大 1 d 降水量为黄泥河泥河站的 107.0 mm，龙河芦镇关站 105.0 mm 次之。

（4）第 4 场暴雨（10 月 19—31 日）

汛后巢湖流域又发生了一次历时长、范围广的降雨过程。本次降雨流域面平均雨量为 213.0 mm，雨量超过 200 mm 的笼罩面积占全流域面积的 65%，雨量超过 100 mm 的笼罩面积占全流域面积的 95%。最大次雨量为黄沙河曹家院站的 303.0 mm，牛屯河新桥闸站 262.5 mm 次之。

3）暴雨特点

（1）梅雨季节降雨频发，多地创降雨极值

2016 年梅雨期巢湖流域降雨总量大、历时长、雨强大。流域面平均雨量为 587.5 mm，占汛期（5—9 月）雨量的 57.5%。6 月 19—28 日巢湖流域一轮强降雨刚结束，6 月 30 日又迎来入汛以后最强降雨过程，最大 3、7 d 降水量均位居历史第 2 位，详见表 2.1-15；本轮强降雨造成多个雨量站点最大 1 d 降水量超历史极值，详见表 2.1-16。

表 2.1-15　2016 年巢湖流域长历时降水量统计表

时段	最大 1 d	最大 3 d	最大 7 d	最大 15 d	最大 30 d
降水量(mm)	167.6	283.6	377.8	509.1	582.5
历史排位	3	2	2	3	5

表 2.1-16　2016 年巢湖流域最大 1 d 降水量位居第 1 位站点统计表

河流	站名	降水量(mm)	河流	站名	降水量(mm)
裕溪河	秀芜	284.5	金牛河	金牛	216.0
裕溪河	巢湖闸	284.0	湖陇河	牛埠	216.0
黄陈河	石涧	279.0	西河	陡沟	198.5
永安河	严家桥	261.5	丰乐河	张家店	196.5
牛屯河	新桥闸	243.5	巢湖	忠庙	193.0

(续表)

河流	站名	降水量(mm)	河流	站名	降水量(mm)
永安河	六店	235.0	杭埠河	钱大山	184.0
塘串河	裴岗	219.5	舒庐干渠	汤池	183.5
永安河	油坊	219.0			

(2) 降雨时空分布不均,台风影响显著

2016 年巢湖流域降雨在区域上分布不均,流域北部降雨接近常年同期,南部比常年同期偏多 6～7 成,特别是裕溪河流域和西河流域。2016 年各月降水量分布极其不均,且与往年不同,秋季出现罕见连阴雨。10 月份受 17 号台风"鲇鱼"及 22 号台风"海马"影响,月降雨总量为 251.2 mm,占年降水量的 14.4%,比多年平均多 3 倍,仅次于 1983 年的 260.7 mm,排名为历史第 2 位;降雨日为 21 d,为常年同期最多。

2. 水情

1) 水情概述

5 月 1 日入汛以后,由于长江水位一直较常年同期偏高,巢湖流域各内河基本无法向外排水。入梅以后,受多次强降雨影响,巢湖、各内河及水库水位快速上涨,致使巢湖及西河、兆河、丰乐河、永安河、裕溪河等多条河流同时发生超保证洪水;西河梁家坝站、永安河开城桥站、兆河兆河闸站、裕溪河巢湖闸下站、丰乐河桃溪站、牛屯河新桥闸站最高水位均创新高,多座水库达到或超汛限水位运行。

巢湖忠庙站水位从 6 月 24 日 9.47 m 开始上涨,7 月 1 日 14 时 54 分达警戒水位 10.50 m,5 日 18 时 42 分开始超保证水位(12.50 m),9 日 4 时 06 分达最高水位 12.77 m,超保证水位 0.27 m,居历史第 3 位,涨幅达 3.30 m。7 月 16 日 21 时 30 分忠庙站水位落至保证水位 12.50 m,在保证水位以上历时 11 d;8 月 16 日 20 时 36 分忠庙站水位落至警戒水位 12.50 m,在警戒水位以上长达 47 d。

2016 年汛期,通过巢湖闸下泄水量 36.89 亿 m^3;巢湖流域各内河入江口排江总水量为 68.08 亿 m^3,其中裕溪闸 30.90 亿 m^3,新桥闸 29.77 亿 m^3,凤凰颈站 7.41 亿 m^3。

2) 洪水过程

(1) 丰乐河桃溪站 20160702 号洪水

受流域强降雨影响,丰乐河桃溪站水位自 7 月 1 日 1 时起快速上涨,1 日 21 时 36 分达警戒水位 15.56 m,涨幅 5.02 m,历时 20 h;2 日 9 时达保证水位 17.56 m,涨幅 7.02 m,历时 32 h;2 日 21 时 06 分涨至洪峰水位 17.80 m,超保证水位 0.24 m,涨幅达 7.26 m,历时 44 h,超 1991 年最高水位 0.13 m,仅次于 2020 年最高水位,居历史第 2 位,洪峰流量达 1 060 m^3/s(7 月 2 日 21 时 06 分)。7 月 3 日 3 时回落至保证水位,在保证水位之上历时 18 h;7 日 21 时回落至警戒水位,在警戒水位之上历时 144 h。

丰乐河下游三河镇站最高水位为 13.58 m,超警戒水位 2.20 m,超保证水位 0.20 m,仅低于 1991 年、2020 年最高水位,居历史第 3 位。汇入口下游约 4 km 处的杭埠河上设有中小河流水文站三河站,7 月 5 日 22 时 12 分实测最高水位 12.98 m,超保证水位 0.48 m;7 月 2 日 9 时 42 分在汇入口实测杭埠河最大流量2 690 m^3/s(三河站相应水位 12.68 m),之后受巢湖顶托影响,流量有所减小。

(2) 西河缺口站 20160702 号洪水

受 6 月 27—28 日强降雨影响,缺口站水位自 27 日 8 时 9.85 m 快速上涨,28 日 9 时达警戒水位 10.50 m,23 时 54 分达洪峰水位 11.38 m,涨幅 1.53 m,7 月 1 日 2 时 30 分落至 10.52 m。7 月 1 日 1 时起,西河流域先后降暴雨、大暴雨,局部特大暴雨,河道水位再次迅速上涨,缺口站于 1 日 18 时 06 分达保证水位 11.90 m,涨幅达 1.38 m;水位仍继续快速上涨,1 日 23 时 18 分缺口水位涨至 12.51 m,23 时 36 分省防指调度启用东大圩行蓄洪区蓄洪后,水位有所回落;受后续强降雨影响,2 日 20 时缺口站达洪峰水位 12.65 m,涨幅达 2.13 m;洪峰水位超过 1991 年最高水位,仅次于 2020 年最高水位,为自 1955 年以来第 2 位。西河缺口站水位自 7 月 1 日 18 时 06 分达保证水位 11.90 m 后,一直在高水位以上运行,22 日 1 时,缺口站水位回落至保证水位,在保证水位之上历时长达 487 h,远远超过历史大水年 1999 年的 127 h 和 2003 年的 83 h;8 月 10 日 19 时回落至警戒水位,在警戒水位之上历时长达 43 d。

在西河缺口水位站上游 630 m 处设有中小河流水文站西河站，2016 年最高水位为 12.63 m(7 月 3 日 6 时 30 分)；7 月 3 日 8 时 36 分在西河站下游约 100 m 缺口大桥处，实测最大流量 467 m^3/s(不含兆河流量)，西河站相应水位为 12.62 m。

(3) 西河梁家坝站 20160705 号洪水

受 6 月下旬降雨影响，西河梁家坝水文站水位自 6 月 26 日 1 时 9.82 m 起涨，28 日 9 时达警戒水位 10.50 m，29 日 2 时 24 分涨至 11.38 m，涨幅 1.56 m，相应流量为 183 m^3/s，7 月 1 日 3 时水位退至 10.53 m。由于西河流域出现新一轮强降雨，河道水位再次迅速上涨，7 月 1 日 16 时 45 分达保证水位 11.50 m，5 日 0 时 19 分水位最高涨至 12.64 m，涨幅 2.11 m，相应流量为 191 m^3/s，超历史最高水位(12.42 m，1999 年 6 月 30 日)0.22 m，洪峰流量为 315 m^3/s(7 月 2 日 7 时 04 分)。7 月 28 日 20 时 40 分梁家坝站水位回落至保证水位，在保证水位之上历时长达 652 h；8 月 10 日 11 时回落至警戒水位，在警戒水位之上历时长达 43 d。

(4) 西河凤凰颈排灌站 20160705 号洪水

受降雨影响，凤凰颈排灌站(站上游)水位自 6 月 27 日 8 时 9.82 m 起涨，28 日 11 时涨至警戒水位 10.50 m，29 日 5 时 53 分涨至 11.32 m 之后又回落至 10.47 m，7 月 1 日水位再次快速上涨，1 日 6 时涨至警戒水位，17 时 28 分涨至保证水位 11.50 m，5 日 1 时 43 分涨至洪峰水位 12.62 m。其间 6 月 25 日 11 时 25 分至 7 月 25 日凤凰颈排灌站开机外排，大大减轻了西河流域的洪水压力。7 月 28 日 9 时 28 分凤凰颈排灌站(站上游)回落至保证水位，在保证水位之上历时长达 640 h；8 月 10 日 3 时回落至警戒水位，在警戒水位之上历时长达 43 d。6—9 月凤凰颈排灌站累计排水量 7.41 亿 m^3。

(5) 西河凤凰颈闸站 20160706 号洪水

受降雨影响，凤凰颈闸(闸上游)水位自 6 月 27 日 8 时 9.82 m 起涨，28 日 11 时涨至警戒水位 10.50 m，29 日 7 时 38 分涨至 11.28 m 之后又回落至 10.47 m，7 月 1 日水位再次快速上涨，1 日 6 时涨至警戒水位，17 时 13 分涨至保证水位 11.50 m，6 日 9 时 18 分涨至洪峰水位 12.59 m，涨幅 2.77 m。7 月 28 日 9 时回落至保证水位，在保证水位之上历时长达 640 h；8 月 10 日 4 时回落至警戒水位，在警戒水位之上历时长达 43 d。

(6) 南淝河合肥站 20160709 号洪水

受强降雨和巢湖高水位顶托影响，南淝河发生超警戒水位。合肥站水位自 6 月 30 日 11 时10.18 m 起涨，7 月 1 日 20 时涨至 11.87 m，之后水位小幅回落至 11.57 m。受降雨及上游水库泄洪影响，水位再次上涨，7 月 3 日 12 时 36 分达警戒水位 12.00 m，9 日 7 时 24 分达洪峰水位 12.80 m，超警戒水位 0.80 m；7 月 25 日 16 时 36 分落至警戒水位，在警戒水位之上历时长达 22 d。

2016 年 7 月 1 日 10 时 43 分在南淝河下游板桥河汇入后的古井桥测得实测流量 77.1 m^3/s，7 月 1 日 17 时南淝河入巢湖口实测流量为 407 m^3/s。

3) 洪水特点

(1) 长江水位高，巢湖水外排不畅

自入汛以来，长江干流水位一直较常年同期偏高；入梅以后受长江上游来水及区间降雨影响，长江干流水位快速上涨，7 月 3 日长江干流安徽段全线超警。大通站最高水位为 15.66 m(7 月 8 日)，超警戒水位1.26 m；凤凰颈闸(下)最高水位为 14.54 m(7 月 8 日)，超警戒水位 1.34 m；芜湖站最高水位为 12.31 m(7 月 8 日)，超警戒水位 1.11 m；裕溪闸(下)站实测最高水位为 12.21 m(7 月 7 日)，超警戒水位 1.51 m。外洪顶托，长江水位持续增高，巢湖流域各内河基本无法外排内水，致使巢湖及其支流水位居高不下。

(2) 洪水汛情猛，多条河流创新高

多轮强降雨造成巢湖及西河、兆河、丰乐河、杭埠河、派河、裕溪河等 8 条河流同时发生超警戒或超保证洪水。其中裕溪河巢湖闸下站、兆河兆河闸站、丰乐河桃溪站、永安河开城桥站、西河梁家坝站均创新高，仅次于 2020 年，为历史第 2 位；西河缺口站最高水位 12.65 m 为自 1955 年以来最高；巢湖最高水位达 12.77 m，仅次于 2020 年、1991 年，居历史第 3 位，详见表 2.1-17。

表 2.1-17　2016 年巢湖流域主要河道站水情统计表

河名	站名	警戒水位(m)	保证水位(m)	最高水位(m)	出现日期	历史排位
西河	缺口	10.50	11.90*	12.65	7 月 2 日	3
	梁家坝	10.50	11.50	12.64	7 月 5 日	2
永安河	开城桥	10.50	11.50	12.65	7 月 5 日	2
兆河	兆河闸	10.50	12.00	12.57	7 月 6 日	2
裕溪河	巢湖闸下	10.50	12.00	12.57	7 月 8 日	2
丰乐河	桃溪	15.56	17.56	17.80	7 月 2 日	2
南淝河	合肥	12.00	15.00	12.80	7 月 9 日	13

*：缺口站保证水位于 2014 年由 11.73 m 调整为 11.90 m。

4）洪水重现期

2016 年巢湖流域最大 30 d 面雨量重现期约为 30 年，但该年长江属于中等洪水年，芜湖站实测最高洪水位为 12.31 m，其重现期约为 10～20 年。根据降雨和长江水位遭遇情况综合分析，巢湖流域 2016 年洪水约为 30 年一遇。

3. 工情

1）湖库

（1）巢湖

2016 年汛期，巢湖忠庙站洪峰水位为 12.77 m(7 月 9 日)，超保证水位 0.27 m；巢湖闸(闸上游)最高水位为 12.62 m(7 月 8 日)，均位居历史第 2 位。巢湖闸于 5 月 1—12 日、5 月 14 日—6 月 22 日、6 月 27 日、7 月 1 日—9 月 5 日、9 月 20—23 日、9 月 30 日先后开闸泄洪，累计开闸 125 d，最大泄量为 921 m^3/s(7 月 11 日 18 时)，总外排水量 36.89 亿 m^3。7—8 月泄水量为 32.09 亿 m^3，约占汛期的 87.0%，约占全年的 46.5%。

（2）龙河口水库

2016 年汛期，受强降雨影响，龙河口水库自 7 月 1 日 2 时 66.35 m 起涨，7 月 2 日 8 时达最高水位 69.23 m(超汛限水位 2.23 m)，位居历史第 4 位，涨幅 2.88 m。最大下泄流量为 818 m^3/s(7 月 2 日)，削峰率为 84%，汛期超汛限水位运行 7 d。

（3）董铺水库

董铺水库水位自 6 月 20 日 14 时 26.99 m 起涨，7 月 1 日 19 时 42 分达汛限水位 28.00 m，2 日 10 时 42 分达洪峰水位 28.15 m(超汛限水位 0.15 m)，涨幅 1.16 m。7 月 1—4 日分别开启泄洪洞及溢洪道泄洪，最大出库流量为 39.0 m^3/s(7 月 2 日)，削峰率为 77.8%。7 月 3 日 17 时水位落至汛限水位以下，超汛限水位历时 45.3 h。受引水影响，董铺水库年最高水位 29.32 m 出现在 10 月 31 日。

（4）大房郢水库

大房郢水库水位自 6 月 20 日 14 时 26.83 m 起涨，7 月 1 日 9 时 48 分达汛限水位 27.50 m，2 日 7 时 38 分达洪峰水位 27.72 m(超汛限水位 0.22 m)，涨幅 0.89 m。7 月 1—4 日分别开启泄洪洞及溢洪道泄洪，最大出库洪峰流量为 53.9 m^3/s(7 月 2 日)，削峰率为 56%。7 月 3 日 12 时水位落至汛限水位以下，超汛限水位历时 50.2 h。受引水影响，大房郢水库年最高水位 28.80 m 出现在 11 月 1 日。

2）行蓄洪区

西河缺口站于 7 月 1 日 18 时 06 分达保证水位 11.90 m 后仍持续上涨，省防指调度东大圩行蓄洪区于 7 月 1 日 23 时 36 分开启进洪闸蓄洪，西河、兆河水位有所回落，本次蓄洪区总蓄水量达 2.61 亿 m^3，实测最大泄量 256 m^3/s。东大圩行蓄洪区的启动，为西河缺口站成功削减水位约 0.30 m，大大减轻了西兆河的防汛压力。

3）排灌站

2016年凤凰颈排灌站总排水量约为15.96亿m^3。汛期，凤凰颈排灌站先后2次开机抽排西河洪水，总外排水量为6.80亿m^3。其中，第一次在6月2日14时30分，开机3台抽水，流量为120 m^3/s；6月14日6时关机，本次外排水量1.06亿m^3。第二次在6月25日11时25分，开机3台抽水；6月27日增开1台（开机4台）抽水；6月28日10时30分，又增开1台（开机5台）抽水。7月10日19时20分，4台抽水；7月14日1时30分，3台抽水；7月24日8时20分，2台抽水；7月27日11时10分，3台抽水。8月13日5时42分，抽水机组全部关闭，本次外排水量为5.74亿m^3。

4. 灾情

受强降雨影响，河湖水位猛涨，各类堤防险情不断。合肥市发生各类险情533处，其中重大险情3处，较大险情28处，其余均为一般险情。合肥市破圩102口，其中万亩以上大圩1口（肥东县姚埠圩），中小圩口漫破101口，总面积达9.78万亩。全市7个县（市、区）受灾，农作物受灾面积为178.3万亩，受灾人口为131.96万人，转移人口84 039人，倒塌房屋5 601间，直接经济损失达29.58亿元。

2016年与1991年相比，灾情明显减少，合肥市淹没范围为66 km^2，仅为1991年555 km^2淹没范围的12%，保住了城镇和工业区，保住了巢湖和主要河流堤防，保住了万亩大圩，保住了交通干线，保护了人民群众生命安全。

5. 结语

2016年巢湖流域梅雨期出现历时长、雨强大的暴雨，降雨主要集中在巢湖流域南部，特别是西河、兆河及裕溪河流域，巢湖南岸支流洪水基本超历史，西兆河、丰乐河水位创新高，巢湖水位与1991年最高水位仅差0.03 m。长时间、大范围的江淮梅雨是造成2016年巢湖流域性大洪水的主要原因。

1.1.2.5 2020年洪水

2020年，巢湖流域发生了全流域特大洪水，汛期连续遭遇多轮强降雨，巢湖忠庙水位站水位涨至13.43 m，超1991年历史最高水位0.63 m，超保证水位0.93 m，湖盆蓄水总量达59.26亿m^3。除湖区外，先后有西河、兆河、永安河、裕溪河、牛屯河、杭埠河、丰乐河、派河、白石天河、柘皋河、南淝河等支流发生超警戒、超保证洪水，大房郢水库水位为自建库以来最高水位，龙河口水库、董铺水库接近自建库以来最高水位。为分蓄西河洪水，启用了东大圩行蓄洪区，同时为控制巢湖水位，环湖周边启用了多个万亩以上大圩及百余个万亩以下圩口分蓄洪水。流域内各闸站均全力向长江抢排洪水，但由于长江干流水位高，入江泄洪通道中断，内外洪水相遇，湖区被迫蓄积了大量超额洪量，特别是7月17—18日这场暴雨，造成多个站点短历时降水量超历史极值。

1. 雨情

1）雨情概述

2020年巢湖流域年降水量为1 779.9 mm，比多年平均偏多5成，流域内最大年降水量为晓天河主簿源站的2 657.0 mm。主汛期（6—8月）面平均雨量为1 078.3 mm，比多年平均偏多1.2倍，为自1954年以来最大雨量。

2020年汛期降雨具有降雨历时长、降雨强度大、覆盖范围广的特点。降雨时间主要在梅雨期，梅雨期共53 d，自6月10日入梅到8月1日出梅，较常年偏早6 d，较常年偏长27 d，其中有47 d为降雨日，梅雨期面平均雨量为986.7 mm。

2）暴雨过程

受西太平洋副高偏强偏西影响，2020年汛期巢湖流域共出现了7场较为明显的强降雨，分别为6月9—10日、6月12—18日、6月20—23日、6月26—28日、7月4—6日、7月10—19日、7月23—28日。

（1）第1场暴雨（6月9—10日）

刚入梅巢湖流域就迎来一次强降雨过程，流域面平均雨量为29.6 mm，流域西北部雨量较小，中东部雨量较大，其中裕溪河秀芜站最大1 d降水量为135.0 mm，最大1 h降水量86.0 mm（10日11时）达该站自建站以来最大1 h历史极值。

(2) 第 2 场降雨(6 月 12—18 日)

6 月 12—18 日,整个巢湖流域普降大到暴雨,流域面平均雨量为 181. 9 mm,本次降雨过程雨量超过 200 mm 的笼罩面积占全流域面积的 25. 7%,全部站点雨量均超过 100 mm。暴雨中心位于西兆河流域、南淝河上游和店埠河流域,最大次雨量为黄泥河泥河站的 322. 5 mm,店埠河胡岗站 282. 0 mm 次之;最大 1 d 降水量为黄泥河泥河站的 144. 0 mm,县河庐江站 128. 5 mm 次之。

(3) 第 3 场暴雨(6 月 20—23 日)

6 月 19 日雨势稍有减弱,6 月 20—23 日又一轮较强降水来袭,流域面平均雨量为 147. 1 mm。本次降雨过程雨量超过 200 mm 的笼罩面积占全流域面积的 14%;雨量超过 100 mm 的笼罩面积占全流域面积的 82%。暴雨中心位于巢湖流域上游和西河流域,最大次雨量为黄沙河曹家院站的 258. 5 m,张母桥河大山寨站 251. 0 mm 次之;最大 1 d 降水量为晓天河主簿源站的 139. 0 mm,西河缺口站 135. 0 mm 次之。

(4) 第 4 场暴雨(6 月 26—28 日)

6 月 26—28 日巢湖流域普降中到大雨,部分区域大到暴雨,流域面平均雨量为 59. 3 mm。本次暴雨中心主要位于派河流域,雨量超过 100 mm 的笼罩面积占全流域面积的 12%。最大降水量为派河肥西站的203. 5 mm,派河严店站 169. 0 mm 次之;最大 1 d 降水量为派河肥西站的 191. 5 mm,派河严店站 155. 0 mm次之。

(5) 第 5 场暴雨(7 月 4—6 日)

7 月 4—6 日巢湖流域南部部分区域发生短历时强降雨,流域面平均雨量为 43. 5 mm。本次暴雨中心位于庐江县南部和杭埠河上游,流域北部雨量较小。庐江县境内 2 个站点雨量大于 200 mm,6 个站点雨量大于 100 mm,其笼罩面积占庐江县面积的 27. 8%;最大降水量为黄泥河张院水库站的 244. 0 mm,湖陇河牛埠站 203. 0 mm 次之;最大 1 d 降水量为黄泥河张院水库站的 144. 5 mm。

(6) 第 6 场暴雨(7 月 10—19 日)

入梅以来巢湖流域持续降雨,7 月 10—19 日再次迎来 2020 年历时最长的一次全流域强降水过程,流域面平均雨量为 390. 9 mm,其间 12—13 日雨势稍有减弱,最强降水发生在 7 月 18 日,日雨量达 177. 1 mm。本次降雨过程雨量超过 400 mm 的笼罩面积占全流域面积的 87%;雨量超过 300 mm 的笼罩面积占全流域面积的 87%。最大次雨量为白石山河白山站的 550. 0 m,丰乐河张家店站 504. 0 mm 次之;最大 1 d 降水量为白石山河白山站的 316. 5 mm,西河缺口站 307. 0 mm 次之。

(7) 第 7 场暴雨(7 月 23—28 日)

7 月 23—28 日巢湖流域普降大到暴雨,流域面平均雨量为 82. 2 mm,本次流域降雨较为均匀,雨量超过 100 mm 的笼罩面积占全流域面积的 18%。最大降水量为店埠河胡岗站的 159. 0 mm,南淝河王大塘站 128. 5 mm次之;最大 1 d 降水量为牛屯河新桥闸站的 78. 5 mm,牛屯河后港站 77. 0 mm 次之。

3) 暴雨特点

(1) 入梅时间早,梅雨时间长,累积雨量大

2020 年巢湖流域梅雨滞留时间异常,降雨历时长、总量大。梅雨期共有 53 d,较常年偏长 27 d,其中有 47 d 为降雨日。6 月中旬至 7 月初,流域经历多轮强降水,7 月中旬再次普降大到暴雨,并连续多日,直到 7 月 29 日才基本结束;梅雨期雨量为 958. 2 mm,仅次于 1991 年,位居历史第 2 位;主汛期(6—8 月)降水量为 1 078. 3 mm,居历史第 1 位,占全年总降水量的 60. 6%;6 月、7 月月降水量分别排历史第 2、第 3 位。

(2) 降雨时段集中,降雨强度大,覆盖范围广

2020 年巢湖流域降雨在空间上分布较均匀,全流域差异不大,覆盖范围较广,都在下大暴雨;但其降水时间分布不均,短时间强度大,与 1991 年强降雨连绵不断持续 1 个月之久不同,2020 年短时段强降雨较多,特别是最大 1 h、最大 1 d 降水量多站创下了历史纪录,多轮强降雨也让多个站点的长历时降水量创下了历史纪录,降雨时段主要集中在 7 月中旬。从降水范围上来看,覆盖面广,6—8 月累计降水量超过 1 000 mm的笼罩面积占全流域面积的 55%;梅雨期累计降水量超过 1 000 mm 的笼罩面积占全流域面积的 29%。流域南部降水量大于北部降水量。

2. 水情

1）水情概述

5月1日入汛以后，长江水位一直较常年同期偏高，受长江1号洪水影响，特别是受鄱阳湖流域洪水直接影响，长江干流水位快速上涨，自7月7日起安徽省长江干流全线超警。长江大通站实测最高水位为16.24 m(7月13日)，超警戒水位1.84 m。巢湖流域各内河基本无法向外排水。

6月10日入梅后，巢湖流域先后遭受多轮暴雨袭击，受来水影响，巢湖水位自6月12日8.83 m起持续上涨，6月25日21时48分达警戒水位10.50 m，随后巢湖水位进入缓涨阶段，到7月18日，受流域特大暴雨影响，巢湖水位开始迅速上涨，7月19日2时30分达保证水位12.50 m；7月19日10时30分达1991年最高水位12.80 m，7月22日10时48分达最高水位13.43 m，涨幅4.60 m，湖盆蓄水总量达59.26亿m^3，高于1991年巢湖最高洪水位0.63 m，位居历史第1位。8月7日落至保证水位，9月11日落至警戒水位。巢湖忠庙站水位总计超警戒78 d，超保证20 d，超历史16 d。

2020年各内河外排入江水量约为126.9亿m^3。汛期，各内河外排入江水量为88.64亿m^3，新桥闸外排28.9亿m^3，凤凰颈闸外排0.12亿m^3，凤凰颈站抽排12.9亿m^3。

2）洪水过程

(1) 丰乐河桃溪站20200720号洪水

2020年丰乐河桃溪站先后2次超警，水位自6月21日4时10.49 m起涨，至23日10时达警戒水位15.56 m，相应流量为450 m^3/s，24日7时18分达最高水位16.78 m，超警戒水位1.22 m，其后回落至警戒水位以下；7月18日13时36分再次达警戒水位15.56 m，19日2时18分达保证水位17.56 m，20日5时42分达最高水位18.66 m，超警戒水位3.10 m，超保证水位1.10 m，超2016年最高水位0.86 m，超1991年最高水位0.99 m，最大实测流量为1 390 m^3/s(7月19日)，相应水位为18.28 m。

丰乐河下游三河镇站7月15日12时54分达警戒水位11.38 m，18日20时42分达保证水位12.50 m，19日19时30分达最高水位14.72 m，超警戒水位3.34 m，超保证水位1.34 m，超1991年历史最高水位0.49 m。

汇入口下游约4 km杭埠河三河站于7月12日3时54分达警戒水位11.00 m，18日20时42分达保证水位12.50 m，19日23时达最高水位13.90 m，超警戒水位2.90 m，超保证水位1.40 m，超2016年最高水位0.92 m；19日15时44分实测最大流量为2 543 m^3/s(相应水位为13.83 m)，之后受巢湖顶托影响，流量减小。

(2) 西河缺口站20200719号洪水

2020年西河缺口站水位先后5次超警。6月10日8时缺口站起涨水位为8.46 m，6月21日20时30分首次涨至警戒水位10.50 m，23日23时18分涨至11.43 m，其后小幅震荡回落至警戒水位以下；6月29日5时第二次超过警戒水位，19时涨到10.58 m后落至警戒水位以下；7月5日17时第三次超过警戒水位后，水位便始终处在警戒水位以上，16日18时30分达保证水位11.90 m，18日20时18分东大圩开闸蓄洪，缺口水位涨势趋缓，于19日4时48分出现最高水位13.06 m(超警2.56 m，超保1.16 m)，超过2016年最高水位，为自1955年以来最高水位。随后水位缓降，受后续降雨、兆河闸开闸、裴岗联圩蓄洪等影响，水位出现多次波动，8月6日19时56分落至保证水位以下，西河缺口水位在保证水位之上长达21 d；8月31日短暂落至警戒水位后复涨，9月1日10时出现超警后缓落，7日落至警戒水位以下。8月18—28日受降雨及圩区排水影响，水位再次复涨至警戒水位以上，9月28日0时38分落至警戒水位，在警戒水位之上历时长达87 d。

在西河缺口水位站上游630 m处设有中小河流水文站西河站，2020年最高水位为13.04 m(7月19日5时36分)，实测西河缺口大桥处最大流量340 m^3/s，西河站相应水位为13.00 m。

(3) 西河梁家坝站20200719号洪水

受西河强降雨影响，西河梁家坝水文站水位自6月10日10时8.49 m起涨，至6月21日21时35分首次涨至警戒水位10.50 m，23日16时50分涨至11.35 m，其后小幅震荡回落至警戒水位以下；6月29—30日在警戒水位附近震荡后落至警戒水位以下；7月5日18时45分再次超过警戒水位后，水位便始终处于警戒水位以上，15 日 17 时 15 分达保证水位 11.50 m，受东大圩开闸蓄洪影响，水位涨势趋缓，于 19 日 4 时 51 分出现最高水位 12.92 m(超警 2.42 m，超保 1.42 m)，超过 2016 年最高水位；随后水位缓降，受后续降雨、兆河闸开闸、裴岗联圩蓄洪等影响，水位出现多次波动，8 月 14 日 8 时 24 分落至保证水位以下，保证水位之上历时长达 31 d，30 日 7 时 18 分落至警戒水位以下。8 月 18—28 日受降雨及圩区排水影响，水位再次复涨至警戒水位以上，9 月 16 日落至警戒水位以下，在警戒水位之上历时长达 76 d。

(4) 西河凤凰颈排灌站 20200719 号洪水

受降雨影响，凤凰颈排灌站(站上游)水位自 6 月 12 日 9 时 8.91 m 起涨，22 日 0 时涨至警戒水位 10.50 m，23 日 16 时 35 分涨至 11.21 m 之后水位回落至 9.88 m，再次上涨至 10.39 m 后又回落至 9.97 m；7 月 3 日水位快速上涨，6 日 1 时涨至警戒水位，7 日 18 时涨至 11.33 m 后有所回落，15 日 16 时 44 分涨至保证水位 11.50 m，水位在高位处震荡，于 19 日 23 时 30 分涨至洪峰水位 12.79 m，8 月 13 日 19 时 20 分回落至保证水位，在保证水位之上历时长达 30 d；8 月 29 日 21 时回落至警戒水位，在警戒水位之上历时长达 59 d。其间 6 月 14 日至 9 月 11 日凤凰颈排灌站开机外排，总外排水量为 14.2 亿 m^3，大大减轻了西河流域的洪水压力。

(5) 西河凤凰颈闸站 20200719 号洪水

受降雨影响，凤凰颈闸(闸上游)水位自 6 月 14 日 6 时 9.99 m 起涨，22 日 1 时 10 分涨至警戒水位 10.50 m，23 日 15 时涨至 11.08 m 之后又回落至 10.12 m；7 月 5 日水位再次快速上涨，5 日 23 时涨至警戒水位，15 日 16 时涨至保证水位 11.50 m，19 日 22 时 45 分涨至洪峰水位 12.80 m，8 月 13 日 23 时回落至保证水位，在保证水位之上历时长达 30 d；8 月 13 日 1 时回落至警戒水位之后再次复涨，多次涨落，2 次超警戒后于 10 月 6 日落到警戒水位以下，在警戒水位之上历时长达 66 d。

(6) 南淝河合肥站 20200719 号洪水

受强降雨和巢湖高水位顶托影响，南淝河合肥城区段发生超警戒水位、下游段发生超历史纪录洪水。合肥站自 7 月 6 日 10.56 m 起涨，18 日 0 时 18 分达警戒水位 12.00 m，18 日 14 时涨至 13.74 m，之后水位小幅回落至 13.17 m，19 日 9 时达最高水位 14.75 m，超警戒水位 2.75 m，居历史第 2 位；8 月 15 日 18 时落至警戒水位，在警戒水位之上历时长达 29 d。

下游段三汊河站于 7 月 15 日 3 时 54 分达警戒水位 11.20 m，18 日 4 时 42 分达保证水位 12.00 m，22 日 10 时 06 分达最高水位 13.43 m，超警戒水位 2.23 m，超保证水位 1.43 m，超 1991 年最高水位 0.49 m；19 日 15 时 30 分实测最大流量为 1 330 m^3/s(相应水位为 13.17 m)。

南淝河支流店埠河撮镇站于 7 月 19 日 15 时 42 分达洪峰水位 13.60 m，19 日 14 时 40 分实测最大流量为 656 m^3/s(相应水位为 13.53 m)。

3) 洪水特点

(1) 洪水总量大，水位上涨快，多条湖(河)创新高

巢湖及其支流杭埠河、兆河、丰乐河、派河、裕溪河等主要河流发生超历史实测记录洪水，西河、柘皋河、白石天河等河流先后发生超保证洪水，详见表 2.1-18。杭埠河龙河口水库、南淝河董铺水库发生接近自建库以来最高水位，大房郢水库超自建库以来最高水位，巢湖流域支流和湖泊洪水并涨。

表 2.1-18　2020 年巢湖流域主要河道站水情统计表

河名	站名	警戒水位(m)	保证水位(m)	最高水位(m)	出现日期	历史排位
西河	缺口	10.50	11.90	13.06	7 月 19 日	2
	梁家坝	10.50	11.50	12.92	7 月 19 日	1
永安河	开城桥	10.50	11.50	12.78	7 月 19 日	1
兆河	兆河闸	10.50	12.00	13.01	7 月 20 日	1
牛屯河	新桥闸	9.50	11.50	12.10	7 月 18 日	1
裕溪河	巢湖闸下	10.50	12.00	13.17	7 月 22 日	1

（续表）

河名	站名	警戒水位(m)	保证水位(m)	最高水位(m)	出现日期	历史排位
丰乐河	桃溪	15.56	17.56	18.66	7月20日	1
南淝河	合肥	12.00	15.00	14.75	7月19日	2

受多轮强降雨影响，巢湖水位自 8.83 m 起持续上涨，6 月 25 日 21 时 48 分巢湖忠庙站达警戒水位后，巢湖水位进入缓涨阶段；7 月 18 日，受流域特大暴雨影响，巢湖水位开始迅速上涨，19 日 2 时 30 分达保证水位 12.50 m，10 时 30 分达 1991 年最高水位 12.80 m，22 日 10 时 48 分出现本次洪水最高水位 13.43 m(超警 2.93 m，超保 0.93 m，超历史 0.63 m)，涨幅达 4.60 m，湖盆蓄水增量达 35.74 亿 m^3；经推算，该年入湖最大流量达 11 000 m^3/s，入湖最大 1、3、7、15、30 d 水量分别为 5.96 亿 m^3、12.38 亿 m^3、19.01亿 m^3、23.18 亿 m^3、35.96 亿 m^3，相比 2016 年洪水，最大 1、3、30 d 水量均偏多；相比 1991 年洪水，最大 1、3、7 d 水量均偏多，长时段最大 15、30 d 水量偏少。

(2) 长江水位高，湖泊外排难，高水位持续时间长

自入汛以来，长江干流安徽段水位持续上涨，尤其是 6 月 10 日入梅以后，受上游来水和多次强降雨影响，7 月 6 日后大通以下江段先后发生超警戒水位，部分控制站超历史最高水位，详见表 2.1-19。长江大通站最高水位 16.24 m(7 月 13 日)，超警戒水位 1.84 m，总过水量 11 088 亿 m^3，较常年同期偏多 3 成，较去年偏多 2 成；汛期过水量 6 467 亿 m^3，较常年同期偏多 2 成。

表 2.1-19　长江(安徽段)各主要控制站 2020 年水位特征值表

站名	警戒水位(m)	保证水位(m)	2020 年最高水位(m)	出现日期	历史排位
大通	14.40	17.10	16.24	7月13日	3
芜湖	11.20	13.40	12.76	7月21日	2
凤凰颈排灌站下	13.20	15.84	15.33	7月13日	1
裕溪闸下	10.70	12.70	12.86	7月21日	1
新桥闸下	10.00	12.15	12.18	7月21日	1

内外洪水相遇导致巢湖及各内河持续高水位，巢湖(忠庙)在保证水位以上运行近 20 d，超 2016 年、1991 年；西河(缺口)在保证水位以上运行近 22 d，超过 2016 年，仅次 1991 年；丰乐河(桃溪)在保证水位以上历时 67 h，超 2016 年、1991 年，详见表 2.1-20。

表 2.1-20　巢湖流域部分代表站水位超警(保)时长统计表

站点	忠庙			缺口			桃溪		
	1991 年	2016 年	2020 年	1991 年	2016 年	2020 年	1991 年	2016 年	2020 年
超警戒水位时长(h)	1 752	1 128	1 896	1 992	1 056	1 807	166	144	136
超保证水位时长(h)	264	267	472	768	487	505	8	18	67

4) 洪水重现期

2020 年巢湖流域最大 30 d 面雨量重现期约为 60 年，长江属于中等洪水年，芜湖站实测最高洪水位为 12.76 m，其重现期约为 20～30 年。根据降雨和长江水位遭遇情况综合分析，巢湖流域 2020 年洪水约为 50 年一遇。

3. 工情

1) 湖库

(1) 巢湖

2020 年汛期，巢湖忠庙站洪峰水位 13.43 m(7 月 22 日)，超保证 0.93 m；巢湖闸(闸上游)实测最高水

位为13.30 m，超1991年最高水位0.59 m。巢湖槐林镇站最高水位为13.39 m，超1954年最高水位0.37 m，超1991年最高水位0.57 m；塘西站实测最高水位为13.34 m，超1991年历史最高水位0.63 m。

巢湖闸于2月3—28日、3月30日—4月20日、5月12—14日、5月21—23日、6月12日—7月6日、7月18日—11月2日、11月27日—12月16日先后开闸泄洪，累计开闸181 d，最大泄量为1 100 m^3/s（8月10日9时），总外排水量为88.46亿 m^3，调查引出水量为1.490亿 m^3。汛期外排水量为59.40亿 m^3，约占全年总排水量的67.0%，其间6月17—18日为缓解下游压力，出现短时间逆流。

（2）龙河口水库

2020年汛期，龙河口水库水位有2次超警过程。受6月20—23日降雨影响，水库水位自6月21日5时63.80 m起涨，22日10时达汛限水位67.00 m；22日10时48分，开溢洪道5孔0.55 m至最大5孔1.8 m，下泄流量由200 m^3/s 增大至600 m^3/s；23日17时库内出现最高水位67.51 m，超汛限水位0.51 m，25日0时库内水位落至汛限水位以下，实测最大出库流量为552 m^3/s（6月24日10时），削峰率为53%。此后水库控制在汛限水位以下运行；受新一轮强降雨影响，龙河口水库水位自7月18日13时66.16 m起涨，17时库内水位开始超过汛限水位，19日16时40分出现最高水位69.91 m，超汛限水位2.91 m，仅次于1969年最高水位69.94 m，涨幅达3.75 m。水库在7月14日开启溢洪道5孔0.6 m预泄，至最大5孔2 m，实测最大出库流量为920 m^3/s（7月19日15时），削峰率为68%。7月20日之后，为减少下游巢湖洪水压力，水库闸门关闭以控制出库流量，库内水位持续在汛限水位以上，8月16日23时50分落至汛限水位以下，超汛限水位运行33 d，累计泄水量5.612亿 m^3。

（3）董铺水库

受强降雨影响，董铺水库水位自7月15日0时27.66 m开始起涨，17日23时54分达汛限水位28.00 m，19日17时24分达最高水位29.74 m，距1991年最高水位仅0.11 m，涨幅2.08 m，为自建库以来第2位。7月18—26日先后开启泄洪洞及溢洪道，累计泄水量0.54亿 m^3；实测最大出库流量为112 m^3/s（7月20日），削峰率达78.9%。7月23日7时水位落至汛限水位以下，超汛限水位历时127 h。

（4）大房郢水库

大房郢水库水位自7月15日0时27.15 m开始起涨，17日2时48分达汛限水位27.50 m，19日22时18分达洪峰水位29.50 m，涨幅达2.35 m，为自建库以来第1位。7月17—25日先后开启溢洪道及泄洪洞，累计泄水量0.48亿 m^3；实测最大出库流量为120 m^3/s（7月20日），削峰率达67.4%。7月23日20时36分水位落至汛限水位以下，超汛限水位历时162 h。

2）行蓄洪区

西河缺口站于7月16日18时30分达保证水位11.90 m后仍持续上涨，18日20时省防指调度东大圩开启进洪闸蓄洪分洪，西河、兆河水位上涨趋缓，7月30日0时24分达最高水位12.00 m，总蓄水量约为2.6亿 m^3，实测最大分洪流量为351 m^3/s，8月22日22时44分关闸。东大圩行蓄洪区的启动，为西河缺口站约削峰0.10 m，减轻了西兆河防汛压力。

2020年汛期，合肥市在防御巢湖流域大洪水期间，有序启用沙滩联圩、十八联圩、同心圩、石大圩、牛广圩、沿河联圩、滨湖联圩、蒋口河联圩、裴岗联圩9个万亩以上圩口和177个万亩以下中小圩口为巢湖分洪，累计分蓄洪水约18.42亿 m^3，有效降低了巢湖水位，极大缓解了巢湖防洪压力，详见表2.1-21。

表2.1-21　2020年合肥市启用和漫破圩口基本情况

序号	名称	蓄水面积（万亩）	库容（亿 m^3）
1	沙滩联圩	2.15	0.55
2	同心圩	1.93	0.65
3	十八联圩	4.29	1.6
4	石大圩	5.86	3.2
5	牛广圩	3.09	1.3

（续表）

序号	名称	蓄水面积(万亩)	库容(亿 m^3)
6	滨湖联圩	2.66	1.4
7	沿河联圩	1.57	0.6
8	蒋口河联圩	3.74	1.0
9	裴岗联圩	3.00	0.7
小计		28.29	11.0
10	已破(启)万亩以下 177 个	20.31	7.42
合计		48.60	18.42

3) 排灌站

凤凰颈排灌站于 6 月 14 日—9 月 11 日先后 3 次开机抽排西河洪水，总外排水量为 14.2 亿 m^3。第一次：6 月 14 日 10 时 10 分，开机 4 台抽水；6 月 17 日 14 时关机，本次外排水量 0.43 亿 m^3。第二次：6 月 21 日 15 时，开机 2 台抽水；15 时 26 分增开 2 台(开机 4 台)抽水；6 月 22 日 6 时 40 分，又增开 2 台(开机 6 台)抽水。6 月 23 日 6 时，4 台抽水；23 日 17 时 16 分，5 台抽水；17 时 30 分，6 台抽水；27 日 9 时 15 分，4 台抽水；28 日 9 时 6 台抽水，7 月 3 日 10 时全关，本次外排水量 2.30 亿 m^3。第三次：7 月 4 日 10 时，6 台抽水，流量为 240 m^3/s；12 日 19 时，5 台抽水，流量为 160 m^3/s；13 日 13 时 30 分，4 台抽水，流量为 120 m^3/s；14 日 13 时 30 分，5 台抽水，流量为 160 m^3/s；9 月 5 日 6 时 30 分，4 台抽水，流量为 120 m^3/s；6 日 8 时，3 台抽水，流量为 120 m^3/s；9 月 11 日 17 时抽水机组全部关闭，本次外排水量 11.47 亿 m^3。

4. 灾情

受强降雨影响，河湖库水位猛涨，巢湖流域发生全流域特大洪水，各类河湖圩口堤防、水库、闸站等水工建筑物险情不断。

合肥市发生各类险情 317 处，主要分布在巢湖沿岸圩区及其支流裕溪河、南淝河、丰乐河、杭埠河、派河、白石天河、兆河、西河、柘皋河等；破圩(含主动分洪)186 个，其中万亩以上大圩 9 个、万亩以下圩口 177 个，总面积为 347 km^2；一百多座水库和上千处闸站不同程度地受到损坏。累计受灾人口 94.8 万人，转移安置群众 23.9 万人，农作物受灾面积为 15.2 万公顷，受灾情影响企业达 582 户，累计 19 条道路 45 处受阻，损坏房屋 11.5 万间，损坏较重住房 1 201 户，倒塌及损坏严重住房 933 户，经初步测算，直接经济损失达 161.6 亿元。

5. 结语

2020 年巢湖流域梅雨期出现多轮强降雨，巢湖湖区及主要支流杭埠河、兆河、丰乐河、南淝河、裕溪河、派河 6 条主要河流先后发生超历史实测洪水，西河发生自 1955 年以来最大洪水，多条河流先后发生超保证洪水，龙河口水库、董铺水库水位接近自建库以来最高水位，大房郢水库水位超自建库以来最高水位。2020 年入梅时间早，梅雨时间长，雨带南北摆动，雨区滞留、叠加，降雨强度大；长江水位高，内外洪水相遇等是造成 2020 年流域性洪涝灾害的主要原因。

1.2 青弋江、水阳江、漳河流域

1.2.1 概述

1.2.1.1 流域概况

1. 自然地理特征

青弋江、水阳江、漳河流域(以下简称“三江流域”)位于长江下游南岸，地跨安徽、江苏两省 21 个市县，流域面积为 18 850 km^2。流域地处华东腹地，东临太湖流域，分别于当涂、芜湖和澛港汇入长江。

流域西北部为长江，东北部以茅山山脉与太湖流域为界，其间有胥溪相贯通；北以金陵山脉与秦淮河接壤；东南、南、西南三面以黄山、天目山及九华山为分水岭，分别与新安江、秋浦河等为邻。流域地势南高北低，南部为黄山、天目山山脉，主峰海拔在 1 800 m 以上；东北是低山带，高程在 200 m 以下；北部为濒临长江的平原圩区，地面高程为 7～8 m。山丘区面积约占流域面积的 4/5，平原圩区约占 1/5。

流域水系主要有两江、一河、四湖，即水阳江、青弋江、漳河、南漪湖、固城湖、丹阳湖和石臼湖。

水阳江位于流域东部，流域总面积为 10 385 km^2，干流长 273 km，由东津河、中津河、西津河三支在河沥溪附近汇合而成，干流流经宣城后即进入圩区，经新河庄后进入下游水网区，流经水阳镇、西陡门后称运粮河，至花津后称姑溪河，在魏家渡汇青山河后由当涂金柱关入长江。水阳江最大的支流为右岸的郎川河，流域面积为 2 526 km^2，郎川河直接与南漪湖相通，经湖泊调蓄后，通过北山河在新河庄汇入水阳江；此外，其支流还有华阳河、夏渡河，流域面积分别为 280 km^2 及 360 km^2。

青弋江位于流域中部，流域总面积为 7 100 km^2，干流长 233 km。主源有麻川和舒溪两支，两河汇合后称尝溪，至陈村为上游区，出陈村峡谷后称青弋江，沿途经泾县、西河镇至湾沚后称为下游。其下河流分为两支，一支经清水河至芜湖汇入长江，一支经赵义河、青山河由当涂入长江。青弋江较大支流有徽水，流域面积为 1 072 km^2；其次为琴溪河，流域面积为 442 km^2；还有寒亭河、孤峰河等。

漳河位于流域西部，流域面积为 1 365 km^2，长 95 km，南陵以上为上游区，黄墓渡为中下游分界，经石硊，在澛港汇入长江。其下游河道弯曲，石硊—澛港段弯曲系数在 3.5 以上。其主要支流有峨溪河、后港河等。

水阳江、青弋江、漳河中下游河道平缓，水系发育，河网交织。水阳江和青弋江之间有清水、三里埂、黄池、乌溪河和青山河，青弋江和漳河之间有资福河和上潮河串通，资福河和上潮河之间还有许镇河及金阁河相连，上潮河与青弋江干流之间有荆山河以及许多支汊河网串通。

南漪湖位于水阳江中游，固城湖、丹阳湖及石臼湖位于水阳江下游。四湖在 12 m(冻结吴淞)水位时，总面积为 695 km^2，总容积达 38.1 亿 m^2。

2. 水利工程

自 20 世纪 50 年代以来，为提高抵御水旱灾害能力、优化水资源配置，兴建了一系列骨干工程体系，如水库、闸坝、河道治理等。

1) 青弋江

(1) 陈村水库

陈村水库始建于 1958 年，1982 年竣工验收，是一座以发电为主，兼顾防洪、灌溉等综合利用的水利水电工程。水库控制流域面积为 2 800 km^2，总库容为 26.9 亿 m^3，水面面积为 98 km^2，正常蓄水位为 119.00 m，汛限水位为 117.00 m，是一座多年调节水库。

(2) 青弋江分洪道工程

青弋江分洪道工程是充分利用老河道，加固(退建)现有堤防、局部新建堤防以及利用已达标堤防形成完整的堤防体系，采取开挖、疏挖等工程措施以扩大行洪河道断面的综合性分洪工程。为发挥分洪道的作用，在青弋江干流(十甲任)修建干流节制闸枢纽(含船闸)，同时考虑对沿线受影响的交通工程、排涝工程进行恢复或改造，扩建澛港大桥、南陵大桥，新建宁铜铁路桥并进行局部线路改造，新建 3 座生产交通桥以满足当地人民的生产生活需要；新建八尺口闸(站)、房周闸(站)，考虑水系连通，修建 9 座小型连通闸及沿线受影响的 18 座泵站、23 座小型涵闸等。

(3) 十甲任节制闸

十甲任节制闸枢纽工程位于青弋江分洪道工程渠首下游，闸址距分洪道口约 450 m。主要建筑物由 12 孔孔口宽 10 m 的节制闸、300 t 级船闸和 480 m 长土坝组成。

(4) 芜申运河

芜申运河是一条老运河，它从安徽省芜湖市出发，经芜湖、当涂、郎溪，至江苏的高淳、溧阳、宜兴，然后入太湖，穿太湖经太浦口在苏州市吴江区进入上海，全长 271 km，是一条沟通长江和太湖水系、跨流域的省际内河航运通道。航道拓宽疏浚、桥梁改建和防洪墙退建等工程在加紧推行。

2）水阳江

（1）港口湾水库

港口湾水库辅助工程于1998年7月开工，主体工程于1998年10月开工，2002年10月，港口湾水库工程竣工验收。它是一座以防洪为主，结合发电、灌溉等综合利用的大型水利水电枢纽工程。坝址控制流域面积为1 120 km^2，水库总库容为9.41亿m^3，其中调洪库容4.09亿m^3，调节库容3.97亿m^3，死库容1.35亿m^3。

（2）水阳江下游防洪治理工程

水阳江下游防洪治理工程是水阳江综合治理的核心工程，是全面提高水阳江中、下游地区防洪能力的关键所在。工程建成后，水阳江将实现"上游建库、中游建闸、下游开卡"的治理目标，通过堤防加固加高、迎水坡护砌、堤后填塘固基，增加工程所在河段的河道下泄能力、堤防防御能力，对提升宣城市区、郎溪县城及中游重要圩区的防洪能力有着很大的作用，配合南漪湖治理工程，可将中游地区的防洪标准提高到20～40年一遇。

（3）双桥闸

双桥闸位于宣城市宣州区双桥办事处境内的双桥河河口，于2002年11月28日开工，2004年建成，设计洪水频率为20年一遇。

（4）马山埠闸

马山埠闸位于水阳江中游南漪湖湖口以下约2 km处，闸下游约8 km处为新河庄（信村）水文站。其控制面积为7 954 km^2，于2001年9月30日开工，2003年建成，主要作用是充分发挥南漪湖的分蓄洪水作用，同时为灌溉、航运创造条件。

3）漳河

（1）幸福闸

幸福闸工程位于漳河上游的百亩滩，籍山镇千峰村境内，分为幸福闸主体工程和防洪工程两个部分，控制流域面积达356 km^2，其中防洪堤工程全长1.28 km，设计高度为21.81 m，顶宽8 m。工程于2012年11月6日动工，2017年6月29日竣工验收。

（2）肇家埠

漳河中游河道断面狭窄，出口段又有肇家埠锁口，造成中游宣泄洪水不畅，致使中上游洪水大。青弋江分洪道工程实施后，肇家埠开卡下泄流量控制为1 000 m^3/s。肇家埠开卡段、肇家埠段堤防及退堤全长2.1 km，其中堤防退建长1.4 km，堤防加固长0.7 km。

（3）澛港闸

澛港闸（桥）枢纽主体工程的交通桥已于2016年8月底建成通车，目前建成的泄水闸共14孔，每孔净宽12 m；船闸一座，闸室净宽18 m；另建设鱼道一座，泄水闸弧形闸门及船闸人字门已安装完毕，船闸上下游引航道及鱼道工程均已建设完成。

3. 水文测站

三江流域基本站有13个水文站、1个径流实验站、1个小河站、14个水位站、147个雨量站，境内中小河流站有10个专用水文站、26个水位站、71个雨量站。雨量站网密度为85 km^2/站。三江流域水文站网分布较合理，站网密度较大，基本能控制三江流域水文特性的变化规律。

（1）南陵水文站

南陵水文站是漳河流域控制水文站，集水面积为361 km^2，于1953年3月由长江水利委员会下游工程局设立为水位站，1955年移交安徽省水利厅领导，1957年迁至狮子山改为水文站，1961年改为水位站，1962年又改为水文站，1972年改为水位站，1980年改为水文站，2009年下迁至南陵（二）水文站，流域面积增至381 km^2。

南陵站测验河段顺直长度约为200 m，上、下游河道弯弯曲曲，断面为复式河床，两岸为黄土，长有杂草，大水后有崩塌现象，河床为沙黏土，较稳定。水位在14.00 m以上两岸漫滩，上游约1 km处右岸有柏山渠的西干渠泄水闸，泄水时对本站水位流量关系有影响，历年流量整编采用连时序法。

(2) 西河镇水文站

西河镇水文站是青弋江流域控制水文站，集水面积为 5 796 km^2，于 1947 年 11 月由安徽省水文站主办，仅刊布水位及蒸发资料，1948 年 9 月停测。1950 年由华东军政委员会水利部设立为水文站，1951 年 1 月由长江水利委员会下游工程局领导，1956 年 8 月移交安徽省水利厅领导，2013 年上迁至西河镇(二)站，流域面积减至 5 452 km^2。

西河镇站测验河段较顺直，两岸有圩堤，基本断面上游约 500 m 处有白洋溪河汇入，河口有沙洲并逐渐下伸，上游约 600 m 处有一弯道，断面下游弯道处有浅滩，右岸有沙洲滩，下游 6 km 处有资福河分洪。水位在 14.50 m 以上两岸漫滩，滩地宽约 50 m；河床为沙土或夹沙黏土，有冲淤变化。长江水位高时，受其顶托影响，其次受陈村水库泄水影响，历年流量采用连时序法整编。

(3) 宣城水文站

水阳江宣城站于 1950 年 7 月由华东军政委员会水利部设为水文站，1951 年 1 月归属长江水利委员会下游工程局领导，1956 年 8 月移交安徽省水利厅，1980 年改由安徽省水文总站领导，观测迄今。

宣城水文站基本水尺为直立式搪瓷水尺，水位观测采用日记型自记水位计。测验河段顺直，断面为复式断面，中泓偏左岸，有宽约 300 m 的岸滩地，遍植农作物，水位达 14 m 时开始漫滩。深槽为卵石河床，浅滩为细沙，两岸为沙壤土，稍有冲淤变化。两岸有圩堤控制，但上游堤身单薄，大水时经常溃口分流或漫溢。上游约 300 m 处为大弯道，500 m 以上有电灌站、机灌站多处，干旱期抽水灌溉对低水有影响。上游约 15 km 处左岸有华阳河汇入，约 30 km 处有佟公坝引水工程，下游约 1 km 处河道分为东西两汊，各建有公路桥一座。大水时受上游弯道影响，水流不畅，断面两岸均有回流现象，枯水时断面青苔较多，对低水测验有影响。本站水准点采用冻结吴淞基面(冻结吴淞基面以上米数－1.851 m＝黄海基面以上米数)。

参与此次大洪水计算的雨量站点有 65 个，分别为郎溪、沈家渡、誓节、凤凰山、白茅岭、卢村、牌坊、焦村、柏垫、胡村、流洞桥、砖桥、杨滩、独山、百车口、飞里、十字铺、姚村、洪林桥、南姥咀、陈村、三口镇、柳家梁、大河口、美溪、陵阳、龙源湖、黄山、白地、郭村、平垣、旌德、三溪、榔桥、泾县、西河镇、厚岸、铜山、云岭、汀溪、杨柳铺、胡乐司、港口湾、合庄、和阳、黄土坎、刘村、方塘、俞村、宣城、水东、溪口、河沥溪、沙埠、甲路、虹龙甸、云梯、狮桥、万家、黄渡、南陵、烟墩铺、晏公殿、童疃、戴汇。

1.2.1.2 暴雨特性

流域属中亚热带湿润季风气候区，气候温和，雨量丰沛，季风明显。受季风气候的影响，冷暖气团交锋频繁，天气多变，降水年际变化大，年内梅雨显著，夏雨集中，常伴有灾害性气候发生。流域多年平均年降水量为 1 300～1 600 mm，由北向南逐渐递增，年际间降水变幅大，年内降水分布不均匀，有明显雨旱季之分。流域多年平均年蒸发量为 700～1 000 mm。

本流域属赣皖山地暴雨区，暴雨发生频繁，暴雨中心位于黄山、天目山地区，多年平均暴雨天数为9 d。流域暴雨多由梅雨锋、台风以及冷风低槽、低涡切变等天气系统形成。每年 6 月中旬至 7 月中旬，降雨集中，笼罩面广，降水量大，最易引起洪涝灾害，如 1999 年 6—7 月发生的暴雨即为梅雨，根据 6—7 月份降雨统计分析，降雨中心发生在黄山、绩溪、泾县、宁国、宣城、广德流域中上游地区，最大 7、15 d 降水量分别为 530.0 mm、654.0 mm，是 1983 年最大 7 d 降水量(326.0 mm)、最大 15 d 降水量(515.0 mm)的 1.63 倍和 1.27 倍，形成了全流域暴雨灾害。每年 7—9 月，台风常在江浙沿海登陆而影响本流域，形成台风暴雨，如 1961 年 10 月 3—5 日暴雨即由台风形成。

1.2.1.3 洪水特性

本流域洪水主要由暴雨形成，集中发生在 5—7 月，个别年份出现在 10 月，如 1961 年。由于流域上游黄山地区是皖赣山地暴雨区的暴雨中心，加之上游山区山高陡峻，支流众多，河流坡降大，河槽调蓄能力较小，降雨产汇流迅速，洪水具有洪峰高、历时短的特点。一次洪水历时一般为 3 d，多则 7 d，其中 1 d 洪量占 3 d 洪量的 50%左右，3 d 洪量占 7 d 洪量的 70%，7 d 洪量占 15 d 洪量约 70%。

据 1986—2020 年水阳江当涂、青弋江大砻坊、漳河南陵三站实测流量统计，其多年平均年径流量分别为 105 亿 m^3、2.23 亿 m^3、3.72 亿 m^3。三江流域多年平均年径流量约为 130 亿 m^3，由当涂、芜湖口汇入长江的径流量分别占总径流量的 80.8%、1.70%，其余 17.5%的径流量由澛港汇入长江。

流域径流主要来自降水，故径流特性与降水分布基本一致。流域各水文站多年平均年径流深为 600～800 mm，上游略大于中下游。径流年际变幅较大，各站年径流变差系数 Cv 值均为 3.5。

1.2.1.4 洪涝灾害

三江流域水旱灾害频发，水灾多于旱灾，1949 年至 20 世纪 70 年代末约 30 年共发生大洪水四次（1954 年、1969 年、1973 年、1977 年），80 年代 10 年 3 次（1980 年、1983 年、1984 年），而 90 年代连连发生大洪灾和特大洪灾，较为突出的有 1990 年、1991 年、1995 年、1996 年、1998 年、1999 年，经济损失与年俱增。如 1996 年水阳江宣城站出现超历史洪水，宣城地区 7 个县城 5 个进水，境内皖赣、宣杭铁路，318 国道、205 国道相继中断，一大批企业、商店停产停业，漫破千亩以上圩口 10 个（万亩大圩破 2 个），直接经济损失有四十多亿元。又如 1999 年是继 1998 年长江大水以后的一次姐妹洪水年，受灾的范围、深度和损失远远超过了 1998 年；由于 1999 年洪水是青弋江、水阳江洪水与长江洪水恶劣遭遇型，长江芜湖站最高潮位 12.27 m（超警 1.40 m）次于 1998 年（12.61 m），但内河圩口主要节点水位都大幅超过历史最高水位，致使芜湖市范围破圩 53 个（万亩大圩 3 个），宣城地区破圩 90 个（万亩大圩 6 个），洪水期间 205 国道、318 国道，皖赣铁路几度中断。

2000 年以后，2016 年和 2020 年发生全流域性的大洪水，其余如 2009 年、2019 年发生区域性台风洪水等。

1.2.2 典型年洪水

1.2.2.1 1983 年洪水

1983 年三江流域年降水量为 2 001.6 mm，比常年同期偏多 4 成，居自 1949 年以来的第 4 位。6 月中下旬至 7 月上旬，受梅雨期连续强降水影响，流域出现多次洪水过程，控制站发生超保证洪水过程，陈村水库出现超汛限水位。

1. 雨情

1）雨情概述

1983 年三江流域年降水量为 2 001.6 mm，比常年同期偏多 4 成。年降水量的高值区位于流域上游，其中青弋江上游温泉站、漳河晏公殿站、水阳江上游合庄站年降水量分别为 2 614.7 mm、2 402.2 mm、2 355.9 mm。

三江流域汛期（5—9 月）面平均雨量为 1273.0 mm，较常年同期偏多 5 成，其中主汛期（6—7 月）773.4 mm，较常年同期偏多近 9 成。汛后 10 月流域降水量为 333.5 mm，是常年同期的 4.6 倍。

2）暴雨过程

自 6 月中下旬至 7 月上旬，三江流域共出现了 4 次明显的暴雨过程，分别为 6 月 19—20 日、6 月 23—26 日、6 月 27 日—7 月 1 日、7 月 3—6 日。

（1）6 月 19—20 日

1983 年 6 月 19—20 日全流域出现入汛后的第一次暴雨过程，流域中上游普降大到暴雨，局部大暴雨。最大日雨量为青弋江上游白地站的 120.2 mm（6 月 19 日）。累计面平均雨量：漳河南陵以上 66.1 mm；青弋江陈村以上 77.1 mm，西河镇至陈村区间 50.8 mm；水阳江港口湾以上 54.3 mm，宣城至港口湾区间 39.1 mm。

（2）6 月 23—26 日

6 月 23—26 日流域普降大到暴雨，局部大暴雨，主要降水发生在 6 月 25 日，最大日雨量为漳河晏公殿站的 150.8 mm，其次是青弋江泾县站的 134.2 mm。累计面平均雨量：漳河南陵以上 181.0 mm；青弋江陈村以上 118.4 mm，西河镇至陈村区间 145.7 mm；水阳江港口湾以上 130.1 mm，宣城至港口湾区间 140.7 mm。

（3）6 月 27 日—7 月 1 日

6 月 27 日—7 月 1 日流域普降大到暴雨，局部大暴雨，主要降水发生在 6 月 29 日，最大日雨量为青弋江上游龙源湖站的 165.7 mm。6 月 29 日面平均雨量：漳河南陵以上 101.8 mm；青弋江陈村以上 101.3 mm，西河镇至陈村区间 82.4 mm；水阳江港口湾以上 84.6 mm，宣城至港口湾区间 70.7 mm。累计面平均雨量：漳河南陵以上 204.1 mm；青弋江陈村以上 211.8 mm，西河镇至陈村区间 165.6 mm；水阳江港口湾以上 167.4 mm,宣城至港口湾区间 163.8 mm。

(4) 7 月 3—6 日

7 月 3—6 日流域普降大到暴雨,局部大暴雨,暴雨中心位于漳河流域,青弋江、水阳江流域中游,主要降水发生在 7 月 4 日,最大日雨量为漳河晏公殿站的 255.2 mm,童畽站 249.8 mm 次之,第三为水阳江中游水东站的 236.2 mm。7 月 4 日面平均雨量:漳河南陵以上 219.2 mm、青弋江西河镇至陈村区间 131.4 mm、水阳江宣城至港口湾区间 126.8 mm。累计面平均雨量:漳河南陵以上 308.4 mm;青弋江陈村以上 167.4 mm,西河镇至陈村区间 260.3 mm;水阳江港口湾以上 161.8 mm,宣城至港口湾区间 211.2 mm。

3) 暴雨特点

降雨强度大,自 6 月下旬开始,仅 10 d 左右,降水量即有 550～800 mm,相当于正常年份年降水量的 1/2 左右,特别是 7 月 4 日至 5 日凌晨,晏公殿站最大 6 h 降水量为 186.0 mm;降雨范围广,全流域同时发生强降水过程。

4) 暴雨频率分析

(1) 短历时暴雨分析

自入梅以来,三江流域连续遭受强暴雨袭击,漳河晏公殿站最大 3、6 h 降水量分别为 109.0 mm、186.0 mm,排位均为第 1 位,详见表 2.1-22。

表 2.1-22　1983 年三江流域最大 1、3、6 h 降水量统计表

最大 1 h			最大 3 h			最大 6 h		
站名	雨量(mm)	排位	站名	雨量(mm)	排位	站名	雨量(mm)	排位
厚岸	62.7	2	晏公殿	109.0	1	晏公殿	186.0	1
水东	59.2	3	云岭	105.7	1	溪口	152.2	3
牌坊	58.8	4	水东	104.5	1	烟墩铺	150.4	3
大河口	55.9	11	龙源湖	103.0	4	泾县	145.1	1

(2)最大 1、3、7 d 暴雨分析

漳河流域童畽站最大 1、3、7 d 降水量分别为 249.8 mm、341.9 mm 和 538.0 mm,雨量排位均为第 1 位,其重现期为 36 年、41 年、72 年,详见表 2.1-23。

表 2.1-23　1983 年三江流域各特征时段降水量统计表

最大 1 d				最大 3 d				最大 7 d			
站名	雨量(mm)	排位	重现期(年)	站名	雨量(mm)	排位	重现期(年)	站名	雨量(mm)	排位	重现期(年)
晏公殿	255.2	1	87	童畽	341.9	1	41	童畽	538.0	1	72
童畽	249.8	1	36	晏公殿	336.9	2	37	晏公殿	528.3	2	65
水东	236.2	1	122	溪口	325.5	1	64	南陵	511.4	3	44
溪口	227.6	3	60	泾县	323.8	2	44	黄渡	511.0	1	262

2. 水情

1) 水情概述

1983 年 6 月中下旬至 7 月上旬受梅雨期连续强降水影响,流域出现多次洪水过程,控制站超保证水位,其中漳河南陵站出现历史最高水位(2009 年迁站),陈村水库超汛限水位。

2) 洪水过程

受 6 月中下旬至 7 月上旬梅雨期连续四场强降水的影响,青弋江、水阳江、漳河出现多次洪水过程。

(1) 青弋江

第一次洪水过程:西河镇站自 6 月 25 日 1 时 30 分起涨,起涨水位为 12.04 m,6 月 27 日 2 时出现洪峰水位 15.21 m,超警戒水位 0.21 m,洪峰流量为 2 320 m^3/s。

第二次洪水过程：西河镇站自6月29日11时起涨，起涨水位为12.58 m，6月30日21时30分出现洪峰水位17.63 m，超保证水位1.03 m，洪峰流量为5 150 m^3/s。

第三次洪水过程：西河镇站自7月4日6时起涨，起涨水位为12.62 m，7月5日22时出现1983年最高水位18.07 m，超保证水位1.47 m，涨幅达5.45 m，洪峰流量为5 420 m^3/s。水位排位第三，流量排位第四。下游湾沚站7月6日出现最高水位14.52 m（警戒水位为13.00 m，保证水位为14.60 m）。

（2）水阳江

第一次洪水过程：宣城站自6月25日9时起涨，起涨水位为11.53 m，6月27日4时出现洪峰水位15.68 m，超警戒水位0.18 m，洪峰流量为2 480 m^3/s。

第二次洪水过程：宣城站自6月29日12时起涨，起涨水位为12.63 m，6月30日21时30分出现洪峰水位16.81 m，超保证水位0.31 m，洪峰流量为2 970 m^3/s。

第三次洪水过程：宣城站自7月4日5时起涨，起涨水位为12.82 m，7月5日16时30分出现1983年最高水位18.25 m，超保证水位1.75 m，涨幅达5.43 m，洪峰流量为5 150 m^3/s。水位排位第三，流量排位第二。新河庄站7月5日22时42分出现最高水位13.51 m，超保证水位1.01 m，最大流量为1 430 m^3/s。1983年新河庄站最高水位排位第3。

（3）漳河

第一次洪水过程：南陵站自6月20日0时起涨，起涨水位为10.13 m，6月21日0时出现洪峰水位13.92 m（警戒水位为15.82 m），洪峰流量为224 m^3/s。

第二次洪水过程：南陵站自6月25日0时起涨，起涨水位为10.48 m，6月25日20时出现洪峰水位15.38 m（警戒水位为15.82 m），洪峰流量为436 m^3/s。洪水历时20 h，涨幅为4.90 m。

第三次洪水过程：南陵站自6月29日9时起涨，起涨水位为12.03 m，6月30日18时出现洪峰水位16.40 m，超保证水位0.28 m，洪峰流量为620 m^3/s。

第四次洪水过程：南陵站自7月4日6时30分起涨，起涨水位为12.60 m，7月5日11时出现1983年最高水位17.21 m，超保证水位1.09 m，涨幅为4.61 m，洪峰流量为1 440 m^3/s。水位、流量排位均第一。下游三埠管站7月6日出现最高水位13.45 m（警戒水位为12.00 m，保证水位为14.00 m）。

3）洪水特点

全流域降水分布均匀致使三江同时发生洪水，受降水强度大、历时长等影响，三江控制站洪峰水位排位均靠前。其中漳河南陵站水位、流量排位均第一。

4）洪水组成分析

分别分析计算漳河南陵站、青弋江西河镇站、水阳江宣城站最大1、3、7、15、30、60 d洪量的来水量组成。

在三江流域洪水组成中，最大1 d洪量，漳河、青弋江、水阳江分别占9.5%、52.2%、38.3%；最大3 d洪量，漳河、青弋江、水阳江分别占6.5%、54.3%、39.2%；最大7 d洪量，漳河、青弋江、水阳江分别占5.8%、59.4%、34.8%，详见表2.1-24。

表2.1-24　1983年三江流域各控制站时段洪量比较表　　单位：亿 m^3

站名	最大1 d		最大3 d		最大7 d		最大15 d		最大30 d		最大60 d	
	洪量	起始时间	洪量	起始时间	洪量	起始时间	洪量	起始时间	洪量	起始时间	洪量	起始时间
南陵	0.674	7月5日	0.953	7月4日	1.59	6月30日	—	—	—	—	—	—
西河镇	3.71	6月30日	7.93	6月30日	16.3	6月30日	26.9	6月30日	37.6	6月20日	45.5	5月27日
宣城	2.72	7月5日	5.72	7月5日	9.56	6月30日	16.4	6月24日	20.4	6月20日	24.6	5月28日

5）洪水重现期

洪水重现期是反映洪水出现机遇的指标，对于三江流域而言，习惯上用主要控制站水位或洪峰流量重现期来反映洪水的大小，因此，以下仅对三江流域干流主要控制站的洪水重现期进行分析。计算洪峰流量的控制站分别为宣城、西河镇、南陵。

根据分析，1983 年青弋江西河镇站洪峰流量重现期为 15 年，漳河南陵站洪峰流量重现期为 70 年。

根据《宣城市城市防洪规划报告》中宣城站洪水频率计算成果，宣城站 1983 年统计值为 5 420 m^3/s，重现期为 10 年。

3. 工情

青弋江上游陈村水库 6 月 19 日 18 时 30 分坝上水位为 112.71 m，受连续强降水影响，水库加大泄量，6 月 29 日 23 时水位为 118.15 m，最大泄量为 2 220 m^3/s，坝上水位最终涨至 118.75 m(7 月 7 日)，涨幅为 6.04 m。

4. 灾情

1983 年宣城市受灾人口达 44.22 万人，其中死亡 30 人，重伤 177 人。冲毁房屋 13 万多间、大小桥梁 326 座、公路 111 km、机电排灌站 75 座。洪灾损失达 2.9 亿元，其中给农业造成的直接经济损失达 2.61 亿元。

1.2.2.2 1991 年洪水

1991 年三江流域年降水量为 1 723.0 mm，比常年同期偏多 2 成，居自 1949 年以来第 5 位。7 月上旬，受强降水影响，流域发生较大洪水过程，水阳江、漳河超保证水位，青弋江超警戒水位，陈村水库超汛限水位。

1. 雨情

1）雨情概述

1991 年三江流域年降水量为 1 723.0 mm，比常年同期偏多 2 成。年降水量的高值区位于流域上游，其中青弋江上游温泉站、美溪站、郭村站年降水量分别为 2 999.8 mm、2 407.6 mm、2 308.5 mm，水阳江上游合庄站、和阳站年降水量分别为 2 282.3 mm、2 200.0 mm。

三江流域汛期(5—9 月)面平均雨量为 1 130.7 mm，较常年同期偏多近 4 成，其中主汛期(6—7 月)619.6 mm，较常年同期偏多 5 成。

2）暴雨过程

7 月上旬，三江流域共出现了 2 次明显的暴雨过程，分别为 7 月 1—2 日、7 月 4—7 日。

(1) 7 月 1—2 日

7 月 1—2 日青弋江、水阳江中上游普降大到暴雨，局部大暴雨；青弋江、水阳江下游及漳河流域普降小到中雨，局部大雨。主要降水发生在 7 月 2 日，水阳江上游合庄站、和阳站、黄土坎站日雨量分别为 277.5 mm、223.5 mm、222.0 mm，青弋江上游温泉站、白地站分别为 194.7 mm、176.8 mm。7 月 2 日面平均雨量：水阳江港口湾以上 150.9 mm、青弋江陈村以上 106.7 mm。累计面平均雨量：水阳江港口湾以上 163.6 mm，宣城至港口湾区间 67.9 mm；青弋江陈村以上 129.3 mm，西河镇至陈村区间 99.6 mm；漳河南陵以上 42.1 mm。

(2) 7 月 4—7 日

7 月 4—7 日流域普降大到暴雨，局部大到特大暴雨，暴雨中心位于漳河流域，青弋江、水阳江流域上游。最大 1 d 降水量为温泉站的 213.0 mm(7 月 6 日)，最大 2 d 降水量为温泉站的 421.8 mm(7 月 5—6 日)，最大 3 d 降水量为温泉站的 538.2 mm(7 月 4—6 日)。累计面平均雨量：漳河南陵以上 238.6 mm；青弋江陈村以上 291.3 mm，西河镇至陈村区间 179.4 mm；水阳江港口湾以上 219.3 mm，宣城至港口湾区间 194.5 mm。

3）暴雨特点

7 月上旬降水量大且集中。降水范围广，暴雨中心在流域上游。

4）暴雨频率分析

(1) 短历时暴雨分析

7 月上旬，流域遭受强暴雨袭击，青弋江上游龙源湖站最大 1、3 h 降水量分别为 68.0 mm、128.4 mm，排位均为第一，详见表 2.1-25。

表 2.1-25　1991 年三江流域最大 1、3、6 h 降水量统计表

最大 1 h			最大 3 h			最大 6 h		
站名	雨量(mm)	排位	站名	雨量(mm)	排位	站名	雨量(mm)	排位
大河口	71.4	3	郭村	133.7	3	和阳	190.3	1
龙源湖	68.0	1	龙源湖	128.4	1	黄土坎	185.7	1
誓节	63.8	3	黄土坎	125.1	3	合庄	185.0	1
杨柳铺	63.3	2	美溪	124.3	3	洪林桥	156.7	3

(2) 最大 1、3、7 d 暴雨分析

水阳江上游合庄站最大 1 d 降水量为 277.5 mm,排位第一,其重现期为 70 年,详见表 2.1-26。

表 2.1-26　1991 年三江流域各特征时段降水量统计表

最大 1 d				最大 3 d				最大 7 d			
站名	雨量(mm)	排位	重现期(年)	站名	雨量(mm)	排位	重现期(年)	站名	雨量(mm)	排位	重现期(年)
合庄	277.5	1	70	合庄	335.1	3	15	合庄	603.5	3	50
和阳	223.5	3	25	郭村	324.2	5	15	黄土坎	535.9	2	75
黄土坎	222.0	2	60	美溪	294.9	7	7	郭村	529.5	3	30
童疃	193.4	4	15	龙源湖	280.2	5	10	美溪	523.0	4	20

2. 水情

1) 水情概述

1991 年 7 月上旬,受连续强降水影响,流域发生较大洪水过程,水阳江、漳河超保证水位,青弋江超警戒水位,陈村水库超汛限水位。

2) 洪水过程

受 7 月上旬连续强降水影响,青弋江、水阳江、漳河出现多次洪水过程。

(1) 青弋江

第一次洪水过程:西河镇站自 7 月 2 日 20 时起涨,起涨水位为 9.78 m,7 月 3 日 6 时 30 分出现洪峰水位 12.96 m,洪峰流量为 2 180 m^3/s。

第二次洪水过程:西河镇站自 7 月 4 日 15 时起涨,起涨水位为 11.00 m,7 月 6 日 5 时出现 1991 年最高水位 16.11 m(警戒水位为 15.00 m,保证水位为 16.60 m),涨幅达 5.11 m,洪峰流量为 5 000 m^3/s。水位排位第十九,流量排位第六。下游湾沚站 7 月 6 日出现最高水位 14.37 m(警戒水位为 13.00 m,保证水位为 14.60 m)。

(2) 水阳江

第一次洪水过程:宣城站自 7 月 2 日 13 时起涨,起涨水位为 10.08 m,7 月 3 日 8 时出现洪峰水位 15.21 m(警戒水位为 15.50 m),涨幅达 5.13 m,洪峰流量为 2 320 m^3/s。

第二次洪水过程:宣城站自 7 月 4 日 20 时起涨,起涨水位为 11.39 m,7 月 6 日 4 时出现 1991 年最高水位 17.95 m,超保证水位 1.45 m,涨幅达 6.56 m,洪峰流量为 4 700 m^3/s。水位排位第五,流量排位第五。新河庄站 7 月 6 日 9 时 30 分出现洪峰水位 13.08 m,超保证水位 0.58 m,最大流量为 1 400 m^3/s。

(3) 漳河

南陵站自 7 月 4 日 23 时 50 分起涨,起涨水位为 11.41 m,7 月 5 日 13 时 30 分出现 1991 年最高水位 16.47 m,超保证水位 0.35 m,洪峰流量为 903 m^3/s。洪水历时 13.7 h,涨幅达 5.06 m,水位排位第五、流量排位第三。下游三埠管站 7 月 6 日出现最高水位 12.86 m(警戒水位为 12.00 m,保证水位为 14.00 m)。

3) 洪水特点

7 月上旬强降水较为集中,洪峰过程均为单峰。

4）洪水组成分析

分别分析计算漳河南陵站、青弋江西河镇站、水阳江宣城站最大 1、3、7、15、30、60 d 洪量的来水量组成。

在三江流域洪水组成中，最大 1 d 洪量，漳河、青弋江、水阳江分别占 7.5%、57.0%、35.5%；最大 3 d 洪量，漳河、青弋江、水阳江分别占 5.2%、62.4%、32.4%；最大 7 d 洪量，漳河、青弋江、水阳江分别占 4.1%、63.4%、32.5%，详见表 2.1-27。

表 2.1-27　1991 年三江流域各控制站时段洪量比较表　　单位：亿 m^3

站名	最大 1 d		最大 3 d		最大 7 d		最大 15 d		最大 30 d		最大 60 d	
	洪量	起始时间	洪量	起始时间	洪量	起始时间	洪量	起始时间	洪量	起始时间	洪量	起始时间
南陵	0.489	7 月 5 日	0.747	7 月 5 日	0.959	7 月 4 日	—	—	—	—	—	—
西河镇	3.724	7 月 6 日	8.891	7 月 6 日	14.76	7 月 3 日	21.22	7 月 3 日	28.70	6 月 16 日	42.64	5 月 22 日
宣城	2.324	7 月 6 日	4.611	7 月 5 日	7.58	7 月 3 日	8.464	7 月 3 日	12.73	6 月 13 日	18.47	5 月 19 日

5）洪水重现期

根据分析，1991 年水阳江宣城站洪峰流量重现期为 10 年，青弋江西河镇站洪峰流量重现期为 10 年，漳河南陵站洪峰流量重现期为 15 年。

3. 工情

陈村水库 7 月 2 日 13 时坝上水位为 115.12 m，受连续强降水及水库调度共同影响，水位持续上涨，7 月 5 日 15 时最大入库洪峰流量为 8 580 m^3/s，7 月 5 日 23 时涨至 118.70 m（汛限水位 117.00 m），7 月 6 日 0 时最大下泄流量为 2 370 m^3/s，7 月 7 日 6 时水位降至 117.20 m，后受流域降水影响，水位止跌回涨，7 月 7 日 15 时入库洪峰流量为 5 950 m^3/s，7 月 7 日 23 时 30 分涨至年最高水位 118.82 m。1991 年陈村水库坝上最高水位历史排位第五。

4. 灾情

1991 年 7 月 5—12 日宣城市陆续溃（漫）破大小圩口 38 个。宣城市城区 1/3 被淹，市区三面交通中断 10 余天；1.02 万户住宅进水 0.30 m 以上，宣城市 88 个工矿企业进水、停产或半停产。1991 年洪水造成直接经济损失 1.283 亿元。

1.2.2.3　1996 年洪水

1996 年三江流域年降水量为 1 599.7 mm，比常年同期偏多 1 成，居自 1949 年以来的第 12 位。7 月中旬，受强降水影响，流域发生较大洪水过程，青弋江、水阳江超保证水位，漳河南陵站未超警戒水位，陈村水库超汛限水位。

1. 雨情

1）雨情概述

1996 年三江流域年降水量为 1 599.7 mm，比常年同期偏多 1 成。年降水量的高值区位于流域上游，其中青弋江上游温泉站、郭村站、大河口站、美溪站、龙源湖站年降水量分别为 3 171.9 mm、2 553.6 mm、2 508.5 mm、2 455.4 mm、2 356.2 mm，水阳江上游合庄站年降水量为 2 267.9 mm。

三江流域汛期（5—9 月）面平均雨量为 1 028.8 mm，较常年同期偏多 2 成多，其中主汛期（6—7 月）799.5 mm，较常年同期偏多 9 成多。

2）暴雨过程

6 月中旬至 7 月中旬，三江流域共出现了 4 次明显的暴雨过程，分别为 6 月 19 日、6 月 24—25 日、6 月 29 日—7 月 2 日、7 月 14—15 日。

（1）6 月 19 日

6 月 19 日青弋江、水阳江上游普降大暴雨，局部特大暴雨；青弋江、水阳江中下游及漳河流域普降大到暴雨，局部大暴雨。青弋江上游温泉站、郭村站、美溪站最大日雨量分别为 273.0 mm、253.9 mm、253.3 mm。日平均雨量：青弋江陈村以上 185.8 mm，西河镇至陈村区间 85.0 mm；水阳江港口湾以上 121.3 mm，宣城至港口湾区间 79.2 mm；漳河南陵以上 52.0 mm。

(2) 6 月 24—25 日

6 月 24—25 日流域普降中到大雨，局部暴雨到大暴雨，暴雨中心位于水阳江上游。最大 1 d 降水量为水阳江上游黄土坎站的 109.6 mm(6 月 24 日)。累计面平均雨量：水阳江港口湾以上 107.1 mm、宣城至港口湾区间 83 mm。

(3) 6 月 29 日—7 月 2 日

6 月 29 日—7 月 2 日流域普降大到暴雨，局部大暴雨，暴雨中心位于青弋江、水阳江流域上游。最大 1 d 降水量为温泉站的 225.1 mm(6 月 30 日)，最大 2 d 降水量为温泉站的 432.9 mm(6 月 30 日—7 月 1 日)，最大 3 d 降水量为温泉站的 598.4 mm(6 月 29 日—7 月 1 日)，最大 4 d 降水量为温泉站的 739.0 mm(6 月 29 日—7 月 2 日)。累计面平均雨量：青弋江陈村以上 497.3 mm，西河镇至陈村区间 262.1 mm；水阳江港口湾以上427.0 mm，宣城至港口湾区间 253.3 mm；漳河南陵以上 179.2 mm。

(4) 7 月 14—15 日

7 月 14—15 日流域普降大到暴雨，局部大暴雨，暴雨中心位于漳河流域、青弋江中上游。主要降水集中在 7 月 15 日，青弋江杨柳铺站、厚岸站、泾县站最大 1 d 降水量分别为 223.0 mm、130.9 mm、114.6 mm。累计面平均雨量：青弋江陈村以上 113.7 mm，西河镇至陈村区间 131.8 mm；漳河南陵以上 124.3 mm；水阳江港口湾以上 63.2 mm，宣城至港口湾区间 75.4 mm。

3) 暴雨特点

雨期长，降水时间从 6 月上旬开始，一直持续到 7 月下旬。短历时降水强度大，降水范围广，暴雨中心在上游。

4) 暴雨频率分析

(1) 短历时暴雨分析

自入梅以来，三江流域连续遭受强暴雨袭击，青弋江杨柳铺站最大 3、6 h 降水量分别为 123.8 mm、199.8 mm，排位均为第一，详见表 2.1-28。

表 2.1-28　1996 年三江流域最大 1、3、6 h 降水量统计表

最大 1 h			最大 3 h			最大 6 h		
站名	雨量(mm)	排位	站名	雨量(mm)	排位	站名	雨量(mm)	排位
戴汇	81.8	3	郭村	147.7	2	郭村	201.1	1
烟墩铺	75.9	3	美溪	146.6	2	杨柳铺	199.8	1
大河口	74.9	2	大河口	133.7	1	美溪	189.4	2
港口湾	71.2	3	杨柳铺	123.8	1	龙源湖	170.3	1

(2) 最大 1、3、7 d 暴雨分析

青弋江上游龙源湖站最大 1、3、7 d 降水量分别为 236.4 mm、438.5 mm 和 636.6 mm，雨量排位分别为第二、第二、第一，其重现期分别为 80 年、90 年、100 年，详见表 2.1-29。

表 2.1-29　1996 年三江流域各特征时段降水量统计表

最大 1 d				最大 3 d				最大 7 d			
站名	雨量(mm)	排位	重现期(年)	站名	雨量(mm)	排位	重现期(年)	站名	雨量(mm)	排位	重现期(年)
郭村	253.9	2	40	大河口	554.9	1	250	大河口	809.3	1	300
美溪	253.3	2	22	合庄	491.0	1	150	龙源湖	636.6	1	100
龙源湖	236.4	2	80	龙源湖	438.5	2	90	合庄	632.8	2	60
杨柳铺	223.0	1	40	黄土坎	402.8	1	200	三口镇	548.8	1	80

2. 水情

1) 水情概述

1996 年 6 月中旬至 7 月中旬，受连续强降水影响，流域发生较大洪水过程，青弋江、水阳江超保证水位，漳河接近警戒水位，陈村水库超汛限水位。其中宣城站年最高水位为 19.38 m，最大流量为 7 700 m^3/s；陈村水库年最高水位为 121.81 m，均排历史第 1 位。

2) 洪水过程

受 6 月中旬至 7 月中旬连续强降水影响，青弋江、水阳江、漳河出现多次洪水过程。

(1) 青弋江

第一次洪水过程：西河镇站自 6 月 19 日 8 时起涨，起涨水位为 8.80 m，6 月 20 日 18 时出现洪峰水位 12.59 m，涨幅为 3.79 m，洪峰流量为 2 540 m^3/s。

第二次洪水过程：西河镇站自 6 月 29 日 17 时 30 分起涨，起涨水位为 10.51 m，7 月 1 日 9 时出现洪峰水位 16.30 m(警戒水位为 15.00 m，保证水位为 16.60 m)，洪峰流量为 5 220 m^3/s，降雨间歇，7 月 2 日 2 时水位退至 15.66 m 后反涨，7 月 3 日 10 时 30 分出现 1996 年最高水位 16.93 m，超保证水位 0.33 m，总涨幅达 6.42 m，洪峰流量为 5 230 m^3/s。水位排位第九，流量排位第五。

下游湾沚站 7 月 3 日出现最高水位 14.60 m(保证水位为 14.60 m)，水位排位第二。

第三次洪水过程：西河镇站自 7 月 14 日 16 时起涨，起涨水位为 11.45 m，7 月 16 日 4 时出现洪峰水位15.32 m，超警戒水位 0.32 m，涨幅达 3.87 m，洪峰流量为 4 030 m^3/s。

(2) 水阳江

第一次洪水过程：宣城站自 6 月 20 日 7 时起涨，起涨水位为 10.37 m，6 月 20 日 20 时出现洪峰水位 15.33 m(警戒水位为 15.50 m)，洪峰流量为 2 640 m^3/s。洪水历时 13 h，涨幅达 4.96 m。

新河庄站自 6 月 19 日 20 时起涨，起涨水位为 8.56 m，6 月 21 日 2 时 25 分出现洪峰水位 10.53 m(警戒水位为 11.00 m)，洪峰流量为 975 m^3/s。

第二次洪水过程：宣城站自 6 月 25 日 4 时起涨，起涨水位为 10.77 m，6 月 26 日 3 时 30 分出现洪峰水位 15.20 m(警戒水位为 15.50 m)，洪峰流量为 2 520 m^3/s。洪水历时 23.5 h，涨幅达 4.43 m。

新河庄站自 6 月 25 日 8 时起涨，起涨水位为 9.42 m，6 月 26 日 8 时出现洪峰水位 10.89 m(警戒水位为11.00 m)，洪峰流量为 955 m^3/s。

第三次洪水过程：宣城站自 6 月 29 日 18 时起涨，起涨水位为 11.43 m，7 月 1 日 1 时 25 分出现 1996 年最高水位 19.38 m，超保证水位 2.88 m，历时 31.4 h，涨幅达 7.95 m，洪峰流量为 7 700 m^3/s。水位、流量排位均第一。降雨间歇，7 月 2 日 1 时水位退至 14.17 m 后小幅反涨，7 月 3 日 4 时出现洪峰水位 15.59 m，超警戒水位 0.09 m，洪峰流量为 2 830 m^3/s。

新河庄站自 6 月 30 日 8 时起涨，起涨水位为 10.99 m，7 月 1 日 4 时出现洪峰水位 12.85 m(保证水位为12.50 m)，洪峰流量为 1 650 m^3/s。破圩后水位降至 12.75 m(7 月 1 日 8:00)后小幅上涨，7 月 1 日 13 时 40 分涨至 12.91 m。降雨间歇，7 月 2 日 0 时水位退至 12.68 m 后反涨，7 月 4 日 2 时出现 1996 年最高水位 13.28 m，超保证水位 0.78 m，洪峰流量为 1 080 m^3/s。年最高水位、最大流量均排位第四。

(3) 漳河

第一次洪水过程：南陵站自 6 月 27 日 7 时 40 分起涨，起涨水位为 10.75 m，6 月 28 日 1 时出现洪峰水位 14.41 m(警戒水位为 15.82 m)，洪峰流量为 296 m^3/s。

第二次洪水过程：南陵站 6 月 29 日 7 时 20 分起涨，起涨水位 11.18 m，6 月 29 日 23 时出现洪峰水位 14.03 m，洪峰流量为 260 m^3/s，降雨间歇，6 月 30 日 11 时水位退至 13.09 m 后反涨，6 月 30 日 22 时出现洪峰水位 15.60 m(警戒水位 15.82 m)，洪峰流量为 596 m^3/s。洪水总涨幅达 4.42 m。

第三次洪水过程：南陵站自 7 月 15 日 6 时起涨，起涨水位为 11.83 m，7 月 15 日 22 时出现 1996 年最高水位 15.71 m(警戒水位为 15.82 m)，洪峰流量为 646 m^3/s。洪水历时 16 h，涨幅达 3.88 m。

下游三埠管站 7 月 16 日出现最高水位 13.13 m(警戒水位为 12.00 m，保证水位为 14.00 m)。

3）洪水特点

水阳江宣城站、新河庄站复式峰过程不一致，宣城站复式峰前大后小，下游新河庄站由于宣城附近圩口相继漫破，反而形成前小后大的复式洪水过程。

青弋江西河镇站复式洪峰前小后大，主要是水库泄洪与徽水河洪水共同影响的结果。后峰比前峰高0.63 m，流量仅大10.0 m^3/s。

由于陈村水库的控制，青弋江西河镇站的最高洪峰出现时间比水阳江宣城站峰现时间推迟了2 d。

4）洪水组成分析

分别分析计算漳河南陵站、青弋江西河镇站、水阳江宣城站最大1、3、7、15、30、60 d洪量的来水量组成。

在三江流域洪水组成中，最大1 d洪量，漳河、青弋江、水阳江分别占3.3%、52.7%、44.0%；最大3 d洪量，漳河、青弋江、水阳江分别占3.0%、60.5%、36.5%；最大7 d洪量，漳河、青弋江、水阳江分别占3.4%、64.3%、32.3%，详见表2.1-30。

表2.1-30　1996年三江流域各控制站时段洪量比较表　　单位：亿 m^3

站名	最大1 d		最大3 d		最大7 d		最大15 d		最大30 d		最大60 d	
	洪量	起始时间	洪量	起始时间	洪量	起始时间	洪量	起始时间	洪量	起始时间	洪量	起始时间
南陵	0.266 1	6月30日	0.571 1	6月29日	1.02	6月27日	—	—	—	—	—	—
西河镇	4.199	7月3日	11.44	7月1日	19.54	6月30日	24.38	6月28日	37.28	6月20日	44.64	6月1日
宣城	3.508	7月1日	6.912	7月1日	9.813	6月28日	14.39	6月20日	19.65	6月20日	23.44	6月4日
新河庄	1.158	7月1日	2.915	7月1日	5.791	6月30日	10.77	6月30日	18.97	6月25日	24.69	6月4日

5）洪水重现期

根据分析，1996年青弋江西河镇站洪峰流量重现期为35年，漳河南陵站洪峰流量重现期为7年。

根据《宣城市城市防洪规划报告》中宣城站洪水频率计算成果，宣城站1996年统计值为8 300 m^3/s，重现期为50年。

3. 工情

受6月中旬末强降水影响，陈村水库坝上水位自6月17日0时109.39 m起涨，6月20日6时15分最大入库洪峰流量为11 600 m^3/s，6月21日15时涨至114.49 m，降雨间歇，6月25日0时水位缓降至114.27 m，受6月下旬至7月上旬连续两场强降水影响，坝上水位持续上涨，有两次入库洪水过程，入库洪峰流量分别为8 460 m^3/s(6月30日11时)和8 840 m^3/s(7月2日14时45分)，当水位达117.11 m(6月30日10时)时溢洪道开启，尽管泄量不断加大，库内水位仍继续上涨，至7月3日0时达年最高水位121.81 m，超汛限水位4.81 m，最大蓄水量为22.1亿 m^3，最大下泄流量为3 630 m^3/s，水位和泄量分别为自建库以来的最高水位和最大泄量。

4. 灾情

1996年宣城地区7个县城5个进水，境内皖赣、宣杭铁路，318、205国道相继中断，一大批企业、商店停产停业，双桥联圩、城东联圩等38个圩口漫破。宣城市受灾人口为25.71万人，成灾人口为24.48万人，倒塌房屋1.64万间，直接经济损失达数亿元。

1.2.2.4　1999年洪水

1999年三江流域年降水量为2 025.1 mm，比常年同期偏多4成，居自1949年以来的第3位。6月下旬至7月上旬，受强降水影响，流域发生超保证洪水过程，陈村水库超汛限水位。

1. 雨情

1）雨情概述

1999年三江流域年降水量为2 025.1 mm，比常年同期偏多4成。年降水量的高值区位于流域中上游，其中青弋江温泉站、郭村站、平垣站年降水量分别为3 080.8 mm、2 596.0 mm、2 552.5 mm，水阳江溪口站年降水量为 2 525.5 mm。

三江流域汛期(5—9 月)面平均雨量为 1 529.0 mm,较常年同期偏多 8 成多,其中主汛期(6—7 月) 1 006.5 mm,是常年同期的 2.4 倍,6 月份降水量为 854.1 mm,是常年同期的 3.7 倍。

2)暴雨过程

5 月下旬至 6 月,三江流域共出现了 4 次明显的暴雨过程,分别为 5 月 21—23 日、6 月 15—16 日、6 月 23—27 日、6 月 29—30 日。

(1) 5 月 21—23 日

5 月 21—23 日流域普降大到暴雨,局部大暴雨,暴雨中心在青弋江上游。日雨量最大分别为青弋江上游温泉站、柳家梁站的 108.5 mm(5 月 22 日)、94.6 mm(5 月 23 日)。三日累计雨量最大分别为温泉站、美溪站的 218.6 mm、195.2 mm。累计面平均雨量:青弋江陈村以上 163.0 mm,西河镇至陈村区间 129.0 mm;水阳江港口湾以上 125.0 mm,宣城至港口湾区间 114.0 mm;漳河南陵以上 84.0 mm。

(2) 6 月 15—16 日

6 月 15—16 日流域普降大到暴雨,局部大暴雨。最大 1 d 降水量为水阳江独山站的 118.4 mm(6 月 15 日),最大累计降水量为南姥咀站的 166.3 mm。累计面平均雨量:青弋江陈村以上 110.0 mm,西河镇至陈村区间 103.0 mm;水阳江港口湾以上 119.0 mm,宣城至港口湾区间 105.0 mm;漳河南陵以上 94.0 mm。

(3) 6 月 23—27 日

6 月 23—27 日流域普降大到暴雨,局部大暴雨。6 月 27 日降水量最大,为漳河戴汇站的 174.7 mm,其次是青弋江平垣站的 156.7 mm。累计面平均雨量:青弋江陈村以上 340.0 mm,西河镇至陈村区间 337.0 mm;水阳江港口湾以上 312.0 mm,宣城至港口湾区间 294.0 mm;漳河南陵以上 336.0 mm。

(4) 6 月 29—30 日

6 月 29—30 日流域普降大到暴雨,局部大暴雨。6 月 29 日降水量最大,为漳河南陵站的 211.5 mm,其次是青弋江上游温泉站的 199.0 mm。累计面平均雨量:青弋江陈村以上 270.0 mm,西河镇至陈村区间 235.0 mm;水阳江港口湾以上 233.0 mm,宣城至港口湾区间 191.0 mm;漳河南陵以上 262.0 mm。

3) 暴雨特点

1999 年梅雨季节,受异常气候的影响,雨区一直维持在沿江江南,暴雨次数多,降雨强度大,长历时降水总量大,如合庄站、郭村站、泾县站最大 7 d 降水量分别为 646.9 mm、639.4 mm、594.7 mm,排位均第一。降水范围广,暴雨中心在郎川河上游、青弋江中上游、繁昌及其以南一片。

4) 暴雨频率分析

(1) 短历时暴雨分析

自入梅以来,三江流域连续遭受强暴雨袭击,水阳江溪口站最大 1、3 h 降水量分别为 115.2 mm、152.1 mm,排位均为第一,详见表 2.1-31。

表 2.1-31　1999 年三江流域最大 1、3、6 h 降水量统计表

最大 1 h			最大 3 h			最大 6 h		
站名	雨量(mm)	排位	站名	雨量(mm)	排位	站名	雨量(mm)	排位
溪口	115.2	1	溪口	152.1	1	溪口	155.5	2
焦村	74.6	2	大河口	100.1	4	大河口	123.9	6
泾县	70.9	1	铜山	94.4	3	南陵	109.6	6
白地	63.3	4	芦村	92.4	3	西河镇	105.3	7

(2) 最大 1、3、7 d 暴雨分析

青弋江上游美溪站最大 1、3、7 d 降水量分别为 174.8 mm、374.1 mm 和 625.4 mm,雨量排位分别为第七、第三、第二,其重现期分别为 5 年、20 年、45 年,详见表 2.1-32。

表 2.1-32　1999 年三江流域各特征时段降水量统计表

最大 1 d				最大 3 d				最大 7 d			
站名	雨量（mm）	排位	重现期（年）	站名	雨量（mm）	排位	重现期（年）	站名	雨量（mm）	排位	重现期（年）
南陵	211.5	4	30	郭村	374.8	2	25	合庄	646.9	1	70
美溪	174.8	7	5	美溪	374.1	3	20	郭村	639.4	1	80
戴汇	174.7	4	20	合庄	344.4	2	20	美溪	625.4	2	45
西河镇	167.4	4	10	戴汇	341.1	2	35	泾县	594.7	1	130

2. 水情

1) 水情概述

5 月下旬至 6 月底，受强降水影响，流域发生超保证洪水，陈村水库超汛限水位。

2) 洪水过程

受 5 月下旬至 6 月底连续强降水影响，青弋江、水阳江、漳河出现多次洪水过程。

(1) 青弋江

第一次洪水过程：西河镇站自 5 月 22 日 20 时起涨，起涨水位为 7.78 m，5 月 24 日 4 时 20 分出现洪峰水位 12.44 m，涨幅为 4.66 m，洪峰流量为 2 440 m^3/s。

第二次洪水过程：西河镇站自 6 月 9 日 6 时起涨，起涨水位为 8.73 m，6 月 11 日 2 时 40 分出现洪峰水位 12.02 m，涨幅为 3.29 m，洪峰流量为 1 890 m^3/s。

第三次洪水过程：西河镇站自 6 月 15 日 20 时起涨，起涨水位为 9.26 m，6 月 17 日 4 时出现洪峰水位 12.96 m，涨幅为 3.70 m，洪峰流量为 2 200 m^3/s。

第四次洪水过程：西河镇站自 6 月 23 日 21 时起涨，起涨水位为 9.60 m，6 月 24 日 22 时出现洪峰水位12.65 m，涨幅为 3.05 m，洪峰流量为 2 290 m^3/s。

第五次洪水过程：西河镇站自 6 月 26 日 10 时起涨，起涨水位为 11.62 m，6 月 28 日 23 时出现洪峰水位 16.20 m（警戒水位为 15.00 m，保证水位为 16.60 m），洪峰流量为 4 320 m^3/s，降雨间歇，6 月 29 日 17 时水位退至 15.47 m 后反涨，6 月 30 日 12 时出现 1999 年最高水位 17.32 m，超保证水位 0.72 m，洪峰流量为6 000 m^3/s。水位排位第六，流量排位第二。

下游湾沚站 7 月 1 日出现最高水位 15.11 m（保证水位为 14.60 m），水位排位第一。

(2) 水阳江

第一次洪水过程：宣城站自 5 月 23 日 4 时起涨，起涨水位为 10.15 m，5 月 24 日 6 时 20 分出现洪峰水位 14.94 m（警戒水位为 15.50 m），涨幅为 4.79 m，洪峰流量为 2 280 m^3/s。

新河庄站自 5 月 23 日 17 时 5 分起涨，起涨水位为 7.92 m，5 月 24 日 12 时 26 分出现洪峰水位 10.29 m（警戒水位为 11.00 m），洪峰流量为 1 170 m^3/s。

第二次洪水过程：宣城站自 6 月 10 日 11 时起涨，起涨水位为 10.74 m，6 月 11 日 5 时出现洪峰水位 14.18 m（警戒水位为 15.50 m），涨幅为 3.44 m，洪峰流量为 1 780 m^3/s。

新河庄站自 6 月 9 日 9 时 23 分起涨，起涨水位为 8.47 m，6 月 11 日 14 时出现洪峰水位 10.59 m（警戒水位为 11.00 m），洪峰流量为 822 m^3/s。

第三次洪水过程：宣城站自 6 月 16 日 5 时起涨，起涨水位为 10.55 m，6 月 17 日 5 时出现洪峰水位 15.50 m（警戒水位为 15.50 m），涨幅为 4.95 m，洪峰流量为 2 530 m^3/s。

新河庄站自 6 月 16 日 0 时起涨，起涨水位为 10.28 m，6 月 18 日 8 时出现洪峰水位 11.96 m（警戒水位为 11.00 m），洪峰流量为 1 050 m^3/s。

第四次洪水过程：受 6 月下旬多次强降水过程影响，宣城站出现多次复式涨水过程，宣城站自 6 月 24 日 10 时起涨，起涨水位为 11.13 m，6 月 25 日 2 时出现洪峰水位 14.52 m，洪峰流量为 1 960 m^3/s。降水持续，6 月 25 日 22 时水位顶托至 14.68 m，降雨间歇，6 月 26 日 10 时 30 分水位退至 14.26 m 后反涨，6

月 27 日 6 时出现洪峰水位 16.79 m，超保证水位 0.29 m，洪峰流量为 3 470 m^3/s。降雨间歇，6 月 28 日 9 时水位退至 14.85 m 后反涨，6 月 29 日 0 时出现洪峰水位 16.65 m，超保证水位 0.15 m，洪峰流量为 3 160 m^3/s。降雨间歇，6 月 29 日 16 时 40 分水位退至 14.78 m 后反涨，6 月 30 日 10 时出现 1999 年最高水位18.15 m，超保证水位 1.65 m，洪峰流量为 4 620 m^3/s。年最高水位排位第四，年最大流量排位第六。

新河庄站位于宣城站下游，水位过程相似，7 月 1 日 18 时出现 1999 年最高水位 14.64 m，超保证水位 2.14 m，洪峰流量为 1 550 m^3/s(6 月 28 日 8 时)。年最高水位排位第一，年最大流量排位第六。

下游黄池站 7 月 1 日出现最高水位 13.56 m(保证水位为 12.60 m)，水位排位第一。

(3) 漳河

第一次洪水过程：南陵站自 5 月 22 日 6 时起涨，起涨水位为 9.95 m，5 月 24 日 3 时出现洪峰水位 12.73 m(警戒水位为 15.82 m)，洪峰流量为 168 m^3/s。

第二次洪水过程：南陵站自 6 月 16 日 2 时 30 分起涨，起涨水位为 10.23 m，6 月 16 日 23 时出现洪峰水位 13.69 m(警戒水位为 15.82 m)，洪峰流量为 235 m^3/s。

第三次洪水过程：南陵站自 6 月 23 日 18 时起涨，起涨水位为 10.35 m，6 月 24 日 19 时 30 分出现洪峰水位 13.64 m(警戒水位为 15.82 m)，洪峰流量为 240 m^3/s。

第四次洪水过程：南陵站自 6 月 26 日 10 时起涨，起涨水位为 11.52 m，6 月 28 日 13 时出现洪峰水位 15.99 m(警戒水位为 15.82 m，保证水位为 16.12 m)，洪峰流量为 606 m^3/s，降雨间歇，6 月 29 日 13 时水位退至 14.54 m 后反涨，6 月 30 日 8 时出现洪峰水位 16.30 m，洪峰流量为 770 m^3/s。年最高水位排位第六，年最大流量排位第四。

下游三埠管站 6 月 30 日出现最高水位 13.94 m(警戒水位为 12.00 m，保证水位为 14.00 m)。年最高水位排位第一。

3) 洪水特点

1999 年 6 月份的降水在全流域分布基本均匀，干支流同时发生洪水，三江流域控制站洪峰出现时间基本同步。

6 月上旬全流域开始降水，暴雨中心偏在南漪湖上游的郎川河，郎川河的洪水首先灌满南漪湖，调蓄能力大为减弱，水阳江来水无出路，同时受长江水位顶托影响，南漪湖南姥咀站、水阳江新河庄站年最高水位排位均为第一。

陈村水库库区暴雨多，虽经调度削峰，泄洪水量仍滞留下游，又遇长江顶托，下泄很慢，大量洪水积聚在下游圩区。漳河三埠管站、青弋江湾沚站、水阳江黄池站年最高水位排位均为第一。

4) 洪水组成分析

分别分析计算漳河南陵站、青弋江西河镇站、水阳江宣城站最大 1、3、7、15、30、60 d 洪量的来水量组成。

在三江流域洪水组成中，最大 1 d 洪量，漳河、青弋江、水阳江分别占 6.8%、55.1%、38.1%；最大 3 d 洪量，漳河、青弋江、水阳江分别占 5.5%、58.8%、35.7%；最大 7 d 洪量，漳河、青弋江、水阳江分别占 5.2%、58.0%、36.8%，详见表 2.1-33。

表 2.1-33　1999 年三江流域各控制站时段洪量比较表　　单位：亿 m^3

站名	最大 1 d		最大 3 d		最大 7 d		最大 15 d		最大 30 d		最大 60 d	
	洪量	起始时间	洪量	起始时间	洪量	起始时间	洪量	起始时间	洪量	起始时间	洪量	起始时间
南陵	0.593 6	6 月 30 日	1.212	6 月 28 日	2.173	6 月 25 日	2.573	6 月 17 日	3.306	6 月 8 日	3.921	6 月 8 日
西河镇	4.804	6 月 30 日	12.90	6 月 30 日	24.41	6 月 27 日	31.10	6 月 24 日	39.45	6 月 24 日	47.10	6 月 10 日
宣城	3.326	6 月 30 日	7.828	6 月 29 日	15.52	6 月 25 日	18.84	6 月 17 日	24.28	6 月 10 日	27.43	6 月 9 日

5) 洪水重现期

根据分析，1999 年青弋江西河镇站洪峰流量重现期为 15 年，漳河南陵站洪峰流量重现期为 10 年。

根据《宣城市城市防洪规划报告》中宣城站洪水频率计算成果，宣城站 1999 年统计值为 4 620 m^3/s，重现期为 7 年。

3. 工情

6 月下旬，受多次强降水过程及水库发电放水共同影响，陈村水库坝上水位自 6 月 23 日 20 时 111.66 m 起涨，6 月 26 日 19 时 30 分水位为 116.14 m，水库加大泄量，但受入库洪水过程影响，水位持续上升，6 月 29 日 16 时 30 分最大入库洪峰流量为 5 200 m^3/s，7 月 1 日 8 时最大下泄流量为 2 480 m^3/s，至 7 月 1 日 12 时达年最高水位 120.22 m，超汛限水位 3.22 m，最大蓄水量为 20.457 亿 m^3。水位排位第二。

4. 灾情

1999 年芜湖市范围破圩 53 个（万亩大圩 3 个），宣城地区破圩 90 个（万亩大圩 6 个），洪水期间 205、318 国道，皖赣铁路几度中断，单就芜湖市统计直接经济损失达 22.36 亿元。

1.2.2.5 2016 年洪水

2016 年三江流域年降水量为 2 232.0 mm，比常年同期偏多 6 成。今年全区降水总体呈现出以下特点：一是汛前降水偏多，4 月上旬发生了大的洪水过程；二是梅雨季节降水频发，大范围、高强度过程较多；三是受“鲇鱼”台风影响，降水范围广、强度大。汛期累计平均降雨总量较常年同期偏多 8 成。雨量时空分布不均，5、6 月份平均降水量较常年同期分别偏多 7 成、8 成；7 月份平均降水量较常年同期偏多 1.2 倍；8 月份流域平均降水量较常年同期偏少近 7 成；9 月份平均降水量较常年同期偏多 2 倍。

受主汛期的数次暴雨影响，三江流域发生较大洪水过程，水阳江、漳河流域超保证水位；青弋江超警戒水位，其中漳河南陵站、青弋江大砻坊站、水阳江雁翅站超历史水位；水阳江南漪湖超保证水位；大型水库港口湾，中型水库天子门、龙须湖超历史水位；青弋江陈村水库超汛限水位。

1. 雨情

1) 雨情概述

2016 年三江流域年降水量为 2 232.0 mm，比常年同期偏多 6 成。年降水量的高值区位于流域中上游，其中漳河中上游南陵站年降水量为 2 646.4 mm，水阳江郎川河流域姚村站为 2 547.0 mm，青弋江中上游蔡村站为 2 584.9 mm，水阳江上游庄村站为2 339.5 mm。

三江流域汛期（5—9 月）面平均雨量为 1 423.0 mm，除 8 月面平均雨量比常年同期偏少外，其余 4 个月面平均雨量均较常年同期偏多。2016 年汛前（1—4 月）流域面平均降水量为 438.0 mm，较常年同期偏多 1 成。汛后 10 月份全流域降水量是常年同期的 2.6 倍。

2) 暴雨过程

汛期，三江流域共出现了 9 次明显的暴雨过程，分别为 5 月 20—21 日、5 月 26—29 日、5 月 31 日—6 月 1 日、6 月 11—12 日、6 月 20—21 日、6 月 27—29 日、6 月 30 日—7 月 5 日、9 月 15—16 日、9 月 28—29 日。

(1) 5 月 20—21 日

5 月 20 日 8 时至 5 月 21 日 8 时，三江流域普降中到大雨。降雨空间分布不均，最大日降水量为青弋江上游五里桥水库站的 61.0 mm，其次是水阳江上游黄土坎站的 58.0 mm。面平均雨量：漳河南陵以上 26.0 mm；青弋江陈村水库以上 26.5 mm，西河镇至陈村区间 21.8 mm；水阳江港口湾水库以上 35.9 mm，宣城至港口湾区间 32.2 mm；长江下游干流沿岸 24.2 mm。

(2) 5 月 26—29 日

5 月 26 日 0 时至 5 月 29 日 8 时，从上游至下游降雨呈递减趋势，最大累计雨量为青弋江上游五里桥水库站的 168.0 mm，其次是石门水库站的 150.0 mm。累计面平均雨量：漳河南陵以上 57.1 mm；青弋江陈村水库以上 99.9 mm，西河镇至陈村区间 71.8 mm；水阳江港口湾水库以上 100.8 mm，宣城至港口湾区间 82.8 mm；长江下游干流沿岸 49.1 mm。

(3) 5 月 31 日—6 月 1 日

5 月 31 日 16 时至 6 月 1 日 8 时，三江流域普降大到暴雨，局部地区中雨。降雨空间分布不均，最大降水量为水阳江中游水榨站的 132.5 mm，其次是洪村站的 108.5 mm。面平均雨量：漳河南陵以上 58.4 mm；青弋江陈村水库以上 39.3 mm，西河镇至陈村区间 36.4 mm；水阳江港口湾水库以上 31.6 mm，宣城至港口湾区间 56.8 mm；长江下游干流沿岸 43.6 mm。

(4) 6 月 11—12 日

6 月 11 日 22 时至 6 月 12 日 12 时，江南三江流域普降大到暴雨，部分地区中雨。降雨空间分布不均，最大累计降水量为水阳江上游沙埠站的 113.0 mm，其次是虹龙甸站的 106.0 mm。累计面平均雨量：漳河南陵以上 39.5 mm；青弋江陈村水库以上 80.2 mm，西河镇至陈村区间 62.5 mm；水阳江港口湾水库以上 75.9 mm，宣城至港口湾区间 90.5 mm；长江下游干流沿岸 38.4 mm。

(5) 6 月 20—21 日

6 月 20 日 5 时至 6 月 21 日 8 时，三江流域上游小雨，中下游普降大到暴雨，局部地区特大暴雨。降雨空间分布不均，暴雨中心在宣城市宣郎广一带。最大点降水量为水阳江支流郎川河流域塘埂头水库站的 267.5 mm，其次是洪林桥站的 254.0 mm。郎溪、誓节站点最大 12h 降水量为自有实测资料以来的最大值。上游雨量相对较小，青弋江陈村以上及水阳江港口湾以上小于 5.0 mm，青弋江西河镇至陈村区间 33.4 mm，水阳江宣城至港口湾区间 35.0 mm，漳河南陵以上 73.8 mm，长江下游干流沿岸134.3 mm。

(6) 6 月 27—29 日

6 月 27 日 8 时至 6 月 29 日 8 时，流域内普降大到暴雨，局部地区大暴雨。降雨空间分布不均，累计最大点降水量为青弋江上游泾县排木山站的 203.0 mm，其次是平垣站的 201.0 mm。累计面平均雨量：青弋江陈村水库以上 56.0 mm，徽水流域 44.0 mm，陈村、平垣以下至西河镇区间 168.0 mm；水阳江港口湾水库以上53.0 mm，宣城至港口湾区间 76.0 mm；漳河南陵以上 159.0 mm；长江下游干流 134.0 mm。

(7) 6 月 30 日—7 月 5 日

6 月 30 日—7 月 5 日，流域内发生大暴雨到特大暴雨。流域内降雨空间分布不均，主雨带南北移动，6 月 30 日至 7 月 1 日主雨带在沿江一带，长江下游干流发生大暴雨到特大暴雨，7 月 2 日凌晨主雨带南移，漳河及沿江发生大暴雨到特大暴雨，此阶段累计最大点降水量为漳河中上游南陵站的 519.0 mm。主要降雨为 7 月 1—3 日，3 天累计面平均降水量：水阳江港口湾以上 123.0 mm，宣城至港口湾区间 113.0 mm，郎川河流域 170.0 mm，南漪湖区间 256.0 mm；青弋江陈村水库以上 207.0 mm，西河镇至陈村区间220.0 mm；漳河南陵以上 367.0 mm；长江下游干流 347.0 mm。

(8) 9 月 15—16 日

9 月 15 日，受第 14 号台风“莫兰蒂”影响，流域普降大到暴雨，局部特大暴雨。最大点雨量为黄山石门水库站的 121.0 mm。面平均雨量：水阳江港口湾以上 74.0 mm、水阳江宣城至港口湾区间 70.0 mm，青弋江、漳河及长江下游干流在 40～60 mm。

(9) 9 月 28—29 日

9 月 28—29 日，受第 17 号台风“鲇鱼”影响，流域内普降大到暴雨，局部大暴雨。累计最大点降水量为宣州狸头桥站的 266.0 mm。最大累计面平均雨量为漳河南陵以上的 203.0 mm，其次是长江下游干流沿岸 164.0 mm，青弋江、水阳江面平均雨量在 80～130 mm。

3) 暴雨特点

今年全区降水总体呈现出以下特点：一是汛前降水偏多，4 月上旬形成了大的洪水过程；二是梅雨季节降水频发，大范围、高强度过程较多；三是受“鲇鱼”台风影响，降水范围广、强度大。

2. 水情

1) 水情概述

2016 年 4 月份三江流域有两场明显洪水过程，致使入汛水位较高。5 月下旬流域发生较大洪水。受入梅后强降雨影响，流域有大幅涨水过程，漳河、西河全线超保，水阳江控制站宣城水文站超警戒水位；新河庄水文站、黄池水位站超保证水位；青弋江中下游超警戒水位；大砻坊水文站受长江来水影响，最高水位超历史。9 月份受台风雨影响，流域有明显涨水过程，由于前期底水低，各控制站水位达到或超设防水位。

2）洪水过程

（1）青弋江

受梅雨期连续性强降水影响，青弋江中下游超警戒水位；大砻坊水文站受长江来水影响，最高水位超历史。

青弋江西河镇（二）水文站，受3场强降水影响，有3次涨水过程，6月21日0时洪峰水位为12.15 m，流量为757 m^3/s；受6月下旬降水影响，6月29日1时27分出现洪峰水位15.81 m，流量为3 700 m^3/s；受7月初降水影响，水位自11.28 m起涨，7月4日2时32分水位最终涨至16.39 m（警戒水位为16.50 m），流量为3 630 m^3/s。

西河镇站位于西河镇（二）站下游6 km处，水位过程相似，有3次涨水过程，涨幅分别为2.23 m、4.26 m、4.74 m，洪峰出现时间分别为6月21日2时、6月29日2时、7月4日2时50分，洪峰水位分别为12.01 m、15.31 m、15.98 m（警戒水位为15.00 m，保证水位为16.60 m）。

下游湾沚水位站6月29日7时32分出现洪峰水位13.05 m（警戒水位为12.60 m），受7月初降水、青弋江分洪道过流以及长江下游水位顶托影响，7月4日5时14分水位最高涨至14.01 m（保证水位为14.60 m）。

青弋江入江控制站大砻坊水文站7月5日15时42分出现最高水位12.95 m（警戒水位为11.20 m），超历史最高水位（12.74 m，1999年7月1日）0.21 m。

9月份受台风带来的降水影响，各控制站有明显涨水过程，由于前期底水低，水位均未超设防水位。

（2）水阳江

① 郎川河流域

郎川河流域主要洪水过程集中在梅雨期。受梅雨期连续强降水影响，汭水河誓节水文站6月20日16时20分出现洪峰水位25.87 m，涨幅达4.88 m，洪峰流量为1 070 m^3/s。后2次洪水过程相对较小，两场洪峰水位分别是6月28日18时49分的23.99 m，相应流量为595 m^3/s；7月2日23时7分的23.73 m，相应流量为535 m^3/s。

新、老郎川河均超警戒水位。新郎川河郎溪（山脚底）水文站受6月中旬末强降水影响，6月20日测得自2009年设站以来最高洪水位15.65 m（警戒水位为15.00 m）（6月20日8:00—22:39，历时14小时39分，涨幅达5.21 m），洪峰流量为1 780 m^3/s；受6月下旬降水影响，6月29日5时19分水位涨至14.82 m（历时5小时19分，涨幅为2.44 m），洪峰流量为1 110 m^3/s；受7月上旬降水及下游水位顶托影响，7月3日20时14分水位涨至15.01 m，流量为1 040 m^3/s。老郎川河郎溪水文站受6月中旬末强降水及中斗闸调度影响，6月21日17时53分出现洪峰水位14.35 m（警戒水位为14.00 m），洪峰流量为810 m^3/s；受6月下旬、7月上旬降水及下游水位顶托影响，水位总体呈上涨趋势，7月4日3时19分水位涨至14.50 m，流量为460 m^3/s。

② 南漪湖区间

南漪湖南姥咀站1月1日水位为7.86 m，受马山埠节制闸调度及湖泊调蓄共同影响，1—3月份湖水位在7.80 m上下波动，4月1日的7.27 m为汛前最低水位。后受降水及湖泊调蓄作用的影响，湖内水位持续上涨，4月28日达汛前最高水位10.06 m。5月1日入汛水位为9.93 m。

入汛后，受前期降水以及长江水位影响，南漪湖水位一直较高。入梅后，受湖区强降水，上游郎川河来水，上游中小型水库泄洪调度及马山埠闸、双桥闸两闸调度影响，南漪湖水位持续上涨，7月6日5时12分涨至最高水位14.52 m（保证水位为13.00 m），涨幅达4 m。此后湖水位总体呈下降趋势，10月1日水位为9.98 m。

③ 水阳江干流

受梅雨期连续强降水影响，各控制站有大幅涨水过程。

水阳江控制站宣城水文站超警戒水位。受3次降水过程影响，宣城站有3次涨水过程，涨幅分别为3.28 m、3.24 m、3.16 m，由于河道底水越来越高，洪峰水位一次比一次高，洪峰出现时间分别为6月20日22时、6月29日1时54分、7月3日23时58分，洪峰水位分别为13.73 m、15.13 m、15.59 m（警戒水位为 15.50 m)，洪峰流量分别为 1 180 m^3/s、1 760 m^3/s、1 500 m^3/s。

水阳江新河庄水文站、黄池水位站超保证水位。

新河庄水文站自 6 月 20 日 5 时 30 分 10.00 m 起涨，21 日 2 时涨至洪峰水位 12.06 m(警戒水位为 11.00 m，保证水位为 12.50 m)，相应流量为 1 160 m^3/s。受下游长江水位顶托影响，水位缓降；受 6 月下旬降水影响，水位自 11.65 m 再次起涨，6 月 29 日 9 时 56 分涨至 13.00 m，流量为 1 350 m^3/s，其间受破圩影响，水位缓降至 12.34 m(7 月 1 日 16 时)；受 7 月初这轮强降水影响，各圩口长期高水浸泡后被动漫溢，致使水位于 7 月 5 日 23 时最终涨至 14.02 m，洪峰流量为 1 600 m^3/s。

下游黄池水位站水位过程与新河庄水位过程相似，7 月 6 日 1 时 11 分出现最高洪峰水位 13.39 m(保证水位为 12.63 m)。

9 月份受台风带来的降水影响，水阳江各控制站有明显涨水过程，除新河庄站水位超设防水位外，其余各控制站均在设防水位以下。

(3) 漳河

汛期受梅雨期连续性强降水影响，漳河流域全线超保证水位。

上游南陵站受 3 场强降水影响，有 3 次涨水过程，6 月 20 日 23 时出现洪峰水位 13.57 m，6 月 27 日 11 时水位退至 11.12 m；受 6 月下旬降水及上游小水库泄洪调度影响，水位持续上涨，6 月 29 日 1 时 5 分出现洪峰水位 16.46 m，超保证水位；受 7 月初降水影响，水位自 11.48 m 起涨，7 月 2 日 4 时 35 分花园圩漫破，7 月 3 日 9 时 30 分水位最终涨至 17.22 m，超历史水位(17.21 m，1983 年 7 月 5 日)0.01 m，7 月 4 日零时 36 分南陵县西七圩溃破。

南陵(二)水文站在南陵站下游 6 km 处，水位过程相似，有 3 次涨水过程，涨幅分别为 3.28 m、4.49 m、4.60 m，洪峰出现时间分别为 6 月 21 日 1 时、6 月 29 日 1 时 40 分、7 月 3 日 6 时 11 分，洪峰水位分别为 12.93 m、15.39 m、15.83 m(保证水位为 15.66 m)，洪峰流量分别为 174 m^3/s、518 m^3/s、650 m^3/s。

下游三埠管水位站受降水及长江水位顶托影响，7 月 4 日 1 时 32 分水位涨至 13.70 m(保证水位为 13.00 m)。

9 月份受台风带来的降水影响，漳河各控制站有明显涨水过程，其中南陵(二)站水位超设防水位。

3) 洪水特点

(1) 洪峰水位高，水量大

位于青弋江出口的控制站大砻坊水文站出现最高水位 12.95 m，超历史最高水位 12.74 mm (1999 年 7 月 1 日)0.21 m。实测最大流量为 1 210 m^3/s，超历史最大流量 1 080 m^3/s(1991 年 7 月 6 日)。位于青弋江的控制站西河镇(二)水文站出现洪峰水位 16.38 m，为该站自 2012 年 8 月上迁至弋江镇以来的第 1 位。漳河下游水位受长江水位顶托影响严重，洪水下泄不畅，水位壅高，流量偏小。位于漳河上游河段狮子山的原南陵水文站水位出现洪峰水位 17.22 m，超历史最高水位 17.21 mm (1983 年 7 月 5 日)0.01 m。位于漳河中游河段的南陵(二)水文站出现洪峰水位 15.83 m(超保证水位 0.17 m)，为该站自 2009 年 6 月下迁设站以来的最高水位。水阳江流域南漪湖南姥咀站出现最高水位 14.52 m，为历史第 2 位；新河庄站本次水位排历史第二，流量排历史第一。

(2) 涨得快，落得慢，沿线全部超保证水位，并长时间高水位运行

位于青弋江下游河段芜湖县的湾沚水位站超过警戒水位共 13 d；位于青弋江出口的大砻坊水文站超过警戒水位共 26 d。位于漳河中游河段的南陵(二)水文站超过警戒水位约 96 h，超过保证水位约 19 h；位于漳河下游河段的三埠管水位站超过警戒水位共 20 d，超过保证水位共 7 d。水阳江下游新河庄站超警戒水位 41 d，超保证水位 20 d。

(3) 险情、灾情极其严重

受超强“厄尔尼诺”影响，今年梅雨期共遭遇多轮强降水过程，发生了严重洪涝灾害，造成多处圩埂溃破，圩堤决口，耕地被淹等灾情发生。

4) 洪水组成分析

分别分析计算漳河南陵(二)站、青弋江西河镇(二)站、水阳江宣城站最大 1、3、7、15、30、60 d 洪量的

来水量组成。

在三江流域洪水组成中，最大 1 d 洪量，漳河、青弋江、水阳江分别占 14.0%、57.3%、28.7%；最大 3 d 洪量，漳河、青弋江、水阳江分别占 12.0%、60.2%、27.8%；最大 7 d 洪量，漳河、青弋江、水阳江分别占 10.2%、63.1%、26.7%，详见表 2.1-34。

表 2.1-34　2016 年各控制站时段洪量比较表　　单位：亿 m^3

站名	最大 1 d		最大 3 d		最大 7 d		最大 15 d		最大 30 d		最大 60 d	
	洪量	起始时间	洪量	起始时间	洪量	起始时间	洪量	起始时间	洪量	起始时间	洪量	起始时间
南陵（二）	0.553	7 月 3 日	1.213	7 月 2 日	1.826	6 月 28 日	2.364	6 月 25 日	2.775	6 月 12 日	3.570	5 月 10 日
西河镇（二）	2.264	7 月 3 日	6.083	7 月 3 日	11.35	7 月 3 日	18.12	6 月 27 日	25.49	6 月 20 日	39.04	5 月 21 日
宣城	1.132	7 月 3 日	2.805	7 月 3 日	4.800	7 月 3 日	8.084	6 月 26 日	12.23	6 月 12 日	19.17	5 月 12 日

5）洪水重现期

综合分析青弋江洪水重现期：大砻坊站为 50 年，西河镇（二）站为 5 年；漳河洪水重现期：南陵（二）站为 5 年；水阳江洪水重现期：宣城站为 20 年，新河庄站 25 年。

3. 工情

青弋江陈村水库 6 月 27 日 11 时坝上水位为 112.15 m，受流域强降水及水库调度共同影响，水位总体呈上涨趋势，7 月 5 日 14 时 43 分涨至 120.09 m（汛限水位为 117.00 m），为确保水库自身安全，考虑后续降水量及下游防洪压力，水库加大泄量，最大实测下泄流量为 1 530 m^3/s。

水阳江港口湾水库 6 月 20 日 8 时库内水位为 128.36 m，受流域强降水及水库调度共同影响，水位总体呈上涨趋势，7 月 5 日 19 时 25 分涨至 136.55 m（汛限水位为 133.00 m），超历史最高水位（134.78 m，2010 年 3 月 7 日）1.77 m，为确保水库自身安全，考虑未来降水量及下游防洪压力，水库加大泄量，最大实测下泄流量为 460 m^3/s。

马山埠闸于 6 月 20 日 14 时 30 分关闸，短暂关闸后，受郎川河流域来水及区间降水影响，南漪湖水位开始高于水阳江干流水位，马山埠闸于 6 月 21 日 11 时 45 分十孔全开，全力泄洪，实测最大流量为 958 m^3/s（7 月 6 日 16 时 30 分）。

南漪湖持续高水位并不断上涨，湖区防洪压力巨大，宣城市防汛抗旱指挥部办公室于 6 月 22 日 10 点 38 分启用双桥闸，七孔全开，由南漪湖往水阳江泄洪。双桥闸设计为单向节制闸，出流方向为水阳江至南漪湖，闸上未设置泄洪安全防护措施。出于闸自身安全考虑，6 月 23 日 9 时双桥闸七孔全关。

4. 灾情

(1) 青弋江流域

红杨镇沿江村永杨圩（由杨兴圩、联合圩、永收圩 3 个圩口组成）因圩埂单薄、埂面低，随着水位上涨，险情不断发生，杨兴圩、联合圩于 7 月 3 日相继溃破，圩堤决口共 5 处，长约 112 m，淹没耕地面积达 1 580 余亩，受灾人口 1 500 余人，经济损失达 400 余万元。湾沚镇立新圩因受宣城市宣州区天合圩漫破的影响，于 7 月 7 日凌晨 1 时圩堤决口 3 处，长约 95 m，造成圩内耕地全部被淹，多数住户房屋进水，2 座泵站没入水下，两座斗门也有损坏。大水面冲刷造成圩堤塌方 2 000 m，圩内农用电力设施损毁严重，累计损失约 1 700 万元。

(2)漳河流域

南陵县 2 个（其中 1 个含蓄洪区）、三山区 1 个共 3 个千亩以上圩口因水位超过堤顶或超过保证水位漫破（溃破）。家发镇漳河花园圩（系蓄洪区）大渡河段和盛村段两处堤防于 7 月 3 日凌晨 4 时 35 分出现漫破，受灾群众约为 5 400 人。籍山镇资福河西七圩仓溪段堤防于 7 月 4 日凌晨 0 时 36 分在超保证水位 1.08 m情况下溃破，7 800 亩耕地面积被淹，4 500 多名群众被迫转移。南陵县县城靠子埂挡水，城区多处被淹。三山区峨桥镇湖庄圩于 7 月 4 日在峨桥闸峨溪河水位超保证水位 0.82 m 的情况下，终因人力不可抗拒，洪水漫过抢筑的子埂，涌向圩内，造成该圩漫堤破圩，受灾人口达1 920人。7月4日，横贯繁昌县城区的峨溪河水位一路暴涨，超过历史最高水位0.11 m，洪水漫过西门桥桥面，城区全面告急，紧急转移县城低洼地带群众900余户3 300余人，在西门桥周围及城区低洼路段抢筑子埂，加固金峨排涝站段防洪墙，防止洪水满溢城区。

(3) 水阳江流域

受长江、水阳江高水位顶托与上游来水影响，共有8个千亩以上圩口满溢溃坝。南漪湖仅有北山河一个出口，且北山河受到右岸采石影响，河道阻塞严重，南漪湖出水相对缓慢，受高水位浸泡与上游来水影响，南漪湖以上共有11个千亩以上圩口发生满溢溃坝，其中双桥联圩面积最大，圩口面积达5.2万亩，此次洪水共造成千亩以上19个圩口满溢溃坝，经济损失巨大。

1.2.2.6 2019年洪水

2019年三江流域年降水量为1 251.2 mm，比常年同期偏少1成。受第9号台风“利奇马”强降水影响，水阳江流域发生超保证洪水，港口湾水库超汛限水位。

1. 雨情

1) 雨情概述

2019年三江流域年降水量为1 251.2 mm，比常年同期偏少1成。年降水量的高值区位于三江流域上游，其中青弋江上游竹坦站、水阳江上游合庄站年降水量分别为2 149.5 mm、1 971.5 mm。

三江流域汛期(5—9月)面平均雨量为690.5 mm，较常年同期偏少16.6%，其中主汛期(6—7月)348.9 mm，较常年同期偏少15.9%，8月份117.9 mm，较常年同期偏少22.7%。

2) 暴雨过程

造成青弋江、漳河流域年最高水位的暴雨过程为5月25—26日，造成水阳江流域年最高水位的暴雨过程为第9号台风“利奇马”8月9—10日。

(1) 5月25—26日

5月25—26日发生全流域强降水。5月25日，流域内普降暴雨到大暴雨。5月26日，流域内沿江及江北小雨，三江流域大到暴雨。降水空间分布不均，累计最大点降水量为青弋江上游翠林站的310.0 mm，其次是温泉站的301.0 mm。累计面平均雨量：青弋江陈村水库以上218.0 mm，西河镇至陈村区间164.0 mm；水阳江港口湾水库以上163.0 mm，宣城至港口湾区间122.0 mm；漳河南陵以上114.0 mm。

(2) 8月9—10日

受第9号台风“利奇马”影响，8月9—10日，水阳江流域出现大暴雨到特大暴雨，青弋江流域大到暴雨，漳河流域中到大雨。

降水空间分布不均，暴雨中心位于中津河、东津河中上游及郎川河上游，累计最大点降水量为郎川河上游牌坊站的386.0 mm，其次是广德站的343.0 mm。累计面平均雨量：青弋江陈村水库以上65.0 mm，西河镇至陈村区间74.0 mm；水阳江港口湾水库以上159.0 mm，宣城至港口湾区间180.0 mm，宁国以上区间239.0 mm，郎川河流域216.0 mm；漳河南陵以上56.0 mm。

3) 暴雨特点

2019年第9号台风“利奇马”期间，降水空间分布不均，暴雨中心位于中津河、东津河中上游及郎川河上游，降水强度大，降水集中。

4) 暴雨频率分析

(1) 短历时暴雨分析

受第9号台风“利奇马”强降水影响，水阳江流域遭受强暴雨袭击，水阳江虹龙甸站最大1、3、6 h降水量分别为60.5 mm、98.5 mm、133.5 mm，排位分别为第一、第二、第一，详见表2.1-35。

表 2.1-35　2019 年三江流域最大 1、3、6 h 降水量统计表

最大 1 h			最大 3 h			最大 6 h		
站名	雨量(mm)	排位	站名	雨量(mm)	排位	站名	雨量(mm)	排位
合庄	60.5	2	牌坊	100.0	2	牌坊	152.5	2
虹龙甸	60.5	1	虹龙甸	98.5	2	和阳	143.0	5
刘村	56.5	4	凤凰山	83.0	2	虹龙甸	133.5	1
洪林桥	56.5	2	和阳	78.0	10	焦村	127.0	4

(2) 最大 1、3、7 d 暴雨分析

水阳江水系牌坊站最大 1、3、7 d 降水量分别为 295.0 mm、394.5 mm 和 396.0 mm，雨量排位分别为第二、第一、第四，其重现期分别为 50 年、80 年、20 年，详见表 2.1-36。

表 2.1-36　2019 年三江流域各特征时段降水量统计表

最大 1 d				最大 3 d				最大 7 d			
站名	雨量(mm)	排位	重现期(年)	站名	雨量(mm)	排位	重现期(年)	站名	雨量(mm)	排位	重现期(年)
牌坊	295.0	2	50	牌坊	394.5	1	80	牌坊	396.0	4	20
沙埠	278.8	1	250	沙埠	355.9	1	250	沙埠	357.9	2	30
焦村	260.5	1	150	焦村	346.5	1	80	焦村	347.5	3	15
胡村	204.0	2	20	郭村	278.0	8	7	郭村	281.0	13	3

2. 水情

1) 水情概述

受 5 月下旬强降水影响，青弋江、漳河出现年最高水位，其中漳河控制站南陵(二)站超设防水位；受第 9 号台风“利奇马”强降水影响，水阳江流域发生超保证水位，港口湾水库超汛限水位。

2) 洪水过程

受 5 月下旬强降水影响，青弋江、水阳江、漳河有一次涨水过程，涨幅在 3～6 m，其中新河庄站、南陵(二)站超设防水位。

受第 9 号台风“利奇马”强降水影响，水阳江发生超保证水位。

(1) 青弋江

受 5 月下旬强降水过程影响，西河镇(二)站自 5 月 24 日 8 时起涨，起涨水位为 7.80 m，5 月 26 日 23 时 10 分出现 2019 年最高水位 13.43 m(设防水位为 15.00 m)，涨幅达 5.63 m，洪峰流量为 2 700 m^3/s。

(2) 水阳江

受 5 月下旬强降水过程影响，宣城站自 5 月 25 日 8 时起涨，起涨水位为 8.83 m，5 月 26 日 19 时 15 分出现洪峰水位 12.78 m(设防水位 13.00 m)，涨幅为 3.95 m，洪峰流量为 1 070 m^3/s。

新河庄站 5 月 27 日出现洪峰水位 10.47 m(设防水位为 10.00 m，警戒水位为 11.00 m)，洪峰流量为 764 m^3/s。

受第 9 号台风“利奇马”强降水影响，宣城站自 8 月 10 日 18 时 20 分起涨，起涨水位为 10.01 m，8 月 11 日 14 时 20 分出现 2019 年最高水位 17.38 m(保证水位为 16.50 m)，涨幅为 7.37 m，洪峰流量为 3 200 m^3/s。

新河庄站水位自 8 月 10 日 19 时 20 分 9.68 m 起涨，8 月 11 日 19 时 15 分涨至 2019 年最高水位 12.85 m(保证水位为 12.50 m)，洪峰流量为 1 870 m^3/s。年最高水位排位第十一，年最大流量排位第二。

(3) 漳河

受 5 月下旬强降水过程影响，南陵(二)站自 5 月 25 日 14 时 20 分起涨，起涨水位为 8.18 m，5 月 26 日 23 时 50 分出现 2019 年最高水位 12.37 m(设防水位为 12.00 m，警戒水位为 14.00 m)，涨幅达

4.19 m，洪峰流量为 262 m^3/s。

3）洪水特点

年最高水位出现时间不一。受 5 月下旬降水影响，青弋江及漳河流域控制站洪峰水位出现时间均为 5 月 26 日；受第 9 号台风"利奇马"降水影响，水阳江流域各控制站洪峰水位出现时间为 8 月 11 日左右；由于青弋江、漳河流域上游来水少，下游湾沚站、三埠管站主要受长江顶托影响，年最高水位出现时间与长江芜湖站一致，均为 7 月 18 日。

台风"利奇马"降水集中且强度大，洪水过程峰高量大。

4）洪水组成分析

分别分析计算漳河南陵（二）站、青弋江西河镇（二）站、水阳江宣城站最大 1、3、7、15、30、60 d 洪量的来水量组成。

在三江流域洪水组成中，最大 1 d 洪量，漳河、青弋江、水阳江分别占 3.9%、37.8%、58.3%；最大 3 d 洪量，漳河、青弋江、水阳江分别占 4.4%、52.0%、43.6%；最大 7 d 洪量，漳河、青弋江、水阳江分别占 3.9%、56.5%、39.6%，详见表 2.1-37。

表 2.1-37　2019 年三江流域各控制站时段洪量比较表　　单位：亿 m^3

站名	最大 1 d		最大 3 d		最大 7 d		最大 15 d		最大 30 d		最大 60 d	
	洪量	起始时间	洪量	起始时间	洪量	起始时间	洪量	起始时间	洪量	起始时间	洪量	起始时间
南陵（二）	0.151 2	5 月 26 日	0.305 1	5 月 26 日	0.360 9	5 月 25 日	0.515 2	2 月 12 日	0.803	5 月 25 日	1.274	5 月 25 日
西河镇（二）	1.46	5 月 27 日	3.612	5 月 26 日	5.186	5 月 26 日	7.449	5 月 26 日	11.96	5 月 26 日	20.01	5 月 25 日
宣城	2.255	8 月 11 日	3.025	8 月 11 日	3.635	8 月 10 日	4.17	2 月 14 日	6.882	8 月 10 日	11.12	6 月 18 日

5）洪水重现期

根据分析，2019 年青弋江西河镇（二）站洪峰流量重现期为 2 年，漳河南陵（二）站洪峰流量重现期为 2 年。

根据《水阳江流域 2019 年 9 号台风"利奇马"暴雨洪水调查及分析报告》，宣城站还原洪峰流量为 4 960 m^3/s，重现期为 15 年。

3. 工情

陈村水库 2019 年最高水位出现在汛前 2 月 25 日，水位为 117.54 m（汛限水位 117.00 m）。此后受发电和降水共同影响，水位总体呈下降趋势，11 月 25 日水位降至全年最低 111.03 m。

受第 9 号台风"利奇马"强降水影响，港口湾水库自 8 月 10 日 11 时 30 分 132.45 m 起涨，为调度洪水，港口湾水库提前预泄，8 月 10 日 17 时 6 分开始两台发电机组满发；21 时为缓解下游防洪压力，港口湾水库停止发电；待下游控制站出现洪峰水位后，11 日 4 时 42 分两台发电机组再次满发，受降水及水库调度共同影响，11 日 19 时 54 分出现年最高水位 134.53 m（汛限水位为 133.00 m）。

4. 灾情

台风"利奇马"造成安徽省宣城市宁国市、广德市、绩溪县、宣州区、郎溪县 5 县（市、区）部分地区受灾严重。受灾人口达 13.18 万人，紧急转移安置 2.02 万人，死亡 4 人，失联 5 人。农作物受灾面积为 5.97 千公顷，倒塌房屋 364 间。直接经济损失达 4.37 亿元，其中农业损失 5 634.8 万元，基础设施损失 2.98 亿元。

1.2.2.7　2020 年洪水

1. 雨情

1）雨情概述

2020 年 6 月 10 日入梅后，三江流域降暴雨、大暴雨，雨带南北摆动，强降雨区重复叠加。主要降雨过程有 11 次，分别为 6 月 10 日、13—14 日、15—16 日、20—21 日、27—28 日；7 月 5—6 日、13—14 日、15

日、17 日、18—19 日和 27—28 日。梅雨期累计降水量最大点为陈村水库以上黄山区黄山站(1 519.0 mm),最小点为新郎川河上游广德市凤凰山站(715.0 mm)。累计面平均雨量:青弋江陈村水库以上为 1 027.0 mm,青弋江西河镇(二)至陈村区间 866.0 mm;漳河南陵(二)以上 854.0 mm;水阳江港口湾水库以上 966.0 mm,宣城至港口湾区间 809.0 mm,郎川河流域 837.0 mm;长江下游干流区间 934.0 mm。

2) 暴雨过程

7 月 5—6 日,三江流域发生大到暴雨,部分地区大暴雨,局部特大暴雨。此次过程主雨带由西南向东北移动,流域内降水空间分布不均,特大暴雨区主要在陈村水库以上、港口湾水库以上区域,暴雨中心位于徽水上游大谷、浩寨一带,累计最大点降水量为陈村水库以上黄山站的 396.0 mm,其次是陈村水库以上三口镇站和港口湾水库以上黄土坎站的 391.0 mm。此次降雨 2 天累计面平均降水量:青弋江陈村水库以上 254.0 mm;水阳江港口湾水库以上 250.0 mm,宣城至港口湾区间 162.0 mm;青弋江西河镇至陈村区间 164.0 mm;长江下游干流区间 155.0 mm;其他区域 80～150 mm。

3) 暴雨特点

2020 年全区降水总体呈现出以下特点:梅雨季节降水频发,大范围高强度过程较多集中在流域上游。

4) 暴雨频率分析

(1) 短历时暴雨分析

梅雨期有 2 次短历时强降水过程,其中 7 月上旬强降水主要分布在青弋江、水阳江上游,详见表 2.1-38。

表 2.1-38　2020 年三江流域 7 月 3—7 日短历时特征时段雨量统计表　　单位:mm

序号	站名	最大 1 h	站名	最大 2 h	站名	最大 3 h	站名	最大 6 h	站名	最大 12 h	站名	最大 24 h
1	辅村	77.0	辅村	116.5	辅村	145.0	辅村	191.0	辅村	212.5	三口镇	352.0
2	乌羊	59.5	乌羊	101.5	白地	127.0	三口镇	179.0	三口镇	198.0	辅村	348.0
3	胡乐司	59.0	白地	95.5	三口镇	124.5	黄土坎	169.5	浩寨	1 950	大谷	338.5
4	江村	58.5	三口镇	90.5	黄土坎	118.0	浩寨	160.0	黄土坎	193.0	黄土坎	334.0
5	南阳湾	58.0	南川	85.5	和阳	111.0	大谷	160.0	大谷	193.0	浩寨	333.0
6	和阳	57.5	江村	83.0	乌羊	110.5	白地	159.5	和阳	177.0	乌羊	316.0
7	白地	56.0	龙源湖	83.0	浩寨	108.0	和阳	153.5	乌羊	170.0	白地	288.5
8	谭家桥	55.0	黄浒	82.0	大谷	104.0	版书	149.0	养马滩	170.0	和阳	285.5
9	南川	55.0	汪王岭	80.5	版书	103.0	乌羊	147.5	白地	167.5	版书	282.0
10	舍头山	53.5	舍头山	80.0	庙首	103.0	黄浒	140.0	石门	167.5	白沙	264.5

青弋江、水阳江上游白地站、黄土坎站、三口镇站最大 24 h 降水量排历史第一,重现期分别为 200 年、300 年、300 年。

(2) 最大 1、3、7、15 d 暴雨分析

三江流域最大 1 d 降水量出现时间为 7 月 5 日或 6 日。三江流域上游重现期为 8～10 年,中下游重现期为 2～3 年。

三江流域最大 2 d 降水量出现时间为 7 月 5—6 日,三江流域中下游重现期为 4～10 年,青弋江陈村水库以上、水阳江港口湾水库以上重现期分别为 25 年、70 年。

三江流域最大 3 d 降水量出现时间为 7 月 4—6 日。三江流域中下游重现期为 3～6 年,青弋江陈村水库以上、水阳江港口湾水库以上重现期分别为 20 年、30 年。

三江流域最大 7 d 降水量出现时间为 7 月 2—8 日。三江流域中下游重现期为 4～10 年,青弋江陈村水库以上、水阳江港口湾水库以上重现期均为 30 年。

三江流域中下游最大 15 d 降水量重现期为 3～10 年,青弋江陈村水库以上、水阳江港口湾水库以上重现期均为 20 年。

2. 水情

1) 水情概述

受降雨影响，水阳江上游中津河、东津河及郎川河发生超警戒水位洪水，水阳江干流发生超保证水位洪水。新河庄水文站于7月6日3时达警戒水位11.50 m，20时19分达保证水位13.00 m，7日11时24分出现洪峰水位13.70 m，超保0.70 m，涨幅为2.44 m，相应流量为2 220 m^3/s，流量超历史；7月29日14时降至保证水位，超保23 d；8月11日16时落至警戒水位以下，累计超警37 d。黄池站于7月6日3时24分达警戒水位11.00 m，7日17时41分达保证水位12.60 m，8日15时出现洪峰水位12.66 m，后受长江水位顶托影响，17日15时水位最终涨至13.01 m；7月25日7时30分退至保证水位，累计超保17 d；8月14日18时落至警戒水位以下，累计超警40 d。

南漪湖发生次于1999年、2016年的特大洪水。南姥咀站于7月6日12时达警戒水位11.84 m，7日10时50分达保证水位13.00 m，9日15时30分涨至洪峰水位13.90 m，受后续降水，上游来水及双桥闸、马山埠闸调度影响，湖内水位于7月18日4时最终涨至14.10 m，超保证水位1.10 m；8月2日4时落至保证水位，超保26 d；8月11日19时落至警戒水位，超警36 d。

漳河南陵站受7月5—6日强降水影响，水位自7月5日9时11.20 m起涨，7日0时57分达警戒水位15.82 m，5时12分达保证水位16.12 m，6时59分出现洪峰水位16.18 m，超保0.06 m，涨幅达4.98 m。三埠管站于7月6日13时55分达警戒水位12.00 m，7日18时35分出现洪峰水位13.46 m(保证水位为14.00 m)，8月7日晚完全退出警戒水位，超警32 d(此处南陵站为老断面水位)。

受强降雨、陈村水库泄洪及长江高水位顶托影响，青弋江发生全线超警戒水位洪水。西河镇站于7月6日16时54分达警戒水位15.00 m，7日10时2分达保证水位16.60 m，16时出现洪峰水位16.84 m，超保证水位0.24 m，21时落至保证水位以下，超保证水位11 h，8日22时落至警戒水位以下，超警戒水位53 h。湾沚站于7月6日20时达警戒水位13.00 m，7日18时17分出现洪峰水位14.51 m(保证水位为14.60 m)，22日21时落至警戒水位以下。大砻坊站于7月6日10时20分达警戒水位11.20 m，21日14时10分涨至最高水位12.98 m，超历史最高水位0.03 m，8月13日下午退至警戒水位以下，超警38 d。

青弋江上游陈村水库于7月7日8时34分出现最高水位119.47 m(汛限水位为117.00 m)，11时最大下泄流量为3 150 m^3/s，水位居自建库以来第5位，下泄流量居自建库以来第2位。

水阳江上游港口湾水库7月6日14时6分最大下泄流量为1 110 m^3/s，7日最高水位为136.94 m(汛限水位为133.00 m)，水位、下泄流量居自2003年建库以来第1位。

三江流域洪水期间总计有水阳江、漳河、青弋江、南漪湖超保证水位，郎川河、姑溪河超警戒水位。其中青弋江大砻坊站超历史水位，大型水库港口湾水库超历史水位；青弋江陈村水库超汛限水位。

2) 洪水过程

(1) 青弋江

受降雨影响，青弋江发生全线超警戒水位洪水，其中西河镇站超保证水位，下游大砻坊站超历史。

泾县站水位自7月5日14时29.68 m起涨，6日17时48分涨至最高水位33.22 m(警戒水位为32.50 m)，后水位下降，7日凌晨受陈村水库调度影响，水位再次上涨，7日9时54分涨至洪峰水位33.30 m，排有史以来第13位。

青弋江西河镇(二)水文站，6月下旬和7月初有两次明显涨水过程，均未超警戒水位，洪峰水位分别为11.80 m(6月22日)、13.53 m(7月3日)，涨幅分别为2.62 m、3.06 m。受7月5—6日强降水影响，水位自7月5日10时12.37 m起涨，6日21时21分达警戒水位16.50 m，7日14时出现洪峰水位17.38 m(保证水位为17.60 m)，涨幅达5.01 m，相应流量为5 700 m^3/s。7月中下旬受降水影响，有两次小幅涨水过程，洪峰水位分别为14.06 m(7月16日)、14.20 m(7月21日)，涨幅为0.9～1.1 m，后受长江顶托影响，水位维持在13.00 m左右。西河镇(二)站最高水位、最大流量居自2013年建站以来历史第一。

西河镇站位于西河镇(二)站下游6 km处，水位过程相似，水位自7月5日9时12.21 m起涨，6日16时54分达警戒水位15.00 m，7日10时2分达保证水位16.60 m，7日16时出现洪峰水位16.84 m，超保证水位 0.24 m,相应流量为 6 100 m^3/s。

下游湾沚站水位自 7 月 5 日 9 时 11.30 m 起涨,6 日 20 时达警戒水位 13.00 m,7 日 18 时 17 分出现洪峰水位 14.51 m(保证水位为 14.60 m)。

青弋江入江控制站大砻坊水文站 6 月 10 日水位为 7.65 m,受流域降水及长江水位顶托影响,水位持续上涨,7 月 6 日 10 时 20 分达警戒水位 11.20 m,8 日 3 时 5 分涨至 12.26 m,实测最大流量为 1 170 m^3/s(7 月 7 日 16 时),居历史第 2 位。受下游长江高水位顶托及潮汐共同影响,7 月 21 日 14 时 10 分水位缓涨至最高水位 12.98 m,超历史最高水位 0.03 m。

(2) 水阳江

受降雨影响,水阳江上游中津河、东津河及郎川河发生超警戒水位洪水,水阳江干流及南漪湖发生超保证水位洪水。

① 干流

水阳江宣城站受 6 月中下旬降水影响,有两次小幅涨水过程,洪峰水位分别为 11.42 m(6 月 15 日)、11.72 m(6 月 22 日),涨幅分别为 1.43 m、1.74 m。受 7 月初降水影响,7 月 3 日出现洪峰水位 14.63 m,涨幅为 3.87 m,流量为 1 930 m^3/s。7 月 5—6 日流域再降暴雨、大暴雨,宣城站水位自 7 月 5 日 11 时 12.16 m 起涨,6 日 19 时 10 分达警戒水位 16.00 m,6 日 22 时 45 分达保证水位 17.00 m,7 日 5 时 50 分出现洪峰水位 18.16 m,超保 1.16 m,居历史第 4 位,居上游港口湾水库自 2003 年建库以来第 1 位,涨幅达6.00 m,相应流量为 3 480 m^3/s。

新河庄水文站 6 月 10 日水位为 7.29 m,受连续降水影响,河道底水抬高至 10.70 m 左右。7 月 2 日 22 时自 10.62 m 复涨,3 日 8 时 14 分达警戒水位 11.50 m,3 日 17 时涨至洪峰水位 12.27 m,后退至 11.20 m左右。7 月 5 日 9 时自 11.26 m 再次起涨,6 日 3 时达警戒水位 11.50 m,6 日 20 时 19 分达保证水位 13.00 m,7 日 11 时 24 分出现洪峰水位 13.70 m,超保 0.70 m,涨幅为 2.44 m,相应流量为 2 220 m^3/s,实测最大流量为 2 190 m^3/s,流量超历史。受下游长江高水位顶托及降水影响,水位长时间维持在保证水位 13.00 m 以上,29 日 14 时降至 13.00 m,超保 24 d。

下游黄池水位站与新河庄站水位过程相似,7 月 6 日 3 时 24 分达警戒水位 11.00 m,7 日 17 时 41 分达保证水位 12.60 m,受长江水位顶托影响,7 月 8 日 15 时出现洪峰水位 12.66 m。水位退至 12.46 m 后受长江水位顶托影响,17 日 15 时水位最终涨至 13.01 m,25 日 7 时 30 分退至保证水位,累计超保 17 d。

② 南漪湖

南漪湖南姥咀站 6 月 10 日水位为 9.28 m,受湖区强降水,上游郎川河来水,上游中小型水库泄洪调度及马山埠闸、双桥闸两闸调度影响,南姥咀水位持续上涨,7 月 6 日 12 时达警戒水位 11.84 m,7 日 10 时 50 分达保证水位 13.00 m,9 日 15 时 30 分涨至洪峰水位 13.90 m,15 日 5 时 30 分水位退至 13.30 m 后复涨,湖内水位于 18 日 4 时最终涨至 14.10 m,超保证水位 1.10 m。8 月 2 日 4 时落至保证水位,超保 27 d。8 月 11 日 19 时落至警戒水位,超警 37 d。

③ 中津河、东津河、郎川河

受降雨影响,水阳江上游中津河、东津河及郎川河发生超警戒水位洪水。

中津河、东津河河沥溪站于 7 月 6 日 19 时 8 分出现最高水位 51.48 m,超警戒水位 0.25 m。

郎川河郎溪站于 7 月 7 日 17 时 19 分出现最高水位 14.30 m,超警戒水位 0.30 m。

(3) 漳河

漳河南陵站受 7 月 5—6 日强降水影响,水位自 7 月 5 日 9 时 11.20 m 起涨,7 日 0 时 57 分达警戒水位 15.82 m,7 日 5 时 12 分达保证水位 16.12 m,7 日 6 时 59 分出现洪峰水位 16.18 m,超保 0.06 m,涨幅达 4.98 m。

漳河南陵(二)站 6 月 10 日水位为 8.03 m,受 6 月中旬降水影响,有小幅涨水过程,6 月 22 日出现洪峰水位 10.90 m,涨幅 2.00 m,流量为 105 m^3/s。受连续降水影响,河道底水抬高。受 7 月 5—6 日强降水影响,水位自 7 月 5 日 10 时 11.12 m 再次起涨,6 日 17 时 32 分达警戒水位 14.00 m,7 日 7 时出现洪峰水位 15.59 m(保证水位为 15.66 m),涨幅为 4.47 m,相应流量为 426 m^3/s。受长江水位顶托影响,水位退至13.00 m左右。之后又出现两次小幅涨水过程，洪峰水位在警戒水位上下，涨幅为0.8～1.2 m。

三埠管站6月10日水位为8.11 m。受自入梅以来流域降水影响，水位持续太高。受7月5—6日强降水影响，水位自7月5日9时11.03 m起涨，6日13时55分达警戒水位12.00 m，7日18时35分出现洪峰水位13.46 m(保证水位为14.00 m)。受降水及下游长江高水位顶托影响，水位维持在12.70 m以上波动缓降。

漳河澛港站7月21日最高水位为13.20 m，7月8日实测最大流量为2 290 m^3/s。

3）洪水特点

(1) 上游来水峰高量大，水库调蓄作用显著

受三江流域上游陈村水库、港口湾水库以上特大暴雨影响，上游来水峰高量大。本次洪水陈村水库最大入库流量为7 940 m^3/s，最大出库流量为3 150 m^3/s，削峰率为60%，如果没有陈村水库，西河镇最大流量将达8 700 m^3/s，泾县、西河镇、湾沚均将超过堤防标准。港口湾水库最大入库流量为3 290 m^3/s，最大出库流量为1 110 m^3/s，削峰率为66%。宣城水文站本次过程洪峰水位为18.16 m，最大流量为3 480 m^3/s。如果没有港口湾水库，宣城站最大流量将达5 600 m^3/s，宣城站、新河庄站、水阳站等洪峰水位均将超过堤防标准。可见，陈村水库、港口湾水库调蓄作用效益显著，有效降低了下游防汛压力。经水库调蓄后，水阳江宣城站实测最高水位、最大流量仍居港口湾水库自建库以来第1位。青弋江西河镇(二)站最大流量居自迁站以来第1位。受青弋江分洪道调度影响，青弋江水量主要从漳河入江，青弋江西河镇(二)站最大1 d洪量为4.55亿m^3，漳河南陵(二)站最大1 d洪量为0.284亿m^3，而青弋江大砻坊站最大1 d洪量仅为0.93亿m^3，漳河澛港站最大1 d洪量达2.44亿m^3。

(2) 水阳江下泄流量大

2020年新河庄站出现历史第三高水位13.70 m，最大流量为2 220 m^3/s，流量排历史第1位。其主要原因如下：①水阳江下游防洪治理工程的运行提高了河道的过流能力。水阳江下游防洪治理工程位于水阳江下游新河庄至西陡门段，主要工程为猫儿湖分洪道疏浚(从新河庄三汊河至小河门大桥)、水阳镇开卡拓宽和杨湾闸加高等。水阳镇开卡拓宽是在水阳镇左岸(凸岸)局部切滩的基础上退建右岸。2020年新河庄站最大流量大于1999年、2016年，居历史第1位。通过本次洪水分析，新河庄站(同水位级)下泄流量明显增大，退水加快。②7月6日之后，水阳江通过马山埠闸向南漪湖倒灌分洪，实测流量从−888 m^3/s到1 260 m^3/s，水阳江入南漪湖流量增大，新河庄段洪水下泄相应加快。③2020年水阳江干流破圩情况大大减少，2016年新河庄周边及上游有天合圩、双桥联圩、杨星圩等多个五千亩以上大圩溃破，2020年新河庄周边及上游仅宣州区长兴圩(7月6日)、景塘圩(7月7日)、周村圩(7月8日)、四合圩(7月9日)、宝圩(7月16日)、金山圩(7月17日)，郎溪县永宁圩(7月7日)、歌场圩(7月16日)溃破，相比以往，洪水基本汇集在河道中，流量相应增加。

(3) 下游水网区受长江洪水顶托影响明显，高水位持续时间较长，下游圩垸防守压力大

由于三江流域下游地势平坦，支汊众多，加上入江口当涂和大砻坊未建闸，长江洪水位较高时，必然会顶托。2020年恰逢长江大水年，加上全流域范围的强降水，上游洪水来势凶猛，中下游支流洪水不断汇入，再遭遇长江持续高水位，导致三江流域中下游高水持续时间较长。自6月10日以来，水阳江新河庄站连续超警达39 d，水位持续23 d保持在13.00 m以上；下游黄池站超警长达40 d之久；当涂站超警历时更是长达41 d，持续10 d水位在12.00 m以上。青弋江越往下游，超警幅度越大，超警时间越长。西河镇(二)站7月7日出现洪峰水位17.38 m(超警0.88 m)，超警时长为3 d。下游湾址站洪峰水位为14.51 m(超警1.51 m)，超警时长达15 d。入江口大砻坊站最高水位12.98 m更是直接超过历史最高水位(超历史0.03 m，超警1.78 m)，超警时长达39 d。

4）洪水组成

青弋江控制站西河镇(二)站最大1、3、7、15 d洪量分别为4.58亿m^3、10.31亿m^3、16.26亿m^3、22.64亿m^3。青弋江出口控制站大砻坊站受潮汐影响，同时受下游长江水位顶托，最大1、3、7、15 d洪量分别为0.93亿m^3、2.49亿m^3、4.26亿m^3、5.86亿m^3。

水阳江控制站宣城站最大1、3、7、15 d洪量分别为2.48亿m^3、5.10亿m^3、8.20亿m^3、10.96亿m^3。

水阳江新河庄站最大 1、3、7、15 d 洪量分别为 1.70 亿 m^3、3.09 亿 m^3、5.33 亿 m^3、10.29 亿 m^3。

漳河南陵(二)站最大 1、3、7、15 d 洪量分别为 0.28 亿 m^3、0.55 亿 m^3、0.76 亿 m^3、1.32 亿 m^3。漳河出口澛港站受潮汐影响，最大 1、3、7、15 d 洪量分别为 1.86 亿 m^3、4.93 亿 m^3、8.62 亿 m^3、12.74 亿 m^3。

5) 洪水重现期

西河镇站还原流量为 8 700 m^3/s，根据《水阳江下游近期防洪治理工程可研成果》中西河镇站采用成果均值为 3 950 m^3/s，C_v 值为 0.55，C_s/C_v 值为 3.0，推算流量重现期为 30 年。

水阳江宣城站重现期约为 15 年；新河庄站重现期为 30 年。

3. 工情

1) 陈村水库

7 月 6 日 8 时之前，陈村水库水位一直在汛限水位以下运行，受 7 月 2—3 日降雨影响，陈村水库水位自 7 月 2 日 17 时 114.78 m 起涨，7 月 3 日 21 时涨至 116.48 m。为应对后续大洪水，3 日 20 时 30 分，调度中孔全开泄洪，陈村水库下泄流量由 453 m^3/s 增至 1 190 m^3/s，至 5 日 11 时预泄水量为 1.58 亿 m^3，水库水位降至 116.03 m。6 日 8 时 30 分启用溢洪道泄洪，为错开下游区间洪水、减轻下游防洪压力，6 日 15 时调度关闭溢洪道，下泄流量由 2 310 m^3/s 降至 1 200 m^3/s，17 时 48 分泾县出现最高水位33.22 m，流量为 3 410 m^3/s；22 时 30 分再次开启溢洪道泄洪，下泄流量为 2 970 m^3/s，科学调度降低泾县第一次洪峰水位 0.30 m。受后续降雨影响，泾县 7 日 9 时 54 分出现复峰，复峰最高水位为 33.30 m，流量为 3 450 m^3/s，科学错峰调度降低第二次洪峰水位 0.60 m，确保了泾县复涨不超保。本次洪水陈村水库最大入库流量为 8 960 m^3/s，最大出库流量为 2 970 m^3/s，削峰率为 67%，如果没有陈村水库，西河镇最大流量将达 8 700 m^3/s，泾县、西河镇、湾沚均将超过堤防标准。7 月 20 日后受连续降雨影响，库内水位再次超过汛限水位，为减轻下游洪水压力，未开溢洪道泄水。

2) 港口湾水库

7 月 2 日 23 时之前，港口湾水库水位一直在汛限水位以下运行，受 7 月 2—3 日降雨影响，港口湾水库水位自 7 月 2 日 13 时 132.09 m 起涨，7 月 4 日 12 时涨至 134.23 m(汛限水位 133.00 m)。为应对后续大洪水，4 日 14 时，开启正常溢洪道泄洪，港口湾水库下泄流量由 120 m^3/s 增至 454 m^3/s，至 5 日 14 时预泄水量为 0.392 亿 m^3，水库水位降至 133.54 m。6 日 9 时 30 分启用泄洪洞泄洪，下泄流量由 454 m^3/s 增至 1 080 m^3/s，为错开下游区间洪水、减轻下游防洪压力，6 日 17 时 45 分关闭泄洪洞，下泄流量减少为 460 m^3/s，考虑大坝安全，7 日 6 时 30 分再次开启泄洪洞，7 日 7 时 6 分坝上水位最终涨至 136.94 m(历史最高水位 136.55 m，2016 年 7 月 5 日)。9 日 8 时坝上水位为 133.33 m，考虑水阳江下游干流长时间超保证高水位运行，结合水库水情，9 日 8 时 30 分关闭泄洪洞，下泄流量减少为 372 m^3/s。

港口湾水库最大入库流量为 3 950 m^3/s，最大出库流量为 1 080 m^3/s，削峰率为 73%。宣城水文站洪峰水位为 18.16 m，相应流量为 3 250 m^3/s。如果没有港口湾水库，宣城站最大流量将达 5 600 m^3/s，宣城站、新河庄站、水阳站等洪峰水位均将超过堤防标准。

3) 双桥闸和马山埠闸

双桥闸 7 月 6 日 20 时 37 分启用，七孔全开，开高 0.50 m，实测过闸流量为 159 m^3/s，多次加高开孔高度，7 月 7 日 10 时 23 分开高 2.50 m，实测过闸流量为 473 m^3/s。马山埠闸 7 月 6 日 6 时 30 分关闸，19 时 35 分十孔全开，实测最大流量为−1 260 m^3/s(7 月 7 日 12 时 12 分)，7 月 8 日南漪湖水位高于水阳江，流量由负转正，13 时 56 分实测流量为 26.4 m^3/s，7 月 18 日 15 时 56 分实测最大下泄流量为 843 m^3/s。

4) 十甲任闸

水利工程十甲任闸调度情况见表 2.1-39。

表 2.1-39　十甲任闸 6、7 月份调度情况

时间	调度情况
6 月 10 日 14:30	12 孔全开，开启高度为 5 m

（续表）

时间	调度情况
6月22日9:00	12孔全开，开启高度为8 m
7月3日15:00	12孔全开，开启高度为13.5 m
7月6日17:00	12孔全开，开启高度为4 m
7月6日23:00	12孔全开，开启高度为13 m
7月9日12:00	12孔全开，开启高度为5 m
7月11日9:00	12孔全开，开启高度为3.5 m

1.3 滁河流域

1.3.1 概述

1.3.1.1 流域概况

1. 自然地理特征

滁河位于江淮之间，系长江下游左岸一级支流，流域范围为东经117°28′～119°03′、北纬31°52′～32°44′。滁河西南与巢湖水系毗邻，北以江淮分水岭为界，东西狭长。

滁河流域面积约为8 015 km^2。其中，滁州水文站断面以上流域面积为1 060 km^2，汊河集闸水文站断面以上流域面积为6 104 km^2。流域中安徽省境内面积占78.1%；江苏省占21.9%。流域内地势较为复杂，有低山丘陵、缓坡丘陵、黄土岗地、平原圩区及岛状高地。其中山区占29.3%，丘陵占59.3%，平原圩区占11.4%。流域西北部多低山，山顶高程一般为200～400 m，东部及沿滁河两岸均为圩区，圩区地面高程一般为3～9 m。

2. 水利工程

滁河干流上建有刘桥坝、晋集、襄河口、汊河集、三汊湾和红山窑6座节制闸，在支流和人工河道上建有水口、乌江、划口子、岳子河、陈庄等节制闸，干支流节制闸主要功能是蓄水灌溉，汛期敞开泄洪。

流域内现有塘坝约11.5万座，有效库容为4.29亿 m^3；小型水库585座，有效库容为2.95亿 m^3；大中型水库23座，有效库容为10.12亿 m^3。水库总控制面积为1 868.1 km^2，占全流域的23.3%。水库多以灌溉为主，具有一定的滞洪削峰作用。

流域内有沙河集水库和黄栗树水库两座大型水库。

（1）沙河集水库

沙河集水库流域属低山丘带，三面环山，库区内右侧山坡较陡。水库源于皇甫山北将军岭，海拔399.3 m。山脉的延伸走向形成南高北低，西高东低，向东南倾斜，流域近似四边形，河系属不规则形状。丘陵面积为29.9 km^2，占流域面积的10%，浅山面积为270.1 km^2，占流域面积的90%。沙河集水库流域属亚热带向温暖带过渡带，气候温和，雨量适中，多年平均年降水量为1 000 mm，最大年降水量为1 679.7 mm(1991年)，因受季风影响，降水在时程上分布不均，多集中在6—9月。

沙河集水库兴建于1958年10月，水库大坝建在清流河支流的大沙河上，总库容为1.84亿 m^3，设计正常蓄水位为40.50 m，因上游淹没拆迁未处理，目前控制蓄水。汛限水位为37.00 m，相应库容为0.656亿 m^3。汛后蓄水位为37.50 m，相应库容为0.726亿 m^3。大坝为均质土坝，坝顶长720 m，坝顶高程为44.40 m，防浪墙顶高程为45.60 m，最大坝高27.4 m。副坝为均质土坝，长50 m。泄洪闸共4孔，每孔净宽10 m，闸底板底高程为34.5 m，门顶高程为41.0 m，最大泄量为169 m^3/s。非常溢洪道采用自溃坝控制泄洪，由引河、宽顶堰、自溃坝、出口段组成，宽200 m，自溃坝顶高程为42.7 m，最大泄量为1 488 m^3/s。

（2）黄栗树水库

黄栗树水库坝址位于滁河支流襄河上游，全椒县城西北23 km处，控制面积为262 km^2。地貌以山地为主，其次为河谷，土壤类型以黄黏壤土、黄棕壤土为主，河谷地带以黄沙土和沙土为主。流域内植被良好，山岗植被主要为林木，植被覆盖率达 80%。河谷两岸多为农田。水库防洪保护范围为全椒县城、G312 国道、S206 省道、京沪铁路、宁西铁路、京沪高铁，保护人口 20 万人，农田 30 万亩。流域属江淮丘陵区，地处亚热带向温暖带过渡带，多年平均年降水量为 1 040.0 mm，最大年降水量为 1 761.0 mm（1991 年），因受季风影响，降水时程上分布不均，汛期（5—9 月）降水量占全年的 60%以上。多年平均年蒸发量为 1 168.0 mm，多年平均年来水量为 0.708 亿 m^3。

黄栗树水库始建于 1959 年 9 月，于 1965 年 12 月竣工。坝顶高程为 58.2 m，坝顶长 280 m。总库容为 2.3 亿 m^3，其中防洪库容 0.86 亿 m^3，兴利库容 1.05 亿 m^3。原设计灌溉面积为 34.12 万亩，其中自流灌溉面积 25.12 万亩，现有效灌溉面积 18 万亩。大坝南首建有马蹄形灌溉涵 1 孔，进水口建有控制闸门，涵身长 86 m，孔径为 1.8 m，底板高程为 36.10 m，最大泄洪流量为 32 m^3/s。灌溉涵出口处建有一级电站，下游 80 m 处建有二级电站，一、二级电站总装机容量为 1 000 kW，发电尾水直接排入老河槽。涵洞下游约 90 m 处为灌溉控制闸 2 孔，每孔净宽 2 m，控制灌溉流在 17.6 m^3/s 以内。水库坝上流域内建有小型水库 19 座，总库容为 0.122 8 亿 m^3，塘坝 2 698 座，总容量为 0.19 亿 m^3。流域封闭性良好，无外水入境。

滁河流域现有主要圩口 88 个，其中万亩以上圩口 34 个，圩区保护面积 990 km^2、耕地 85 万亩、人口 54 万。滁河汊河集以上现有圩口 67 个，圩区保护面积 433.26 万亩、人口 26.33 万，其中左岸圩口 55 个，保护面积 298.22 万亩、人口 17.01 万；右岸含山、和县境内主要圩口 12 个，保护面积 135.04 万亩、人口 9.32 万。

穿堤建筑物主要为涵、闸、泵站等，共计 160 座，其中安徽省 108 座，江苏省 52 座。

滁河共有 4 个蓄滞洪区，均在中游左岸，分别为安徽省境内荒草圩（含二圩、三圩）、蒿子圩（安徽）、汪波东荡和江苏省境内的蒿子圩蓄滞洪区。

3. 水文测站

滁河流域现有气象站、雨量站 52 个（其中滁州市 34 个），分布较均匀，密度合理，代表性较好，一般能抓住暴雨中心，较好地反映流域暴雨分布情况。滁河流域现有水文、水位测站 18 个，其中汊河集以上 9 个。测站基本控制了流域来水过程，但受流域内人类活动如水库放水、堰闸节制、分蓄洪措施等影响，同时中下游受长江潮位顶托，所测流量、水位成果已不能反映流域天然来水特性。

滁河流域在滁州市范围内现有遥测雨量站 105 个，涵盖水文站网中所有的雨量站，遥测水位站 59 个，涵盖所有大中型水库，涵盖 90%以上的小(1)型水库。

1.3.1.2 暴雨特性

由于滁河在气候上处于南北过渡带，冷暖气团交绥频繁，同时受低涡、台风等影响，降雨时空分布极不均匀。根据自 1963 年以来降水资料，滁河流域内各站均有暴雨产生。多年平均暴雨日数以黄栗树、沙河集水库站的 3.2 d 为最多，以梁园站的 2.1 d 为最少，其分布趋势与降水量分布基本一致，中下游暴雨日数多于上游暴雨日数。暴雨最早出现在 3 月，最晚结束在 11 月，主要集中在 6、7 两个月，其暴雨日数占全年的 57%～66%。就成因来说，6—7 月份常有一段连绵阴雨的梅雨季，8—9 月易遭台风侵袭，并伴有大到暴雨。

1.3.1.3 洪水特性

滁河流域洪水主要由暴雨形成，洪水的季节性变化与暴雨基本一致。本流域洪水的主要特点是来势猛而排泄不畅。当全流域普降暴雨时，几乎 88%面积上产生的洪水会迅速汇集在只有 12%左右的圩区面积上，洪水来势猛、上涨快、水位高致使滁河圩区易发生洪涝灾害。

本流域大洪水大多出现在长江中下游梅雨季节，较易与长江干流洪水遭遇。流域大暴雨洪水若与长江干流大洪水遭遇，滁河洪水受长江水位顶托明显，易形成高洪，造成的损失尤为严重。梅雨期滁河流域蓄水量基本达到饱和，大中型水库蓄水位接近汛限水位，塘坝、圩区均不缺水，致使洪峰流量大，流域上游洪量大，容易形成大洪水。

1.3.1.4 洪涝灾害

滁河流域主汛期为5—8月,因流域面积小,流域性暴雨洪水常同时发生,占流域面积约88%的山丘区暴雨洪水通过支流和众多的撇洪沟很快汇集到滁河干流和占流域面积约12%的平原圩区上。由于洪水汇流快,加之干流河道狭窄,分洪道和干流河道出口受长江干流洪水位的顶托,滁河干流及圩区极易遭受洪涝灾害。

滁河流域历史上洪涝灾害频发,1949年之后发生多次较大洪水,受灾严重。例如,1954年全流域洪水淹没农田94万亩,京浦铁路线被迫减速行驶;1969年流域中下游发生较大洪水,沿滁圩区受淹农田72万亩;1975年受台风影响,清流河、来安河发生有记录以来的最大洪水,滁州、来安县境内先后破圩27处,小水库垮坝22处,20多万亩农田受淹;1991年全流域共发生两次洪水,共破圩34个,淹没面积近40万亩,全椒县城两次进水被淹,损失惨重;2003年6月下旬至7月中旬,滁河流域连降暴雨,津浦铁路出现重大险情,全流域破圩面积为16.12万亩;2008年滁河流域普降大到暴雨,部分地区降特大暴雨,暴雨中心在滁州市乌衣镇,受洪水、内涝影响,皖、苏两省受灾人口约为104.57万人,倒塌及受淹房间有1.85万间,农作物受灾面积为178.6万亩,其中绝收面积58.3万亩,直接经济损失达30.73亿元。

1.3.2 典型年洪水

1.3.2.1 1969年洪水

1969年7月中上旬滁河流域两次暴雨,致使六合县(今南京市六合区)破小圩99个,10余万人受灾,30余万亩农田遭受洪涝灾害,损失1 000多万元,县城积水20多天,宁扬公路中断达一个月之久,津浦铁路路基塌坡,火车缓行4 d。据当年水文年鉴记载,7月12—19日汊河集以上先后破圩淹没面积约为26.36万亩,滞洪水量达8.69亿m^3。

1. 雨情

1) 雨情概述

1969年滁河流域年降水量为1 404.0 mm,比常年同期偏多4成,滁河流域年降水量的高值区位于汊河集闸水文站附近地区。其中乌衣雨量站年降水量为1 337.3 mm,为流域最大雨量点。

2) 暴雨过程

入汛后,滁河流域5月平均降水量为82.0 mm,6月平均降水量为55.0 mm,7月6—21日滁河流域出现了1次明显的大范围降雨过程,面平均雨量为435.0 mm,本次降水过程中胡庄站的873.4 mm为流域最大雨量点。

3) 暴雨特点

本次暴雨特点是前期降雨过程多、间隔时间短、下垫面蓄水量饱和度高,降雨历时长、笼罩范围广,降水总量大,降雨时空分布有利于形成流域性洪水。滁河流域各时段最大点雨量详见表2.1-40。

表2.1-40 1969年滁河流域各特征时段部分站点雨量统计表

站名	最大1 h		最大3 h		最大6 h		最大12 h	
	起始日期	雨量(mm)	起始日期	雨量(mm)	起始日期	雨量(mm)	起始日期	雨量(mm)
汊河集闸	—	—	—	—	7月6日	62.7	7月16日	88.5
沙河集	7月3日	20.6	7月3日	45.5	7月12日	83.7	7月11日	109.7
曲亭	—	—	—	—	7月11日	69.8	7月11日	112.9
屯仓	—	—	—	—	7月12日	76.7	7月12日	108.9
滁州	—	—	7月16日	105.6	7月14日	186.9	7月11日	292.6
汊河集闸	7月16日	149.6	7月16日	149.6	7月14日	247.4	7月11日	334.1
黄栗树	—	—	7月11日	105.5	7月14日	176.6	7月10日	290.1
沙河集	7月11日	136.2	7月11日	136.2	7月9日	159.8	7月11日	277.4

(续表)

站名	最大 24 h		最大 1 d		最大 3 d		最大 7 d	
	起始日期	雨量(mm)	起始日期	雨量(mm)	起始日期	雨量(mm)	起始日期	雨量(mm)
乌衣	—	—	7 月 16 日	135.8	7 月 14 日	240.5	7 月 11 日	397.9
古河	—	—	7 月 16 日	102.8	7 月 14 日	184.0	7 月 11 日	252.5
曲亭	7 月 11 日	117.1	7 月 11 日	117.1	7 月 9 日	156.0	7 月 6 日	245.4
屯仓	9 月 28 日	134.7	9 月 28 日	134.7	9 月 27 日	156.5	7 月 3 日	253.8

2. 水情

1) 水情概述

相应于 7 月上旬的暴雨过程，1969 年滁河水系于 7 月上旬至 8 月下旬出现大洪水。滁州水文站 7 月 12—13 日、7 月 16—18 日超过警戒水位，最大流量为 1 040 m^3，相应水位为 15.38 m，重现期约为 15 年。汊河集闸水文站 7 月 12 日—8 月 5 日超过警戒水位，最大流量为 663 m^3/s，相应水位为 11.82 m，重现期约为 5 年。

2) 洪水过程

1969 年 7 月滁河流域连续降雨，并出现暴雨过程，致使滁河发生一次大洪水过程。

(1) 滁州水文站

滁州水文站自 7 月 3 日 8 时起涨，起涨水位为 6.30 m，起涨流量为 3.29 m^3/s，12 日 16 时达洪峰水位 15.43 m，洪峰流量为 1 040 m^3/s。水位涨幅为 9.13 m，最大涨率为 22 cm/h。

(2) 汊河集闸水文站

汊河集闸水文站自 7 月 4 日 17 时 30 分起涨，起涨水位为 6.59 m，起涨流量为 0 m^3/s，12 日 12 时水位超警戒水位(10.00 m)，17 日 23 时水位达洪峰水位 11.85 m，洪峰流量为 663 m^3/s。水位涨幅为 5.26 m，最大涨率为 7 cm/h。滁河流域主要控制站洪水特征值详见表 2.1-41。

表 2.1-41 1969 年滁河流域主要控制站洪水特征值

水系	河名	站名	警戒水位(m)	保证水位(m)	1969 年最大值				历史最大值				超警戒水位历时(d)	最高水位排序		最大流量排序	
					最高水位(m)	出现时间	最大流量(m^3/s)	出现时间	最高水位(m)	出现时间	最大流量(m^3/s)	出现时间		资料系列(年)	序位	资料系列(年)	序位
滁河	清流河	滁州	14.00	16.85	15.43	7 月 13 日 23:00	1 040	7 月 12 日 16:00	17.11	2003 年	2 050	1975 年	2	61	8	61	7
滁河	滁河	汊河集闸	10.00	12.50	11.85	7 月 17 日 23:00	663	7 月 17 日 08:00	12.55	1991 年	1 640	1991 年	24	68	7	65	21

3) 洪水特点

(1) 暴雨洪水范围广，涨水速度快。1969 年滁河流域暴雨不仅次数多、历时长，而且强度大，笼罩范围广，主要降雨区域位于清流河、襄河地区。

(2) 洪水水位高、量级大，持续时间长。1969 年 7 月连续暴雨，造成的洪水是清流河滁州水文站(15.43 m)自有记录以来的第三大洪水，汊河集闸超警戒水位 24 d。

(3) 流域前期蓄水量饱和度高。滁河流域 5 月平均降水量为 82.0 mm，6 月平均降水量为 55.0 mm。滁河流域蓄水量饱和度高，大中型水库蓄水位接近汛限水位，塘坝、圩区均不缺水。

4) 洪水组成分析

对滁河滁州、汊河集闸两控制站分别分析计算实测场次洪水，最大 1、3、7、15 d 洪量的来水量。

1969 年汊河集闸、滁州水文站场次洪水的起讫时间选取为 7 月 3 日—8 月 30 日，1969 年滁河汊河集闸水文站洪水组成情况详见表 2.1-42。

表 2.1-42　1969 年滁河汊河集闸水文站场次洪水组成情况表

洪水起讫时间	汊河集闸水文站洪水总量(亿 m^3)	上游及区间			
		滁州水文站		区间	
		洪量(亿 m^3)	占总量的百分比(%)	洪量(亿 m^3)	占总量的百分比(%)
7 月 3 日—8 月 30 日	14.85	3.446	23.2	11.40	76.8

经分析计算，滁州水文站场次洪量为 3.446 亿 m^3，最大 1、3、7、15 d 洪量分别为 0.554 7 亿 m^3、1.098 亿 m^3、2.248 亿 m^3和 2.969 亿 m^3。汊河集闸水文站场次洪量为 14.85 亿 m^3，最大 1、3、7、15 d洪量分别为 0.569 4 亿 m^3、1.662 亿 m^3、3.567 亿 m^3和 6.521 亿 m^3。

5）洪水重现期

1969 年滁河滁州水文站洪峰流量重现期约为 15 年，汊河集闸水文站洪峰流量重现期约为 5 年。

3. 工情

1969 年洪水中，滁河水系沙河集水库在洪水期发挥了重要调蓄作用，沙河集水库的调蓄降低了滁河支流滁州水文站的最高水位 1.76 m，详见表 2.1-43。

表 2.1-43　1969 年沙河集水库运行对滁河支流的影响

站名	水库	推算洪水			实测洪水			降低洪峰水位(m)	削减洪峰流量(m^3/s)
		最高水位(m)	最大流量		最高水位(m)	最大流量			
			流量(m^3/s)	出现时间		流量(m^3/s)	出现时间		
滁州水文站	沙河集	17.19	1 674	7 月 12 日 12:00	15.43	1 040	7 月 12 日 16:00	1.76	634

沙河集水库 7 月 8—13 日次洪入库水量达到 0.396 亿 m^3，入库洪峰流量 876 m^3/s，其主要拦洪削峰作用详见表 2.1-44。

表 2.1-44　1969 年沙河集水库拦洪与削峰效果表

水库	入库洪水起讫时间	洪水总量(亿 m^3)		占入库洪水总量的百分比(%)	入库洪峰		出库最大流量		削减洪峰流量(m^3/s)	占入库洪峰流量的百分比(%)
		入库	最大拦蓄		流量(m^3/s)	时间	流量(m^3/s)	时间		
沙河集	7 月 8—13 日	0.396	0.236	59.6	876	7 月 12 日 12:00	146	7 月 12 日 15:00	730	83.3

4. 灾情

1969 年暴雨洪水致使全滁州县(今滁州市)圩堤大部分漫决或溃决，成灾农田达 15.03 万亩，倒塌房屋 2 375 间，受灾人口为 49 250 人。来安县从 7 月 1 日起连续降雨 22 d，汊河集闸站雨量为 582.4 mm，水势猛涨，水口、三城、广大、汊河等 12 个圩区共有 69 座圩沉破，淹倒房屋 2 612 间，全县当年成灾面积达 13.14 万亩，死亡 3 人，滁州成灾面积为 5.78 万亩。

1.3.2.2　1991 年洪水

1. 雨情

1）雨情概述

1991 年滁河流域年降水量为 1 636.0 mm，比常年同期偏多 6 成多，滁河流域年降水量的高值区位于流域东南地区。其中赤镇雨量站年降水量为 1 926.6 mm，为流域最大雨量点。

2）暴雨过程

1991 年滁河流域致洪暴雨主要有 4 次过程：6 月 7—8 日、6 月 10—14 日、6 月 30 日—7 月 3 日、7 月

6—10 日，其中 7 月 6—10 日暴雨量最为严重。

7 月 6—10 日的暴雨属低涡、切变暴雨，覆盖全区，且来回摆动，暴雨最大中心位于滁河干流上。9 日孤山雨量站雨量达 150.7 mm，10 日暴雨中心区赤镇雨量为 157.6 mm，襄河口闸 192.8 mm，葛塘 134.1 mm，再次造成全流域的暴雨洪水灾害。根据流域内雨量站资料分析的面雨量成果，本次暴雨汊河集闸以上最大 3 d 降水量为 200.5 mm(7 月 8—10 日)，最大 7 d 降水量为 337.5 mm(7 月 5—11 日)；六合以上最大 3 d 降水量为 199.3 mm，最大 7 d 降水量为 346.1 mm，发生时间与汊河集闸以上相同。

3) 暴雨特点

第一场次洪水暴雨特点(6 月 7—14 日)：暴雨中心位于滁河干流和清流河上游地区，暴雨历史短，强度大，笼罩范围广。

第二场次洪水暴雨特点(7 月 6—21 日)：暴雨中心基本稳定在滁河流域，整个流域降水量大于 500 mm。前期降雨过程多、间隔时间短、下垫面蓄水量饱和度高，本次降雨历时长、笼罩范围广，降水总量大，降雨时空分布有利于形成流域性洪水。滁河流域各时段最大点雨量详见表 2.1-45。

表 2.1-45　1991 年滁河流域各特征时段部分站点雨量统计表

站名	最大 1 h		最大 3 h		最大 6 h		最大 12 h	
	起始日期	雨量(mm)	起始日期	雨量(mm)	起始日期	雨量(mm)	起始日期	雨量(mm)
乌衣	—	—	—	—	8 月 7 日	83.7	6 月 13 日	111.1
古河	6 月 30 日	34.6	7 月 3 日	50.4	8 月 7 日	72.4	8 月 7 日	103.8
曲亭	6 月 29 日	35.6	6 月 29 日	59.2	6 月 12 日	73.8	7 月 6 日	91.2
屯仓	—	—	—	—	7 月 9 日	68.4	7 月 9 日	106.6
站名	最大 24 h		最大 1 d		最大 3 d		最大 7 d	
	起始日期	雨量(mm)	起始日期	雨量(mm)	起始日期	雨量(mm)	起始日期	雨量(mm)
滁州	—	—	7 月 9 日	123.7	7 月 7 日	222.0	7 月 3 日	404.7
汊河集闸	—	—	6 月 13 日	141.2	6 月 12 日	224.0	7 月 6 日	366.4
黄栗树	—	—	7 月 9 日	137.8	7 月 8 日	227.6	7 月 5 日	395.0
沙河集	—	—	6 月 12 日	103.5	6 月 12 日	243.5	7 月 3 日	343.4
乌衣	6 月 13 日	145.7	6 月 13 日	136.6	6 月 12 日	225.2	7 月 5 日	378.9
古河	7 月 10 日	160.6	7 月 10 日	143.9	7 月 9 日	227.3	7 月 5 日	351.0
曲亭	6 月 13 日	102.0	7 月 6 日	87.6	6 月 12 日	194.9	6 月 8 日	312.1
屯仓	7 月 8 日	123.6	7 月 3 日	94.1	7 月 6 日	225.3	7 月 3 日	409.4

2. 水情

1) 水情概述

由于暴雨量大且覆盖全流域，滁河干流沿线水位猛涨，出现历史大洪水。6 月 14 日，汊河集闸上最高水位为 12.27 m，晓桥最高水位为 12.43 m，六合最高水位为 9.76 m，汊河集闸最大流量为 1 610 m^3/s，驷马山乌江闸最大流量达 816 m^3/s。7 月 11 日，襄河口闸上最高水位达 13.78 m 超保证水位 0.28 m；汊河集闸上最高水位为 12.55 m，超保证水位 0.05 m，全线突破历史最高洪水位。襄河口闸、汊河集闸洪峰流量分别达1 220 m^3/s、1 640 m^3/s；乌江闸洪峰流量达 818 m^3/s，超过现行设计分洪流量。

(1) 第一场次洪水：6 月 8—24 日

滁州水文站 6 月 13—16 日水位超过警戒水位，最大流量为 975 m^3/s，相应水位为 16.18 m，重现期约为 12 年。汊河集闸水文站 6 月 13—18 日水位超过警戒水位，最大流量为 1 610 m^3/s，相应水位为 12.19 m，重现期约为 70 年。

(2) 第二场次洪水:6 月 30 日—8 月 1 日

滁州水文站 7 月 3—4 日、6—8 日、9—12 日水位超过警戒水位,最大流量为 1 060 m³/s,相应水位为 15.98 m,重现期约为 15 年。汊河集闸水文站 7 月 4—17 日水位超过警戒水位,最大流量为 1 640 m³/s,相应水位为 12.47 m,重现期约为 75 年。

2) 洪水过程

(1) 第一场次洪水:6 月 8—24 日

① 滁州水文站

滁州水文站自 6 月 8 日 8 时起涨,起涨水位为 7.26 m,起涨流量为 7.50 m³/s,6 月 15 日 4 时水位达洪峰水位 16.27 m,洪峰流量为 967 m³/s。水位涨幅为 9.01 m,最大涨率为 42 cm/h。

② 汊河集闸水文站

汊河集闸水文站自 6 月 8 日 8 时起涨,起涨水位为 7.23 m,起涨流量为 84 m³/s,6 月 13 日 2 时水位超警戒水位(10.00 m)。7 月 17 日 23 时水位达洪峰水位 12.19 m,洪峰流量为 1 610 m³/s。水位涨幅为 4.96 m,最大涨率为 13 cm/h。

(2) 第二场次洪水:6 月 30 日—8 月 1 日

① 滁州水文站

滁州水文站自 6 月 30 日 5 时起涨,起涨水位为 7.40 m,起涨流量为 15.7 m³/s,7 月 9 日 20 时水位达洪峰水位 16.10 m,洪峰流量为 1 060 m³/s。水位涨幅为 8.70 m,最大涨率为 15 cm/h。

② 汊河集闸水文站

汊河集闸水文站自 6 月 30 日 8 时起涨,起涨水位为 7.20 m,起涨流量 60.0 m³/s,7 月 4 日 2 时水位超警戒水位(10.00 m)。7 月 10 日 21 时水位达洪峰水位 12.55 m,洪峰流量为 1 640 m³/s。水位涨幅为 5.35 m,最大涨率为 77 cm/h。

滁河流域主要控制站洪水特征值详见表 2.1-46。

表 2.1-46　1991 年滁河流域主要控制站洪水特征值

水系	河名	站名	警戒水位(m)	保证水位(m)	1991 年最大值				历史最大值				超警戒水位历时(h)	最高水位排序		最大流量排序	
					最高水位(m)	出现时间	最大流量(m³/s)	出现时间	最高水位(m)	出现时间	最大流量(m³/s)	出现时间		资料系列(年)	序位	资料系列(年)	序位
滁河	清流河	滁州	14.00	16.85	16.27	6 月 15 日 04:00	1 060	7 月 9 日 17:00	17.11	2003 年	2 050	1975 年	196	61	4	61	6
滁河	滁河	汊河集闸	10.00	12.50	12.55	7 月 10 日 21:00	1 640	7 月 10 日 12:00	12.55	1991 年	1 640	1991 年	504	68	1	65	1

3) 洪水特点

(1) 暴雨洪水范围广,涨水速度快。1991 年滁河流域暴雨不仅次数多、历时长,而且强度大,笼罩范围广。第一场次洪水主要降雨区域位于滁河干流、清流河上游地区。第二场次洪水为超 500 mm 的流域性强降雨。

(2) 洪水水位高、量级大,持续时间长。第二场次洪水受第一场次影响,流域前期蓄水量饱和度高,大中型水库蓄水位接近汛限水位,塘坝、圩区均不缺水。

(3) 长江流域洪水过程明显,长江水位持续高涨,滁河洪水受顶托明显。

4) 洪水组成分析

根据汊河集闸、乌江闸以上 6 月、7 月两次天然洪水的过程线分析,其洪水组成为:赤镇以上约占 40%、襄河约占 14%、清流河和来安河约占 34%、其他区间 12%左右。另根据两次洪水同时实测资料统计分析,乌江闸占汊河集闸、乌江闸以上实测流量的 37%~39%,葛塘占汊河集闸、乌江闸实测流量的

48%～51%，葛塘分泄了汊河集闸实测流量的78%～82%。

对滁河滁州、汊河集闸两控制站分别分析计算实测场次洪水，最大1、3、7、15、30 d洪量的来水量。

第一场次洪水，滁州、汊河集闸水文站场次洪水的起讫时间选取6月8—24日；第二场次洪水，滁州、汊河集闸水文站场次洪水的起讫时间选取6月30日—8月1日。1991年滁河汊河集闸水文站场次洪水组成情况详见表2.1-47。

表2.1-47　1991年滁河汊河集闸水文站场次洪水组成情况

洪水起讫时间	汊河集闸水文站洪水总量(亿 m^3)	上游及区间			
		滁州水文站		区间	
		洪量(亿 m^3)	占总量的百分比(%)	洪量(亿 m^3)	占总量的百分比(%)
6月8日—8月1日	25.52	7.868	30.8	17.65	69.2

经分析计算，第一场次洪水滁州水文站场次最大1、3、7、15 d洪量分别为0.648 0亿 m^3、1.738亿 m^3、2.575亿 m^3和3.065亿 m^3，汊河集闸水文站场次最大1、3、7、15 d洪量分别为1.270亿 m^3、3.655亿 m^3、6.622亿 m^3和9.393亿 m^3。

经分析计算，第二场次洪水滁州水文站场次最大1、3、7、15、30 d洪量分别为0.652 3亿 m^3、1.798亿 m^3、3.443亿 m^3、4.652亿 m^3和4.753亿 m^3，汊河集闸水文站场次最大1、3、7、15、30 d洪量分别为1.382亿 m^3、3.836亿 m^3、7.822亿 m^3、12.49亿 m^3和15.34亿 m^3。

5）洪水重现期

根据分析，1991年滁河第一场次洪水滁州水文站洪峰流量重现期约为12年，汊河集闸水文站洪峰流量重现期约为70年。第二场次洪水滁州水文站洪峰流量重现期约为15年，汊河集闸水文站洪峰流量重现期约为75年。

3. 工情

1991年的两场次洪水中，滁河水系沙河集水库、黄栗树水库在洪水期发挥了重要调蓄作用。沙河集水库的调蓄分别降低了滁河支流滁州水文站的最高水位0.36 m、0.85 m，详见表2.1-48。

表2.1-48　1991沙河集水库运行对滁河支流的影响

站名	水库	推算洪水			实测洪水			降低洪峰水位(m)	削减洪峰流量(m^3/s)
		最高水位(m)	最大流量		最高水位(m)	最大流量			
			流量(m^3/s)	出现时间		流量(m^3/s)	出现时间		
滁州水文站	沙河集	16.63	1 414	6月14日17:00	16.27	975	6月14日15:00	0.36	439
		16.95	1 560	7月9日18:00	16.10	1 060	7月9日17:00	0.85	500

沙河集水库两场次洪水入库水量分别达到0.441亿 m^3、0.810亿 m^3，入库洪峰流量分别为682 m^3/s、663 m^3/s；黄栗树水库两场次洪水入库水量分别达到0.682亿 m^3、1.380亿 m^3，入库洪峰流量分别为330 m^3/s、636 m^3/s。其主要拦洪削峰作用见表2.1-49。

表2.1-49　1991年沙河集水库、黄栗树水库拦洪与削峰效果表

水库名	入库洪水起讫时间	洪水总量(亿 m^3)		占入库洪水总量的百分比(%)	入库洪峰		出库最大流量		削减洪峰流量(m^3/s)	占入库洪峰流量的百分比(%)
		入库	最大拦蓄		流量(m^3/s)	时间	流量(m^3/s)	时间		
沙河集	6月13—17日	0.441	0.123	27.9	682	6月14日15:00	241	6月14日19:00	441	64.7
沙河集	7月4—12日	0.810	0.251	31.0	663	7月9日14:00	195	7月10日8:00	468	70.6

（续表）

水库名	入库洪水起讫时间	洪水总量（亿 m^3）		占入库洪水总量的百分比（%）	入库洪峰		出库最大流量		削减洪峰流量（m^3/s）	占入库洪峰流量的百分比（%）
		入库	最大拦蓄		流量（m^3/s）	时间	流量（m^3/s）	时间		
黄栗树	6月7—23日	0.682	0.361	52.9	330	6月14日 13:00	110	6月15日 01:00	220	66.7
黄栗树	6月29日—8月9日	1.380	0.618	44.8	636	7月10日 7:00	134	7月11日 17:00	502	78.9

4. 灾情

1991年6、7两个月共漫破、自溃和炸（掘）口圩口27个，破圩主要分布在滁河干流古河至六合之间，集中在襄河口闸至汊河集闸河段，其中6月份破圩11个，7月份破圩24个（8个圩口重复溃破）。总破圩面积为356 km^2，其中6月份破圩面积为84 km^2，7月份破圩面积为272 km^2。

1.3.2.3 2003年洪水

1. 雨情

1）雨情概述

2003年滁河流域年降水量为1 502.0 mm，比常年同期偏多5成，滁河流域年降水量的高值区位于清流河地区。其中曲亭雨量站年降水量为1 741.4 mm，为流域最大雨量点。

2）暴雨过程

2003年，由于气候异常，滁河流域出现了枯季不枯的反常现象。1—4月降雨集中且持续时间长，降雨强度和范围都较大，已显出异常特征，尤其是2、3、4月面平均雨量分别比常年同期偏多48.2%、52.2%和72.6%；滁河干流及各支流的平均降水量也和滁河流域相似。大量降雨使流域下垫面土壤蓄水量丰富，河流湖库底水较高，为汛期发生洪水创造了条件。

2003年滁河流域汛期有1场特大暴雨过程：6月29日—7月17日，面平均雨量为547.4 mm，形成明显洪水过程，暴雨中心位于清流河及襄河上游地区。

3）暴雨特点

（1）前期降雨过程多、间隔时间短、下垫面蓄水量饱和度高。1—4月滁河流域降水量明显偏多，面平均降水量比常年同期偏多52.9%，其中支流襄河比常年同期偏多46.0%，清流河比常年同期偏多47.5%、来安河比常年同期偏多47.2%。5月份降雨虽然比常年同期偏少3成，但从6月起，降水明显偏多。从6月25日起至7月11日的17天里，滁河流域连续发生3次强降雨过程。6月份滁河流域面平均降水量比常年同期偏多4成，7月份比常年同期偏多155.9%，尤其是其支流襄河比常年同期偏多204.6%，清流河比常年同期偏多194.3%，来安河比常年同期偏多145.6%。

（2）本次降雨历时长、笼罩范围广，降水总量大，降雨时空分布有利于形成流域性洪水。雨区广、雨量大、雨强急、场次多。在6月至7月的17天中发生3次强降雨过程；特别是7月4—6日的降雨过程，3天的流域面平均降水量超过300 mm，在7月4日18时至5日14时的20 h内襄河黄栗树水文站降水量为352.5 mm，清流河支流小沙河方岗雨量站为398.4 mm，清流河滁州水文站为338.8 mm，可见降水量之大、强度之急；经分析对照，2003年汛期滁河流域最大6 h、12 h、24 h、3 d、7 d、15 d降水量均为高值，最大30 d降水量仅次于1991年实测雨量记录。

滁河流域各时段最大点雨量详见表2.1-50。

表2.1-50 2003年滁河流域各特征时段部分站点雨量统计表

站名	最大1 h		最大3 h		最大6 h		最大12 h	
	起始日期	雨量(mm)	起始日期	雨量(mm)	起始日期	雨量(mm)	起始日期	雨量(mm)
乌衣	—	—	—	—	7月4日	132.6	7月4日	190.6
古河	6月26日	36.3	6月26日	82.8	6月26日	115.4	6月26日	128.1

（续表）

站名	最大 1 h		最大 3 h		最大 6 h		最大 12 h	
	起始日期	雨量(mm)	起始日期	雨量(mm)	起始日期	雨量(mm)	起始日期	雨量(mm)
曲亭	7 月 5 日	74.5	7 月 5 日	174.4	7 月 5 日	232.0	7 月 4 日	291.2
屯仓	—	—	—	—	6 月 30 日	50.3	6 月 30 日	99.3

站名	最大 24 h		最大 1 d		最大 3 d		最大 7 d	
	起始日期	雨量(mm)	起始日期	雨量(mm)	起始日期	雨量(mm)	起始日期	雨量(mm)
滁州	—	—	7 月 4 日	251.4	7 月 4 日	379.3	7 月 4 日	506.1
汊河集闸	—	—	7 月 4 日	175.5	7 月 4 日	302.1	7 月 4 日	410.6
黄栗树	—	—	7 月 4 日	203.7	7 月 4 日	398.0	7 月 4 日	533.0
沙河集	—	—	7 月 4 日	184.1	7 月 4 日	230.5	6 月 30 日	428.2
乌衣	7 月 4 日	326.4	7 月 4 日	201.6	7 月 4 日日	345.2	7 月 4 日	451.3
古河	6 月 26 日	137.7	6 月 26 日	135.2	7 月 8 日	158.5	7 月 4 日	236.5
曲亭	7 月 4 日	295.2	7 月 4 日	263.3	7 月 3 日	331.2	6 月 29 日	500.5
屯仓	6 月 30 日	176.7	6 月 30 日	132.8	6 月 29 日	223.9	6 月 29 日	337.9

2. 水情

1）水情概述

相应于暴雨过程，2003 年滁河水系出现了一场洪水：6 月 30 日—7 月 19 日。滁州水文站 7 月 5—7 日水位超过警戒水位，最大流量为 1 280 m^3/s，相应水位为 16.96 m，重现期约为 30 年。汊河集闸水文站 7 月 2—16 日水位超过警戒水位，最大流量为 1 470 m^3/s，相应水位为 12.39 m，重现期约为 40 年。

2）洪水过程

6 至 7 月滁河流域连续降雨，并出现暴雨过程，致使滁河发生一次洪水过程。

滁州水文站自 6 月 30 日 8 时起涨，起涨水位为 7.70 m，起涨流量为 9.92 m^3/s。7 月 15 日 18 时水位达洪峰水位 17.11 m，洪峰流量为 1 280 m^3/s。水位涨幅达 9.41 m，最大涨率为 66 cm/h。

汊河集闸水文站自 6 月 30 日 21 时 40 分起涨，起涨水位为 7.57 m，起涨流量为 162 m^3/s，7 月 2 日 5 时水位超警戒水位(10.00 m)。7 月 5 日 21 时水位达洪峰水位 12.39 m，相应流量为 1 470 m^3/s。水位涨幅为4.82 m，最大涨率为 21 cm/h。

滁河流域主要控制站洪水特征值详见表 2.1-51。

表 2.1-51　2003 年滁河流域主要控制站洪水特征值

水系	河名	站名	警戒水位(m)	保证水位(m)	2003 年最大值				历史最大值				警戒水位历时(h)	最高水位排序		最大流量排序	
					最高水位(m)	出现时间	最大流量(m^3/s)	出现时间	最高水位(m)	出现时间	最大流量(m^3/s)	出现时间		资料系列(年)	序位	资料系列(年)	序位
滁河	清流河	滁州	14.00	16.85	17.11	7 月 15 日 18:00	1 280	7 月 15 日 15:30	17.11	2003 年	2 050	1975 年	86	61	1	61	3
滁河	滁河	汊河集闸	10.00	12.50	12.39	7 月 5 日 21:00	1 470	7 月 5 日 20:00	12.55	1991 年	1 640	1991 年	134	68	3	65	3

3）洪水特点

(1) 洪水过程为孤立峰，量较大且历时长。襄河口闸、滁州水文站洪水历时均在 15 d 左右，而汊河集闸竟长达 30 d 之久。

(2) 各站大流量持续时间长。汉河集闸水文站日平均流量大于 1 000 m^3/s 的连续天数达 8 d，比历史第一大水的 1991 年长 2 d；大于 500 m^3/s 的连续天数为 15 d，比 1991 年也长 2 d。

(3) 洪水前底水低。自 5 月上旬中期起至 6 月中旬末，皖东地区久旱少雨，滁河支流干涸断流。滁河干流的襄河口、汊河集节制闸闸门关闭，低水位运行。

4) 洪水组成分析

对滁河滁州、汊河集闸两控制站分别分析计算实测场次洪水、最大 1、3、7、15 d 洪量的来水量。

2003 年汊河集闸、滁州水文站场次洪水的起讫时间选取 6 月 30 日—7 月 19 日，2003 年滁河汊河集闸水文站洪水组成情况详见表 2.1-52。

表 2.1-52　2003 年滁河汊河集闸水文站场次洪水组成情况

洪水起讫时间	汊河集闸水文站洪水总量(亿 m^3)	上游及区间			
		滁州水文站		区间	
		洪量(亿 m^3)	占总量的百分比(%)	洪量(亿 m^3)	占总量的百分比(%)
6 月 30 日—7 月 19 日	13.83	4.765	34.5	9.065	67.7

经分析计算，滁州水文站场次洪量为 4.765 亿 m^3，最大 1、3、7、15 d 洪量分别为 0.680 0 亿 m^3、1.482 亿 m^3、3.105 亿 m^3和 4.605 亿 m^3。汊河集闸水文站场次洪量为 13.83 亿 m^3，最大 1、3、7、15 d 洪量分别为 1.218 亿 m^3、3.352 亿 m^3、7.517 亿 m^3和 12.82 亿 m^3。

5) 洪水重现期

根据分析，2003 年滁河滁州水文站洪峰流量重现期约为 30 年，汊河集闸水文站洪峰流量重现期约为 40 年。

3. 工情

2003 年的洪水中，滁河水系沙河集水库、黄栗树水库在洪水期发挥了重要调蓄作用。沙河集水库的调蓄降低了滁河支流滁州水文站的最高水位 2.24 m，详见表 2.1-53。

表 2.1-53　2003 沙河集水库运行对滁河支流的影响

站名	水库	推算洪水			实测洪水			降低洪峰水位(m)	削减洪峰流量(m^3/s)
		最高水位(m)	最大流量		最高水位(m)	最大流量			
			流量(m^3/s)	出现时间		流量(m^3/s)	出现时间		
滁州水文站	沙河集	19.35	3 640	7 月 5 日 10:00	17.11	1 280	7 月 5 日 0:00	2.24	2 360

沙河集水库 7 月 4—7 日次洪入库水量达到 0.835 亿 m^3，入库洪峰流量为 2 510 m^3/s，黄栗树水库 6 月 16 日—7 月 2 日次洪入库水量达到 1.599 亿 m^3，入库洪峰流量为 3 180 m^3/s，其主要拦洪削峰作用详见表 2.1-54。

表 2.1-54　2003 年沙河集水库、黄栗树水库拦洪与削峰效果表

水库名	入库洪水起讫时间	洪水总量(亿 m^3)		占入库洪水总量的百分比(%)	入库洪峰		出库最大流量		削减洪峰流量(m^3/s)	占入库洪峰流量的百分比(%)
		入库	最大拦蓄		流量(m^3/s)	时间	流量(m^3/s)	时间		
沙河集	7 月 4—7 日	0.835	0.567	67.90	2 510	7 月 5 日 10:00	480	7 月 5 日 13:48	2 030	80.9
黄栗树	6 月 16 日—7 月 2 日	1.599	0.842	52.66	3 180	7 月 5 日 9:00	170	7 月 10 日 21:00	3 010	94.7

4. 灾情

2003 年 6 月下旬至 7 月中旬，滁河流域连降暴雨，雨量超过 1991 年。洪水主要分布在干流古河至六合段，全流域破圩面积为 16.12 万亩，集中在襄河口至汊河集河段及清流河、来安河、施河的 7 月 5—11

日,5—7 日破圩 35 个;8—11 日破圩 4 个。滁州市区、全椒县城部分被淹,津浦铁路一度中断行车。

1.3.2.4 2008 年洪水

受 2008 年第 8 号台风“凤凰”的影响,7 月 29 日下午滁河水系普降小到中雨,8 月 1 日转为暴雨或特大暴雨,滁河及各支流皆遭到洪水的袭击。7 月 30 日上午滁河支流清流河滁州水文站水位开始起涨,8 月 1 日上午滁河干流襄河口闸(上)及汊河集闸(上)站水位先后起涨,至 8 月 2 日下午,上述各站水位先后涨至洪峰水位,滁州水文站、襄河口闸(上)、汊河集闸(上)洪峰水位分别为 16.98 m(10 时 45 分)、14.23 m(19 时 20 分)、12.50 m(19 时 30 分),涨幅分别为 9.23 m、5.84 m 和 4.97 m,至 8 月 13 日各站水位基本退平。

为保障滁河行洪安全,流域内汪波东荡、蒿子圩(安徽)、荒草二圩、荒草三圩相继启用,另有胜利圩、伏湾圩、水西圩、范家圩四个较大圩口决堤分洪。洪水给沿岸百姓造成巨大损失。

1. 雨情

1) 雨情概述

2008 年滁河流域年降水量为 1 041.0 mm,与常年同期持平。滁河流域年降量的高值区位于乌衣镇附近地区,其中乌衣雨量站年降水量为 1 337.3 mm,为流域最大雨量点。

2) 暴雨过程

7 月 30 日—8 月 2 日,滁河流域普降大到暴雨,部分地区特大暴雨。暴雨中心位于滁州市乌衣镇,主雨区分布在滁河干流中部的襄河及清流河地区。暴雨中心最大 3 d 降水量分别为:乌衣雨量站 720.3 mm、滁州水文站 530.0 mm、汊河集闸水文站 449.5 mm。其中 8 月 1 日 6 时—2 日 6 时降水量最大,暴雨区降水量均在 200 mm 以上。共有 15 个县(市、区)75 个站点大于 100 mm,5 个县(市、区)25 个站点大于 200 mm,2 个县(市、区)12 个站点大于 300 mm。滁州市乌衣雨量站最大 1、3、6、24 h 降水量分别为 101.1 mm、284.5 mm、432.6 mm、647.8 mm,均位居本站自有记载以来第 1 位。

3) 暴雨特点

滁河流域主雨区主要分布在流域中部及其支流清流河、襄河一带,雨区相对集中;降雨在时程分配上前小后大,主峰发生在后,降雨时空分配极不均匀,极易形成洪水。滁河流域各时段最大点雨量详见表 2.1-55。

表 2.1-55 2008 年滁河流域各特征时段部分站点雨量统计表

站名	最大 1 h		最大 3 h		最大 6 h		最大 12 h	
	起始日期	雨量(mm)	起始日期	雨量(mm)	起始日期	雨量(mm)	起始日期	雨量(mm)
乌衣	8 月 1 日	101.1	8 月 1 日	284.5	8 月 1 日	432.6	8 月 1 日	575.1
古河	7 月 12 日	35.4	8 月 30 日	42.0	8 月 30 日	60.8	8 月 1 日	88.0
曲亭	—	—	8 月 1 日	75.4	8 月 1 日	99.5	8 月 1 日	166.6
屯仓	7 月 22 日	60.0	7 月 22 日	76.0	8 月 1 日	106.0	8 月 1 日	121.5
站名	最大 24 h		最大 1 d		最大 3 d		最大 7 d	
	起始日期	雨量(mm)	起始日期	雨量(mm)	起始日期	雨量(mm)	起始日期	雨量(mm)
滁州	—	—	8 月 1 日	443.4	7 月 30 日	530.0	7 月 29 日	542.0
汊河集闸	—	—	8 月 1 日	374.5	7 月 30 日	449.5	7 月 29 日	470.0
黄栗树	—	—	8 月 1 日	351.4	7 月 30 日	395.4	7 月 29 日	422.5
沙河集	—	—	8 月 1 日	176.0	7 月 30 日	253.0	7 月 29 日	272.5
乌衣	8 月 1 日	647.8	8 月 1 日	647.8	7 月 30 日	720.3	7 月 29 日	727.8

（续表）

站名	最大 24 h		最大 1 d		最大 3 d		最大 7 d	
	起始日期	雨量(mm)	起始日期	雨量(mm)	起始日期	雨量(mm)	起始日期	雨量(mm)
古河	8 月 1 日	157.3	8 月 1 日	151.8	7 月 30 日	219.8	7 月 29 日	230.5
曲亭	8 月 1 日	219.5	8 月 1 日	200.0	7 月 30 日	253.5	7 月 29 日	269.0
屯仓	8 月 1 日	125.5	8 月 1 日	122.5	7 月 30 日	170.9	7 月 26 日	192.0

2. 水情

1）水情概述

相应于 7 月 30 日—8 月 2 日暴雨过程，2008 年滁河水系出现了一场大洪水。滁州水文站 8 月 2—4 日水位超过警戒水位，最大流量为 1 340 m^3/s，相应水位为 16.98 m，重现期约为 35 年。汊河集闸水文站 8 月 2—6 日水位超过警戒水位，最大流量为 1 560 m^3/s，相应水位为 12.44 m，重现期约为 35 年。

2）洪水过程

受 2008 年第 8 号台风“凤凰”的影响，7 月 29 日下午滁河水系普降小到中雨，8 月 1 日转为暴雨或特大暴雨，滁河及各支流皆遭到洪水的袭击。

（1）滁州水文站

滁州水文站自 7 月 30 日 13 时起涨，起涨水位为 7.64 m，起涨流量为 12.2 m^3/s。8 月 2 日 10 时 45 分达到洪峰流量 1 340 m^3/s，14 时达洪峰水位 16.98 m。水位涨幅为 9.34 m，最大涨率为 79 cm/h。

（2）汊河集闸水文站

汊河集闸水文站自 7 月 30 日 17 时起涨，起涨水位为 6.59 m，起涨流量为 38.5 m^3/s。8 月 2 日凌晨 2 时水位超警戒水位（10.00 m），20 时达洪峰水位 12.44 m，相应流量为 1 560 m^3/s。水位涨幅为 5.85 m，最大涨率为 34 cm/h。滁河主要控制站洪水特征值详见表 2.1-56。

表 2.1-56　2008 年滁河主要控制站洪水特征值

水系	河名	站名	警戒水位(m)	保证水位(m)	2008 年最大值				历史最大值				超警戒水位历时(d)	超保证水位历时(h)	最高水位排序		最大流量排序	
					最高水位(m)	出现时间	最大流量(m^3/s)	出现时间	最高水位(m)	出现时间	最大流量(m^3/s)	出现时间			资料系列(年)	序位	资料系列(年)	序位
滁河	清流河	滁州	14.00	16.85	16.98	8 月 2 日 14:00	1 340	8 月 2 日 10:45	17.11	2003 年	2 050	1975 年	2	1	61	2	61	2
滁河	滁河	汊河集闸	10.00	12.50	12.44	8 月 2 日 20:00	1 560	8 月 2 日 20:00	12.55	1991 年	1 640	1991 年	4		68	2	65	2

3）洪水特点

（1）洪水过程为孤立峰，量较大且历时不长。襄河口闸和滁州水文站洪水历时均在 5 d 左右，汊河集闸较长，为 14 d。

（2）各站大流量持续时间短。汊河集闸水文站日平均流量大于 1 000 m^3/s 的连续天数仅为 4 d，大于 500 m^3/s 的连续天数为 7 d。

（3）洪水前底水低。7 月上旬至下旬前期，滁河流域降水稀少，所有河道皆处于低水位状态。

（4）水位高，涨势猛，流量大，洪水量级大。本次强降雨致使滁河全流域水位超过警戒水位，滁河襄河口闸站、清流河滁州水文站超过保证水位，滁河汊河集闸站平保证水位，滁河赤镇水位站、襄河口闸站超过历史最高水位，位居自有资料记载以来第 1 位，滁河汊河集闸水文站、清流河滁州水文站流量均为自有资料记载以来第2位。8月1日襄河口闸和汊河集闸水文站日涨幅分别为4.86 m和4.20 m，均为历史罕见。襄河口闸水文站34 h涨幅为5.84 m，汊河集闸水文站37 h涨幅为5.06 m，均为历史之最。

4）洪水组成分析

对滁河滁州、汊河集闸两控制站分别分析计算实测场次洪水，最大1、3、7、15 d洪量的来水量。

2008年汊河集闸、滁州水文站场次洪水的起讫时间均选取7月30日—8月13日，2008年滁河汊河集闸水文站洪水组成情况详见表2.1-57。

表2.1-57　2008年滁河汊河集闸水文站场次洪水组成情况

洪水起讫时间	汊河集闸水文站洪水总量(亿 m^3)	上游及区间			
		滁州水文站		区间	
		洪量(亿 m^3)	占总量的百分比(%)	洪量(亿 m^3)	占总量的百分比(%)
7月30日—8月13日	7.672	2.254	29.4	5.418	70.6

经分析计算，滁州水文站场次洪量为2.254亿 m^3，最大1、3、7、15 d洪量分别为0.898 6亿 m^3、1.433亿 m^3、1.816亿 m^3和2.254亿 m^3。汊河集闸水文站场次洪量为7.672亿 m^3，最大1、3、7、15 d洪量分别为1.218亿 m^3、3.430亿 m^3、6.089亿 m^3和7.672亿 m^3。

5）洪水重现期

对滁河滁州水文站、汊河集闸水文站2008年洪峰流量以及水位进行排频。

根据分析，2008年滁河滁州水文站洪峰流量重现期约为30年，洪峰水位重现期约为35年；汊河集闸水文站洪峰流量重现期约为55年，洪峰水位重现期约为35年。

3. 工情

2008年的洪水中，滁河水系沙河集水库在洪水期发挥了重要调蓄作用，调蓄降低了滁河支流滁州水文站的最高水位0.18 m，详见表2.1-58。

表2.1-58　2008年7月30日—8月13日沙河集水库运行对滁河支流的影响

站名	水库	推算洪水			实测洪水			降低洪峰水位(m)	削减洪峰流量(m^3/s)
		最高水位(m)	最大流量		最高水位(m)	最大流量			
			流量(m^3/s)	出现时间		流量(m^3/s)	出现时间		
滁州水文站	沙河集	17.16	1 550	8月5日15:00	16.98	1 340	8月2日0:00	0.18	210

沙河集水库7月30日—8月13日次洪入库水量达到3.458亿 m^3，入库洪峰流量1 450 m^3/s，其主要拦洪削峰作用见表2.1-59。

表2.1-59　2008年沙河集水库拦洪与削峰效果表

库名	入库洪水起讫时间	洪水总量(亿 m^3)		占入库洪水总量的百分比(%)	入库洪峰		出库最大流量		削减洪峰流量(m^3/s)	占入库洪峰流量的百分比(%)
		入库	最大拦蓄		流量(m^3/s)	时间	流量(m^3/s)	时间		
沙河集	7月30日—8月13日	3.458	0.439	12.70	1 450	8月5日11:00	257	8月2日13:00	1 193	82.3

4. 灾情

受洪水内涝影响，皖、苏两省受灾人口约为104.57万人，倒塌及受淹房间1.85万间，农作物受灾面积为178.6万亩，其中绝收面积58.3万亩，直接经济损失达30.73亿元。

1.3.2.5　2015年洪水

6月25—27日，滁河流域连续遭遇强降雨袭击，襄河口闸以上累积面雨量为204.0 mm，最大点降水量为全椒县小集雨量站的298.0 mm。受强降雨影响，滁河干流水位迅猛上涨。安徽省滁河发生全线超警，襄河口闸以上河段发生超历史洪水。6月28日9时24分，襄河口闸上站出现洪峰水位14.39 m，超保证水位0.89 m，超历史最高水位(2008年8月14.23 m)0.16 m。为确保滁河干堤及重要圩垸防洪安全、消减滁河干流洪峰，省防指决定于6月28日5时30分启用滁河荒草二圩、荒草三圩蓄洪。

1. 雨情

6月25日14时至28日6时，安徽省江淮之间东部、沿淮西部、大别山区北麓、沿江中部降大暴雨，局部特大暴雨。主暴雨中心区域在沿淮和滁河流域，共有43个县区489个站点降水量超过200 mm，降雨笼罩面积为2.98万km^2。

全省平均降水量为67.0 mm，其中淮北57.0 mm，江淮之间95.0 mm，大别山区66.0 mm，沿江江南63.0 mm，皖南山区15.0 mm。

本次降水流域面平均雨量(6月25日14时至30日6时)：滁河赤镇以上192.0 mm，襄河口以上232.0 mm，汊河集以上229.0 mm。

2. 水情

1）水情概述

受区间强降雨影响，滁河襄河口以上河段发生超历史最高水位的洪水，滁河全线超警。为确保滁河干堤及重要圩垸防洪安全、消减滁河干流洪峰，省防指决定于6月28日5时30分启用滁河荒草二圩、荒草三圩蓄洪。

受强降雨影响，滁河水位快速上涨。滁河赤镇水位站水位自6月25日14时9.06 m起涨，27日15时36分超过警戒水位，19时42分水位为13.49 m，超过警戒水位1.19 m；28日1时06分达到保证水位，28日11时30分出现洪峰水位15.07 m，超过历史最高水位0.53 m。水位总涨幅达6.01 m。

襄河口闸站水位自6月25日12时9.07 m起涨，27日12时达警戒水位，27日22时36分开始超过保证水位。28日9时24分，襄河口闸上站出现洪峰水位(14.39 m)，超保证水位0.89 m，超历史最高水位(2008年8月14.23 m)0.16 m，相应流量为579 m^3/s。水位总涨幅为5.32 m(2008年总涨幅6.08 m)。受工程调度影响，襄河口闸水位于6月28日19时落至13.22 m，29日18时54分再度回涨至14.06 m后逐渐回落。

汊河集闸站水位自6月26日15时7.95 m起涨，27日16时24分达警戒水位，28日9时30分出现洪峰水位(11.45 m)，超警戒水位1.45 m，相应流量为1 180 m^3/s。

为调度滁河洪水，沿河各闸相继全开泄洪。驷马山引江水道乌江闸于6月28日9时24分出现洪峰水位10.75 m，最大下泄流量为802 m^3/s；清流河滁州水文站于6月29日20时18分出现洪峰水位14.52 m，最大流量为474 m^3/s，超保证水位0.52 m，详见表2.1-60。

表2.1-60　2015年滁河流域各控制站洪水特征值表

河名	站名	警戒(汛限)水位(m)	保证水位(m)	2015年			历史		水位排位
				最高水位(m)	最大流量(m^3/s)	出现日期	最高水位(m)	出现日期	
滁河干流	晋集闸	—	—	17.33	741	6月28日18:42	17.79	1991-7-11	2
	古河	—	—	16.54	—	6月28日13:00	18.21	1962-7-6	3
	赤镇	12.30	14.54	15.07	—	6月28日11:30	14.54	2008-8-2	1
	襄河口闸	11.00	13.50	14.39	579	6月28日9:24	14.23	2008-8-2	1
	汊河集闸	10.00	12.50	11.45	1 180	6月28日9:30	12.55	1991-7-10	9
引江水道	驷马山	—	—	10.75	802	6月28日9:24	11.19	1991-7-11	8
清流河	滁县	14.00	16.85	14.31	474	6月28日0:28	17.11	2003-7-5	10

2）产水量分析

本次降雨滁河流域主要控制站以上产水量：襄河口闸5.72亿m^3、驷马山1.83亿m^3、汊河集闸

10.55亿 m^3、滁州 1.86 亿 m^3。大中小型水库共拦蓄 1.2 亿 m^3。

滁河流域主要控制站已过水量:襄河口闸以上 2.92 亿 m^3,其中襄河口闸 1.09 亿 m^3,驷马山 1.83 亿 m^3;汊河集闸以上 4.49 亿 m^3,其中汊河集闸 2.66 亿 m^3;滁州 0.89 亿 m^3。

滁河流域主要控制站未泄水量:襄河口闸以上 2.80 亿 m^3, 汊河集闸以上 6.06 亿 m^3, 滁州 0.97 亿 m^3。

3) 洪水特点

(1) 降雨范围广、强度大。共有 43 个县区 489 个站点降水量超过 200 mm,降雨笼罩面积为 2.98 万 km^2;79 个县区 1 066 个站降水量超过 100 mm,笼罩面积为 8.23 万 km^2; 95 个县区 1 501 个站降水量超过 50 mm,笼罩面积为 11 万 km^2。暴雨中心淮南市田家庵区泉山站降水量为 403.0 mm,阜南县王家坝站为 377.0 mm,金寨县铁冲站为 368.0 mm。

(2) 降雨区相对集中。本轮降雨主要集中在合肥以北及江淮之间东部地区。累计降水量分布:沿淮淮北、江淮之间东部、大别山区北部 200～350 mm,合肥以北大部和沿江部分地区 100～200 mm。其中滁河干流赤镇以上面平均雨量为 192.0 mm,襄河口闸以上为 232.0 mm,汊河集闸以上为 229.0 mm。

(3) 洪水来势猛、上涨快、水位高。强降雨致使河库水位迅速上涨,6 月 27 日 12 时滁河襄河口闸上达到警戒水位 11.00 m;22 时 30 分达保证水位 13.50 m;28 日 9 时 24 分,襄河口闸上突破历史最高水位,达到14.39 m,超保证水位 0.89 m,超过历史最高水位 0.16 m。全省一度有淮河、滁河、清流河、水阳江、西河等 10 条河流发生超警戒水位洪水,其中滁河上段超保证水位;淮河王家坝站 30 日 8 时水位为 27.82 m,超警戒水位 0.32 m;有 5 座大型水库、59 座中型水库、264 座小(1)型水库超汛限水位。

4) 洪水组成分析

为便于分析滁河水系洪水的组成,根据滁河特性,干支流来水出口主要有两个:一是上游来水主要经襄河口闸上建的驷马山引江水道,经乌江闸枢纽控制下泄直入长江;二是襄河口闸至汊河集闸区间来水由汊河集闸控制工程向下一部分经马汊河分洪道入江,一部分由老滁河经三汊湾等控制工程入江。根据滁河洪水下泄路径,结合站网布设,本次洪水组成分析主要分为襄河口闸以上流域和汊河集闸以上流域两部分。

(1) 将襄河口闸以上流域洪水组成概化为代表滁河干流上游来水的晋集闸水文站、控制晋集闸至襄河口闸区间来水的襄河口闸站和驷马山乌江闸站三部分进行计算。

(2) 将汊河集闸以上流域洪水组成概化为代表滁河干流来水的襄河口闸站、支流清流河滁州水文站的来水及这两站至汊河集总出口的区间来水进行计算。

本场洪水过程历时 11 d,虽然汊河集总出口以上流域长度仅约为 60 km,汇流时间较短,但考虑到启用圩区后外排过程缓慢等因素,其洪水组成特性可采用年最大 3、7 d 洪量组成作为代表。

(1) 襄河口闸以上流域洪水组成

流域内洪水有两部分组成:主要经驷马山引江水道后经乌江闸泄洪,其次经襄河口闸下泄至滁河下游。

据统计,2015 年乌江闸出口和襄河口闸出口合计最大 1、3、7 d 洪量分别为 1.01 亿 m^3、2.862 亿 m^3和 5.489 亿 m^3,干流襄河口闸洪量分别占总出口洪量的 38.3%、35.5%和 30.8%,乌江闸洪量分别占 61.7%、64.5%和 69.2%,晋集闸上游来水占整个襄河口以上流域来水的 40%～50%。上述洪量组成比重与各站面积权重相比较,由于乌江闸仅为泄洪通道,没有来水面积,所以襄河口闸以上流域仅按晋集闸以上和晋集闸—襄河口闸区间来分析,本次各时段最大洪量所占比重和其流域面积权重基本相当。分析其原因主要是流域降雨较均匀,水利工程前期蓄水较多,土壤饱和度高。由此表明,2015 年滁河襄河口闸以上流域洪量分布较均匀,晋集闸以上、晋集闸—襄河口闸区间基本各占一半,与历史上 1991 年的洪水组成较为相似。

1991 年、2003 年和 2008 年是滁河水系实测到的三个大水年,其洪量组成见表 2.1-61。由表可知,2008 年洪量主要来自晋集闸—襄河口闸区间流域,晋集闸以上来水仅占总来水的 10%～20%;2003 年洪量主要来自晋集闸以上来水,晋集闸—襄河口闸区间来水占总来水的 30%～40%;1991 年洪量晋集闸以上、晋集闸—襄河口闸区间来水基本上各占一半。综合分析,本次暴雨形成的洪水在襄河口闸以上流域洪水量级与 2003 年极为相似,但在洪水组成上与 1991 年极为相似。

表 2.1-61　滁河襄河口闸以上地区洪量组成

时段	年份	河名	滁河			襄河口闸与晋集闸区间	襄河口闸以上来水合计
		站名	襄河口闸	晋集闸	乌江闸		
		集水面积(km^2)	3 310	1 500	—	1 810	3 310
最大1 d洪量	2015	洪量(亿 m^3)	0.387 7	0.548 8	0.625 4	0.464 3	1.013 1
		占襄河口总来水百分比(%)	38.3	54.2	61.7	45.8	100.0
	2008	洪量(亿 m^3)	0.292 9	0.197 9	0.636 8	0.731 8	0.929 7
		占襄河口总来水百分比(%)	31.5	21.3	68.5	78.7	100.0
	2003	洪量(亿 m^3)	0.283 4	0.649 8	0.676 5	0.310 1	0.959 9
		占襄河口总来水百分比(%)	29.5	67.7	70.5	32.3	100.0
	1991	洪量(亿 m^3)	0.898 6	0.821 7	0.675 6	0.752 5	1.574 2
		占襄河口总来水百分比(%)	57.1	52.2	42.9	47.8	100.0
	1987	洪量(亿 m^3)	0.258	—	0.355 5	—	0.613 5
		占襄河口总来水百分比(%)	42.1	—	57.9	—	100.0
	2015 年与 2008 年比较(%)		32.4	177.3	−1.8	−36.6	9.0
	2015 年与 2003 年比较(%)		36.8	−15.5	−7.6	49.7	5.5
	2015 年与 1991 年比较(%)		−56.9	−33.2	−7.4	−38.3	−35.6
	2015 年与 1987 年比较(%)		50.3	—	75.9	—	65.1
最大3 d洪量	2015	洪量(亿 m^3)	1.016	1.125	1.846	1.737	2.862
		占襄河口总来水百分比(%)	35.5	39.3	64.5	60.7	100.0
	2008	洪量(亿 m^3)	0.717 1	0.498 5	1.846	2.064 6	2.563 1
		占襄河口总来水百分比(%)	28.0	19.4	72.0	80.6	100.0
	2003	洪量(亿 m^3)	0.721 4	1.579	1.893	1.035 4	2.614 4
		占襄河口总来水百分比(%)	27.6	60.4	72.4	39.6	100.0
	1991	洪量(亿 m^3)	1.828	2.166	1.866	1.528	3.694
		占襄河口总来水百分比(%)	49.5	58.6	50.5	41.4	100.0
	1987	洪量(亿 m^3)	0.681	—	1.52	—	2.201
		占襄河口总来水百分比(%)	30.9	—	69.1	—	100.0
	2015 年与 2008 年比较(%)		41.7	125.7	0.0	−15.9	11.7
	2015 年与 2003 年比较(%)		40.8	−28.8	−2.5	67.8	9.5
	2015 年与 1991 年比较(%)		−44.4	−48.1	−1.1	13.7	−22.5
	2015 年与 1987 年比较(%)		49.2	—	21.4	—	30.0
最大7 d洪量	2015	洪量(亿 m^3)	1.689	2.116	3.800	3.373	5.489
		占襄河口总来水百分比(%)	30.8	38.5	69.2	61.5	100.0
	2008	洪量(亿 m^3)	0.998 8	0.584 7	3.316	3.730 1	4.314 8
		占襄河口总来水百分比(%)	23.1	13.6	76.9	86.4	100.0
	2003	洪量(亿 m^3)	1.432	2.801	4.141	2.772	5.573
		占襄河口总来水百分比(%)	25.7	50.3	74.3	49.7	100.0

(续表)

时段	年份	河名	滁河			襄河口闸与晋集闸区间	襄河口闸以上来水合计
		站名	襄河口闸	晋集闸	乌江闸		
		集水面积(km²)	3 310	1 500	—	1 810	3 310
最大7 d洪量	1991	洪量(亿 m³)	2.887	3.261	3.915	3.541	6.802
		占襄河口总来水百分比(%)	42.4	47.9	57.6	52.1	100.0
	1987	洪量(亿 m³)	1.3	—	3.16	—	4.46
		占襄河口总来水百分比(%)	29.1	—	70.9	—	100.0
	2015 年与 2008 年比较(%)		69.1	261.9	14.6	−9.6	27.2
	2015 年与 2003 年比较(%)		17.9	−24.5	−8.2	21.7	−1.5
	2015 年与 1991 年比较(%)		−41.5	−35.1	−2.9	−4.7	−19.3
	2015 年与 1987 年比较(%)		29.9	—	20.3	—	23.1

(2) 汊河集闸以上流域洪水组成

据统计,汊河集总出口 2015 年最大 1、3、7 d 洪量分别为 1.09 亿 m³、3.51 亿 m³和 5.96 亿 m³,干流襄河口闸洪量占汊河集总出口洪量分别为 35.6%、28.9%和 28.4%,支流清流河滁州水文站分别占 36.2%、50.2%和 37.1%,支流来安河水口水文站分别占 24.6%、17.8%和 20.7%,襄河口闸、滁州水文站和水口水文站—汊河集总出口的区间 1 298 km² 的来水分别仅占 3.6%、3.1%和 13.8%。

上述洪量组成比重与各站面积权重相比,襄河口闸各时段最大洪量所占比重与面积权重相比普遍偏小,偏小幅度为 18%~23%,滁州水文站和水口水文站—汊河集总出口的区间 1 298 km²的来水比重和面积权重相比普遍偏小,最大 1、3 d 洪量偏小幅度在 25%左右,最大 7 d 洪量偏小幅度在 15%左右,而滁州水文站和水口水文站两站总和在各时段洪量所占比重与面积权重相比皆偏大,偏大幅度为 33%~43%。

分析其原因,主要是由两站以上流域内普降特大暴雨以及沙河集、城西、屯仓三座大中型水库泄洪所致。滁州水文站和水口水文站—汊河集总出口的区间 1 298 km²的来水比重偏小,主要是由这部分面积多是平原圩区,产水聚集后在短时间内河道水位高而无法外排所造成的。由此表明,2015 年滁河水系大洪水最大 1 d 洪量分布较均匀,三条河流基本各占三分之一左右,最大 3、7 d 洪量偏重于支流清流河及来安河中上游的来水。

1987 年、1991 年、2003 年和 2008 年是滁河水系四个大水年,四次大水的洪量组成见表 2.1-62。由表可知,2008 年和 2003 年洪量主要来自支流清流河,干流及区间来水偏小;1991 年洪量以滁河中上游及清流河上游来水为主,区间来水偏小较多;1987 年洪量偏重于滁河中上游来水,清流河及区间来水略偏小。综合分析,本次暴雨形成的洪水在汊河集闸以上流域洪水量级与 2008 年基本相当,在襄河口闸以上流域洪水量级比 2008 年偏大 50%左右。

(3) 产水量分析

经分析计算,此次暴雨洪水,滁河汊河集闸以上流域总产水量为 12.33 亿 m³。截至 7 月 7 日 8 时,实测汊河集闸水文站过水总量为 7.125 亿 m³,乌江闸引出水量为 4.206 亿 m³,水库拦蓄水量[仅统计小(1)型及以上水库]0.372 8 亿 m³,上述三者之和为 11.70 亿 m³,比总产水量小 0.63 亿 m³。其他各控制节点产水量详见表 2.1-63。

将本次暴雨洪水产水量及径流系数与 2008 年暴雨洪水进行对比,经分析可知:除晋集闸以上流域外,2015 年滁河流域内各嵌套流域的面雨量均小于 2008 年;2015 年滁河晋集闸、襄河口闸、汊河集闸以上流域产水量分别为 2.544 亿 m³、6.819 亿 m³、12.33 亿 m³,其中晋集闸、襄河口闸以上流域产水量大于 2008 年;2015 年滁河干流晋集闸、襄河口闸及汊河集闸以上流域径流系数分别为 0.78、0.84、0.85,比 2008 年的 0.56、0.69、0.67 分别大 39.3%、21.7%、26.9%。详见表 2.1-64。

表 2.1-62　滁河汊河集闸以上地区洪量组成

时段	年份	河名	滁河	清流河	来安河	区　间	汊河集总出口
		站名	襄河口闸	滁州	水口		
		集水面积(km^2)	3 310	1 060	436	1 734	6 104
最大1 d洪量	2015	洪量(亿 m^3)	0.387 7	0.394 4	0.267 8	0.04	1.09
		占汊河集总出口百分比(%)	35.6	36.2	24.6	3.7	100.0
	2008	洪量(亿 m^3)	0.292 9	0.907 2	—	0.017 9	1.218
		占汊河集总出口百分比(%)	24.0	74.5	—	1.5	100.0
	2003	洪量(亿 m^3)	0.283 4	0.649 8	—	0.285	1.218 2
		占汊河集总出口百分比(%)	23.3	53.3	—	23.4	100.0
	1991	洪量(亿 m^3)	0.898 6	0.648 9	—	−0.156 5	1.391
		占汊河集总出口百分比(%)	64.6	46.6	—	−11.3	100.0
	1987	洪量(亿 m^3)	0.258	0.458	—	0.243	0.959
		占汊河集总出口百分比(%)	26.9	47.8	—	25.3	100.0
	1975	洪量(亿 m^3)	—	0.941 8	—	—	0.688 6
		占汊河集总出口百分比(%)	—	136.8	—	—	100.0
	2015 年与 2008 年比较(%)		32.4	−56.5	—	123.5	−10.5
	2015 年与 2003 年比较(%)		36.8	−39.3	—	86.0	−10.5
	2015 年与 1991 年比较(%)		−56.9	−39.2	—	125.6	−21.6
	2015 年与 1987 年比较(%)		50.3	−13.9	—	83.5	13.7
	2015 年与 1975 年比较(%)		—	−58.1	—	—	58.3
最大3 d洪量	2015	洪量(亿 m^3)	1.016	1.764	0.627	0.11	3.517
		占汊河集总出口百分比(%)	28.9	50.2	17.8	3.1	100.0
	2008	洪量(亿 m^3)	0.717 1	1.442	—	1.261 9	3.421
		占汊河集总出口百分比(%)	21.0	42.2	—	36.9	100.0
	2003	洪量(亿 m^3)	0.721 4	1.481 8	—	1.140 5	3.343 7
		占汊河集总出口百分比(%)	21.6	44.3	—	34.1	100.0
	1991	洪量(亿 m^3)	1.828	1.792	—	0.233	3.853
		占汊河集总出口百分比(%)	47.4	46.5	—	6.0	100.0
	1987	洪量(亿 m^3)	0.681	0.95	—	0.939	2.57
		占汊河集总出口百分比(%)	26.5	37.0	—	36.5	100.0
	1975	洪量(亿 m^3)	—	2.173	—	—	1.971
		占汊河集总出口百分比(%)	—	110.2	—	—	100.0
	2015 年与 2008 年比较(%)		41.7	22.3	—	−91.3	2.8
	2015 年与 2003 年比较(%)		40.8	19.0	—	−90.4	5.2
	2015 年与 1991 年比较(%)		−44.4	−1.6	—	−52.8	−8.7
	2015 年与 1987 年比较(%)		49.2	85.7	—	−88.3	36.8
	2015 年与 1975 年比较(%)		—	−18.8	—	—	78.4

（续表）

时段	年份	河名	滁河	清流河	来安河	区　间	汊河集总出口
		站名	襄河口闸	滁州	水口		
		集水面积（km^2）	3 310	1 060	436	1 734	6 104
最大 7 d 洪量	2015	洪量（亿 m^3）	1.689	2.21	1.233	0.823	5.955
		占汊河集总出口百分比（%）	28.4	37.1	20.7	13.8	100.0
	2008	洪量（亿 m^3）	0.998 8	1.825	—	3.256 2	6.08
		占汊河集总出口百分比（%）	16.4	30.0	—	53.6	100.0
	2003	洪量（亿 m^3）	1.432	3.105 2	—	2.971	7.508 2
		占汊河集总出口百分比（%）	19.1	41.4	—	39.6	100.0
	1991	洪量（亿 m^3）	2.887	3.428	—	1.532	7.847
		占汊河集总出口百分比（%）	36.8	43.7	—	19.5	100.0
	1987	洪量（亿 m^3）	1.3	1.5	—	1.83	4.63
		占汊河集总出口百分比（%）	28.1	32.4	—	39.5	100.0
	1975	洪量（亿 m^3）	—	2.535	—	—	4.1
		占汊河集总出口百分比（%）	—	61.8	—	—	100.0
	2015 年与 2008 年比较（%）		69.1	21.1	—	−74.7	−2.1
	2015 年与 2003 年比较（%）		17.9	−28.8	—	−72.3	−20.7
	2015 年与 1991 年比较（%）		−41.5	−35.5	—	−46.3	−24.1
	2015 年与 1987 年比较（%）		29.9	47.3	—	−55.0	28.6
	2015 年与 1975 年比较（%）		—	−12.8	—	—	45.2

注：2015 年来安河水口水文站已开始测验，区间水量不包括来安河，其他年份区间包括来安河。

表 2.1-63　滁河流域产水量、控制站过水量及水库拦蓄水量统计表　　单位：亿 m^3

流域名称	产水量	过水量	水库拦蓄水量		
			大中型水库	小(1)型水库	小计
晋集闸以上	2.544	2.252 3	—	—	—
襄河口闸以上	6.819	1.985 3	—	—	—
滁州水文站以上	2.192	1.921	—	—	—
乌江闸	—	4.206	—	—	—
汊河集闸以上	12.33	11.33	0.335	0.0378	0.372 8

注：过水量统计截至 2015 年 7 月 7 日 8 时，流域产水量尚未全部退完。

表 2.1-64　滁河流域 2015 年产水量及径流系数与 2008 年对比统计表

流域名称	流域面积（km^2）	面平均雨量（mm）		产水量（亿 m^3）		径流系数	
		2015 年	2008 年	2015 年	2008 年	2015 年	2008 年
晋集闸以上	1 500	217.4	137.2	2.544	1.163	0.78	0.57
襄河口闸以上	3 310	246.3	283.0	6.819	6.445	0.84	0.69
汊河集闸以上	6 104	237.6	331.6	12.33	13.50	0.85	0.67

（续表）

流域名称	流域面积(km^2)	面平均雨量(mm)		产水量(亿 m^3)		径流系数	
		2015 年	2008 年	2015 年	2008 年	2015 年	2008 年
滁州水文站以上	1 060	265.2	299.1	2.192	2.427	0.78	0.77
沙河集水库以上	300	271.1	275.8	0.690 0	0.736 4	0.85	0.89
黄栗树水库以上	262	260.5	341.8	0.618 3	0.752 3	0.91	0.84
城西水库以上	168	237.2	425.4	0.348 7	0.657 3	0.88	0.92

5）洪水重现期

由于没有对滁河水系进行过系统的历史洪水调查，本次依据实测洪水资料对重现期进行分析。"20150628 暴雨洪水"滁河干支流主要站点重现期分析情况如下：

(1) 晋集闸站：洪峰水位为 17.33 m，历史上仅次于 1991 年的 17.79 m，其洪峰水位重现期约为 20 年；洪峰流量历史排位第四，重现期接近 10 年。

(2) 古河水位站：洪峰水位为 16.54 m，历史排位第 3，洪峰水位重现期约为 20 年，仅次于 1962 年和 1991 年，洪峰水位与 1991 年仅差 0.17 m。

(3) 赤镇水位站：洪峰水位为 15.07 m，超过历史最高洪水位(2008 年)0.53 m，超过 1991 年最高洪水位 0.55 m，其洪水重现期为 20 年。

(4) 襄河口闸站：闸上洪峰水位为 14.39 m，历史排位第一，超过历史最高洪水位 0.16 m，超过 2003 年最高洪水位 0.40 m，其重现期为 30 年，最大流量重现期约为 20 年。

(5) 驷马山站：洪峰水位历史排位第八，其洪峰水位重现期约为 5 年；最大流量为 802 m^3/s，历史排位第四，仅次于 2008 年、2003 年和 1991 年大洪水，其重现期约为 10 年。

(6) 汊河集闸水文站：闸上洪峰水位为 11.45 m，历史排位第九，其重现期为 10 年；最大流量为 1 310 m^3/s，历史排位第四，仅次于 1991 年、2008 年和 2003 年大洪水，其重现期约为 20 年。

(7) 滁州水文站：洪峰水位为 14.51 m，历史排位第七，重现期接近 10 年；洪峰流量为 504 m^3/s，历史排位第 16，重现期为 5 年。

(8) 沙河集水库：洪峰水位为 38.52 m，洪峰流量为 254 m^3/s，历史排位均为第五，其洪峰水位、洪峰流量重现期接近 10 年。

(9) 黄栗树水库：洪峰水位为 49.60 m，历史排位第四，其重现期接近 10 年；洪峰流量为104 m^3/s，历史排位第三，仅次于 2003 年和 1991 年洪水，重现期为 10 年。

3. 工情

2015 年的洪水中，滁河水系沙河集水库、黄栗树水库在洪水期发挥了重要调蓄作用，沙河集水库的调蓄降低了滁河支流滁州水文站的最高水位 0.13 m。沙河集水库 6 月 26 日至 7 月 2 日次洪入库水量达到 0.584 亿 m^3，入库洪峰流量为 335 m^3/s，黄栗树水库 6 月 27 日至 7 月 8 日次洪入库水量达到 0.537 亿 m^3，入库洪峰流量为 385 m^3/s，其主要拦洪削峰作用详见表 2.1-65。

表 2.1-65　2015 年沙河集水库、黄栗树水库拦洪与削峰效果表

水库名	入库洪水起讫时间	洪水总量(亿 m^3)		占入库洪水总量的百分比(%)	入库洪峰		出库最大流量		削减洪峰流量(m^3/s)	占入库洪峰流量的百分比(%)
		入库	最大拦蓄		流量(m^3/s)	时间	流量(m^3/s)	时间		
沙河集	6 月 26 日—7 月 2 日	0.584	0.171	29.28	335	6 月 27 日 16:00	254	6 月 29 日 11:00	81	24.2
黄栗树	6 月 27 日—7 月 8 日	0.537	0.452	84.17	385	6 月 27 日 10:00	104	7 月 1 日 10:00	281	73.0

1.4　大沙河流域

1.4.1　概述

1.4.1.1　流域概况

1. 自然地理特征

大沙河是菜子湖水系的最大支流，位于安庆市境内。大沙河北接杭埠河流域，南与皖河流域为邻，东临菜子湖及支流挂车河。其集水面积为 1 396 km^2，河道长 90.8 km，平均比降为 10.9‰。大沙河流经岳西、潜山、怀宁县、桐城市以及安庆市宜秀区。流域上游为皖西山地丘陵区，下游为沿江平原圩区。

2. 水利工程

大沙河水系沙河埠站上游修建大型水库下浒山水库，工程正常蓄水位为 115.00 m，总库容为 2.02 亿 m^3，防洪库容为 0.44 亿 m^3，可灌溉农田 35.08 万亩，灌溉引用流量为 22.8 m^3/s。枢纽工程建筑物主要包括挡水建筑物、泄水建筑物和电站厂房等。

3. 水文测站

大沙河流域有雨量站 12 个，雨洪配套站 6 个：沙河埠、大水河、马鞍山、官庄、后冲、杨家河，水文站 2 个[沙河埠(二)站、高河]，水位站 1 个(青草站)。

沙河埠站于 1954 年 4 月 23 日设为水位站，1967 年 1 月 1 日断面上迁 1 km 并改为水文站，测验项目有水位、流量、降水、悬移质输沙率。测验河段为沙质河床，冲淤变化剧烈。本站采用冻结基面(1.945 m ＋黄海基面)。沙河埠站特征水位于 2017 年重新拟定，具体情况详见表 2.1-66。

表 2.1-66　沙河埠站特征水位调整变化表

名称	原特征水位(m)	拟定特征水位(m)	新旧水位差(m)	变动原因
设防水位	—	45.00	—	①原值为 2010 年拟定；②与 2010 年比较，河床下降
警戒水位	46.50	46.00	0.50	
保证水位	48.00～48.50	47.30	0.70～1.20	

1.4.1.2　暴雨特性

大沙河流域内各站多年平均年降水量在 1 290～1 490 mm，大沙河上游山区为降雨高值区，桐城、大关一带为降雨低值区，流域多年面平均雨量为 1 363.6 mm，主要集中在 4—8 月。沙河埠站 4—8 月降水量占年降水量的 68％，最大月平均雨量为 6 月份的 240.6 mm，占年降水量的 17.6％，最小月平均雨量为 1 月份的 28.6 mm，占年降水量的 2.1％。

1.4.1.3　洪水特性

大沙河洪水主要由暴雨形成，具有突发性，洪水来去较快，由于两岸堤防多由河砂筑成，易受流速较大洪水冲刷，堤脚极不稳定，堤身易失稳。根据沙河埠水文站实测的 39 场洪水，在考虑流域范围内水利工程拦蓄、排放水量与基流影响后，计算洪水平均径流系数为 0.588。根据沙河埠水文站 50 场洪水，选择流域造峰雨结束时间到洪水峰现时间为汇流时间，经计算，次洪水汇流时间(τ)一般为 1～3 h，平均汇流时间为 1.67 h，降雨强度越大，汇流时间越短；降雨强度越小，汇流时间越长。对于相同量级的暴雨，暴雨中心位于下游，汇流时间短；暴雨中心位于中上游，汇流时间相应增长 1 h 左右。连续洪水第二次洪峰汇流时间明显少于第一次洪峰的汇流时间。

近年来，由于河道冲刷严重，沙河埠站所在测验河段河床不断下切，根据实测大断面资料分析，沙河埠站历年基面相比 2010 年，河床累积下降幅度约为 2.06 m，主河槽由左岸偏移到右岸。沙河埠站的水位流量关系线也随着河床的逐年下降而下降。2016 年洪峰流量在实测资料序列中排第 5 位，而水位仅排第 45 位。

由于大沙河上游下浒山水库还在建设中，所以近期设计洪水采用沙河埠站历年最大洪峰流量进行分析。根据沙河埠站 1967—2018 年最大洪峰流量资料，经频率分析得到，5 年一遇流量为 1 450 m^3/s；10 年一遇流量为 1 950 m^3/s；20 年一遇流量为 2 440 m^3/s。

1.4.1.4 洪涝灾害

1969 年，大沙河尖刀咀洪水位高于圩内地面 7～8 m，桐城市尖刀咀、王圩、彭谢湾三处堤防先后溃口，总长度达 2.95 km，致使下游柏年河段两岸相继溃口十多处，受灾耕地达 11.27 万亩，受灾人口为 6 万余人，死亡 73 人，经济损失达 4 576.21 万元。怀宁县人形河段徐圩溃口，受灾耕地为 8 000 亩，受灾人口为 1.2 万人，经济损失为 430 万元。

1983 年，桐城市柏年河段八角亭、三保圩溃口，致使双港镇白果一带全部受淹，受灾耕地为 2.2 万亩，受灾人口为 2.21 万人，死亡 4 人，经济损失为 2 760 万元，怀宁县人形河段育儿倪合圩、金拱王家圩、凉亭龙井圩溃口，受灾耕地为 7 000 亩，受灾人口为 6 700 人，死亡 3 人，经济损失为 516 万元。

2010 年，受暖湿气流和冷空气共同影响，自 7 月 8 日开始，流域开始普降暴雨到特大暴雨，7 月 8—14 日大沙河累计雨量在 269～378 mm，流域平均降水量为 320 mm，大沙河沙河埠站受强降雨影响，自 7 月 11 日 6 时 30 分开始涨水，起涨水位为 45.94 m，涨势凶猛，于 8 时 30 分到达峰顶，洪峰水位为 49.46 m，涨幅为3.52 m，9 时 28 分实测洪峰流量为 2 230 m^3/s，排在沙河埠水文站自建站以来第 3 位(第 1 位是 1969 年的 6 100 m^3/s，第 2 位是 1982 年的 2 370 m^3/s)，断面最大洪峰流速为 5.56 m/s。7 月 11 日 10 时 30 分至 11 时 30 分，大沙河桐城市柏年河段多处堤防溃破，其中青草镇右堤拦水堰段、新渡镇柏年大桥上下左堤凤凰段和伊洛段堤防崩塌溃破；双港镇左堤严老屋河罗冲段、大横山段、竹园小圩段，双港镇右堤新河大埂段、乌鱼宕段等处堤防漫顶溃破，溃破总长度达 1 215 m，淹没农田 6.63 万亩，损坏民房 204 间，受灾人口为 11.9 万人，转移安置人口 4 200 人。初步估计直接经济损失 1.64 亿元。

2016 年 6 月 29 日至 7 月 7 日，大沙河上游及青草镇普降大暴雨，上游站点过程累计雨量为 394～514 mm，雨量不仅大，而且集中，大沙河遭遇了 60 年一遇的降雨。7 月 1 日 21 时 54 分大沙河沙河埠站水位最高为 47.29 m，超警戒水位 0.79 m，实测最大流量为 1 910 m^3/s。7 月 1 日晚柏年河新渡镇胡元段因洪水漫堤溃口，下游双港镇乌鱼宕郑圩段、徐杉八一小圩段、竹园小圩段、练潭圩段等多处堤段也相继溃破，溃口总长度达 580 m，沿线群众财产损失巨大。人形河青草镇三星段、梅城段、新渡镇黄塘段、徐河夏圩堤身崩塌。高河南圩段也发生溃口。

1.4.2 典型年洪水

1.4.2.1 1969 年洪水

1969 年大沙河流域全年降水量约为 2 150.3 mm，较常年同期偏多 3 成以上，历史排名第一，重现期约为 50 年。1969 年大沙河流域自进入汛期以来，降雨频繁，降水量较大。降雨主要集中在 7 月 3—6 日，自 7 月 3 日开始，流域普降暴雨到特大暴雨，降雨持续到 7 月 16 日，17 日渐止。

1. 雨情

1) 雨情概述

1969 年大沙河流域降雨主要集中在 7 月上中旬，7 月份降水量为 905.3 mm，较常年同期偏多 4 倍以上。

2) 暴雨过程

自 1969 年入汛以来，特别是 7 月份，降雨持续时间长达 13 d，且暴雨强度大，短历时暴雨集中且较大，汛期暴雨过程主要为 7 月 3—16 日，该场降雨造成较为严重的洪涝灾害。

1969 年 7 月 3—16 日，大沙河流域普降大到暴雨，局地大暴雨，暴雨主要分布在大沙河流域上游和沙河埠本站附近，降雨主要集中在 7 月 14 日和 16 日，17 日雨渐止。本次降雨过程累计降水量为 887.8 mm。

暴雨中心位于大沙河流域沙河埠本站处，沙河埠站 7 月 3—4 日降水量累计 118.3 mm，13—14 日降水量为 285.2 mm，16 日降水量为 248.8 mm。

3) 暴雨特点

暴雨强度大，历史罕见，全流域性暴雨易形成暴雨洪水，前期降雨多，底水较高，主要降雨时段短历时、长历时降雨均居历史前列。

自7月份以来，大沙河流域内出现多次降雨过程，且持续时间长，其中7月初开始就降暴雨到特大暴雨，7月1—12日累计降水量为337.7 mm，土壤近于饱和，一旦再发生持续降雨，必会造成特大洪涝灾害。

4) 暴雨频率分析

(1) 短历时暴雨分析

7月3—16日场次暴雨，潜山县沙河埠站最大1 h降水量为71.2 mm，历史排位第二，重现期约为25年，杨家河站、后冲站、官庄站最大6 h降水量均居历史第1位，详见表2.1-67。

表2.1-67　1969年大沙河流域各站点最大1、3、6 h降水量统计表

最大1 h			最大3 h			最大6 h		
站名	雨量(mm)	排位	站名	雨量(mm)	排位	站名	雨量(mm)	排位
沙河埠	71.2	2	沙河埠	—	—	沙河埠	—	—
杨家河	—	—	杨家河	—	—	杨家河	383.8	1
后冲	—	—	后冲	—	—	后冲	257.1	1
官庄	—	—	官庄	—	—	官庄	165.5	1

(2) 最大1、3、7 d暴雨分析

此次场次暴雨各雨量站雨量均较大，各站最大1、3、7 d降水量均居历史第1位，重现期约为50年。具体各站特征值详见表2.1-68。

表2.1-68　1969年大沙河流域各站点各特征时段降水量统计表

最大1 d				最大3 d				最大7 d			
站名	雨量(mm)	排位	重现期(年)	站名	雨量(mm)	排位	重现期(年)	站名	雨量(mm)	排位	重现期(年)
沙河埠	248.8	1	50	沙河埠	438.8	1	50	沙河埠	636.4	1	50
杨家河	342.0	1	50	杨家河	495.6	1	50	杨家河	739.9	1	50
后冲	295.3	1	50	后冲	504.2	1	50	后冲	878.7	1	50
官庄	256.6	1	50	官庄	513.1	1	50	官庄	847.9	1	50
大水河	482.8	1	50	大水河	696.8	1	50	大水河	1 229.8	1	50
马鞍山	311.9	1	50	马鞍山	549.5	1	50	马鞍山	931.5	1	50

2. 水情

1) 水情概述

1969年大沙河流域暴雨强度历史排名第一，短历时降雨、连续性降雨导致大沙河洪水暴发，沙河埠站暴发一次历史最大洪水过程。

2) 洪水过程

沙河埠站自7月13日22分时起涨，14日09时30分达到洪峰水位55.38 m，相应流量为4 510 m^3/s，水位于7月15日3时回落后，再次受强降雨影响，又开始起涨，于7月15日07时到达洪峰水位52.94 m，相应流量为2 130 m^3/s，16日8时回落至50.19 m，随后继续受强降雨影响，16日13时30分到达分洪峰水位53.18 m，17日上午水位开始回落至警戒水位以下。

3) 洪水特点

该次洪水洪峰流量大，起涨、落洪幅度大，持续时间较长，后期受持续降雨影响，复式峰第二次洪峰较首次有所变小，但是量级依然较大。

4) 洪水重现期

1969年洪峰流量为4 510 m^3/s，在实测资料序列中排第1位，根据洪峰流量频率曲线，考虑特大值影响，得到 1969 年洪峰流量为超过 50 年一遇。

1.4.2.2 1983 年洪水

1983 年大沙河流域全年降水量约为 2 087.8 mm，历史排名第 2 位，较常年同期较偏多 5 成以上。1983 年大沙河流域自进入汛期以来，降雨频繁，降水量较大。降雨主要集中在 7 月 3—6 日，自 7 月 3 日开始，流域普降暴雨到特大暴雨，3 日 8 时到 6 日 8 时累计降水量为 312.7 mm，且降雨才歇又至，叠加致灾。

1. 雨情

1）雨情概述

1983 年大沙河流域降雨主要集中在 7 月初，7 月份降水量为 441.8 mm，较常年同期偏多一倍以上。

2）暴雨过程

自 1983 年入汛以来，特别是 7 月份，降雨持续时间不长，但是暴雨强度大，短历时暴雨集中，且降雨接踵而至，汛期暴雨过程主要为 7 月 3—6 日，该场降雨造成较为严重的洪涝灾害。

1983 年 7 月 3—6 日，大沙河流域普降大到暴雨，局地大暴雨，主要分布在大沙河流域上游和沙河埠本站附近，降雨主要集中在 7 月 3—4 日，6 日雨渐止。本次降雨过程累计降水量为 312.7 mm。

暴雨中心位于大沙河流域沙河埠本站处，沙河埠站 7 月 3—4 日降水量累计 289.5 mm，其中 3 日降水量 79.5 mm，4 日降水量 210.0 mm。

3）暴雨特点

雨季来得早，暴雨过程多、间隔时间短，降雨历时长、笼罩范围广，短历时强暴雨集中，降雨时空分布有利于形成流域性洪水。

（1）受前期降雨影响，土壤近于饱和

自 6 月份以来，大沙河流域出现多次降雨过程，其中 6 月底多次降暴雨到特大暴雨，6 月 24—30 日累计降水量为 202.2 mm，土壤近于饱和，一旦发生持续降雨，易造成较大洪涝灾害。

（2）暴雨强度不大，暴雨中心在流域上游，历时短、次数多，造锋雨叠加

1983 年大沙河流域场次暴雨最大的一场为 7 月初的一场降水，该场次降雨集中于 4 日清晨和 5 日上午，降雨效应叠加，给该流域造成较严重的洪涝灾害。

4）暴雨频率分析

（1）短历时暴雨分析

7 月 4—5 日场次暴雨，潜山县沙河埠站最大 1、3 h 降水量均不算很大，沙河埠站最大 6 h 降水量为 120.9 mm，历史排名第 5 位，重现期约为 10 年。具体详见表 2.1-69。

表 2.1-69 1983 年大沙河流域各站点最大 1、3、6 h 降水量统计表

最大 1 h			最大 3 h			最大 6 h		
站名	雨量(mm)	排位	站名	雨量(mm)	排位	站名	雨量(mm)	排位
沙河埠	34.0	—	沙河埠	75.2	15	沙河埠	120.9	5
杨家河	22.4	—	杨家河	55.5	—	杨家河	89.4	—
后冲	27.0	—	后冲	66.4	—	后冲	94.0	—
大水河	29.3	—	大水河	55.3	—	大水河	87.6	—

（2）最大 1、3、7 d 暴雨分析

该场次暴雨各雨量站雨量均较大，沙河埠站最大 1、3、7 d 历史排名均为第 3 位，重现期约为 20 年，后冲站最大 3、7 d 降水量均排历史第 2 位，重现期约为 25 年，马鞍山站最大 7 d 降水量为 443.4 mm，历史排位第二，重现期约为 25 年。其余各站具体情况详见表 2.1-70。

表 2.1-70　1983 年大沙河流域各站点各特征时段降水量统计表

最大 1 d				最大 3 d				最大 7 d			
站名	雨量（mm）	排位	重现期（年）	站名	雨量（mm）	排位	重现期（年）	站名	雨量（mm）	排位	重现期（年）
沙河埠	210.0	3	20	沙河埠	306.0	3	20	沙河埠	423.1	3	20
杨家河	199.2	11	5	杨家河	279.7	3	20	杨家河	407.2	4	15
后冲	208.8	4	15	后冲	300.0	2	25	后冲	432.5	2	25
大水河	176.2	5	10	大水河	264.7	3	20	大水河	388.7	2	25
马鞍山	181.7	3	20	马鞍山	287.3	3	20	马鞍山	443.4	2	25

2. 水情

1）水情概述

1983 年大沙河流域受连续降雨影响，造锋雨较大，流域上游暴发较大洪水过程。

2）洪水过程

沙河埠站自 7 月 4 日 07 时 30 分时起涨，15 时 00 分到达洪峰水位 52.72 m，相应流量为 1 800 m^3/s。水位回落后受降雨影响于 7 月 5 日 01 时再次起涨，07 时 48 分达洪峰水位 52.95 m，相应流量为 1 960 m^3/s，随后降雨渐止，水位开始回落至警戒水位以下。

3）洪水特点

流域上游山区是本区域暴雨中心之一，暴雨频发，日降雨强度大，加上山高坡陡，山体强烈风化，植被差，河道比降大，使得流域洪水具有峰量大、历时短、挟沙多的特点。

19830703 场次洪水为复式峰，主要是受两场降雨叠加影响，涨落幅度较大，符合山区性河流特点，是一个上游性流域洪水。

4）洪水组成分析

沙河埠站洪水由上游区间来水组成，大沙河沙河埠站洪峰流量达到 1 960 m^3/s。根据相关规划分析，1983 年大沙河流域人形河和柏年河的分流比为 8∶2。

5）洪水重现期

根据流量频率曲线，得到 1983 年洪峰流量约为 10 年一遇。

1.4.2.3　2010 年洪水

2010 年大沙河流域年降水量为 1 693.8 mm，较常年同期偏多 2 成。2010 年进入汛期以来，大沙河流域降雨频繁，降水量较大。自 7 月 8 日开始，流域普降暴雨到特大暴雨，7 月 8—14 日大沙河累计雨量为 269～378 mm，流域平均降水量为 320.0 mm，大沙河沙河埠站受强降雨影响，暴发自有资料以来的第三大洪水过程。

1. 雨情

1）雨情概述

2010 年大沙河流域降雨主要集中在 7 月份，7 月份降水量为 561.3 mm，较常年同期偏多一倍以上。

2）暴雨过程

自 2010 年入汛以来，特别是 7 月份，大沙河流域遭遇多次强降雨，降雨持续时间长，强度大，汛期暴雨过程主要为 7 月 8—14 日，该场降雨造成较为严重的洪涝灾害。

2010 年 7 月 8—14 日，大沙河流域普降大到暴雨，局地大暴雨，主要分布在大沙河流域上游，降雨主要集中在 7 月 8—11 日，12—13 日雨渐止，14 日降雨持续。本次降雨过程流域累计降水量为 320.0 mm。

本次降雨过程桐城市雨量超过 50 mm 以上的笼罩面积达 1 114 km^2，超过 100 mm 以上的笼罩面积为 794.54 km^2，超过 200 mm 以上的笼罩面积为 345.9 km^2。暴雨中心位于大沙河流域沙河埠站上游，杨家河站降水量为 378.0 mm，大水河站 354.0 mm，沙河埠站 319.0 mm。

3）暴雨特点

雨季来得早，暴雨过程多、间隔时间短，降雨历时长、笼罩范围广，强暴雨频发、降水总量大，降雨时空分布有利于形成流域性洪水。

（1）前期降雨过程多

自4月份以来，大沙河流域出现多次降雨过程，流域平均降水量较多，比常年同期多1倍，土壤近于饱和，一旦发生持续降雨，易造成洪涝灾害。

（2）暴雨强度大，笼罩范围广，暴雨集中在上游，短历时降雨多

此次降雨过程中，最大1 h降水量为岳西县杨家河站的60.5 mm（7月11日5时），最大3 h降水量为杨家河站的107.0 mm（7月11日4时起），最大24 h降水量为杨家河站的232.0 mm（7月10日7时起）；最大1 d降水量为杨家河站的216.5 mm，最大3 d降水量为杨家河站的273.5 mm，最大7 d降水量为杨家河站的399.5 m。

4）暴雨频率分析

（1）短历时暴雨分析

7月8—14日场次暴雨，潜山县沙河埠站最大1 h降水量为84.5 mm，历史排名第1位；杨家河站最大3 h降水量为107.0 mm，历史排名第2位；大水河站最大3 h降水量为105.5 mm，历史排名第2位。具体短历时排位详见表2.1-71。

表2.1-71　2010年大沙河流域各站点最大1、3、6 h降水量统计表

最大1 h			最大3 h			最大6 h		
站名	雨量(mm)	排位	站名	雨量(mm)	排位	站名	雨量(mm)	排位
沙河埠	84.5	1	沙河埠	97.0	5	沙河埠	97.0	11
杨家河	60.5	2	杨家河	107.0	2	杨家河	129.5	3
后冲	36.5	21	后冲	104.0	4	后冲	132.0	3
官庄	51.0	14	官庄	82.0	7	官庄	118.7	6
大水河	49.5	7	大水河	105.5	2	大水河	120.5	4

（2）最大1、3、7 d暴雨分析

此次场次暴雨，杨家河站最大1 d降水量为216.5 mm，历史排名第2位，重现期约为30年；大水河站最大7 d降水量为364.5 mm，历史排名第3位，重现期约为15年，其余各站具体情况详见表2.1-72。

表2.1-72　2010年大沙河流域各站点各特征时段降水量统计表

最大1 d				最大3 d				最大7 d			
站名	雨量(mm)	排位	重现期(年)	站名	雨量(mm)	排位	重现期(年)	站名	雨量(mm)	排位	重现期(年)
沙河埠	107.0	21	3	沙河埠	200.5	15	3	沙河埠	305.5	7	10
杨家河	216.5	2	30	杨家河	273.5	5	10	杨家河	399.5	7	10
后冲	197.0	4	10	后冲	263.0	4	10	后冲	365.5	5	10
官庄	151.0	5	10	官庄	193.0	9	5	官庄	333.5	5	10
大水河	187.5	4	10	大水河	249.5	4	10	大水河	364.5	3	15
马鞍山	154.5	11	5	马鞍山	217.3	8	5	马鞍山	317.4	7	10

2. 水情

1）水情概述

2010年大沙河流域上游暴雨集中，大沙河水位超过警戒水位，沙河埠站暴发自有资料以来的第三大洪水过程。

2）洪水过程

沙河埠站自7月10日08时起涨，7月11日08时30分水位到达洪峰水位49.46 m，超保证水位（原保证水位48.00 m，现保证水位46.20 m）1.46 m，相应流量为2 230 m^3/s。7月13日14时水位回落至44.68 m，随着7月13日降雨卷土重来，沙河埠站于7月13日21时达复式峰水位46.35 m，随后开始回落至警戒水位以下。

3）洪水特点

短历时降雨集中，暴雨中心位于上游，导致上游来水量大，流速快，洪水涨落幅度较大，峰窄且急，超警戒水位时间不长。20100710场次洪水未受到下游菜子湖顶托，是一个上游性流域洪水。

4）洪水组成分析

沙河埠站20100710场次洪水由上游区间来水组成，沙河埠站位于大沙河上游，是大沙河主要控制站；青草站位于大沙河分流的柏年河上游，建站时间较晚，观测资料较短，截至2010年还未建成。

2010年的洪水主要由上游的短历时强降雨造成，大沙河洪峰流速达到5.56 m/s。根据相关规划分析，2010年大沙河流域人形河和柏年河的分流比为9∶1。

5）洪水重现期

20100710场次洪水洪峰流量为2 230 m^3/s，根据流量频率曲线，得到2010年洪峰流量约为15年一遇。

1.4.2.4　2016年洪水

2016年大沙河流域年降水量为1 981.1 mm，比常年同期偏多近4成。2016年大沙河流域进入汛期以来，降雨频繁，降水量较大，汛期面平均雨量为1 375.1 mm，较常年同期偏多5成。沙河埠站暴发自2010年以来最大的一次超警戒洪水。

1. 雨情

1）雨情概述

2016年大沙河流域年降水量为1 981.1 mm，比常年同期偏多近4成。大沙河流域汛期（6—9月）面平均雨量为1 375.1 mm，其中5月份降水量为225.3 mm，6月份降水量为407.9 mm，7月份降水量为530.7 mm。最大1 d降水量为7月1日的178.0 mm，最大3 d降水量为327.1 mm（6月30日—7月2日），最大7 d降水量为512.6 mm（6月30日—7月6日）。

2）暴雨过程

自2016年入汛以来，大沙河流域遭遇多次强降雨，降雨持续时间长，强度大，汛期暴雨过程主要为5月5—10日、5月14—15日、6月18—19日、6月27—29日、6月30日—7月6日、7月13—16日、9月28—30日。其中最大暴雨过程为6月30日—7月6日，该场降雨造成较为严重的洪涝灾害，大沙河发生自2010年以来最大的一次超警戒洪水。

2016年6月30日—7月6日，大沙河流域普降大到暴雨，局地大暴雨，主要分布在大沙河流域上游，降雨主要集中在6月30日—7月5日，7月6日雨渐止。本次降雨过程累计降水量为462.3 mm，较常年同期偏多6成。

本次降雨过程桐城市雨量超过100 m以上的笼罩面积达1 462 km^2，超过200 mm以上的笼罩面积为1 374 km^2，超过300 mm以上的笼罩面积为1 328 km^2，超过400 mm以上的笼罩面积为1 265 km^2，超过500 mm以上的笼罩面积为710 km^2。暴雨中心位于大沙河流域沙河埠站附近，陶冲站降水量累计达到678.0 mm，沙河埠站达到625.0 mm。

3）暴雨特点

雨季来得早，暴雨过程多、间隔时间短，降雨历时长、笼罩范围广，强暴雨频发、降水总量大，降雨时空分布有利于形成流域性洪水。

（1）前期降雨过程多

自4月份以来，大沙河流域出现多次降雨过程，大沙河流域4月面平均降水量为250.0 mm，比常年同期多1倍，土壤近于饱和，一旦发生持续降雨，易造成洪涝灾害。

（2）暴雨强度大，笼罩范围广，短历时降雨多

此次降雨过程中，最大 1 h 降水量为沙河埠站的 56.5 mm，最大 3 h 降水量为陶冲站的 133.5 mm。最大 24 h 降水量为陶冲站的 360.0 mm；最大 1 d 降水量为陶冲站的 253.5 mm，最大 3 d 降水量为陶冲站的 485.5 mm，最大 7 d 降水量为陶冲站的 638.5 mm。

4）暴雨频率分析

（1）短历时暴雨分析

6 月 30 日—7 月 6 日场次暴雨，潜山县沙河埠站最大 1 h 降水量为 56.5 mm，历史排名第 6 位，最大 3、6 h 降水量均为本站自有资料记录以来的第 1 位，详见表 2.1-73。

表 2.1-73　2016 年大沙河流域各站点最大 1、3、6 h 降水量统计表

最大 1 h			最大 3 h			最大 6 h		
站名	雨量(mm)	排位	站名	雨量(mm)	排位	站名	雨量(mm)	排位
沙河埠	56.5	6	沙河埠	111.5	1	沙河埠	169.0	1
杨家河	25.0	—	杨家河	60.0	—	杨家河	94.0	—
后冲	27.0	—	后冲	68.5	—	后冲	109.5	6
官庄	18.0	—	官庄	58.5	—	官庄	88.0	—
大水河	29.0	—	大水河	46.5	—	大水河	105.5	8
马鞍山	22.0	—	马鞍山	50.5	—	马鞍山	85.5	—

（2）最大 1、3、7 d 暴雨分析

大沙河流域沙河埠站场次暴雨最大 1 d 降水量为 223.5 mm，最大 3 d 降水量为 453.0 mm，最大 7 d 降水量为 624.5 mm，分别为本站自有资料记录以来的第 3 位、第 1 位、第 1 位，其重现期为 20～50 年。其余各站具体情况详见表 2.1-74。

表 2.1-74　2016 年大沙河流域各站点各特征时段降水量统计表

最大 1 d				最大 3 d				最大 7 d			
站名	雨量(mm)	排位	重现期(年)	站名	雨量(mm)	排位	重现期(年)	站名	雨量(mm)	排位	重现期(年)
沙河埠	223.5	3	20	沙河埠	453.0	1	50	沙河埠	624.5	1	50
杨家河	177.5	6	10	杨家河	277.0	5	10	杨家河	403.0	5	10
后冲	173.5	5	10	后冲	321.0	2	25	后冲	510.5	2	25
官庄	158.5	4	10	官庄	245.0	3	20	官庄	358.0	3	20
大水河	169.0	6	10	大水河	303.0	2	25	大水河	475.5	2	25
马鞍山	142.5	11	5	马鞍山	296.5	3	20	马鞍山	448.0	2	25

2. 水情

1）水情概述

2016 年大沙河流域暴雨导致大沙河洪水暴发，大沙河水位超过警戒水位，沙河埠站暴发自 2010 年以来最大的一次超警戒洪水。

2）洪水过程

从沙河埠站全年流量过程可看出，2016 年大沙河流域大洪水主要为 6 月底到 7 月初的一场超警戒洪水。

沙河埠站水位自 7 月 1 日 2 时起涨，21 时 54 分到达洪峰水位 47.29 m，超警戒水位(原警戒水位 46.50 m，现警戒水位 46.00 m)1.29 m，相应流量为 1 850 m^3/s(整编流量为 1 910 m^3/s)。7 月 3 日 3 时水

位回落至44.25 m。

3）洪水特点

暴雨频发，上游洪水来势凶猛，河道排水不畅，下游出口即三湾河入大沙河处受菜子湖洪水顶托，水位超警戒时间短，涨落幅度大。

此次洪水过程为全流域性，流域上游山区是本区域暴雨中心之一，暴雨频发、降雨强度大，加上山高坡陡，山体强烈风化，植被差，河道比降大，使得流域洪水具有峰量大、历时短、挟沙多的特点。

上游水土流失严重，沙河埠以上水土流失面积占其集水面积的50%左右，自沙河埠出山后，河道坡降逐渐平缓，导致大量泥沙沉积于河床，尤其南支人形河河床逐年抬高，过水断面不断减小，北支柏年河过洪压力加大。

4）洪水组成分析

2016年沙河埠站洪水由上游区间来水组成，沙河埠站是大沙河主要控制站；青草站位于大沙河分流的柏年河上游，建站时间较晚，观测资料较短。

由于青草站没有实测流量资料，因此借用青草站下游拦河堰资料，利用曼宁公式推求青草站2016年洪峰流量。2016年拦河堰最高水位为32.21 m，推求得到洪峰流量为1 790 m^3/s，是沙河埠站洪峰流量的0.92，符合柏年河与人形河的经验分流比9∶1，但是据柏年河实际河道情况，柏年河在2016年基本不行洪，洪水主要由人形河过洪。

5）洪水重现期

2016年沙河埠站最大流量为1 910 m^3/s，根据流量频率曲线，分析得到20160701场次洪水重现期约为10年。

3. 工情

大沙河堤防因2016年7月洪水多处出险，沿岸青草镇沙铺村段、青草集镇段、新渡镇云水村铁路桥上段因迎水冲蚀堤脚而造成堤防失稳；新渡镇云水村胡元段因洪水漫堤溃口。下游双港镇乌鱼宕郑圩段、徐杉八一小圩段、竹园小圩段等多处堤段也相继溃破；练潭圩段因菜子湖湖水顶托漫堤溃破。

上述出险河段现均已除险加固，堤脚采用黏土回填并浆砌块石护坡，堤身采用黏土压实培埂；各出险段堤防均按原高程恢复。

大沙河沙河埠站下游河段堤防大部分为沙土质堤防，抗冲刷能力较差，当河水流速较大时，会对堤防有明显冲蚀，影响堤防稳定。根据沿岸堤防现状情况，大部分堤防无法抵御10年一遇洪水的冲蚀。

4. 灾情

本次洪水柏年河5处、人形河4处、高河2处溃口，受灾人口为40.5万人，受淹耕地为48.56万亩，受损房屋有4 906间，损失经济达151 500万元。

5. 结语

综上所述，2016年大沙河遭遇10年一遇洪水，给大沙河流域造成重大的洪涝灾害，上游下浒山水库建成投入使用后，能够大大提高大沙河综合防洪能力。

1.5 二郎河流域

1.5.1 概述

1.5.1.1 流域概况

1. 自然地理特征

二郎河发源于三面尖，流经钓鱼台水库（中型水库），于宿松水文站下游10 km处注入龙感湖。二郎河干流长57 km，流域面积为541 km^2，其中，安徽省境内面积为507 km^2，湖北省境内面积为34 km^2。

宿松站基本水尺断面以上河道长47.0 km，控制面积为443 km^2，占二郎河流域面积的81.9%。

车马河为宿松站基本水尺断面以上仅有的一条支流，发源于芙蓉寨，经黄大口水库[小(1)型]于孚玉镇韩岭村汇入二郎河。车马河河道长度为28 km，流域面积为101 km^2，占宿松站控制面积的22.8%。

2. 水利工程

总流域内有中型水库和小(1)型水库各 1 座。钓鱼台水库为中型水库，距宿松站 25 km，其集水面积为 120 km^2，总库容为 9 177 万 m^3。黄大口水库为小(1)型水库，距宿松站 19 km，其集水面积为 36 km^2，总库容为 740 万 m^3。钓鱼台灌区由钓鱼台水库和黄大口水库联灌，灌溉面积为 20.5 万亩。

钓鱼台水库调度运用原则为：当水位超过 90.00 m 时，正常溢洪道闸门全开，开敞式泄流；当水位超过 97.75 m 时，非常溢洪道自溃，保护大坝安全。

流域内有小(2)型水库 15 座，总集水面积为 14.1 km^2，总库容为 450 万 m^3。

3. 水文测站

宿松水文站设立于 1957 年 11 月，属国家基本站、河道站、沿江水网区 200～500 km^2 的代表站。宿松水文站坐落在宿松县孚玉镇王屋村，宿松站警戒水位为 18.00 m，保证水位为 20.14 m。

流域面上共有雨量站 8 个，其中配套雨量站 4 个(叶家畈、钓鱼台、石嘴头、宿松)。

1.5.1.2 暴雨特性

宿松处于北亚热带季风气候区，四季分明，气候温和，雨量充沛，光照充足，无霜期长，植物生产期长。二郎河流域多年平均年降水量为 1 362.2 mm(1966—2018 年)，降雨呈明显季节性，春末夏初雨量集中，冬季雨水少。大雨、暴雨主要发生在 4—9 月，雨量约占全年的 70%，最大年降水量为 2 220.5 mm(2016 年)，最小年降水量为 832.6 m(1968 年)。多年平均年蒸发量为 1 654.8 mm，无霜期平均为 254 d。一年中以 3 月份大风最多，最大风速为 17 m/s。

1.5.1.3 洪水特性

宿松县城区域二郎河、新耕河、白洋河洪水都是上游山区暴雨形成的，上游山区为安徽省暴雨第二高值区，二郎河是宿松县最大的内河，是城市的涝水承泄体，其特点是汇流时间短、陡涨陡落、峰型尖瘦。宿松县城背山面河，地势由北向南倾斜，老城区靠近低洼圩区，现状中心城区高程在 19.1 m 左右，汛期受河水、湖水及本地暴雨径流的多种影响，灾害频发。从 20 世纪 80 年代至今就发生了 4 次较大洪水。

根据宿松水文站实测的 50 场洪水资料，在考虑流域范围内水利工程拦蓄、排放水量与基流影响后，计算次洪径流深(R)，从而计算次洪径流系数，得到洪水平均径流系数为 0.431。

1.5.1.4 洪涝灾害

1983 年宿松站水位为 20.14 m(冻结基面)，为自建站以来的历史最高水位。宿松县内涝严重，城区东南近 0.4 万亩耕地全部受淹，滞洪时间最短的 2～3 d，最长的达 7 d。受淹水深最深达 2 m，最浅在 0.5 m以上。城区排水内河向阳河及城区排涝沟几乎全部漫顶，堤坝共计 18 处发生管涌、滑坡、塌方、散渗等险情，沿河有 19 处配套涵闸被损毁，保护范围内 12 处道路、23 处交通桥被冲毁，所有的沟、渠、坝有不同程度毁坏。

1998 年宿松站年降水量为 2 166.5 mm，年最大 24 h 降水量为 361.7 mm(发生在 7 月 21 日)，宿松站最高水位为 19.96 m(冻结基面，发生在 7 月 22 日)，为自建站以来第三高水位，1973 年以来第二高水位。由于降雨强度大、历时短，城区内涝非常严重，城南 0.4 万亩耕地全部受淹，滞洪时间为 2～7 d，淹没水深为 0.5～2.0 m，向阳河局部堤段漫顶。大堤和沿河配套涵闸虽经多年除险加固，仍有 9 处出现管涌、滑坡、塌方、散渗等险情，保护范围内 14 处道路、16 处交通桥遭毁坏，所有的沟、渠、坝有不同程度损毁。

1999 年宿松站最高水位为 19.92 m(冻结基面)，为自建站以来第四高水位，1973 年以来第三高水位，内涝较严重。据统计，受淹面积为 3 500 亩，部分农田淹没时间在 1～5 d，水深为 0.3～2.0 m，共有 7 处堤段、6 处配套涵闸、10 处交通桥、12 处道路出现险情，遭受不同程度毁坏。

2016 年宿松站最高水位为 20.63 m(冻结基面)，超历史最高水位 0.49 m，此次强降水中心在宿松县北浴乡。根据事后的暴雨洪水调查报告分析，自 6 月 18 日以来的持续暴雨侵袭，给宿松县北浴乡四吉村造成较大的经济损失。全村有 120 户房屋遭受不同程度损坏，其中倒房户 34 户，倒房 62 间，直接经济损失为 200 万元。冲毁公路路基路面块石混凝土量为 2 400 m^3，公路垮塌 26 处，水毁桥梁 9 座、涵洞 5 处，交通方面估算损失为 3 600 万元。山洪冲毁河堰 10 座、电站拦河大坝 1 处、引水渠 3 处，水利方面估算损失为 191 万元。稻田被洪水铲刷 107 亩，毁坏青苗 41 亩，农业估算损失为 1 120 万元。农饮水取水口损坏 3 处，管网损毁 7 000 m，经济损失为 6 万元。综上所述，累计经济损失 5 117 万元。

1.5.2 典型年洪水

1.5.2.1 1998 年

1998 年二郎河流域年降水量为 1 885.0 mm，历史排位第三，重现期约为 20 年，较常年同期偏多 5 成，宿松站年最大 24 h 降水量为 361.7 mm(发生在 7 月 21 日)，降雨主要集中在 7 月份。

1. 雨情

1) 雨情概述

1998 年二郎河流域降雨主要集中在 7 月，7 月份降水量为 595.3 mm，较常年同期偏多 2 倍以上，主要降雨过程为 7 月 20—22 日。

2) 暴雨过程

自 1998 年入汛以来，特别是 7 月份，降雨持续时间不长，但是暴雨强度大，短历时暴雨集中，汛期暴雨过程主要为 7 月 20—22 日，该场降雨造成较为严重的洪涝灾害。

1998 年 7 月 20—22 日，二郎河流域普降大到暴雨，局地大暴雨，暴雨主要分布在二郎河流域上游和宿松站附近，降雨主要集中在 7 月 21 日。

暴雨中心位于二郎河流域宿松站附近，宿松站最大 3 日降水量为 357.1 mm，其中 21 日降水量为266.2 mm。

3) 暴雨特点

短历时暴雨集中，降雨持续时间不长，但暴雨强度大，降雨主要集中在宿松断面附近，石嘴头站和宿松站降雨均居历史排位前列。

4) 暴雨频率分析

(1) 短历时暴雨分析

7 月下旬的一场暴雨，造成宿松县石嘴头站最大 1、3、6 h 降水量分别为 71.6 mm、164.8 mm、252.2 mm，均居历史第 1 位，宿松站最大 3、6 h 降水量分别为 141.7 mm、210.1 mm，均居历史第 1 位。各站特征时段降雨详见表 2.1-75。

表 2.1-75 1998 年二郎河流域各站点最大 1、3、6 h 降水量统计表

最大 1 h			最大 3 h			最大 6 h		
站名	雨量(mm)	排位	站名	雨量(mm)	排位	站名	雨量(mm)	排位
宿松	72.3	4	宿松	141.7	1	宿松	210.1	1
叶家畈	43.7	9	叶家畈	63.9	12	叶家畈	76.6	—
石嘴头	71.6	1	石嘴头	164.8	1	石嘴头	252.2	1
钓鱼台	39.8	—	钓鱼台	72.3	7	钓鱼台	101.9	—

(2) 最大 1、3、7 d 暴雨分析

7 月下旬的一场暴雨，长历时降水量较大，其中宿松站最大 1 d 降水量为 266.2 mm，居历史第 1 位，重现期约为 50 年，最大 3、7 d 降水量均居历史第 2 位，重现期均约为 30 年。叶家畈站最大 1、3 d 降水量均居历史第 4 位，重现期均约为 15 年，各站特征时段降雨详见表 2.1-76。

表 2.1-76 1998 年二郎河流域各站点各特征时段降水量统计表

最大 1 d				最大 3 d				最大 7 d			
站名	雨量(mm)	排位	重现期(年)	站名	雨量(mm)	排位	重现期(年)	站名	雨量(mm)	排位	重现期(年)
宿松	266.2	1	50	宿松	357.1	2	30	宿松	444.0	2	30
叶家畈	148.4	4	15	叶家畈	213.0	4	15	叶家畈	327.7	5	10

（续表）

最大 1 d				最大 3 d				最大 7 d			
站名	雨量（mm）	排位	重现期（年）	站名	雨量（mm）	排位	重现期（年）	站名	雨量（mm）	排位	重现期（年）
石嘴头	146.2	4	15	石嘴头	184.1	—	—	石嘴头	225.9	—	—
钓鱼台	316.1	2	30	钓鱼台	367.0	2	30	钓鱼台	564.9	2	30

2. 水情

1）水情概述

1998 年二郎河流域上游暴雨集中，导致二郎河洪水暴发，二郎河水位超过警戒水位，宿松站暴发一次较大洪水过程。

2）洪水过程

1998 年二郎河流域大洪水主要为 7 月 20—22 日的一场超警戒洪水过程。

宿松站自 7 月 22 日 00 时起涨，05 时 00 分水位到达洪峰水位 19.96 m，相应流量为 734 m^3/s，23 日 1 时 12 分回落至 18.00 m 以下。

3）洪水特点

洪水涨落幅度较大，高水位时间较长，洪水历时较长。

19980722 场次洪水，从起涨到洪峰，历时 5～6 h，涨洪时间较短，高水位运行时间约为 8 h，时间较长，涨落幅度较大，最大达到近 4 m。

4)洪水组成分析

1998 年的洪水主要由上游的短历时强降雨造成，二郎河洪峰流量达到 734 m^3/s。最大 1 d 洪量为 0.510 6亿 m^3/s，重现期约为 20 年，最大 3 d 洪量为 0.709 9 亿 m^3/s，重现期约为 20 年，最大 7 d 洪量为 1.027 亿 m^3/s，重现期约为 15 年。

5）洪水重现期

根据二郎河流量资料进行频率分析，1999 年宿松站洪峰流量为 734 m^3/s，重现期约为 20 年。

1.5.2.2 1999 年

1999 年二郎河流域年降水量为 2 219.5 mm，历史排名第 2 位，重现期约为 25 年，较常年同期偏多 6 成。1999 年二郎河流域入汛前累计降水量为 471.5 mm；进入汛期以来，降雨频繁，降水量较大，汛期累计降水量为 1 648.7 mm。自 6 月 22 日开始，流域开始普降暴雨到特大暴雨，6 月 23 日—7 月 1 日二郎河累计雨量为 448.6 mm，二郎河宿松站受强降雨影响，最高水位为 19.92 m(冻结基面)，为自建站以来第四高水位，1973 年以来第三高水位。

1. 雨情

1）雨情概述

1999 年二郎河流域降雨主要集中在 6 月份，6 月份降水量为 659.1 mm，较常年同期偏多 2 倍以上。

2）暴雨过程

自 1999 年入汛以来，特别是 6 月份，降雨持续时间长，暴雨强度大，二郎河流域遭遇连续强降雨，汛期暴雨过程主要为 6 月 23—7 月 1 日和 8 月底的两场降雨，前者造成较为严重的洪涝灾害。二郎河发生自 1949 年以来第四大洪水过程。

(1) 6 月 23—7 月 1 日

1999 年 6 月 23—7 月 1 日，二郎河流域普降大到暴雨，局地大暴雨，暴雨主要分布在二郎河流域上游，降雨主要集中在 6 月 27 日、29 日及 30 日，7 月 1 日雨渐止。本次降雨过程累计降水量为 448.6 mm。

(2) 8 月 29 日

1999 年 8 月 29 日，二郎河流域降短历时大到暴雨，局地大暴雨，暴雨主要分布在二郎河流域上游。本次降雨过程累计降水量为 86.0 mm。

3）暴雨特点

前期累计降雨过多，土壤饱和，容易产生地表径流；短历时降雨强度较大，对于山区性河流来说，容易发生洪涝灾害。

(1) 前期降雨过程多

自4月份以来，二郎河流域出现多次降雨过程，二郎河流域4月份面平均降水量较多，较常年同期偏多5成以上。

(2) 暴雨强度大，暴雨中心在流域上游，短历时降雨多且强度较大

1999年汛期发生两场较大暴雨，前者暴雨笼罩面积较广，暴雨中心集中在宿松断面上游，钓鱼台、石嘴头等站降雨强度较大；后者降雨时间较短，但是较为集中，短历时强降雨明显。

4）暴雨频率分析

(1) 短历时暴雨分析

6月下旬的一场暴雨，造成宿松县钓鱼台站最大3 h降水量为100.5 mm，最大6 h降水量为129.0 mm，均居历史第3位；石嘴头站最大6 h降水量为143.8 mm，居历史第2位。各站特征时段降雨详见表2.1-77。

表2.1-77　1999年二郎河流域各站点最大1、3、6 h降水量统计表

最大1 h			最大3 h			最大6 h		
站名	雨量(mm)	排位	站名	雨量(mm)	排位	站名	雨量(mm)	排位
宿松	72.6	4	宿松	74.0	—	宿松	74.0	—
叶家畈	24.1	—	叶家畈	54.5	—	叶家畈	89.8	—
石嘴头	51.0	5	石嘴头	88.4	6	石嘴头	143.8	2
钓鱼台	50.0	3	钓鱼台	100.5	3	钓鱼台	129.0	3

(2) 最大1、3、7 d暴雨分析

6月下旬的一场暴雨，长历时降雨较大，其中石嘴头站最大1 d降水量为210.0 mm，居历史第2位，最大3、7 d降水量均居历史第4位；叶家畈站最大3、7 d降水量均居历史第3位。各站特征时段降雨详见表2.1-78。

表2.1-78　1999年二郎河流域各站点各特征时段降水量统计表

最大1 d				最大3 d				最大7 d			
站名	雨量(mm)	排位	重现期(年)	站名	雨量(mm)	排位	重现期(年)	站名	雨量(mm)	排位	重现期(年)
宿松	86.0	—	—	宿松	211.3	4	15	宿松	385.8	4	15
叶家畈	146.3	4	15	叶家畈	246.0	3	20	叶家畈	440.7	3	20
石嘴头	210.0	2	25	石嘴头	222.9	4	15	石嘴头	398.2	4	15
钓鱼台	176.2	4	15	钓鱼台	237.5	3	20	钓鱼台	387.7	4	15

2. 水情

1）水情概述

1999年二郎河流域上游暴雨集中，导致二郎河洪水暴发，二郎河水位超过警戒水位，宿松站暴发自有资料以来第四大洪水过程。

2）洪水过程

1999年二郎河流域大洪水主要为6月23—30日和8月29日的两场超警戒水位洪水过程。

宿松站自6月25日夜间起涨，6月26日18时水位到达洪峰水位18.77 m，相应流量为543 m^3/s。其间受持续降雨影响，宿松站发生几次复式峰洪水过程，于6月30日夜间回落。

8 月 29 日，受短历时强降雨影响，加上前期二郎河底水较高，水位自 29 日上午起涨，23 时 30 分到达洪峰水位 19.92 m，相应流量为 898 m^3/s，30 日 14 时回落至 18.00 m 以下。

3）洪水特点

上游受钓鱼台水库下泄影响，洪水来势凶猛，下游出口受华阳湖洪水顶托，河道排水不畅。

流域上游山区是本区域暴雨中心之一，暴雨频发、强度大，加上山高坡陡，山体强烈风化，植被差，河道比降大，使得流域洪水具有峰量大、历时短、挟沙多的特点。

两场洪水水位超警时间均不长，但是洪水涨落幅度较大，最大涨幅在 3 m 以上；洪峰流量较大，特别是后者洪水历时较短，但是峰量大，峰现时间较早。

4）洪水组成分析

1999 年的洪水主要由上游的短历时强降雨造成，二郎河洪峰流量最大达到 898 m^3/s。最大 1 d 洪量为 0.333 5 亿 m^3，重现期约为 10 年，最大 3 d 洪量为 0.674 8 亿 m^3，重现期约为 15 年，最大 7 d 洪量为 1.26 亿 m^3，重现期约为 20 年。

5）洪水重现期

受河道采砂影响，近年来河床下切较深，2015 年与 1980 年相比较，平均切深约为 1.8 m。由于断面变化频繁，对中低水水位流量关系影响明显。水位面积关系不稳定，水位流量关系点散乱，不具有单一线特点，给流量测验带来一定的影响。

根据二郎河流量资料进行频率分析，1999 年宿松站洪峰流量为 898 m^3/s，历史重现期约为 40 年。

1.5.2.3　2016 年

2016 年二郎河流域年降水量为 2 220.5 mm，比常年同期偏多近 6 成。2016 年二郎河流域进入汛期以来，降雨频繁，降水量较大，汛期面平均雨量为 1 493.8 mm，较常年同期偏多 7 成。宿松站暴发自有资料以来最大一次洪水过程。

1. 雨情

1）雨情概述

2016 年二郎河流域年降水量为 2 220.5 mm，比常年同期偏多 6 成。二郎河流域汛期（5—9 月）面平均雨量为 1493.8 mm，其中 5 月份降水量为 226.5 mm，6 月份降水量为 570.6 mm，7 月份降水量为 494.3 mm。最大 1 d 降水量为 6 月 18 日的 169.1 mm，最大 3 d 降水量为 268.6 mm（7 月 1—3 日），最大 7 d降水量为 432.4 mm（6 月 27 日—7 月 3 日）。

2）暴雨过程

自 2016 年入汛以来，二郎河流域遭遇多次强降雨，降雨持续时间长，强度大，汛期暴雨过程主要为 6 月 18—19 日和 6 月 30 日—7 月 6 日，该场降雨造成较为严重的洪涝灾害。

（1）6 月 18—19 日

2016 年 6 月 18—19 日，二郎河流域普降大到暴雨，降雨主要分布在华阳湖宿松县境内，累计降水量为 235.9 mm，降雨主要集中在 18 日，20 日雨渐止。

本次降雨过程中，宿松县降水量超过 50 mm 的笼罩面积为 2 393 km^2，超过 100 mm 的笼罩面积为 1 959 km^2，超过 200 mm 的笼罩面积为 876 km^2，暴雨中心位于二郎河上游，宿松县团林站累计降水量 324.0 mm最大，西源站 284.0 mm 次之。

（2）6 月 30 日—7 月 6 日

2016 年 6 月 30 日—7 月 6 日，二郎河流域普降大到暴雨，局地大暴雨，暴雨主要分布在二郎河流域上游，降雨主要集中在 7 月 2—4 日，5—6 日降雨减弱。本次降雨过程累计降水量为 427.1 mm，较常年同期偏多 6 倍以上。

本次降雨过程宿松县雨量超过 100 mm 的笼罩面积达 2 393 km^2，超过 200 mm 的笼罩面积为 2 261 km^2，超过 300 mm 的笼罩面积为 1 361 km^2，超过 400 mm 的笼罩面积为 578 km^2。暴雨中心位于二郎河流域上游以及宿松县城附近，团林站降水量累计达到 506.0 mm，夏家村站降水量达到 490.0 mm。

3）暴雨特点

暴雨中心位于宿松断面附近，前期降雨多，暴雨过程频繁、间隔时间短，降雨历时长、笼罩范围广，强暴雨频发、降水量大，降雨时空分布有利于形成流域性洪水。

（1）前期降雨过程多

自4月份以来，二郎河流域内出现多次降雨过程，二郎河流域4月面平均降水量为250.0 mm，比常年同期多1倍，土壤近于饱和，一旦发生持续降雨，易造成洪涝灾害。

（2）暴雨强度大，笼罩范围广，短历时降雨多

6月18—19日降雨过程中，最大1 h降水量为宿松县团林站的77.0 mm，最大3 h降水量为钓鱼台站的171.5 mm。

6月30日—7月6日降雨过程中，降雨历时较长，短历时降雨频繁，强度较大，其中最大1 h降水量为宿松县九井沟站的82.5 mm，最大3 h降水量为九井沟站的98.0 mm，最大24 h降水量为夏家村站的251.5 mm。最大1 d降水量为夏家村站的241.0 mm(7月2日)，最大3 d降水量为夏家村站的386.0 mm(7月1日起)。

4）暴雨频率分析

（1）短历时暴雨分析

6月中下旬的两场暴雨，造成宿松县钓鱼台站最大3 h降水量为171.5 mm，最大6h降水量为200.0 mm，均居历史第1位，叶家畈站最大6 h降水量为169.5 mm，居历史第1位，宿松站和石嘴头站最大6 h降水量均居历史第2位。各站特征时段降雨详见表2.1-79。

表2.1-79　2016年二郎河流域各站点最大1、3、6 h降水量统计表

最大1 h			最大3 h			最大6 h		
站名	雨量(mm)	排位	站名	雨量(mm)	排位	站名	雨量(mm)	排位
宿松	47.5	25	宿松	100.0	4	宿松	157.0	2
叶家畈	43.5	13	叶家畈	116.0	2	叶家畈	169.5	1
石嘴头	48.5	11	石嘴头	101.0	4	石嘴头	152.5	2
钓鱼台	61.5	3	钓鱼台	171.5	1	钓鱼台	200.0	1

（2）最大1、3、7 d暴雨分析

6月中下旬的两场暴雨，降雨强度极大，历史罕见，各雨量站最大1、3、7 d降水量值均为特大值，几乎居历史第1位，重现期为50年。各站特征时段降雨详见表2.1-80。

表2.1-80　2016年二郎河流域各站点各特征时段降水量统计表

最大1 d				最大3 d				最大7 d			
站名	雨量(mm)	排位	重现期(年)	站名	雨量(mm)	排位	重现期(年)	站名	雨量(mm)	排位	重现期(年)
宿松	192.0	2	25	宿松	362.0	1	50	宿松	530.0	1	50
叶家畈	245.0	1	50	叶家畈	392.5	1	50	叶家畈	587.5	1	50
石嘴头	213.0	1	50	石嘴头	382.0	1	50	石嘴头	568.0	1	50
钓鱼台	215.0	1	50	钓鱼台	320.5	1	50	钓鱼台	513.0	1	50

2. 水情

1）水情概述

2016年二郎河流域暴雨，导致二郎河洪水暴发，二郎河水位超过警戒水位，宿松站暴发自建站以来最大的一次超警戒洪水。

2）洪水过程

2016 年二郎河流域大洪水主要为 6 月底到 7 月初的 2 场较大洪水。

6 月 18—20 日，二郎河水系出现特大暴雨过程，致使二郎河出现接近保证水位的一次洪水过程。

宿松站水位自 6 月 19 日凌晨起涨，06 时 42 分超警戒水位 0.02 m，10 时 30 分到达洪峰水位 20.13 m，离保证水位仅差 0.01 m，洪峰流量为 748 m^3/s。20 日 5 时 48 分水位回落至警戒水位以下。

6 月 30 日—7 月 6 日，二郎河水系出现特大暴雨过程，受前期较高底水影响，二郎河出现历年最大一次洪水过程。

宿松站水位自 6 月 30 日晚间起涨，7 月 2 日 15 时 36 分超警戒水位 0.01 m，3 日 02 时 48 分到达洪峰水位 20.63 m，超保证水位 0.49 m，洪峰流量为 955 m^3/s。7 月 5 日凌晨水位回落至警戒水位以下。

3）洪水特点

暴雨频发，上游受钓鱼台水库下泄影响，洪水来势凶猛，下游出口受华阳湖洪水顶托，河道排水不畅。

流域上游山区是本区域暴雨中心之一，暴雨频发、强度大，加上山高坡陡，山体强烈风化，植被差，河道比降大，使得流域洪水具有峰量大、历时短、挟沙多的特点。

上游水土流失严重，宿松以上水土流失面积占其集水面积的 50%左右，自宿松出山后，河道坡降逐渐平缓，过洪压力加大。

4）洪水组成分析

宿松站洪水由上游区间来水及钓鱼台水库下泄洪水组成，宿松站位于二郎河上游，是二郎河主要控制站。根据来水量分析，钓鱼台下泄流量占宿松站断面总来水不到 1 成。

2016 年宿松站最大 1 d 洪量为 0.662 7 亿 m^3，重现期约为 50 年，最大 3 d 洪量为 1.401 亿 m^3，重现期超 50 年，最大 7 d 洪量为 2.038 亿 m^3，重现期超 50 年。

5）洪水重现期

根据二郎河流量资料进行频率分析，2016 年宿松站最大洪峰流量为 955 m^3/s，历史重现期超过 50 年。

3. 工情

钓鱼台水库坐落于宿松县陈汉乡，位于二郎河上游，是宿松县境内唯一一座中型水库。钓鱼台水库(渠首)水文站为钓鱼台水库灌区灌溉流量控制站，属专用站，位于水库坝下约 3.0 km 处，测验项目有降水、水位、流量。该站测验河段较顺直，为人工渠道，灌溉水量受控制闸影响，2 孔每孔宽 2 m，闸底高程为 45.35 m。

2016 年钓鱼台水库最高水位为 92.58 m，居历史第 2 位。重现期约为 30 年。

1.6 黄湓河流域

1.6.1 概述

1.6.1.1 流域概况

1. 自然地理特征

1）流域概况

黄湓河亦名后河，跨池州市东至、石台、贵池三县(区)，东与秋浦河流域为邻，西与尧渡河水系接壤，北临长江。发源于三县交界的祁门山脉仙寓山(海拔 1 375 m)西麓，西北向流，经东至县的陈家畈、葛公、洋湖，至双河口，右纳丁香河(亦称东后河)；双河口以下为本干，折西北流，出山区后，东经雁塔、张溪等到丘陵岗地，西绕胜利丘陵和广丰圩区，于沉香庄附近进入升金湖；折东北沿神山头、下枫岸北，至新丰乡南收束为河道，曲东北流，于贵池区境的黄湓闸北注入长江。黄湓河流域面积为 1 548.1 km^2，其中山区面积为 859.2 km^2、丘陵区面积为 278.7 km^2、圩湖区面积为 410.2 km^2，河道干流长 102 km，河道比降约为 3.4‰。

2）地形、土壤、植被及作物情况

雁塔水位站以上流域三面环山，地形自东南向西北逐渐变低，集水面积为 802 km^2。东南部为黄山余脉，峰峦起伏，峻岭纵横，最高峰为仙窝峰，海拔为 1 376 m，其次是无塘岗，海拔为 1 187 m，这一带为黄湓河源地，面积为 521 km²，占该流域面积的 65%。流域中部为浅山区，按山脉的走向，形成两大支流，于洋湖附近汇入主河；其平面形态为扇形，面积为 169 km²，占流域面积的 21%。西北部为浅山区和圩区，面积为 112 km²，占流域面积的 14%。

流域内土壤分布状况为：沙泥田土，颜色为青褐色，分布在沿河两岸，呈带状，有 144.4 km²；扁石泥田土，分布在垄冲旁山畈一带，有 48.1 km²；紫砂土，分布在石门山向下延伸，颜色为棕黄黑色，约 8 km²；鸡肚干土，有 32.1 km²；扁石黄红壤，颜色呈浅黄、红色，大部分分布在山区并与丘陵区相交接，有 569.4 km²，占流域面积的 71%。

本流域属亚热带湿润气候区，气候温和湿润，日照充足，流域植被覆盖率约为 75%。其中林地面积为 566 km²，含阔叶林、针叶林、灌木杂草及少量人工林、果园等，占流域面积的 70.6%；水稻和旱作物占流域面积的 7.8%；荒山荒坡面积占流域面积的 21.6%。受人类活动影响，流域内植被破坏严重，植被覆盖率有萎缩的趋势。

2. 水利工程

黄湓河雁塔水位站以上流域内有小(1)型水库 11 座，其中石台县境内 3 座，东至县境内 8 座；小(2)型水库 42 座，其中石台县境内 15 座，东至县境内 27 座。流域内原有电力排灌站 49 处，总装机 831 kW，用于流域内提水灌溉，近几年因年久失修，大部分已不能正常运转。流域内无引进、引出水量。

3. 水文测站

升金湖汇集 1 548 km² 的来水，由于上游山区降水量集中，地形陡峻，升金湖洪水过程与暴雨过程基本一致。暴雨洪水季节，长江同时处于高水位期，黄湓闸出流受长江水位影响。通常情况下，汛期升金湖水位上涨，在非汛期长江水位不影响黄湓闸出流时，开闸泄出汛期囤蓄于湖泊的洪水，升金湖水位缓慢下降。

黄湓闸水文站下设 9 个雨量站：侯店、小河、丁香、洋湖、葛公、洪坊、雁塔、瓦垅、唐田；一个水位站：雁塔。

雁塔站于 1957 年 1 月 1 日设为水文站；1959 年 1 月 1 日改为水位站；1961 年改为雨量站；1973 年 1 月 1 日再次设为水文站，2011 年 1 月 1 日随着黄湓闸水文站的设立改为水位站。雁塔站位于东至县张溪镇塔里村，是皖南浅山区大中河流区域代表站，在距下游河口 14 km 处汇入升金湖。

1.6.1.2 暴雨特性

黄湓河流域属亚热带季风性气候区，雨热同期，日照充分，雨量充沛，流域多年平均年降水量为 1 635.9 mm。春秋较短，冬夏较长，极端最高气温为 40.2℃，极端最低气温为 −10.2℃ 。受海洋季风和温暖地带大气环流影响，黄湓河流域降水时空分布与季节性活动、副高季节性位移有密切的关系；北面受长江水域影响，东南部及南部受九华山、黄山多雨区控制，降水量等值线基本上平行长江河道，由西北向东南递增，南部地区梯度变化平缓，境内地区分布不均。6 月份进入梅雨季节，多出现阴雨连绵现象，同时受南北冷暖气流交锋的影响，暴雨集中，7 月中旬进入盛夏后，受太平洋副热带高压控制，少量从沿海登陆的台风影响本流域，形成大暴雨。

1.6.1.3 洪水特性

本地区洪涝主要受长江洪水、梅雨反常、夏雨集中及台风的影响。

升金湖通过黄湓闸和长江连通，过闸流量受上、下游水位及工程调度的综合影响，如果流域雨季延后，再遇长江干流水位较高，洪水就会下泄不畅，易形成高水位时间长的洪水过程。

梅雨反常，主要表现在梅雨期特别长，梅雨量特别多，降水集中，暴雨频发且强度大，范围广。梅雨是长江中下游地区特有的天气，梅雨的形成和强弱，与副高、青藏高压、西南季风以及西风带长波等大尺度天气系统的活动有关。一般梅雨期入梅在 6 月份中旬(平均在 6 月 16 日)，出梅在 7 月末(平均在 7 月 10 日)，长近 1 个月。

夏雨集中，是季风气候的特征之一，是雨带由南而北缓行的结果。夏雨集中，雨量过大，也易出现涝灾。

另外，台风低压深入，甚至停滞、打转，加上多种尺度的天气系统叠加地形影响，便可出现强度非常大的暴雨，形成局部严重的洪涝灾害。

1.6.1.4 洪涝灾害

该流域所处区域是易发生水旱灾害地带,主要发生年份为 1969 年、1980 年、1983 年、1986 年、1988 年、1990 年、1991 年、1995 年、1996 年、1998 年、1999 年、2002 年、2005 年、2010 年、2016 年。

其中,2016 年汛期升金湖超保证水位 15 d,超汛限水位 41 d。升金湖黄湓闸上 7 月 1 日 5 时 12 分超汛限水位,4 日 8 时 12 分达到保证水位 17.00 m,10 日 12 时 48 分达最高水位 17.52 m,超过历史最高水位0.02 m。7 月 19 日 13 时 36 分升金湖水位退至保证水位以下,8 月 11 日 16 时 42 分退至汛限水位以下。升金湖黄湓闸在 5 月 4 日至 8 月 11 日水位退至汛限水位以下之前,7 次打开闸门,历时 47 d 抢排湖水 9.52 亿 m^3;整个汛期升金湖外排湖水 14.26 亿 m^3。

1.6.2 典型年洪水

1.6.2.1 1995 年

1. 雨情

1)雨情概述

1995 年黄湓河流域年降水量为 1 503.6 mm,基本与常年同期持平。其中丁香站年降水量 1 681.3 mm 最大,侯店站年降水量 1 629.4 mm 次之。

黄湓河流域汛期(5—9 月)降水量为 816.6 mm,基本与常年同期持平。其中 7 月降水量为 377.8 mm,比常年同期偏多 1.5 倍。最大 1 d 降水量为 136.6 mm(5 月 24 日),最大 3 d 降水量为 141.5 mm(5 月 23—25 日),最大7 d 降水量为 227.4 mm(5 月 18—24 日)。

2)暴雨过程

1—4 月份,黄湓河流域出现多次降雨过程,降雨持续时间长,下垫面接近饱和。入汛后,黄湓河流域出现多次强降雨,降雨持续时间长,汛期暴雨过程主要为 5 月 18—20 日、5 月 24—26 日、6 月 19—25 日、6 月 29 日—7 月 6 日。

其中最大暴雨过程为 5 月 24—26 日,该场降雨造成较为严重的洪涝灾害。5 月 24 日,全流域普降大暴雨,局部特大暴雨;25 日,全流域持续降雨,普降中到大雨;26 日,降雨减小渐止。本次降雨累计降水量为 141.5 mm,其中雁塔站最大 60 min 降水量为 82.3 mm。

本次降雨历时短,暴雨集中,降水总量大,黄湓河流域所有站点累计降水量均超过 100 mm,降雨覆盖整个流域。

3)暴雨特点

汛前降雨偏多,暴雨强度大,暴雨过程多,间隔时间短,降雨历时长、笼罩范围广,强暴雨频发、降水总量大,降雨时空分布有利于形成流域性洪水。

(1)汛前降雨偏多

1—4 月份,黄湓河流域出现多次降雨过程,面平均降水量为 516.2 mm,比常年同期偏多 2 成多,由于汛前降雨频发,流域下垫面近于饱和,一旦发生持续降雨,易造成洪涝灾害。

(2)暴雨过程多,间隔时间短

自 5 月入汛以来,流域内降雨频发,多以小到中雨为主;5 月中旬以后黄湓河流域出现 3 次降雨过程,均为大到暴雨,暴雨频发,间隔时间短。其中,5 月 24—26 日降雨强度大、降水总量大,累计降水量为 141.5 mm。

4)暴雨频率分析

自 1995 年入汛以来,黄湓河流域遭受连续强降雨袭击,黄湓河流域最大 3、6、12 h 降水量统计详见表 2.1-81。

表 2.1-81 1995 年黄湓河流域短历时降水量统计表

流域	最大 3 h		最大 6 h		最大 12 h	
	降水量(mm)	排名	降水量(mm)	排名	降水量(mm)	排名
黄湓河	140.3	1	204.1	1	237.1	1

2. 水情

1）水情概述

黄溢河流域上游河道入升金湖通过黄湓闸和长江连通，1995 年黄湓河流域控制站仅有雁塔水文站，本节主要采用雁塔站实测资料进行分析。

1995 年黄湓河流域受多次降雨及长江洪水影响，发生多次洪水过程，其中受 5 月 24—26 日暴雨影响，黄湓河流域雁塔站超警戒水位(19950524 场次洪水)。

2）洪水过程

雁塔站水位自 5 月 25 日 0 时起涨，8 时超警戒水位(17.18 m)，受强降雨影响，水位持续上涨，11 时超保证水位(19.18 m)，11 时 30 分达洪峰水位 20.29 m(超保证水位1.11 m)，25 日 16 时落至保证水位，26 日 0 时落至警戒水位以下。

3）洪水特点

入汛时，沿江湖泊蓄水量偏多。多轮强降雨发生后，又遭遇长江高水位入汛，长江水位居高不下，大多数沿江湖泊的湖水无法外排，湖水位猛涨。1995 年黄湓河流域暴雨频发，暴雨覆盖面广，基本是全流域暴雨。

4）洪水组成分析

1995 年黄湓河流域主要控制站为雁塔站和黄湓闸站，其洪水组成主要为上游来水、长江顶托回水。其中，雁塔站以上为上游来水，黄湓闸站主要为上游来水、区间来水以及闸下长江顶托回水。

5）洪水重现期

雁塔站 1995 年最高洪水位为 20.29 m，重现期为 15 年。

1.6.2.2　1996 年

1. 雨情

1）雨情概述

2016 年黄湓河流域年降水量为 2 029.5 mm，比常年同期偏多约 2 成。其中丁香站年降水量 2 231.6 mm最大，侯店站年降水量 2 191.9 mm 次之。

黄湓河流域汛期(5—9 月)降水量为 1 420.3 mm，比常年同期偏多约 4 成。其中 7 月降水量为 667.2 mm，比常年同期偏多 2 倍。最大 1 d 降水量为 133.0 mm(7 月 15 日)，最大 3 d 降水量为 242.8 mm(6 月 30 日—7 月 2 日)，最大 7 d 降水量为 398.1 mm(6 月 26 日—7 月 2 日)。

2)暴雨过程

自 1996 年入汛以来，黄湓河流域遭遇多次强降雨，降雨持续时间长，降雨强度大，汛期暴雨过程主要为 5 月 31 日—6 月 6 日、6 月 15 日—6 月 21 日、6 月 23 日—7 月 3 日、7 月 13—21 日。

其中最大暴雨过程为 6 月 23 日—7 月 3 日，该场降雨造成较为严重的洪涝灾害。6 月 23—28 日，全流域普降小到中雨，局部大雨；6 月 29 日—7 月 2 日全流域普降大暴雨，局部特大暴雨；7 月 3 日，降雨减小渐止。本次降雨主要集中在 6 月 23 日—7 月 2 日，累计降水量为 436.7 mm。本次降雨过程中，黄湓河出现超保证水位，降雨历时长，暴雨集中，降水总量大，黄湓河流域所有站点累计降水量均超过400 mm，降雨覆盖整个流域。

3）暴雨特点

汛前降雨偏多，暴雨强度大，暴雨过程多，间隔时间短，降雨历时长、笼罩范围广，强暴雨频发、降水总量大，降雨时空分布有利于形成流域性洪水。

(1) 汛前降雨偏多

1—4 月份，黄湓河流域出现多次降雨过程，面平均降水量为 432.0 mm，由于汛前降雨频发，流域下垫面近于饱和，一旦发生持续降雨，易造成洪涝灾害。

(2) 暴雨过程多，间隔时间短

自 5 月入汛以来，流域内降雨频发，多以小到中雨为主；5 月下旬以后黄湓河流域出现 4 次降雨过程，均为大到暴雨，暴雨频发，间隔时间短。6 月 23 日—7 月 3 日降雨强度大、降雨历时长、降水总量大，累计降水量为 436.7 mm。

4)暴雨频率分析

自入汛以来，黄湓河流域遭受连续强降雨袭击，黄湓河流域各站最大 1、3、6、12 h 降水量详见表 2.1-82。

表 2.1-82 1996 年黄湓河流域各站短历时降水量统计表

单位:mm

站名	最大 1 h 降水量	最大 3 h 降水量	最大 6 h 降水量	最大 12 h 降水量
侯店	—	—	—	122.0
雁塔	37.1	83.6	117.5	155.9
洋湖	58.8	85.5	159.8	180.5
丁香	65.3	107.4	156.6	174.7
黄湓闸	—	—	—	195.5

2. 水情

1) 水情概述

1996 年黄湓河流域受多次降雨及长江洪水影响，发生多次洪水过程，其中受 6 月 23 日—7 月 3 日暴雨影响，黄湓河流域雁塔站超保证水位(19960623 场次洪水)。

2) 洪水过程

雁塔站水位自 6 月 23 日 08 时 12 分起涨，30 日 14 时超警戒水位(17.18 m)，受强降雨影响，水位持续上涨，20 时超保证水位(19.18 m)，22 时 18 分达洪峰水位 20.35 m(超保证水位 1.17 m)。7 月 1 日 2 时落至保证水位以下，8 时落至警戒水位以下。

3) 洪水特点

入汛时，沿江湖泊蓄水量偏多。多轮强降雨发生后，又遭遇长江高水位入汛，长江水位居高不下，大多数沿江湖泊的湖水无法外排，湖水位猛涨。1996 年黄湓河流域暴雨频发，暴雨覆盖面广，基本是全流域暴雨，特别是入汛后的连续暴雨，致使黄湓河暴发全流域洪水。

4) 洪水组成分析

1996 年黄湓河流域主要控制站为雁塔站和黄湓闸站，其洪水组成主要为上游来水、长江顶托回水。其中，雁塔站以上为上游来水，黄湓闸站主要为上游来水、区间来水以及闸下长江顶托回水。

5) 洪水重现期

雁塔站 1996 年最高洪水位为 20.35 m，重现期为 15 年。

1.6.2.3 2016 年

1. 雨情

1) 雨情概述

2016 年黄湓河流域年降水量为 2 255.3 mm，比常年同期偏多约 4 成，其中林茶站最大，为 2 489.0 mm；小河站次之，为 2 418.0 mm。黄湓河流域汛期(5—9 月)降水量为 1 212.5 mm，比常年同期偏多约 3 成，其中 7 月降水量 460.5 mm，比常年同期偏多 1 倍。最大 1 d 降水量为 222.4 mm(7 月 3 日)，最大 3 d 降水量为 391.6 mm(7 月 2—4 日)，最大 7 d 降水量为 498.5 mm(6 月 28 日—7 月 4 日)。

2) 暴雨过程

自 2016 年入汛以来，黄湓河流域遭遇多次强降雨，降雨持续时间长，降雨强度大，汛期暴雨过程主要为 6 月 28 日—7 月 7 日、8 月 13—17 日。

其中最大暴雨过程为 6 月 28 日—7 月 7 日，该场降雨造成较为严重的洪涝灾害。黄湓河达历史最高洪水位。6 月 28 日，全流域普降中到大雨；29 日转为小雨；6 月 30 日—7 月 1 日，全流域普降中到大雨；7 月 2—3 日，全流域普降大暴雨，局部特大暴雨；4 日，全流域持续降雨，普降中到大雨；5—7 日，降雨减小渐止。本次降雨主要集中在 6 月 30 日—7 月 4 日，累计降水量为 342.0 mm。本次降雨历时长，暴雨集中，降水总量大，黄溢河流域所有站点累计降水量均超过 400 mm，降雨覆盖整个流域。

3）暴雨特点

汛前降雨偏多，暴雨强度大，暴雨过程多，间隔时间短，降雨历时长、笼罩范围广，强暴雨频发、降水总量大，降雨时空分布有利于形成流域性洪水。

（1）汛前降雨偏多

1—4 月份，黄溢河流域出现多次降雨过程，面平均降水量为 576.1 mm，比常年同期多 3 成。由于汛前降雨频发，流域下垫面近于饱和，一旦发生持续降雨，易造成洪涝灾害。

（2）暴雨过程多，间隔时间短

自 5 月入汛以来，流域内降雨频发，多以小到中雨为主，6 月下旬以后黄溢河流域出现 2 次降雨过程，均为大到暴雨，暴雨频发，间隔时间短。6 月 28 日到 7 月 7 日，降雨强度大、降雨历时长、降水总量大，累计降水量为 342.0 mm，本次降雨过程黄溢河达历史最高洪水位。

（3）暴雨强度大，笼罩范围广

在汛期历次降雨过程中，最大 1 h 降水量为 52.0 mm（侯店站），最大 3 h 降水量为 82.0 mm（侯店站），最大 6 h 降水量为 121.0 mm（丁香站），最大 12 h 降水量为 174.5 mm（侯店站），最大 24 h 降水量为 308.0 mm（侯店站）。7 月 3 日的暴雨最大，暴雨中心侯店站日雨量为 286.0 mm，超过 200 mm 笼罩面积为 1 500 km^2。

4）暴雨频率分析

（1）短历时暴雨分析

自入汛以来，黄溢河流域遭受连续强降雨袭击，各站短历时降水量统计情况详见表 2.1-83。

表 2.1-83　2016 年黄溢河流域各站短历时降水量统计表　单位：mm

站名	最大 1 h 降水量	最大 3 h 降水量	最大 6 h 降水量	最大 12 h 降水量
侯店	52.0	82.0	119.5	174.5
雁塔	46.5	70.5	107.0	148.5
洋湖	44.5	74.0	99.0	170.5
瓦垅	39.5	58.5	82.5	130.5
丁香	37.0	70.0	121.0	174.5
黄溢闸	24.0	49.5	76.5	128.5

（2）最大 1、3、7 d 暴雨分析

自入汛以来，黄溢河流域遭受连续强降雨袭击，各站长历时降水量统计情况详见表 2.1-84。

表 2.1-84　2016 年黄溢河流域各站长历时降水量统计表　单位：mm

站名	最大 1 d 降水量	最大 3 d 降水量	最大 7 d 降水量
侯店	286.0	457.0	541.5
雁塔	246.0	387.0	467.5
洋湖	239.0	386.0	454.0
瓦垅	213.5	351.5	409.0
丁香	180.0	364.0	505.5
黄溢闸	161.0	364.0	524.0

2. 水情

1）水情概述

黄溢河流域上游河道入升金湖通过黄溢闸和长江连通，黄溢河流域目前有控制站雁塔站和黄溢闸站，本节上游河道水情主要采用雁塔站实测资料进行分析，湖泊水情采用黄溢闸站实测资料进行分析。

2016 年黄湓河流域受多次降雨及长江洪水影响，发生多次洪水过程，其中受 6 月 28 日—7 月 7 日暴雨影响，黄湓河流域达历史最高洪水位，黄湓闸站和雁塔站均超保证水位(20160628 场次洪水)。

2) 洪水过程

本次着重采用雁塔站和黄湓闸站实测资料分析黄湓河流域 20160628 场次洪水的河道水情及湖泊水情。

(1) 河道水情：雁塔站水位自 6 月 30 日 23 时起涨，7 月 3 日 0 时超警戒水位(17.18 m)，受强降雨影响，水位持续上涨，15 时 18 分超保证水位(19.18 m)，19 时 42 分达洪峰水位 21.16 m(超保证水位 1.98 m)。7 月 4 日 6 时 42 分落至保证水位以下，17 日 3 时 30 分落至警戒水位以下。

(2) 湖泊水情：升金湖超保证水位 15 d，超汛限水位 41 d。升金湖黄湓闸上 7 月 1 日 5 时 12 分超汛限水位，4 日 8 时 12 分达到保证水位 17.00 m，10 日 11 时 06 分达最高水位 17.52 m，超过历史最高水位 0.02 m。7 月 18 日 13 时 36 分湖水位退至保证水位以下，8 月 11 日 16 时 42 分退至汛限水位以下。

3) 洪水特点

入汛时，沿江湖泊蓄水量偏多。多轮强降雨发生后，又遭遇长江以罕见的高水位入汛，长江水位居高不下，大多数沿江湖泊的湖水无法外排，湖水位猛涨。2016 年黄湓河流域暴雨频发，暴雨覆盖面广，基本是全流域暴雨，特别是 6 月底至 7 月初的连续暴雨，致使黄湓河河暴发全流域洪水，水位居历史第 1 位。

4) 洪水组成分析

黄湓河河流域主要控制站为雁塔站和黄湓闸站，洪水组成主要为上游来水、长江顶托回水。其中，雁塔站以上为上游来水，黄湓闸站主要为上游来水、区间来水以及闸下长江顶托回水。

5) 洪水重现期

洪水重现期是反映洪水出现机遇的指标，过闸流量受上、下游水位及工程调度的综合影响，实测流量不能准确反映洪水情况，同时由于黄湓闸站设站时间较短，不能按照实测水位进行频率计算，因此，本节仅对黄湓河流域控制站雁塔站的洪水重现期进行排频计算分析。雁塔站 2000 年以后无实测资料，雁塔站 2016 年最高洪水位为 21.16 m，重现期约为 50 年。

1.7 青通河流域

1.7.1 概述

1.7.1.1 流域概况

1. 自然地理特征

青通河发源于九华山东麓海拔 1 117 m 的岔泉岭，由南向北流经弓官庄、牛家桥、龙口、朱备，至青阳县城，右纳东河来水，北流经园桥、童埠，绕童埠圩于两河口与大通河合并，集水面积为 424 km^2，河道长 41 km，河流平均比降为 2.97‰。青通河属山区涧溪河流，河道源短流急，水位暴涨暴落，上游龙口以下 1 km处，河道由狭窄束水进入开阔的丘畈，暴雨山洪倾泻，丘畈漫滩行洪，稍晴就会河干断流，青阳县城及其以下主要受长江回水顶托影响，长江水位较高时，洪水下泄不畅，易造成洪涝灾害。

2. 水利工程

青阳水文站断面以上流域共有中型水库 1 座、小(1)型水库 1 座、小(2)型水库 5 座。对青阳站水位流量关系影响较大的主要是断面上游、青通河干流上的牛桥水库和人工湖液压坝。

3. 水文测站

青通河流域有各种观测站 29 个，其中水文站 1 个，水位站 3 个，雨量站 25 个。青通河流域水文站网分布较合理，站网密度较大，基本能控制青通河流域水文特性的变化规律。

1.7.1.2 暴雨特性

青通河流域属亚热带地区，受华东季风、温暖地带的大气环流影响，四季分明，降雨丰沛，但时空分布不均。根据青阳水文站 1952—2018 年资料统计，多年平均年降水量为 1 558.0 mm，最大年降水量为 2 438.1 mm(1954 年)，最小年降水量为 862.0 mm(1978 年)，多年平均降雨天数为 142 d。年内出现暴雨的时间一般为 4—7 月，主汛期(6—7 月)降水量占全年的 29.7%，6 月中旬至 7 月上、中旬为梅雨期，梅雨量大于 300 mm 的年份占 48%。

1.7.1.3 洪水特性

青通河流域洪水均由暴雨形成，其时空分布与本地区暴雨基本一致，流域上游为山丘区，下游为长江平原区，受暴雨影响，上游易形成山区性洪水，下游洪水受上游来水及长江洪水顶托影响。洪水一般发生在 6—8 月，7 月份出现大洪水的概率最大。就其影响范围来说，洪水主要为全流域性洪水，一般发生在梅雨期。梅雨期降雨历时长，暴雨覆盖面积大，汇流时间短，根据青阳水文站 31 场洪水，选择流域造峰雨结束时间到洪水峰现时间为汇流时间，经计算，次洪汇流时间(τ)一般为 2～5 h，平均汇流时间为 2.8 h。牛桥水库到青阳站的传播时间一般为 1～2 h，传播速度快。

1.7.1.4 洪涝灾害

本区域有记录以来发生的大洪水年份为 1954 年、1970 年、1983 年、1991 年、1998 年、1999 年、2002 年、2007 年、2009 年、2010 年、2016 年。

1954 年，青阳县城街道上水深 1.0～2.0 m，全县淹没农田 8.52 万亩，倒塌房屋 2 471 间，死亡 127 人。

1970 年，青阳县城西街上水深 0.5～2.0 m，全县淹没农田 9.40 万亩，倒塌房屋 100 间。

1983 年，全县淹没农田 8.80 万亩，倒塌房屋 171 间，死亡 1 人。

1991 年，全县淹没农田 7.10 万亩，倒塌房屋 882 间。

1998 年，全县受灾农田为 29 万亩，成灾面积为 26.09 万亩。圩堤决口 5 处，滑坡 246 处，堰坝毁坏 130 处，全县投入抢险劳力 24 万人次，直接损失与间接损失为 9 400 万元。

1999 年，全县遭受洪涝面积为 28.3 万亩，倒塌房屋 86 户 241 间，水毁桥涵 360 处，堰坝倒塌 250 处，直接经济损失达 2.9 亿元。

2002 年，全县受灾面积为 19.1 万亩，受灾人口为 14 万人，水毁工程 2 791 处，直接经济损失为 1.09 亿元，造成 318 国道、103 省道中断数日。

2007 年，青阳县内七星河、青通河、九华河、陵阳河等主要河流和水库水位急剧上涨，全县有 11 个乡镇不同程度受灾，受灾人口达 19 万人，因灾直接经济损失达 4.22 亿元，其中农业直接经济损失为 1.5 亿元。

2009 年 8 月，受第 8 号台风影响，全县有 8 个乡镇不同程度受灾，据统计，全县 19.3 万人受灾，69 000 多亩农作物受灾，因灾倒塌民房 24 户 35 间，损坏房屋 1 460 间；直接经济损失为 3 700 万元，其中水利设施毁坏 150 余处，损失多达 700 余万元。

2010 年 7 月 8—16 日，青阳县持续遭受高强度、大范围降雨，1 500 多亩农田被淹没，农村公路、县乡村道多处因山体坍塌或暴雨侵袭遭到损毁，灾情十分严重。经核实，此次洪灾共造成全县农村公路直接经济损失约 3 735.8 万余元。

2016 年，青通河经历 5 次超警戒洪水，青阳站 7 月 4 日 4 时到达洪峰水位 16.21 m，超警戒水位 0.71 m，实测洪峰流量为 337 m^3/s。

1.7.1.5 暴雨洪水频率分析

(1) 暴雨频率分析

本次采用青阳水文站 1958—2018 年连续实测暴雨资料，按 P-Ⅲ型频率曲线适线，对其进行排频计算，青阳站短历时暴雨频率计算成果详见表 2.1-85。

表 2.1-85 青阳站短历时暴雨频率计算成果表

暴雨历时	均值(mm)	Cv	Cs/Cv	不同重现期的降水量(mm)				
				100	50	30	20	10
1 h	41.1	0.28	0.61	69.3	65.8	63.0	60.6	56.0
2 h	54.6	0.26	1.04	90.4	85.8	82.2	79.0	73.2

（续表）

暴雨历时	均值(mm)	Cv	Cs/Cv	不同重现期的降水量(mm)				
				100	50	30	20	10
3 h	60.7	0.28	1.07	104.1	98.3	93.9	90.0	82.9
6 h	75.9	0.31	2.29	142.5	132.6	125.2	118.7	107.3
12 h	93.4	0.38	1.87	193.9	179.0	167.7	158.0	140.7
24 h	118.0	0.36	3.36	252.0	229.7	213.2	199.2	175.0

（2）洪水频率分析

本次采用青阳水文站1953—2018年连续实测洪水资料，按 P－Ⅲ型频率曲线适线，对其进行排频计算，青阳站洪峰流量频率计算成果详见表2.1-86。

表2.1-86　青阳水文站洪峰流量频率计算成果表

均值(m^3/s)	Cv	Cs/Cv	不同频率对应的流量(m^3/s)				
			1%	2%	3.33%	5%	10%
184.9	0.56	2.16	512	457	408	382	324

1.7.2　典型年洪水

1.7.2.1　1983年

1983年青通河流域年降水量为2 297.6 mm，比常年同期偏多3成。1983年汛前1—3月份降雨偏少，4月份开始降雨偏多；进入汛期，受低涡切变等天气影响，暴雨频次明显增加，暴雨主要集中在5月底至7月上旬，汛期降水量为1 457.3 mm，超过全年降雨的60%；汛后10月份，受台风影响，发生多次明显降雨，进入11月以后，降水整体偏少。全年降雨较常年同期整体偏多，暴雨频发，导致青通河发生多次超警戒洪水，其中7月5日洪水位最高，为16.55 m，相应流量为450 m^3/s，居历史第1位。

1. 雨情

1）雨情概述

1983年青通河流域雨量丰沛，全年降水量为2 297.6 mm，比常年同期偏多3成，其中汛前1—4月份降水量为385.6 mm，与常年同期接近；入汛以后降水量异常偏多，汛期(5—9月)青通河流域面平均雨量为1 457.3 mm，较常年同期偏多5成，占全年降水量的63%左右；汛后(10—12月)流域降水量为454.7 mm，比常年同期偏多7成。

2）暴雨过程

1983年青通河流域汛期(5—9月)先后发生9次暴雨过程，分别为4月25日—5月5日、5月27日—6月2日、6月9—14日、6月19—21日、6月23—30日、7月2—6日、7月8—17日、9月1—2日、9月10—17日。其中6月23—30日、7月2—6日、7月8—17日暴雨时间长、强度大，造成青通河流域发生多次洪水过程。

（1）6月23—30日，青通河流域普降大到暴雨，暴雨时间长，强度大。暴雨于6月23日晚开始，23、24日主要以小雨为主，25、26日流域普降大雨；27、28日降雨减弱，流域普降小到中雨；29日流域普降大到暴雨，暴雨强度大，时间短；30日降雨渐止。本次青通河流域面平均雨量为214.4 mm。

（2）7月2—6日，青通河流域普降大到暴雨，局部大暴雨，暴雨时间长，强度大。暴雨于7月2日晚开始，主要集中在3日、4日，5日、6日降雨持续，降雨强度减小，6日下午降雨渐止，本次青通河流域面平均雨量为326.8 mm。

（3）7月8—17日，全流域普降大到暴雨，降雨主要集中在11日。其中7月8—10日，流域持续小雨；11日流域持续降雨，普降大到暴雨；12—14日，降雨减弱，流域普降小到中雨；15—17日降雨减小渐止。

本次降雨累计降水量为 176.2 mm。

3）暴雨特点

汛前降雨偏多，暴雨强度大，降雨集中，降雨历时长、笼罩范围广，强暴雨频发、降水总量大，降雨时空分布有利于形成流域性洪水。

(1) 4 月降雨偏多

汛前 1—4 月份降雨为 385.6 mm，降雨主要集中在 4 月份，4 月降水量为 245.7 mm，由于 4 月份降雨集中，流域下垫面近于饱和，一旦发生持续降雨，易造成洪涝灾害。

(2) 暴雨频发、降雨集中

自 4 月下旬以来，流域内降雨频发，主要有 4 月 25 日—5 月 5 日、5 月 27 日—6 月 2 日、6 月 9—14 日、6 月 19—21 日、6 月 23—30 日、7 月 2—6 日、7 月 8—17 日、9 月 1—2 日、9 月 10—17 日等暴雨过程，降雨主要集中在 6 月下旬到 7 月上旬，暴雨频发、强度大、持续时间长，造成青通河多次洪水过程。

2. 水情

1）水情概述

1983 年青通河流域受多次降雨影响，发生多次洪水过程，其中受 7 月 2—6 日暴雨影响，青通河流域暴发接近保证水位的 19830705 场次洪水，洪峰流量位居历史第 1 位。

2）洪水过程

1983 年青通河流域出现多次洪水过程，本节着重分析 19830705 场次洪水，其余洪水未超警戒水位，不再阐述。

青阳站水位自 7 月 3 日 20 时起涨，4 日 7 时超警戒水位（15.50 m），8 时达洪峰水位 16.46 m（超警戒水位 0.96 m），随着降雨减弱，洪水逐渐回落；5 日雨水持续，5 日 1 时，水位起涨，5 日 12 时达洪峰水位 16.55 m，低于保证水位 0.04 m，相应洪峰流量为 450 m^3/s，5 日 21 时，青阳站水位回落至警戒水位以下，此次洪水基本退去。

3）洪水特点

暴雨洪水范围广，洪水水位高、量级大，下游受江水顶托持续时间长。1983 年青通河流域暴雨频发，暴雨覆盖面广，基本是全流域暴雨，特别是 6 月底至 7 月初的连续暴雨，致使青通河暴发全流域超警戒洪水。

4）洪水组成分析

青通河流域主要控制站有青阳站，青阳站以上来水主要为上游及区间来水，青阳站以下来水主要为上游来水、区间来水以及长江顶托回水。

5）洪水重现期

洪水重现期是反映洪水出现机遇的指标，因此，本节仅对青通河流域主要控制站青阳站的洪水重现期进行排频计算分析，通过计算，青通河流域青阳站 19830705 场次洪水洪峰流量为 450 m^3/s，重现期约为 50 年。

1.7.2.2 1989 年

1989 年青通河流域年降水量为 1 855.1 mm，比常年同期略偏多。汛前 1—4 月份降水量为 553.5 mm，较常年同期偏多，除 4 月份降雨偏多外，其余各月降雨较为均匀；进入汛期，受低涡切变等天气影响，暴雨频次明显增加，暴雨时间间隔短，主要集中在 5 月上旬、6 月中下旬至 7 月上旬以及 8 月底，汛期降水量为1 124.2 mm，超过全年降水量的 60%；汛后 10—12 月份，降水较常年同期略偏多，累计降水量为 177.4 mm。1989 年前期降雨频发，下垫面较为饱和，加上汛期暴雨频发，容易导致青通河暴发洪水，其中 7 月 8 日洪水位最高，为 16.32 m，相应流量为 450 m^3/s，洪峰流量并列历史第 1 位。

1. 雨情

1）雨情概述

1989 年青通河流域雨量丰沛，全年降水量为 1 855.1 mm，比常年同期略偏多，其中汛前 1—4 月份降水量 553.5 mm 较常年同期偏多；入汛以后暴雨频发，暴雨间隔短，汛期（5—9 月）面平均雨量为 1 124.2 mm，占全年降水量的60%左右；汛后(10—12月)降水量为177.4 mm，比常年同期略偏多。

2) 暴雨过程

1989年青通河流域汛期(5—9月)，先后发生5次暴雨过程，分别为5月8—10日、6月15—17日、7月3—9日、8月3—8日、8月27日—9月2日。其中7月3—9日暴雨时间长、强度大，造成青通河流域发生超警戒洪水过程，具体降雨过程如下：

7月3—9日，青通河流域普降大到暴雨，暴雨时间长、强度大。暴雨于7月3日开始，3—4日流域普降中到大雨；5日降雨减弱，全天小雨；6—7日普降中到大雨，8日普降暴雨，9日降雨渐止。本次降雨持续时间长，降雨总量大，累计降水量为184.7 mm。

3) 暴雨特点

汛前降雨偏多，暴雨强度大，降雨集中，降雨历时长、笼罩范围广，强暴雨频发、降水总量大，降雨时空分布有利于形成流域性洪水。

(1) 汛前降雨偏多

汛前1—4月份降水量为553.5 mm，较常年同期偏多，持续时间长，降雨间隔短。由于汛前降雨频发，流域下垫面近于饱和，一旦发生持续降雨，易造成洪涝灾害。

(2) 暴雨频发、降雨集中

自5月入汛以来，流域内降雨频发，主要有5月8—10日、6月15—17日 、7月3—9日、8月3—8日、8月27日—9月2日等暴雨过程，降雨主要集中在5月上旬、6月中下旬至7月上旬以及8月底，汛期暴雨频发、强度大、持续时间长，造成青通河多次洪水过程。

2. 水情

1) 水情概述

1989年青通河流域受多次降雨影响，发生多次洪水过程，其中受7月3—9日暴雨影响，青通河流域暴发超警戒洪水的19890708场次洪水。

2) 洪水过程

1983年青通河流域出现多次洪水过程，本节着重分析19890708场次洪水。青阳站水位自7月3日8时起涨，8日14时超警戒水位(15.50 m)，8日16时达洪峰水位16.32 m(超警戒水位0.82 m)，随着降雨减弱，洪水逐渐回落，8日21时，青阳站水位回落至警戒水位以下，此次洪水基本退去。

3) 洪水特点

暴雨洪水范围广，洪水水位高、量级大。1989年青通河流域暴雨频发，暴雨覆盖面广，基本是全流域暴雨，致使青通河暴发全流域超警戒洪水。

4) 洪水组成分析

青通河流域主要控制站有青阳站，青阳站以上来水主要为上游及区间来水，青阳站以下来水主要为上游来水、区间来水以及长江顶托回水。

5) 洪水重现期

通过计算，青通河流域青阳站19890708场次洪水洪峰流量为450 m^3/s，重现期约为50年。

1.7.2.3 2016年

2016年青通河流域年降水量为2 388.6 mm，比常年同期偏多4成。2016年汛前降雨偏多，进入汛期，受低涡切变等天气影响，暴雨频次明显增加，特别是6月中下旬至7月中旬的数次暴雨，造成青通河发生多次超警戒洪水。

1. 雨情

1) 雨情概述

2016年青通河流域雨量丰沛，全年降水量为2 388.6 mm，比常年同期偏多4成，流域年降水量的高值区位于秋浦河上游山区，青阳站年降水量为2 289.0 mm。2016年汛前(1—4月)面平均雨量为530.5 mm，较常年同期偏多1成以上；入汛以后降水量异常偏多，汛期(5—9月)为1 552.4 mm，较常年同期偏多6成，占全年降水量65%左右；汛后(10—12月)为305.7 mm，比常年同期偏多6成。

2）暴雨过程

2016年青通河流域汛期(5—9月)先后发生7次暴雨过程，分别为5月2—10日、5月14—15日、6月18—19日、6月27—28日、6月30日—7月6日、7月13—16日、9月28—30日。其中6月27—28日、6月30日—7月6日暴雨造成青通河流域发生超警戒水位洪水过程，因此本节着重分析这两次暴雨及相应洪水过程。

(1) 6月27—28日：青通河流域普降大到暴雨，局部大暴雨，暴雨中心位于流域上游。暴雨于6月27日9时开始，6月28日17时止。本次青通河流域面平均雨量为175.8 mm。

(2) 6月30—7月6日：6月30日—7月1日，全流域普降中到大雨；7月2日，全流域普降大暴雨，局部特大暴雨；3—4日，全流域持续降雨，普降中到大雨；5—6日，降雨减小渐止。本次降雨主要集中在6月30日到7月5日，累计降水量为476.3 mm，较常年同期偏多6成。本次降雨历时长，暴雨集中，降水总量大，青通河流域所有站点累计降水量均超过300 mm，降雨覆盖整个流域。本次降雨过程造成青通河发生超保证洪水。

3）暴雨特点

汛前降雨偏多，暴雨强度大，降雨集中，降雨历时长、笼罩范围广，强暴雨频发、降水总量大，降雨时空分布有利于形成流域性洪水。

(1) 汛前降雨偏多

1—4月份，青通河流域出现多次降雨过程，面平均降水量为530.5 mm，比常年同期多1成以上，由于汛前降雨频发，流域下垫面近于饱和，一旦发生持续降雨，易造成洪涝灾害。

(2) 暴雨频发，降雨集中

自5月入汛以来，流域内降雨频发，有5月2—10日、5月14—15日、6月18—19日等暴雨过程，6月下旬以后青通河流域连续出现5次降雨过程，均为大到暴雨，暴雨频发，降雨集中。

(3) 暴雨强度大，笼罩范围广

在汛期历次降雨过程中，最大1 h降水量为65.5 mm(东堡站)，最大3 h降水量为75.0 mm(垄上站)，最大6 h降水量为111.0 mm(金家冲站)，最大24 h降水量为228.0 mm(阳山站)。6月30日至7月1日的暴雨最大，暴雨中心南源站日雨量为218.0 mm。

2. 水情

1)水情概述

2016年青通河流域受多次降雨影响，发生多次洪水过程，其中受6月27—29日、6月30日—7月6日暴雨影响，青通河流域暴发20160628场次、20160704场次、两次超警戒洪水。

2）洪水过程

2016年青通河流域出现多次洪水过程，本节着重分析20160628场次、20160704场次洪水，其余洪水未超警戒水位，不再阐述。

(1) 20160628场次洪水

青阳站水位自6月28日8时起涨，14时超警戒水位(15.50 m)，16时24分达洪峰水位15.98 m(超警戒水位0.48 m)，相应洪峰流量为220 m^3/s。6月28日20时，青阳站水位回落至警戒水位以下，此次洪水基本退去。

(2) 20160704场次洪水

青阳站水位自7月2日18时起涨，起涨水位为14.22 m，19时36分超警戒水位(15.50 m)，此间降雨渐止，水位达到15.67 m后开始回落至警戒水位左右，后受强降雨影响，于7月4日4时到达洪峰水位16.21 m，超警戒水位0.71 m，实测洪峰流量为337 m^3/s。

3）洪水特点

暴雨洪水范围广，洪水水位高、量级大，下游受江水顶托持续时间长。2016年青通河流域暴雨频发，暴雨覆盖面广，基本是全流域暴雨，特别是6月底至7月初的连续暴雨，致使青通河暴发全流域超警戒洪水。

4）洪水组成分析

青通河流域主要控制站有青阳站，青阳站以上来水主要为上游及区间来水；青阳站以下来水主要为上游来水、区间来水以及长江顶托回水。

5）洪水重现期

洪水重现期是反映洪水出现机遇的指标，因此，仅对青通河流域主要控制站青阳站的洪水重现期进行排频计算分析，通过计算，青通河流域青阳站 20160704 场次洪水洪峰流量 337 m^3/s，重现期约 10 年一遇。

1.8 秋浦河流域

1.8.1 概述

1.8.1.1 流域概况

1. 自然地理

秋浦河原名秋浦江，地跨祁门、石台、贵池三县（区）。东邻白洋河流域，西接黄湓河流域，南依祁门山脉，北滨长江。上游红凌河发源于祁门山脉的大洪岭，海拔为 1 126 m，自南向北经祁门县雷湖、城安等地入石台县横渡镇，过香口街北流，经石台县城在矶滩入贵池区境，经高坦、殷汇等地蜿蜒曲折转向东北，绕秋江圩南部过杜坞在池口入江。秋浦河干流全长 158 km，流域面积为 2 677.2 km^2，流域平均海拔为 131 m，流域坡度为 7.02 dm/km^2，形状系数为 0.611，河道坡度为 1.29‰。河床质为岩砾和淤沙，干流河道比降：七里至泥湾为 1/1 500，泥湾至殷汇为 1/3 400，殷汇至池口为 1/5 700。

2. 水利工程

高坦水文站断面以上流域共有小型水库 30 座，其中石台县境内有小(1)型水库 1 座，小(2)型水库 25 座；贵池区境内小(2)型水库 4 座。对高坦站水位流量关系有较大影响的主要是断面上游、秋浦河干流上的大龙湾水电站和双丰水电站。

(1) 大龙湾水电站

大龙湾水电站位于石台县矶滩乡沟汀村，距高坦水文站测验断面约 10 km。工程于 2006 年 1 月开工建设，2008 年 5 月机组安装完成投入试运行。电站总装机为 3×1 250 kW，设计多年平均发电量为 1 145 万 kW·h。工程项目有拦水坝、发电厂房、升压站。坝址以上控制来水面积为 991.7 km^2，拦水坝的固定坝为砼砌块石重力坝，最大坝高 11 m；活动坝为水力自控翻板坝面，高 5 m。

(2) 双丰水电站

双丰水电站位于贵池区梅村镇双丰村，距高坦水文站测验断面约 4 km。工程于 2010 年 9 月开工建设，目前已完成，但尚未正式运行。电站总装机为 3×1 600 kW，保证出力为 2 400 kW，额定水头为8.8 W，设计多年平均发电量为 1 380 万 kW·h。

3. 水文站网

秋浦河流域有各种观测站 37 个，其中水文站 1 个，水位站 4 个，雨量站 32 个。秋浦河流域水文站网分布较合理，站网密度较大，基本能控制秋浦河流域水文特性的变化规律。

高坦水文站以上流域地势南高北低，地貌多属陡峻高山型。南部为黄山、九华山山脉，山岭绵延，峰峦罗列。大部分山峰海拔在 1 000 m 左右，流域最高峰为牯牛降，海拔为 1 728 m。流域分水线以山脊线划定，闭合性好。秋浦河纵贯全流域，在池州市池口处注入长江。

高坦水文站是秋浦河重要控制站，也是省级重要报汛站。非汛期报旬、月雨量，汛期报日雨量。水位、雨量报汛主要依靠遥测，当遥测出现故障时，改为人工报汛。高坦站基本情况详见表 2.1-87。

表 2.1-87　高坦站基本情况统计表

流域	长江	水系	长江下游干流	河名	秋浦河
设站日期	1951 年 7 月	集水面积(km^2)	1 077	距河口距离(km)	61
汇入	长江	采用基面	冻结基面	与黄海基面较差值(m)	−1.832
站类	基本站、河道站、省级重要站、二类精度站				
测站功能	皖南山区 1 000～2 000 km^2 代表站，防汛抗旱、水资源管理、水质监测				
测站位置	安徽省池州市贵池区梅村镇罗田村				

1.8.1.2　暴雨特性

秋浦河流域属亚热带地区，受华东季风、温暖地带的大气环流影响，四季分明，降雨丰沛，但时空分布不均。根据高坦水文站多年资料统计，多年平均年降水量为 1 648.0 mm，最大年降水量为 2 731.4 mm（1954 年），最小年降水量为 948.8 mm（1951 年）。年内出现暴雨的时间一般为 4—7 月，主汛期（6—7 月）降水量占全年的 29.7%，6 月中旬至 7 月上、中旬为梅雨期，梅雨量大于 300 mm 的年份占 48%。

1.8.1.3　洪水特性

秋浦河流域洪水均由暴雨形成，其时空分布与本地区暴雨基本一致，流域上游为山丘区，下游为长江平原区，受暴雨影响，上游易形成山区性洪水，下游洪水受上游来水及长江洪水顶托影响。洪水一般发生在 6—8 月，7 月份出现大洪水的概率最大。就其影响范围来说，洪水主要为全流域性洪水，一般发生在梅雨期。梅雨期降雨历时长，暴雨区面积大，汇流时间短，传播速度快。

根据《秋浦河高坦站水文预报方案编制说明》，高坦水文站洪水汇流时间（τ）一般为 4～16 h，平均汇流时间为 8.2 h。其中汇流时间（τ）与降雨强度、暴雨中心位置关系明显，表现为降雨强度越大，汇流时间越短，当降雨强度达 23.8 mm/h 时，汇流时间最短为 6 h；降雨强度越小，汇流时间越长，当降雨强度为 6.1 mm/h时，汇流时间最长达 16 h。对于相同量级的暴雨，暴雨中心位于下游的汇流时间比暴雨中心位于中上游的短 1～3 h。连续洪水第二次洪峰汇流时间明显少于第一次洪峰的汇流时间。

秋浦河干流有石台、高坦、殷家汇三个水位控制站，其中石台站距高坦站约 30 km，传播时间为 3～4 h；高坦站距殷家汇站约 16 km，传播时间为 1.5～2 h。

1.8.1.4　洪涝灾害

本区域自有记录以来发生的大洪水年份为 1954 年、1970 年、1977 年、1984 年、1991 年、1996 年、1998 年、1999 年、2002 年、2010 年、2016 年。在历年洪水中，上游的石台县城被淹 5 次，1998 年 6 月 26 日，秋浦河高坦水文站发生了自建站以来的最大洪水，洪水冲垮了该站所有的测洪设施，并且在测验河段上游左岸先后有四处溃堤，左岸堤顶漫水，高坦镇所在的长山圩全部被洪水淹没，高坦水文站的测验断面河宽由 200 m 陡增至 750 m，当时的水情已经远远超出了水文站测洪设施的承受能力，致使这次洪峰从 26.50 m至 28.14 m 共 1.64 m 水位变幅的流量缺测。根据《高坦水文站"19980626"洪水洪峰流量调查分析》可知，左岸滩地的最大流量为 566 m^3/s，相应水位是 28.14 m，将此流量移植到左分流断面，推算出断面平均流速为 0.88 m/s。

2016 年秋浦河暴发超历史洪水。秋浦河高坦站 7 月 3 日 20 时 24 分到达洪峰水位 27.09 m，超保证 0.59 m，实测洪峰流量为 3 100 m^3/s；殷家汇站 7 月 4 日 0 时 48 分到达洪峰水位 18.71 m，超保证水位 0.61 m，超历史最高水位 0.32 m。

1.8.1.5　暴雨洪水频率分析

（1）暴雨频率分析

本次采用高坦水文站 1958—2018 年连续实测暴雨资料，按 P-Ⅲ型频率曲线适线，对其进行排频计算，高坦站短历时暴雨频率计算成果详见表 2.1-88。

表 2.1-88　高坦站短历时暴雨频率计算成果表

暴雨历时	均值(mm)	Cv	Cs/Cv	不同重现期对应的降水量(mm)			
				50	30	20	10
1 h	43.0	0.34	0.11	78.2	73.9	70.5	67.5
2 h	56.9	0.30	0.09	97.7	92.8	88.9	85.4
3 h	66.9	0.36	0.41	130.1	121.5	114.9	109.1
6 h	88.5	0.39	1.28	198.9	180.3	166.5	154.8
12 h	109.3	0.40	0.98	240.9	220.1	204.5	191.2
24 h	132.3	0.38	1.15	289.1	263.3	244.2	227.9

(2) 洪水频率分析

本次采用高坦水文站1952—2018年连续实测洪水资料，按 P－Ⅲ型频率曲线适线，对其进行排频计算，高坦站洪峰流量频率计算成果表，详见表2.1-89。

表 2.1-89　高坦水文站洪峰流量频率计算成果表

均值(m^3/s)	Cv	Cs/Cv	不同频率对应的流量(m^3/s)				
			1%	2%	3.33%	5%	10%
1 495.6	0.58	2.0	4 205.7	3 759.6	3 421.1	3 146.9	2 658.8

1.8.2　典型年洪水

1.8.2.1　1996年

1996年秋浦河流域雨量丰沛，全年降水量为2 120.0 mm，比常年同期偏多近3成，居历史第6位。其中汛前降雨频发，从2月开始流域连绵阴雨不断，降雨天数比往年偏多，汛前(1—4月)降水总量为437.7 mm，接近常年同期；入汛以后，受低涡切变等天气影响，暴雨频次明显增加，降水量异常偏多，汛期(5—9月)面平均雨量为1 492.2 mm，较常年同期偏多5成，占全年降水量70%以上；汛后(10—12月)降水量为190.1 mm，较常年同期略偏少，特别是12月份基本无有效降水。

1. 雨情

1996年汛期受低涡切变等天气影响，秋浦河流域暴发多次暴雨过程，主要集中在6、7月份，其中影响最为严重的主要有6月16—21日和6月23日—7月2日两次暴雨。两次降雨时间间隔短，暴雨时间长，暴雨强度大，覆盖范围广，降水总量大，造成秋浦河流暴发全流域洪水，具体暴雨过程如下：

(1) 6月16—21日：本次降雨从6月16日7时开始，21日降雨渐止，降雨主要集中在17日夜间和19日，其中17日流域普降中到大雨；18日降雨减小，流域普降小雨；19日流域普降大到暴雨；20—21日降雨渐止。此次降雨过程累计雨量为320.2 mm，其中最大1 h降水量为21.9 mm，最大3 h降水量为62.6 mm，最大6 h降水量为118.7 mm，最大12 h降水量为162.0 mm。本次降雨覆盖范围广，降雨集中，暴雨中心主要位于流域上游。

(2) 6月23日—7月2日：本次降雨从6月23日开始，7月2日降雨渐止，降雨主要集中在后期，其中23—28日流域普降中到大雨；6月29日—7月2日，流域普降大到暴雨。此次降水量过程累计降水量为458.1 mm，其中最大1 h降水量为16.3 mm，最大3 h降水量为48.4 mm，最大6 h降水量为75.7 mm，最大12 h降水量为117.0 mm。本次降雨时间长，覆盖范围广，降雨总量大，降雨分布均匀。

2. 水情

1) 水情概述

1996年秋浦河流域降雨丰沛，受多次降雨及长江洪水影响，流域发生多次洪水过程，其中6月下旬至7月初，受6月23日—7月2日暴雨影响，秋浦河暴发全流域超保证洪水(19960630场次洪水)，为1996年最大洪水，位居历史第2位。

2）洪水过程

1996 年秋浦河流域出现多次洪水过程，本节着重分析 19960630 场次洪水，其余洪水不再阐述。受 6 月 23 日—7 月 2 日暴雨影响，秋浦河流域发生超保证洪水过程。

高坦站水位自 6 月 23 日 19 时起涨，30 日 9 时超警戒水位(23.50 m)，受持续暴雨影响，水位不断上涨，于 30 日 10 时 30 分达洪峰水位 27.23 m(超保证水位 0.73 m)，相应洪峰流量为 2 850 m^3/s。7 月 1 日 5 时，高坦站水位回落至保证水位以下，10 时回落至警戒水位以下，此次洪水基本退去。

3）洪水特点

暴雨洪水范围广，洪水水位高、量级大，下游受江水顶托持续时间长。1996 年秋浦河流域暴雨频发，暴雨覆盖面广，基本是全流域暴雨，特别是 6 月底至 7 月初的连续暴雨，致使秋浦河暴发全流域洪水，洪水量级居历史第 2 位。

4）洪水组成分析

秋浦河流域主要控制站有高坦站、殷家汇站。高坦站以上来水主要为上游及区间来水，下游殷家汇站主要为上游来水、区间来水以及长江顶托回水。

5）洪水重现期

洪水重现期是反映洪水出现机遇的指标，因此，仅对秋浦河流域主要控制站高坦站的洪水重现期进行排频计算分析。通过计算，1996 年秋浦河流域高坦站洪峰流量为 2 850 m^3/s，重现期约为 15 年。

1.8.2.2 1998 年

1998 年秋浦河流域年降水量为 1 712.6 mm，比常年同期略偏多。1998 年汛前降雨偏多，进入汛期，受低涡切变等天气影响，暴雨频次明显增加，降雨主要集中在 6 月底 7 月初，其中 6 月 23—28 日暴雨造成秋浦河自 1949 年以来历史最大洪水。秋浦河流域全线超保，重现期为 60～70 年。

1. 雨情

1）雨情概述

1998 年秋浦河流域雨量丰沛，全年降水量为 1 712.6 mm。1998 年汛前(1—4 月)降水量为 617.1 mm，较常年同期偏多 2 成以上；入汛以后，降水量异常偏多，降雨主要集中在 5—9 月份，为 1 012.6 mm，约占全年降水量的 59%；汛后(10—12 月)流域降水量较常年同期偏少，仅为 82.9 mm。

2）暴雨过程

1998 年秋浦河流域汛期(5—9 月)先后发生 5 次暴雨过程，分别为 5 月 9—12 日、6 月 11—12 日、6 月 15—18 日、6 月 23—28 日、7 月 29 日—8 月 2 日。暴雨主要集中在 6 月份，由于暴雨频发，前期土壤较为饱和，6 月 23—28 日暴雨造成秋浦河流域发生一次超保证水位洪水过程，本节着重分析此次暴雨及相应洪水过程。

6 月 23—28 日，全流域普降大到暴雨。降雨从 23 日开始，28 日止，其中，23、24 日全流域普降中到大雨，局部暴雨；25、26 日，全流域持续降雨，普降大到暴雨；27、28 日，降雨减小渐止。本次降雨集中，覆盖范围广，累计降水量为 240.6 mm。本次降雨过程造成秋浦河发生超保证洪水。

3）暴雨特点

汛前降雨偏多，暴雨强度大，暴雨过程多，间隔时间短，降雨历时长、笼罩范围广，强暴雨频发、降水总量大，降雨时空分布有利于形成流域性洪水。

(1) 汛前降雨偏多

1—4 月份，秋浦河流域出现多次降雨过程，面平均降水量为 617.1 mm，比常年同期偏多 2 成，由于汛前降雨频发，流域下垫面近于饱和，一旦发生持续降雨，易造成洪涝灾害。

(2) 暴雨过程多，间隔时间短

自 5 月入汛以来，秋浦河流域降雨频发，多以小到中雨为主；6 月下旬以后，流域连续出现多次降雨过程，多为中到大雨，个别大到暴雨，降雨频发，间隔时间短。其中，6 月 23—28 日降雨比历次降雨强度大、降雨历时长、降水总量大，累计降水量达 240.6 mm。

2. 水情

1）水情概述

1998 年秋浦河流域受多次降雨及长江洪水影响，发生多次洪水过程，其中 6 月底受 6 月 23—28 日暴雨影响，秋浦河暴发全流域超保证洪水（19980626 场次洪水），为历史最大洪水。

2）洪水过程

1998 年秋浦河流域出现多次洪水过程，受 6 月 23—28 日暴雨影响，秋浦河流域发生超保证水位洪水过程。高坦站自 6 月 24 日 4 时 30 分开始起涨，25 日 22 时超警戒水位（23.50 m），受持续暴雨影响，水位不断上涨，26 日 6 时 10 分超保证水位（26.50 m），26 日 15 时达洪峰水位 28.14 m（超保证水位 1.64 m），相应洪峰流量为 4 210 m^3/s。6 月 26 日 23 时，高坦站水位回落至保证水位以下，27 日 4 时回落警戒水位以下，此次洪水基本退去。

3）洪水特点

暴雨洪水范围广，洪水水位高、量级大，下游受江水顶托持续时间长。1998 年秋浦河流域暴雨频发，暴雨覆盖面广，基本是全流域暴雨，特别是 6 月份连续暴雨，致使秋浦河暴发全流域洪水，洪水量级为历史最大洪水。19980626 场次洪水过程中，秋浦河流域全线超过保证水位，水位、流量均为历史第 1 位。

4）洪水组成分析

秋浦河流域主要控制站有高坦站、殷家汇站，高坦站以上来水主要为上游及区间来水，下游殷家汇站主要为上游来水、区间来水以及长江顶托回水。

5）洪水重现期

洪水重现期是反映洪水出现机遇的指标，因此，仅对秋浦河流域主要控制站高坦站的洪水重现期进行排频计算分析。通过计算，1998 年秋浦河流域高坦站洪峰流量为 4 210 m^3/s，重现期约为 60 年。

1.8.2.3　2016 年

2016 年秋浦河流域年降水量为 2 323.5 mm，比常年同期偏多 4 成，刷新历史极值，位居第 1 位。2016 年汛前降雨偏多，进入汛期，受低涡切变等天气影响，暴雨频次明显增加，特别是 6 月中下旬至 7 月中旬的数次暴雨，造成秋浦河仅次于中华人民共和国成立以来的 1998 年大洪水，秋浦河流域全线暴发超保证洪水，秋浦河下游河段暴发超历史洪水，重现期约为 50 年。

1. 雨情

1）雨情概述

2016 年秋浦河流域雨量丰沛，全年降水量为 2 323.5 mm，比常年同期偏多 4 成，流域年降水量的高值区位于秋浦河下游，高坦站、殷家汇站年降水量分别为 2 257.5 mm、2 293.5 mm。其中 2016 年汛前（1—4 月）降水量为 610.8 mm，较常年同期偏多 2 成以上；入汛以后，降水量异常偏多，汛期（5—9 月）面平均雨量为 1 457.9 mm，较常年同期偏多 5 成，占全年降水量的 60%以上；汛后（10—12 月）流域降水量为 254.8 mm，比常年同期偏多 4 成。

2）暴雨过程

2016 年秋浦河流域汛期（5—9 月）先后发生 7 次暴雨过程，分别为 5 月 2—10 日、5 月 14—15 日、6 月 18—19 日、6 月 27—29 日、6 月 30 日—7 月 6 日、7 月 13—16 日、9 月 28—30 日。由于只有 6 月 30 日—7 月 6 日暴雨造成秋浦河流域发生一次超保证水位洪水过程，其余暴雨洪水均未超警，因此本节着重分析 6 月 30 日—7 月 6 日暴雨及相应洪水过程。

6 月 30 日—7 月 1 日，全流域普降中到大雨；2 日，全流域普降大暴雨，局部特大暴雨；3—4 日，全流域持续降雨，普降中到大雨；5—6 日，降雨减小渐止。本次降雨主要集中在 6 月 30 日到 7 月 5 日，累计降水量为 476.3 mm，较常年同期偏多 6 成。本次降雨过程造成秋浦河发生超保证洪水。

本次降雨历时长，暴雨集中，降水总量大，秋浦河流域所有站点累计降水量均超过 300 mm，降雨覆盖整个流域。

3）暴雨特点

汛前降雨偏多，暴雨强度大，暴雨过程多，间隔时间短，降雨历时长、笼罩范围广，强暴雨频发、降水总量大，降雨时空分布有利于形成流域性洪水。

（1）汛前降雨偏多

1—4月份，秋浦河流域出现多次降雨过程，面平均降水量为610.8 mm，比常年同期多2成以上，由于汛前降雨频发，流域下垫面近于饱和，一旦发生持续降雨，易造成洪涝灾害。

（2）暴雨过程多，间隔时间短

自5月入汛以来，秋浦河流域降雨频发，多以小到中雨为主；6月上旬以后，流域出现5次降雨过程，均为大到暴雨，暴雨频发，间隔时间短。6月30日—7月6日降雨比历次降雨强度大、降雨历时长、降水总量大，累计降水量达476.3 mm，比常年同期偏多4倍。

（3）暴雨强度大，笼罩范围广

在汛期历次降雨过程中，最大1 h降水量为81.0 mm（石台站），最大3 h降水量为127.0 mm（石台站），最大6 h降水量为170.5 mm（考坑站），最大24 h降水量为274.5 mm（南源站）。7月4日的暴雨最大，暴雨中心南源站日雨量为218.0 mm，雨量超过100 mm的笼罩面积为2 677.2 km^2。

2. 水情

1）水情概述

2016年秋浦河流域受多次降雨及长江洪水影响，发生多次洪水过程，其中6月底受6月30日—7月6日暴雨影响，秋浦河暴发全流域超保证洪水（20160630场次洪水），为2016年最大洪水，秋浦河干流水位全线超过保证水位，殷家汇水位受长江洪水顶托一度超过历史最高。

2）洪水过程

2016年秋浦河流域出现多次洪水过程，本节着重分析20160630场次洪水，其余洪水未超警戒水位，不再阐述。受6月30日—7月6日暴雨影响，6月底—7月上旬，秋浦河流域发生超保证洪水过程。

（1）高坦站

高坦站水位自6月30日18时起涨，7月3日11时超警戒水位（23.50 m），受持续暴雨影响，水位不断上涨，16时超保证水位（26.50 m），20时24分达洪峰水位27.09 m（超保证水位0.59 m），相应洪峰流量为3 080 m^3/s。7月3日23时，高坦站水位回落至保证水位以下，4日8时回落至警戒水位以下，此次洪水基本退去。

（2）殷家汇站

殷家汇站水位自6月30日23时起涨，7月2日18时超警戒水位（15.50 m），受持续暴雨及长江洪水顶托影响，水位不断上涨，于3日16时超保证水位（18.10 m），4日0时48分达洪峰水位18.71 m（超保证水位0.61 m），超历史最高水位0.32 m。7月4日12时，殷家汇站水位回落至保证水位以下，23日5时回落至警戒水位以下，水位在警戒水位以上持续21 d。

3）洪水特点

暴雨洪水范围广，洪水水位高、量级大，下游受江水顶托持续时间长。2016年秋浦河流域暴雨频发，暴雨覆盖面广，基本是全流域暴雨，特别是6月底至7月初的连续暴雨，致使秋浦河暴发全流域洪水，洪水量级仅次于1998年的大洪水。20160630场次洪水过程中，秋浦河流域全线超过保证水位，下游殷家汇站水位超过历史最高水位，受长江洪水顶托影响，秋浦河下游洪水从6月底持续到7月底，在警戒水位以上持续21 d。

4）洪水组成分析

秋浦河流域主要控制站有高坦站、殷家汇站，高坦站以上来水主要为上游及区间来水，下游殷家汇站主要为上游来水、区间来水以及长江顶托回水。

5）洪水重现期

洪水重现期是反映洪水出现机遇的指标，因此，仅对秋浦河流域主要控制站高坦站的洪水重现期进行排频计算分析。通过计算，2016年秋浦河流域高坦站洪峰流量为3 080 m^3/s，重现期约为20年。

1.9 潜水流域

1.9.1 概述

1.9.1.1 流域概况

1. 自然地理

潜水为皖河的支流，源出岳西县多枝尖(高程为 1 721 m)东麓，上游为来榜河，至岳西县花墩以下始称潜水。河流长 115 km，流域面积为 1 326 km^2，其中山区 977 km^2，丘陵 265 km^2，圩区 84 km^2。野寨以下两岸有堤防。潜山站以上流域跨岳西县、潜山县 2 个行政区。

2. 河流水系

潜水发源于岳西县的多枝尖，经大龙潭水库至牛肩岭进入潜山县，过水吼岭，在野寨出山，流经潜山县城，在怀宁县的陶湾与长河汇合。野寨以上为上游山区，上游建有大龙潭水库，以下为丘岗、圩区。中下游丘圩区较大的二级支流有右岸潜山县境内的茅林河、牌楼河。潜水干流长 115 km，其中野寨以上长 84 km，野寨—茅林河口长 15 km，茅林河口—牌楼河口长 13 km，牌楼河口—潜水口长 3 km。

3. 水利工程

(1) 水库

岳西县五河镇境内建有大龙潭水库 1 座，位于潜水干流，水库以发电为主，兼顾防洪。

流域内有小(1)水库 3 座，总库容为 980 万 m^3；小(2)水库 55 座，总库容为 1 174 万 m^3，其中岳西县 47 座，库容为 1 056 万 m^3，潜山县 8 座，库容为 118 万 m^3。

(2) 堤防

潜山站测验断面上游的潜水堤防长度为 8.8 km，防洪标准为 30 年一遇，堤顶高程为 40.6～32.1 m。部分堤段未达到设计洪水超高要求，堤身高度一般为 6～7 m，堤防顶宽 5 m。

4. 水文测站

潜山水文站测验项目有水位、流量、雨量、泥沙、蒸发、水质、墒情，是安庆水文水资源局所属各站中测验项目最全的水文站之一，下设 5 个基本雨量站，分别是逆水站、龙潭河站、陈家畈站、袁家渡站、白水湾站；1 个基本水位站：袁家渡站。雨量站布设基本合理，控制良好，其中桂花屋、袁家渡、白水湾、陈家畈、姜家寨、五河、来榜等雨量站与潜山站雨洪配套。

潜水流域内各站多年平均年降水量在 1 300～1 600 mm，年降水量由上游山区向下游丘圩区递减，暴雨在 3—11 月均可出现，多年平均年暴雨次数为 5.2 次，6—7 月份出现的暴雨频次占全年的 81.9%。多年平均年降水日数约为 131 d，最多达 156 d(1954 年)，最少为 110 d(1962 年)。流域多年平均最大 24 h 暴雨量为125.0 mm。潜水流域洪水由降水形成，洪水过程涨得快、落得快、历时短。

1.9.1.2 洪水特性

潜水流域洪水为山区性洪水，洪峰来势凶猛，给河流两岸防洪带来压力，而河道圩口堤防极易溃堤成灾，主要成灾原因有以下几个方面：

(1) 水文气象因素：流域属于亚热带季风气候区，气候温和，雨量充沛，日照充足，无霜期长，四季分明。上游山区是本区域暴雨中心之一，梅雨锋长时间在长江中下游摆动，锋上低气压扰动不断出现，梅雨期江淮切变，西南急流，加之大别山山脉地形影响，冷暖空气交汇，降雨带南跃，出现梅雨反常，降水高度集中且量大，导致暴雨洪水泛滥成灾。潜水流域降水年际变化大，年内分配不均，以及暴雨次数多、雨强大和暴雨出现时间长等特点，加上山高坡陡，河道比降大，使得流域洪水具有峰量大、历时短、挟沙多的特点。

(2) 自然地理因素：流域内地形条件复杂，山、丘、岗、圩兼备。地形总体特征是西北高、东南低，西北是以岳西县和平乡、来榜镇为代表的大别山区，山坡坡度一般为 30°～40°，最陡处在 70°以上。上游河道比降大，四周山地的坡面流也迅速向河谷盆地汇集，暴雨形成的上游洪水很快下泄，极易造成洪灾。同时下游是圩区，河流水系错综复杂，地形平坦，地势较低，河床泥沙淤积，水流平缓，众多支流河道较窄，弯道多，造成泄洪速度缓慢，往往溢出河床，也是形成洪涝灾害的重要因素。

(3) 人类活动影响：由于各种原因，流域内森林植被被破坏后造成水力侵蚀，导致水土流失。此外，在河道行洪范围内，任意修建阻水、挑流建筑物，无序翻采铁砂、黄沙，侵占防洪堤、护堤地，向河道中倾倒建筑和生活垃圾等，不仅影响了河道的行洪能力，还直接威胁到堤防安全。

1.9.2 典型年洪水

1.9.2.1 1983 年

1. 雨情

1) 雨情概述

1983 年潜水流域年降水量为 2 208.9 mm，汛期(5—9 月)面平均雨量为 1 480.5 mm，其中 5 月份降水量为 392.8 mm，6 月份降水量为 444.6 mm，7 月份降水量为 444.4 mm，8 月份降水量为 77.9 mm，9 月份降水量为 120.8 mm。最大 1 d 降水量为 6 月 29 日的 117.5 mm，最大 3 d 降水量为 218.8 mm(6 月 28—30 日)。

2) 暴雨过程

自入汛以来，潜水流域遭遇多次强降雨，降雨持续时间长、强度大，暴雨过程主要为 5 月 27 日—6 月 3 日、6 月 23 日—7 月 1 日、7 月 3—6 日、7 月 8—11 日、10 月 4—7 日、10 月 18—22 日。其中降水量最多的过程为 6 月 23 日—7 月 1 日、7 月 3—6 日、7 月 8—11 日这三场降雨，由于这三场降雨皆仅间隔一天，且雨量充沛，造成潜山站水位于 7 月 5 日达到 30.22 m，超警戒水位 1.02 m。

2. 水情

1) 水情概述

潜水流域 6、7 月份持续的强降雨，导致潜山站 6、7 月份流量出现陡涨陡落的情况。

2) 洪水过程

1983 年潜水流域大洪水主要为 6 月下旬到 7 月初的一场洪水。

由于 6、7 月份连续降雨，加上潜水流域河流地处山区，水位陡涨陡落的情况十分明显，且此次洪峰水位明显高于全年其他月份，7 月 5 日 11 时 30 分出现年最高水位 31.36 m，最大流量为 4 280 m^3/s。

3) 洪水重现期

根据潜山站 1967—2016 年最大洪峰流量资料，经频率分析得到，1983 年洪峰流量(4 280 m^3/s)约为 20～50 年一遇。

3. 工情

潜水干流全长 115 km，安徽境内长 56.7 km。野寨以上为山区河道，河宽为 120～250 m，纵坡为 1/400～1/1 000；以下为丘圩区，河道长 28.6 km，河宽为 350～500 m，河滩高程为 17.4～36.5 m，纵坡为 1/2 000～1/2 500，河床全由中细沙淤成。

潜水防洪堤长 62.04 km，其中左岸堤防长 30.49 km，防洪保护面积为 53.19 km^2，潜山县城位于其保护范围内；右岸堤防长 31.55 km，防洪保护面积为 91.78 km^2。

左堤上自野寨，下至油坝龙王闸，设计堤顶高程为 25.88～42.25 m，现状堤顶高程为 24.8～42.0 m。有穿堤涵闸 9 座；右堤上自吴塘闸，下至老鱼潭，设计堤顶高程为 25.70～42.25 m，现状堤顶高程为 23.2～41.0 m，有穿堤涵闸 9 座。

4. 灾情

19830705 场次洪水导致合西堤大精岩堤段外严重崩垮，300 多米长的干砌石护岸垮塌殆尽。

5. 结语

综上所述，结合 1983 年潜水流域雨情、水情、工情以及灾情，综合确定 19830705 场次洪水为 20～50 年一遇。

1.9.2.2 2016 年

1. 雨情

1) 雨情概述

2016 年潜水流域年降水量为 2 131.2 mm，比常年同期偏多 4 成。进入汛期以来，降雨频发，降水量较大，汛期面平均雨量为 1 468.3 mm，较常年同期偏多 5 成。其中 5 月份降水量为 315.8 mm，6 月份降水量为 387.5 mm，7 月份降水量为 547.3 mm，8 月份降水量为 104.0 mm，，9 月份降水量为 113.7 mm。最大 1 d 降水量为 7 月 1 日的 127.4 mm，最大 3 d 降水量为 261.3 mm(6 月 30 日—7 月 2 日)，最大 7 d 降水量为 441.6 mm(6 月 30 日—7 月 6 日)。

2）暴雨过程

自 2016 年入汛以来，潜水流域遭遇多次强降雨，降雨持续时间长，强度大，汛期暴雨过程主要为 5 月 1—3 日、5 月 4—9 日、5 月 14—15 日、5 月 31 日—6 月 3 日、6 月 18—22 日、6 月 24—28 日、6 月 30 日—7 月 7 日、7 月 13—15 日、9 月 28—30 日。其中最大暴雨过程为 6 月 30 日—7 月 7 日，该场降雨造成较为严重的洪涝灾害。

6 月 30 日—7 月 7 日，潜水流域普降大到暴雨，局地大暴雨，降雨主要集中在 6 月 30 日到 7 月 6 日，7 日降雨渐止。本次降雨过程累计降水量为 419.9 mm，较常年同期偏多 4 倍。

本次降雨过程潜山市雨量超过 100 m 以上的笼罩面积达 1 668.09 km^2，超过 200 mm 以上的笼罩面积为 1 601.68 km^2。暴雨中心位于潜水流域潜山站附近，龙潭河站降水量累计达到 570.0 mm，潜山站降水量达到 486.5 mm。

2. 水情

1）水情概述

2016 年潜水流域暴雨导致潜山站水位接近警戒水位。

2）洪水过程

2016 年潜水流域大洪水主要为 6 月底到 7 月初的一场接近警戒水位的洪水。

潜山站水位自 7 月 1 日 14 时起涨，2 日 01 时到达洪峰水位 29.01 m，距警戒水位(警戒水位 29.20 m)仅 0.19 m，相应流量为 2 200 m^3/s。7 月 2 日 7 时水位回落至 28.00 m 以下。

3）洪水重现期

根据潜山站 1967—2016 年最大洪峰流量资料，经频率分析得到，5 年一遇流量为 2 600 m^3/s；10 年一遇流量为 3 240 m^3/s；20 年一遇流量为 3 830 m^3/s。故 2016 年洪峰流量(2 460 m^3/s)约为 5 年一遇。

3. 结语

综上所述，结合 2016 年潜水流域雨情、水情、工情以及灾情，综合确定 20160702 场次洪水约为 5 年一遇。

1.10 皖水流域

1.10.1 概述

1.10.1.1 流域概况

1. 自然地理特征

皖水，又名潜山东河，俗称后河，长江支流皖河的支流。其发源于岳西县黄沙岭(黄毛尖和乌牛石大岗)，经岳西县县城，潜山县乌石堰、余家井小市，在程家渡与长河、潜水汇合流入皖河干流，长 120 km，流域面积为 1 083 km^2。公元 200 年在该河兴建的乌石堰治水工程，有“金堤石渠”之称。区内山峰林立，山势陡峻，岩石外露，沟谷呈“V”字形，风化壳厚约三四米。本区气候温凉，雨量充沛，相对湿度大，天然林荫翳蔽日，区内还有一部分草地和名茶产地，近万亩农田零星分布，一年一季中稻常遇“青封”灾害。

2. 水利工程

毛尖山水库是一座中型水库，于 1958 年 6 月破土修建，1965 年 4 月竣工。水库坝址坐落在岳西县毛尖山乡夏冲。大坝为黏土心墙、土石混合坝，坝高 72.7 m，坝顶长 215 m。水库设计库容为 5 395 万 m^3，实际库容为 4 553 万 m^3，有效库容为 2 682 万 m^3，集水面积为 202 km^2，死水位为 345.00 m，正常蓄水位为 365.00 m，蓄水面积为 2.4 km^2。

九井岗水电站工程地处安徽省潜山县境内皖河支流皖水中上游，槎水镇波罗村与岳西县交界处，工程主要任务是发电。水库总库容为 2 818 万 m^2，电站总装机为 20 MW，工程等别为三等。水库安全相关的挡水与泄水建筑物为二等建筑物，设计洪水标准为 100 年一遇，校核洪水标准为 1 000 年一遇。枢纽工程由拦河坝、坝身自由溢流表孔、滑雪道式溢洪道、泄洪隧洞、发电引水隧洞、电站厂房和变电站等建筑物组成。水库正常蓄水位为 224.00 m，100 年一遇洪水位为 229.64 m，1 000 年一遇校核洪水位为 232.97 m。电站多年平均发电量为 4 160 万 kW·h。

雷公井水电站于 1998 年 4 月破土动工建设，2000 年 1 月竣工投产，6 月正式并网发电，位于长江流域皖河水系皖水中上游，潜山县龙潭乡境内，电站坝址以上控制流域面积为 382.03 km^2，水库蓄水库容为 1 593万 m^3，设计发电装机容量为 2×7 500 kW，年发电量为 3 841 万 kW·h，整个工程包括混凝土砌块石双曲拱坝、引水隧洞、地面式发电厂房、升压站、110 千伏输电线路等，总投资为 9 103 万元。工程具有发电、防洪、灌溉、养殖、旅游等综合效益。

3. 水文测站

皖水流域涉及岳西县、潜山县两个县城，流域内有雨量站 18 个，水文站 1 个(岳西水文站)。岳西水文站位于皖水上游，是皖水流域主要控制站。

岳西水文站于 1953 年 5 月由安徽省农林厅水利局设立为衙前水位站，1954 年 1 月改为岳西汛期水文站，1955 年改为岳西水位站，1958 年改为岳西水文站，并将基本水尺断面上迁 125 m，1964 年 6 月断面上迁 30 m，1971 年基本水尺断面再上迁 300 m，1974 年 1 月基本水尺断面下迁 200 m，1980 年 1 月划归省水文局领导，观测至今。该站属国家基本站、河道站、大别山区 100 ～200 km^2 区域代表站。

岳西水文站坐落在岳西县天堂镇，水文站以上的集水面积为 137 km^2，流域断面以上共有雨量站 7 个，分别是石关、象形、红旗、岳西、望家岭、汤池、硃屋，其中配套雨量站 4 个：岳西、望家岭、汤池、硃屋。

1.10.1.2 暴雨特性

皖水流域属北亚热带湿润性季风气候区，山地垂直自然带分布复杂，小气候差异大，多为海拔在 800 m以上的江淮分水岭以北高地，年平均气温在 13℃以下，大于或等于 10℃积温在 3 900℃以下，极端最低温度为−19.8℃，气候偏寒，为宜林之地。高地区为大别山集雨中心，年平均降水量在 1 600 mm 以上；低山区域年平均降水量在 1 400～1 600 mm；低丘盆地区年平均降水量为 1 400 mm。

1.10.1.3 洪水特性

造成皖水流域洪涝灾害的主要因素有以下几个方面：

(1) 暴雨频发

上游洪水来势凶猛，流域上游山区是本区域暴雨中心之一，暴雨频发、降雨强度大，加上山高坡陡，山体强烈风化，植被差，河道比降大，使得流域洪水具有峰量大、历时短、挟沙多的特点。

(2) 人类活动

近些年来，无序开采河砂，致使河床不断下切，改变了河床坡降，影响了行洪顺畅，洪水期间，受下游毛尖山水库水位顶托影响，流量变小。河道采砂看似扩大了河道断面，事实上大大改变了河道泄洪能力，且使岸坡堤脚易受到冲刷，对堤身安全造成较大隐患。

(3) 拦水坝调度

皖水流域有多个拦水坝，其中上游有 11 个，下游有 2 个。洪水期间，若未能进行合理调度，易造成洪水顶托效应。

1.10.1.4 洪涝灾害

区域内水旱灾害发生频繁，水旱灾害常常连年发生。其中，1949 年之后的特大水灾主要发生在 1969 年及 2005 年。

1969 年 7 月上旬，流域连降大暴雨，20 d 的降水量达 1 131.1 mm，并出现自有水文记录以来最大 1、3、7 d 降水量，年降水量的最大值，7 月 13 日 18 时至 14 日 9 时 30 分降水量为 324.3 mm，衙前河岳西水文站测流断面水位高达 372.15 m，县城十字街过水。皖水堤防溃破计 289 处。

1991 年 4 月下旬，流域出现大暴雨，皖水上游虽有毛尖山水库调蓄，但也有 4 次超警戒水位。皖水因洪水长期浸泡，内坡多处发生脱坡管涌。

1996年6月23日—7月19日，流域发生大水，境内河流全面超警，7月5日，皖水八一堤末端凌楼段洪水位距堤顶仅0.5 m，迎水坡崩塌，背水坡渗漏严重，个别地方喷出1～2 m的水柱。余井堤吊灌头段迎水坡崩塌长100 m，向坝身进尺2 m，县城5次进水，淹没城区面积4 km^2。

1999年6月22日以后，流域出现大雨，皖水水位超警戒0.70 m，三合堤菜篮坝迎水坡崩塌150 m，潜山县农作物受灾面积为9.1万亩，成灾面积为6.5万亩，绝收面积为0.36万亩。

2005年9月2日至3日短短24 h内，受第13号台风"泰利"外围影响，岳西县境内突降特大暴雨，是该县自1969年以来强度最大的一次降水，为历史所罕见。岳西县倒塌民房1万多间，损坏房屋2万多间，公路塌方1 500余处，毁坏耕地8 000余亩，农作物受灾面积为10万余亩，有6个乡镇供电中断10 h以上；105、206国道和109省道全部中断；县城通信、电力中断，部分居民区积水达1.5 m。全县累计受灾人口21万人，19人死亡，2人失踪，直接经济损失达2.5亿元。

2006年7月26日，受第5号台风"格美"和西风带低槽共同影响，岳西县12个乡(镇)遭暴雨袭击。据初步统计，此次降水12个乡(镇)受灾人口达44 000多人，因灾死亡3人，倒塌民房850间，农作物受灾面积为34 670亩，交通、通信、水利等基础设施损失严重，洪灾共造成直接经济损失4 161万元。

2010年7月8—13日，岳西县24个乡(镇)持续普降暴雨，受灾人口为19.8万人，倒塌房屋1 540间，无死亡事故，据统计，此次洪灾直接经济损失达1.998亿元。

2016年岳西站7月1日达最高水位368.74 m，最大流量为623 m^3/s，流量排历史第3位。2016年6月30日—7月6日，岳西、毛尖山、余井等乡镇降水量均超过350 mm。此次暴雨洪涝灾害中，岳西县天堂镇受灾严重，不间断的强降雨造成衙前河特大洪水，林综厂周边房屋受淹百余间。截至4日12时，全镇农作物受灾面积为25.5公顷，倒塌房屋2户，严重损房26户，一般损房30户，受灾人口为9 688人；基础设施和公益设施遭受不同程度的损坏，该镇直接经济损失达723万元。

1.10.2 典型年洪水

1.10.2.1 1969年

1969年7月上旬，流域连降大暴雨，20 d的降水量达1 131.1 mm，7月13日18时至14日9时30分降水量为324.3 mm，衙前河岳西水文站测流断面水位高达372.15 m，县城十字街过水。岳西水文站1969年7月14日最大流量为2 180 m^3/s，是多年均值的6.57倍，须按特大值处理。根据安徽省水利水电勘测设计院对大别山区多座水库洪水的分析成果，1969年皖水流域洪水相当于50年一遇。

1. 雨情

1）雨情概述

1969年入汛以后，降雨过程主要集中在7月份，7月6—16日连续降大暴雨，并出现自有水文记录以来最大1、3、7 d降水量，年降水量的最大值，7月13日18时至14日9时30分降水量为324.3 mm。

2）暴雨过程

自1969年入汛以来，皖水流域遭遇连续强降雨，降雨持续时间长、强度大，汛期暴雨过程主要为7月3—4日、7月13—14日、7月15—16日、9月27—29日。其中最大暴雨过程为7月13—14日，该场降雨造成严重的洪涝灾害，岳西站发生自1949年以来最大洪水。

2. 水情

1）水情概述

1969年皖水流域发生暴雨，岳西站暴发自1949年以来的最大洪水，岳西水文站测流断面水位高达372.15 m，居历史第1位，县城十字街过水。岳西水文站1969年7月14日最大流量为2 180 m^3/s，是多年均值的6.57倍，居历史第1位，须按特大值处理。

2）洪水特点

暴雨频发，分布区域广，河道排水不畅。

流域上游多为山区，本次暴雨分布在全流域，且降雨强度大，使得流域洪水具有峰量大、历时短的特点。

皖水局部河段河道偏窄，且上游人口较多，过度垦殖造成水土流失严重，土壤侵蚀模数高于邻近的长河、潜水，导致河道排水不畅问题更加明显。

3）洪水重现期

皖水设计洪水采用岳西站历年最大洪峰流量进行分析。根据岳西站 1967—2018 年最大洪峰流量资料，经频率分析得到，5 年一遇流量为 427 m^3/s；10 年一遇流量为 654 m^3/s；20 年一遇流量为 906 m^3/s。因为 1969 年洪水为历史最大，所以在此次频率计算中难以分析 1969 特大洪水的重现期，须作为极大值处理，根据安徽水利水电勘测设计院对大别山区多座水库洪水的分析成果，1969 年皖水洪水相当于 50 年一遇。

3. 灾情

此次洪水造成严重的洪涝灾害，衙前河岳西水文站测流断面水位高达 372.15 m，县城十字街过水，皖水堤防溃破计 289 处。

4. 结论

综合分析 1969 年的雨情、水情、灾情等，1969 年皖水流域洪水为 50 年一遇。

1.10.2.2 2005 年

2005 年 9 月 2 日至 3 日短短 24 h 内，受第 13 号台风"泰利"外围影响，岳西县境内突降特大暴雨，是该县自 1969 年以来强度最大的一次降水，为历史所罕见，引发了较为严重的洪水灾害。

1. 雨情

1）雨情概述

2005 年皖水流域年降水量为 1 551.1 mm，与常年同期基本持平，但 9 月 2—3 日降水量为 445.5 mm，为自 1969 年以来强度最大的一次降水，为历史所罕见。最大 1 d 降水量为 9 月 2 日的 308.0 mm，最大3 d 降水量为447.0 mm(9 月 1—3 日)。

2）暴雨过程

自进入汛期以来，皖水流域除短历时暴雨外，并未有连续大暴雨，但受第 13 号台风"泰利"外围影响，9 月 3 日控制站岳西水文站水位达到 368.90 m，洪峰流量为 983 m^3/s，造成较为严重的洪涝灾害。

2005 年第 13 号台风"泰利"于 9 月 1 日 14 时 30 分在福建莆田登陆，登陆后经过 9 h 进入安庆市境内，先为小雨，到 2 日 16 时雨强增大，直至 3 日 19 时，主雨段长 27 h，5 日 6 时此场降水在安庆市范围内结束。

3）暴雨特点

受台风影响，本次降雨强度大、笼罩范围广、降水总量大，降雨时空分布有利于形成流域性洪水。

本次降水毛尖山站总量最大，降水总量为 633.0 mm，是本次暴雨中心。该站降水从 9 月 2 日 3 时开始，到 9 月 4 日 6 时结束，降水总历时为 51 h，其中有雨时段长 42 h。主雨段为 9 月 2 日 16 时至 9 月 3 日 19 时，历时约为 27 h，主雨段降水总量为 613.0 mm，占本次毛尖山站降水总量的 96.8%。

2. 水情

1）水情概述

2005 年受第 13 号台风"泰利"外围影响，皖水流域发生暴雨，岳西站暴发自 1969 年以来的最大洪水，岳西水文站测流断面水位高达 368.90 m，9 月 3 日最大流量为 983 m^3/s，居历史第 2 位。

2）洪水特点

受台风影响，短历时暴雨过大，分布区域广，河道排水不畅。

流域上游多为山区，本次暴雨分布在全流域，且暴雨频发、强度大，使得流域洪水具有峰量大、历时短的特点。

皖水局部河段河道偏窄，且上游人口较多，过度垦殖造成水土流失严重，土壤侵蚀模数高于邻近的长河、潜水，导致河道排水不畅问题更加明显。

3）洪水重现期

皖水设计洪水采用岳西站历年最大洪峰流量进行分析。根据岳西站 1967—2018 年最大洪峰流量资料，经频率分析得到，5 年一遇流量为 427 m^3/s；10 年一遇流量为 654 m^3/s；20 年一遇流量为 906 m^3/s。

2005 年最大流量为 983 m^3/s，洪水重现期约为 20 年。

3. 结论

综合分析 2005 年的雨情、水情、灾情等，2005 年皖水流域洪水为 20 年一遇。

1.10.2.3 2010 年

1. 雨情

1）雨情概述

2010 年皖水流域年降水量为 1 516.6 mm，较常年同期偏少 1 成。但进入汛期之后，暴雨频次明显增加，降雨频发，降水量较大，汛期降水量为 1 116.0 mm，较常年同期偏多 1 成。

2）暴雨过程

2010 年自进入汛期之后，流域遭遇多次强降雨，降雨持续时间长、强度大，汛期暴雨过程主要为 5 月 16 日、7 月 8—11 日、7 月 19—21 日、8 月 25—27 日、9 月 2—3 日。其中 7 月 8—11 日为最大暴雨过程，该场暴雨造成了洪水灾害。

2010 年 7 月 8—11 日，皖水流域普降大到暴雨，累计降水量为 309.2 mm，较常年同期多 9 倍。本次降雨岳西县面平均雨量为 232.3 mm，雨量超过 100 mm 的笼罩面积为 2 192 km^2，雨量超过 200 mm 的笼罩面积为 1 539 km^2。

3）暴雨特点

暴雨过程长、间隔时间短，降雨历时长、笼罩范围广，强暴雨频发、降水总量大，降雨时空分布有利于形成流域性洪水。

此次降雨过程中，最大 1 h 降水量为桐城市陶冲站的 54.0 mm，最大 3 h 降水量为陶冲站的 133.5 mm，最大 24 h 降水量为陶冲站的 360.0 mm；最大 1 d 降水量为陶冲站的 253.5 mm，最大 3 d 降水量为陶冲站的 485.5 mm，最大 7 d 降水量为陶冲站的 638.5 mm。

2. 水情

1）水情概述

2010 年皖水流域发生暴雨，岳西站水位超过警戒水位。

2）洪水过程

2010 年皖水流域大洪水主要为 7 月 8—11 日的一场超警戒洪水。岳西站水位自 7 月 11 日 0 时起涨，7 时 40 分到达洪峰水位 368.76 m，超警戒水位 0.26 m，相应流量为 524 m^3/s。7 月 13 日 10 时水位回落至 366.55 m。

3）洪水特点

暴雨频发，分布区域广，河道排水不畅。

流域上游多为山区，本次暴雨分布在全流域，且降雨强度大，使得流域洪水具有峰量大、历时短的特点。

皖水局部河段河道偏窄，且上游人口较多，过度垦殖造成水土流失严重，土壤侵蚀模数高于邻近的长河、潜水，加上近年无序采砂，导致河道排水不畅问题更加明显。

4）洪水重现期

皖水设计洪水采岳西站历年最大洪峰流量进行分析。根据岳西站 1967—2018 年最大洪峰流量资料，经频率分析得到，5 年一遇流量为 427 m^3/s；10 年一遇流量为 654 m^3/s；20 年一遇流量为 906 m^3/s。由此得到 2010 年洪峰流量为 5～10 年一遇。

3. 结论

综合分析 2010 年的雨情、水情、灾情等，2010 年皖水流域洪水为 10 年一遇。

1.10.2.4 2016 年

2016 年皖水流域年降水量为 2 154.8 mm，比常年同期偏多 4 成。进入汛期之后，暴雨频次明显增加，降雨频繁，降水量较大，汛期面平均雨量为 1 488.5 mm，较常年同期偏多 5 成。岳西站暴发自 2010 年以来最大的一次超警戒洪水。

1. 雨情

1）雨情概述

2016 年皖水流域年降水量为 2 154.8 mm，比常年同期偏多 4 成。汛期（5—9 月）面平均雨量为 1 488.5 mm，其中 6 月份降水量为 427.8 mm，7 月份降水量为 586.8 mm。最大 1 d 降水量为 7 月 1 日的 190.0 mm，最大 3 d 降水量为 249.7 mm（7 月 1—3 日），最大 7 d 降水量为 434.0 mm（6 月 30 日—7 月 6 日）。

2）暴雨过程

自 2016 年入汛以来，皖水流域遭遇多次强降雨，降雨持续时间长、强度大，暴雨过程主要为 5 月 1—2 日、5 月 31 日—6 月 2 日、6 月 24—27 日、6 月 30 日—7 月 6 日、7 月 18—20 日、8 月 5—8 日，9 月 28 日—10 月 2 日。其中最大暴雨过程为 6 月 30 日—7 月 6 日，该场降雨造成较为严重的洪涝灾害。岳西站发生自 2010 年以来最大的一次超警戒洪水。

2016 年 6 月 30 日—7 月 6 日，皖水流域普降大到暴雨，局地大暴雨，暴雨主要分布在皖水流域中下游，降雨主要集中在 6 月 30 日到 7 月 5 日，6 日降雨渐止。本次降雨过程中，累计降水量为 400.1 mm，较常年同期多 4 倍。

本次降雨过程中，流域雨量超过 100 mm 的笼罩面积达 1 083 km^2，超过 200 mm 的笼罩面积为 1 083 km^2，超过 300 mm 的笼罩面积为 1 083 km^2，超过 400 mm 的笼罩面积为 1 052 km^2，超过 500 mm 的笼罩面积为 650 km^2。暴雨中心位于皖水流域中游龙潭河站附近，龙潭河站降水量累计达到 632.0 mm。

3）暴雨特点

雨季来得早，暴雨过程多、间隔时间短，降雨历时长、笼罩范围广，强暴雨频发、降水总量大，降雨时空分布有利于形成流域性洪水。

（1）前期降雨过程较多

自 4 月份以来，皖水流域出现多次降雨过程，至 6 月下旬平均降水量为 916.9 mm，比常年同期多 6 成，土壤近于饱和，一旦发生持续降雨，易造成洪涝灾害。

（2）暴雨强度大，笼罩范围广

6 月 30 日—7 月 6 日七天内，全流域站点降水均超过 300 mm，最大 1 d 降水量为龙潭河站的 253.5 mm，最大 3 d 降水量为龙潭河站的 334.0 mm，最大 7 d 降水量为龙潭河站的 632.0 mm。

2. 水情

1）水情概述

2016 年皖水流域发生暴雨，皖水水位超过警戒水位，岳西站暴发自 2010 年以来最大的一次超警戒洪水。

2）洪水过程

2016 年皖水流域大洪水主要为 6 月底到 7 月初的一场超警戒洪水。

6 月下旬至 7 月初，皖水流域连续出现特大暴雨过程，致使皖水出现自 2010 年以来最大的一次洪水过程。皖水流域洪水主要由暴雨产流形成，洪水具有突发性，洪水来去较快，防洪压力较大。皖水控制站岳西站 7 月 1 日达最高水位 368.74 m，最大流量为 623 m^3/s，流量排历史第 3 位。岳西站水位自 7 月 1 日 01 时起涨，20 时 30 分到达洪峰水位 368.74 m，超警戒水位（368.60 m）0.14 m，相应流量为 412 m^3/s。7 月 2 日 17 时水位回落至 367.10 m。

3）洪水特点

暴雨频发，分布区域广，河道排水不畅。

流域上游多为山区，本次暴雨分布在全流域，且降雨强度大，使得流域洪水具有峰量大、历时短的特点。

皖水局部河段河道偏窄，且上游人口较多，过度垦殖造成水土流失严重，土壤侵蚀模数高于邻近的长河、潜水，加上近年无序采砂，导致河道排水不畅问题更加明显。

4）洪水重现期

皖水设计洪水采用岳西站历年最大洪峰流量进行分析。根据岳西站 1967—2018 年最大洪峰流量资料，经频率分析得到，5 年一遇流量为 427 m^3/s；10 年一遇流量为 654 m^3/s；20 年一遇流量为 906 m^3/s。由此得到 2016 年洪峰流量约为 10 年一遇。

3. 结论

综合分析 2016 年的雨情、水情、灾情等，2016 年皖水流域洪水为 10 年一遇。

1.11 长河流域

1.11.1 概述

1.11.1.1 流域概况

1. 自然地理

皖河有三大支流，分别为长河、潜水、皖水。皖河与潜水交汇处以上称作长河，长河是皖河的主源。花凉亭水库位于长河上游的太湖县境内，坝址在太湖县城西北约 7 km 处，水库坝址以上主要支流有徐良河、岩上河、冶溪河、安乐河、南阳河、青石河、树堰河、寺前河、古路河、泗水港河等。

2. 水文气象

长河流域处于北亚热带季风气候区，四季分明，气候温和，雨量充沛，光照充足，无霜期长。根据太湖气象站统计资料，多年平均气温为 16.4℃，气温年际变化不大，年内变化显著。7 月份平均气温最高，1 月份平均气温最低，极端最高气温为 40℃，极端最低气温为－12.7℃；多年平均无霜期为 250 d；多年平均日照时数为 1 936.7 h；多年平均年降水量为 1 535.3 mm；全年主导风向为东北风，多年平均风速为2.5 m/s，最大风速为 20 m/s。最大年蒸发量为 1 525.6 mm，最小年蒸发量为611.2 mm，多年平均年蒸发量为1 028.0 mm。

3. 河流水系

长河发源于岳西县驼尖和黄梅尖，主峰驼尖海拔为 1 751 m，黄梅尖海拔为 1 693 m。主河道自北向南从岳西县进入太湖县，至花凉亭水库后出山，过太湖县老城区后转向东流，在怀宁县石牌镇以上与潜水、皖水汇合形成皖河干流，在安庆西郊流入长江。长河跨越岳西、宿松、太湖、潜山、怀宁五县，流域面积为 2 506 km^2，占皖河流域总面积（6 441 km^2）的 38.9%，是皖河流域最大的支流。长河干流长 137 km，其中花凉亭灌区滚水坝至长河口长 45.9 km（滚水坝至古路河口约 7 km，古路河口至甘河洲河口长 6.3 km，甘河洲河口至黑河口长 14.3 km，黑河口至长河口长 18.3 km），长河口至皖水口 2 km，堤防总长度为57 km。长河中下游丘圩区较大的二级支流右岸有古路河（流域面积为 117 km^2）、甘河洲河（流域面积为79 km^2），左岸有黑河（流域面积为 202 km^2）。

4. 流域站点基本情况

1）总体概况

长河流域有雨量站 30 个，其中配套雨量站 7 个，分别是姜家寨、寺前、九田、牛镇、弥陀寺、马嘶铺、花凉亭。

长河流域有 3 个水文站：周家河水文站、花凉亭水库（东山头二）站、西灌渠站，其中周家河站是花凉亭水库上游唯一水文站；花凉亭水库（东山头二）站位于长河上游，是长河流域主要控制站。

长河流域有 3 个水位站：花凉亭水库坝上站、花园站、田祥嘴站。花凉亭水库坝上站位于花凉亭水库，监测水库水位；花园站属于中小河流水位站。

2）花凉亭水库站

花凉亭水库于 1958 年 8 月动工兴建，1959 年大坝合龙，其前身为花凉亭水文站，设立于 1953 年。由于花凉亭水库的动工兴建，花凉亭水文站由水库坝址处迁至下游 5 km 处的东山头，改称东山头（二）站。自 1960 年 1 月起，在水库大坝处设立水尺，观测库内水位，与东山头（二）站一起，组成花凉亭水库（东山头二）站。花凉亭水库建成后，于 1962 年开始兴建花凉亭灌区。1963 年 12 月在灌区总干渠上设立西灌渠站。花凉亭水库出流分三部分，分别为引水隧洞、泄洪隧洞和溢洪道。水库出流在下游分两处监测，分别是花凉亭水库（东山头二）站和西灌渠站，花凉亭水库出库流量为花凉亭水库（东山头二）站和西灌渠站合成流量。

5. 水利工程

花凉亭水库是一座以防洪、灌溉为主，结合发电等综合利用的大(1)型水利枢纽工程。

2012年12月，花凉亭水库除险加固工程完工。除险加固后，水库设防标准为1 000年一遇，设计汛限水位为85.50 m，正常蓄水位为88.00 m，设计洪水位为95.21 m，总库容为23.66亿 m^3。

花凉亭水库汛期安全水位为80.00～82.80 m(目前按81.00 m执行)，最大兴利库容为8.75亿 m^3，防洪库容为10.55亿 m^3，千年一遇洪水位为95.58 m，相应库容为22.02亿 m^3；万年一遇水位为97.61 m，相应库容为23.98亿 m^3，它是多年调节的一级水工建筑物。水库建成后，百年一遇洪峰由10 920 m^3/s 削减至2 500 m^3/s，设计灌溉面积为103万亩。

花凉亭水库枢纽工程包括拦河坝、溢洪道、泄洪隧洞、引水隧洞及发电站厂房。

花凉亭水库集水面积内有小(1)型水库7座，总集水面积为55.06 km^2，总库容为2 108万 m^3；有小(2)型水库50座，总集水面积为96.87 km^2，总库容为1 215.9万 m^3；有塘坝5 104个，集水面积不详，蓄水量为 4.0×10^6 m^3，灌溉面积为0.7万亩。花凉亭水库区间内没有引进、引出水量。

1.11.1.2 暴雨洪水特性

长河流域洪水由降雨形成，洪水的季节特点、时空变化与本地区降水一致。每年4—5月份就有洪水发生，但峰量均不大；6—7月份为洪水的主要季节，多年平均6—7月份出现洪水的频次占总洪水次数的80%以上。长河上游建有花凉亭水库，控制面积为1 870 km^2，占长河流域总面积2 506 km^2 的75%，花凉亭水库以上为大别山区暴雨中心地带，受南北冷暖气流交锋的影响，汛期暴雨集中，洪水峰高量大，加之上游山区河道坡度陡，洪水过程具有“四大、两快、一短”的特征，“四大”是指洪水速度大、冲刷力大、含沙量大及破坏力大；“两快一短”是指洪水过程涨得快，落得快，历时短。花凉亭水库对长河洪水起到一定的调蓄和控制作用；另外皖河干流洪水的顶托对长河洪水也有一定的影响。

近些年来，无序开采河砂，致使河床普遍降低，改变了河床坡降，影响了行洪顺畅，洪水期间，河道水位增高，又受下游皖河干流水位顶托的影响，流量变小。河道采砂看似扩大了河道断面，事实上大大改变了河道泄洪能力，且使岸坡堤脚易受到冲刷，对堤身安全造成较大隐患。另外，在河道两岸及周边河道行洪范围内修建阻水、挑流建筑物，侵占防洪堤、护堤地，向河中倾倒生产、生活垃圾等对河道泄洪能力也有一定影响。

1.11.1.3 洪涝灾害

受其地理位置及气候特征的影响，太湖县老城洪涝灾害较为频繁。历史上长河主河道洪水出龙山宫以后从城西的古路河下泄。据《太湖县水利志》记载，明万历三十六年(1608年)水涨，改道东门；清乾隆二十四年(1759年)，东堤又决，两面行洪。

自公元1849年至1949年的100年中，有史料专门记述关于太湖县老城水灾的文字记录就有多次，如“道光二十九年(1849年)五月淫雨，县西北山水大作，沿河冲毙人畜甚众，决县东北堤，旋破古善庆门数丈，城中水暴溢，复冲决西南城及大西门，水势始平”“光绪八年(1882年)，城南堤上闸北洪水冲毁”“民国十六年(1927年)……六月降大雨、暴雨，连雨二十多天，……护城堤溃破，城内进水，潴成泽国，深者齐楼，居民避高地楼阁，数日后水才退尽”，等等。

1949年以后，由于遗留下来的堤防设施质量差且单薄矮小，国民经济基础薄弱，水利建设投资不足，水患灾害仍较频繁。

1954年是自1949年以来降雨最多的一年，全年降水量为2 380.4 mm，年降雨日数为222 d。当时，七八十岁的老人都说从未见过这样的大水，老城因外水倒灌，内涝不能自排，水淹数日，水深0.5～1 m。

1955年发生特大山洪，花凉亭站水位为48.11 m，最大洪峰流量为4 120 m^3/s，损失惨重。

1969年6、7月多雨，花凉亭水库水位于7月17日17时达80.23 m，是当时建库后的最高水位。由于花凉亭水库当时未脱险，水库下游群众恐慌，原县城内的机关、厂矿、学校、居民于7月16日撤出县城，18日后才陆续回城。

1975年8月中旬连降大雨，8月13—15日，县城降雨近400 mm，电线杆被洪水冲倒，县城和山区的部分公社曾一度不通电话。

1991 年 7 月，因花凉亭水库汛限水位已由 75 m 提高到 78 m，7 月 3 日水库增大泄洪流量，7 月 12 日溢洪道开始溢洪，最大泄量为 1 084 m^3/s，为水库自建成以来首次溢洪，老城居民有组织地进行紧急疏散，给居民生活带来了一定影响。

2012 年 6 月 26 日，太湖县最大降水量超过 170 mm。强降雨导致太湖县一建筑工地发生坍塌事故。太湖县晋熙镇南元村是蔬菜种植基地，在大暴雨袭击下，两百亩上市蔬菜全部被泡在水里。暴雨还冲断了晋熙镇马湖畈堤坝，河堤被撕开一条 30 多米长的缺口，洪水冲进了渠道边上 800 多亩良田。该场大暴雨导致该县受灾人口达 4.6 万人，损坏房屋 220 户 460 间，农作物受灾面积超过 1 500 公顷，直接经济损失约为 3 000 万元。

2016 年 6 月 18 日晚至 20 日早，太湖县普降大到暴雨，山区北中、弥陀、刘畈、天华、百里等乡镇出现特大暴雨。最大雨量位于北中镇玉岭村、弥陀镇长林村，分别为 248.0 mm、229.0 mm，其中北中镇玉岭村 19 日 3 时至 9 时的 6 h 降水量达 214.5 mm。有 12 个雨量观测点降水量超过 100 mm。此次强降水在短时间内导致河流水位暴涨、山洪暴发。据统计，全县因灾倒塌房屋 335 间，引发地质灾害 4 处；境内公路损毁 107 处，供电中断 5 条次，通信中断 6 条次，冲毁变压器 2 台；车辆被洪水冲入河道达 10 多辆；堤防损坏 115 处 40.1 km，堤防决口 15 处，损坏护岸 215 处、塘坝 49 座、灌溉设施 401 处，转移群众 351 户 1 454 人次；农作物受灾面积达 28.5 万亩。全县受灾人口达 8.6 万人，直接经济损失达 2.8 亿元。

2016 年 6 月 30 日至 7 月 4 日，太湖县全境持续遭受特大暴雨，截至 7 月 4 日，寺前，姜家寨站降水量超 500 mm，5 个乡镇降水量超 400 mm；花凉亭水库水位为 85.90 m，超历史水位 1.14 m，超汛限水位 3.10 m，花凉亭水库蓄水和下泄流量均超历史纪录。据统计，受此轮降雨影响，太湖县农作物受淹面积为 27.39 万亩，临时转移安置 8 566 户，共计 31 225 人。全县水利、交通等基础设施受到不同程度的损毁，道路塌方 326 处；受灾人口 266 000 人，倒塌房屋 625 间，全县直接经济损失达 4.1 亿元。

1.11.2 典型年洪水

1.11.2.1 2005 年

1. 雨情

1）雨情概述

2005 年长河流域年降水量为 1 319.1 mm，汛期(5—9 月)面平均雨量为 805.0 mm，其中 5 月份降水量为 94.40 mm，6 月份降水量为 169.0 mm，7 月份降水量为 100.5 mm，8 月份降水量为 194.0 mm，，9 月份降水量为 247.5 mm。最大 1 d 降水量为 9 月 2 日的 168.5 mm，最大 3 d 天降水量为 223.0 mm(9 月 1—3 日)。

2）暴雨过程

自 2005 年入汛以来，长河流域强降雨次数不多，但 9 月 1—3 日的这场受台风“泰利”影响的降雨强度大，该场降雨造成较为严重的洪涝灾害。

3）暴雨特点

本次暴雨特点是前期降雨充沛，土壤含水量足；雨量大且急，范围广。

2. 水情

1）水情概述

2005 年长河流域暴雨，使花凉亭水库(东山头二)站水位达到 35.90 m。

2）洪水过程

2005 年长河流域大洪水主要为 9 月 1—3 日的一场降雨(受台风影响)。

9 月 1—3 日，长河流域出现特大暴雨过程。9 月 2 日 14 时至 3 日 14 时，太湖全县普降暴雨，其中弥陀镇降水量近 300 mm。由于雨量大、范围广，花凉亭水库水位迅速攀升，从 9 月 2 日 8 时的 66.98 m 上升至 9 月 5 日的 73.52 m，上涨 6.54 m；方洲水库从 79.66 m 上升至 84.28 m，上涨 4.62 m。

3）洪水重现期

根据《太湖县城防洪规划》，长河从滚水坝至古路河口右岸长 7.3 km 为老城区防洪堤；左岸长2.8 km 为新城区防洪堤。长河的洪水主要取决于花凉亭水库下泄流量与区间支流来水，区间支流来水为左岸高冲河来水在滚水坝下与花凉亭水库控制下泄流量的汇合，其他支流来水受人工湖及错峰影响，可忽略不计，花凉亭水库除险加固前、后控制下泄流量 20 年一遇分别为 2 400 m^3/s、1 000 m^3/s，50 年一遇分别为3 300 m^3/s、1 100 m^3/s。长河流域城区设计洪峰流量 20 年一遇、50 年一遇分别为1 077.4 m^3/s、1 214.8 m^3/s。

长河洪水均发生在每年的 6—8 月，因此，将花凉亭水库(东山头二)站与长河洪水季节同期的洪峰流量，作为计算河道行洪能力的下边界条件。采用花凉亭水库(东山头二)站 1962—2016 年实测最大洪峰流量资料，经频率分析，5 年一遇流量为 389 m^3/s；10 年一遇流量为 599 m^3/s；20 年一遇流量为 827 m^3/s；50 年一遇流量为 1 145 m^3/s。由此得到 2005 年洪峰流量(100 m^3/s)约为 1 年一遇。

3. 灾情

2005 年受第 13 号台风"泰利"影响，9 月 2 日 14 时至 3 日 14 时，太湖全县普降暴雨，其中弥陀镇降水量近 300 mm。由于雨量大、范围广，花凉亭水库水位迅速攀升，从 9 月 2 日 8 时的 66.98 m 上升至 9 月 5 日的 73.52 m，上涨 6.54 m；方洲水库从 79.66 m 上升至 84.28 m，上涨 4.62 m。全县 15 个乡镇受到不同程度的灾害，灾情最为严重的有弥陀、天华、刘畈、北中、牛镇、百里等乡镇。据统计，全县受灾人口为 16.28万人，因灾死亡 2 人，直接经济损失达 1.793 亿元。水利设施毁损严重，全县损坏水库 17 座，损坏堤防 22.72 km，堤防决口 167 处 4.883 km，冲毁塘坝 489 口，渠道决口 29.049 km，损毁渡槽和桥涵 176 座，损坏机电泵站 23 座 509 kW、小水电站 2 座 440 kW，直接经济损失达 6 012 万元。

4. 结语

综上所述，结合 2005 年长河流域雨情、水情、工情以及灾情，综合确定长河 20050902 场次洪水约为 10 年一遇。

1.11.2.2 2016 年

1. 雨情

自 2016 年入汛以来，长河全流域遭遇多次强降雨，降雨持续时间长、强度大，汛期暴雨过程主要为 5 月 1—3 日、5 月 4—9 日、5 月 14—15 日、5 月 31 日—6 月 3 日、6 月 18—22 日、6 月 24—29 日、6 月 30 日—7 月 6 日、7 月 13—15 日、9 月 28—30 日。其中最大暴雨过程为 6 月 30 日—7 月 6 日，该场降雨造成较为严重的洪涝灾害。

2016 年 6 月 30 日—7 月 6 日，长河流域普降大到暴雨，局地大暴雨，7 月 6 日降雨渐止。花凉亭站本次降雨过程累计降水量为 571.0 mm，花凉亭水库(东山头二)站本次降雨过程累计降水量为 543.0 mm。

2. 水情

1) 洪水过程

(1) 花凉亭水库坝上站

花凉亭水库坝上站水位自 6 月 30 日 17 时 42 分起涨，7 月 4 日 16 时到达洪峰水位 85.90 m，为花凉亭水库坝上站历史最高水位，相应蓄水量为 13.71 亿 m^3，此后水位逐渐回落，7 月 12 日 5 时回落至汛限水位以下。

(2) 花凉亭水库(东山头二)站

花凉亭水库(东山头二)站水位自 6 月 30 日 19 时 12 分起涨，7 月 4 日 16 时 18 分到达洪峰水位 38.03 m(同时当天出现本站历史最大流量 1 290 m^3/s)，超过保证水位，此后水位逐渐回落，7 月 5 日 4 时回落至保证水位以下。

2) 本场洪水特点及其组成分析

本场降雨覆盖全流域，花凉亭水库坝上站和花凉亭水库(东山头二)站皆位于山区，上游河道坡度陡，洪水流速快，冲刷能力强，含沙量大及破坏力大，一方面造成下游成淤，泄洪不畅；另一方面造成河床被冲刷，断面下降，表面看来行洪能力得到增强，而实际上受冲刷的河床表面变得更光滑，摩擦阻力减小，使得洪水流速更快，破坏力更大。

本场洪水组成主要有区间来水和上游水库泄洪。

3）洪水重现期

根据花凉亭水库（东山头二）站 1967—2016 年最大洪峰流量资料，经频率分析得到，2 年一遇流量为 166 m^3/s，5 年一遇流量为 389 m^3/s，10 年一遇流量为 599 m^3/s，20 年一遇流量为 827 m^3/s，50 年一遇流量为1 145 m^3/s，100 年一遇流量为 1 391 m^3/s。由此得到，2016 年洪峰流量（1 290 m^3/s）约为 50 年一遇。

3. 灾情

2016 年 6 月 30 日至 7 月 4 日，安徽省太湖县全境持续遭受特大暴雨，截至 7 月 4 日，寺前、姜家寨站降水量超 500 mm，5 个乡镇降水量超 400 mm。花凉亭水库坝上站洪峰水位为 85.90 m，超历史水位 1.14 m，超汛限水位3.10 m；花凉亭水库蓄水和下泄流量均超历史纪录。据统计，受此轮降雨影响，太湖县农作物受淹面积为 27.39 万亩，临时转移安置 8 566 户，共计 31 225 人；全县水利、交通等基础设施受到不同程度损毁，道路塌方 326 处；受灾人口为 266 000 人，倒塌房屋 625 间，全县直接经济损失达4.1 亿元。

4. 结语

综上所述，结合 2016 年长河流域雨情、水情、灾情，综合确定 20160704 场次洪水约为 50 年一遇。

1.12 尧渡河流域

1.12.1 概述

1.12.1.1 流域概况

1. 自然地理特征

尧渡河亦名前河，也叫江口河，源出祁门与东至两县交界的祁门山良禾岭（海拔 1 112 m）西麓，由东南向西北，自横龙庵，经紫石塔、元口、马坑、桃源，过韩田畈，至双河口左纳源于桃墅岭的菜坑河水，经马坡金，至前铁佛寺，左与源于兆吉岭东侧南坑的秧田板河及历山、小梅铺等河汇合，至步头湾右纳源于桃树坞的双元河水，过韩坑口，至廖家墩，右白果树河、左西村河汇入，至黄泥岗左纳冲家山河水，至汪家左梅山河水纳入，延尧渡镇西达赤头，右梅城河注入，过石印洞，至老虎冲，右合洪港河水，经欧窑、顺风嘴，过东流新闸，汇入长江。尧渡河干流全长 76 km，流域面积为 749 km^2，河道平均比降为 2.04‰。

尧渡河自河源至前铁佛寺为上游，前铁佛寺至石印洞为中游，石印洞至河口为下游。上游山势高峻，河弯水急，一般地面高程在 100～300 m，河槽水面宽一般为 70 m；中游是起伏较大的丘陵岗地，一般地面高程在 20～50 m，河槽水面宽一般为 80 m；下游为滨江湖地，地势低洼，一般高程在 9.5～11.0 m。

尧渡河上游位于东至县东部和中部，区内地形东高西低。东部与池州市贵池区、石台县交界处，为九华山余脉延伸，安徽省石台、祁门，江西省浮梁三县交界处为最高区，崇山逶迤，属中山（低中山）地貌。中游在低山丘陵之间，水系发育。沿河断陷盆地和岩性软弱地区，在流水的侧蚀作用和堆积作用下，发育了不少山间盆地。盆地中心低凹处，均堆积第四系亚黏土、沙砾层，成为农耕地和集镇。下游为沿江湖泊、岗地、平原，原属古长江水道，后来水面退缩，遗留下一系列湖泊，湖区地形低凹，湖水最深达 10 余米，由于垦湖围田，湖面逐渐缩小。

本流域属亚热带湿润季风气候区，气候温和湿润，日照充足，植被覆盖率约为 66.5%。流域内多为山区丘陵，以泥质灰岩为主，花岗岩次之。土壤大致可分为三大类：砂土、壤土、黏土，土壤肥沃，水源充足，为农业的发展提供了优越条件，盛产水稻、棉花、油菜籽等农产品。

2. 水利工程

尧渡河东至（二）水文站以上流域有小（1）型水库 5 座、小（2）型水库 18 座。

东至县尧渡电站位于东至（二）水文站上游 2.8 km 处，于 2003 年兴建，2004 年投产发电。大坝高程为20.05 m，左岸漫滩水位以下河面全部被拦截，坝宽约 200 m。

为塑造山水园林生态城市形象，同时为解决枯水期县城生活用水紧张的问题，在东至（二）水文站断面上游引水入老河以补充稀释老河污水。2005 年 10 月，在东至（二）水文站断面以下 3.9 km 处修建橡胶坝，坝顶高程大约为 16.27 m，其中底板高程为 13.77 m ，橡胶坝高 2.5 m。

3. 水文测站

东至水文站于1958年设立，原站址位于东至县尧渡镇金家湖村，集水面积为451 km^2，2001年迁至尧渡镇汪公庙村，改名为东至(二)水文站，集水面积为456 km^2，在下游河口8.5 km处汇入七里湖。现站址位于东至县城段，属尧渡河中游。测验项目有降水量、水面蒸发量、水位、流量、水质、水文调查。流域内有7个雨量站，其中5个配套雨量站(东至、花园、黄土湾、马坑、小梅铺)。根据东至站1958—2001年实测的资料，1998年、1999年洪水最大，1998年实测流量为1 600 m^3/s，1999年次之，实测流量为1 100 m^3/s。2002年东至(二)站迁站，迁站后最大流量是1 880 m^3/s(2016年实测)。

1.12.1.2 暴雨特性

尧渡河流域属亚热带湿润季风气候区，雨热同期，日照充分，雨量充沛，流域多年平均年降水量为1 635.9 mm；极端最高气温为40.2℃；极端最低气温为−10.2℃；春秋较短，冬夏较长。受海洋季风和温暖地带大气环流影响，尧渡河流域降水时空分布与季节性活动、副热带高压季节性位移有密切关系；北面受长江水域影响，东南部及南部受九华山、黄山多雨区控制，降水量等值线基本上平行长江河道，由西北向东南递增，南部地区梯度变化平缓，境内地区分布不均。6月份进入梅雨季节，多出现阴雨连绵天气，同时受南北冷暖气流交锋的影响，暴雨集中，7月中旬进入盛夏后，受太平洋副热带高压控制，少量从沿海登陆的台风影响本流域，形成大暴雨。

1.12.1.3 洪水特性

本地区洪涝主要受长江洪水、梅雨反常、夏雨集中及台风的影响。

尧渡河易受长江江水顶托影响，如果流域雨季延后，再遇长江干流水位较高，洪水就会下泄不畅，易形成高水位时间长的洪水过程。

梅雨反常主要表现在梅雨期特别长，梅雨量特别多，降水集中，暴雨频发且强度大，范围广。梅雨是长江中下游地区特有的天气，梅雨的形成和强弱与副高、青藏高压、西南季风以及西风带长波等大尺度天气系统的活动有关。一般入梅在6月份中旬(平均在6月16日)，出梅在7月末(平均在7月10日)，梅雨期长近1个月。

夏雨集中，是季风气候的特征之一，是雨带由南而北缓行的结果。夏雨集中，雨量过大，也易出现涝灾。

另外，台风低压深入，甚至停滞、打转，加上多种尺度的天气系统叠加地形影响，便可出现强度非常大的暴雨，形成局部严重的洪涝灾害。

1.12.1.4 洪涝灾害

该区域是易发生水旱灾害地带。据史志等资料记载，自汉惠帝五年(公元前190年)至2005年，共发生水旱灾害319年次，平均约6.88年一次。其中水灾193年次，平均11.37年一次，旱灾126年次，平均17.42年一次。自1949年后(1949—2009年)东至县共发生22次水灾，平均不足3年就发生一次，其中20世纪80年代以后就发生了11次。

自80年代以来，东至县多次发生大洪水，其中1998年、2015年、2016年三年洪水最大。1998年，19980626场次洪水东至(二)站断面以上最大3、6、12、24 h面平均雨量分别为71.0 mm、115.4 mm、138.4 mm、240.5 mm，最大流量为1 600 m^3/s，最大12 h面平均雨量居历史第三；2015年，东至(二)站断面以上最大3、6、12、24 h面平均雨量分别为97.1 mm、134.1 mm、162.1 mm、185.2 mm，最大流量为740 m^3/s，最大12 h面平均雨量居历史第二；2016年东至(二)站断面以上最大3、6、12、24 h面平均雨量分别为59.4 mm、113.9 mm、166.2 mm、236.8 mm，最大流量为1 880 m^3/s，创历史最高，最大12 h面平均雨量居历史第一。

1.12.2 典型年洪水

1.12.2.1 1970年

1. 雨情概述

1) 雨情概述

1970年尧渡河流域年降水量为1 822.3 mm，比常年同期偏多约3成。其中马坑站降水量

1 947.2 mm最大，岭脚下站降水量 1 903.6 mm 次之。

尧渡河流域汛期（5—9 月）降水量为 1 176.9 mm，比常年同期偏多约 2 成，其中 7 月降水量为 358.9 mm，比常年同期偏多 1.1 倍。最大 1 d 降水量为 158.7 mm（7 月 12 日），最大 3 d 降水量为 288.8 mm（7 月 11—13 日），最大 7 d 降水量为 315.8 mm（7 月 11—17 日）。

2）暴雨过程

自 1970 年入汛以来，尧渡河流域遭遇多次强降雨，降雨持续时间长、强度大，汛期暴雨过程主要为 6 月 4—8 日、6 月 18 日—7 月 3 日、7 月 11—16 日。其中最大暴雨过程为 7 月 11—16 日，该场降雨造成较为严重的洪涝灾害。

7 月 11 日全流域普降中到大雨；12—13 日，全流域普降大暴雨，局部特大暴雨；14 日，全流域持续降雨，普降中到大雨；15—16 日，降雨减小渐止。本次降雨主要集中在 7 月 11—14 日，累计降水量为 311.8 mm，较常年同期偏多 5 倍。

本次降雨历时较短，暴雨集中，降水总量大，尧渡河流域所有站点累计降水量均超过 300 mm，降雨覆盖整个流域。

3）暴雨特点

汛前降雨偏多，暴雨强度大，暴雨过程多，间隔时间短，降雨历时长，笼罩范围广，强暴雨频发，降水总量大，降雨时空分布有利于形成流域性洪水。

（1）汛前降雨偏多

1—4 月份，尧渡河流域出现多次降雨过程，面平均降水量为 523.9 mm，比常年同期偏多 1 成，由于汛前降雨频发，流域下垫面近于饱和，一旦发生持续降雨，易造成洪涝灾害。

（2）暴雨过程多，间隔时间短

自 5 月入汛以来，流域内降雨频发，多以小到中雨为主，6 月以后尧渡河流域连续出现 3 次降雨过程，均为大到暴雨，暴雨频发，间隔时间短。7 月 11—16 日降雨比历次降雨强度大、降雨历时长、降水总量大，累计降水量为 311.8 mm，较常年同期偏多 5 倍。

2. 水情

1）水情概述

1970 年尧渡河流域受多次降雨影响，发生多次洪水过程，其中 7 月中旬受 7 月 11—16 日暴雨影响，尧渡河暴发全流域洪水（19700713 场次洪水），为 1970 年最大洪水，其余洪水过程偏小，不再阐述。

2）洪水过程

尧渡河流域主要控制站为东至（二）站，本次着重采用东至（二）站实测资料分析尧渡河流域 19700713 场次洪水。

东至（二 ）站水位自 7 月 12 日 8 时起涨，受强降雨影响，水位持续上涨，于 7 月 13 日 14 时 36 分达洪峰水位 23.75 m。

3）洪水特点

暴雨洪水范围广，洪水水位高、量级大，下游受江水顶托持续时间长。1970 年尧渡河流域暴雨频发，暴雨覆盖面广，基本是全流域暴雨，特别是 7 月中旬的连续暴雨，致使尧渡河暴发全流域洪水，洪水量级位居历史第 4 位。

4）洪水组成分析

尧渡河流域主要控制站为东至（二）站，主要为上游来水、长江顶托回水。

5）洪水重现期

洪水重现期是反映洪水出现机遇的指标，因此，仅对尧渡河流域主要控制站东至（二）站的洪水重现期进行排频计算分析。东至（二）站有 61 年实测流量资料，通过计算，1970 年尧渡河流域东至（二）站洪峰流量为 1 270 m^3/s，重现期为 15 年。

1.12.2.2　1981 年

1. 雨情

1）雨情概述

1981 年尧渡河流域年降水量为 1 830.3 mm，比常年同期偏多约 3 成。其中马坑站降水量 1 992.9 mm最大，黄土湾站降水量 1 985.3 mm 次之。

尧渡河流域汛期（5—9 月）降水量为 942.1 mm，比常年同期偏多约 1 成。其中 6 月降水量为 329.1 mm，比常年同期偏多 1.3 倍。最大 1 d 降水量为 115.1 mm（6 月 30 日），最大 3 d 降水量为 225.8 mm（6 月 29 日—7 月 1 日），最大 7 d 降水量为 362.2 mm（6 月 26 日—7 月 2 日）。

2）暴雨过程

1—4 月份，尧渡河流域出现多次降雨过程，降雨持续时间长，下垫面接近饱和。入汛后，尧渡河流域发生多次强降雨，降雨持续时间长，汛期暴雨过程主要为 6 月 26 日—7 月 2 日、7 月 21 日—8 月 2 日。其中最大暴雨过程为 6 月 26 日—7 月 2 日，该场降雨造成较为严重的洪涝灾害。

6 月 26 日全流域普降小雨；27 日全流域普降大暴雨，局部特大暴雨；28—29 日，全流域持续降雨，普降中到大雨；6 月 30 日—7 月 1 日，降雨增大，全流域普降大暴雨，局部特大暴雨；7 月 2 日，降雨渐止。本次降雨主要集中在 6 月 27 日—7 月 1 日，累计降水量为 361.9 mm，较常年同期偏多 5 倍。

本次降雨历时较短，暴雨集中，降水总量大，尧渡河流域所有站点累计降水量均超过 300 mm，降雨覆盖整个流域。

3）暴雨特点

汛前降雨偏多，暴雨强度大，暴雨过程多，间隔时间短，降雨历时长，笼罩范围广，强暴雨频发，降水总量大，降雨时空分布有利于形成流域性洪水。

（1）汛前降雨偏多

1—4 月份，尧渡河流域出现多次降雨过程，面平均降水量为 518.5 mm，比常年同期偏多 1 成，由于汛前降雨频发，流域下垫面近于饱和，一旦发生持续降雨，易造成洪涝灾害。

（2）暴雨过程多，间隔时间短

自 5 月入汛以来，流域内降雨频发，多以小到中雨为主，6 月中旬以后尧渡河流域出现 2 次连续降雨过程，均为大到暴雨，暴雨频发，间隔时间短。6 月 26 日—7 月 2 日降雨比历次降雨强度大、降雨历时长、降水总量大，累计降水量为 361.9 mm。

2. 水情

1）水情概述

1981 年尧渡河流域受多次降雨影响，发生多次洪水过程，其中 6 月底至 7 月初受 6 月 26 日—7 月 2 日暴雨影响，尧渡河暴发全流域洪水（19810701 场次洪水），为 1981 年最大洪水，其余洪水过程偏小，不再阐述。

2）洪水过程

尧渡河流域主要控制站为东至（二）站，本次着重采用东至（二）站实测资料分析尧渡河流域 19810701 场次洪水。

东至（二）站水位自 6 月 28 日 8 时起涨，受强降雨影响，水位持续上涨，于 7 月 1 日 16 时 30 分达洪峰水位 23.93 m。

3）洪水特点

暴雨洪水范围广，洪水水位高、量级大，下游受江水顶托持续时间长。1981 年尧渡河流域暴雨频发，暴雨覆盖面广，基本是全流域暴雨，特别是 6 月底至 7 月初的连续暴雨，致使尧渡河暴发全流域洪水，洪水量级位居历史第 5 位。

4）洪水组成分析

尧渡河流域主要控制站为东至（二）站，主要为上游来水、长江顶托回水。

5）洪水重现期

洪水重现期是反映洪水出现机遇的指标，因此，仅对尧渡河流域主要控制站东至（二）站的洪水重现期进行排频计算分析。东至(二)站有 61 年实测流量资料,通过计算,1981 年尧渡河流域东至(二)站洪峰流量为 1 240 m^3/s,重现期为 15 年。

1.12.2.3　1998 年

1. 雨情

1）雨情概述

1998 年尧渡河流域年降水量为 1 984.8 mm,比常年同期偏多约 4 成,其中马坑站年降水量 2 226.1 mm 最大,黄土湾站年降水量 2 199.5 mm 次之。

尧渡河流域汛期(5—9 月)降水量为 1232.1 mm,比常年同期偏多约 4 成。其中 6 月降水量为 514.7 mm,比常年同期偏多 1.8 倍。最大 1 d 降水量为 207.7 mm(6 月 25 日),最大 3 d 降水量为 312.4 mm(6 月 24—26 日),最大 7 d 降水量为 349.4 mm(6 月 23—29 日)。

2）暴雨过程

自 1998 年入汛以来,尧渡河流域遭遇多次强降雨,降雨持续时间长、强度大,汛期暴雨过程主要为 6 月 7—19 日、6 月 23 日—7 月 1 日、7 月 20 日—8 月 1 日。其中最大暴雨过程为 6 月 23 日—7 月 1 日,该场降雨造成较为严重的洪涝灾害。

6 月 23—24 日,全流域普降中到大雨;25 日,全流域普降大暴雨,局部特大暴雨;26 日,全流域持续降雨,普降中到大雨;6 月 27 日—7 月 1 日,降雨减小渐止。本次降雨主要集中在 6 月 23—26 日,累计降水量为 336.0 mm,较常年同期偏多 5 倍。本次降雨过程造成尧渡河发生超保证洪水。

本次降雨历时长,暴雨集中,降水总量大,尧渡河流域所有站点累计降水量均超过 350 mm,降雨覆盖整个流域。

3）暴雨特点

汛前降雨偏多,暴雨强度大,暴雨过程多,间隔时间短,降雨历时长,笼罩范围广,强暴雨频发,降水总量大,降雨时空分布有利于形成流域性洪水。

(1) 汛前降雨偏多

1—4 月份,尧渡河流域出现多次降雨过程,面平均降水量为 670.9 mm,比常年同期偏多 3 成,由于汛前降雨频发,流域下垫面近于饱和,一旦发生持续降雨,易造成洪涝灾害。

(2) 暴雨过程多,间隔时间短

自 5 月入汛以来,流域内降雨频发,多以中到大雨为主,5 月下旬以后尧渡河流域出现 3 次降雨过程,均为大到暴雨,暴雨频发,间隔时间短。6 月 23 日—7 月 1 日降雨比历次降雨强度大、降雨历时长、降水总量大,累计降水量达 353.9 mm,比常年同期偏多 5 倍。

2. 水情

1）水情概述

1998 年尧渡河流域受多次降雨及下游长江水位顶托影响,发生多次洪水过程,其中 6 月底受 6 月 23—7 月 1 日暴雨影响,尧渡河暴发全流域洪水(19980626 场次洪水),为 1998 年最大洪水,其余洪水过程偏小,不再阐述。

2）洪水过程

尧渡河流域主要控制站为东至(二)站,本次着重采用东至(二)站实测资料分析尧渡河流域 19980626 场次洪水。

东至(二)站水位自 6 月 24 日 18 时起涨,受强降雨影响,水位持续上涨,于 6 月 26 日 12 时达洪峰水位24.52 m。

3）洪水特点

暴雨洪水范围广,洪水水位高、量级大,下游受江水顶托持续时间长。1998 年尧渡河流域暴雨频发,暴雨覆盖面广,基本是全流域暴雨,特别是 6 月底的连续暴雨,致使尧渡河暴发全流域洪水,洪水量级位居历史第 2 位。

4）洪水组成分析

尧渡河流域主要控制站为东至(二)站，主要为上游来水、长江顶托回水。

5）洪水重现期

洪水重现期是反映洪水出现机遇的指标，因此，仅对尧渡河流域主要控制站东至(二)站的洪水重现期进行排频计算分析。东至(二)站有61年实测流量资料，通过计算，1998年尧渡河流域东至(二)站洪峰流量1 600 m^3/s，重现期为50年。

1.12.2.4 2016年

1. 雨情

1）雨情概述

2016年尧渡河流域年降水量为2 078.8 mm，比常年同期偏多约4成，其中黄土湾年站年降水量2 133.9 mm最大，岭脚下站年降水量2 133.1 mm次之。尧渡河流域汛期(5—9月)降水量为1 109.0 mm，比常年同期偏多约2成，其中7月降水量为483.0 mm，比常年同期偏多1.5倍。最大1 d降水量为143.0 mm(7月3日)，最大3 d降水量为345.3 mm(7月2—4日)，最大7 d降水量为381.0 mm(6月29日—7月5日)。

2）暴雨过程

自2016年入汛以来，尧渡河流域遭遇多次强降雨，降雨持续时间长、强度大，汛期暴雨过程主要为6月19—22日、6月25日—7月6日。其中最大暴雨过程为6月25日—7月6日，该场降雨造成较为严重的洪涝灾害，尧渡河发生历史最大洪水。

6月25日—7月1日，全流域普降中到大雨；7月2—3日，全流域普降大暴雨，局部特大暴雨；4日，全流域持续降雨，普降中到大雨；5—6日，降雨减小渐止。本次降雨主要集中在6月30日到7月4日，累计降水量为412.5 mm，较常年同期偏多6倍。本次降雨过程造成尧渡河发生超保证洪水。

本次降雨历时长，暴雨集中，降水总量大，尧渡河流域所有站点累计降水量均超过400 mm，降雨覆盖整个流域。

3）暴雨特点

汛前降雨偏多，暴雨强度大，暴雨过程多，间隔时间短，降雨历时长，笼罩范围广，强暴雨频发，降水总量大，降雨时空分布有利于形成流域性洪水。

(1) 汛前降雨偏多

1—4月份，尧渡河流域出现多次降雨过程，面平均降水量为540.5 mm，比常年同期偏多1成，由于汛前降雨频发，流域下垫面近于饱和，一旦发生持续降雨，易造成洪涝灾害。

(2) 暴雨过程多，间隔时间短

自5月入汛以来，流域内降雨频发，多以小到中雨为主，6月中旬以后，尧渡河流域出现2次降雨过程，均为大到暴雨，暴雨频发，间隔时间短。6月25日—7月6日降雨比历次降雨强度大、降雨历时长、降水总量大，累计降水量达412.5 mm，比常年同期偏多6倍。

(3) 暴雨强度大，笼罩范围广

在汛期历次降雨过程中，最大1h降水量为52.5 mm(小梅铺站)，最大3 h降水量为86.5 mm(小梅铺站)，最大6 h降水量为138.5 mm(花园站)，最大12 h降水量为200.0 mm(小梅铺站)，最大24 h降水量为286.0 mm[东至(二)站]。7月3日的暴雨最大，暴雨中心东至(二)站日雨量为243.0 mm，雨量超过200 mm的笼罩面积为740 km^2。

4）暴雨频率分析

(1) 短历时暴雨分析

自入汛以来，尧渡河流域遭受连续强降雨袭击，最大1、3、6、12 h降水量详见表2.1-90。

表 2.1-90　2016 年尧渡河流域各站短历时降水量统计表　单位:mm

站名	最大 1 h 降水量	最大 3 h 降水量	最大 6 h 降水量	最大 12 h 降水量
小梅铺	52.5	86.5	134.0	200.0
花园	45.5	78.5	138.5	193.0
东至(二)	41.5	62.5	104.5	163.5
东流	40.0	57.5	86.5	144.5
马坑	39.5	74.5	113.5	144.0
黄土湾	37.5	76.5	119.5	148.5

(2) 最大 1、3、7 d 暴雨分析

自入汛以来,尧渡河流域遭受连续强降雨袭击,最大 1、3、7 d 降水量详见表 2.1-91。

表 2.1-91　2016 年尧渡河流域各站长历时降水量统计表　单位:mm

站名	最大 1 d 降水量	最大 3 d 降水量	最大 7 d 降水量
东至(二)	283.0	404.5	466.0
小梅铺	230.5	397.0	455.0
花园	225.0	367.5	418.5
东流	212.0	368.5	460.5
马坑	202.0	338.5	408.0
黄土湾	187.0	328.0	383.0

2. 水情

1) 水情概述

2016 年尧渡河流域受多次降雨及长江洪水影响,发生多次洪水过程,其中 6 月底受 6 月 25 日—7 月 6 日暴雨影响,尧渡河暴发全流域超保证洪水(20160703 场次洪水),为 2016 年最大洪水,超过历史最高洪水位,其余洪水过程均未超警,不再阐述。

2) 洪水过程

尧渡河流域主要控制站为东至(二)站,本次着重采用东至(二)站实测资料分析尧渡河流域 20160703 场次洪水。

东至(二)站水位自 6 月 30 日 14 时起涨,7 月 3 日 9 时超警戒水位(19.00 m),受强降雨影响,水位持续上涨,于 7 月 3 日 15 时 24 分达到保证水位(21.40 m),15 时 48 分达洪峰水位 21.43 m(超保证水位0.03 m)。7 月 3 日 18 时回落至保证水位以下,5 日 9 时 42 分回落至警戒水位以下,水位在警戒水位以上持续 2 d。

3) 洪水特点

暴雨洪水范围广,洪水水位高、量级大,下游受江水顶托持续时间长。2016 年尧渡河流域暴雨频发,暴雨覆盖面广,基本是全流域暴雨,特别是 6 月底至 7 月初的连续暴雨,致使尧渡河暴发全流域洪水,洪水量级位居历史第 1 位。

4) 洪水组成分析

尧渡河流域主要控制站为东至(二)站,主要为上游来水、长江顶托回水。

5) 洪水重现期

洪水重现期是反映洪水出现机遇的指标,因此仅对尧渡河流域主要控制站东至(二)站的洪水重现期进行排频计算分析。东至(二)站有 61 年实测流量资料,通过计算,2016 年尧渡河流域东至(二)站洪峰流量为 1 880 m^3/s,重现期为 100 年。

1.13 姑溪河流域

1.13.1 概述

1.13.1.1 流域概况

1. 自然地理特征

三江流域水系有当涂、芜湖和鲁港三口与长江相通。长江洪水位较高时，常发生顶托或倒灌现象，漳河可达黄墓渡，青弋江可达湾沚，水阳江至新河庄附近。下游湖泊充蓄高程受当涂姑溪河口、芜湖青弋江河口控制，一般介于二口的长江干流水位之间，倒灌现象尤以芜湖为甚，受长江干流东西梁山锁口壅水影响，干流在芜湖和当涂之间常形成 0.7～1.0 m 的落差，因而常出现由芜湖口倒灌，经清水河—青山河或经清水河—运粮河—姑溪河，至当涂口出流的现象，倒灌时间一般在 4—5 月。

姑溪河位于水阳江的下游，系青弋江、水阳江的主要入江口。姑溪河上游连运粮河、石臼湖，下游纳青山河入长江。姑溪河自小花津至长江口，全长 23.44 km，全河分上、下姑溪河两段，上姑溪河东起小花津，西至魏家渡，长约 18.74 km，河床宽 117～434 m，水深 0.6～5.4 m，属马鞍山市博望区；下姑溪河自魏家渡，汇青山河后至金柱关入长江，长约 4.7 km，河床宽 100～300 m，水深 6～10 m，属当涂县。姑溪河左岸为大公圩北埂、新联圩、下六圩北堤和芜当联圩；右岸为团结圩、连千圩、四联圩、陈焦圩。

运粮河南与黄池河、北与姑溪河相连，东连塘沟河、石臼湖，全长 22.5 km，河底高程为 1.6～3.1 m，河槽口宽 200～500 m。运粮河左岸为大公圩东埂和南(北)圩；右岸为湖阳圩西堤。

黄池河自月亮圩向下游经乌溪镇至黄池镇三里埂，全长 16.79 km，河底高程为 2.00～5.10 m，河槽口宽 76～180 m。黄池河南连水阳江、裘公河、赵家河，西通清水河、青弋江，北连运粮河、石臼湖、青山河。黄池河右岸为大公圩南埂段，长约 12.49 km；左岸为宣城市金宝圩、月亮圩和芜湖市联建圩。

青山河位于三江流域下游区域，为青弋江和水阳江两水系之间的通道，从上游至下游自黄池镇三里埂，由南往北经查湾、龙山桥至魏家渡入下姑溪河，与长江相通，全长约 33.19 km，河底高程为2.7～5.2 m，河槽口宽 77～200 m。青山河上游连黄池河、赵家河、清水河，与青弋江相通。青山河左岸为当涂县一五圩、双梅圩、芜当联圩；右岸由大公圩西埂、四小圩堤、下六圩西堤组成，总长约为37.10 km。

石臼湖位于当涂县东南部，其东南为江苏省。目前，石臼湖面积约为 200 km^2，其中当涂县约为 100 km^2。石臼湖安徽段堤岸由军民圩、湖阳圩东堤组成。

2. 水利工程

(1) 塘坝

姑溪河流域现有半亩以上塘坝 2 729 口，其中塘 2 616 口，坝 113 座，塘坝总容积为 526.2 万 m^3，受益面积为 1.87 万亩。

(2) 沟塘

姑溪河流域共有容积 500 m^3 以上沟塘 1 463 口，其中 500～1 万 m^3 的有 227 口，1 万～5 万 m^3 的有 907 口，5 万～10 万 m^3 的有 190 口，10 万 m^3 以上的有 139 口，总容积为 6 187.84 万 m^3。

(3) 圩口、堤防

姑溪河流域内万亩以上圩口有 9 个，其余为万亩以下圩口，江、河、湖堤防总长 280.848 km(其中长江干堤 20 km)，万亩以上圩口堤防高程为 12.5～14.8 m；万亩以下圩口堤防高程为 11.5～13.5 m。

(4) 涵闸

姑溪河流域内有各类大小涵闸 198 座，其中引水闸(低闸)76 座、旱桥闸和引洪闸 5 座、山河节制闸和排洪闸 9 座、排涝泵站出水闸 108 座。低闸底板高程一般在 4.5～5.5 m，其他闸底板高程一般在7.0～9.0 m。

(5) 排灌泵站

姑溪河流域内共有各类电力排灌站 301 座，装机 763 台，共 45 715 kW。其中排涝站 108 座，装机 367 台，共 37 737 kW，中型规模的排涝站 13 座(青山站、黄池一站、黄池二站、乌溪站、金家涵二站、韩村站、杨湾站、双摆渡站、三马场老站、护驾场站、襄城河站、吴塘港站、大闸站)；灌溉和抗旱站 193 座，装机 396 台，共7 978 kW。

(6) 水库

姑溪河流域山丘区现有小(2)型水库 6 座，总库容为 86.3 万 m^3，兴利库容为 64.1 万 m^3，实际总灌溉面积为 0.54 万亩。各水库详细情况详见表 2.1-92。

表 2.1-92　姑溪河流域山丘区小(2)型水库一览表

序号	库名	所属乡镇	来水面积(km^2)	坝长(m)	坝顶高程(m)	设计洪水位(m)	设计蓄水位(m)	汛限水位(m)	溢洪道宽(m)	最大泄量(m^3/s)	设计库容(万 m^3)	兴利库容(万 m^3)	实际灌溉面积(亩)
1	丁坝	姑孰	0.355	165	62.5	61.50	60.50	60.00	9.0	20.68	12.5	8.9	600
2	雪坳		0.250	180	40.0	38.80	38.00	37.50	6.0	13.78	16.9	12.0	800
3	季北		0.283	126	30.0	29.00	28.00	27.50	6.0	9.98	12.6	9.2	1 000
4	东方红	太白	0.485	251	40.5	39.50	38.50	38.00	6.0	14.81	16.0	11.1	1 000
5	太白		0.420	180	21.5	20.90	20.00	19.50	6.0	12.62	15.3	12.2	600
6	红旗	大青山	3.02	135	33.3	32.50	31.80	31.30	12.0	18.60	13.0	10.7	1 400
合计			4.813								86.3	64.1	5 400

3. 水文测站

姑溪河流域水文站网遍布，控制性水文站当涂站具有 50 年以上的观测资料，其控制流域面积为 10 190 km^2。查湾站于 1967 年建站来观测雨量，1977 年观测水位，2012 年被设为中心河流水文站，巡测流量。此外，水位站尚有花津、大陇、黄池和北徐村，设站年份各不相同，雨量站有博望、丹阳和塘南阁。水文站网分布比较合理，站网密度较大，基本能掌控姑溪河流域水文特性及其变化规律。长江干流上、下游水位站有芜湖站和马鞍山站，均具有 50 年以上资料，可用来分析本流域洪水与长江洪水遭遇情况。各站设站年份及其观测项目详见表 2.1-93。

表 2.1-93　姑溪河流域主要水文测站基本情况表

序号	水系	河名	站名	警戒水位(m)	保证水位(m)	设站年份	观测项目
1	青弋江水阳江	姑溪河	当涂	10.30	12.70	1946 年	水位、流量、雨量、蒸发
2	青弋江水阳江	青山河	查湾	—	—	1967 年	水位、流量、雨量
3	青弋江水阳江	姑溪河	花津	10.30	12.20	1959 年	水位、雨量
4	青弋江水阳江	运粮河	大陇	10.30	12.60	2017 年	水位、雨量
5	青弋江水阳江	黄池河	黄池	11.00	12.60	1950 年	水位、雨量
6	青弋江水阳江	石臼湖	北徐村	10.30	12.60	1971 年	水位、雨量
7	青弋江水阳江	石臼湖	博望	—	—	1971 年	雨量
8	青弋江水阳江	丹阳湖	丹阳	—	—	1967 年	雨量
9	青弋江水阳江	丹阳湖	塘南阁	—	—	1974 年	雨量

注：大陇站为 2017 年新建站，故不参加本次降水量分析。

1.13.1.2　暴雨特性

姑溪河流域地处北亚热带季风性气候区，四季分明，季风显著，温和湿润，梅雨集中，具有霜期短、日照长、雨量充沛等特点，多年平均气温在 15.6℃左右。

(1) 年、月降水量

姑溪河流域降水季节性强，时空分布不均。据历年水文资料统计，姑溪河流域 1954—2018 年多年平均年降水量为 1 084.9 mm。最大年降水量为 1 994.9 mm(2016 年)，其次是 1991 年，降水量为 1 791.2 mm；

最小年降水量为462.4 mm(1978年)。降水量年内分配不均,汛期(5—9月)降水量占全年降水量的60%以上,暴雨多发生在6月18日至7月20日,大体上相当于梅雨季节。8—9月易遭台风袭击,并伴有大到暴雨。年内降水量各季分布亦不均:夏季最多,春季次之,秋季再次之,冬季最少。年内降水量的不均是造成旱、涝灾害的主要原因。

(2) 最大1、3、7 d降水量

据统计,姑溪河流域多年平均最大1、3、7 d降水量分别为84.9 mm、133.7 mm、172.6 mm。统计表明,最大1、3、7 d降雨多发生在6—7月份,排在前三位的最大1、3、7 d降水量及其发生日期详见表2.1-94,频率分析成果详见表2.1-95。

表2.1-94 姑溪河流域最大1、3、7 d降水量统计成果表

排位	最大1 d降水量(mm)	起始日期	最大3 d降水量(mm)	起始日期	最大7 d降水量(mm)	起始日期
1	247.5	1969-7-14	349.2	1969-7-14	439.3	2016-6-30
2	178.3	2016-7-1	345.1	2016-7-1	400.3	1969-7-11
3	144.2	1995-6-20	235.6	1991-7-1	330.2	1991-6-30

表2.1-95 姑溪河流域不同频率降水量统计成果表

流域	重现期(年)	各时段设计频率降水量(mm)		
		最大1 d	最大3 d	最大7 d
姑溪河	2	68.4	106.4	144.6
	5	100.8	157.1	213.4
	10	127.2	197.6	263.3
	20	154.3	238.9	312.3
	50	190.8	294.5	376.2
	100	218.8	336.9	424.1

1.13.1.3 洪水特性

本流域洪水主要由暴雨形成,集中发生在5—7月,个别年份出现在10月。暴雨多由梅雨锋、台风以及冷风低槽、低涡切变等天气系统形成。每年6月中旬至7月中旬,降雨集中,笼罩面广,降水量大,易引起洪涝灾害。

本流域洪水具有洪峰高、历时短的特点。一次洪水历时一般为3 d,多则7 d。流域洪水年际变幅较大。水阳江、青弋江、漳河流域常同时发生洪水。由于流域上中游源于同一暴雨中心,暴雨常常同时覆盖整个汇流区,形成全流域洪水。当暴雨覆盖范围小或台风只经过流域部分地区,则出现局部性洪水。

当涂站为水阳江出口,位于感潮河段,全年受长江潮水影响,高低潮位明显,当长江上游及本河道上游来水量较大时,潮位消失或不明显。受长江洪水影响,常出现长江顶托甚至江洪倒灌现象,倒灌时间一般发生在4—9月。

1.13.1.4 洪涝灾害

姑溪河流域由于特殊的地理位置和气候条件,加之旧社会封建制度下生产力与生产关系落后,战争频发等原因,自古以来洪涝灾害十分严重。据史料记载,自公元1451年至1948年间,共发生洪涝灾害94次,平均每5年发生洪涝灾害一次。每遇较大洪涝灾害,圩堤溃破,民众伤亡无数,流亡载道。洪灾一直是姑溪河流域人民的心腹之患。

自1949年以来,姑溪河流域共遭遇较大洪水9次,分别是1949年、1954年、1983年、1991年、1995年、1996年、1998年、1999年、2016年。1969年姑溪河流域年降水量为1 323.1 mm,较多年平均偏多19.4%,同年长江干流马鞍山站最高水位仅为10.20 m,所以1969年姑溪河流域最大1、3、7 d降水量虽然较集中，但并未发生大的洪灾。本次暴雨洪水分析选取具有代表性的 6 年，其中以 1954 年灾害损失最大，长江洪水位最高。

1.13.2 典型年洪水

1.13.2.1 1954 年

1954 年长江发生了全流域性特大洪水。该年长江中下游地区雨季提前到来，洪水发生时间也比一般年份早，洞庭湖、鄱阳湖水系于 4 月份即进入汛期，长江中下游干流高水位持续时间长，汉口至南京江段水位自 6 月 25 日起全线超过警戒水位，超警历时一般在 100～135 d，中下游洪水位全线突破历史最高值。由于梅雨期延长，且雨量大，造成了严重的洪涝灾害。

1. 雨情

1) 雨情概述

1954 年姑溪河流域内雨量站点仅当涂、黄池两处。全年降水量为 1 634.9 mm，比常年同期偏多 50.7%。1 月份降水量较大，较常年同期多 145%，3 月份降雨较少，较常年同期偏少 58%。入汛以后，降雨明显增多，尤其是 5—7 月，三个月的降水总量达 1 004.3 mm，占当年年降水量的61.4%。8—11 月降水量较常年同期均偏少，12 月份该流域出现连绵阴雨，降水日数达 20 d，降水总量较常年同期多 255%。

2) 暴雨过程

1954 年主汛期主要有 3 次降水过程，分别为 5 月 12—24 日、6 月 24—25 日、7 月 11—22 日。

(1) 第 1 场暴雨(5 月 12—24 日)

5 月 12—24 日，姑溪河流域出现第一次暴雨过程，流域面平均雨量为 243.3 mm，本次暴雨过程持续时间长，雨量大。

(2) 第 2 场暴雨(6 月 24—25 日)

6 月 24—25 日，姑溪河流域出现第二次暴雨过程，历时较短，流域面平均雨量为 126.5 mm，其中黄池站 6 月 24 日日雨量达 137.0 mm。

(3) 第 3 场暴雨(7 月 11—22 日)

7 月 11—22 日，姑溪河流域出现第三次暴雨过程，流域面平均雨量为 242.8 mm。三次降雨过程使得流域内各河流水位快速上涨，是形成本年洪水的主要原因。

3) 暴雨特点

(1) 梅雨期最长，降雨日数最多。姑溪河流域于 6 月 4 日进入梅雨期，7 月 31 日出梅，共 58 d，是自 1950 年以来梅雨期最长的一年。全年降雨日数达到 163 d，较常年同期(110 天)多 53 d。

(2) 先涝后旱，降雨年内分配不均。姑溪河流域 5—7 月份降雨总量达 1 004.3 mm，占全年年降水量的 61.4%，尤其 5 月份降水量 316.4 mm 是历年最大值。8—11 月降水总量为 163.1 mm，仅占全年降水量的 10%。12 月份降水量为 118.9 mm，较常年同期多 255%。

4) 暴雨成因

1954 年长江流域发生特大洪水，气象专家们分析认为，1954 年晚春初夏，副高偏强，到了 7 月，副热带高压又偏弱，但仍然位于北纬 18°附近，引导海洋上的南方湿暖气流长时间北上在江淮一带，来自印度洋的西南季风来势强劲；偏巧在鄂霍次克海上空，一个强大的高空高气压竟驱动着北方冷空气在 1954 年这段时间内也很强大，不断南下，致使冷暖空气在长江中下游上空 30 多天内一直盘旋徘徊，梅雨季节比常年长了一个多月，加上 1 个多月没有刮台风，造成了比常年时间更长、强度更大的降水，洪灾便由此形成了。

5) 暴雨重现期

根据 1954—2018 年年最大日时段降水量频率分析，1954 年最大 1 d 降水量为 113.7 mm(1954 年 6 月 24 日)，相当于 6 年一遇，历史排位第 11 位；最大 3 d 降水量为 126.8 mm(1954 年 6 月 23—25 日)，相当于 2 年一遇，历史排位第 28 位；最大 7 d 降水量为 173.1 mm(1954 年 5 月 18—24 日)，相当于 3 年一遇，历史排位第 24 位；年降水量 1 634.9 mm 相当于 26 年一遇，居历史第 3 位，详见表 2.1-96。

表 2.1-96　1954 年降水量频率分析成果表

时段	最大 1 d	最大 3 d	最大 7 d	全年
降水量(mm)	113.7	126.8	173.1	1 634.9
重现期(年)	6	2	3	26
排位	11	28	24	3

2. 水情

1) 水情概述

1954 年自 4 月份开始，江河水位逐步上涨。由于 5—7 月降水量大，青弋江、水阳江山洪下泄，江水顶托，姑溪河流域内各河水位猛涨。

2) 洪水过程

长江上游干流洪水经荆江分洪和四口分流后，8 月 7 日洪峰到达石首站，最高洪水位为 39.89 m，8 月 8 日监利站最高水位为 36.57 m。洪水过监利站后，经向洪湖分洪并汇洞庭湖出流，洪峰于 8 月 8 日到达螺山站，最高水位为 33.17 m，最大流量为 78 800 m^3/s。当洪峰传播到汉口时，汉江站于 11 日出现最大洪峰，新城站最大流量为 16 400 m^3/s。受其影响，汉口站于 14 日出现最大流量 76 100 m^3/s，18 日达到最高水位 29.73 m。鄱阳湖水系洪峰来得早，一般出现在 7 月中旬，受鄱阳湖出流影响，下游安庆、大通等站最大洪峰出现时间比汉口站提前约半个月，大通站 8 月 1 日出现最高洪水位 16.64 m，相应最大流量为 92 600 m^3/s。受上游的影响，当涂水文站 7 月下旬水位达 11.30～12.10 m，在 8 月 22 日达到历史最高水位 12.33 m。之后随着降雨的减少，水位缓慢回落。

3) 洪水特点

(1) 高水位持续时间长。当涂站 10.30 m 以上水位超过 100 d。其中最高水位 12.33 m，为历史最高值。

(2) 洪水来势凶猛，圩口严重溃破。1954 年洪水使得姑溪河流域大小 136 个圩口无一幸免，全部破圩。

4) 破圩情况

姑溪河流域内一般圩口均于 6 月至 7 月间溃破，大公圩溃于 9 月 24 日。一般圩口溃破是由堤防单薄，险工隐患很多和标准低所致。大公圩虽经奋斗抢险度过最高水位时期，但由于东埂面临丹阳湖湖面大，无护坡，9 月 24 日 16 时遭遇大风，风力达 8 级，惊涛巨浪猛袭东埂，虽经抢救，但在 25 日凌晨 2 时前后，不到 24h 的时间内，相继溃口 16 处，溃口总长 1 224 m，其中最严重的有 5 处共 360 m，位于大陇仇塘、荷叶塘、邢羊村、谢家谭、方家嘴。同时，在大浪的袭击中，4 830 m 的挡浪工程全部被冲垮，38 处漫溢。至此，整个姑溪河流域圩口无一幸免，总计破大小圩共 136 个，其中万亩以上大圩 9 个，千亩至万亩圩口 28 个，千亩以下圩口 99 个。

3. 灾情

1954 年暴雨洪水致使姑溪河流域共受洪灾面积 68.03 万亩，受灾人口 31.4 万人，死亡 137 人，伤 34 人，受灾户 5.2 万户，倒塌房屋 23.5 万间，损失粮食 15.6 万 t。

1.13.2.2　1983 年

1983 年的洪水主要受长江中游洪水和青弋江、水阳江水系洪水共同影响。姑溪河流域在受青弋江、水阳江水系洪水下泄涨水的同时，也受长江水位的顶托，因此，内河出现了高水位。1983 年上游水阳江洪水很大，加之与长江江水的不利组合，使得姑溪河流域高水位持续时间长。

1. 雨情

1) 雨情概述

1983 年姑溪河流域年降水量为 1 437.2 mm，比常年同期偏多 33%。汛前 1—4 月份降水量较常年同期偏少，入汛以后 5—7 月降雨逐渐增多，8 月份出现干旱，降水量较常年同期偏少 55%，9—10月出现罕见的大到暴雨，甚至大暴雨，致使9月份降水量较常年同期偏多240%，10月份降水量较常年同期偏多286%。11—12月降水量较常年同期偏少。

2）暴雨过程

1983年姑溪河流域主要出现了5次明显的降雨过程，分别是6月24日—7月4日、9月1日、9月15—17日、10月4—7日、10月14—22日。

（1）第1场暴雨（6月24日—7月4日）

6月24日—7月4日，该流域出现第一次暴雨过程，历时较长，流域面平均雨量为340.4 mm。暴雨中心主要集中在青山河、黄池河一带，以黄池、查湾、塘南阁所围区域降雨最大。其中黄池站累计降水量达440.4 mm，7月4日降水量达115.1 mm。同期，长江中下游和青弋江、水阳江流域普降大雨，宣城、广德、白茅岭等站均在500 mm左右，大洪水倾泻而下，流域内各河流水位猛涨。

（2）第2场暴雨（9月1日）

9月1日，姑溪河流域普降大到暴雨，局部大暴雨。据统计，姑溪河流域有1站出现大暴雨天气，5站出现暴雨天气，2站出现大雨天气。其中，24 h最大降水量出现在青山河查湾站，降水量为105.0 mm。

（3）第3场暴雨（9月15—17日）

9月15—17日，姑溪河流域出现了短历时的强降雨，流域面平均雨量为150.4 mm。暴雨最大中心位于黄池河上，黄池站本场降雨累计降水量为195.2 mm。

（4）第4场暴雨（10月4—7日）

本次降雨流域面平均雨量为102.6 mm。10月4日暴雨中心位于石臼湖地区，5日暴雨中心转移到黄池河、青山河一带，之后降雨逐渐减小。

（5）第5场暴雨（10月14—22日）

10月中下旬，姑溪河流域阴雨天气连绵不断，再一次发生全流域强降雨过程。本次降雨历时长、范围广，流域面平均雨量为125.5 mm。降雨主要集中在10月15日和19日两天，其中15日最大日降水量为北徐村站的48.2 mm，19日最大日降水量为花津站的50.4 mm。

3）暴雨特点

（1）暴雨场次多。1983年姑溪河流域共出现5次较明显的暴雨过程。

（2）秋后降水量大，为历史罕见。1983年9—10月姑溪河流域降水量为482.8 mm，占全年年降水量的33.5%，较常年同期偏多262%，为历史上最大值。

4）暴雨成因

1983年春末至夏初，长江流域出现全流域性的反常多雨天气，这次大范围、长时期异常多雨的发生，与西北太平洋副热带高压的反常变化直接相关。同时，地球出现了持续时间较长、影响较重的“厄尔尼诺”现象。

5）暴雨重现期

根据1954—2018年年最大日时段降水量频率分析，1983年最大1 d降水量为85.4 mm（1983年9月16日），相当于3年一遇，历史排位第24位；最大3 d降水量为141.2 mm（1983年9月15—17日），相当于3年一遇，历史排位第19位；最大7 d降水量为220.3 mm（1983年6月29日—7月5日），相当于5年一遇，历史排位第10位；年降水量为1 437.2 mm，相当于10年一遇，居历史第6位。

2. 水情

1）水情概述

1983年6月下旬至7月中旬，长江中下游和青弋江、水阳江上游普降大暴雨，江河、湖泊水位猛涨。

2）洪水过程

（1）姑溪河当涂水文站

自6月24日降雨以来，姑溪河水位开始持续上涨，姑溪河当涂站6月24日水位为8.83 m，7月1日超过警戒水位（10.30 m），7月13日涨至最高水位11.71 m（下午潮），超警戒水位1.41 m。后期随着降雨的停止，水位逐渐回落。8月5日水位降至警戒水位以下，共超警36 d。

(2) 青山河查湾水文站

自6月24日降雨以来，青山河查湾站水位由9.13 m开始持续上涨，7月14日达到最高水位12.22 m，之后随着降雨的停止，水位开始缓慢回落。

3) 洪水特点

暴雨集中，流域内各河流涨水速度快。自6月24日开始的第一场暴雨过程，加上受长江中游洪水和青弋江、水阳江流域洪水共同影响，姑溪河流域内各河流水位迅速上涨。姑溪河当涂站水位由8.83 m开始上涨，于7月13日涨至最高水位11.71 m；姑溪河花津站由9.03 m开始上涨，于7月15日达到最高水位12.26 m；青山河查湾站由9.13 m开始上涨，于7月14日涨至最高水位12.22 m；黄池河黄池站由9.38 m开始上涨，于7月14日涨至最高水位12.54 m。

4) 洪水重现期

洪水重现期是反映洪水出现机遇的指标，对于姑溪河流域而言，以主要控制站洪峰流量重现期来反映洪水的大小。因此，对姑溪河当涂站洪峰流量进行排频。

根据1983—2018年当涂站年最大流量频率分析，1983年最大流量为1 900 m^3/s(1983年7月16日实测)，相当于9年一遇，历史排位第5位。

5) 破圩情况

1983年由于水位高，堤防标准低，从7月3日开始出现破圩、北圩、大溪圩、三杨圩、中圩等9个圩口溃破，其中北圩是根据省防指指令蓄洪的；最晚溃破的是双梅圩，时间是7月15日。这些圩口溃破的原因主要是堤防标准低，险工隐患多，抢险经验不足，不够科学，等等。

3. 灾情

由于破圩，受灾农田有6.24万亩，倒塌民房4 300间，死亡4人，淹死耕牛11头。同时，因降雨量大，内涝严重，该流域短时间内受涝农田达20.1万亩，因涝绝收3.25万亩，受灾人口为16.6万人。

1.13.2.3 1991年

1991年长江中下游发生特大洪水。5月18日—7月12日，姑溪河流域遭受了连续暴雨、大暴雨的侵袭。暴雨强度大、范围广、总量大，造成了惨重的洪涝灾害。

1. 雨情

1) 雨情概述

1991年姑溪河流域年降水量为1 791.2 mm，比常年同期偏多65%。汛前1月份降水量较常年同期偏少28%，2—4月份均比常年同期偏多。全年降水主要集中在6、7两个月，其中6月份降水量为414.7 mm，7月份降水量为445.5 mm，6、7两月降水总量达860.2 mm，占当年年降水量的48%。10—11月份降水量偏少。

2) 暴雨过程

1991年姑溪河流域共出现了4次明显的暴雨过程，分别是4月15—17日、5月18日—6月16日、6月30日—7月12日、8月1—8日，其中6月30日—7月12日最严重。

(1) 第1场暴雨(4月15—17日)

1991年4月份姑溪河流域降水日数达到15 d。其中，4月15—17日降水强度最大。本次暴雨过程流域面平均雨量为142.9 mm，暴雨主要集中在4月16日，日降水量超过100 mm的站点有塘南阁站和查湾站。

(2) 第2场暴雨(5月18日—6月16日)

自5月18日入梅开始，姑溪河流域持续降雨，至6月16日流域面平均雨量达447.8 mm。其中最大累计降水量为丹阳站的513.9 mm，最大1 d降水量为塘南阁站的173.4 mm，其次是花津站的147.2 mm。其中6月12—15日降水量最集中，尤其是6月12日姑溪河流域普降大暴雨，暴雨中心位于丹阳湖的塘南阁站附近，当日流域面平均雨量达到127.0 mm，造成严重涝情。

(3) 第3场暴雨(6月30日—7月12日)

从6月30日20时开始，姑溪河流域再次遭到大暴雨袭击，本次暴雨过程持续时间长，至7月12日该流域面平均雨量达 501.8 mm，其中当涂站、查湾站、花津站和丹阳站均超过 500 mm，降水量和降水强度均超过第 2 场暴雨。暴雨中心位于当涂站、花津站、丹阳站所包围区域，最大 1 d 降水量为博望站的 122.4 mm，其次是青山河查湾站的 119.3 mm。

(4) 第 4 场暴雨(8 月 1—8 日)

本次降雨的暴雨中心位于姑溪河一带，流域面平均雨量为 162.5 mm。最大累计降水量为当涂站的 208.6 mm，其次是丹阳站的 195.5 mm。8 月 7 日是此次降雨最集中的一天，最大 1 d 降水量为当涂站的 103.7 mm，其次是查湾站的 96.0 mm。

3) 暴雨特点

梅雨期长，降水总量大，笼罩范围广。1991 年 5 月 18 日入梅，7 月 13 日出梅，长达 57 d，与历史最长的 1954 年(58 d)相仿。梅雨期间，持续性、大面积的暴雨不断出现，且降雨强度大，来势猛，姑溪河流域面平均雨量为 956.5 mm，与历史对比，几乎相当于流域常年全年的雨量。

4) 暴雨成因

1991 年从 5 月中下旬开始，副高明显西伸北抬，导致姑溪河流域较常年提早 29 d 入梅。6 月中下旬至 7 月上旬，副高脊线在北纬 24°附近稳定不动，冷暖两股气流在江淮地区相遇，产生强烈辐合，造成姑溪河流域暴雨叠加，形成了暴雨天气。

5) 暴雨重现期

根据 1954—2018 年年最大日时段降水量频率分析，1991 年最大 1 d 降水量为 127.0 mm(1991 年 6 月 12 日)，当于 10 年一遇，历史排位第 8 位；最大 3 d 降水量为 235.6 mm(1991 年 7 月 1—3 日)，相当于 15 年一遇，历史排位第 6 位；最大 7 d 降水量为 330.2 mm(1991 年 6 月 30 日—7 月 6 日)，相当于 20 年一遇，历史排位第 4 位；年降水量为 1 791.2 mm，相当于 65 年一遇，居历史第 2 位。

2. 水情

1) 水情概述

1991 年入汛以后，长江中游和青弋江、水阳江发生较大洪水。姑溪河流域受长江、青弋江和水阳江洪水的共同影响，境内江河、湖泊水位迅速上涨，整个汛期姑溪河流域多条河流发生超警戒水位。

2) 洪水过程

(1) 姑溪河当涂水文站

受流域降雨影响，姑溪河水位自 7 月初开始快速上涨，7 月 8 日当涂站达到警戒水位(10.30 m)，之后随着强降雨的持续，水位继续上涨，7 月 13 日 13 时 50 分达到最高水位 11.32 m，超警戒水位 1.02 m。7 月 13 日降雨停止后，水位开始缓慢回落，7 月 31 日降至警戒水位以下，共超警 24 d。

(2) 青山河查湾水文站

受 5 月中下旬至 6 月中旬连续降雨影响，青山河查湾站水位开始上涨至最高水位10.37 m，之后缓慢回落至 9.03 m。受 6 月 30 日开始的第 3 场连续强降雨影响，查湾站水位迅速起涨，7 月 13 日达到最高水位 11.85 m。

3) 洪水特点

(1) 长江干流水位持续高涨，姑溪河流域水位受其影响迅速上涨。受汛前降雨的影响，长江马鞍山站水位从 3 月中旬开始迅速上涨，姑溪河当涂站水位从 3 月 11 日也开始上涨。7 月份受强降雨影响，水位快速上涨。

(2) 多轮降雨来袭，多条支流超警。1991 年姑溪河流域出现 4 场明显的强降雨，姑溪河流域的姑溪河、黄池河等水位均超警。

4) 洪水重现期

根据 1983—2018 年当涂站年最大流量频率分析，1991 年最大流量为 2 060 m^3/s(1991 年 7 月 10 日)，相当于 12 年一遇，历史排位第 4 位。

5) 破圩情况

姑溪河溃破万亩以上圩口 2 个：北圩和南圩。7 月 8 日北圩水位达 12.10 m，超过保证水位0.10 m，由于多处发生管涌，抢险无效而溃破。7 月 26 日由于江苏高凉胜利圩闸身下沉，堤防溃口，中间隔埂挡水无效，南圩被淹。

3. 灾情

1991 年整个汛期姑溪河流域受涝面积为 59.8 万亩，成灾面积为 50.2 万亩；受灾人口为42.8 万人，损坏房屋 5 392 户 13 848 间，死亡 4 人，重伤 9 人。因灾造成的直接经济损失达 1.8 亿元。

1.13.2.4 1998 年

1998 年长江发生了自 1954 年以来的又一次全流域性大洪水。长江中下游干流沙市至螺山、武穴至九江共计 359 km 的河段水位超过了历史最高水位。鄱阳湖水系五河、洞庭湖水系四水发生大洪水后，长江上中游干支流又相继发生了较大洪水，长江上游接连出现 8 次洪峰。由于沿江潮位高，内河排水受阻，当涂站最高水位达 11.99 m，居历史第 2 位。虽然这场洪水量级大、涉及范围广、持续时间长、洪涝灾害严重，但总体而言，1998 年洪水造成的损失要比 1954 年的小得多。

1. 雨情

1）雨情概述

1998 年姑溪河流域年降水量为 1 135.5 mm，比常年同期偏多 5%。汛前 1、3 月份降雨较常年同期多一倍以上，汛期降雨主要集中在 6 月份(246.9 mm)，占全年降水量的 21.7%。8—12 月份降雨均偏少，其中 11 月偏少 81%。

2）暴雨过程

进入 6 月以后，降雨明显增多，姑溪河流域主要出现了 2 次较明显的降雨过程，分别是 6 月 24 日—7 月 4 日、7 月 22—24 日。

(1) 第 1 场暴雨(6 月 24 日—7 月 4 日)

6 月 24 日姑溪河流域迎来入汛后的第一场暴雨，持续时间长达 10 d。全流域普降大到暴雨，局部地区大暴雨，暴雨主要集中在 6 月 25—26 日，30 日降雨强度有所减弱，直至 7 月 4 日降雨停止。本次暴雨过程雨量超过 200 mm 的站点有当涂、博望、查湾、塘南阁和丹阳。最大 1 d 降水量为博望站的124.5 mm，其次是北徐村站的 99.6 mm。

(2) 第 2 场暴雨(7 月 22—24 日)

本场暴雨过程流域面平均雨量为 75.7 mm。暴雨中心主要集中在石臼湖区域，最大 1 d 降水量为博望站的 110.6 mm，其次是北徐村站的 92.3 mm。

3）暴雨特点

降雨分配不均，汛前降雨多。汛前(1—4 月)降水量较常年同期偏多 45.7%。其中 1 月份降水量为 105.7 mm，较常年同期偏多 121%；3 月份降水量为 178.1 mm，较常年同期偏多 105%。

4）暴雨成因

1998 年长江发生大洪水的主要原因是气候异常、暴雨过大、河湖调蓄能力下降、削峰作用降低及水位抬高等。气候异常的主要因素有：

(1) “厄尔尼诺”事件。1997 年 5 月，发生了自 21 世纪以来最强的“厄尔尼诺”事件，当年年底达到盛期，到 1998 年 6 月基本结束。据统计资料分析表明，每次“厄尔尼诺”事件发生的第二年，我国夏季多出现南北两条多雨带，一条位于长江及其以南地区，另一条位于北方地区。这次异常偏强的“厄尔尼诺”事件，是造成 1998 年我国夏季长江流域多雨的主要原因之一。

(2) 高原积雪偏多。根据气候规律分析，冬春欧亚和青藏高原地区积雪偏多时，东亚季风一般要推迟，夏季季风偏弱，主要雨带位置偏南，长江流域多雨。1997 年冬季，青藏高原积雪异常偏多，是影响 1998 年夏季长江及江南地区降雨偏多的一个重要因素。

(3) 西太平洋副高异常。副高是影响我国降雨带位置和强度的重要因素。1998 年 6—8 月，副高异常强大，脊线位置持续维持偏南、偏西，并且呈稳定的东北—西南走向。这一现象是近 40 年来罕见的。6 月中下旬，副高位置尚属正常，降雨带主要位于长江中下游地区；6 月底至 7 月上旬，副高短暂北抬；从 7 月中旬开始，副高反常地突然南退，位置异常偏南、偏西，并持续稳定了一个多月，使长江上中游地区一直处于西南气流与冷空气交汇处，暴雨天气频繁出现，导致长江上中游洪峰迭起，中下游江湖水位不断攀升。

(4) 亚洲中纬度环流异常，阻塞高压活动频繁。1998 年 6—8 月，在亚洲中高纬度的乌拉尔山、贝加尔湖西侧和鄂霍次克海三个地区多次出现阻塞高压形势，尤其是鄂霍次克海阻塞高压稳定少动，亚洲西风带经向环流占绝对优势，促使西伯利亚冷空气频繁南下影响我国，这是长江流域持续多雨的冷空气条件。

5) 暴雨重现期

根据 1954—2018 年年最大日时段降水量频率分析，1998 年最大 1 d 降水量为 86.7 mm(1998 年 6 月 26 日)，相当于 3 年一遇，历史排位第 23 位；最大 3 d 降水量为 150.7 mm(1998 年 6 月 25—27 日)，相当于 33 年一遇，历史排位第 14 位；最大 7 d 降水量为 189.8 mm(1998 年 6 月 24—30 日)，相当于 3 年一遇，历史排位第 19 位；年降水量为 1 135.5 mm，相当于 3 年一遇，居历史第 24 位。

2. 水情

1) 水情概述

1998 年，长江较一般年份提前一个多月进入汛期。自 6 月中旬至 8 月中旬，长江中上游多次出现大暴雨，长江先后形成 8 次洪峰，并与中下游洪水相遇，形成了 20 世纪第二次全流域性大洪水(仅次于 1954 年)。

2) 洪水过程

(1) 姑溪河当涂水文站

入梅以后，受第一场强降雨影响，姑溪河当涂站水位从 9.58 m 上涨到 11.64 m。7 月下旬再次出现强降雨过程，水位持续上涨，直到 7 月 31 日达到最高水位 11.99 m，仅次于 1954 年的 12.33 m。之后随着降雨的减少，水位至 9 月 21 日逐渐回落到警戒水位以下。1998 年汛期当涂站水位共超警 87 d。

(2) 青山河查湾水文站

青山河查湾站受 6 月 23 日开始的连续 7 天的降雨影响，水位开始由 9.57 m 缓慢起涨，至 7 月 5 日达到 12.11 m 之后有所回落。之后受降雨的影响，水位再度上涨，至 8 月 2 日达到最高水位 12.33 m。

3) 洪水特点

洪水发生得早，来势猛，多条河流出现高水位。汛前，长江中下游干流以及洞庭湖湘江、鄱阳湖赣江等多次出现历史同期最高水位。汛期，长江中下游干流主要控制站自 6 月 24 日起相继超过警戒水位，长江上游 7 月初即出现第一次洪峰，比正常年份提前约半个月。受长江高水位的影响，姑溪河流域各河流也相继出现了高水位。姑溪河当涂站最高水位为 11.99 m，仅次于 1954 年的 12.33 m；青山河查湾站最高水位 12.33 m 为历史第三高水位；黄池河黄池站最高水位 12.63 m 为历史第三高水位。

4) 洪水重现期

根据 1983—2018 年当涂站年最大流量频率分析，1998 年最大流量为 1 330 m^3/s(1998 年 7 月 11 日)，相当于 3 年一遇，历史排位第 13 位。

3. 灾情

1998 年大洪水因水位高而限制排涝，大量降雨造成一定范围的内涝，姑溪河流域受涝面积为 13.7 万亩，成灾面积为 3.5 万亩，受灾人口为 12 万人，损坏房屋 6 570 间，倒塌房屋 630 间，直接经济损失达 8 019 万元。另外，8 月 20 日下午遭受风暴袭击，农作物受灾面积为 2.9 万亩，成灾面积为 1.6 万亩，其中绝收 0.3 万亩，倒塌房屋 30 间，损坏民船 11 只，死亡 3 人，直接经济损失达 742 万元。

1.13.2.5 1999 年

长江继 1998 年发生全流域性的大洪水后，1999 年又一次发生“姊妹水”，尤其青弋江、水阳江发生特大洪水，姑溪河流域出现了降雨强度、河湖水位、水位涨幅等超历史现象。

1. 雨情

1) 雨情概述

1999 年姑溪河流域年降水量为 1 251.0 mm，比常年同期偏多 15%。降水主要集中在 6 月和 8 月，其中 6 月份降水量为 490.3 mm，8 月份降水量为 234.3 mm，降水总量达 724.6 mm，占当年年降水量的

57.9%。汛前和汛后降雨均比常年同期偏少，尤其12月无降雨。

2）暴雨过程

1999年自6月7日进入梅雨期后，强暴雨持续，姑溪河流域主要出现了4次较明显的降雨过程，分别为6月7— 10日、6月15—16日、6月23—30日、8月19—29日。

(1) 第1场暴雨(6月7—10日)

6月7—10日，姑溪河流域出现入梅后的第一场降雨，流域面平均雨量为130.5 mm。暴雨中心位于黄池、查湾一带。其中6月9日为降雨最集中的一天。

(2) 第2场暴雨(6月15—16日)

6月15—16日，姑溪河流域再次普降大到暴雨，局部地区大暴雨。本场暴雨过程，流域面平均雨量为129.6 mm，6月15日黄池、博望、塘南阁和丹阳站日雨量均超过100 mm，16日降雨有所减弱。最大1 d降水量为黄池站的196.0 mm，塘南阁站的111.8 mm次之。

(3) 第3场暴雨(6月23—月30日)

6月23—30日，姑溪河地域出现本月第三场强降雨过程，整体呈现先弱后强的趋势。流域面平均雨量为244.7 mm。6月27日，姑溪河流域大部分雨量站点日雨量超过100 mm，暴雨中心黄池站日雨量为170.0 mm，塘南阁站为146.1 mm。

(4) 第4场暴雨(8月19—29日)

8月19—29日，姑溪河流域出现了自汛期以来最长的一次连续性降雨。本次降雨过程，流域面平均雨量为158.7 mm。最大1 d降水量为查湾站的53.8 mm，塘南阁站的40.8 mm次之。

3）暴雨特点

(1) 降雨分配不均，梅雨期间暴雨频发。全年仅3月、6月、8月和10月较常年同期偏多，其余月份均偏少。自6月7日入梅后，出现4场暴雨过程，其中6月23—30日最为严重。

(2) 6月份降水总量大，为历史最大值。1999年6月份姑溪河流域降水量占年降水量的39.2%，超过了1954年、1983年、1991年、1998年、2016年的同期降水总量，为自有资料记载以来的最大值。其中黄池站6月降水量达780.2 mm，为自1950年建站以来的最大值。

(3) 降雨强度大，持续时间长。6月7—30日仅24 d时间内，流域面平均雨量为507.8 mm。

4）暴雨成因

1999年大气环流在入夏以后出现了异常。由于东亚阻塞高压的发展，热带辐合带异常偏弱，西太平洋副高异常偏东，长江中下游及江南大部地区汛期降水时段集中在6月下旬到7月上旬，正处于江南梅雨期内。大范围的降雨且持续时间之长，造成了严重的洪涝灾害。

5）暴雨重现期

根据1954—2018年年最大日时段降水量频率分析，1999年最大1 d降水量为116.6 mm(1999年6月27日)，相当于6年一遇，历史排位第10位；最大3 d降水量为147.1 mm(1999年6月25—27日)，相当于3年一遇，历史排位第17位；最大7 d降水量为215.6 mm(1999年6月23—29日)，相当于4年一遇，历史排位第11位；年降水量为1 251.0 mm，相当于4年一遇，历史排位第12位。

2. 水情

1）水情概述

汛期，姑溪河流域及皖南山区暴雨集中、强度大，青弋江、水阳江均发生了大洪水。与此同时，长江中下游连降暴雨，也发生了大洪水。姑溪河流域境内河湖水位暴涨，多站水位都超过了历史最高水位。

2）洪水过程

(1) 姑溪河当涂水文站

自6月7日降雨开始，姑溪河当涂站水位缓慢上涨，至6月28日达到警戒水位(10.30 m)，7月1日实测最大流量为2 470 m^3/s。之后受第3场强降雨的影响，水位快速上升，7月19日18时30分涨至洪峰水位11.70 m，超警戒水位1.40 m。7月份由于降水的减少，水位缓慢回落，至8月14日降到警戒水位以下。8 月 19 日开始的第 4 次较明显的降雨过程，使得当涂站水位再次上涨。整个汛期共超警 65 d。

(2) 青山河查湾水文站

自入梅以来，青山河查湾站水位不断上涨，7 月 1 日涨至历史最高洪水位 12.92 m 后缓慢回落。受 8 月下旬降雨的影响，查湾站水位再次上涨，涨幅较小。

3)洪水特点

(1) 水位涨幅大。自 6 月中旬开始，姑溪河流域内各站水位涨幅较大。黄池站水位从 6 月 24 日 8 时的 9.75 m 涨至 7 月 1 日 23 时的 13.56 m，一周内涨 3.81 m；当涂站水位从 6 月 27 日 8 时的 9.22 m 涨至 28 日 8 时的 10.04 m，24 h 上涨 0.82 m，为历史最大值。

(2) 多条河流水位超历史。青山河查湾站最高水位为 12.92 m，超历史最高水位 0.11 m；黄池河黄池站最高水位为 13.56 m，超历史最高水位 0.17 m。

(3) 超警时间长。姑溪河当涂站水位超警 65 d；姑溪河花津站超警戒水位 90 d；黄池河黄池站超警戒水位 66 d。

4) 洪水重现期

根据 1983—2018 年当涂站年最大流量频率分析，1999 年最大流量为 2 470 m^3/s(2016 年 7 月 1 日)，相当于 33 年一遇，历史排位第 2 位。

3. 灾情

1999 年尽管无破圩情况，但由于暴雨强度大，外河水位超历史，排涝站较长时间实行禁排，洪灾仍旧严重。据统计，姑溪河流域受灾面积达 29.0 万亩，其中成灾面积为 5.7 万亩，绝收面积为 1.7 万亩。损坏房屋 2 000 间，倒塌房屋 1 200 间，受灾人口为 22.7 万人，洪水围困 9 500 人，紧急转移 5 800 人。直接经济损失达 1.665 亿元。

1.13.2.6　2016 年

2016 年汛期，姑溪河流域发生了自 1998 年以来最大一次洪水，造成了严重的洪涝灾害。

1. 雨情

1) 雨情概述

2016 年姑溪河流域年降水量为 1 994.9 mm，比常年同期偏多 84%。流域内最大年降水量为丹阳站的 2 228.7 mm。汛前(1—4 月)降水量与常年同期持平。入梅以后，降水量明显增大，主要在 6—7 月和 9—10 月，其中 6 月降水量为 282.3 mm，7 月降水量为 481.2 mm，合计降水总量达 763.5 mm，占当年年降水量的 38.3%。9 月和 10 月降水量极大，两月总降水日数达 30 d，降水量较常年同期分别偏多 243%、368%。

2) 暴雨过程

2016 年姑溪河流域共出现了 4 次较明显的暴雨过程，分别是 6 月 20—28 日、6 月 30 日—7 月 6 日、9 月 28 日—10 月 7 日、10 月 19—30 日。

(1) 第 1 场暴雨(6 月 20—28 日)

6 月 20—28 日，姑溪河流域出现入梅后的第一次强降雨过程，全流域普降大到暴雨，部分支流开始起涨，28 日降雨强度有所减弱。此次降雨过程，流域面平均雨量为 230.6 mm。

本次降雨过程，降水量超过 200 mm 的笼罩面积达 298.4 km^2；超过300 mm的笼罩面积为 28.5 km^2。

(2) 第 2 场暴雨(6 月 30 日—7 月 6 日)

6 月 30 日—7 月 6 日，全流域先后普降暴雨、大暴雨，甚至特大暴雨。降雨从 6 月 30 日 20 时开始，当日暴雨中心位于长江左岸。7 月 1 日，暴雨中心南移，是此次降雨过程最集中的一天，姑溪河流域雨量超过 200 mm 的站点有当涂、丹阳和博望站，最大点降水量为当涂站的 214.0 mm。7 月 2 日，雨量以查湾、黄池、北徐村、博望和花津站所包围区域最大，最大点降水量为查湾站的 157.5 mm。此后降雨逐渐减小，7 月 6 日基本停止。

本次降雨过程，降水量超过 200 mm 的笼罩面积达 938.3 km^2；超过300 mm的笼罩面积达 850.8 km^2；超过 400 mm 的笼罩面积为609.8 km^2。

(3) 第 3 场暴雨(9 月 28 日—10 月 7 日)

受第 17 号台风“鲇鱼”于 9 月 28 日 4 时 40 分前后登陆的影响，姑溪河流域内普降大到暴雨，局部地区大暴雨，本次降雨过程，流域面平均雨量为 210.6 mm，累计最大点降水量为塘南阁站的 242.0 mm。暴雨主要集中在 29 日，暴雨中心位于北徐村、黄池、塘南阁站附近，日降水量超过 100 mm 的站点有黄池、北徐村、博望、花津、塘南阁站，最大点降水量为塘南阁站的 131.0 mm。

(4) 第 4 场暴雨(10 月 19—30 日)

汛后，姑溪河流域出现了一次历时较长的降雨过程，流域面平均雨量为 208.2 mm。最大 1 d 降水量为当涂站的 86.0 mm，丹阳站的 80.5 mm 次之。

3) 暴雨特点

(1) 梅雨雨期偏长，梅雨量多。6 月 18 日进入梅雨期，7 月 21 日出梅，共 33 d，较常年天数(24 d)多 9 d。梅雨期，姑溪河流域面平均雨量为 728.6 mm，其中当涂站的 635.0 mm、黄池站的 788.5 mm、塘南阁站的 728.5 mm、查湾站的 717.5 mm、花津站的 722.5 mm，是常年的 2.5 倍。

(2) 短历时强降雨频发、降雨强度大。其中最大 1 h 降水量为博望站的 37.5 mm；最大 3h 降水量为博望站的 61.0 mm；最大 6 h 降水量为博望站的 94.5 mm；最大 12 h 降水量为博望站的 131.5 mm。由于水阳江、青弋江流域前水未退，后洪叠起，姑溪河流域境内多条河流发生自 1954 年以来的最大洪水。

4) 暴雨成因

受超强“厄尔尼诺”事件影响，2016 年 6—7 月副高异常偏强、偏西，同时西风带阻塞形势稳定，导致长江中下游梅雨期降雨异常偏多、暴雨过程频发。其成因在大气环流背景上主要表现为：一是梅雨期欧亚中高纬度环流形势稳定。阻塞高压主要为双阻型，在 50°N～70°N 高纬度地区有 2 个稳定的阻塞高压或高压脊维持。二是暴雨期间偏西气流强盛，水汽条件充足。三是暴雨期间冷空气活动频繁。冷空气入侵路径分两路，西路从河套地区南下，直达长江流域；东路从华北地区南下，主要影响长江中下游地区。四是低空急流与暴雨关系密切，是产生暴雨的水汽和能量通道。

5) 暴雨重现期

根据 1954—2018 年年最大日时段降水量频率分析，2016 年最大 1 d 降水量为 178.3 mm(2016 年 7 月 1 日)，相当于 32 年一遇，历史排位第 3 位；最大 3 d 降水量为 345.1 mm(2016 年 7 月 1—3 日)，相当于 72 年一遇，历史排位第 2 位；最大 7 d 降水量为 439.3 mm(2016 年 6 月 30 日—7 月 6 日)，属于超百年一遇，历史排位第 1 位；年降水量为 1 994.9 mm，也属于超百年一遇，位居历史第 1 位。

2. 水情

1) 水情概述

2016 年，长江来水偏早，水位涨势迅猛。从 4 月初开始，长江马鞍山站水位持续快速上涨，4 月下旬即达设防水位，且超过 1983 年、1998 年等大水年份的同期水位，比 2015 年同期水位高近 3 m。同时，姑溪河、黄池河等内河水位也快速上涨，入汛前全部超过设防水位。

2) 洪水过程

(1) 姑溪河当涂水文站

当涂水文站随着降水从 6 月 20 日开始水位不断上涨，6 月 29 日达到10.17 m后略有回落。7 月 1 日 4 时 42 分水位自 9.88 m 再度迅速上涨，7 月 1 日 21 时 30 分达到警戒水位(10.30 m)，7 月 6 日 13 时 12 分涨至洪峰水位 11.97 m，超警戒水位 1.67 m。7 月 6 日 10 时 10 分实测自建站以来最大流量 2 850 m^3/s。后期由于降水停止，水位缓慢回落，7 月 28 日降至警戒水位以下，共超警 27 d。对遥测水位进行统计，当涂站水位最大 1 h 涨幅为 0.10 m，最大 3 h 涨幅为 0.26 m。

(2) 青山河查湾水文站

受 6 月 20—28 日第一场连续降雨影响，青山河查湾站水位不断上涨，6 月 29 日 11 时 18 分涨至 11.28 m后短暂回落。7 月 1 日 5 时起水位快速上涨，7 月 6 日 2 时 30 分涨至最高水位 12.81 m。之后随着降雨的停止，水位缓慢回落。对遥测水位进行统计，查湾站水位最大 1 h 涨幅为 0.08 m，最大 3 h 涨幅为 0.18 m。

3) 洪水特点

(1) 多条河流水位超历史。姑溪河当涂站水位最高时达 11.97 m,接近历史最高水位;花津站达历史最高水位 12.85 m,黄池河黄池站水位 13.39 m 为历史第二高水位;大陇站水位 13.38 m 超历史最高水位 0.30 m,从 7 月 6 日 23 时起,整个姑溪河流域进入防汛一级应急响应状态。

(2) 洪水流量超历史。7 月 6 日 10 点 10 分姑溪河当涂水文站测得最大流量 2 850 m^3/s,超过了历史最大流量 2 470 m^3/s。

(3) 河湖超警站点多、超警超保时间长。7 月上旬,姑溪河流域各站点均超过警戒水位,其中当涂站超警戒水位 28 d,黄池站超警戒水位 32 d,花津站超警戒水位 38 d。同时,黄池站和花津站超保证水位 10 d。

4) 洪水重现期

根据 1983—2018 年当涂站年最大流量频率分析,2016 年最大流量为 2 850 m^3/s(2016 年 7 月 6 日),超 50 年一遇,历史排位第 1 位。

3. 灾情

2016 年大洪水期间,姑溪河流域共转移安置人口 10 342 人,其中集中安置 1 252 人,安置点群众生活保障有序,群众情绪稳定,卫生防疫工作到位;倒塌房屋 85 户、240 间,一般损坏房屋 1 968 户、5 169 间,严重损坏房屋 874 户、2 293 间;农作物受灾面积为 38.88 万亩,其中渍涝 38.79 万亩,漫溢 2.33 万亩,成灾面积为 26.24 万亩,绝收面积为 18.65 万亩,造成直接经济损失 18.02 亿元,其中农业直接经济损失11.35 亿元。

1.14 得胜河流域

1.14.1 概述

1.14.1.1 流域概况

1. 自然地理

得胜河是一条通江河流,地处安徽省和县、含山县境内,北与滁河、石跋河相邻,南与太阳河、姥下河接壤,属长江下游左岸水系。主河道为东西走向,自含山县夏桥至金河口全长 36.6 km,其中含山县境内长约 16.4 km,和县境内长约 25.5 km,两县的公共端长约 5.3 km,流域面积为 427 km^2(含山县222 km^2,和县 205 km^2)。

得胜河发源于含山县横山、狮子山、黄鹰山和城山一带山丘区,横山及黄鹰山来水在夏桥上游汇合后与东山水库下泄的来水交汇于含山县城西部,再汇合东门河来水,然后自西向东分别在张公桥、腰埠桥、马桥等处与得胜河主要支流卞庄河、月亮河、西马支河等汇合,流经和县城南至金河口入江。1971 年,河口建有金河口水利枢纽工程,包括节制闸和电力排灌站。

得胜河流域西北面主要为丘陵山区,东南面为平畈圩区,中上游地势由两侧连绵的山脉和波状起伏的丘岗向中部收缩,下游渐趋平坦,流域平均地面坡度在 1/500～1/1 000。山丘区面积为 278 km^2,平畈圩区面积 149 km^2,分别占流域总面积的 65%和 35%。

得胜河中游右岸有八字河闸连接太阳河及丰山河。丰山河全长约 24.9 km(包含原功桥河),1960 年 3 月疏浚开通,河宽 40～70 m,北接太阳河,南经杭河泊闸连接牛屯河,中段与姥下河连通。

2. 水利工程情况

1) 金河口闸

金河口闸是金河口水利枢纽工程的重要组成部分,位于得胜河的入江口,其主要功能是补充和县、含山两县得胜河、石跋河等地区 45 万亩农田的灌溉水源,并承担两县部分地区的排涝任务。工程于 1968 年 10 月正式开工建设,1970 年 10 月竣工并投入使用。闸室结构为钢筋混凝土拱形框架,规模为 4 孔,单孔宽5 m,总宽 25.8 m。1998 年,在老闸室右侧扩建了 2 孔,每孔净宽 5 m,扩建后的金河口闸设计过闸流量为 493 m^3/s。

2）金河口电力排灌站

金河口电力排灌站是金河口水利枢纽工程的重要组成部分，位于得胜河的入江口左侧，于1968年开工，1971年建成。其主要建筑物有立式泵站及穿堤涵。泵站装机12台套，总容量为2 160 kW，为堤前式立式机组排灌结合站，排洪灌溉设计流量为30 m^3/s。泵房为墩墙式湿室型，钢筋混凝土框架结构。泵室底板高程为1.20 m，泵房电机层高程为11.70 m。工程运行后，已经过多次改造，灌溉效益显也著，也为和县、含山两县的防汛抗旱发挥了应有的效益。

3）东山水库

东山水库位于得胜河上游、含山县城南约3 km处，是一座以灌溉、防洪为主，结合城市供水、养殖等综合利用的中型水库，集水面积为35 km^2，总库容为1 185万 m^3。水库于1959年冬开工，1971年续建后投入使用；2002年开始除险加固，2007年竣工验收。水库按百年一遇标准设计，设计洪水位为24.30 m，按2 000年一遇标准校核，校核洪水位为25.01 m。水库包括大坝、溢洪道、非常溢洪道和涵洞等。其中大坝为均质土坝，最大坝高17.5 m，坝顶高程为26.50 m，防浪墙高1.4 m，大坝长677 m；溢洪道净宽50 m，堰顶高程为22.50 m，最大泄洪流量为433 m^3/s。下游保护范围有含山县城区等，保护人口约14万人，保护耕地约14.5万亩。水库历史最高水位为23.62 m（1991年7月1日），水库正常蓄水位为22.50 m，汛限水位为22.00 m。

4）其他工程

流域内还有许多小型水库，其中小（1）水库有环峰塘、青春、龙门口、熊官塘和九条垄等。沿河水利工程主要包括小型排涝站、灌溉涵闸等。根据现场查勘统计，得胜河沿岸现有排涝站24处、灌溉涵闸24处。

3. 水文站网

得胜河上下游有2个水文站，流域内有6个雨量站。

1）金河口闸水文站

金河口闸水文站属于中小河流建设站点，也是得胜河出口控制站，2007年到2012年只作为汛期遥测水位站，2013年开始全年遥测水位；流量于2015年8月实施二线能坡法遥测，总体上水位、流量监测年限都不长。2016年长江发生流域性大水，金河口闸上最高水位为11.37 m（7月5日），闸下最高水位为11.31 m（7月7日），最大流量为505 m^3/s（7月2日）。

2）东门水文站

东门水文站也是中小河流建设站点，位于含山县城南、登科桥上游约610 m处，于2014年建站，于2014年6月开始遥测水位，目前还没有实行二线能坡法测流，大洪水期间实施巡测。2016年长江发生流域性大水，含山东门站实测最高水位为12.86 m（7月2日）。

3）雨量站

得胜河流域现有雨量站6个，分别是含山、梅山、华阳洞、东山、西埠、和县。其中梅山、华阳洞、东山站属于中小河流建设站点，资料年限不长。含山、西埠、和县三个站属于基本雨量站点，资料观测年限比较长。

4. 资料情况

本次暴雨洪水分析所用资料站点主要有金河口闸水文站，东门水文站，和县、含山和西埠三个雨量站，各站点基本情况详见表2.1-97。其中金河口闸水文站和东门水文站资料用在2016年暴雨洪水分析中。和县、含山和西埠三个雨量站资料用在所有选定的各场暴雨洪水分析中。关于三个雨量站资料，由于各站资料观测年限不一致，考虑到早期的观测条件较差，资料可靠性略差，本次分析只采用1965年以后的降水量资料。

表2.1-97　得胜河暴雨洪水分析资料使用站点一览表

序号	站名	测站类别	资料年限	备注
1	金河口闸	水文站	2007—2019年	中小河流站点
2	东门	水文站	2014—2019年	中小河流站点

（续表）

序号	站名	测站类别	资料年限	备 注
3	和县	雨量站	1951—1954 年、1962 年、1970—2018 年	基本站点
4	含山	雨量站	1951—1955 年、1961—2018 年	基本站点
5	西埠	雨量站	1970—2018 年	基本站点

1.14.1.2 暴雨特性

得胜河流域气候属于北亚热带湿润季风气候区，冬季，强大的蒙古高气压干冷气流控制大陆，雨量稀少；夏季，西太平洋副高和大陆低气压占优势，暖湿气流活动频繁，雨量多且集中；春秋两季是两股气流交替过渡期，受季风影响大，因此有降水量分配不均衡的特点。一般年份春季四个月冷暖气流交接面多位于南海，江淮丘陵区还处在蒙古冷高压控制之下，常受变性暖湿气流影响，雨量比冬季多。到了 5、6 月份，蒙古高压北退，西太平洋副高脊线移到北纬 22°附近，势力逐渐增强，西南季风开始盛行，冷暖气流交接后北移到长江中下游，这时，若遇大气环流平直少变，冷暖气流交接面遂成静止锋，造成连绵不断的降雨过程，这就是该区从 6 月中旬开始的梅雨季节，如 1954 年、1969 年、1983 年、1991 年、1998 年和 2016 年大水，无一不是梅雨所致。到了 7、8 月份，西南季风达鼎盛时期，冷暖气流交接面移至黄河流域。另外，夏季台风活动频繁，因台风登陆带来的强暴雨也屡见不鲜，如 2008 年 7 月受第 8 号台风"凤凰"影响，流域上游发生大洪水。降雨的季节分配不均和年际变幅大，主要是大气环流反常造成某些气候系统持久的结果。

1. 年、月降水量

得胜河流域 1965—2018 年多年平均年降水量为 1 080.5 mm。降水量年内分配不均，暴雨主要发生在 4—8 月，尤其以夏季 6—8 月暴雨更为集中。4—8 月多年平均降水量为 681.6 mm，占全年的 63%；夏季 6—8 月多年平均降水量为 496.3 mm，占全年的 46%；降雨最多的月份是 7 月，多年平均降水量为 197.2 mm，占全年的 18%；降水量最少的月份是 12 月，多年平均降水量为 31.8 mm，占全年雨量的 3%。降水量区域分布比较均匀。

按年降水量统计，得胜河流域 1991 年年降水量最大，为 1 952.5 mm；其次是 2016 年，年降水量为 1 735.5 mm；1987 年年降水量为 1 670.2 mm，排在第 3 位。

按 6—8 月降水量统计，得胜河流域 1991 年最大，为 1 298.8 mm；其次是 1987 年，为 921.3 mm；1969 年为 736.8 mm，排在第 3 位。

2. 最大 1、3、7 d 降水量

得胜河流域暴雨洪水的量级主要取决于流域最大 1、3、7 d 降水量。经统计，多年平均最大 1、3、7 d 降水量分别为 93.0 mm、140.7 mm、181.3 mm。统计表明，最大 1、3、7 d 降水多发生在 6—7 月份，排在前三位的最大 1、3、7 d 降水量及其发生日期详见表 2.1-98。

表 2.1-98 得胜河流域最大 1、3、7 d 降水量统计表

排位	不同时段降水量					
	最大 1 d		最大 3 d		最大 7 d	
	降水量(mm)	开始日期	降水量(mm)	开始日期	降水量(mm)	开始日期
第 1 位	196.7	1969-7-14	367.5	2008-7-30	431.8	1991-6-30
第 2 位	178.8	2008-7-31	336.7	1969-7-14	412.2	1969-7-11
第 3 位	178.2	2016-7-1	316.2	1991-6-30	393.2	2016-6-30

1.14.1.3 洪水特性

得胜河流域属长江下游干流水系，洪水基本上由暴雨形成，暴雨集中在 6—8 月。流域上游是山丘区，汇流速度快；中下游属于圩区，汇流主要靠机排，速度相对较慢。流域性洪水的主要特征是洪峰高、洪量大、持续时间长。随着季节、气候的变化，水位、流量和水量的变化均明显呈现出丰、枯交替的周期性变化。在汛期，由于降雨强度大，随之产生的洪水往往也是峰高量大，加上长江洪水顶托和排水不畅等原因，往往造成内河水位陡涨、农田内涝等不利影响。

1.14.2 典型年洪水

1.14.2.1 2008 年

2008 年 7 月末，受第 8 号台风“凤凰”影响，7 月 29 日—8 月 2 日，暴雨中心位于含山县得胜河上游到滁河一线，这是该区域自 2005 年 9 月 3 号受台风“泰利”影响发生特大暴雨洪水后的又一次受台风影响发生的特大暴雨洪水，含山县局部区域及县城受到严重的暴雨洪水灾害。

1. 雨情

1）雨情概述

根据流域平均降水量统计，得胜河流域年降水量为 1 156.1 mm，在 1965—2018 年降水系列中排第 17 位。1 月份降水量异常偏大，是常年同期的 3 倍左右。汛期降水主要集中在 6、7、8 三个月，其中 6 月份降水量为 113.8 mm，7 月份降水量为 289.6 mm，8 月份降水量为 278.8 mm，合计 3 个月降水总量达 682.2 mm，占当年年降水量的 59%。其余月份降水量均偏少，其中 9 月份偏少近 9 成。

2）暴雨过程及特点

梅雨期降水量偏少，基本上是空梅。7 月 30 开始，受台风“凤凰”的影响，降水量逐步增加，7 月 31 日至 8 月 1 日两天流域平均降水量为 354.5 mm，其中含山县城 7 月 31 日降水量为 278.0 mm，8 月 1 日降水量为 195.5 mm，都属于特大暴雨，导致山洪暴发，险情骤增。本次强降水有如下特点：

(1) 降雨历时短。“08 • 7”特大暴雨自 7 月 31 日 20 时开始至 8 月 2 日 10 时止，总历时 38 h(7 月 29 日 13 时至 31 日 19 时为受台风低气压前沿与北方南下冷气团前沿相持影响时间)，其主要暴雨量集中在 10 h 内(占 38 h 降水量的 57%)，如含山站 7 月 31 日 22 时至 8 月 1 日 8 时降水量为 266.5 mm，东山水库站为 204.0 mm，清溪站为 204.1 mm。

(2) 降雨开始连续时段强度大且均匀。“08 • 7”特大暴雨开始的 24 h 降水量占 38 h 降水量的 81%，并且各小时的降雨强度大又均匀。

(3) 降雨强度及降水量历史罕见。“08 • 7”特大暴雨降雨强度及降水量均为历史罕见，如暴雨中心含山站 7 月 31 日 22 时至 8 月 1 日 8 时这 10 h 降水量为 266.5 mm，24 h 降水量为 391.5 mm，38 h 降水量为 464.5 m，都是含山站自有雨量记载资料以来最大值。

(4) 暴雨笼罩范围小。“08 • 7”特大暴雨没有造成严重的大面积洪水灾害，其主要因素是特大暴雨历时短，笼罩面积较小，仅限于清溪河上游、得胜河中上游、滁河支流仙踪河及滁河中游右侧围成的区域，总面积不足 1 000 km^2，暴雨中心的面积小于 200 km^2。最大 24 h 降水量在 250 mm 以上的笼罩面积不大于 500 km^2，在 300 mm 以上的笼罩面积不足 120 km^2，350～392 mm 的笼罩面积仅为 41 km^2；最大 38 h 降水量在 200 mm 以上的笼罩面积不大于 600 km^2，在 300 mm 以上的笼罩面积不足 500 km^2，350～470 mm 的笼罩面积为 195 km^2。并且，所笼罩的面积分布在滁河、长江下游干流、巢湖三个水系内三条不同河流的中、上游，暴雨中心笼罩面积占相应河流集水面积的比例中，得胜河的比重略大一些。

3）暴雨成因

形成本次强降雨的主要成因是减弱的第 8 号台风“凤凰”。台风中心于 7 月 28 日 22 时在福建省福州市登陆，7 月 29 日 8 时在福建省南平市减弱成低气压，低气压继续向北偏西方向移动，同时受北方南下冷气团阻挡，低气压缓慢北上东移，再加上受含山北部浅山、高丘及江淮分水岭的地形影响，本次降水前期历时较长、降水量小，但后期出现连续 38h 大强度降雨。

4）暴雨重现期

根据 1965—2018 年年最大日时段降水量频率分析，2008 年最大 1 d 降水量为 178.3 mm(2008 年 7 月 31 日)，相当于 35 年一遇；最大 3 d 降水量为 367.5 mm(2008 年 7 月 30 日—8 月 1 日)，相当于 98 年一遇；最大 7 d 降水量为 382.2 mm(2008 年 7 月 27 日—8 月 2 日)，相当于 35 年一遇；年降水量为 1 156.1 mm，只相当于 3 年一遇。

2. 水情

1）水情概述

“08·7”特大暴雨中心在得胜河上游含山县城，伴随暴雨的发生，得胜河中上游发生特大洪水。

2）洪水过程

7月31日20时，即暴雨开始前，得胜河中上游水位在8.50 m以下，随着特大暴雨的发生，水位迅猛攀升。由于得胜河水位猛涨，含山县城的地表径流汇入得胜河受阻，加之排涝能力有限，含山县城的部分地面积水深度达1.2 m，共5处积水面积约为2.6 km^2。由于县城中涝区自留排水短时间内已不能实现，8月1日增加临时泵站加速排涝，使得胜河得胜桥处水位最高达到12.71 m（调查水位），这是该处自1954年以来的最高水位。由于得胜河下游降水量较小，加之长江水位低，得胜河上中游的洪水在8月2日之后基本退去。

3）洪水组成分析

得胜河含山县城登科桥以上右纳东山水库来水，本次暴雨洪水过程中，东山水库7月31日22时水位为19.97 m，8月1日8时水位为21.86 m，涨幅为1.89 m，至15时45分涨幅为3.27 m，18时达最高水位23.29 m，总涨幅达3.32 m。溢洪道无闸门，8月1日11时自水位22.50 m开始自由溢洪，最大溢洪流量为74.0 m^3/s（8月1日18时）。

4）破圩情况

由于降雨强度大、山洪暴发、水库溢洪，加之含山县城排涝能力的增加，得胜河含山县城段水位急剧攀升，很快超过保证水位，造成含山县城局部积水较深。得胜河干、支流相继于8月1日8时左右出现最大流量和最高水位，使得沿得胜河的大众圩、杨大圩等圩口的圩堤多处发生渗漏、塌堤和崩塌危险。据统计，得胜河干、支流堤防有30多处出现滑坡、坍塌、散浸、管涌等不同险情，长近9 000 m；9处涵闸涵身断裂或漏水；9处桥梁阻水，其中草滩桥阻水严重，上下游水位差达到2 m；有10座泵站受淹。经数千军民协力抗洪，上述圩口中大众圩有惊无险，沿得胜河的杨大圩圩堤也安然无恙。

但8月1日21时，杨大圩在得胜河支流东双桥河上游的撇洪沟草滩段出现漫堤溃口。从漫破的那一刻起，当地干群就立即投入抢险救灾，于8月3日21时复堤成功。

1.14.2.2 2016年

2016年，受前期“厄尔尼诺”事件影响，长江中下游地区又一次发生了流域性大洪水。这次大洪水的特点是梅雨期长、梅雨量大，降雨集中、雨带稳定，暴雨强度大等，造成的危害不及1991年大水。

1. 雨情

1）雨情概述

根据流域平均降水量统计，得胜河流域年降水量为1 735.4 mm，在1965—2018年降水系列中排第2位。降水主要在4—7月和9—10月，其中6月份降水量为260.5 mm，7月份降水量为403.0 mm，合计降水总量达663.5 mm，占当年年降水量的38.2%。

2）暴雨过程及特点

2016年入梅以后降水量明显偏大，6月份降水主要集中在中下旬。6月30日至7月6日整个流域出现连续强降水，暴雨总量为393.2 mm，汛情非常紧张。9月份下了两场暴雨，月降水量较常年同期偏多1.4倍。10月下旬出现连绵秋雨，月降水量较常年同期偏多3.7倍，特别是10月25—26日两天，含山站降水量为111.0 mm，和县站为106.0 mm，西埠站为113.5 mm。

3）暴雨成因

受超强“厄尔尼诺”事件影响，该年长江中下游地区出现了自1998年以来的又一次大洪水。根据气象部门观测分析，此次“厄尔尼诺”事件开始于2014年9月，于2016年5月结束，是此前自1951年有观测记录以来持续时间最长、强度最大的一次“厄尔尼诺”事件，其特征与1998年诱发长江特大洪水灾害的超强“厄尔尼诺”事件高度相似。

受此影响，从6月18日入梅开始，安徽省强降雨不断，降雨带在淮河流域至皖南山区之间南北摆动，暴雨区在大别山区、沿江地区和皖南山区多次叠加，时间长、范围广、强度大，灾害严重。暴雨影响范围涵盖本流域。

4）暴雨重现期

根据1965—2018年年最大日时段降水量频率分析，2016年最大1 d降水量为178.2 mm（2016年7月1日），相当于35年一遇；最大3 d降水量为279.3 mm（2016年6月30日—7月2日），相当于21年一遇；最大7 d降水量为393.2 mm（2016年6月30日—7月6日），相当于35年一遇；年降水量为1 735.4 mm，相当于50年一遇。

2. 水情

1）水情概述

金河口闸上水位自6月20日开始，随着降水不断上涨，至6月29日达到9.53 m，后略有回落，7月1日4时水位再度上涨，7月15日13时涨至洪峰水位11.37 m，后期由于降水停止，水位缓慢回落，8月2日落至警戒水位（9.50 m）以下，连续超警33 d。

东门站位于得胜河上游，自7月1日2时开始水位暴涨，7月2日0时涨至洪峰水位12.86 m，后有小圩口溃破，水位迅速回落至11.25 m。从7月3日22时开始，水位再次上涨，7月5日5时涨至11.99 m，后期随着降水停止，水位缓慢回落，至8月7日全部降到9.50 m以下。东门站水位在9.50 m以上共维持了37 d。

2）洪水过程

根据对遥测水位的统计，金河口闸上水位最大1 h涨幅为0.10 m，最大3 h涨幅为0.24 m；东门站水位最大1 h涨幅为0.32 m，最大3 h涨幅为0.92 m。

自6月30日20时开始，流量逐步增大，7月1日8时流量猛增，7月2日2时达洪峰流量505 m^3/s，随后逐步减小，7月4日2时流量减小至116 m^3/s，之后流量变化不大，维持在100～250 m^3/s，直到7月5日14时达到洪峰水位，此时流量只有190 m^3/s。

3）破圩情况

根据《马鞍山市2016年防汛抗洪工作总结》，因长时间高水位浸泡，全市内河堤防险情频发，共出现漫溢、滑坡、管涌、跌窝等各类险情710处（含山县317处、和县255处、当涂县101处、雨山区8处、博望区15处、市开发区2处、慈湖高新区4处、郑蒲港新区8处），其中，较大险情83处（含山县25处、和县44处、当涂县7处、博望区3处、郑蒲港新区4处）。由于防汛抗洪措施得力，灾害损失有所减小。

3. 结语

2016年是长江自1998年以来的又一次大洪水年。汛前，专家分析："长江流域今年3—5月的水情、雨情主要特征与1998年十分相似。"这一时期，长江流域降水量比常年同期偏多2成，长江下游干流区间偏多6成，据此预测长江将可能发生大洪水。由于前期预报准确，防洪抗灾准备做得比较充分，洪涝灾害损失有所减小。

洪水发生后，得胜河退水比较慢，主要是由长江水位高、退水比较慢所致。

第二章　淮河流域

淮河发源于河南南部的桐柏山北麓，大体自西向东流，经过河南南部、安徽北部、江苏北部，至江苏省扬州市江都区三江营注入长江，干流全长 1 000 km，总落差 196 m。淮河流域总面积 18.7 万 km^2，其中安徽省占 35.9%。皖豫两省交界的洪河口以上为上游，长 360 km，流域面积 3 万 km^2，落差 174 m，比降 0.5‰；洪河口至洪泽湖出口处的三河闸为中游，长 490 km，流域面积 13 万 km^2，落差 16 m；洪泽湖三河闸以下为下游，落差 6 m，入江水道长 150 km。洪泽湖是淮河流域中最大的湖泊，在 12.5 m 水位时，水面面积2 069 km^2，蓄水量 31 亿 m^3，是中国四大淡水湖之一。

淮河安徽段处于淮河中游，上自豫、皖交界的洪河口起，下至皖、苏交界的洪山头止，河道长度 430 km。淮河以北是黄淮冲积平原，平坦辽阔，土层深厚，地面高程为 45～13.5 m，自西北向东南倾斜，比降为 0.2‱～0.1‱。北部的淮北市和宿州市境内，分布有低山残丘，高程一般为 50～100 m，萧县官山最高峰 408 m，淮北市相山峰顶 342 m，宿州市埇桥区乾山 312 m，泗县屏山 119 m。沿淮两岸分布着湿地、洼地和湖泊，是淮河滞洪、行洪地带。淮南主要是山丘区，西部大别山以白马尖和天堂寨最高，高程分别为 1 774 m 和 1 729 m；大别山以东，地势显著降低，岗丘连绵，向东北延伸直抵洪泽湖以南，成为长江、淮河两大水系的分水岭，高程一般为 50～100 m，也有 300 m 以上的丘陵，如滁州市张八岭的北将军山为 399 m，沿淮寿县以下有浅山分布。淮河干流比降平缓，平均为 0.02‱，沿途流经峡山、荆山、浮山三处峡口，形势险要。正阳关汇纳上游干支河全部山区来水，总控制面积为 91 620 km^2，素有"七十二道归正阳"之称。大别山区、桐柏山区、伏牛山区、嵩山山区等都是淮河的主要洪水源地。干流平槽泄量：洪河口至正阳关不足1 000 m^3/s，正阳关至涡河口为 2 500 m^3/s，涡河口以下至洪山头为 3 000 m^3/s。

安徽境内淮河两岸支流众多。左岸主要有洪河、谷河、润河、颍河、西淝河、茨河、涡河、濉河等，一般都源远流长，具平原河道特征；还有新汴河、茨淮新河和怀洪新河等大型人工河道。右岸主要有史河、沣河、汲河、淠河、东淝河、窑河、小溪河、池河、白塔河等，均源于江淮分水岭北侧，流程较短，具山丘区河道特征。沿淮多湖泊，多分布在支流汇入干流的河口附近，湖面大，多不深，左岸主要有八里湖、焦岗湖、四方湖、香涧湖、沱湖、天井湖等；右岸主要有城西湖、城东湖、瓦埠湖、高塘湖、花园湖、女山湖、七里湖、高邮湖、沂湖、洋湖等。

2.1　涡河流域

2.1.1　概述

2.1.1.1　流域概况

1. 自然地理特征

涡河是淮河水系的一级支流，位于淮河中游左岸，淮河第二大支流，是淮北地区跨豫、皖两省的骨干排水河道，发源于河南省开封市黄河南岸，呈西北东南走向，流经河南省的开封、尉氏、通许、太康、杞县、柘城、鹿邑县和安徽省的亳州市谯城、涡阳、蒙城等县区，于怀远县城附近汇入淮河。亳州市惠济河口以上为上游，以下为中下游。上游分为两支，南支为涡河干流，流域面积为 4 135 km^2；北支为惠济河，流域面积为 4 315 km^2。涡河河道全长 396 km，流域总面积 15 900 km^2，其中亳州市境内长 177 km，流域面积 3 771.9 km^2。流域内为黄淮平原区，土层较厚，植被良好。

2. 水利工程

涡河干流建有七座节制闸，其中三座位于亳州市境内，其余四座位于河南省境内；建有沟口涵闸 80 座。

大寺闸枢纽是涡河入安徽境内第一座拦河大型水利枢纽工程，位于亳州市谯城区谯东镇耿庄村，距亳州市区约 13 km，控制流域面积 10 575 km^2。工程等级为Ⅱ等大(2)型。浅孔闸于 1978 年建成蓄水，共 20 孔，每孔净宽 4.7 m，闸底板顶面高程 29.04 m，设计过闸流量 1 500 m^3/s。由于浅孔闸过流能力不足，2006 年 1 月修建了深孔闸，共 4 孔，单孔净宽 8 m，闸底板高程 26.54 m，设计过闸流量 700 m^3/s。

涡阳枢纽位于涡阳县城北郊涡河干流上，由节制闸（浅孔闸与深孔闸）和船闸组成，枢纽以上流域面积 13 785 km^2。涡阳浅孔闸始建于 1958 年底，原设计流量 1 600 m^3/s，校核流量 2 100 m^3/s，因 1963 年和 1965 年洪水流量均超过设计泄量，壅水严重，1969 年决定按设计流量 3 000 m^3/s 进行改建，采用拆除胸墙、加高启闭台、延长上下游护砌和加高翼墙等措施，改建工程于 1971 年 5 月完成，共 22 孔，每孔净宽 4 m，闸底板顶面高程 22.49 m，设计最大过闸流量 1 720 m^3/s。涡阳船闸于 1973 年 10 月建成，为 6 级船闸，通航能力 100 t 级。闸室长 100 m，宽 7.5 m，闸底板顶面高程 19.84 m。浅孔闸泄流能力仍偏小，涡阳深孔闸于 2007 年修建完成，共 4 孔，单孔宽度 8 m，闸底板高程 20.74 m，设计最大过闸流量 693 m^3/s。

蒙城水利枢纽工程位于蒙城县城北关、淮河的一级支流——涡河上，由节制闸、分洪闸、船闸三座主要建筑物组成，是涡河上最末级拦河控制建筑物，具有调节径流、防洪排涝、蓄水灌溉、交通航运多种功能。控制闸上流域面积 15 745 km^2，设计灌溉面积 30 万亩，实际有效灌溉面积 20.5 万亩。蒙城节制闸为大(2)型水闸，建成于 1960 年 5 月，宽顶堰，开敞式，共 20 孔，底板高程 21.10 m（废黄河口高程，下同），每孔净宽 5.2 m，闸身总长 137 m，20 年一遇设计流量为 1 600 m^3/s。分洪闸建成于 1972 年 6 月，距节制闸右岸约 300 m，主要是配合节制闸宣泄特大洪水，为中(1)型，宽顶堰，开敞式结构，共 12 孔，底板高程 23.00 m，每孔净宽 5.2 m，闸身总长 78.8 m，20 年一遇设计流量 800 m^3/s，原设计下游无消力池，2007 年加固后增设了消能防冲设施。船闸建成于 1971 年 8 月，为五级航道设计，设计通航能力 300 t/次，闸室长 108 m、宽 10 m。船闸除承担通航任务外，当涡河流量达到 3 000 m^3/s，还可分洪 200 m^3/s。

3. 水文测站

涡河流域在阜阳测区有各种观测站 27 个，其中水文站 4 个（站网密度为 44 km^2/站），水位站 1 个，雨量站 22 个（站网密度为 171 km^2/站）。涡河流域水文站网分布密度基本能控制涡河流域水文特性的变化规律。

2.1.1.2 暴雨特性

涡河流域地处我国南北气候过渡地带，属暖温带半湿润大陆性季风气候区。冬春干旱少雨，夏秋季西太平洋副热带高压增强，暖湿海洋气团从西南、东南方向侵入，冷暖气团交汇形成降水，降水量集中，易造成洪涝。

该流域多年平均降水量为 600～900 mm。受大气环流影响，降水量年内分布不均，6—9 月多年平均降水量占全年降水量的 70%左右。降水量年际变幅亦较大，最大年降水量为最小值的 4 倍。多年平均蒸发量上游为 1 200～1 400 mm，中下游为 1 866 mm。

2.1.1.3 洪水特性

涡河属于平原地区河流，地势平坦，水系不太发达，不利于地表径流的形成。由于河川的净流量年内变化主要取决于降水量季节变化，所以涡河流域洪水均是由 6—9 月的暴雨形成，7 月份出现大洪水的概率最大。

2.1.1.4 洪涝灾害

自 1949 年以来，根据涡河干流在亳州市的主要控制站水位流量资料进行梳理分析，结合历年来洪水危害情况，节选了涡河流域大水年份 8 年，具体为 1954 年、1957 年、1960 年、1963 年、1965 年、1972 年、2000 年、2003 年、2005 年和 2010 年。

2.1.1.5 洪水传播时间

受闸门调节影响洪水传播时间波动较大，亳县闸至涡阳闸一般为10～20 h，涡阳闸至蒙城闸为10～18 h。

2.1.2 典型年洪水

2.1.2.1 1954年

1954年涡河流域年降水量为1 215.5 mm，年降水量较多，但是年内月际降水量分布极不均匀，降雨主要集中在7月份，本年度的洪水过程也主要出现在7月份，共有三次较大的洪水过程。

1. 雨情

1）雨情概述

1954年涡河流域年降水量为1 215.5 mm，其中总体南北分布较均匀，汛期雨季来得较晚，除7月份外其他月份降水量均较少，也没有较大的暴雨过程。7月份降水量为625.4 mm，占全年降水量的一半以上，本年度仅在7月份出现了三次较大的暴雨过程。

2）暴雨过程

7月份，涡河流域共出现了3次暴雨过程，分别为7月2—11日、7月16—21日、7月27—28日。

(1) 7月2—11日

7月2—11日是涡河流域入汛后出现的第一次持续时间较长的暴雨过程。降雨首先从亳州市南部开始，7月2—3日全域降小雨；4日亳州市北部降小雨，中部与北部降暴雨，大部分地区降大暴雨；5日降雨强度减弱至小雨；6日除南部部分地区降大雨外，其他地区降暴雨；7—9日北部与中部降小到中雨，南部部分地区降大雨；10日北部降大雨，中部与南部大部分地区降暴雨；11日降雨基本停止。

本次降雨历时较长，总体分布南多北少，面平均雨量为257.7 mm，暴雨中心蒙城站次雨量为329.4 mm，蒙城站最大1 d降水量为131.3 mm。

(2) 7月16—21日

7月16—21日是涡河流域7月份出现的第二次暴雨过程。降雨首先从亳州市北部开始，7月16日全域降暴雨，中部地区降大暴雨，北部地区降特大暴雨；17—19日全域普降小雨；20日北部降中雨，中部与南部降大暴雨；21日降雨自北向南逐渐停止。

本次降雨总体分布中部多于北部与南部，面平均雨量为271.8 mm，暴雨中心涡阳县标里站次雨量为322 mm，谯城区亳县站最大1 d降水量为249.6 mm。

(3) 7月27—28日

7月27—28日是涡河流域入汛后的又一次暴雨过程。7月27日全域普降暴雨，南部降雨强度较大，为大暴雨；28日除南部降小雨外，其他地区降雨停止。本次降雨历时较短，总体分布南多北少，面平均雨量为83.0 mm，暴雨中心蒙城县马集站次雨量为110.2 mm。详见表2.2-1。

表2.2-1 1954年涡河主要暴雨过程

暴雨次序	起讫时间	发生地区	次暴雨		
			总历时(d)	中心站点	
				站名	雨量(mm)
1	7月2—11日	蒙城县 涡阳县	10	蒙城	329.4
				标里	285.7
2	7月16—21日	涡阳县	6	标里	322.0
				涡阳	310.9
3	7月27—28日	蒙城县 涡阳县	2	马集	110.2
				蒙城	106.5

3）暴雨特点

1954 年涡河流域暴雨特点为雨季来得早，暴雨过程多、间隔时间短，降雨历时长、笼罩范围广，强暴雨频发、降水总量大，降雨时空分布有利于形成流域性洪水。

（1）暴雨过程多，间隔时间短

7 月份涡河流域连续出现 3 次降雨过程，而其中 1 次暴雨过程集中出现在造成涡河自 1949 年以来最大的一次洪水过程的 7 月 16—21 日。最大 14 d（7 月 4—17 日）降水量达 405 mm；最大 21 d（7 月 2—22 日）降水量为 529.8 mm。

（2）暴雨强度大，笼罩范围广

在汛期历次降雨过程中，暴雨中心的最大日雨量均超过 100 mm，部分站点最大日降水量甚至超过 200 mm。

2. 水情

1）水情概述

1954 年 7 月份涡河流域出现的三次大面积、长时间暴雨，造成涡河水系出现了三场较大的洪水过程。

2）洪水过程

7 月份的三场暴雨，致使涡河蒙城站发生三次时间间隔较短的洪水过程，但均未出现超警戒水位的情况。

（1）7 月上旬至中旬洪水

本次洪水过程出现复式洪峰。蒙城站从 7 月 3 日 18 时起涨，起涨水位 18.32 m，起涨时相应流量为 8 m^3/s；7 日 21 时出现第一次洪峰 23.21 m，最大流量 527 m^3/s（7 日 15 时）；由于降雨强度减弱，水位随之下降，10 日 2 时水位再次从 22.36 m 上涨，此时流量为 326 m^3/s；11 时出现第二次洪峰水位 23.28 m，洪峰流量 560 m^3/s。本次洪水过程中水位最大涨幅 4.96 m，流量涨幅 552 m^3/s。

（2）7 月中旬洪水

7 月第二次洪水也出现了复式峰。蒙城站从 7 月 16 日 9 时起涨，起涨水位 21.31 m，起涨时相应流量为 134 m^3/s；于 18 日 5 时出现第一次洪峰水位 25.03 m，最大流量为 1 360 m^3/s（18 日 1 时）；由于降雨强度减弱，水位随之下降，20 日 0 时水位再次从 24.48 m 上涨，此时流量为 860 m^3/s；20 日 17 时出现第二次洪峰水位 26.02 m，低于警戒水位 0.33 m，最大流量 1 680 m^3/s（20 日 11 时）；之后水位逐渐下降。本次洪水过程中水位最大涨幅 4.71 m，流量涨幅 1 546 m^3/s。

（3）7 月下旬洪水

7 月下旬发生第三次洪水。蒙城站从 7 月 27 日 4 时起涨，起涨水位 23.01 m，起涨时相应流量为 414 m^3/s；27 日 22 时洪峰水位 24.91 m，洪峰流量 1 080 m^3/s。本次洪水过程中水位最大涨幅 1.9 m，流量涨幅 666 m^3/s。

3）洪水特点

（1）暴雨洪水范围广，干支流洪水并发。1954 年涡河流域暴雨主要集中在 7 月份，历时长、笼罩范围广。涡河等周边地区等大小支流均发生较大洪水，造成流域性洪水。

（2）洪水水位高、量级大。1954 年 7 月份的第二次暴雨，致使涡河蒙城站出现自 1949 年以来最高水位。

4）洪水组成分析

对涡河干流主要控制站蒙城站分析计算实测场次洪水来水量组成。蒙城站洪水由上游与亳县站至蒙城站区间来水组成。1954 年蒙城站场次洪水的起讫时间选取 7 月 3 日—8 月 4 日。

经分析计算，蒙城站场次洪量 14.95 亿 m^3。在蒙城站洪水组成中，上游来水 0.73 亿 m^3，约占 4.9%；亳县站至蒙城站区间来水约占 95.1%。

5）洪水重现期

根据分析，1954 年涡河蒙城闸出现的最大洪峰流量重现期约为 15 年。

3. 灾情

1954 年 7 月份涡河干支流三次出现洪峰，由于洪水满溢，加之雨量大而集中，造成严重的外洪内涝：

亳县上水的有122个乡，2 085个村庄，受淹农田190万亩左右，倒塌房屋1.45万间，砸死12人；涡阳县130多个村庄被围在水中，289万亩农田淹没，15 040间房屋倒塌，砸死10人，淹死儿童22人；蒙城县倒房7 000多间，死20人，32.4万亩作物无收，65.9万亩减产30%～60%。

4. 结语

1954年多次暴雨过程都集中出现在7月份，暴雨间隔时间短、强度大、笼罩范围广，导致涡河干流在7月份出现了连续洪水，其中第二场洪水为自1949年以来蒙城站出现的最大洪水过程；根据洪水组成来看，亳县站至蒙城站区间来水量占绝大部分，亳县站以上来水量较少，洪水过程多是由于区间降水大导致，同时区间的连续强降雨导致洪水不能及时排泄，洪涝灾害频发，造成了较为严重的人员伤亡和较大的经济损失。

2.1.2.2 1957年

1957年涡河流域年降水量744.6 mm，年度降水量并不多，汛期暴雨过程比较少，仅在7月中旬至下旬出现了一次历时较长的降雨过程，但本次降雨导致涡河水系出现了自1949年以来最大的一次洪水过程，涡河亳县站和蒙城站均维持在较高水位，出现了较大的流量。

1. 雨情

1）雨情概述

1957年涡河流域年降水量744.6 mm，其中总体分布是南多北少，汛期雨季来得较晚，除7月份外其他月份降水量均较少。7月份降水量为243.0 mm，占全年降水量的三分之一。本年度仅在7月中旬至下旬出现了一场较大的降雨过程。

2）暴雨过程

7月10—26日是涡河流域入汛后出现的唯一一次持续时间较长的暴雨过程。7月10日北部地区降中到暴雨，中部地区大到暴雨，南部地区降中雨；11日南部持续中雨，中部降小雨，北部降雨中止；12日除北部降小雨外，其余地区停止降雨；13日北部出现大到暴雨，中部地区降大雨、部分地区大暴雨，南部地区降中雨；14日北部地区降大雨，南部地区降小雨；15—16日除部分地区偶有零星降雨外，大部分地区降雨中止；17—20日北部降小到中雨、部分地区出现大雨，中部降中到大雨，南部降小雨；21—23日大部分地区降雨中止；24—25日北部部分地区降小到中雨、其余地区无雨，中部大部分地区降小到中雨、部分地区暴雨，南部地区降大到暴雨；26日降雨基本停止。

本次降雨历时较长，总体分布中部降水量多于北部与南部，面平均雨量为233.3 mm，暴雨中心涡阳县义门集站次雨量为307.2 mm，义门集最大1 d降水量为110.8 mm。

3）暴雨特点

1957年涡河流域暴雨具有雨季来得早，暴雨过程少、降雨历时长、笼罩范围广、降雨时空分布有利于形成流域性洪水等特点。

本年度仅在7月中旬至下旬出现了一次持续时间较长的降雨过程，但本次降雨过程造成涡河水系出现了自1949年以来最大的一次洪水过程；7月中旬至下旬的降雨过程中，虽有部分地区降雨一度中止，但整个地区降雨却持续不断，降雨中心更是出现大暴雨。

2. 水情

1）水情概述

1957年涡河流域7月中旬至下旬出现的大面积、长时间暴雨，造成涡河水系自1949年以来最大的一场洪水。

2）洪水过程

7月中旬至下旬涡河水系的暴雨，致使涡河发生唯一的一次洪水过程。此次洪水过程中涡河亳县站与蒙城站均出现超警戒水位。

(1) 亳县站

亳县站从7月10日20时起涨，起涨水位25.76 m，相应流量为5 m^3/s。在降雨持续增强的情况下，水位持续上涨，于18日0时达到33.39 m，最大流量为1 150 m^3/s；由于降雨强度减弱，水位随之下降，19

日 20 时水位再次从 33.04 m 上涨，此时流量为 1 030 m^3/s；22 日 8 时水位超过警戒水位(35.5 m)；23 日 12 时达到洪峰水位 36.08 m，超警戒水位 0.58 m，最大流量 2 140 m^3/s(23 日 0 时)；之后水位逐渐下降，24 日 15 时降至警戒水位以下。本次洪水过程中亳县站水位最大涨幅 10.32 m，流量涨幅2 135 m^3/s，超警戒水位 3 d。

(2) 蒙城站

蒙城站从 7 月 10 日 20 时起涨，起涨水位 18.45 m，起涨时相应流量为 27 m^3/s；水位于 18 日 19 时达到 25.22 m，最大流量为 1 440 m^3/s；由于降雨强度减弱，水位随之下降，20 日 16 时水位再次从 25.04 m 上涨，此时流量为 1 360 m^3/s；23 日 18 时涨至警戒水位(26.35 m)以上；24 日出现最大流量 2 050 m^3/s；25 日 21 时到达洪峰水位 26.50 m，超警戒水位 0.15 m；之后水位逐渐下降，并于 27 日 3 时降至警戒水位。本次洪水过程中水位最大涨幅 8.05 m，流量涨幅 2 023 m^3/s，超警戒水位 4 d。

3) 洪水特点

(1) 暴雨洪水范围广，干支流洪水并发。1957 年涡河流域虽然暴雨过程少，但历时长、笼罩范围广。涡河等周边地区大小支流均发生较大洪水，造成流域性洪水。

(2) 洪水水位高、量级大。1957 年 7 月份的暴雨，致使涡河出现自 1949 年以来最高水位，亳县站水位超过警戒水位 3 d，蒙城站水位超过警戒水位 4 d。

4) 洪水组成分析

对涡河干流主要控制站蒙城站分析计算实测场次洪水来水量组成。蒙城站洪水由上游与亳县站至蒙城站区间来水组成。1957 年蒙城站场次洪水的起讫时间选取 7 月 10 日—8 月 12 日。

经分析计算，蒙城站场次洪量 23.66 亿 m^3。在蒙城站洪水组成中，上游来水 19.15 亿 m^3，约占 81%；亳县站至蒙城站区间来水约占 19%。

5) 洪水重现期

根据分析，1957 年涡河蒙城闸出现的最大洪峰流量重现期约为 35 年。

3. 灾情

1957 年 7 月上旬河南省商丘、周口一带连续降暴雨，7 月 23 日，河南省大水入亳县境，涡河水暴涨，造成 28.64 万亩农田受灾。

7 月 5—25 日，涡河由于外水高于内水，客水入侵，本地降水无法排除，内积外漫，聚集成涝，受灾范围主要是涡河洼地，亳县、涡阳等均不同程度受涝。涡阳县受涝面积 110.13 万亩；蒙城县降水较正常，但因涡河水位明显上涨，22 处沟口倒灌，经数千军民堵口，才未造成灾害。

4. 结语

1957 年年降水量较少，暴雨过程也较少，仅在 7 月份出现了一场暴雨过程，但这场降雨历时长、笼罩范围广，降雨强度也比较大；从蒙城站洪水组成来看，上游河南省来水量占全部洪量的五分之四之多，客水入侵，且本地有持续降雨，导致涡河干流洪水无法及时排除，聚集成涝，虽未出现人员伤亡，但也出现了较大的经济损失。

2.1.2.3 1960 年

1960 年涡河水系年降水量为 861.1 mm，年降水量偏少，月际降水量分布不均匀，暴雨过程主要发生在 7 月份和 9 月份，本年度的洪水过程也主要出现在 7 月份和 9 月份，共有两次洪水过程。

1. 雨情

1) 雨情概述

1960 年涡河水系年降水量为 861.1 mm，南北分布总体较均匀，7 月份和 9 月份分别出现了一次较大的暴雨过程。

2)暴雨过程

7 月份的降雨过程发生在下旬(7 月 25—29 日)，9 月份的降雨过程发生在上旬(9 月 2—7 日)。

(1) 7 月 25—29 日

7 月 25—29 日是涡河流域出现的持续时间较长的一次降雨过程。降雨首先从亳州市北部开始，26

日北部降中到大雨，中部降大到暴雨，南部降小雨；27 日暴雨区移至北部，中部降中到大雨，南部降中雨；28 日北部与中部降中到大雨，南部降小雨；29 日降雨基本停止。

本次降雨历时较长，总体分布中部较多、北部次之、南部最少，面平均雨量 91.3 mm，暴雨中心涡阳县义门集站次雨量为 132 mm。

(2) 9 月 2—7 日

9 月 2—7 日是涡河流域又一次较大暴雨过程。9 月 2 日全域普降小雨；3 日降雨强度增大，北部与中部地区降暴雨，南部降中雨；4—5 日全域普降中到大雨；6—7 日降雨强度减小至小雨，并逐渐停止。

本次降雨总体分布北多南少，面平均雨量 123.9 mm，暴雨中心谯城区双沟站次雨量为 164.6 mm。

3) 暴雨特点

1960 年涡河流域暴雨特点是暴雨过程少、间隔时间长，降雨历时长、笼罩范围广，降雨时空分布有利于形成较大的洪水。本年度主要出现两次较大的降雨过程，分别在 7 月和 9 月，其中 7 月的降雨过程集中出现在造成 7 月 29 日—8 月 2 日涡河一次较大洪水过程。

2. 水情

1) 水情概述

1960 年涡河流域两次大面积、长时间降雨，造成两场较大的洪水过程。

亳县站仅在 7 月份出现了一场明显的洪水过程，涡阳站与蒙城站则在 7 月份和 9 月份分别出现了一场洪水过程。

2) 洪水过程

(1) 亳县站

本次洪水过程亳县站水位数据涨水段数据较少，7 月 29 日 21 时出现最高水位为 36.67 m，7 月 30 日 0 时出现最大流量 1 910 m^3/s。

(2) 涡阳站

涡阳站从 7 月 26 日 20 时起涨，起涨水位为 24.14 m，相应流量为 70 m^3/s，30 日 14 时出现洪峰水位 27.97 m，最大流量为 1 470 m^3/s(30 日 11 时)。由于降雨停止，水位逐渐下降。本次洪水过程中水位最大涨幅 3.83 m，流量涨幅 1 400 m^3/s。

(3) 蒙城站

蒙城站从 7 月 29 日 5 时起涨，起涨水位 22.49 m，起涨时相应流量为 605 m^3/s，30 日 23 时出现洪峰水位 24.77 m，最大流量为 1 240 m^3/s(30 日 20 时)。本次洪水过程中水位最大涨幅 2.28 m，流量涨幅 635 m^3/s。

3) 洪水特点

(1) 暴雨洪水范围广，干支流洪水并发。1960 年涡河流域降雨过程主要集中在 7 月份和 9 月份，历时长、笼罩范围广，造成流域出现较大洪水。

(2) 洪水水位高、量级大。1960 年 7 月份的降雨过程，致使涡河亳县站出现了自 1949 年以来最大流量过程。

4) 洪水组成分析

对涡河干流主要控制站蒙城站分析计算实测场次洪水来水量组成。蒙城站洪水由上游与亳县站至蒙城站区间来水组成。1960 年蒙城站场次洪水的起讫时间选取 7 月 26 日—8 月 6 日与 9 月 3—15 日。

在 7 月 26 日—8 月 6 日的场次洪水中，经分析计算，蒙城站洪量为 3.75 亿 m^3。在蒙城站洪水组成中，上游来水 1.85 亿 m^3，约占 49.3%；亳县站至蒙城站区间来水约占 50.7%。

在 9 月 3—15 日的场次洪水中，经分析计算，蒙城站洪量为 2.75 亿 m^3。在蒙城站洪水组成中，上游来水 0.98 亿 m^3，约占 35.6%；亳县站至蒙城站区间来水约占 64.4%。

5) 洪水重现期

根据分析，1960 年涡河蒙城闸出现的最大洪峰流量重现期约为 6 年。

3. 灾情

1960 年 7 月的夏涝造成亳县 56 万亩农田受涝，减产 7 成以上的有 16 万亩。9 月 3—7 日的降雨导致出现秋涝，雨量集中在北、西部，成灾数十万亩。

4. 结语

1960年年降水量较少，暴雨过程也较少，但7月份出现的暴雨过程降雨强度大、笼罩范围广，导致涡河出现流域性大洪水，是蒙城站出现自1949年以来最大的一次洪水过程；从蒙城站洪水组成来看，上游河南省来水量和亳县站至蒙城站区间来水量基本持平，流域性的强降雨导致涡河干流洪水不能及时排除，致使低洼地段农田受涝；同时9月上旬出现的秋涝也造成较大的经济损失。

2.1.2.4 1963年

1963年涡河流域年降水量为1 269.4 mm，为自1949年以来年降水量最多的年份。本年度6月和9月降水量较少，暴雨过程主要集中在汛期的5月、7月与8月。5月中旬至下旬的暴雨，造成涡河水系出现第一场洪水过程；7月底至8月上旬持续时间较长的暴雨使涡河水系出现了第二场洪水过程，为本年度最大的一次洪水；8月底再次出现的暴雨造成涡河第三场洪水，本次洪水较小。

1. 雨情

1）雨情概述

1963年涡河流域降水量为1 269.4 mm，其中总体北部降水量多于南部。汛期5月份降雨较多，6月份和9月份降雨较少，7—8月降水量占全年降水量的63%，降水量较多，暴雨过程时间间隔较短。1963年汛前及汛后降水量均比较少。

2）暴雨过程

自5月下旬至8月底，涡河流域共出现了4次明显的暴雨过程，分别为5月19—29日、7月6—11日、7月28日—8月8日、8月31日—9月1日。

(1) 5月19—29日

5月19—29日是涡河流域入汛后出现的第一次持续时间较长的暴雨过程。降雨自亳州市北部开始，5月19日北部与南部普降大雨，中部中雨；20日降雨减弱至全域小雨；21日北部降大雨，南部停止降雨；22—27日全域普降小雨，部分地区间隔出现中雨；28日北部与中部降雨强度增大，普降暴雨，南部地区降小雨；29日北部部分地区持续暴雨，其他地区降中到大雨；30日降雨基本停止。

本次降雨北多南少，面平均雨量为133.0 mm，暴雨中心亳县站次雨量为202.6 mm，蒙城站次雨量仅为56.5 mm。

(2) 7月6—11日

7月6—11日是涡河流域入汛后出现的第二次持续时间较长的暴雨过程。7月6日亳州市北部与中部降中到大雨，南部降大雨；7日除北部部分地区降小雨，其余地区降雨中止；8日北部与中部地区出现暴雨，南部地区降小雨；9日北部降雨强度减弱至大雨，中部与南部暴雨；10日全域降小雨；11日北部与中部地区降小到中雨，南部地区出现暴雨；12日降雨停止。

本次降雨面平均雨量为166.0 mm，降雨分布南多北少；暴雨中心涡阳站次雨量为205.6 mm。本次降雨暴雨地点与时间均不集中，面平均雨量虽然较大，但涡河水系未出现较明显的洪水过程。

(3) 7月28日—8月8日

7月28日全域普降小到中雨；29日北部与中部继续降中雨，南部地区出现暴雨；30日北部小雨，中部与南部出现暴雨；7月31日至8月1日全域普降中到大雨；8月2日至5日北部大部分地区持续暴雨、部分地区降大雨，中部地区中到大雨，南部地区持续小雨；7—8日北部降雨强度减弱至中雨，中部与南部降小雨；9日降雨停止。

本次降雨面平均雨量为296.0 mm，降雨分布北多南少，暴雨中心亳县站次雨量为395.6 mm。

(4) 8月31日—9月1日

本次降雨自亳州市中部开始，8月31日北部出现暴雨，北部部分地区与南部地区降大暴雨，南部降中雨；9月1日北部降雨停止，中部与南部降小雨，之后逐渐停止。本次降雨面平均雨量为94.0 mm，降雨分布北多南少，暴雨中心谯城区双沟站次雨量为125.0 mm。

3）暴雨特点

1963 年涡河流域暴雨特点是雨季来得早，暴雨过程多、降雨强度大，降雨历时长、笼罩范围广，降雨时空分布有利于形成流域性洪水。

（1）暴雨过程多、降雨强度大

5 月中下旬以后涡河流域出现 4 次较大的降雨过程，而 7 月底至 8 月上旬的暴雨造成涡河出现 1963 年最大洪水过程。最大 14 d(7 月 28 日—8 月 10 日)降水量达 317.0 mm；最大 21 d(7 月 28 日—8 月 17 日)降水量为 380.0 mm。

（2）持续时间长、笼罩范围广

在汛期 7 月底至 8 月上旬的降雨过程中，降雨中心出现持续多日的暴雨。涡河水系各时段最大点雨量详见表 2.2-2。

表 2.2-2　1963 年涡河流域各特征时段最大点雨量统计表

最大 1 d				最大 3 d				最大 7 d			
地区	站名	雨量（mm）	日期	地区	站名	雨量（mm）	日期	地区	站名	雨量（mm）	日期
谯城区	双沟	125.0	8 月 31 日	谯城区	亳县	206.3	8 月 3 日	谯城区	亳县	344.6	8 月 1 日
涡阳县	涡阳	124.8	8 月 31 日	蒙城县	蒙城	170.5	7 月 29 日	谯城区	双沟	212.6	7 月 8 日

2. 水情

1）水情概述

1963 年涡河流域自 5 月中下旬至 8 月底发生的 3 次大面积、长时间暴雨，造成涡河水系出现三场洪水：5 月下旬至 6 月上旬、7 月底至 8 月上旬、8 月底至 9 月上旬洪水，其中 7 月底至 8 月上旬的洪水为 1963 年最大。

2）洪水过程

7 月 28 日—8 月 8 日涡河流域的暴雨持续时间较长、面平均雨量较大，致使涡河水系出现 1963 年的第二场洪水，本次洪水蒙城站也出现了复式峰；本次洪水过程为涡河本年度最大的一次洪水。

（1）亳县站

亳县站从 7 月 30 日 20 时起涨，起涨水位 26.03 m，相应流量为 19 m^3/s；在降雨持续增强的情况下，亳县站水位持续上涨，8 月 6 日 8 时出现最大流量为 1 620 m^3/s，7 日 2 时出现洪峰水位 35.28 m；之后由于降雨停止，水位逐渐下降。本次洪水过程中水位最大涨幅 9.25 m，流量涨幅 1 601 m^3/s。

（2）涡阳站

涡阳站从 7 月 30 日 8 时起涨，起涨水位 23.28 m，相应流量为 102 m^3/s；由于 7 月 31 日降雨强度明显变小，水位出现了短暂下降，之后由于降雨持续增强，水位继续上涨，8 月 6 日 15 时 46 分水位达到警戒水位(30 m)，7 日 15 时出现洪峰水位 30.45 m，超过警戒水位 0.45 m，洪峰流量为 2 480 m^3/s；之后水位逐渐下降，12 日 14 时 42 分降至警戒水位以下。本次洪水过程中水位最大涨幅 7.17 m，流量涨幅 2 378 m^3/s，超警戒水位 7 d。

（3）蒙城站

由于南部降雨较大，蒙城站从 7 月 29 日 6 时起涨，起涨水位 19.61 m，相应流量为 135 m^3/s；8 月 1 日第一次出现洪峰水位 23.89 m，最大流量 990 m^3/s(7 月 31 日 19 时)；由于降雨强度一度明显变小，水位出现了下降，8 月 3 日 20 时水位再次从 22.36 m 上涨，8 日 2 时 51 分水位达到警戒水位(26.35 m)，11 日 1 时 30 分出现洪峰水位 26.51 m，超过警戒水位 0.16 m，洪峰流量为 2 080 m^3/s；之后由于降雨停止，水位逐渐下降，13 日 20 时降至警戒水位以下。本次洪水过程中水位最大涨幅 6.9 m，流量涨幅 1 945 m^3/s，超警戒水位 6 d。

3）洪水特点

（1）暴雨洪水范围广，干支流洪水并发。1963 年涡河流域暴雨不仅次数多、历时长，而且强度大，笼罩范围广，主要降雨区域位于沿涡河中上游。涡河等周边地区等大小支流均发生较大洪水，造成流域性洪水。

(2) 洪水水位高、量级大。1963年7月底至8月上旬的暴雨，致使涡河出现自1949年以来最高水位，涡阳站和蒙城站出现最大流量。1963年涡河涡阳站水位超过警戒水位7 d，蒙城站涡阳站水位超过警戒水位6 d。

4) 洪水组成分析

在7月29日至9月15日的场次洪水中，经分析计算，蒙城站洪量为30.34亿m^3。在蒙城站洪水组成中，上游来水16.28亿m^3，约占53.6%；亳县站至蒙城站区间来水约占46.4%。

5) 洪水重现期

根据分析，1963年涡河蒙城闸出现的最大洪峰流量重现期约为40年。

3. 灾情

1963年5月下旬的降水持续时间长，范围广，涡河干支流水位同时上涨，加之外河水位也高，内外水互相顶托，水量不能畅泄，因此沿涡河各县湖坡洼地的夏收和春种作物遭受严重洪涝或渍涝。亳县北部张集、五马、观堂等3个乡镇半数平地积水1市尺①左右，受淹小麦绝收，遭受渍涝的小麦普遍减产，严重的麦穗发黑，麦叶枯黄，整株枯死以致绝收。全区夏收作物受涝成灾面积达数百万亩，春种作物受渍涝后，烂种及烂根死苗普遍，数十万亩需重种，受涝减产8成以上的达近百万亩。

7月至8月的连续降水，导致涡河的涡阳、蒙城水位超历史纪录，该河在全区境内有80余处漫溢，洪水与内涝连成一片。亳县多数平地积水1～2市尺，秋季作物成灾145.5万亩，其中85.62万亩绝收，15个村庄住房全部倒塌，全县砸死、淹死39人。涡阳县雪枫、大曹、义门、王安等地40多华里②宽、20多华里长的涡河地区除少数高地外，几乎一片水乡，可平地行船，上水村庄1 699个，倒塌房屋不可胜数，砸死16人，伤161人，淹死7人。蒙城县各沟口倒灌，606个村庄被水包围，倒房2万多间，砸死17人，伤56人。涡河沿岸洼地水深1～3 m，被淹秋苗数十万亩，颗粒无收。

4. 结语

1963年年降水量为自1949年以来最多的一年，雨季来得早，暴雨过程也较多，且降雨强度大、持续时间较长、笼罩范围广，导致涡河干支流洪水并发，主要控制站蒙城站出现了较高的水位和较大流量。从蒙城站洪水组成来看，上游河南省来水量稍多于亳县站至蒙城站区间来水量，流域性的强降雨使涡河流域出现内外水互相顶托，水量不能畅泄，导致较大的洪涝灾害出现，特别是7月至8月的连续降水不仅造成较为严重的经济损失，还出现了较大的人员伤亡。

2.1.2.5 1965年

1965年涡河流域年降水量为872.4 mm，该年度的暴雨过程主要集中在汛期的7—8月：5—6月降水量均偏少，7—8月降雨明显增多。7月上旬至中旬暴雨，造成涡河水系出现第一场洪水过程，本次洪水过程中涡河干流主要控制站蒙城闸出现超警戒水位；8月上旬暴雨造成涡河第二场洪水。

1. 雨情

1) 雨情概述

1965年涡河流域年降水量为872.4 mm，其中7月份降水量占汛期(5—9月)降水量的60%，占全年降水量的50%；8月份降水量占汛期的20%，占全年降水量的16%。1965年汛前及汛后降水量均比较少。

2) 暴雨过程

自6月底至8月中旬，涡河流域共出现了3次明显的暴雨过程，分别为6月29日—7月3日、7月7—16日、7月31日—8月4日。

(1) 6月29日—7月3日

6月29日—7月3日是涡河流域入汛后出现的第一次持续时间较长的暴雨过程。6月29日涡河流域普降大雨，30日减弱至小到中雨；7月1日降雨强度增大，除中部部分地区降中雨外，其余大部分地区

---

① 1市尺=0.333 3 m。

② 1华里=0.5 km。

大到暴雨；2 日北部地区降雨减弱至小雨，中部及南部地区中雨，中部部分地区暴雨；3 日降雨基本停止。

本次降雨面平均雨量为 128.0 mm，暴雨中心涡阳站次雨量为 166.0 mm、义门集站次雨量为 155.0 mm，义门集最大 1 d 降水量为 80.0 mm。

(2) 7 月 7—16 日

7 月 7—16 日是涡河流域入汛后出现的第二次持续时间较长的暴雨过程，亳州市北部降暴雨，南部地区降中到大雨，部分地区出现暴雨，涡河干流和支流开始起涨。7 月 7 日亳州市中部出现大雨，其余地区降中雨；8 日北部降雨增强至暴雨，中部与南部地区降雨分别减弱至小到中雨；9—10 日除南部部分地区出现暴雨，其余地区均减小至小到中雨；11 日中部地区出现暴雨，部分地区降大暴雨；12 日暴雨区移至北部，其余地区降中到大雨；13—15 日降雨强度分布不均，大部分地区降中到大雨，部分地区出现暴雨；16 日降雨基本停止。

本次降雨面平均雨量为 255.3 mm，暴雨中心亳县站次雨量为 327.1 mm，义门集站次雨量为 351.7 mm，义门集最大 1 d 降水量为 98.0 mm。

(3) 7 月 31 日—8 月 4 日

7 月 31 日亳州市南部首先出现降雨；8 月 1 日南部地区出现大暴雨，其余地区降中到大雨；2 日降雨中止，3 日中部与南部出现暴雨，部分地区大暴雨，北部地区中到大雨；4 日降雨减弱至小到中雨，并由北向南降雨逐渐停止。本次降雨面平均雨量为 116.6 mm，暴雨中心蒙城站次雨量为 249.7 mm。

3) 暴雨特点

1965 年涡河流域暴雨特点是雨季来得晚，暴雨过程少但持续时间长，降雨强度大、笼罩范围广，降雨时空分布有利于形成洪水过程。

(1) 暴雨过程少但持续时间长

自 7 月上旬以后涡河流域出现 3 次较大的降雨过程，而 7 月上旬至中旬的暴雨造成涡河出现 1965 年 7 月 7—25 日的最大洪水过程。最大 14 d(6 月 30 日—7 月 13 日)降水量达 329.0 mm；最大 21 d(6 月 30 日—7 月 20 日)降水量为 430.0 mm。

(2) 暴雨强度大，笼罩范围广

在汛期 8 月上旬的降雨过程中，暴雨中心的最大日雨量均超过 100 mm。涡河水系各时段最大点雨量详见表 2.2-3。

表 2.2-3　1965 年涡河流域各特征时段最大点雨量统计表

最大 6 h				最大 12 h				最大 24 h			
地区	站名	雨量(mm)	日期	地区	站名	雨量(mm)	日期	地区	站名	雨量(mm)	日期
蒙城县	蒙城闸	88.9	8 月 3 日	蒙城县	蒙城闸	108.7	8 月 3 日	蒙城县	蒙城闸	145.3	8 月 3 日
涡阳县	涡阳闸	70.5	7 月 3 日	涡阳县	涡阳闸	104.0	7 月 3 日	涡阳县	涡阳闸	112.5	7 月 2 日
最大 1 d				最大 3 d				最大 7 d			
地区	站名	雨量(mm)	日期	地区	站名	雨量(mm)	日期	地区	站名	雨量(mm)	日期
蒙城县	蒙城闸	113.0	8 月 3 日	蒙城县	蒙城闸	214.9	8 月 1 日	蒙城县	蒙城闸	249.7	8 月 1 日
涡阳县	义门集	98.0	7 月 12 日	涡阳县	义门集	203.7	7 月 12 日	涡阳县	义门集	293.7	7 月 8 日

2. 水情

1) 水情概述

6 月底至 8 月的降雨过程，使 1965 年涡河水系出现两场洪水：7 月上旬至下旬、8 月上旬洪水。7 月份的洪水为 1965 年最大，涡河主要控制站蒙城闸出现了超警戒水位，最大流量达到 1 920 m^3/s。

2) 洪水过程

7 月上旬至中旬涡河水系的持续暴雨，致使涡河发生第一次洪水过程。此次洪水过程中涡河干流主要控制站蒙城闸站出现超警戒水位。

(1) 亳县站

由于降雨不连续，亳县站在此次洪水过程中多次出现涨落。亳县站从 7 月 9 日 2 时起涨，起涨水位 25.66 m，相应流量为 9 m^3/s。在上游及各支流同时来水的情况下，14 日 15 时出现最大流量为 993 m^3/s，17 时出现最高水位 33.99 m，低于警戒水位 1.51 m。本次洪水过程中水位最大涨幅 8.33 m，流量涨幅 984 m^3/s。

(2) 涡阳站

涡阳站从 7 月 8 日 20 时起涨，起涨水位 22.94 m，流量为 45 m^3/s。在持续降雨和上游及各支流同时来水的情况下，15 日 2 时出现超警戒水位(30 m)，此时流量为 1 890 m^3/s，4 时出现最大流量 1 900 m^3/s，7 时出现洪峰水位 30.11 m，超过警戒水位 0.11 m；之后由于降雨停止，水位逐渐下降，在 15 日 17 时降至警戒水位以下。本次洪水过程中水位最大涨幅 7.17 m，流量涨幅 1 855 m^3/s。

(3) 蒙城站

蒙城站从 7 月 9 日 20 时起涨，起涨水位 22.67 m，流量为 149 m^3/s。在上游及各支流同时来水的情况下，14 日 8:20 水位达到警戒水位(26.35 m)，相应流量为 1 684 m^3/s，15 日 16 时出现洪峰水位 26.83 m，高于警戒水位 0.48 m，低于保证水位(27.35 m)0.52 m，洪峰流量为 1 920 m^3/s；之后水位逐渐下降，19 日 2 时降至警戒水位。本次洪水过程中水位最大涨幅 4.16 m，流量涨幅 1 771 m^3/s，超警戒天数 6 d。

3) 洪水特点

1965 年涡河流域暴雨虽然次数较少，但是降雨强度大且笼罩范围广，主要降雨区域位于沿涡河中游。涡河等周边地区大小支流均发生较大洪水，干流蒙城闸水位长时间维持在较高水位。

4) 洪水组成分析

对涡河干流主要控制站蒙城站分析计算实测场次洪水来水量组成。蒙城站洪水由上游与亳县站至蒙城站区间来水组成。1965 年蒙城站场次洪水的起讫时间选取 7 月 8—25 日。

在 7 月 8—25 日的场次洪水中，经分析计算，蒙城站洪量为 21.18 亿 m^3。在蒙城站洪水组成中，上游来水 11.9 亿 m^3，约占 56.2%；亳县站至蒙城站区间来水约占 43.8%。

5) 洪水重现期

根据分析，1965 年涡河蒙城闸出现的最大洪峰流量重现期约为 30 年。

3. 灾情

1965 年连续大雨、暴雨导致夏涝出现，由于降水集中，加之上游水位陡涨，7 月 1 日后涡河不仅内水无法排除，各支流沟渠也水漫横溢，出现洪水倒灌、圩堤破口等现象，酿成大面积内涝灾害。亳县上水面积 87.67 万亩，成灾 54.54 万亩；蒙城县水围 45 个村庄，秋季作物全淹 33.1 万亩。全区被水包围和上水的村庄数千个，倒房砸死十数人，受淹农田数百万亩。

8 月上旬蒙城、涡阳等地又降暴雨，使全区受涝面积进一步扩大，成灾农田数百万亩，重灾基本无收的数百万亩，两种两淹的数十万亩。

4. 结语

1965 年雨季来得晚，虽然暴雨过程较少，但持续时间长，降雨强度较大，主要降雨区域位于沿涡河中游，由于降雨集中，导致涡河干支流均发生较大洪水，干流蒙城闸水位长时间维持在较高水位，致使部分沟渠洪水倒灌、圩堤破口等现象，酿成大面积内涝灾害，出现了人员伤亡和较为严重的经济损失。

2.1.2.6　1972 年

1972 年涡河流域年降水量 944.8 mm，该年度暴雨过程主要集中在汛期的 6—7 月：5 月份降水量均偏少，6—7 月降雨明显增多。6 月下旬的暴雨，使涡河水系出现了该年度的第一场洪水过程；7 月上旬的暴雨造成涡河第二场洪水，该场洪水为 1972 年最大的洪水过程；7 月下旬的暴雨导致涡河干流出现了第三次洪水过程。

1. 雨情

1) 雨情概述

1972 年涡河流域年降水量为 944.8 mm，其中 6 月份降水量占汛期(5—9 月)降水量的 22%，占全年降水量的 16%；7 月份降水量占汛期的 52%，占全年降水量的 38%；1972 年汛期其他月份降水量均比较少。

2）暴雨过程

6月下旬至7月下旬，涡河流域共出现了3次明显的暴雨过程，分别为6月23—26日、6月30日—7月3日、7月25—28日。

（1）6月23—26日

6月23—26日的降雨导致涡河流域入汛后出现第一场洪水过程。6月23日降雨首先从亳州市北部出现，逐渐向南部扩大；24日亳州市北部降小雨，南部降中雨；25日南部降雨强度减弱，全域降小雨；26日北部降雨强度增大至中到大雨，中部与南部地区降大到暴雨，局部地区大暴雨；27日降雨停止。

本次降雨面平均雨量为74.0 mm，暴雨中心蒙城县马集站次雨量为154.6 mm、蒙城闸站次雨量118.4 mm，马集最大1 d降水量114.6 mm。

（2）6月30日—7月3日

6月30日—7月3日是涡河流域入汛后出现的又一场较大的暴雨过程，亳州市中部与南部降大暴雨，涡河干流和支流普遍涨水，致使涡河出现了1972年度最大的一场洪水过程。6月30日降雨由亳州市中部出现，之后降雨强度迅速增大至暴雨，亳州市中部与南部地区降大暴雨，北部部分地区降大雨；7月1日北部降雨减弱，部分地区降雨中止，南部地区降雨强度减弱至暴雨；2—3日北部除部分地区降小雨外降雨停止，南部降中到大雨，之后降雨逐渐停止。

本次降雨面平均雨量为145.0 mm，暴雨中心蒙城县马集站次雨量为333.5 mm，蒙城闸站次雨量为338.1 mm，马集最大1 d降水量为213.7 mm。

（3）7月25—28日

7月25日亳州市中部率先出现降雨，除中部部分地区降大雨，其他出现降雨的地方均为小雨；26日北部局部降大雨，南部局部降暴雨，其他地方降雨中止；27日降雨区域扩大，强度增大，除南部局部无雨，其他地区均降大到暴雨；28日中部继续出现暴雨，其他地区降雨减弱至中雨，并渐止。本次降雨面平均雨量为94.0 mm，暴雨中心涡阳闸站次雨量为157.9 mm。

3）暴雨特点

1972年涡河流域暴雨特点是雨季来得晚，暴雨过程少但降雨强度大，降雨历时长、笼罩范围广，降雨时空分布有利于洪水的形成。

（1）暴雨过程少但降雨强度大

自6月下旬至7月下旬涡河流域出现3次较大的降雨过程，而6月底至7月上旬的暴雨造成涡河1972年最大洪水过程。最大14 d（6月26日—7月10日）降水量达258.0 mm；最大21 d（6月19日—7月9日）降水量为301.0 mm。

（2）暴雨历时长，笼罩范围广

在汛期7月上旬的降雨过程中，暴雨中心的最大日雨量均超过100 mm，部分地区超过200 mm。涡河水系各时段最大点雨量详见表2.2-4。

表2.2-4　1972年涡河流域各特征时段最大点雨量统计表

最大6 h				最大12 h				最大24 h			
地区	站名	雨量（mm）	日期	地区	站名	雨量（mm）	日期	地区	站名	雨量（mm）	日期
蒙城县	蒙城闸	171.4	7月1日	蒙城县	蒙城闸	198.6	7月1日	蒙城县	蒙城闸	229.8	7月1日
涡阳县	涡阳闸	123.7	7月17日	涡阳县	涡阳闸	147.5	7月17日	谯城区	双沟	146.1	7月1日
最大1 d				最大3 d				最大7 d			
地区	站名	雨量（mm）	日期	地区	站名	雨量（mm）	日期	地区	站名	雨量（mm）	日期
蒙城县	马集	213.7	7月1日	蒙城县	马集	333.5	7月1日	蒙城县	马集	456.5	7月1日
蒙城县	蒙城闸	204.5	7月1日	蒙城县	蒙城闸	337.9	7月1日	蒙城县	蒙城闸	437.8	7月1日

2. 水情

1) 水情概述

6 月底至 7 月底的降雨过程中，1972 年涡河水系主要控制站大寺闸没有明显的洪水过程，但涡阳闸和蒙城闸均出现三场洪水：6 月下旬、7 月上旬、7 月底至 8 月上旬洪水，其中 7 月上旬的洪水为 1972 年最大。

2) 洪水过程

6 月 30 日—7 月 3 日涡河流域的暴雨致使涡河水系出现 1972 年的第二场洪水，本次洪水过程中涡河干流主要控制站没有出现超警戒水位，不过涡阳闸与蒙城闸均出现本年度最大的过闸流量。

(1) 涡阳闸

在本次洪水过程中，涡阳闸水位于 7 月 1 日 8 时起涨，起涨水位 24.59 m，流量 132 m^3/s；由于降雨自开始强度就比较大，所以涡阳闸水位在前期上涨得比较快，之后北部与中部的降雨强度明显减弱，水位上涨速度放缓；3 日 17 时出现最高水位 28.14 m，最大流量 778 m^3/s，低于警戒水位 1.86 m。本次洪水过程中水位最大涨幅 3.55 m，流量涨幅 646 m^3/s。

(2) 蒙城闸

蒙城闸水位从 7 月 1 日 9 时 16 分起涨，起涨水位为 24.22 m，流量为 107 m^3/s。在持续降雨和上游不断来水的情况下，3 日 15 时出现最大水位 25.87 m，最大流量为 1 490 m^3/s，低于警戒水位 0.48 m；之后随着降雨的停止水位逐渐下降。在本次洪水过程中，蒙城分洪闸在 7 月 3 日 10 时 10 分首次开闸分洪，此时闸上水位 25.79 m，7 月 4 日 1 时 20 分出现最大分洪流量 378 m^3/s，随着闸上水位不断下降，分洪闸在 7 月 6 日 22 时停止分洪。本次洪水过程中水位最大涨幅 1.65 m，流量涨幅 1 383 m^3/s。

3) 洪水特点

(1) 暴雨范围较大，干支流洪水并发。1972 年涡河流域暴雨历时长、强度大，笼罩范围较大，主要降雨区域位于沿涡河中上游。涡河等周边地区大小支流均发生较大洪水，造成较大洪水出现。

(2) 洪水水位高、量级大。1972 年 6 月底至 7 月上旬的暴雨，虽然未导致涡河干流出现超警戒水位，但主要控制站涡阳闸与蒙城闸均出现较大的过闸流量。

4) 洪水组成分析

对涡河干流主要控制站蒙城站分析计算实测场次洪水来水量组成。蒙城站洪水由上游与亳县站至蒙城站区间来水组成。1972 年蒙城站场次洪水的起讫时间选取 6 月 26 日—8 月 13 日。

经分析计算，在 6 月 26 日—8 月 13 日的场次洪水中蒙城站洪量为 9.5 亿 m^3。在蒙城站洪水组成中，上游来水 4.19 亿 m^3，约占 44.1%；亳县站至蒙城站区间来水约占 55.9%。

5) 洪水重现期

根据分析，1972 年涡河蒙城闸出现的最大洪峰流量重现期约为 20 年。

3. 工情

蒙城分洪闸建成于 1972 年 6 月，距节制闸右岸约 300 m，主要是配合节制闸宣泄特大洪水，为中 I 型，宽顶堰，开敞式结构，共 12 孔，底板高程 23.00 m，每孔净宽 5.2 m，闸身总长 78.8 m，20 年一遇设计流量为 800 m^3/s。

在 7 月上旬涡河洪水过程中，蒙城闸水位在 7 月 2 日出现快速上涨，为避免出现超警戒水位的情况，蒙城分洪闸在 7 月 3 日 10 时 10 分首次开闸分洪，此时蒙城闸上水位 25.79 m，相应流量 1 450 m^3/s；3 日 15 时蒙城闸上出现最高水位 25.87 m、最大流量为 1 490 m^3/s，低于警戒水位 0.48 m；7 月 4 日 1 时 20 分洪闸出现最大分洪流量 378 m^3/s。随着闸上水位不断下降，分洪闸在 7 月 6 日 22 时关闸，分洪时间约 82 h，分洪水量 2.35×10^6 m^3，有效降低了蒙城闸上水位的上涨。

4. 灾情

1972 年 7 月的暴雨导致夏涝出现，全区不同程度受涝，造成全区受灾农田数百万亩，绝收近百万亩：涡阳县受灾面积 90.43 万亩，被水包围村庄 961 个，倒房 12 361 间；蒙城县 92 万亩作物受灾，1 000 余村庄进水，淹倒房屋万余间，砸死 4 人，伤 14 人；利辛县被淹村庄 2100 多个，倒塌房屋 8.5 万间，因灾死亡 2

人，受灾作物136.8万亩，无收88万亩；亳县受灾较轻，有29万亩低洼农田积水成灾。

5. 结语

1972年暴雨过程少，但降雨强度大，降雨历时长，笼罩范围广，主要降雨区域位于沿涡河中上游，在上游持续来水的同时，区间降雨也导致亳县站至蒙城站区间出现较大的来水量，涡河干流洪水不能及时排除，导致干支流都维持在较高的水位，全区不同程度出现洪涝灾害，造成较大面积的农田受灾和较为严重的人员伤亡。

2.1.2.7 2000年

2000年涡河水系年降水量为1 150.3 mm，比常年同期偏多4成，6—7月降水量占汛期的71%，占全年的56.6%。暴雨过程也主要集中在6—7月，尤其7月中旬的暴雨过程导致涡河干流出现了本年度唯一的一场洪水过程。

1. 雨情

1）雨情概述

2000年涡河流域雨季来得晚，汛期第一个月的降水量比常年同期偏少4成以上，但是进入6月降水量明显增多，与常年同期比较，6月份偏多2.8倍，7月多3成，9月多6成，8月份较常年同期偏少2成以上。暴雨过程集中出现在6—7月。

2）暴雨过程

6月至7月中旬，涡河流域共出现了3次明显的暴雨过程，分别为6月1—3日、6月24—28日、7月12—15日。8—9月虽然也有持续时间较长的降雨过程，但降雨强度不大，涡河干流在汛后期并没有出现明显的洪水过程。

（1）6月1—3日

6月1—3日涡河流域入汛后出现第一次暴雨过程。6月1日亳州市北部降小到中雨，中部和南部降中到大雨；2日北部降中到大雨，中部地区降雨强度增强至暴雨、局部大暴雨，南部降暴雨至大暴雨；3日降雨强度减弱至全域降小雨，并逐渐停止。

本次降雨面平均雨量为105.8 mm，降雨分布南多北少，暴雨中心蒙城县双涧站次雨量为208.2 mm。本次降雨过程中，涡河干流主要控制站没有出现洪水过程。

（2）6月24—28日

6月24日亳州市北部降大雨到暴雨，中部降暴雨、局部出现中雨，南部大到暴雨；25日北部降雨强度增大，降大暴雨，中部降中到暴雨、局部大暴雨，南部中到大雨；26日北部降雨强度减弱至中雨，中部出现中到大雨、部分地区暴雨，南部地区降雨增强出现暴雨；27日北部再次出现暴雨、局部地区大暴雨，中部与南部地区降小到中雨、部分地区出现暴雨；28日北部与中部大部分地区降小到中雨，中部部分地区和南部降中到大雨、局部暴雨；29日降雨渐止。

本次降雨面平均雨量为245.4 mm，降雨分布北多南少，暴雨中心谯城区亳县闸站次雨量为382.2 mm。本次降雨过程中涡河干流大寺闸没有出现洪水过程，涡阳闸出现明显上涨，蒙城闸没有出现洪水过程但出现了较大的过闸流量。

（3）7月12—15日

7月12日亳州市北部降暴雨、局部大暴雨，南部地区降中雨；13日北部持续暴雨，南部降雨强度也增强至暴雨、大部分地区出现大暴雨；14日北部与中部继续降暴雨，南部地区降雨强度减弱至中到大雨；15日降雨渐止。

本次降雨面平均雨量为189.8 mm，降雨分布北多南少，降雨中心为谯城区安溜站，为258.5 mm。本次降雨导致涡河干流主要控制站出现了2000年唯一一次洪水过程。

3）暴雨特点

2000年涡河流域暴雨特点是雨季来得晚，暴雨过程多、间隔时间短，降雨历时长、笼罩范围广，强暴雨频发、降水总量大，降雨时空分布有利于形成流域性洪水。

自6月以后涡河流域连续出现3次降雨过程，而7月中旬的暴雨过程造成涡河2000年最大洪水过程。在汛期历次降雨过程中，暴雨中心的最大日雨量均超过 100 mm。涡河水系各时段最大点雨量详见表 2.2-5。

表 2.2-5　2000 年涡河流域各特征时段最大点雨量统计表

最大 1 h				最大 3 h				最大 6 h				最大 12 h			
地区	站名	雨量(mm)	日期	地区	站名	雨量(mm)	日期	地区	站名	雨量(mm)	日期	地区	站名	雨量(mm)	日期
涡阳县	涡阳闸	64.2	8 月 23 日	谯城区	亳县	113.6	6 月 28 日	谯城区	亳县	128.2	6 月 28 日	谯城区	安溜	161.7	7 月 14 日
谯城区	亳县	63.3	6 月 28 日	谯城区	安溜	92.7	7 月 14 日	谯城区	安溜	120.0	7 月 14 日	蒙城县	双涧	154.7	6 月 2 日
最大 24 h				最大 1 d				最大 3 d				最大 7 d			
地区	站名	雨量(mm)	日期	地区	站名	雨量(mm)	日期	地区	站名	雨量(mm)	日期	地区	站名	雨量(mm)	日期
谯城区	安溜	176.5	7 月 14 日	蒙城县	双涧	167.9	6 月 2 日	谯城区	安溜	258.4	7 月 12 日	谯城区	亳县闸	398.8	6 月 22 日
蒙城县	双涧	169.4	6 月 2 日	蒙城县	马集	151.9	6 月 2 日	谯城区	亳县	258.4	6 月 25 日	谯城区	五马	319.8	6 月 22 日

2. 水情

1) 水情概述

2000 年 7 月份涡河流域发生的大面积、长时间暴雨，造成涡河出现了两场较大的洪水过程。此次洪水过程中，涡河主要控制站虽然未出现超警戒水位，但大寺闸和蒙城闸均出现了较大的过闸流量。

2) 洪水过程

2000 年汛期主要有三场大的暴雨过程，导致涡河干流主要控制站出现了两次洪水过程：6 月下旬至 7 月初的洪水和 7 月中旬洪水。

7 月 12—15 日，涡河流域出现持续暴雨过程，致使涡河水系出现 2000 年的第二场洪水。

(1) 大寺闸

大寺闸在 7 月 14 日 18 时起涨，起涨水位 32.63 m、流量 378 m^3/s；随着降雨和上游来水的持续，大寺闸水位在 16 日 14 时出现洪峰水位 34.57 m，低于警戒水位 0.93 m，洪峰流量 668 m^3/s；之后水位逐渐下降。本次洪水过程中大寺闸水位涨幅 1.94 m，流量涨幅 290 m^3/s。

(2) 涡阳闸

涡阳闸水位自 7 月 14 日 15 时 39 分起涨，起涨水位 28.23 m；随着上游及支流的不断来水，在 15 日 21 时 30 分出现最高水位 29.86 m，低于警戒水位 0.14 m；之后水位逐渐下降。本次洪水过程中涡阳闸水位涨幅1.63 m。

(3) 蒙城闸

蒙城闸过闸流量从 7 月 12 日 16 时 15 分开始增大，此时流量为 90 m^3/s、相应水位为 25.43 m；随着降雨的持续与上游及各支流不断来水，蒙城闸水位自 14 日 16 时起涨，起涨水位 24.53 m，此时流量为 898 m^3/s；16 日 10 时 30 分出现洪峰水位 25.56 m，低于警戒水位 0.79 m，洪峰流量为 1 360 m^3/s。本次洪水过程中蒙城分洪闸在 7 月 16 日 10 时 30 分开闸分洪，10 时 39 分出现最大分洪流量 256 m^3/s，随着蒙城闸水位不断下降，分洪闸在 19 日 20 时关闸停止分洪。本次洪水过程中蒙城闸合成最大过闸流量约 1 586 m^3/s，水位最大涨幅1.03 m，流量涨幅 1 496 m^3/s。

3) 洪水特点

2000 年涡河流域暴雨不仅次数多、历时长，而且强度大，笼罩范围广，主要降雨区域位于沿涡河中上游，造成涡河中下游出现区域性洪水。

4) 洪水组成分析

对涡河干流主要控制站蒙城站分析计算实测场次洪水来水量组成。蒙城站洪水由上游与亳县站至蒙城站区间来水组成。2000 年蒙城站场次洪水的起讫时间选取 7 月 7 日—8 月 3 日。

经分析计算，在 7 月 7 日—8 月 3 日的场次洪水中蒙城站洪量为 10.26 亿 m^3。在蒙城站洪水组成中，上游来水 4.34 亿 m^3，约占 42.3%；亳县站至蒙城站区间来水约占 57.7%。

5）洪水重现期

根据分析，2000 年涡河干流控制站洪水重现期大寺站约 10 年，蒙城站约 20 年。

3. 工情

在 7 月中旬涡河洪水过程中，7 月 16 日 10:30 开闸分洪，此时蒙城闸上水位 25.56 m，相应流量 1 360 m^3/s；10:39 出现最大分洪流量 256 m^3/s，随着蒙城闸水位不断下降，分洪闸在 19 日 20 时关闸停止分洪，分洪时间约为 81 h，分洪水量 2.51×10^6 m^3。本次分洪是在涡河干流全面回落，但蒙城闸仍维持在较大过闸流量的情况下，适时启用分洪闸分泄涡河洪水，有效减轻了涡河蒙城闸行洪压力。

4. 灾情

2000 年 7 月中旬，亳州市出现连续降雨，加之涡河上游降水集中，河道泄洪迅猛，使沿涡河内河出现倒灌现象。受外水及内水双重影响，亳州市谯城区、涡阳县、蒙城县受灾面积达 411 万亩，成灾 231 万亩，绝收 81 万亩，被水围困村庄 532 个，倒塌房屋 4 418 间。其中：涡阳县受灾 120 万亩，成灾 55 万亩，绝收 18 万亩，被水围困村庄 38 个，因灾倒塌房屋 1 300 余间。

5. 结语

2000 年涡河流域暴雨过程集中出现在 6—7 月，强暴雨频发、间隔时间短，降雨历时长、笼罩范围广、降水总量大，导致涡河干支流洪水并发，形成区域性洪水。从蒙城站实测场次洪水来水量组成来看，大寺闸至蒙城闸区间来水量大于上游来水量，说明区间降水量较大，且在上游持续来水的情况下，涡河干流洪水不能及时下泄，干支流都维持较高水位，导致发生洪涝灾害，造成了较大的经济损失。

2.1.2.8 2003 年

2003 年涡河流域年降水量为 1 434.8 mm，自 1949 年以来居第 1 位。进入汛期后，涡河流域暴雨频次明显增加，6 月中下旬至 7 月中旬的数次暴雨，造成涡河水系出现较大洪水过程。8 月上旬涡河流域又出现暴雨，造成涡河第二场洪水，涡河大寺闸站水位超过警戒水位；8 月下旬，全流域又出现较大范围的暴雨，造成涡阳闸站出现超警戒水位。

1. 雨情

1）雨情概述

2003 年涡河流域年降水量为 1 434.8 mm，比常年同期偏多 7 成。流域年降水量的高值区位于涡河中游。其中蒙城站、涡阳县孙土楼站年降水量分别为 1 628.6 mm、1 618.5 mm。

涡河流域汛期（5—9 月）面平均雨量为 1 020.9 mm。涡河流域除 5 月面平均雨量比常年同期偏少外，其余 4 个月面平均雨量均较常年同期偏多。2003 年汛前 3 月份和 4 月份涡河流域就出现较大范围的降雨，涡河水系降水量 3 月份比常年同期偏多 6 成、4 月份比常年同期偏多 8 成。汛后 10 月份，全流域降水量又比常年同期偏多 1.8 倍。

2）暴雨过程

6 月中旬至 10 月上旬，涡河流域共出现了 7 次明显的暴雨过程，分别为 6 月 19—22 日、6 月 28 日—7 月 4 日、7 月 7—17 日、7 月 19—21 日、8 月 8—18 日、8 月 27 日—9 月 3 日、9 月 30 日—10 月 5 日。

（1）6 月 19—22 日

6 月 19—22 日涡河流域入汛后出现第一次暴雨过程，涡河中下游普降暴雨到大暴雨，局部地区降特大暴雨。涡河干流和部分支流开始起涨。降雨首先出现在流域西部，21 日涡河中游出现大雨；22 日降雨强度增强，中游地区出现暴雨、大暴雨，雨区也进一步扩大；23 日降雨基本停止。流域面平均雨量为 100 mm，暴雨中心谯城区张集站次雨量为 164.4 mm。

（2）6 月 28 日—7 月 4 日

6 月 28 日涡阳流域出现中到大雨、局部地区暴雨；29 日降雨强度增大，降雨范围扩大，局部地区降大暴雨；7 月 1 日降雨强度进一步增大，转为全域暴雨，涡阳县大部分地区大暴雨；7 月 2 日降雨减弱为小到中雨;7月3日涡阳南部与蒙城北部降雨再次增强至大暴雨;7月4日降雨渐止。流域面平均雨量为274.0 mm,暴雨中心蒙城站次雨量为474.0 mm。

(3) 7月7—17日

7月7日涡阳流域开始出现降雨,大部分地区为小到中雨,局部地区大雨。本次降雨虽然雨量不大,且部分地区时断时续,但降雨时间持续较长,17日降雨基本停止,降雨中心为谯城区安溜站,降水量为140.2 mm,流域面平均雨量为89.0 mm。

(4) 7月19—21日

7月19日涡河流域亳州北部开始出现降雨,谯城区部分地区降大雨;20日降雨范围扩大,普降中到大雨,亳州市中部地区暴雨;21日降雨变为大部分地区降大雨,蒙城县部分暴雨;22日降雨停止。本次降雨面平均雨量为71.5 mm,涡河中游蒙城站次降水量112.0 mm为最大。本次降雨过程中涡河干流各控制站没有出现较大水位涨幅。

(5) 8月8—18日

8月18日涡阳流域开始出现降雨,大部分地区为小到中雨,局部地区大雨;9—10日部分地区降雨中止,11日降雨再次扩大至全域,至14日降雨强度增大至全域大雨,大部分地区持续至15日,16日减弱至小雨,至18日降雨渐止。本次降雨强度虽然不大,但时间持续较长,降雨中心为谯城区五马站,降水量为140.7 mm,张集133.7 mm次之,流域面平均雨量为103.0 mm。本次降雨过程中涡河干流水位涨幅不大,未出现超警戒水位。

(6) 8月27日—9月3日

8月27日降雨首先自南部开始,并在28日扩大至全域降大到暴雨,中部部分地区大暴雨;29日降雨强度减弱至中到大雨,南部部分地区出现暴雨;8月30日—9月2日全域持续降小雨;3日亳州市北部出现暴雨,部分地区大暴雨,南部地区降小雨;4日降雨停止。本次降雨流域面平均雨量为170 mm,降雨中心为谯城区五马站,降水量为323.0 mm;涡阳县十河站283.0 mm次大。本次降雨过程中涡河干流造成涡阳闸在8月29日出现超警戒水位。

(7) 9月30日—10月5日

9月30日涡阳流域降大雨,10月1日降雨强度减弱至小到中雨,降雨持续至4日,10月5日大部分地区变为降小雨,后逐渐停止。降雨中心为谯城区双沟站,降水量为84.2 mm,涡阳县义门集81.5 mm次之,流域面平均雨量为72.0 mm。本次降雨过程造成涡河汛后洪水,涡阳闸10月4日出现超警戒水位,最高水位30.02 m,超警戒水位0.02 m。

3) 暴雨特点

2003年涡河流域暴雨特点是雨季来得早,暴雨过程多、间隔时间短,降雨历时长、笼罩范围广,强暴雨频发、降水总量大,降雨时空分布有利于形成流域性洪水。

(1) 暴雨过程多,间隔时间短

自6月下旬以后涡河流域连续出现7次降雨过程,而其中4次暴雨过程集中出现造成涡河2003年最大洪水过程(6月19日—7月21日)。最大14 d(6月20日—7月3日)降水量达413.0 mm;最大21 d(6月21日—7月11日)降水量为448.0 mm。

(2) 暴雨强度大,笼罩范围广

在汛期历次降雨过程中,暴雨中心的最大日雨量均超过100 mm。最大1h降水量为68.1 mm(涡阳县孙土楼站),最大6h降水量为161.1 mm(谯城区五马站),最大24 h降水量为201.0 mm(蒙城站)。7月3日的暴雨最大,暴雨中心蒙城县蒙城站降水量为185.0 mm;6月30日—7月2日(最大3 d暴雨),暴雨中心涡阳县孙土楼站降水量为283.6 mm;6月28日—7月4日(最大7 d暴雨),暴雨中心蒙城县蒙城站降水量为474 mm。涡河水系各时段最大点雨量详见表2.2-6。

表 2.2-6 2003 年涡河流域各特征时段最大点雨量统计表

最大 1 h				最大 3 h				最大 6 h				最大 12 h			
地区	站名	雨量(mm)	日期	地区	站名	雨量(mm)	日期	地区	站名	雨量(mm)	日期	地区	站名	雨量(mm)	日期
涡阳县	孙土楼	68.1	6 月 22 日	谯城区	亳县	103.8	9 月 3 日	谯城区	五马	161.1	9 月 3 日	谯城区	五马	163.5	9 月 3 日
谯城区	亳县	58.0	9 月 3 日	谯城区	安溜	101.0	5 月 6 日	谯城区	十河	135.3	9 月 3 日	谯城区	十河	141.9	9 月 3 日
最大 24 h				最大 1 d				最大 3 d				最大 7 d			
地区	站名	雨量(mm)	日期	地区	站名	雨量(mm)	日期	地区	站名	雨量(mm)	日期	地区	站名	雨量(mm)	日期
蒙城县	蒙城	201.0	7 月 3 日	蒙城县	蒙城	185.0	7 月 3 日	涡阳县	孙土楼	283.6	6 月 30 日	蒙城县	岳坊	448.5	6 月 29 日
蒙城县	马集	170.8	7 月 3 日	蒙城县	马集	170.8	7 月 3 日	蒙城县	蒙城	269.3	7 月 1 日	蒙城县	蒙城	474.0	6 月 29 日

4）暴雨频率分析

(1) 短历时暴雨分析

入汛以来，涡河流域亳州市连续遭受强暴雨袭击，涡阳县孙土楼站最大 1 h 降水量为 68.1 mm，为本站有资料记录以来第 2 位。谯城区安溜站最大 3 h 降水量为 101.0 mm，为本站有资料记录以来第 3 位。谯城区观堂站最大 6 h 降水量为 121.1 mm，为本站有资料记录以来第 1 位。详见表 2.2-7。

表 2.2-7 2003 年涡河流域入汛以来最大 1、3、6 h 降水量统计表

最大 1 h			最大 3 h			最大 6 h		
站名	雨量(mm)	排位	站名	雨量(mm)	排位	站名	雨量(mm)	排位
孙土楼	68.1	2	亳 县	103.8	4	五 马	161.1	2
亳 县	58.0	9	安 溜	101.0	3	十 河	135.3	3
安 溜	53.0	10	义 门	91.9	3	观 堂	121.1	1

(2) 最大 1、3、7 d 暴雨分析

蒙城县蒙城站最大 1、7 d 降水量分别为 201.0 mm 和 474.0 mm，分别为本站有资料记录以来第 1 位和第 3 位，其重现期分别为 70 年一遇、60 年一遇；谯城区五马站最大 7 d 降水量为 323.0 mm，为本站有资料记录以来第 1 位，其重现期为 50 年一遇。详见表 2.2-8。

表 2.2-8 2003 年涡河流域入汛以来各特征时段降水量统计表

最大 1 d				最大 3 d				最大 7 d			
站名	雨量(mm)	排位	重现期(年)	站名	雨量(mm)	排位	重现期(年)	站名	雨量(mm)	排位	重现期(年)
蒙城	201.0	1	70 年	孙土楼	284.0	2	30 年	蒙 城	474.0	3	60 年
马 集	170.0	1	20 年	马 集	262.0	4	15 年	岳 坊	449.0	2	30 年
标 里	155.0	2	20 年	蒙 城	269.0	3	20 年	五 马	323.0	1	50 年

2. 水情

1）水情概述

2003 年涡河流域发生的大面积、长时间暴雨，造成涡河出现 21 世纪的第一场大洪水。相应于 6—10 月的暴雨过程，2003 年涡河水系出现三场洪水：6 月下旬至 7 月底、8 月中旬至 9 月中下旬、10 月份洪水。6 月下旬至 7 月底的第一场洪水为 2003 年最大，涡河干流主要控制站涡阳闸出现超过警戒水位，蒙城闸出现了较大的过闸流量，最大流量达到 1 650 m^3/s。

2）洪水过程

8月8日—9月3日，涡河流域再次连续出现2次暴雨过程，致使涡河水系出现2003年的第二场洪水，在本次洪水过程中涡阳闸出现了超警戒水位。

（1）大寺闸

大寺闸在本次洪水过程中由于进行闸门调节，水位未出现较为规律的变化，也没有出现超警戒水位，但是在9月4日出现了年度最大过闸流量519 m^3/s。

（2）涡阳闸

涡阳闸从8月28日18时开始涨水，至29日4时闸上水位超过警戒水位(30 m)，6时18分水位达到最大值30.1 m，超警戒水位0.1 m，然后水位逐渐降落，29日8时30分至14时水位在警戒水位处波动，14时后落至警戒水位以下。

（3）蒙城闸

蒙城闸过闸流量从8月29日4时开始增大，此时流量为90 m^3/s，相应水位为25.44 m；于30日6时30分流量达到最大，为1 380 m^3/s，是2003年第二大过闸流量，此时对应水位也涨至本次洪水过程中的最大值25.61 m，低于警戒水位0.74 m。本次洪水过程中水位涨幅0.17 m，流量涨幅1290 m^3/s；本次洪水过程中蒙城闸水位没有较为明显涨落。

3）洪水特点

（1）暴雨洪水范围广，干支流洪水并发。2003年涡河流域暴雨不仅次数多、历时长，而且强度大，笼罩范围广。主要降雨区域位于沿涡河中上游，造成涡河中下游均出现较大洪水。

（2）洪水水位高、量级大。2003年8月下旬至9月上旬的暴雨，致使涡河出现自1949年以来仅次于1976年和1978年的第三高水位，蒙城闸也出现年度第二大过闸流量。2003年涡河洪水持续时间从6月中旬持续到10月中旬，涡河涡阳闸水位超过警戒水位的天数为2 d。

4）洪水组成分析

对涡河干流主要控制站蒙城站分析计算实测场次洪水来水量组成。蒙城站洪水由上游与亳县站至蒙城站区间来水组成。2003年蒙城站场次洪水的起讫时间分别选取6月29日—7月11日和8月23日—9月21日。

经分析计算，在6月29日—7月11日的场次洪水中蒙城站洪量为7.13亿 m^3。在蒙城站洪水组成中，上游来水0.43亿 m^3，约占6.1%；亳县站至蒙城站区间来水约占93.9%。

经分析计算，在8月23日—9月21日的场次洪水中蒙城站洪量为12.67亿 m^3。在蒙城站洪水组成中，上游来水4.33亿 m^3，约占34.2%；亳县站至蒙城站区间来水约占65.8%。

5）洪水重现期

2003年涡河蒙城闸最大洪峰流量重现期为20年。

3. 工情

在6月下旬至7月底洪水过程中，蒙城闸上水位在7月2日快速上涨，为避免超警戒水位情况的出现，蒙城分洪闸在7月3日0时开闸分洪，此时蒙城闸上水位25.37 m，相应流量1 280 m^3/s。4日18时30分闸上水位达到最大(26.21 m)，低于警戒水位0.14 m，此时分洪闸出现最大分洪流量380 m^3/s。随着水位的不断下降，6日11时27分关闸停止分洪，分洪时间约83.5h，分洪量 3.52×10^6 m^3。本次分洪是在涡河蒙城闸水位快速上涨之时进行的，分洪闸的启用分泄了涡河洪水，有效避免了蒙城闸超警戒水位情况的出现。

4. 灾情

2003年6月下旬至7月下旬，亳州市境内多次出现暴雨过程，导致涡河干流出现较大的洪涝灾害，造成全市受灾人口391.9万人，受灾面积603.7万亩，成灾面积426.7万亩，绝收面积247.3万亩，倒塌房屋3.98万间，直接经济损失29.8亿元。

5. 结语

2003年涡河水系降水量位居自1949年以来第1位，不仅雨季来得早，而且暴雨过程多、间隔时间短，强暴雨频发、降水总量大，降雨历时长、笼罩范围广，导致干支流洪水并发，涡河主要控制站均出现较高水位、较大量级的过闸流量。从蒙城站实测场次洪水来水量组成来看，亳县站至蒙城闸区间来水量远大于上游来水量，说明区间降水量较大，给涡河中下游控制站带来较大的行洪压力。

2.2 洪河流域

2.2.1 概述

2.2.1.1 流域概况

1. 自然地理特征

洪河，淮河一级支流，位于河南省东南部，源出伏牛山，流经河南省东南部、安徽省北部边境，在洪河口入淮，全长 455 km，流域面积为 12 303 km^2。流域内最大支流为汝河，流域面积占洪河流域总面积的 60%。因此洪河也称洪汝河。其中安徽省阜阳市境内长 55.4 km，流域面积 314.3 km^2。

洪河分洪道自河南省班台始，上通洪河，全长 73.3 km，流向为东南向，经临泉艾亭，自方集区邓郢入境，沿永店、方集、李集、地城等近岗地带，至张家岗与淮河分洪道合流。安徽省境内流域面积 135 km^2，长 51 km。两侧有唐沟、运城、肖坡、何寨及芦楼、地城、严湖等截岗沟与泗沟口排涝沟注入。

2. 水利工程

小洪河上修建有石漫滩、老王坡等水利工程。汝河上修建有板桥、薄山、宿鸭湖水库和蛟停湖等滞洪工程。

3. 水文测站

方集水文站位于洪河中下游，于 1952 年 6 月设立，是国家重要水文站，距入淮河口 28 km。测验项目有水位、流量、降水、水质。方集水文站以上集水面积为12 300 km^2。

测站基面为冻结基面，高程为 32.036 m，与黄海基面差值为－0.135 m，警戒水位为 30.50 m，保证水位为 32.00 m，历年最高水位为 32.57 m(1975 年 8 月 13 日)，实测最大流量为 1 710 m^3/s，调查最大流量为 6 830 m^3/s。

2.2.1.2 暴雨特性

受东亚季风影响，洪河降雨主要集中在夏汛期间，致洪暴雨是导致流域洪水的主要原因。致洪暴雨分为梅雨型暴雨、台风型暴雨和局地暴雨。

2.2.1.3 洪水特性

洪河流域洪水均由暴雨形成，一般发生在 6—8 月，7 月份出现大洪水的概率最大。洪水主要来自上游伏牛山。流域性洪水一般发生在梅雨期，降雨历时长，暴雨区面积大，汇流时间短、水位上涨迅速，行洪历时长，退水缓慢。上游山区各支流普遍发生洪水，形成干流连续多峰洪水过程。1949 年以来曾发生 1954 年、1956 年、1968 年、1975 年、1982 年、1991 年、1998 年、2003 年、2005 年、2007 年等年份大洪水，其中：1954 年、1982 年大水，洪堤阜南许寨破口两处。1956 年大水，分洪道阜南泗沟口等处扒堤行洪。1968 年大水，洪干堤阜南魏湾、张沃孜及分洪道付家岗破口。1975 年 8 月特大洪水，洪洼上下圈堤及分洪道左堤全部漫堤、破堤行洪，灾害严重。2003 年洪河共出现 5 次洪峰，其中：7 月份出现超警戒水位洪峰 3 次，7 月 3 日 14 时，洪河方集洪峰水位 31.70 m，超保证水位 0.20 m；7 月 4 日 14 时，洪河方集草坝扒堤分洪。2005 年 7 月 12 日 5 时洪河方集洪峰水位 31.87 m，超保证水位 0.37 m。2007 年 7 月，洪河流域发生连续性暴雨。洪河方集站共超保证水位 70 h，超警戒水位 22 d，最高水位达 32.06 m，超保证水位 0.56 m，为历史第 3 位。

2.2.2 典型年洪水

2.2.2.1 1968 年

1968 年洪河流域方集站年降水量 1 123.5 mm，较常年偏多 2 成。进入汛期后，洪河流域 6 月 28 日—7 月 4 日、7 月 11—20 日的 2 次暴雨，造成洪河流域发生超保证水位洪水，洪水水位达 32.15 m，超保证水位 0.15 m。

1. 雨情

1）雨情概述

1968 年洪河流域面平均降水量为 932.4 mm。方集站年降水量为 1 123.5 mm，较常年同期偏多 2 成，艾亭站年降水量为 741.2 mm。洪河流域 7 月面平均雨量为 520.4 mm，占全年均值的一半以上。

2）暴雨过程

6 月下旬至 7 月的雨量主要分布在 6 月 28 日—7 月 4 日、7 月 11—20 日。方集站最大 1 d 降水量为 7 月 14 日的 164.2 mm，艾亭站最大 1 d 降水量为 7 月 14 日的 287.0 mm。

3）暴雨特点

1968 年洪河流域暴雨特点是暴雨过程多，间隔时间短，降雨历时长、笼罩范围广、降水总量大，降雨时空分布有利于形成流域性洪水。

2. 水情

1）水情概述

1968 年洪河流域发生 1 次洪水过程，19680716 场次洪水水位达 32.15 m，超保证水位 0.15 m，仅次于 1975 年历史最高水位。

2）洪水过程

方集站从 6 月 25 日起涨后，至 7 月 3 日 20 时涨至 29.53 m，后回落，在 7 月 12 日 20 时落至 23.62 m 后又开始上涨，7 月 15 日 3 时超警戒水位，并持续上涨，2 次涨水过程的最大单日涨幅分别是 7 月 2 日的 4.20 m、7 月 14 日的 4.14 m。至 7 月 16 日 20 时到达洪峰水位 32.15 m，超保证水位 0.15 m。之后，水位开始回落，至 22 日 8 时回落至警戒水位以下。超警戒水位历时 7 d。

3）洪水特点

1968 年洪河流域洪水涨水快，持续时间长，退水缓慢，而且洪峰是复式洪峰。

4）洪水重现期

洪水重现期是反映洪水出现机遇的指标，以方集站洪峰水位重现期来反映本年度洪河洪水的大小。根据分析，1956 年洪河方集出现的最高洪峰水位重现期约为 10 年。

2.2.2.2 1975 年

1. 雨情

1）雨情概述

1975 年洪河流域艾亭、方集站年降水量分别为 677.6 mm、1 300.1 mm。6 月下旬至 8 月中旬，洪河流域共出现了 2 次明显的暴雨过程，分别为 6 月 20 日—7 月 4 日、7 月下旬至 8 月中旬，其中暴雨中心方集站 8 月 6 日最大日雨量为 106.5 mm。

2）暴雨过程

6—8 月，洪河流域出现了 2 次明显的暴雨过程，分别是 6 月 20 日—7 月 4 日、7 月下旬至 8 月中旬。

(1) 6 月 20 日—7 月 4 日

自 6 月 20 日起，洪河出现流域性降雨，平均面降水量为 408.3 mm（艾亭、方集站平均值），其中艾亭站为 371.5 mm，方集站为 443.0 mm。降雨主要集中在 6 月 20—24 日、6 月 29 日—7 月 4 日。

(2) 7 月下旬至 8 月中旬

自 7 月 26 日起，洪河出现流域性降雨，截至 7 月 28 日，平均累计雨量为 40.1 mm，该次降雨分布不均。8 月 4—17 日，流域面平均雨量为 146.8 mm，方集站最大日雨量为 106.5 mm。

3）暴雨特点

1975 年 6 月下旬至 7 月上旬，洪河降雨持续时间长，降水量达 408.3 mm，雨量值较大。

7 月下旬至 8 月，洪河降雨间隔时间较短，前期降雨较多，本次降雨和上游来水，造成洪河 8 月中旬出现大洪水。

2. 水情

1）水情概述

1975 年洪河流域发生一次超警戒水位洪水，同时也是方集水文站历史最高洪水位，为 32.57 m，超保证水位 0.57 m。

2）洪水过程

（1）方集站

方集站从 8 月 6 日起涨后，于 8 月 8 日水位超警戒水位（30.50 m）。8 月 13 日 20 时方集站出现历史最高水位，达 32.57 m，相应洪峰流量为 1 650 m^3/s。至 20 日 20 时，方集站水位回落至 30.50 m，超警戒水位历时达 12 d。

（2）地理城站

地理城站从 8 月 8 日分洪后，于 8 月 15 日水位达到 1975 年最高水位 30.15 m，相应洪峰流量为 1 730 m^3/s。之后水位开始回落。

3）洪水重现期

洪水重现期是反映洪水出现机遇的指标，以方集站洪峰流量重现期来反映本年度洪河洪水的大小。根据分析，1975 年洪河方集出现的最大洪峰流量重现期约为 70 年。

2.2.2.3 1991 年

1991 年洪河流域面平均年降水量为 1 373.9 mm，较常年同期偏多近 5 成。进入汛期后，洪河流域发生 5 次暴雨：5 月 22 日—6 月 3 日、6 月 10—19 日、6 月 29 日—7 月 6 日、7 月 31 日—8 月 6 日、9 月 1—4 日。其中，6 月中下旬的 2 次洪水超过了警戒水位，水位分别达到 31.92 m、30.57 m。

1. 雨情

1）雨情概述

1991 年洪河流域面平均年降水量为 1 373.9 mm，较常年同期偏多近 5 成。方集站年降水量为 1 403.1 mm，艾亭站年降水量为 1 390.0 mm，地理城站年降水量为 1 328.5 mm。

2）暴雨过程

1991 年 6 月 10—19 日全流域出现入汛后的第二次暴雨过程，全流域普降暴雨到大暴雨，单站最大 1 d 降水量分别为：方集站 173.9 mm，艾亭站 171.4 mm，地理城站 166.1 mm。在 6 月 29 日—7 月 6 日的暴雨过程中，暴雨中心覆盖整个流域，艾亭站最大 6h 降水量达 153.4 mm。

3）暴雨特点

1991 年洪河流域暴雨特点：暴雨过程多，间隔时间短，降雨历时长、笼罩范围广、降水总量大，强暴雨频发，降雨时空分布有利于形成流域性洪水。

2. 水情

1）水情概述

1991 年洪河流域发生 2 起超警戒洪水过程，6 月中旬的洪水位达 31.92 m，超警戒水位 1.42 m，7 月上旬的洪水位为 30.57 m，超警戒水位 0.07 m。

2）洪水过程

（1）方集站

6 月中旬洪水中，方集站从 6 月 11 日起涨后，至 6 月 14 日 0 时涨至警戒水位以上，在 6 月 15 日 8 时到达水位峰值 31.92 m，超警戒水位 1.42 m，之后水位回落，6 月 18 日 14 时降至警戒水位以下，超警戒水位历时 4 d。1 d 涨幅最大值为 6 月 12 日的 4.93 m。

（2）地理城站

6 月中旬洪水中，地理城站从 6 月 13 日起涨后，至 6 月 16 日 2 时涨至 30.23 m，对应流量 1 340 m^3/s，之后水位回落。

3）洪水特点

1991 年洪河流域洪水涨水快，多次暴雨导致洪水频发，洪水间隔时间短，前次洪水还未安全退去，紧接着又发生洪水，导致较小的雨量也产生高水位洪水。

4）洪水重现期

根据分析，1991 年洪河方集出现的最高洪峰水位重现期约为 8 年。

2.2.2.4 2003 年

2003 年洪河流域年降水量为 1 501.2 mm，比常年同期偏多 6 成，进入汛期后，洪河流域发生 5 次暴雨：6 月 20—26 日、6 月 29 日—7 月 4 日、7 月 8—12 日、7 月 16—21 日、8 月 7—20 日。其中，发生在 6 月下旬、8 月下旬的 2 次洪水超过了警戒水位，水位分别达到 31.70 m、30.62 m。

1. 雨情

1）雨情概述

2003 年洪河流域年降水量为 1501.2 mm，比常年同期偏多 6 成。其中艾亭站、方集站、地理城站年降水量分别为 1 499.3 mm、1 513.3 mm 和 1 490.9 m。

2）暴雨过程

2003 年 6 月 20—26 日全流域出现入汛后的第一次暴雨过程，洪河普降暴雨到大暴雨，洪河干流和支流开始起涨。暴雨中心在艾亭附近，其最大 6 h 降水量达到 70.2 mm。6 月 29 日—7 月 4 日暴雨中心在地理城附近，其最大 12 h 降水量为 105.6 mm。

3）暴雨特点

2003 年洪河流域暴雨特点是暴雨过程多、间隔时间短，降雨历时长、笼罩范围广，强暴雨频发、降水总量大，降雨时空分布有利于形成流域性洪水。

2. 水情

1）水情概述

2003 年洪河流域发生的大面积、长时间暴雨，造成洪河水系出现三场洪水：6 月下旬至 7 月下旬、8 月下旬至 9 月下旬、10 月份洪水。6 月下旬至 7 月下旬的第一场洪水为 2003 年最大，水位超过警戒水位。

2）洪水过程

2003 年洪河流域共出现 6 月下旬至 7 月下旬、8 月下旬至 9 月下旬和 10 月份 3 场洪水。其中 6 月下旬至 7 月下旬，洪水较大。

（1）方集站

方集站从 6 月 20 日起涨后，于 7 月 1 日 20 时水位超警戒水位（30.50 m）。7 月 3 日 14 时方集站出现 2003 年最高水位，达 31.70 m。至 7 日 9 时，方集站水位回落至 30.50 m，超警戒历时达 6 d。随着后期降雨的到来，水位在 7 月 20 日 20 时降至 27.00 m 后开始上涨，至 21 日 21 时再次超过警戒水位，在 22 日 16 时涨至 31.13 m 之后开始下降，并在 24 日 12 时回到警戒水位以下，第二次超警戒水位历时 3 d。该复式峰洪水过程超警戒水位总历时 9 d。

（2）地理城站

地理城站从 7 月 1 日起涨后，于 7 月 3 日 13 时水位达到 2003 年最高水位 29.28 m，相应洪峰流量为 770 m^3/s。之后水位开始回落。至 16 日 16 时，地理城水位从 26.82 m 开始上涨。至 23 日 3 时，地理城水位达 29.17 m，相应洪峰流量为 1 070 m^3/s。

3）洪水特点

2003 年洪河流域洪水涨水快，多次暴雨导致洪水频发，洪水间隔时间短，前次洪水还未安全退去，紧接着又发生洪水，导致较小的雨量也产生高水位洪水。

4）洪水重现期

洪水重现期是反映洪水出现机遇的指标，以方集站洪峰水位重现期来反映本年度洪河洪水的大小。根据分析，2003 年洪河方集出现的最高洪峰水位重现期约为 8 年。

3. 灾情

据统计，临泉县受灾面积 4.6 万亩，绝收面积 1.0 万亩，受灾人口 4.56 万人，被水围困人口 0.83 万人，损失粮食 150 万千克，减产粮食 756 万千克，损坏房屋 7 800 间，倒塌房屋 2 000 间，直接经济损失

2 296万元，其中农业经济损失 906 万元。

2.2.2.5　2007 年

2007 年洪河流域年降水量为 1 059.2 mm，比常年同期偏多 15%，进入汛期后，洪河流域共出现 5 次主要暴雨过程(6 月 18—22 日、6 月 29 日—7 月 9 日、7 月 13—14 日、7 月 18—25 日、8 月 29—31 日)，其中 6 月下旬至 7 月下旬的暴雨造成洪河水系发生大洪水过程。

1. 雨情

1) 雨情概述

2007 年洪河流域年降水量为 1 059.2 mm，其中艾亭站、方集站、地理城站年降水量分别为 1 122.2 mm、1 044.1 mm 和 1 011.3 m。

2) 暴雨过程

(1) 6 月 18—22 日，全流域出现一次降雨过程，面平均雨量为 65.4 mm，暴雨中心位于地理城附近。6 月 22 日地理城站最大 1 d 降水量为 60.5 mm。

(2) 6 月 29 日—7 月 9 日，全流域普降大到暴雨，面雨量为 275.3 mm，本次降雨造成方集站出现 2007 年最大洪水。7 月 8 日地理城最大 1 d 降水量为 89.5 mm。

(3) 7 月 13—14 日，流域再次降雨，面雨量 42.8 mm。

(4) 7 月 18—25 日，局部大到暴雨，面平均雨量为 108.2 mm，暴雨中心位于艾亭附近，24 日降水量为 46.4 mm，艾亭最大 1 d 降水量为 56.5 mm。

(5) 8 月 29—31 日，本次降雨过程全流域面平均雨量为 32.9 mm，其中 30 日雨量最大，为 22.9 mm，地理城最大 1 d 降水量为 28.5 mm。

3) 暴雨特点

本次暴雨特点：暴雨过程多、间隔时间短，降雨历时长、笼罩范围广，强暴雨频发、降水总量大，降雨时空分布有利于形成流域性洪水。

2. 水情

1) 水情概述

2007 年洪河流域发生一次超保证水位洪水，最高水位为 32.06 m。

2) 洪水过程

(1) 方集站

方集站从 6 月 21 日起涨，7 月 7 日 12 时水位超出警戒水位(30.50 m)，7 月 9 日 14 时超出保证水位(32.00 m)，7 月 9 日 23 时方集站出现 2007 年最高水位 32.06 m。此后水位下降，至 13 日 8 时水位降至警戒水位以下。7 月 14 日 11 时水位降至 29.59 m 后，受后期降雨影响，水位再次上涨，至 15 日 11 时再次达到警戒水位，最终在 17 日 11 时涨至 31.47 m 以后水位开始回落。至 21 日 22 时，方集站水位回落至 30.50 m，超警戒水位历时达 12 d，超保证水位历时 1 d。

(2) 地理城站

地理城站从 7 月 4 日开闸分洪，7 月 8 日水位 28.23 m，相应流量为 518 m^3/s。之后水位持续上涨。至 11 日 4 时，地理城水位达到最大值 29.6 m，相应流量为 777 m^3/s。之后水位下降，至 15 日 1 时，地理城水位降至 27.81 m，相应流量为 254 m^3/s。之后受降雨影响，水位再次上涨。至 17 日 14 时水位涨至 28.81 m，相应流量 566 m^3/s。之后洪水缓慢退去。

3) 洪水特点

2007 年洪河流域洪水涨水快，多次暴雨导致洪水频发，洪水间隔时间短，前次洪水还未安全退去，紧接着又发生洪水，导致较小的雨量也产生高水位洪水。

4)洪水重现期

洪水重现期是反映洪水出现机遇的指标，以方集站洪峰水位重现期来反映本年度洪河洪水的大小。根据分析，2007 年洪河方集出现的最高洪峰水位重现期约为 10 年。

3. 灾情

据统计，洪河流域受灾耕地 30 万亩，受灾人口 37.47 万人，倒塌房屋 2 447 间，造成直接经济损失 2.3 亿元。

2.3 颍河流域

2.3.1 概述

2.3.1.1 流域概况

1. 自然地理特征

颍河亦称沙颍河，发源于河南省伏牛山脉，是淮河最大的支流，全长 619 km，流域总面积 36 651 km^2。颍河自界首入阜阳市境内，于颍上沫河口汇入淮河，境内长 207 km，流域面积 4 112 km^2，均为平原地貌。颍河支流众多，最大支流汾泉河于阜城三里湾汇入。

2. 水利工程

颍河干流建有耿楼、阜阳、颍上 3 座大型节制闸，沿河涵闸有 82 座。汾泉河建有杨桥节制闸。茨淮新河分洪道位于颍河左岸阜阳闸上游约 16.6 km，河口建有茨河铺闸。

耿楼闸位于太和县税镇境内，2012 年起有遥测水位，由节制闸、船闸、上下游引河、引航道组成，该工程担负蓄水、灌溉、排涝、航运作用。工程建筑物设计等级为 2 级，节制闸按 20 年一遇洪水标准设计，50 年一遇校核。设计流量 3 910 m^3/s，校核流量 4 770 m^3/s，设计正常蓄水位 33.5 m。闸室总宽110.06 m，共 12 孔，每孔净宽 7.5 m，闸室底板高程 21.0 m，顺水流长 24.0 m。平板钢闸门，双吊点卷扬式启闭机。船闸按Ⅳ级标准设计，可供 500 吨级船舶通行。闸室总长 130 m，净宽 12.0 m；上下闸首人字门结构，液压启闭机操作。引航道上游长约 660 m，下游长约 530 m。

阜阳闸于 1963 年建成，为深、浅孔复合式闸门（12 孔浅孔、4 孔深孔），设计流量 3 300 m^3/s。最大过闸流量 3 310 m^3/s，出现在 1965 年 7 月 14 日。闸上最高水位 32.52 m，相应过闸流量 3 280 m^3/s，出现在 1975 年 8 月 18 日。多年平均过闸流量 127 m^3/s。警戒水位 30.5 m，保证水位 32.52 m。

颍上闸建成于 1981 年，位于颍上县城东 3 km，距颍河入淮口 38.5 km，主要作用是防洪、排涝、防污、灌溉、航运。颍上闸共 24 孔，平板钢闸门，单孔净宽 5.0 m，门高 6 m，卷扬式启闭机。闸室为开敞式结构，闸室长 17 m，底板高程 19.0 m，堤顶高程 31.50 m。警戒水位 26.50 m，保证水位 28.45 m。

杨桥节制闸位于临泉县杨桥镇，由老闸、新闸组成。

杨桥老闸建于 1958 年，共 7 孔平板闸门，每孔宽 5 m，闸底高程 26.95 m，闸门开启最大高度 6.5 m。老闸于 2004 年大修，共 7 孔平板闸门，每孔宽 4.80 m，闸底高程 27.25 m，闸门开启最大高度 6.2 m。警戒水位 33.50 m，保证水位 34.50 m。

杨桥新闸建成于 1975 年，为 14 孔，直升式平板闸门，每孔宽 5 m，分深孔和浅孔，深孔和浅孔距离 2.5 m，深孔闸底高程 24.15 m，闸门高 4 m，闸门顶端 28.15 m，为浅孔闸门底边，其门为 0.5 m 厚的腰墙，浅孔闸门最大开高 5.3 m。

茨河铺闸于 1980 年建成，是控制茨淮新河进口的建筑物，包括分洪闸、分水尖、北岸护砌、船闸及输变电、附属设施等工程。设计规模为 17 孔，每孔净宽 10 m，底板高程 24.00 m，胸墙底高程 30.00 m，闸孔净高 6 m。

3. 水文测站

沙颍河流域共有各种观测站 35 个，其中水文站界首、阜阳闸、杨桥闸、颍上闸 4 个（站网密度 1 000 km^2/站），水位站耿楼闸、涎河闸、西城河、七里长沟、华桥沟、八里河闸、范台子、济河闸 8 个，雨量站 23 个（站网密度 178 km^2/站），站网分布密度基本能够满足颍河流域水文要素观测要求。

界首站：历史最高水位为 37.80 m（2000 年 7 月 17 日），最大流量为 3 240 m^3/s（1975 年 8 月 9 日）。

阜阳闸：自建闸以来，闸上最高水位为 32.52 m（1975 年 8 月 18 日），最大流量为 3 310 m^3/s（1965 年 7 月 14 日）。

颍上闸：自建闸以来，闸上最高水位为27.48 m(1982年8月16日)，最大流量为3 020 m^3/s(1984年7月24日，闸坝站流量序列为1981—1987年)。

杨桥闸：自建闸以来，闸上最高水位为34.75 m(1975年8月19日)，最大流量为1 440 m^3/s(1975年8月19日)，1965—1974年改为汛期站仅测洪峰过程，且流量资料不进行整编，仅刊印实测成果。

2.3.1.2 暴雨特性

颍河流域地处我国南北气候过渡地带，属暖温带半湿润大陆性季风气候区。流域内地形复杂，冷暖气团交汇频繁，气候变化受季风以及地形特征的影响，冬春干旱少雨，夏秋季降水量集中，易造成洪涝灾害。

本流域多年平均年降水量为906.0 mm。降水的空间分布规律是由东南向西北递减，时空分布在年内分配不均匀，汛期降水量往往占全年降水量的60%左右，汛期径流量往往占全年总径流量的70%～80%，降水年际变化较大，多水年份降水量与少水年份降水量的比值在4倍以上，且还常出现连旱或连涝年份。

2.3.1.3 洪水特性

颍河水系洪水大部分由区间暴雨形成，1975年洪水主要由河南上游来水形成，暴雨洪水一般发生在6—8月份，径流年内分配不均，汛期径流量占全年的70%～80%。颍河流域大面积的洪水往往是由于梅雨期长、大范围连续暴雨所造成，洪水主要来自颍河干流上游及支流泉河。

2.3.1.4 洪涝灾害

颍河流域由于其特定的地理位置、气候条件等情况，历史上洪涝灾害频发。据统计，1954年以来，颍河发生大洪涝灾害的有1954年、1956年、1963年、1964年、1965年、1975年、1982年、1984年、2000年、2003年、2007年、2010年共12年，其中1975年为河南省板桥、石漫滩两水库相继垮坝，特大洪水下泄造成。

各站典型大水年份如下：

界首站1956年、1964年、1965年、1975年、1982年、2000年、2010年出现水位超过37.00 m的洪水。

阜阳闸上水位不考虑地面沉降改正值，全部年份最高水位超过30.00 m，其中1975年最高水位为32.52 m；按沉降值，闸上水位改正后，全部年份水位仍超过30.00 m，除了2000年、2003年、2007年、2010年，其余年份最高水位均超过30.50 m。

颍上闸除了2000年、2010年，其余年份出现水位超26.00 m的洪水。

杨桥闸站1975年、1984年、2003年出现水位超过33.50 m的洪水，其中1975年最高水位34.75 m，比34.50 m高0.25 m。

茨河铺闸分洪年份为1982年、1984年、2000年、2003年、2010年。

2.3.1.5 洪水传播时间

降雨结束后，24 h左右界首站达到洪峰，受闸门调节影响，界首至阜阳闸传播时间波动较大，一般为10～25 h；阜阳闸至颍上闸为10～20 h。

2.3.2 典型年洪水

2.3.2.1 1954年

1954年颍河流域年降水量为1 491.8 mm(界首、大田集、阜阳闸、颍上闸4站年降水量均值)，比常年同期偏多6成。

1. 雨情

1) 雨情概述

1954年，全年降水量较大的主要在颍河中下游，最大为颍上闸站的1 722.5 mm，其次为阜阳闸站的1 612.9 mm。

颍河汛期(6—9月)面平均降水量为974.1 mm，较常年同期偏多7成，占全年降水量的65%。7月份平均降水量为736.2 mm，是常年同期(201.1 mm)的3.7倍。

2）暴雨过程

7、8月份，颍河流域出现了3次明显的暴雨过程，分别是7月2—11日、7月16—29日、8月15—28日。

（1）7月2—11日

7月2日起，颍河出现流域性降雨，界首、大田集、阜阳闸、颍上闸4站平均降水量为547.6 mm，其中颍上闸站678.4 mm最大，界首站410.5 mm最小。降雨主要集中在4—7日、10日，7月6日最大，流域平均雨量为183.6 mm，暴雨中心大田集站日雨量为260 mm，也是本次降雨最大的日雨量；其次为7月10日，流域平均雨量为130.2 mm，暴雨中心界首站日雨量为214.8 mm。

（2）7月16—29日

7月16—29日，颍河流域面平均降水量为184.9 mm，其中界首站是暴雨中心，降水量为269.7 mm；其次为阜阳闸站，降水量214.4 mm；大田集降水量最小，为127.0 mm。降雨主要集中在16日，界首站降水量150.0 mm最大，其次为大田集站的99.0 mm。

（3）8月15—28日

15日起，颍河流域出现流域性降雨，雨量自上游到下游逐渐减少，流域平均降水量为79.1 mm，界首站降水量91.6 mm最大，颍上闸站降水量39.1 mm最小。界首站16日降水量53.7 mm最大。

3）暴雨特点

本年大暴雨时间符合颍河流域特点，出现在7、8月份。

（1）暴雨强度大，持续时间长

7月份出现两次较强降雨过程，中间间隔5天，7月2—11日降雨造成颍河1954年最大洪水过程。7月2—11日降水量超过500 mm、600 mm的笼罩面积分别为1 779 km^2、908 km^2。

（2）降雨分布不均

7月16—29日，颍河流域降水量分布不均，上游界首站降水量269.7 mm最大，最小是大田集站127.0 mm，界首站降水量是大田集站的2.12倍。

2. 水情

1）水情概述

从颍河流域各站过程线可以看出，1954年颍河流域阜阳闸站、颍上闸站分别出现超30.00 m、26.00 m水位洪水，其中7、8月份有两场明显洪水过程——7月上旬至8月上旬和8月上旬至9月，其中7月上旬是全年最大的洪水过程。

2）洪水过程

（1）界首站

自7月6日0时起涨，起涨水位26.98 m，7月18日14时出现洪峰，洪峰水位36.34 m，水位涨幅9.36 m。18日12时洪峰流量2 580 m^3/s。

（2）阜阳闸站

受7月2日至11日流域性降雨影响，7月20日12时阜阳闸站达到洪峰水位31.53 m，22日9时达到洪峰流量3 120 m^3/s。

（3）颍上闸站

7月上旬流域性降雨后，颍上闸站水位约自20.50 m上涨，7月13日12时达洪峰流量2 360 m^3/s，18日0时洪峰水位27.07 m，涨幅6.57 m。

3）洪水特点

（1）洪水持续时间长

1954年7—8月份降雨，造成颍河干流各站点有1次明显洪水过程，洪水持续时间长，自7月上旬起涨，9月上旬降至正常水位。

（2）洪水水位高

暴雨造成阜阳闸站、颍上闸站出现高水位洪水，7月11—27日，阜阳闸站水位持续超30.00 m，最高水位为 31.53 m，超 30.00 m 水位 1.53 m。7 月 9 日—8 月 2 日，颍上闸站水位持续超 26.00 m，最高水位为 27.07 m。

4）洪水组成分析

1954 年对颍河干支流主要控制站界首、阜阳闸，分别分析计算实测场次洪水的来水量组成。

阜阳闸站洪水主要来自上游界首及区间洪水，支流泉河缺少相应资料。1954 年阜阳闸站场次洪水起讫时间选取 7 月 4 日—9 月 4 日，经过分析计算，阜阳闸站场次洪量 86.3 亿 m^3。在阜阳闸站的洪水组成中，界首站洪量 40.5 亿 m^3，约占阜阳闸站洪量的 46.9%，支流泉河和区间来水占比约为 53.1%。

3. 灾情

1954 年入夏后，气候异常，7、8 两月连续多雨，颍河普降暴雨或大雨，水位陡涨，由于洪水漫溢，加之雨量大而集中，造成严重的外洪内涝，被后人称为“五四大洪水”。多乡镇受淹，房屋倒塌，砸死、淹死数百人，砸死、淹死牲畜数千头，数万亩土地减产甚至绝收。

4. 结语

1954 年颍河流域共 3 场降雨过程，降雨强度大，持续时间长。其中，7 月中下旬降雨分布不均。持续暴雨造成颍河干流阜阳闸站、颍上闸站出现超 30.00 m、26.00 m 水位洪水，且持续时间长，阜阳闸站水位超30.00 m共 17 d，颍上闸站水位超 26.00 m 共 25 d。

2.3.2.2 1956 年

1. 雨情

1956 年颍河流域年降水量为 1 484.2 mm（界首、姜寨、杨桥闸、大田集、阜阳闸、颍上闸 6 站年降水量均值），比常年同期（906.7 mm）偏多 6 成。

1）雨情概述

1956 年，全年降水量较大的主要在颍河中游，最大为颍上闸站的 1 616.3 mm，其次为临泉姜寨站的1 599.4 mm。

颍河汛期（5—9 月）面平均降水量为 1 179.8 mm，较常年同期（633.7 mm）偏多近 8 成，占全年降水量的 79%。6 月份平均降水量为 602.6 mm，是常年同期（138.8 mm）的 4.3 倍。

2）暴雨过程

6—8 月，颍河流域出现了 5 次明显的暴雨过程，分别是 6 月 2—3 日、6 月 5—11 日、6 月 28 日—7 月 1 日、8 月 1—3 日、8 月 21—22 日。

（1）6 月 2—3 日

6 月 2—3 日，颍河出现流域性降雨，中上游雨量较大。界首、姜寨、杨桥闸、大田集、阜阳闸、颍上闸 6 站平均降水量为 142.3 mm，其中姜寨站降水量 237.2 mm 最大，其次是杨桥闸站降水量 175.2 mm，颍上闸站降水量 55.6 mm 最小。2 日暴雨中心姜寨站降水量为 210.0 mm，也是本次降雨最大日雨量；其次为 3 日杨桥闸站降水量 136.7 mm。

（2）6 月 5—11 日

6 月 5—11 日，颍河流域面平均降水量为 289.3 mm，雨量自上游到下游逐渐增大。颍上闸站是暴雨中心，雨量为 340.6 mm，其次为阜阳闸站 311.6 mm，界首站雨量 253.2 mm 最小。本次降雨主要集中在 6—8 日，3 d 降水量为 230.8 mm，阜阳闸站 274.2 mm 最大，其次为大田集站 257.3 mm、颍上闸站 251.9 mm。7 日姜寨降水量 135 mm，为本次降雨最大 1 d 降水量。

（3）6 月 28 日—7 月 1 日

6 月 28 日—7 月 1 日，颍河流域面平均降水量为 132.3 mm，其中阜阳闸站 162.4 mm 最大，其次是姜寨站 136.9 mm，界首站 106.3 mm 最小。6 月 29—30 日，流域降水量 100.8 mm，阜阳闸站 137.8 mm 最大，颍上闸站 38.6 mm 最小。本次降雨最大 1 d 降水量为阜阳闸站的 123.6 mm（6 月 30 日），其次是颍上闸站的 82.1 mm。

（4）8 月 1—3 日

颍河流域面平均降水量为 117.6 mm，上游界首、姜寨站雨量略大，其余地区降雨分布较均匀。本次降雨界首站 144.1 mm 最大，其次为姜寨站 122.4 mm，颍上闸站 106.6 mm 最小。8 月 3 日姜寨站日雨量 122.4 mm，是本次最大日降水量。

(5) 8 月 21—22 日

颍河流域面平均降水量为 146.8 mm，降雨主要集中在中上游，大田集降水量 242 mm 最大，其次为杨桥闸站 217.0 mm，颍上闸站 23.0 mm 最小。最大 1 d 降水量为杨桥闸站 21 日的 187.2 mm，其次是大田集站的 177.0 mm。

3) 暴雨特点

1956 年颍河流域暴雨主要发生在 6—8 月份，降雨场次多。

(1) 暴雨强度大

6 月上旬，颍河流域雨量较集中，6—8 日降水量达到 230.8 mm，其中 6 日阜阳闸站，7 日姜寨站、杨桥闸站、颍上闸站日雨量均超过 100 mm，7 日雨量姜寨站 135.0 mm、杨桥闸站 125.3 mm 较大。6 月 5—11 日，超过 270 mm、310 mm 的雨区笼罩面积分别是 1 368 km^2、1 529 km^2。

(2) 雨量分布不均

6 月 5—11 日，颍河流域降雨主要分布在下游，颍上闸站雨量 340.6 mm 最大，界首站雨量253.2 mm 最小。

8 月 21—22 日，降雨主要集中在泉河，大田集站雨量 242.0 mm 最大，颍上闸站雨量 23.0 mm 最小。21 日杨桥闸站日雨量为 187.2 mm，颍上闸站最大日雨量为 11.8 mm，相差较大。

2. 水情

1) 水情概述

1956 年 6—8 月颍河流域有 5 次较强降水过程，2～4 次明显洪水过程，分别在 6 月上旬、下旬和 8 月上旬。除杨桥闸站外，界首站、阜阳闸站、颍上闸站出现高水位洪水。

2) 洪水过程

(1) 界首站

受 7 月底 8 月初强降雨影响，7 月 31 日 8 时界首站水位自 28.18 m 开始起涨，起涨流量 148 m^3/s。8 月 5 日 20 时出现洪峰流量 3 040 m^3/s，6 日 22 时出现洪峰水位 37.13 m，水位涨幅 8.95 m。

(2) 阜阳闸站

受 7 月底降雨影响，阜阳闸站水位于 7 月 31 日 17 时自 24.04 m 上涨，流量 170 m^3/s，8 月 7 日出现洪峰流量2 850 m^3/s，9 日出现洪峰水位 31.28 m。

(3) 颍上闸站

受 7 月底到 8 月初降雨影响，7 月 31 日 8 时，颍上闸站水位自 23.01 m 起涨，8 月 10 日 8 时出现洪峰水位27.16 m。

(4) 杨桥闸站

6 月上旬流域性降雨后，杨桥闸站水位约自 25.64 m 上涨，6 月 9 日 14 时达洪峰水位 33.14 m，流量 1 100 m^3/s，3 日 8 时至 4 日 8 时，最大水位涨幅 5.90 m，该场洪水水位涨幅 7.50 m。

3) 洪水特点

(1) 暴雨洪水范围广

1956 年 6—7 月出现流域性降雨和洪水过程，支流泉河杨桥闸站和干流界首站、阜阳闸站、颍上闸站均有明显的涨水过程。

(2) 洪水水位高，持续时间长

1956 年，颍河界首站、阜阳闸站、颍上闸站均出现高水位洪水。界首站最高水位 37.13 m，超 37.00 m 水位 0.13 m；阜阳闸站 6—8 月均出现超 30.00 m 水位的洪水，8 月最高水位 31.28 m；颍上闸站 6—8 月均出现超 26.00 m 水位的洪水，最高水位 27.16 m。统计详见表 2.2-9。

表 2.2-9　1956 年颍河流域各站水位统计表

站名	最高水位(m)	比较水位(m)	与比较水位差(m)	超比较水位时长(d)
界首站	37.13	37.00	0.13	2.2
杨桥闸站	33.14	33.50	−0.36	—
阜阳闸站	31.28	30.00	1.28	20
颍上闸站	27.16	26.00	1.16	29

4) 洪水组成分析

阜阳闸站场次洪水起讫时间为 7 月 31 日—9 月 4 日，经过分析计算，阜阳闸站场次洪量 50.1 亿 m^3。在阜阳闸站的洪水组成中，主要以干流上游来水为主。界首站洪量 37.2 亿 m^3，约占阜阳闸站洪量的 74.3%；支流泉河杨桥闸站洪量 8.09 亿 m^3，约占阜阳闸站洪量的 16.1%；区间洪水约占 9.6%。

3. 灾情

1956 年，6 月 3 日起颍河进入雨季，各地连降暴雨、大暴雨，6 月上旬临泉、阜阳县降雨较多，内外水猛涨，造成严重的初夏洪涝。当时麦收在即，将要成熟的小麦被水淹没，群众只好水中捞麦。全区因内涝受淹无收的小麦数百万亩，太和县受灾面积占总面积的 77%，临泉县小麦泡在水里减收大半，当时阜阳县 232 万亩小麦被淹，阜南县水围庄台 1 197 个，颍上县淹没小麦 54 万亩。全区均遭受了烂场雨危害，各地均有烂场及小麦生芽霉变现象。

继夏收作物受灾后，8 月 3 日全区各地又降暴雨或大暴雨，8 月初，在台风、暴雨、洪水的共同影响下，各县均不同程度受灾。全区共 150 万亩旱秋作物被摧毁，倒塌房屋 25 万多间，砸死、淹死牲畜 29 头，整个 8 月，全区因内涝减产五成以上的重灾有数百万亩。

4. 结语

1956 年颍河流域 6 月、8 月降雨场次多、强度大，上下游分布不均。强降雨造成颍河干流有较大洪水过程，界首站、阜阳闸站、颍上闸站均出现较高水位洪水。

2.3.2.3　1964 年

1964 年颍河流域年降水量为 989.4 mm(界首、杨桥闸、阜阳闸、颍上闸 4 站年降水量均值)，比常年同期(906.7 mm)偏多 1 成。

1. 雨情

1) 雨情概述

1964 年，颍河流域降雨分布相对均匀，颍上闸站降水量 1 099.1 mm 最大，阜阳闸站 944.6 mm 最小，4 月、10 月降雨明显偏多。

颍河汛期(5—9 月)面平均降水量为 494.9 mm，较常年同期偏少 2 成，占全年降水量的 50%。全年 4 月平均降水量为 179.6 mm，是常年同期(58.0 mm)的 3 倍；10 月平均降水量为 120.1 mm，是常年同期(56.5 mm)的 2.1 倍。

2) 暴雨过程

1964 年颍河流域降雨主要集中在 4 月、9—10 月，出现了 2 次明显的暴雨过程，每次降雨持续时间较长，分别是 4 月中下旬、9 月上旬至 10 月上旬。

(1) 4 月 12—24 日

4 月 12 日起，颍河出现流域性降雨，平均降水量为 103.5 mm，其中颍上闸站雨量 137.6 mm 最大，杨桥闸站雨量 78.1 mm 最小。降雨主要集中在 4 月 13—14 日。4 月 13 日，流域面平均雨量 36.8 mm 最大。4 月 14 日，颍上闸站日雨量 53.1 mm，是本次降雨最大日雨量，其次是 4 月 13 日的阜阳闸站雨量48.9 mm。

(2) 9 月 6 日—10 月 5 日

9 月 6 日起，颍河出现流域性降雨，本次降雨分布相对均匀。平均累计雨量 117.4 mm，阜阳闸站累计雨量 124.9 mm 最大，杨桥闸站雨量 103.0 mm 最小。

本场降雨 9 月 7 日颍上闸站日雨量 42.4 mm 最大，其次是 9 月 13 日阜阳闸站的 36.2 mm。

3）暴雨特点

(1) 降雨主要集中在汛前、汛期末

1964 年降雨主要集中在 4 月、9—10 月，4 月份降水量较大，致使河道有一次明显涨水过程。

(2) 降雨持续时间长、间隔时间短

1964 年颍河 4 月份降雨持续 13 d，为持续降雨，场次降雨间隔时间仅 1 d。

9 月上旬至 10 月，颍河持续降雨近一个月，其间间隔时间较短，虽雨强不大，但持续降雨造成颍河出现一次明显涨水过程。

2. 水情

1）水情概述

1964 年颍河流域共 2 次明显洪水过程，分别出现在 4 月、10 月，其中 4 月份颍河干流整河段出现高水位洪水。

2）洪水过程

(1) 界首站

受 4 月持续降雨影响，界首站水位于 4 月 15 日自 27.89 m 开始上涨，流量 104 m^3/s，4 月 22 日出现最大流量 3 120 m^3/s，24 日出现最高水位 37.43 m，超 37.00 m 水位 0.43 m。

(2) 阜阳闸站

4 月 17 日阜阳闸站水位自 26.31 m 起涨，流量 382 m^3/s，24 日出现洪峰流量 3 020 m^3/s，25 日出现洪峰水位 31.81 m，超 30.00 m 水位 1.81 m，水位涨幅 5.50 m。

(3) 颍上闸站

4 月 4 日颍上闸站水位自 18.99 m 起涨，4 月 26 日 8 时出现洪峰水位 27.35 m。

(4) 杨桥闸站

受降雨影响，4 月杨桥闸站有一次涨水过程，4 月 15 日水位自 28.38 m 起涨，24 日 17 时闸上出现最高水位 31.65 m，23 日出现最大流量 328 m^3/s。

3）洪水特点

(1) 暴雨洪水分布不均，干流出现大洪水

1964 年颍河流域 4 月份暴雨，干流界首、阜阳闸、颍上闸站雨量较大，杨桥闸站雨量最小，致使颍河干流全线高水位，杨桥闸站水位较低，最高水位低于 33.50 m 水位 1.85 m。

(2) 洪水水位高、流量大

1964 年 4 月受持续降雨影响，颍河干流出现高水位洪水，其中阜阳闸站水位 31.81 m，超 30.00 m 水位 1.81 m，为有资料以来（截至 1964 年）第 1 位。界首站年最大流量 3 120 m^3/s，为有资料以来（截至 1964 年）第 1 位。详见表 2.2-10。

表 2.2-10　1964 年颍河流域主要控制站洪水特征值（截至 1964 年）

站名	警戒水位(m)	保证水位(m)	1964 年最大值				历史最大值			
			最高水位(m)	出现时间	最大流量(m^3/s)	出现时间	最高水位(m)	出现时间	最大流量(m^3/s)	出现时间
界首	37.00	38.93	37.43	4 月 24 日	3 120	4 月 22 日	37.76	1957-7-21	3 120	1964-4-22
阜阳闸	30.00	32.52	31.81	4 月 25 日	3 020	4 月 24 日	31.81	1964-4-25	3 120	1954-7-22
颍上闸	26.00	28.45	27.35	4 月 26 日	—	—	27.35	1964-4-26	2 470	1960-6-2
杨桥闸	33.50	34.50	31.65	4 月 24 日	328	4 月 23 日	33.36	1960-6-28	1 100	1956-6-9

4）洪水组成分析

1964 年颍河洪水干流较大，分析计算 4 月份阜阳闸站超 30.00 m 水位洪水，实测场次洪水的来水量

组成。阜阳闸站场次洪水起讫时间为4月5日—5月4日，经过分析计算，阜阳闸站场次洪量29.8亿m^3。在阜阳闸站的洪水组成中，主要以干流上游来水为主。界首站洪量24.0亿m^3，约占阜阳闸站洪量的80.5%；支流泉河杨桥闸站洪量3.79亿m^3，约占阜阳闸站洪量的12.7%；区间洪水约占6.8%。

5）洪水重现期

用颍河流域控制站界首、阜阳闸站历史最大流量排频后，根据分析，1964年颍河流域界首站最大流量3 120 m^3/s，重现期约20年；阜阳闸站最大流量3 020 m^3/s，重现期约15年。

3. 灾情

1964年4月，全区各地连降大雨，4月下旬，阜南、颍上县因破坝而行洪。颍、洪、涡河水位普遍上涨，出现了罕见的春汛。在河水上涨同时，沿河涵闸全部关闭，内水不能外排，沟河漫溢，洼地积水，造成严重内涝，因阴雨时间长，高地作物也遭渍害。就全区而言是高地渍、洼地涝、沿淮受淹。全地区受涝受渍作物约471.26万亩。据阜阳专员公署农林局《阜阳农业汇报》1964年第13期颍上县资料，该年春涝发生时早麦大部抽穗，中茬麦拔2～3节，少数晚茬麦尚未拔节。因涝小麦漫头的无收，淹半截的叶秆黄烂也基本绝收，一般遭受渍涝的小麦，苗色微黄、长势不旺。颍上县夏收作物绝收面积共62.92万亩。

秋季连阴雨，降水17～20 d，雨量均在100 mm左右，使小麦主播期延迟1个月。

4. 结语

1964年颍河流域出现罕见的春汛，4月份强降雨致使颍河干流出现高水位洪水，支流泉河杨桥闸站洪水较小。阜阳闸最高水位居有资料以来第1位。9至10月份，颍河流域持续降雨，使颍河出现复式峰洪水，持续时间较长。

2.3.2.4　1965年

1965年颍河流域年降水量为932.5 mm(界首、杨桥闸、阜阳闸、颍上闸4站年降水量均值)，与常年同期(906.7 mm)基本持平。

1. 雨情

1）雨情概述

1965年，颍河流域降雨中游较多，上游、下游偏少，阜阳闸站雨量1 154.9 mm最大，界首站655.8 mm最小。

颍河汛期(5—9月)面平均降水量为681.5 mm，较常年同期偏少近1成，占全年降水量的73%。7月平均降水量为294.3 mm，是常年同期(201.1 mm)的1.5倍；8月平均降水量为206.1 mm，是常年同期(121.6 mm)的1.7倍。

2）暴雨过程

1965年颍河流域有2次明显的暴雨过程，分别是6月30日—7月27日、8月1—4日。

(1) 6月30日—7月27日

6月30日起，颍河出现流域性降雨，持续时间较长，累计降水量393.3 mm，其中杨桥闸站雨量550.0 mm最大，颍上闸站雨量252.5 mm最小。

降雨主要集中在6月30日—7月2日，累计降水量146.5 mm，其中6月30日流域平均雨量99.0 mm最大。7月11日，阜阳闸站日雨量165.0 mm，是本次降雨最大日雨量，其次是6月30日阜阳闸站的158.2 mm。

(2) 8月1—4日

8月初，颍河出现流域性降雨，本次降雨主要分布在中下游。平均累计雨量164.6 mm，阜阳闸站累计雨量236.0 mm最大，界首站75.0 mm最小。

本场降雨8月3日流域日雨量104.7 mm最大，3日阜阳闸站日雨量130.7 mm最大，其次是3日杨桥闸站的124.0 mm。

3）暴雨特点

(1) 降雨强度大

1965年7月，颍河流域出现短历时强降雨，其中杨桥闸站最大6、12 h降水量128 mm、132.9 mm，仅次于1984年,居历史第2位。

(2) 降雨持续时间长、间隔时间短

自1965年6月30日起,颍河流域出现持续降雨,截至7月27日降雨结束,持续近1月,其间降雨间隔时间较短,本场降雨致使颍河流域有1次明显涨水过程。

2. 水情

1) 水情概述

1965年颍河流域共1次明显洪水过程,洪水持续时间长,从7月上旬到8月中旬,界首、阜阳闸站出现高水位洪水。

2) 洪水过程

(1) 界首站

界首站水位于7月2日自27.95 m开始上涨,流量7.1 m^3/s,14日出现最大流量2 760 m^3/s,15日出现洪峰水位37.24 m,超37.00 m水位0.24 m,水位涨幅9.29 m。

(2) 阜阳闸站

受降雨影响,7月初至8月下旬,阜阳闸站有1次较长时间洪水过程,洪水为复式峰。阜阳闸站水位自26.07 m起涨,流量413 m^3/s,7月14日出现洪峰流量3 310 m^3/s,15日出现洪峰水位32.30 m。

(3) 颍上闸站

6月29日颍上闸站水位自16.56 m起涨,7月19日出现洪峰水位27.28 m,超26.00 m水位1.28 m。

(4) 杨桥闸站

1965年受降雨影响,杨桥闸站水位于7月1日自28.35 m起涨,7月13日闸上出现最高水位33.26 m,最大流量836 m^3/s。

3) 洪水特点

(1) 洪水持续时间长

1965年7月初到8月中下旬,颍河流域自上而下有1次明显的涨水过程,其间界首、阜阳闸站均有多次涨水过程,其中阜阳闸站超30.00 m水位15 d。

(2) 洪水水位较高、流量大

1965年7月受持续降雨影响,颍河干流出现高水位洪水,阜阳闸站、颍上闸站7月中下旬15天维持高水位。其中阜阳闸站最高水位32.30 m,超30.00 m水位2.30 m,为有资料以来(截至1965年)第1位,最大流量3 310 m^3/s,居历史第1位。详见表2.2-11。

表2.2-11 1965年颍河流域主要控制站洪水特征值(截至1965年)

站名	警戒水位(m)	保证水位(m)	1965年最大值				历史最大值			
			最高水位(m)	出现时间	最大流量(m^3/s)	出现时间	最高水位(m)	出现时间	最大流量(m^3/s)	出现时间
界首	37.00	38.93	37.24	7月15日	2 760	7月14日	37.76	1957-7-21	3 120	1964-4-22
阜阳闸	30.00	32.52	32.30	7月15日	3 310	7月14日	32.30	1965-7-15	3 310	1965-7-14
颍上闸	26.00	28.45	27.28	7月19日	—	—	27.35	1964-4-26	2 470	1960-6-2
杨桥闸	33.50	34.50	33.26	7月13日	836	7月13日	33.36	1960-6-28	1 100	1956-6-9

4) 洪水组成分析

1965年颍河洪水干流较大,分析计算7—8月份阜阳闸站超警戒水位洪水,实测场次洪水的来水量组成。阜阳闸站场次洪水起讫时间为7月2日—8月28日,经过分析计算,阜阳闸站场次洪量63.0亿m^3。在阜阳闸站的洪水组成中,界首站洪量37.5亿m^3,约占阜阳闸站洪量的59.5%;支流泉河杨桥闸站洪量16.6亿m^3,约占阜阳闸站洪量的26.3%;区间洪水占比较小。

5）洪水重现期

用颍河流域控制站界首、阜阳闸、杨桥闸站历史最大流量排频后，根据分析，1965 年颍河流域界首站最大流量2 760 m^3/s，重现期约 10 年；阜阳闸站最大流量 3 310 m^3/s，重现期约 15 年；杨桥闸站最大流量 836 m^3/s，重现期约 10 年。

3. 灾情

1965 年 6 月 30 日至 7 月 22 日全区各地连降暴雨、大雨，降雨较多的有临泉、阜阳、亳县、涡阳，颍河不仅内水无法排除，各支流沟渠也水漫横溢，出现洪水倒灌、圩堤破口等现象，酿成大面积内涝灾害（颍河界首段经防护，安全度汛），全区除界首、颍上县外，均遭受了内涝灾害。太和县 13 个区受水灾，秋季作物减产五成以上，临泉县受灾 39.9 万亩，阜南县因淮河水位过高，有些地方不得不漫堤行洪。

8 月 1—4 日，阜阳、太和、临泉又降暴雨或大暴雨，使全区受涝面积扩大到 600 多万亩，重灾基本无收的 300 多万亩，阜阳县自 6 月底至 8 月上旬有 766 个村庄和 51.8 万亩作物被淹。

临泉县先旱后涝，6 月 1—29 日仅降雨 12.2 mm，久旱少雨，影响秋季作物适时播种，而后 7 至 8 月连续受涝，到 8 月中旬仍有 8.1 万亩白茬地未下种。

4. 结语

1965 年 6 月末至 8 月初的强降雨，致使颍河干流界首站、阜阳闸站、颍上闸站出现超警戒水位洪水，支流泉河杨桥闸站洪水较小。阜阳闸站出现历史最大流量，阜阳闸上最高水位居历史第 2 位。

2.3.2.5 1975 年

1975 年颍河流域年降水量为 1 027.3 mm（界首、杨桥闸、阜阳闸、颍上闸等 12 站年降水量均值），比常年同期（906.7 mm）偏多 1 成。

1. 雨情

1）雨情概述

1975 年，颍河流域降雨自上游至下游逐渐增多，颍上闸站雨量 1 335.6 mm 最大，界首站 842.2 mm 最小。

颍河汛期（5—9 月）面平均降水量为 731.0 mm，较常年同期偏多近 2 成，占全年降水量的 71%。全年最大月平均降水量是 6 月的 259.0 mm，是常年同期（138.8 mm）的 1.9 倍。

2）暴雨过程

6—8 月，颍河流域出现了 3 次明显的暴雨过程，每次降雨持续时间较长，分别是 6 月下旬至 7 月上旬、7 月下旬、8 月中旬。

（1）6 月下旬至 7 月上旬

自 6 月 19 日起，颍河出现流域性降雨，平均降水量 305.4 mm，其中闻集站雨量 355.7 mm 最大，界首站雨量 201.1 mm 最小。降雨主要集中在 6 月 20—22 日、7 月 4 日。6 月 20 日，流域平均雨量 60.2 mm 最大；其次为 6 月 21 日，流域平均雨量 56.8 mm。7 月 4 日，大田集站日雨量 119.7 mm，是本次降雨最大日雨量，其次是 6 月 22 日闻集站的 108.6 mm。

（2）7 月下旬、8 月中旬

7 月 22 日起，颍河出现流域性降雨，截至 7 月 30 日，平均累计雨量为 91.5 mm。该次降雨分布不均，杨桥闸站雨量最大，为 147.3 mm；迎仙站雨量最小，为 11.7 mm。

8 月 2—8 日，流域面平均雨量为 28.5 mm，8 月 13 日起有新一轮强降雨，至 20 日，流域面平均雨量为 109.6 mm。

3）暴雨特点

1975 年颍河雨量站点共 12 个，6 月下旬至 7 月上旬，降雨持续时间长，降水量达 305.4 mm，雨量值较大。由于 5 月份降雨仅 21.6 mm，本次降雨河道没有明显涨水过程。雨量超过 250 mm 的笼罩面积为 1 397 km^2，超过 300 mm 的笼罩面积为 2 374 km^2，闻集站附近雨量超过 350 mm，笼罩面积为 60 km^2。

7 月下旬至 8 月中旬，颍河降雨间隔时间较短，前期降雨较多。本次降雨和上游来水，造成颍河 8 月上中旬出现较大洪水，全河段维持高水位。

2. 水情

1）水情概述

1975 年颍河流域 8 月份有 1 次大洪水过程，整河段出现高水位洪水。

2）洪水过程

(1) 界首站

1975 年，界首站最高水位为 37.65 m，超 37.00 m 水位 0.65 m，最大流量为 3 240 m^3/s。

受 6 月持续降雨影响，界首站水位自 6 月 20 日的 26.53 m 开始上涨，流量为 0.800 m^3/s，持续到 8 月初，水位为 28.00～29.00 m。较强的洪水过程使水位自 8 月 6 日的 29.25 m 起涨，流量为 335 m^3/s，9 日 12 时出现洪峰流量 3 240 m^3/s，14 日 20 时洪峰水位为 37.71 m，超 37.00 m 水位 0.71 m，水位涨幅 8.46 m。

(2) 阜阳闸站

8 月 5 日阜阳闸站水位自 28.29 m 起涨，流量为 79.2 m^3/s，14 日 16 时出现洪峰流量 3 280 m^3/s，18 日洪峰水位为 32.52 m，超 30.00 m 水位 2.52 m，水位涨幅为 4.23 m。

(3) 颍上闸站

8 月 6 日颍上闸站水位自 19.23 m 起涨，8 月 11 日 20 时超警戒水位，达到 26.53 m，18 日 16 时洪峰水位为 28.26 m，超 26.00 m 水位 2.26 m，29 日 8 时水位退至 26.51 m，超 26.00 m 水位持续 20 d。

(4) 杨桥闸站

8 月杨桥闸站有一次超 33.50 m 水位洪水过程，8 月 18 日闸上最高水位为 34.75 m，超 33.50 m 水位 1.25 m，最大流量为 1 440 m^3/s。8 月 13—27 日，超 33.50 m 水位约 14 d。

3）洪水特点

(1) 暴雨洪水范围广，干支流均出现大洪水

1975 年颍河流域全年仅一场明显洪水过程，但支流泉河杨桥闸及干流各站均出现超警戒水位洪水。

(2) 洪水水位高，持续时间长

1975 年 7 月下旬至 8 月上旬，降雨场数较多。由于前期降雨较大，加上上游来水，8 月中旬，颍河全部水文站点出现高水位洪水，其中颍上闸站超 26.00 m 水位达 20 d。界首站年最大流量 3 240 m^3/s，为历年最大流量。阜阳闸站最高水位 32.52 m，为历史最高水位，最大流量 3 280 m^3/s，仅次于 1965 年，居有资料以来第 2 位。详见表 2.2-12。

表 2.2-12　1975 年颍河流域主要控制站洪水特征值

站名	警戒水位(m)	保证水位(m)	1975 年最大值				历史最大值			
			最高水位(m)	出现时间	最大流量(m^3/s)	出现时间	最高水位(m)	出现时间	最大流量(m^3/s)	出现时间
界首	37.00	38.93	37.71	8 月 14 日	3 240	8 月 9 日	37.76	1957-7-21	3 240	1975-8-9
阜阳闸	30.00	32.52	32.52	8 月 18 日	3 280	8 月 14 日	32.52	1975-8-18	3 310	1965-7-14
颍上闸	26.00	28.45	28.26	8 月 18 日	—	—	28.26	1975-8-18	3 020	1984-7-28
杨桥闸	33.50	34.50	34.75	8 月 18 日	1 440	8 月 17 日	34.75	1975-8-18	1 440	1975-8-17

4）洪水组成分析

1975 年颍河洪水干流较大，阜阳闸站洪水主要以上游界首站来水和支流泉河洪水为主，区间较小。

1975 年阜阳闸站共 1 场洪水过程，分别分析计算实测场次洪水的来水量组成。阜阳闸站场次洪水起讫时间为 8 月 5 日—9 月 6 日，经过分析计算，阜阳闸站场次洪量 57.0 亿 m^3。阜阳闸站的洪水组成以干流上游来水为主，界首站洪量是杨桥闸站的 2 倍。界首站洪量 36.5 亿 m^3，约占阜阳闸站洪量的64.0%，支流泉河杨桥闸站洪量 18.1 亿 m^3，约占阜阳闸站洪量的 31.8%，区间洪水约占 4.2%，占比较小。

5）洪水重现期

用颍河流域控制站界首、阜阳闸站历史最大洪量排频后，计算控制站 1975 年的最大洪量。根据分

析，1975 年颍河流域最大 7 d 洪量重现期：界首站 40 年，阜阳闸站 40 年。最大 15 d 洪量重现期：界首站 20 年，阜阳闸站 50 年。最大 30 d 洪量重现期：界首站 10 年，阜阳闸站 50 年。

3. 灾情

1975 年 6 月 20 日至 7 月 10 日，全区各地连降大雨、暴雨，雨日达 16 d，颍上、临泉、太和、阜阳降雨较多。除界首外，均有不同程度受涝，受涝范围主要集中在谷河、润河沿岸，茨河及茨淮新河沿岸及泉河沿岸。灾情严重者，夏种作物被大面积淹死。

8 月 12—21 日阜阳、颍上连降两次暴雨，除颍上县引起湖洼地短时受涝外，均未积水成涝。但因临泉县以西的河南省境内连降暴雨，板桥水库以北约 10 km 的林庄雨量站 8 月 4—8 日共降雨 1 631.1 mm，其中 8 月 7 日一天达 1 005.4 mm（中央水电部暴雨洪水调查组核实）。8 月 9 日河南省板桥、石漫滩两水库相继垮坝，特大洪水下泄，临泉县首当其冲。8 月 14 日洪水 3 股流入临泉县城，14 日夜洪水漫地，势不可当，泉河、流鞍河等都超过保证水位，多处溃堤破坝，造成特大洪水灾害。8 月 15 日临泉县城内行船，全县大部受淹，全淹有 12 个公社，109.7 万亩庄稼淹没，死亡 155 人，其中淹死 108 人、砸死 21 人、病死 26 人，房屋倒塌 95 间以上，基本绝收的特重灾 87.6 万多亩，灾害持续达 1 个月之久。

位于泉河以北的界首县（今界首市）胡集、砖集及陶庙区一部分也因堤崩遭受水淹，13 个公社 29.38 万亩秋作物绝收。

此次大水，泉河流域受灾最重，淹没土地 154.7 万亩，淹倒房屋 64.49 万间，死亡牲畜 31 916 头。颍上县沿颍、淮河圩堤决口 47 处，受淹面积 100 余万亩，两次行洪倒塌房屋 42 567 间。1975 年洪水强度之大、范围之广、危害之重为历史罕见，后被人们以年月称为“75・8 大水”。

1975 年阜阳地区革命委员会赈济所辖阜阳地区各县口粮 24077.5 万 kg、人民币 5 185.6 万元等。

4. 结语

1975 年上游来水和区间持续降雨，使颍河全部站点出现超高水位洪水，阜阳闸、颍上、杨桥闸最高水位居有资料以来第 1 位，界首站、杨桥闸最大流量居有资料以来第 1 位。

2.3.2.6 1982 年

1982 年颍河流域年降水量为 936.2 mm，与常年同期（906.7 mm）基本持平。

1. 雨情

1）雨情概述

1982 年，颍河中游、下游降水量较多，其中颍上闸站 1241.7 mm 最大，老庙集站 714.4 mm 最小。

颍河汛期（5—9 月）面平均降水量为 762.5 mm，较常年同期偏多 2 成，占全年降水量的 81%。全年最大月平均降水量为 7 月的 370.6 mm，是常年同期（201.1 mm）的 1.8 倍。

2）暴雨过程

1982 年颍河流域 5、6 月份降雨较少，降雨主要集中在 7、8 月份，出现了 2 次明显的降雨过程，降雨持续时间长，分别是 7 月 8—24 日、7 月 30 日—8 月 25 日。

（1）7 月 8—24 日

7 月 8 日起，颍河出现流域性降雨，雨量上游稍偏多，流域面平均降水量 314.8 mm，其中临泉姜寨站雨量 494.3 mm 最大，界首光武站雨量 203.9 mm 最小。降雨主要集中在 7 月 12—14 日、20—22 日。7 月 12—14 日，流域面平均雨量 113.7 mm，暴雨中心长官站 13 日雨量 152.3 mm；7 月 20—22 日，流域平均雨量 113.6 mm，暴雨中心临泉黄岭站日雨量 165.6 mm，也是本次降雨最大日雨量。

（2）7 月 30 日—8 月 25 日

7 月底至 8 月下旬，颍河出现流域性降雨，本次降雨持续时间长，分布相对均匀，流域面平均降水量为 225.4 mm。颍上闸站降水量 396.7 mm 最大，茨河铺闸站 137.6 mm 最小。降雨较分散，主要在 7 月 30、31 日，降水量为 43.9 mm，其中 8 月 19 日暴雨中心颍上闸站日雨量 184.1 mm 也是本次降雨最大日雨量。

3）暴雨特点

（1）前期雨量偏少，后期降雨持续时间长

1982 年前期降雨较少，6 月颍河流域累计雨量 40.4 mm，降雨集中在 7—8 月的两次降雨过程，时间间隔短，降雨持续时间长，7 月 30 日—8 月 25 日持续时间近一个月。本次降雨，超过 200 mm 雨区笼罩面积为 2 812 km^2，超过 300 mm 雨区笼罩面积为 63 km^2，超过 350 mm 雨区在下游颍上闸附近，笼罩面积为 36 km^2。

(2) 雨量分布不均，暴雨中心强度大

7 月 8—24 日，雨量最大站点是姜寨站的 494.3 mm，最小站点是光武站的 203.9 mm，两者相差近1.5 倍。

8 月份，颍上闸站雨量最大 396.7 mm，是最小站点茨河铺闸站 137.6 mm 的 2.9 倍。

胡集站最大 1 h 降水量为 66.2 mm，居资料序列 35 年的第 2 位，颍上闸站最大 240 分钟降水量位居有资料以来第 1 位。

2. 水情

1) 水情概述

受持续降雨影响，颍河流域 7 月底至 8 月有两场涨水过程。8 月份，界首站出现 1 场超 37.00 m 水位洪水，阜阳闸、颍上闸站出现 2 场高水位洪水。

2) 洪水过程

(1) 界首站

由于前期降雨较少，7 月上中旬，界首站水位上涨幅度较小。受 7 月底至 8 月降雨影响，界首站水位于 7 月 30 日 21 时自 27.89 m 起涨，8 月 3 日洪峰流量 2 660 m^3/s，洪峰水位 36.51 m，水位涨幅 8.62 m，水位退至 30.82 m 再次起涨，8 月 16 日出现第二次洪峰，最大流量 2 980 m^3/s，最高水位 37.36 m，超 37.00 m水位 0.36 m。

(2) 阜阳闸站

7 月 31 日 20 时水位于 25.94 m 起涨，8 月 4 日 8 时洪峰流量 2 600 m^3/s，14 时洪峰水位 30.72 m，超 30.00 水位 0.72 m。水位退至 26.76 m 后于 11 日 20 时再次起涨，16 日 16 时洪峰流量 3 010 m^3/s，洪峰水位 31.52 m，超 30.00 m 水位 1.52 m。

茨河铺闸 7 月 26 日开始分洪，29 日分洪结束，削减阜阳闸洪峰流量 564 m^3/s。8 月 15 日再次分洪，19 日分洪结束，削减阜阳闸流量 284 m^3/s，降低阜阳闸上水位约 0.40 m。

(3) 颍上闸站

水位自 7 月 26 日 16 时的 25.40 m 起涨，至 27 日 5 时，颍上闸下水位高于闸上，出现负流量，最大流量－200 m^3/s。8 月 4 日 5 时，出现洪峰流量 2 530 m^3/s，洪峰水位 27.28 m，超 26.00 m 水位 1.28 m。水位退至 24.89 m 后于 12 日 14 时再次起涨，16 日出现洪峰流量 2 840 m^3/s，洪峰水位 27.48 m，超 26.00 m 水位 1.48 m。

(4) 杨桥闸站

7 月下旬至 9 月初，杨桥闸洪水过程为复式峰，持续时间长。7 月 20 日水位于 27.14 m 起涨，7 月 24 日出现第一次洪峰水位 32.56 m，流量 649 m^3/s。7 月 31 日水位退至 28.72 m 再次起涨，第二次洪峰水位 32.21 m，洪峰流量 542 m^3/s。8 月 10 日，水位退至 29.76 m 再次起涨，16 日出现第三次洪峰水位 32.55 m，流量 619 m^3/s。

3) 洪水特点

(1) 干支流洪水并发，干流河段出现高水位

7—8 月份的长时间降雨，造成颍河流域全部站点有明显的涨水过程，除泉河杨桥站外，干流河段全线超警。

(2) 洪水过程持续时间长，启用茨淮新河分洪

连续暴雨造成颍河流域 7—9 月份出现连续洪水过程，颍河干流全线超过警戒水位。本次洪水过程中，茨淮新河茨河铺闸共开闸分洪 3 次，最大分洪流量 564 m^3/s。详见表 2.2-13。

表 2.2-13　1982 年颍河流域主要控制站洪水特征值

<table>
<tr><th rowspan="2">站名</th><th rowspan="2">警戒水位(m)</th><th rowspan="2">保证水位(m)</th><th colspan="4">1982 年最大值</th><th colspan="4">历史最大值</th></tr>
<tr><th>最高水位(m)</th><th>出现时间</th><th>最大流量(m³/s)</th><th>出现时间</th><th>最高水位(m)</th><th>出现时间</th><th>最大流量(m³/s)</th><th>出现时间</th></tr>
<tr><td>界首</td><td>37.00</td><td>38.93</td><td>37.36</td><td>8 月 16 日</td><td>2 980</td><td>8 月 16 日</td><td>37.76</td><td>1957-7-21</td><td>3 240</td><td>1975-8-9</td></tr>
<tr><td>阜阳闸</td><td>30.00</td><td>32.52</td><td>31.52</td><td>8 月 16 日</td><td>3 010</td><td>8 月 16 日</td><td>32.52</td><td>1975-8-18</td><td>3 310</td><td>1965-7-14</td></tr>
<tr><td>颍上闸</td><td>26.00</td><td>28.45</td><td>27.48</td><td>8 月 16 日</td><td>2 840</td><td>8 月 16 日</td><td>28.26</td><td>1975-8-18</td><td>3 020</td><td>1984-7-28</td></tr>
<tr><td>杨桥闸</td><td>33.50</td><td>34.50</td><td>32.56</td><td>7 月 24 日</td><td>649</td><td>7 月 24 日</td><td>34.75</td><td>1975-8-18</td><td>1 440</td><td>1975-8-17</td></tr>
</table>

4）洪水组成分析

1982 年阜阳闸站共 1 场连续洪水过程，分别分析计算实测场次洪水的来水量组成。阜阳闸站场次洪水起讫时间 7 月 14 日—8 月 30 日，经过分析计算，加上茨淮新河分洪量，阜阳闸站场次洪量 47.7 亿 m^3。在阜阳闸站的洪水组成中，主要是干流上游来水，界首站洪量是杨桥闸站的 2.3 倍。界首站洪量 32.7 亿 m^3，约占阜阳闸站洪量的 68.6%；支流泉河杨桥闸站洪量 14.0 亿 m^3，约占阜阳闸站洪量的 29.4%；区间洪水占比较小，约为 2.0%。

5）洪水重现期

根据分析，1982 年颍河流域重现期：界首站 10 年，阜阳闸站近 15 年，杨桥闸站 20 年。

3. 灾情

1982 年 7 月 8 日，全区进入汛期，至 8 月 31 日的 55 d，中部和南部降水 39～42 d，北部降水 33～35 d。颍上、临泉、阜南降水量在 600 mm 以上，太和、界首、阜阳降水量在 500 mm 左右，雨量主要集中在 7 月 9—24 日及 8 月 12—25 日。7、8 月两次涝灾，作物因长时间渍害影响而生长不良，大豆、芝麻早衰，甘薯受害重者硬心或腐烂，使秋季作物大幅度减产。太和县 25 万亩秋季作物受淹，500 间房屋倒塌；界首县（今界首市）因涝成灾 16.95 万亩；临泉县因涝秋季作物减产 8 成，有 30 万亩无收，倒塌民房 7 000 间；阜阳县 55 万亩大豆、65 万亩甘薯、13 万亩棉花成灾，大甘薯减产三分之二，棉花减产 7 成；颍上县受淹189.4万亩，其中内涝绝收 66.76 万亩，县境 40 多个湖洼地区一片汪洋。

1982 年阜阳地区行政公署赈济所辖各县口粮 13 000 万 kg、人民币 1 723.24 万元等。

4. 结语

1982 年颍河流域 5—6 月份降雨较少，7—8 月份持续强降雨，造成颍河干流出现较高水位洪水，支流泉河杨桥闸洪水较小。本场洪水茨淮新河 3 次分洪，最大分洪流量 564 m^3/s。

2.3.2.7　1984 年

1984 年颍河流域年降水量为 1 316.5 mm，比常年同期（906.7 mm）偏多 45%。

1. 雨情

1）雨情概述

1984 年，颍河中游、上游降水量较大，其中杨桥闸站雨量 1 564.1 mm 最大，火刘站雨量 1 086.6 mm 最小。

颍河汛期（5—9 月）面平均降水量为 1 039.9 mm，较常年同期偏多 6 成，占全年降雨总量的 79%。全年最大月平均降水量为 9 月的 347.2 mm，是常年同期（87.1 mm）的 4 倍。

2）暴雨过程

1984 年颍河流域 6、9 月份降雨较多，全年出现了 4 次明显的降雨过程，降雨持续时间长，分别是 6 月 12—14 日、7 月 17—29 日、9 月 5—10 日、9 月 23 日—10 月 2 日。

（1）6 月 12—14 日

自 6 月 12 日起，颍河出现流域性降雨，中游雨量偏大，上、下游相对较小。流域面平均雨量为 262.6 mm，其中，长官站 383.8 mm、姜寨站 359.2 mm 较大，光武站 97.9 mm、火刘站 127.4 mm 较小。降雨集中在12、13日，12日面平均雨量为183.2 mm，暴雨中心长官站为292.3 mm。

(2) 7月17—29日

自7月17日起，颍河出现流域性降雨，上游雨量偏大，流域面平均降水量为198.4 mm，其中界首站雨量376.9 mm最大，江口集、颍上闸站雨量110.2 mm、110.1 mm最小。降雨主要集中在7月18—20日、24—26日。本次降雨流域最大日雨量为71.4 mm，暴雨中心界首站日雨量167.7 mm，也是本次降雨最大日雨量。

(3) 9月5—10日

颍河出现流域性降雨，降雨自上游至下游逐渐减少。流域面平均降水量为244.4 mm。黄岭站降水量379.0 mm最大，王岗站109.2 mm最小。6日流域面平均降水量145.3 mm最大，暴雨中心黄岭站日雨量214.8 mm，也是本次降雨最大日雨量。

(4) 9月23日—10月2日

9月23日起，颍河流域出现降雨，雨量较分散，分布相对均匀，面平均降水量为157.0 mm，杨桥闸站雨量203.0 mm最大，六十里铺站93.8 mm最小。10月1日为本次最大降雨日，面平均降水量为43.5 mm，杨桥闸站77.8 mm为最大日雨量。

3) 暴雨特点

(1) 降雨分布不均

1984年，7月中下旬和9月上旬降雨过程，雨量分布不均。7月份降雨过程，最大雨量(界首站)是最小雨量(颍上闸站)的3.4倍，9月份降雨，最大站点雨量是最小站点雨量的3.5倍，差异较大。

(2) 暴雨中心强度大

1984年短历时降雨较大，仅次于1972年。其中杨桥闸站、茨河铺闸站最大1 h降水量分别为90.2 mm、68.6 mm，居有资料以来第1、第2位。茨河铺闸站、界首站最大3 h降水量分别居有资料以来第1、第2位。姜寨站最大12 h降水量仅次于1972年，居历史第2位。

2. 水情

1) 水情概述

受持续降雨影响，1984年颍河流域7—10月有3场涨水过程。界首站未出现超警戒水位洪水，阜阳闸站出现2场超警戒水位洪水，杨桥闸、颍上闸站均出现超警戒洪水1次。

2) 洪水过程

(1) 界首站

6月份降雨，界首站水位有小幅上涨，7月中下旬持续降雨，界首站水位自7月17日8时的28.42 m起涨，7月27日洪峰流量2 680 m^3/s，洪峰水位36.77 m，水位涨幅8.35 m。

(2) 阜阳闸站

7月中下旬阜阳闸站洪水过程为复式峰，水位于19日的26.68 m起涨，27日洪峰流量2 840 m^3/s，28日14时洪峰水位31.22 m，超30.00 m水位1.22 m，水位涨幅4.54 m。

(3) 颍上闸站

颍上闸站水位自7月19日的22.14 m起涨，29日11时出现洪峰水位26.95 m，超26.00 m水位0.95 m。

(4) 杨桥闸站

本场洪水持续时间较长(7月19日—8月17日)，过程为复式峰。7月19日水位自28.15 m起涨，27日洪峰流量799 m^3/s，28日洪峰水位33.34 m，涨幅5.19 m。

3) 洪水特点

(1) 中下游洪水水位较高，干流河段多次超警

1984年，除颍河上游界首站外，其余站点均发生超警戒水位洪水，其中阜阳闸站于7月下旬、9月上旬发生2次超警戒水位洪水。

(2) 洪水过程持续时间长，启用茨淮新河分洪

1984年，颍河流域7—9月份出现连续洪水过程，阜阳闸站两次洪水过程累计超警戒水位4.6 d。为

减轻颍河防汛压力，茨淮新河茨河铺闸共分洪 3 次，最大分洪流量 485 m^3/s。详见表 2.2-14。

表 2.2-14　1984 年颍河流域主要控制站洪水特征值

站名	警戒水位(m)	保证水位(m)	1984 年最大值				历史最大值			
			最高水位(m)	出现时间	最大流量(m^3/s)	出现时间	最高水位(m)	出现时间	最大流量(m^3/s)	出现时间
界首	37.00	38.93	36.77	7 月 27 日	2 680	7 月 27 日	37.76	1957-7-21	3 240	1975-8-9
阜阳闸	30.00	32.52	31.22	7 月 28 日	2 840	7 月 27 日	32.52	1975-8-18	3 310	1965-7-14
颍上闸	26.00	28.45	26.95	7 月 29 日	3 020	7 月 28 日	28.26	1975-8-18	3 020	1984-7-28
杨桥闸	33.50	34.50	33.54	9 月 10 日	912	9 月 9 日	34.75	1975-8-18	1 440	1975-8-17

4）洪水组成分析

1984 年阜阳闸站共 2 场连续洪水过程，分别分析计算实测场次洪水的来水量组成。阜阳闸站场次洪水起讫时间为 7 月 19 日—8 月 19 日，经过分析计算，加上茨淮新河分洪量，阜阳闸站场次洪量 35.6 亿 m^3。阜阳闸站的洪水组成以干流上游来水为主，界首站洪量是杨桥闸站的 3.4 倍。界首站洪量26.3 亿 m^3，约占阜阳闸站洪量的 73.9%，支流泉河杨桥闸站洪量 7.7 亿 m^3，约占阜阳闸站洪量的 21.6%，区间洪水占比较小，约为 4.5%。

阜阳闸站场次洪水起讫时间为 9 月 7—19 日，经过分析计算，加上茨淮新河分洪量，阜阳闸站场次洪量 21.1 亿 m^3。阜阳闸站的洪水组成以干流上游来水为主，界首站洪量是杨桥闸站的 1.9 倍。界首站洪量 12.3 亿 m^3，约占阜阳闸站洪量的 58.3%，支流泉河杨桥闸站洪量 6.5 亿 m^3，约占阜阳闸站洪量的 30.8%，区间洪水占比较小，约为 10.9%。

5）洪水重现期

根据分析，1984 年颍河流域洪水重现期：界首站 10 年，阜阳闸站 15 年，杨桥闸站 10 年。

3. 灾情

1984 年 7 月 24—29 日，西部降暴雨及特大暴雨，暴雨中心位于太和县北部，受灾范围主要是界首市、太和县的 31 个区共 163 个乡，受灾作物约 200 万亩。由于降雨主要集中在 24、25 两日，至 27 日农田积水大多被排除或退去，仅有 63 万多亩遭受不同程度渍涝灾害。

9 月 5—10 日，全区持续阴雨，普遍发生秋涝，其中累计雨量临泉县最多，其次是界首、太和。重灾区包括：临泉县北部、界首中部和南部、阜阳西部、太和西南部。重灾区农田一片汪洋，大面积甘薯、大豆、芝麻淹没在水中。

9 月 24 日—10 月 3 日，本区再次遭受大范围连阴雨。这次连阴雨是在 9 月上旬秋涝积水尚未排除及土壤水分饱和的情况下发生的，加重了对各种秋作物的危害：甘薯沤烂，成熟未收或已收未脱粒的大豆、芝麻生芽、霉烂，棉花僵烂铃增多，等等。灾情波及全区各县，临泉北部、界首、太和县西南部、阜阳西部在 9 月 6 日至 10 月中旬，低洼田地一直未断过水。9 月秋涝，全区绝收面积 300 多万亩，倒塌民房 85 381 间，阜阳 9 万亩甘薯、9.2 万亩大豆无收，颍上县粮食作物受灾面积 99.6 万亩，其中绝收 41.4 万亩，经济作物绝收 11.1 万亩。

4. 结语

1984 年颍河流域降雨主要发生在 6—9 月份，降雨造成颍河干流中下游及支流泉河出现超警戒水位洪水，本年茨淮新河 3 次分洪，最大分洪流量为 485 m^3/s。

2.3.2.8　2000 年

2000 年颍河流域年降水量为 1 209.6 mm，比常年同期(906.7 mm)偏多 3 成。

1. 雨情

1）雨情概述

2000 年，颍河流域雨量中上游稍偏多，最大为临泉长官站的 1 373.1 mm，其次为临泉姜寨站的 1 332.5 mm。

颍河汛期(5—9 月)面平均降水量为 917.3 mm,较常年同期偏多 5 成,占全年降水量的 75%。全年最大月平均降水量为 6 月的 405.6 mm,是常年同期(138.8 mm)的 2.9 倍。

2) 暴雨过程

6、7 月份,颍河流域出现了 2 次明显的降雨过程,分别是 6 月 24—28 日、7 月 12—14 日。

(1) 6 月 24—28 日

自 6 月 24 日起,颍河出现流域性降雨,面平均降水量为 191.4 mm,雨量自上游至下游逐渐减少,其中大田集站雨量 302.5 mm 最大,颍上王岗站雨量 58.9 mm 最小。降雨主要集中在 24 日、26 日,24 日流域面平均雨量 64.0 mm 最大,暴雨中心迎仙站日雨量 131.8 mm,也是本次降雨最大日雨量。

(2) 7 月 12—14 日

颍河出现流域性降雨,雨量自上游至下游逐渐减少,平均降水量 119.6 mm,其中界首站雨量 306.4 mm最大,颍上王岗站雨量 13.8 mm 最小。暴雨中心界首站日雨量 195.2 mm,也是本次降雨最大日雨量。

3) 暴雨特点

(1) 暴雨强度大

6 月 2 日,流域面平均降水量为 101.7 mm,有 10 个站点日雨量超过 100 mm,老庙集日雨量 138.5 mm 最大。7 月 12 日起,界首站最大 3 d 降水量为 306.4 mm,为有资料以来第 4 位。7 月 13 日界首站最大 60 min 降水量为 114.6 mm,为 1981 年以来的最大值,最大 180 min 降水量为 174.0 mm,为 1981 年以来的第 1 位。王岗站最大 6 h 降水量为 117.8 mm,仅次于 2005 年,居有资料以来第 2 位。

(2) 暴雨分布不均

6 月 24—28 日,颍河流域雨量上游较大,下游小。上游大田集站雨量 302.5 mm 最大,是最小雨量颍上王岗站 58.9 mm 的 5 倍。本次降雨,小于 100 mm 的雨区笼罩面积为 407 km^2,超过 200 mm、300 mm 的雨区笼罩面积分别是 2 927 km^2、3 km^2。阜阳闸以上流域平均降水量是下游流域的 3.2 倍。7 月 12—14 日,最大雨量界首站 306.4 mm 是最小雨量王岗站 13.8 mm 的 22 倍。

2. 水情

1) 水情概述

受降雨影响,颍河流域 6 月底至 7 月有 2 场涨水过程。

2) 洪水过程

(1) 界首站

受降雨影响,界首站 7 月出现一次洪水过程,水位流量过程为复式峰。水位自 7 月 3 日 20 时的 27.83 m 起涨,8 日洪峰流量 2 679 m^3/s,洪峰水位 37.24 m,超警戒水位 0.24 m,水位涨幅 9.41 m。水位退至31.26 m 后再次起涨,17 日出现第二次洪峰,最大流量 2 960 m^3/s,最高水位 37.80 m,超警戒水位 0.80 m。

(2) 阜阳闸站

阜阳闸站水位于 7 月 5 日 2 时自 27.38 m 起涨,流量 1 070 m^3/s,7 日 8 时洪峰流量 2 460 m^3/s,8 日 20 时洪峰水位 29.75 m。水位退至 27.56 m 后于 14 日 6 时再次起涨,17 日 20 时洪峰流量 2 690 m^3/s,18 日 7 时洪峰水位 30.37 m,超警戒水位 0.37 m。

茨河铺闸 7 月 7—11 日分洪,最大分洪流量为 7 日的 805 m^3/s,削减阜阳闸上水位约 1.4 m。7 月 16—21 日分洪,最大分洪流量为 19 日 8 时的 1 050 m^3/s,削减阜阳闸上水位约 1.5 m。

3) 洪水特点

(1) 洪水场次多,持续时间长

6 月底至 8 月上旬,颍河流域连续暴雨,致使颍河干支流出现 4 次较明显的洪水场次,洪水场次较多。为减轻颍河防汛压力,茨淮新河先后 5 次开闸分洪。

(2) 洪水水位较高

2000 年 7 月 17 日界首站水位 37.80 m,为有资料以来第 1 位。界首站、阜阳闸站都出现超警戒水位洪水。6—8 月,界首站超警戒水位共计 5 d,在茨淮新河开闸泄洪削减洪峰后,阜阳闸站超警戒水位共计

7 d。详见表 2.2-15。

表 2.2-15　2000 年颍河流域主要控制站洪水特征值

站名	警戒水位(m)	保证水位(m)	1984 年最大值				历史最大值			
			最高水位(m)	出现时间	最大流量(m^3/s)	出现时间	最高水位(m)	出现时间	最大流量(m^3/s)	出现时间
界首	37.00	38.93	37.80	7 月 17 日	2 960	7 月 17 日	37.80	2000-7-17	3 240	1975-8-9
阜阳闸	30.00	32.52	30.37	7 月 18 日	2 690	7 月 17 日	32.52	1975-8-18	3 310	1965-7-14
颍上闸	26.00	28.45	25.94	7 月 18 日	—	—	28.26	1975-8-18	3 020	1984-7-28
杨桥闸	33.50	34.50	32.09	8 月 30 日	345	7 月 15 日	34.75	1975-8-18	1 440	1975-8-17

4）洪水组成分析

2000 年阜阳闸站共 2 场洪水过程，由于间隔时间短，综合分析计算实测场次洪水的来水量组成。阜阳闸站场次洪水起讫时间为 6 月 26 日—7 月 28 日，经过分析计算，加上茨淮新河分洪量，阜阳闸站场次洪量 46.7 亿 m^3。阜阳闸站的洪水组成以干流上游来水为主。界首站洪量 41.1 亿 m^3，约占阜阳闸站洪量的88.0%；支流泉河杨桥闸站洪量 3.5 亿 m^3，约占阜阳闸站洪量的 7.5%；区间洪水占比较小，约为 4.5%。

5）洪水重现期

根据分析，2000 年颍河流域洪水重现期：界首站 30 年，阜阳闸站 30 年。

3. 灾情

2000 年 7 月 13—15 日，界首市、太和县、临泉县普降暴雨、大暴雨，由于降雨强度大，雨量集中，界首市区大面积积水，最深处达 1.2 m，42%的居民室内进水，界首、太和、临泉部分农田受淹，全阜阳市受灾面积 188.16 万亩，成灾 57.36 万亩，房屋倒塌 1 205 间。其中界首市灾情最严重，受灾面积 38 万亩，成灾 15 万亩，绝收 4 万亩。临泉县受灾面积 58.6 万亩，成灾 45.7 万亩，其中 6.4 万亩基本绝收。

4. 结语

2000 年颍河流域干流发生较大洪水，6—7 月强降雨，致使界首站、阜阳闸站出现超警戒水位洪水，为减轻颍河压力，启用茨淮新河分洪。

2.3.2.9　2003 年

2003 年颍河流域年降水量为 1 640.2 mm(全部 22 个雨量站年降水量均值)，比常年同期(906.7 mm)偏多 8 成。

1. 雨情

1）雨情概述

2003 年，颍河流域雨量上游较多，下游相对较少。年雨量最大为界首胡集站 1 878.5 mm，其次为界首站 1 853.7 mm，颍上闸站最小 1 335.3 mm。

颍河汛期(5—9 月)面平均降水量为 1 169.9 mm，较常年同期偏多近 9 成，占全年降雨总量的 71%。全年最大月平均降水量为 7 月的 447.8 mm，是常年同期(201.1 mm)的 2.2 倍。

10 月份流域面平均雨量为 131.9 mm，是常年同期(56.5 mm)的 2.3 倍。

2）暴雨过程

6—10 月份，颍河流域出现了 4 次明显的降雨过程，其中 8—10 月份的两次降雨过程持续时间较长。降雨过程分别是 6 月 20 日—7 月 5 日、7 月 16—21 日、8 月 8 日—9 月 8 日、10 月 1—12 日。

(1) 6 月 20 日—7 月 5 日

自 6 月 20 日起，颍河出现流域性降雨，降雨持续时间长，中上游雨量较大，截至 7 月 5 日，颍河流域面平均降水量为 495.3 mm。其中界首市胡集站雨量 730.2 mm 最大，颍上县王集站雨量 329.7 mm 最小，本次降雨最大 1 d 降水量为胡集站 7 月 3 日的 232.6 mm，其次是 7 月 3 日闻集站的 180.6 mm。

降雨主要集中在 6 月 20—22 日、6 月 29 日—7 月 3 日。6 月 20—22 日，3 d 累计降水量为 106.0 m，

中上游降雨偏多，下游雨量较小，临泉黄岭站 194.9 mm 最大，颍上火刘站 31.5 mm 最小，最大 1 d 降水量为黄岭站 6 月 20 日的 124.2 mm。

6 月 29 日—7 月 3 日，流域面平均雨量为 334.2 mm，暴雨中心胡集站雨量 524.2 mm 最大，其次是闻集站的 457.0 mm。

(2) 7 月 16—21 日

自 7 月 16 日起，颍河流域出现强降雨，雨量自上游至下游逐渐减少，截至 21 日，流域面平均降水量为 176.5 mm。老庙集站雨量 277.8 mm 最大，颍上王岗站雨量 64.1 mm 最小。本场降雨时间主要集中在 19—21 日，累计降水量为 146.1 mm，最大 1 d 降水量均出现在 19 日，老庙集站 157.6 mm 最大，其次是江口集站的 144.0 mm。

(3) 8 月 8 日—9 月 8 日

8 月 8 日起，颍河出现流域性降雨，本次降雨持续时间长，中上游雨量偏大，下游较小，流域面平均降水量为 304.1 mm。光武站雨量 519.6 mm 最大，其次是界首站的 508.0 mm，颍上闸站雨量 173.0 mm 最小。本次降雨最大 1 d 降水量是 9 月 3 日光武站的 126.6 mm。

降雨主要集中在 8 月中旬、下旬。8 月 12—19 日流域面平均降水量为 69.9 mm；8 月 23—25 日为 60.8 mm；8 月 28、29 日两天降水量为 62.3 mm，强度最大。

(4) 10 月 1—12 日

自 10 月份以来，颍河出现一次较长时间降雨过程，累计雨量 131.9 mm，降雨分布为上游大下游小，其中界首胡集站雨量 166.1 mm 最大，其次是杨桥闸站的 157.5 mm，颍上王岗站 100.9 mm 最小，本次降雨最大 1 d 降水量是 10 日胡集站的 61 mm。降雨主要集中在 10 月 1—5 日、10—11 日。10 月 1—5 日，累计雨量为 73.0 mm，界首、光武站雨量 88.0 mm 最大，最大 1 d 降水量是 10 月 1 日光武站的 30.9 mm。10—11 日，累计雨量为 57.4 mm。

3) 暴雨特点

(1) 暴雨过程多，持续时间长

6—10 月，颍河流域有 4 次明显的降雨过程，每月均有一场持续时间较长的降雨过程。6 月下旬至 7 月中旬，有 2 场持续性降雨，8 月 8 日—9 月 8 日降雨持续近 30 日，中间间隔时间短。

(2) 降雨强度大

在 6 月下旬开始的降雨中，6 月 29 日，流域面平均降水量为 94.3 mm，中游大部分雨量站点日降雨量超过 100 mm。

6 月 20 日—7 月 5 日，雨量超过 400 mm、500 mm、600 mm 的雨区笼罩面积分别是 1 364 km^2、1 651 km^2、610 km^2。

8 月 8 日—9 月 8 日，雨量超过 300 mm、400 mm、500 mm 的雨区笼罩面积分别是1 221 km^2、729 km^2、151 km^2。

全年特征时段雨量统计：欧庙站最大 60 min 降水量为 80.3 mm，位居 1985 年有资料以来第 2 位。界首站最大 180 min 降水量为 93.5 mm，居有资料以来第 5 位。光武站最大 6 h 降水量为 206.4 mm，仅次于 1992 年，居历史第 2 位，最大 12 h 降水量为 207.4 mm，居历史第 2 位。胡集站最大 24 h 降水量为 237.9 mm，仅次于 2005 年，居历史第 2 位。胡集站最大 1 d 降水量为 232.6 mm，仅次于 1972 年，居历史第 2 位，最大 3 d 降水量为 326.4 mm，仅次于 2005 年，位居历史第 2 位。胡集站、闻集站、黄岭站最大 7 d 降水量均居历史第 1 位。

2. 水情

1) 水情概述

2003 年，受流域持续性强降雨影响，颍河发生大面积、长时间的洪水，且洪水场次较多。

2) 洪水过程

(1) 界首站

受 8 月持续降雨影响，界首站水位于 8 月 21 日自 28.64 m 开始上涨，起涨流量 45.0 m^3/s，持续到 9

月初，其间受降雨影响，水位在 28.00～31.00 m。8 月 29 日水位自 29.52 m 再次起涨，流量 385 m^3/s，9 月 9 日 4 时出现洪峰流量 2 100 m^3/s，13 时出现洪峰水位 35.65 m，水位涨幅 6.13 m。

（2）阜阳闸站

8 月下旬，阜阳闸站水位自 8 月 24 日起涨，起涨水位 29.15 m，9 月 4 日 18 时出现洪峰流量 2 480 m^3/s，洪峰水位 30.27 m，超警戒水位 0.27 m。

（3）杨桥闸站

杨桥闸站全年最大洪水发生在 6 月底至 7 月上旬，6 月 29 日，闸上水位自 27.56 m 起涨，7 月 4 日 20 时老闸出现洪峰流量 300 m^3/s，5 日出现洪峰水位 33.83 m，超警戒水位 0.33 m。4 日 20 时，新闸出现洪峰流量 800 m^3/s，23 时出现洪峰水位 33.73 m。

（4）颍上闸站

2003 年 6 月底至 8 月初，颍上闸站有 1 次明显涨水过程，水位于 6 月 30 日自 22.61 m 起涨，7 月 6 日 17 时达洪峰水位 27.45 m，超警戒水位 1.45 m。

3）洪水特点

（1）洪水范围广、场次多

2003 年颍河流域暴雨场次多，历时长，造成 6 月至 10 月颍河中上游有 4 次明显涨水过程，支流泉河和干流各站点均发生较大洪水。

（2）洪水水位高

6 月以来的连续暴雨，致使颍河出现了流域性洪水，泉河杨桥闸站，干流阜阳闸站、颍上闸站均出现超警戒水位洪水，杨桥闸站最高水位 33.83 m，仅次于 1975 年，居有资料以来第 2 位，颍上闸站最高水位 27.45 m，居有资料以来第 3 位。详见表 2.2-16。

表 2.2-16　2003 年颍河流域主要控制站洪水特征值

站名	警戒水位（m）	保证水位（m）	2003 年最大值				历史最大值			
			最高水位（m）	出现时间	最大流量（m^3/s）	出现时间	最高水位（m）	出现时间	最大流量（m^3/s）	出现时间
界首	37.00	38.93	35.65	9 月 4 日	2 100	9 月 4 日	37.80	2000－7－17	3 240	1975－8－9
阜阳闸	30.00	32.52	30.27	9 月 4 日	2 480	9 月 4 日	32.52	1975－8－18	3 310	1965－7－14
颍上闸	26.00	28.45	27.45	7 月 6 日	—	—	28.26	1975－8－18	3 020	1984－7－28
杨桥闸	33.50	34.50	33.83	7 月 5 日	1 100	7 月 4 日	34.75	1975－8－18	1 440	1975－8－17

4）洪水组成分析

2003 年阜阳闸站共 2 场洪水过程，分析计算实测场次洪水的来水量组成。阜阳闸站场次洪水起讫时间为 6 月 21 日—7 月 13 日，经过分析计算，加上茨淮新河分洪量，阜阳闸站场次洪量 16.5 亿 m^3。在阜阳闸站的洪水组成中，支流泉河杨桥闸站洪量较大，是界首站的 1.9 倍。界首站洪量 4.13 亿 m^3，约占阜阳闸站洪量的 25.0%，支流泉河杨桥闸站洪量 8.03 亿 m^3，约占阜阳闸站洪量的 48.7%，区间洪水占比 26.3%。

阜阳闸站场次洪水起讫时间为 8 月 8 日—9 月 13 日，经过分析计算，阜阳闸站场次洪量 31.8 亿 m^3。阜阳闸站的洪水组成以干流上游界首站来水为主。界首站洪量 22.5 亿 m^3，约占阜阳闸站洪量的70.8%；支流泉河杨桥闸站洪量 5.53 亿 m^3，约占阜阳闸站洪量的 17.4%；区间洪水占比 11.8%。

5）洪水重现期

通过对颍河流域各站年最大流量排频，2003 年最大流量重现期：界首站约 5 年，阜阳闸站约 10 年，杨桥闸站 20 年。

3. 灾情

2003 年，自 6 月 20 日开始降雨，至 7 月中旬，共发生 4 次集中降雨过程，且彼此间隔时间短，颍河洪水来势迅猛，水量大，致使太和、阜阳、颍上等县区水情严重。境内连续集中降雨，淮河、茨淮新河水位顶托，在省境临泉、太和以下，河水倒灌，农田排水受阻情况异常严重。根据县区呈报的灾情资料，因洪灾、涝渍同在、渍害等原因，造成成灾面积每县区平均为 117.9 万亩。

4. 结语

2003 年，颍河暴雨场次较多，持续时间长，中下游发生较大洪水，泉河杨桥闸站、干流阜阳闸站、颍上闸站均发生超警戒水位洪水。为减轻颍河防汛压力，茨淮新河先后 4 次分洪，最大分洪流量 1 580 m^3/s。

2.3.2.10 2007 年

2007 年颍河流域年降水量为 1 198.5 mm(全部 22 个雨量站年降水量均值)，比常年同期(906.7 mm)偏多 3 成。

1. 雨情

1) 雨情概述

2007 年，颍河流域雨量中游偏大，其余地区分布相对均匀。年降水量为 1198.5 mm，雨量最大为临泉长官站的 1 630.1 mm，其次为临泉迎仙站的 1 623.0 mm，光武站最小，为 947.0 mm。

颍河汛期(5—9 月)面平均降水量为 911.8 mm，较常年同期偏多 4 成，占全年降水量的 76%。全年最大月平均降水量为 7 月的 543.5 mm，是常年同期(201.1 mm)的 2.7 倍。

2) 暴雨过程

2007 年 6 月前降雨较少，6 月下旬至 7 月出现持续降雨。

(1) 6 月 29 日—7 月 9 日

自 6 月 29 日起，颍河出现流域性降雨，降雨持续时间长，中下游雨量偏大，截至 7 月 9 日，颍河流域面平均降水量为 397.1 mm。其中临泉迎仙站雨量 777.0 mm 最大，其次是长官站的 733.3 mm，界首光武站雨量 148.1 mm 最小。本次降雨最大 1 d 降水量是迎仙站 7 月 8 日的 393.0 mm，其次是 7 月 8 日长官站的 314.9 mm。

降雨主要集中在 7 月 2—4 日、7 月 6—8 日。7 月 2—4 日，3 天累计降水量为 128.2 m，中游降雨偏多，上游、下游雨量较小，临泉长官站 261.9 mm 最大，颍上火刘站 43.1 mm 最小，最大 1 d 降水量是长官站 7 月 2 日的 205.5 mm。

7 月 6—8 日，流域面平均降水量为 218.5 mm，上游雨量较小。迎仙站雨量 544.0 mm 最大，其次是长官站的 451.4 mm，界首光武站雨量 16.0 mm 最小。

(2) 7 月 18—25 日

自 7 月 18 日起，颍河出现流域性降雨，本次降雨分布相对均匀，下游稍偏小，流域面平均降水量为 109.1 mm。颍东区老庙集站雨量 168.1 mm 最大，其次是茨河铺闸站的 137.0 mm，颍上江口集站雨量 68.0 mm 最小。本次降雨最大 1 d 降水量是 7 月 19 日老庙集站的 97.5 mm。

降雨主要集中在 7 月 19、24 日。19 日面平均降水量为 33.0 mm，24 日为 40.4 mm。

3) 暴雨特点

(1) 前期降雨较少，后期降雨强度大

2007 年 5 月面平均降水量为 92.1 mm，6 月为 93.5 mm，雨量较少。6 月底起颍河出现流域性降雨，降雨持续 11 d，全流域面平均降水量为 397.1 mm，7 月 8 日迎仙站、长官站、六十里铺站、欧庙站、颍上闸站等最大 1 d 雨量均居历史第 1 位，迎仙、长官等站最大 3 d 降水量居历史第 1 位。

(2) 降雨分布不均

6 月 29 日—7 月 9 日，颍河出现流域性洪水，中下游雨量较大，大部分站点降水量大于 300 mm。本次降雨 2 站雨量超过 700 mm，分别是迎仙站的 777.0 mm、长官站的 733.3 mm。上游光武站雨量 148.1 mm、界首站雨量 165.0 mm 较小，雨量最大与最小比值为 5.2。主要雨区降水量为 300～400 mm，笼罩面积为2 435 km^2，超过 400 mm、500 mm、600 mm 的雨区笼罩面积分别是 985 km^2、192 km^2、45 km^2。

2. 水情

1) 水情概述

2007 年，颍河流域前期雨水偏少，全年仅 7 月份一场洪水过程。

2）洪水过程

（1）界首站

7月份界首站洪水过程是复式峰，7月15日1时48分，水位自28.11 m起涨，第一次洪峰流量1 600 m^3/s，17日2时洪峰水位33.45 m。水位退至31.60 m后于20日0时再次起涨，22日8时洪峰流量1 900 m^3/s，15时24分洪峰水位34.81 m。

（2）阜阳闸站

阜阳闸站水位自7月3日0时26.90 m起涨，10日2时出现第一次洪峰，水位28.31 m，流量1 430 m^3/s。15日14时水位退至27.09 m后再次起涨，17日8时第二次洪峰流量1 890 m^3/s，23时洪峰水位29.69 m。22日20时出现2007年最大洪峰流量2 120 m^3/s，23日2时48分最高洪峰水位30.41 m，超警戒水位0.41 m。

（3）杨桥闸站

杨桥老闸自6月底开始，下泄流量均在200 m^3/s左右，持续到8月中旬。本场洪水于7月9日19时42分出现最高洪峰水位32.48 m，9日11时，杨桥老闸最大流量251 m^3/s。

杨桥新闸7月9日11时最大洪峰流量533 m^3/s，20时最高洪峰水位32.46 m。

（4）颍上闸站

2007年颍上闸站7月份有一次较明显涨水过程，水位于7月4日10时自21.06 m起涨，分别于11日20时、18日9时、23日5时出现较高水位26.99 m、27.15 m、27.24 m，全年最高水位27.24 m，超警戒水位1.24 m。

3）洪水特点

2007年颍河干流阜阳闸、颍上闸发生超警戒水位洪水，6月前降雨较少，6月底起连续降雨，暴雨强度大，多站最大1、3、7 d降水量为历史最大，暴雨造成颍河流域各站水位上涨，洪水持续至8月初，洪水过程为复式峰，阜阳闸上累计超警戒水位6.6 d，颍上闸上超警戒水位12 d。详见表2.2-17。

表2.2-17　2007年颍河流域主要控制站洪水特征值

站名	警戒水位(m)	保证水位(m)	2007年最大值				历史最大值			
			最高水位(m)	出现时间	最大流量(m^3/s)	出现时间	最高水位(m)	出现时间	最大流量(m^3/s)	出现时间
界首	37.00	38.93	34.81	7月22日	1 900	7月22日	37.80	2000-7-17	3 240	1975-8-9
阜阳闸	30.00	32.52	30.41	7月23日	2 120	7月22日	32.52	1975-8-18	3 310	1965-7-14
颍上闸	26.00	28.45	27.24	7月23日	—	—	28.26	1975-8-18	3 020	1984-7-28
杨桥闸	33.50	34.50	32.48	7月9日	478	8月7日	34.75	1975-8-18	1 440	1975-8-17

4）洪水组成分析

2007年对颍河干支流主要控制站界首、杨桥闸、阜阳闸站，分析计算实测场次洪水的来水量组成。

2007年阜阳闸站共1场洪水过程，分析计算实测场次洪水的来水量组成。阜阳闸站场次洪水起讫时间为7月3—28日，经过分析计算，阜阳闸站场次洪量27.6亿m^3。在阜阳闸站的洪水组成中，上游界首站洪量较大。界首站洪量17.7亿m^3，约占阜阳闸站洪量的64.1%；支流泉河杨桥闸站洪量9.01亿m^3，约占阜阳闸站洪量的32.6%；区间洪水占比3.3%。

5）洪水重现期

根据分析，2007年颍河控制站洪水重现期：阜阳闸站约10年，杨桥闸站（合并）约10年。

3. 灾情

6月至7月26日，阜阳市遭受了一次时间长、强度大、范围广的强降雨过程，全市农田受灾面积496.2万亩，成灾面积315万亩，其中绝收面积205万亩；受灾人口448万人；117个乡镇3 921个村庄积水，紧急转移安置人口13.61万人；倒塌房屋26 115间。洪涝灾害造成全市直接经济损失25.88亿元，其中农业损失 15.96 亿元，水利设施直接经济损失 3.476 亿元。

4. 总结

2007 年，颍河流域 6 月前降雨较少，6 月底至 7 月有一次强降雨过程，7 月有一场较大洪水过程，阜阳闸、颍上闸出现超警戒水位洪水。

2.3.2.11 2010 年

2010 年颍河流域年降水量为 782.5 mm(全部 22 个雨量站年降水量均值)，比常年同期(906.7 mm)偏少 1 成。

1. 雨情

1) 雨情概述

2010 年，颍河流域雨量中游偏大，其余地区分布相对均匀。流域年降水量为 782.5 mm，雨量最大为太和闻集站的 992.6 mm，其次为临泉杨桥闸站的 958.4 mm，阜阳闸站最小，为 614.4 mm。

颍河汛期(5—9 月)面平均降水量为 554.8 mm，较常年同期偏少 1 成，占全年降水量的 70%。全年最大月平均降水量为 9 月的 142.3 mm，是常年同期(87.1 mm)的 1.6 倍。

2) 暴雨过程

2010 年 7—9 月有 2 次较大降雨过程，最大的是 9 月上旬降雨量。

(1) 7 月 15—25 日

自 7 月 15 日起，颍河出现流域性降雨，中上游雨量较大，截至 7 月 25 日，颍河流域面平均降水量为 121.6 mm。其中颍州区欧庙站雨量 194.5 mm 最大，其次是长官站的 188.7 mm，颍上闸站雨量 57.5 mm 最小，本次降雨最大 1 d 降水量是胡集站 7 月 19 日的 103.2 mm，其次是 19 日杨桥闸站的 79.5 mm。

降雨主要集中在 7 月 18—19 日，降水量为 73.3 mm。

(2) 9 月 2—10 日

颍河流域累计降水量为 107.0 mm，降水量中上游偏大，下游较小。太和闻集站雨量 369.8 mm 最大，其次是界首站的 222.5 mm，阜阳闸站以下大部分区域降水量小于 50 mm。最大 1 d 降水量是闻集站 6 日的 284.8 mm，其次是界首站 6 日的 203.0 mm。

降雨集中在 9 月 6—7 日，两天降水量 91.5 mm。

3) 暴雨特点

(1) 雨量分布不均

9 月 2—10 日，颍河流域面平均降水量为 107.0 mm，雨量分布上游大，下游小，阜阳闸以上平均降水量为 158.1 mm，以下平均降水量为 33.2 mm。其中闻集站雨量 369.8 mm 最大，其次是界首站的 222.5 mm，大白庄站雨量 16.0 mm 最小。本次降雨，超过 100 mm 的笼罩面积为 2 132 km^2，超过 200 mm 的笼罩面积为 1 187 km^2，超过 300 mm 雨区主要分布在上游闻集附近，笼罩面积为 105 km^2。

(2) 局部地区降雨强度大

9 月 2—10 日降雨过程中，颍河中上游界首、光武、闻集、迎仙、长官、杨桥、胡集站单日雨量均超过 100 mm，其中闻集站最大 1 d 降水量 284.8 mm，最大 3 d 降水量 358.7 mm，均居有资料以来第 1 位，最大 7 d 降水量居有资料以来第 3 位。闻集站最大 6、12、24 h 降水量均居有资料以来第 1 位。

2. 水情

1) 水情概述

2010 年颍河上游界首站、阜阳闸站、杨桥闸站有 2～3 次较明显的涨水过程，下游由于降雨较小，颍上闸站无明显涨水过程。

2) 洪水过程

(1) 界首站

受强降雨影响，界首站水位自 9 月 6 日 2 时于 31.01 m 起涨，9 日 17 时洪峰流量 2 790 m^3/s，17 时 54 分洪峰水位 37.15 m，超警戒水位 0.15 m，水位涨幅 6.14 m。

(2) 阜阳闸站

受9月初强降雨影响，阜阳闸上水位自9月5日22时6分于27.14 m起涨，9日23时洪峰流量2 700 m^3/s，10日10时洪峰水位30.46 m，超警戒水位0.46 m。

9月10日9时21分茨河铺闸开始分洪，本次分洪最大流量是9时51分的645 m^3/s，削减阜阳闸水位约0.9 m。9月11日18时42分，茨河铺闸分洪结束。

3) 洪水特点

(1) 洪水场次多，间隔时间短

2010年7月中旬至9月上旬，颍河流域降雨，造成干流上游界首、阜阳闸站出现3次明显涨水过程，其中，8月下旬至9月上旬，界首、阜阳闸站水位于9月5日退至正常水位后，6日再次起涨，间隔时间较短。

(2) 洪水水位高

2010年9月颍河流域强降雨，造成界首、阜阳闸站均出现超过警戒水位洪水，界首站最高水位37.15 m，超警戒水位0.15 m；阜阳闸站最高水位30.46 m，超警戒水位0.46 m，超警水位持续1 d。为降低阜阳闸上水位，9月10日茨淮新河分洪，最大分洪流量645 m^3/s。详见表2.2-18。

表2.2-18　2010年颍河流域主要控制站洪水特征值

站名	警戒水位(m)	保证水位(m)	2010年最大值				历史最大值			
			最高水位(m)	出现时间	最大流量(m^3/s)	出现时间	最高水位(m)	出现时间	最大流量(m^3/s)	出现时间
界首	37.00	38.93	37.15	9月9日	2 790	9月9日	37.80	2000-7-17	3 240	1975-8-9
阜阳闸	30.00	32.52	30.46	9月10日	2 700	9月9日	32.52	1975-8-18	3 310	1965-7-14
颍上闸	26.00	28.45	25.67	—	—	—	28.26	1975-8-18	3 020	1984-7-28
杨桥闸	33.50	34.50	30.61	10月12日	244	9月7日	34.75	1975-8-18	1 440	1975-8-17

4) 洪水组成分析

2010年对颍河干支流主要控制站界首、杨桥闸、阜阳闸及茨淮新河茨河铺闸，分析计算实测场次洪水的来水量组成。

2010年阜阳闸站共2场洪水过程，分析计算实测场次洪水的来水量组成。阜阳闸站场次洪水起讫时间为8月21日—9月5日，经过分析计算，阜阳闸站场次洪量9.39亿 m^3。在阜阳闸站的洪水组成中，支流杨桥闸站洪量较小，几乎全部来自上游界首站。界首站洪量9.06亿 m^3，约占阜阳闸站洪量的96.5%；支流泉河杨桥闸站洪量0.08亿 m^3，约占阜阳闸站洪量的0.9%；区间洪水占比2.5%。

阜阳闸站场次洪水起讫时间为9月6—15日，经过分析计算，加上茨淮新河分洪量，阜阳闸站场次洪量14.3亿 m^3。在阜阳闸站的洪水组成中，支流泉河杨桥闸站洪量较大，是界首站的2倍。界首站洪量12.8亿 m^3，约占阜阳闸站洪量的89.5%；支流泉河杨桥闸站洪量0.75亿 m^3，约占阜阳闸站洪量的5.2%；区间洪水占比5.3%。

5) 洪水重现期

通过对历史最大洪量进行排频，对应2010年颍河界首站、阜阳闸站、杨桥闸站的最大7、15和30 d洪量，根据分析，杨桥闸(合并)洪量较小，不分析重现期。2010年颍河控制站最大7 d洪量重现期：界首站约10年，阜阳闸站约10年；最大15 d洪量重现期：界首站约10年，阜阳闸站约5年；最大30 d洪量重现期：界首站约5年，阜阳闸站约5年。

3. 灾情

9月份暴雨洪水后，据统计，阜阳市界首、太和、颍泉和临泉县等4个县(市、区)58个乡镇受灾，农作物受灾面积110.046千公顷、成灾37.78千公顷、绝收10.93千公顷，受灾人口127.51万人、紧急转移安置2 701人、被水围困2.1万人，倒塌房屋1 237间，直接经济损失2.098 6亿元，其中农林牧渔损失1.756 5

万元、水利设施直接经济损失 0.199 7 亿元。

4. 总结

2010 年颍河流域共 2 场强降雨，9 月份雨量较大且上下游分布不均，上游雨量大，造成界首、阜阳闸出现超警戒水位洪水，下游雨量较小，颍上闸水位涨幅较小且过程持续时间短。为降低阜阳闸上水位，9 月茨淮新河分洪。

2.4 浍河流域

2.4.1 概述

2.4.1.1 流域概况

1. 自然地理特征

浍河流域西北起自废黄河南堤，东南迄怀洪新河，西南与涡河、北淝河、澥河毗邻，东北与沱河分水岭为界。流域形状狭长，地势自西北向东南倾斜，地面坡度平缓。该流域横跨豫皖两省，其中安徽省辖亳州、宿州、淮北、蚌埠等四地（市）的谯城、涡阳、濉溪、宿县、固镇五县（市、区）。流域总面积为 4 850 km^2，安徽省境九湾以上流域面积为 2 930 km^2，占总面积的 60%。

浍河干流上游在豫境内称东沙河，发源于商邱县关庄集，流经夏邑、永城市的新桥至张瓦房进入安徽省濉溪县境，经临涣、韩村、孙疃、南坪、祁县、固镇后，于九湾汇入怀洪新河香涧湖，怀洪新河出口为洪泽湖。浍河干流临涣以上流域面积为 1 470 km^2，其中河南省 1 220 km^2，安徽省 250 km^2，省界至九湾皖境河长 153 km。

流域地势西北高东南低，东南部比较平缓，南坪集以上坡度较陡。流域形状为狭长形，流域坡度为 9.4%，流域东南部土质以砂姜黑土为主，西北部上游以黑黏土、潮土为主。主要农作物为水稻、小麦、大豆、玉米等。

2. 水利工程

1）固镇闸

固镇闸（老闸）于 1958 年 10 月兴建，1960 年 4 月竣工。闸门 9 孔，孔宽 4.0 m，闸底高程为 12.82 m。闸上设计水位为 18.90 m，设计泄洪流量为 730 m^3/s。固镇新闸有 12 孔，孔宽 5.0 m，闸底高程为11.39 m。两岸堤顶高程为 21.20 m，闸上正常蓄水位为 16.50 m，设计水位为 17.50 m，设计泄洪流量为 1 015 m^3/s，校核流量为 1 537 m^3/s。1996—2000 年 1 月，对浍河固镇闸以上至蕲县闸段进行了河道疏浚。

2）临涣集

临涣集水文站位于固镇闸上游约 95 km 处，集水面积为 2 476 km^2，来水量受上游河南省黄口集闸的控制影响。临涣集至固镇闸之间有蕲县和南坪两座节制闸。

3）蕲县闸

蕲县闸距固镇 35 km，1966 年兴建，闸门 17 孔，孔宽 4.0 m，设计流量为 1 260 m^3/s，闸底高程为 15.00 m，最高蓄水位为 20.00 m。蕲县闸上有 1976 年开挖的浍澥新河。

4）南坪闸

南坪闸（老闸）距固镇 53 km，建于 1959 年 11 月，1960 年 9 月竣工，泄洪流量（20 年一遇）为 830 m^3/s，1994 年 8 月扩建新闸，1996 年竣工，5 年一遇排涝流量为 810 m^3/s，20 年一遇泄洪流量为 1 240 m^3/s。

3. 水文测站

浍河流域内现有水文站 2 处，雨量站 12 处。

固镇闸水文站位于浍河下游，是国家重要水文站、浍河控制站，集水面积为 4 541 km^2，设站日期为 1935 年 5 月，观测项目有水位、流量、雨量、水质、地下水、土壤墒情。测流断面 1996 年在闸上游 1 250 m 处，2000 年 1 月迁至闸下 500 m 处。闸上历年最高水位 19.55 m（1965 年 7 月 5 日），历年最大流量 1 340 m^3/s（1954 年 7 月 21 日），多年平均年降水量为 886.1 mm，多年平均年径流量为 8.131 亿 m^3。

临涣闸水文站是国家重要水文站，设站日期为 2011 年 1 月，观测项目有水位、流量、雨量、水质、地下水、土壤墒情。历年最高水位 24.84 m（2015 年 1 月 6 日），历年最大流量 185.0 m^3/s（2012 年 7 月 11

日)，多年平均年降水量为 842.8 mm，多年平均年径流量为 1.068 亿 m^3。

2.4.1.2 暴雨特性

流域属我国东部季风气候区，受季风环流影响比较明显，气候温和，四季分明，无霜期较长。流域内多年平均气温为 14.5℃左右，夏热多雨，秋旱少雨，7—9 月常受登陆台风影响，发生强暴雨。流域内降水量年际变化较大。多年平均年降水量为 814.9 mm，最大年降水量为 1 275.1 mm，最小年降水量为 421.1 mm。降水量年内分配不均，主要集中在 6—9 月，其降水量占年降水量的 60%～70%，其他月份占全年的 30%～40%。

2.4.1.3 洪水特性

浍河流域控制站固镇闸段洪水来源主要以上游浍河干流来水为主，复式洪峰，洪量大，峰行平缓，水位流量关系线呈复式绳套曲线。浍河流域洪水主要取决于暴雨量级、时空分布和洪水的蓄与泄具体条件等因素。大洪水一般发生在 6—8 月，7 月份出现大洪水的概率最大。固镇闸站多年平均年径流量为 8.131 亿 m^3，最大年径流量为 38.75 亿 m^3，最小年径流量为 1.940 亿 m^3，闸上历史最高水位为 19.55 m。多年平均水位为 15.24 m，实测最大洪峰流量为 1 340 m^3/s，多年平均流量为 28.1 m^3/s。

洪水传播时间：临涣闸站到固镇闸站区间，平均传播时间约为 26 h；暴雨中心偏下游时，洪峰流量偏大，峰现时间短；暴雨中心偏上游时，则反之。

2.4.1.4 洪涝灾害

浍河流域由于其特定的地理位置、气候条件等情况，历史上洪涝灾害频发。原先比较通畅的流域，由于黄河夺淮期间洪水所带的泥沙，造成河床淤垫，洪泽湖底淤高，一遇大水则中游地区洪涝灾害加剧。随着经济发展和治水的进展，洪水和洪灾都有一定程度的变化，人类在宏观上取得巨大效益的同时，在某些方面改变了水文环境，表现在与洪水争地的存在，滞洪范围的缩小，汇流时间快，江河洪水位的抬高。总体上说，浍河流域洪灾由于防洪工程的进展，成灾面积逐步减少。浍河流域受灾较严重年份有 1954 年、1963 年、1965 年、2003 年、2018 年等。

2.4.2 典型年洪水

2.4.2.1 1954 年

1954 年是淮河流域自 1949 年以来最为严重的一次水灾，淮河干流发生特大洪水，淮河水位直线上涨，干流堤防决口，淮北大堤溃口后，浍河等支流与淮河连成一片，洪水淹没近千万亩农田。该年浍河流域降水量面广量大，降雨时间分配极为不均，降水量集中在 7 月份，占全年降水量的 58.6%，7 月暴雨频发，9—11 月干旱少雨。

1. 雨情

1) 雨情概述

1954 年浍河流域年降水量为 1 176.1 mm，历史排名第六。降雨时间分布极为不均，全年降水量主要集中在主汛期 7 月，7 月雨量 689.0 mm，占全年降水量的 58.6%。进入主汛期后，暴雨频次明显增加，7 月主要出现 3 次降雨过程，这 3 次降雨过程间隔较短，次雨量较大，造成浍河流域该年最大的洪水过程。

2) 暴雨过程

浍河流域共出现 3 次明显的暴雨过程。

(1) 7 月 2—11 日

1954 年 7 月 2—11 日出现入汛后的第一次暴雨过程，降雨过程持续 10 天，2—3 日降雨强度较小，4—7 日降雨强度增大，之后几日降雨逐渐减弱。固镇闸站次雨量为 272.1 mm，最大 1 d 降水量为 67.4 mm。

(2) 7 月 16—22 日

7 月 16—22 日降雨过程持续 6 d 左右。16 日开始降雨，20 日雨量最大，22 日降雨渐止。固镇闸站次雨量为 180.7 mm，最大 1 d 降水量为 98.1 mm。

(3) 7 月 27 日

27 日降雨过程持续 1 天，雨区基本上在流域下游固镇闸站一带。暴雨中心在固镇闸站附近，次雨量为 99.4 mm，最大 1 d 降水量 99.4 mm 为全年最大。

3）暴雨特点

1954 年浍河流域梅雨期长，暴雨总量大范围广，先涝后旱，降雨年内分布不均，汛期暴雨频发，汛后干旱少雨。7 月降水量为 689.0 mm，占年降水量的 58.6%。

4）暴雨频率分析

1954 年浍河流域年降水量为 1 176.1 mm，历史排名第六。最大 3、7 d 降水量相当于 10 年一遇；最大 15 d 降水量居有历史资料以来的第 3 位，相当于 30 年一遇；最大 30 d 降水量排名居历史第 2 位，相当于 40 年一遇。

2. 水情

1）水情概述

1954 年浍河流域的洪水主要由 7 月份连续暴雨所造成，上游来水多次叠加，造成浍河流域下游峰高、量大的复式洪峰。7 月初流域出现第一次洪水，固镇闸站出现年最高水位和年最大洪峰流量，洪峰流量为历年最大。

2）洪水过程

1954 年，受多次暴雨叠加以及上游来水的影响，浍河流域连续出现三场洪水过程。

第一场洪水：固镇闸站从 7 月 4 日 0 时起涨后，在 7 月 7 日 6 时水位达警戒水位 17.50 m。在上游来水以及降雨的影响下，水位持续上涨。7 月 11 日 9 时达洪峰水位 18.64 m，洪峰流量 931 m^3/s，随后降雨渐止，16 日 0 时水位 17.46 m，回落至警戒水位以下。此次涨水过程超警戒水位 9 d。

第二场洪水：7 月 16 日 12 时，受降雨影响，固镇闸站开始涨水，起涨水位 17.35 m。当日 21 时，水位涨至 17.55 m，再次超警戒水位。随后水位快速上涨，7 月 21 日 6 时，固镇闸站出现洪峰流量 1 340 m^3/s，为历年最大流量。7 月 21 日 21 时，固镇闸站出现洪峰水位 19.26 m，距保证水位 0.29 m。

第三场洪水：7 月 27 日 8 时，固镇闸站水位回落至 18.02 m，随后受当天暴雨影响水位又开始上涨，此次上涨幅度较小，7 月 27 日 21 时出现洪峰流量 885 m^3/s，28 日 6 时 10 分时出现洪峰水位 18.60 m，之后开始回落，8 月 2 日 18 时水位回落至 17.74 m。

从 7 月 16 日至 8 月 2 日，超警戒水位历时长达 17 d。

3）洪水特点

（1）暴雨洪水范围广，干支流洪水并发

淮河干流发生特大洪水，淮河水位直线上涨，干流堤防决口，淮北大堤溃口后，浍河等支流与淮河连成一片，洪水淹没近千万亩农田。

（2）洪水水位高、量级大，超警戒时间长

1954 年淮河流域暴雨强度大、历时长、雨区范围广，形成该年洪峰高、洪量大、多次洪水连续出现、持续时间长的历史特大洪水。年最高水位 19.26 m，历史排位第三，超警戒水位长达 27 d；该年最大流量 1 340 m^3/s，为历史最大流量。

4）洪水组成分析

第一场洪水过程中，固镇闸以上洪水总量为 5.648 亿 m^3，上游临涣集以上洪量 1.319 亿 m^3，上游洪量占比为 23.4%，临涣集到固镇闸区间洪量占比较大。

第二场洪水过程中，固镇闸以上洪水总量为 6.999 亿 m^3，上游临涣集以上洪量 2.648 亿 m^3，上游洪量占比为 37.8%。

第三场洪水过程中，固镇闸以上洪水总量为 2.586 亿 m^3，上游临涣集以上洪量 1.319 亿 m^3，上游洪量占比为 51%，主要来水为临涣集到固镇闸区间。

5）洪水重现期

控制站固镇闸站 1954 年最大流量为 1 340 m^3/s，历史排名第一，相当于 50 年一遇。

3. 灾情

干流堤防决口，淮北大堤溃口后，浍河等支流与淮河连成一片，洪水淹没近千万亩农田。

4. 结语

1954 年淮河发生流域性特大洪水，该年夏季，东亚上空的西风环流向北撤退比往年延迟 20 d 到 1 个月，夏季来得迟，梅雨来得早，比常年提前 20 d；梅雨退得迟，比常年迟 15 d，梅雨期长达 57 d。台风少，助长了南北气流交绥的恒定性，6、7 两个月太平洋副热带高压很弱，位置偏东很多，西南暖湿气流强盛，5—7 月切变线在长江、淮河流域多次摆动，导致该年暴雨主要集中在 7 月，7 月降水量超全年一半，年内分配极为不均。雨水充沛，淮河水位直线上涨，干流堤防决口，淮北大堤溃口后，浍河等支流与淮河连成一片，洪水淹没近千万亩农田，浍河下游控制站固镇闸站出现历史最大流量 1 340 m^3/s。

2.4.2.2 1963 年

该年浍河流域年降水量为 1 198.0 mm，历史排名第五。暴雨主要集中在 5 月中下旬至 8 月。5 月中旬至下旬的暴雨，造成浍河流域出现第一场洪水，6 月 2 日 22 时洪峰水位为 19.20 m，为全年最高水位，超警戒水位历时长达 26 d；7—8 月，连续出现 3 次暴雨过程，致使该流域出现第二场较大洪水，控制站固镇闸站洪峰水位 19.14 m，距保证水位 0.41 m，洪峰流量为 1 080 m^3/s，排历史资料第 4 位。

1. 雨情

1）雨情概述

1963 年浍河流域年降水量为 1 198.0 mm，上中游降水量大于下游。降雨时程分配不均，暴雨主要集中在 5 月中下旬至 8 月。汛期，浍河流域产生了 4 次强度较大的降雨，降水量较大，降雨间隔较短。

2）暴雨过程

5—8 月，浍河流域共出现了 4 次明显的暴雨过程。

（1）5 月 19—29 日

本次降雨主要分布在流域中下游固镇闸站，降雨历时长，初期全流域普降小到中雨，29 日降暴雨。固镇闸站日雨量为 28.6 mm，次雨量为 86.1 mm。

（2）7 月 6—12 日

此次降雨历时长，次雨量全年最大。6 日全流域普降暴雨，7 日降雨渐止；8—12 日全流域持续降雨，11 日降大暴雨。固镇闸站日雨量为 68.0 mm，为本次降雨最大日雨量，也是该站全年最大日雨量，本次降雨次雨量为 137.9 mm。

（3）8 月 10—12 日

8 月 10 日降雨基本上在流域下游固镇闸站一带，强度较大，固镇闸站雨量为 42.8 mm，达到暴雨级别，11 日、12 日降雨渐止。此次降雨历时短，强度较大，降雨与上游来水叠加，形成该年度流域内最大的一次洪峰。

（4）8 月 15—17 日

此次降雨过程持续 3 d 左右，15 日开始降小雨，16 日雨量增大。固镇闸站次雨量为60.4 mm。

3）暴雨特点

1963 年浍河流域雨季比 1956 年还要早，降雨范围广，暴雨过程多，持续时间长，中上游降水量大于下游地区。5 月中下旬起，浍河流域出现 4 次较大的降雨过程，而 7 月底至 8 月上旬的暴雨造成了浍河该年度最大一次洪水过程。流域最大 15 d 降水量达 283.1 mm；最大 30 d 降水量为 425.5 mm。

4）暴雨频率分析

1963 年浍河流域年降水量居有历史资料以来第 5 位；最大 15 d 降水量排名为有历史资料以来第 10 位，相当于 10 年一遇；最大 30 d 降水量排名第九，相当于 10 年一遇。

2. 水情

1）水情概述

1963 年浍河流域自 5 月中下旬至 8 月底发生的 3 次大面积、长时间暴雨，造成流域出现 5 月下旬至 6 月下旬、7 月中下旬、8 月初至 9 月上旬 3 场洪水。

2）洪水过程

（1）5月下旬至6月下旬

5月份，浍河流域出现一次暴雨过程，致使浍河固镇闸站出现该年第一次洪峰。

固镇闸站从5月19日8时起涨后，在5月26日23时水位达警戒水位17.50 m。在上游来水及降雨的情况下，水位持续上涨，6月2日22时出现洪峰水位19.20 m，距保证水位0.35 m，洪峰流量为1 060 m^3/s。之后水位开始回落，至6月20日8时，固镇闸站水位回落至17.47 m，超警戒水位历时达26 d。

（2）7月中下旬

7月中下旬，浍河流域连续出现几次暴雨过程，致使浍河固镇闸站出现第二场较大洪水。固镇闸站从7月9日17时起涨后，于7月10日20时水位达警戒水位17.50 m。在上游来水和降雨的影响下，7月13日2时水位出现洪峰水位18.71 m，洪峰流量为865 m^3/s。随后水位回落至7月17日17时的17.33 m，经过小幅上涨后，于7月29日14时回落至16.69 m。

（3）8月初至9月上旬

8月初，受降雨和上游来水影响，水位持续上涨。8月1日20时水位达17.52 m，超警戒水位0.02 m。8月12日21时出现洪峰水位19.14 m，距保证水位0.41 m，洪峰流量1 080 m^3/s，位列历史资料第4位。至8月30日8时，固镇闸站水位回落至17.38 m，超警戒水位历时长达30 d。9月2日17时水位达17.53 m，超警戒水位，至9月6日8时回落至警戒水位以下。

3）洪水特点

该年洪水场次多，持续时间长，多为复式洪峰，形成的洪水洪峰高、洪量大。

4）洪水组成分析

第一场洪水过程中，固镇闸以上洪水总量为8.880亿 m^3，上游临涣集以上洪量4.666亿 m^3，上游洪量占比为52.5%。

第二场洪水过程中，固镇闸以上洪水总量为6.427亿 m^3，上游临涣集以上洪量2.847亿 m^3，上游洪量占比为44.3%。

第三场洪水过程中，固镇闸以上洪水总量为19.822亿 m^3，上游临涣集以上洪量10.924亿 m^3，上游洪量占比为55.1%。

5）洪水重现期

根据分析，固镇闸站洪水重现期相当于30年。

3. 结语

综合分析，1963年浍河流域洪水相当于30年一遇洪水，当年暴雨历时长、强度大、范围广，形成的洪水洪峰高、洪量大，造成浍河流域严重受灾。

2.4.2.3 1965年

1965年浍河流域降雨总量大，历时长，7月连续降雨日达到20 d，降雨分布不均，降雨主要集中在6月底到8月初，7月降水量占全年的52%。1965年浍河流域发生大面积、长时间暴雨，造成流域出现较大的洪水，洪水过程主要集中在7—8月。

1. 雨情

1）雨情概述

1965年浍河流域暴雨主要集中在7月，降水量占全年的52%。进入汛期后，浍河流域产生了4次强度较大的降雨。6月30日—7月3日，流域中下游降特大暴雨，暴雨中心固镇闸站次雨量达到369.5 mm，最大日雨量为218.3 mm，此次降雨造成浍河流域第一次洪水过程。

2）暴雨过程

5—9月，浍河流域共出现了4次明显的暴雨过程。

（1）6月30日—7月3日

6月30日—7月3日，流域出现入汛后的第一次暴雨过程，本次降雨也是该年度最大的一次降雨。此次降雨主要分布在流域中下游；6月30日普降大到暴雨，南坪闸站降中雨；7月1日雨强有所减弱。

7 月 2 日降雨强度明显增大，流域普降大暴雨到特大暴雨，从中游至下游雨量逐渐增大，暴雨中心固镇闸站降特大暴雨，日雨量达到 218.3 mm，为全年最大日雨量。临涣集站、南坪闸站日雨量分别为 128.0 mm、188.7 mm，均为该站全年最大日雨量。

7 月 3 日降水量有所减小，南坪闸站持续降暴雨，日雨量 128.0 mm，固镇闸站、临涣集站降中到大雨。此次降雨过程在 7 月 3 日逐渐停止。

本次暴雨过程历时短，强度大，流域平均降水量为 303.7 mm。本次降雨过程次雨量超过 100 mm 的笼罩面积达 4 541 km^2。暴雨中心固镇闸站次雨量 369.5 mm，约占全年总降水量的三分之一，南坪闸站、临涣集站次雨量分别为 356.7 mm、184.8 mm。

(2) 7 月 6—22 日

7 月 6—22 日，雨区基本上在流域中下游一带，降雨范围广，历时长，次雨量大。7 月 6 日降中到大雨，7 月 7 日降雨渐止；7 月 8—22 日流域持续降雨。暴雨中心在临涣集一带，次雨量 346.1 mm，12 日降水量为 99.0 mm，为本次降雨最大日雨量，固镇闸站、南坪闸站次雨量分别为 245.3 mm、266.1 mm。该次降雨与上次降雨叠加，造成流域第二次洪水过程。

(3) 7 月 27 日

7 月 27 日降雨在流域下游固镇闸站一带。27 日固镇闸站日雨量 58.3 mm，达到暴雨级别，流域其他地区普降小到中雨，暴雨中心在固镇闸站附近。

(4) 8 月 1—4 日

8 月 1—4 日的降雨过程持续 4 d 左右，流域普降暴雨。8 月 1 日开始降暴雨，雨量较大，4 日降雨渐止。暴雨中心在流域中游临涣集站附近，固镇闸站次雨量为 145.7 mm，南坪闸站 202.9 mm，临涣集站 205.8 mm。

3) 暴雨特点

1965 年浍河流域降雨总量大，历时长，7 月连续降雨日长达 20 d，降雨分布不均，主要集中在 6 月底到 8 月初，7 月降水量占全年 52%。全年降水量为 1157.7 mm，最大 1 d 降水量为 178.3 mm(7 月 2 日)，历史排名第二，最大 3 d 降水量历史排名第一。

4) 暴雨频率分析

1965 年浍河流域年降水量为有历史资料以来第 8 位，最大 1 d 降水量历史排名第二，相当于 80 年一遇；最大 3、15、30 d 降水量排名均为有历史资料以来首位，相当于 70 年一遇；最大 7 d 降水量排名第三，相当于 40 年一遇。

2. 水情

1) 水情概述

1965 年浍河流域发生大面积、长时间暴雨，造成流域出现较大洪水。该年受连续降雨影响，流域出现 2 次洪水过程。7 月 2—27 日流域出现第一场洪水，本次洪水连续出现 2 次洪峰，固镇闸站、临涣集站均出现历史最高水位，整个洪水过程持续 25 天时间。8 月 1—16 日流域出现第二场洪水，本次洪水为单一洪峰，固镇闸站、临涣集站洪峰水位和洪峰流量均低于第一次洪水。

2) 洪水过程

第一场洪水中，固镇闸站自 7 月 2 日 22 时开始起涨，起涨水位 14.56 m，流量 12.3 m^3/s。7 月 5 日 8 时出现第一次洪峰，洪峰水位为 19.55 m，超警戒水位 2.05 m，为历史最高水位，洪峰流量 1 300 m^3/s，仅次于历史最大流量，随后水位开始回落。7 月 10 日 14 时，固镇闸站水位回落至 17.90 m 后受降水影响再度上涨，7 月 20 日 23 时出现第二次洪峰，洪峰流量 425 m^3/s。7 月 21 日 22 时出现洪峰水位 19.38 m。

第二场洪水中，固镇闸站自 8 月 1 日 20 时开始起涨，起涨水位 17.59 m，流量 165 m^3/s。8 月 5 日 8 时出现洪峰流量为 1 060 m^3/s，8 月 5 日 20 时出现洪峰水位为 19.01 m，超警戒水位 1.51 m，洪峰水位、洪峰流量均低于第一场洪水。

3) 洪水特点

浍河流域 1965 年洪水持续时间长，洪峰高，洪量大，多个洪峰连续出现。其中第一次洪峰起涨时间短，从起涨到出现洪峰仅 58 h，水位即达历史最高水位。洪峰流量仅次于历史最高，洪水过程持续时间长。

4）洪水组成分析

第一场洪水过程中，固镇闸以上洪水总量为 18.285 亿 m^3，上游临涣集以上洪量 8.234 亿 m^3，上游洪量占比为 45%。

第二场洪水过程中，固镇闸以上洪水总量为 6.537 亿 m^3，上游临涣集以上洪量 1.845 亿 m^3，上游洪量占比为 28.2%，临涣集到固镇闸区间洪量占比较大。

5）洪水重现

根据分析，固镇闸站 1965 年洪水重现期约为 50 年。

3. 结语

浍河流域汛期出现历时长、强度大的降雨。该年固镇闸水位居历史第一，洪水历时长，洪量大，最大 7、15、30 d 洪量均居历史第一，长时间大范围降雨是造成浍河流域水位高、流量大的原因。

2.4.2.4 2003 年

2003 年，浍河流域发生了自 1949 年以来的流域性大洪水。浍河流域暴雨不仅过程多，而且间隔时间短、强度大、笼罩范围广；大面积、长时间暴雨造成流域出现 21 世纪的第一场大洪水，洪水流量大、洪峰高，该年最高水位 19.49 m，仅次于 1965 年的历史最高水位 19.55 m，最大流量和最大 1 d 洪量均居历史第 3 位。

1. 雨情

1）雨情概述

2003 年浍河流域暴雨出现较早，汛前 4 月中旬就出现局部暴雨。4 月 17—24 日，浍河流域产生了 1 次强度较大、分布面积较广的降雨过程。之后受西风槽、低空急流、低涡的影响，暴雨频次明显增加。6 月下旬至 7 月中旬的数次暴雨，造成浍河流域 2003 年最大的洪水。6 月 29 日—7 月 5 日，出现流域范围最广、强度最大的一次降雨过程，局部出现暴雨、大暴雨，固镇闸站次雨量达 343.7 mm。8 月上旬至 9 月初，全流域又出现多次较大范围的暴雨，造成浍河流域第二场洪水。2003 年为浍河流域降水量有资料以来最大的年份。

2）暴雨过程

4 月中旬至 9 月初，浍河流域共出现了 8 次明显的暴雨过程。

（1）4 月 17—24 日

4 月 17—24 日，流域出现第一次暴雨过程，浍河流域普降暴雨，17 日雨量较大，此后降雨开始减弱，持续到 24 日结束。

（2）6 月 26 日

6 月 26 日，浍河流域部分地区出现短历时暴雨，降雨过程持续 20 h 左右。

（3）6 月 29 日—7 月 5 日

6 月 29 日—7 月 5 日为 2003 年浍河流域强度最大、持续时间最长、范围最广的一次暴雨过程，造成浍河流域入汛以来的第一场长时间大洪水。

6 月 29 日浍河流域开始降暴雨，暴雨持续到 7 月 1 日，7 月 2 日转为小雨，7 月 3 日降大暴雨，固镇闸站日雨量达 120.8 mm，为全年最大日雨量。7 月 4 日开始降雨减弱，到 6 日降雨结束。本场降雨范围广、强度大，固镇闸站次降水量达 343.7 mm。

（4）7 月 8—13 日

7 月 8—13 日的暴雨过程分布范围广，流域出现大面积暴雨。7 月 8 日，浍河流域普降暴雨，9 日雨量减弱为大雨，10 日起转为小雨，14 日降雨过程结束。

（5）7 月 16—21 日

7 月 16—21 日流域出现一次暴雨过程，此次降雨强度较大。固镇闸站 7 月 20—21 日连续降暴雨，此次降雨固镇闸站次雨量 114.8 mm，最大日雨量为 49.4 mm。本次降雨过程造成该年度 7 月份洪水过程中的第二个洪峰。

(6) 8月4日

8月4日固镇闸站降大暴雨，该次降雨过程持续24 h左右，时间短，雨量大，固镇闸站日雨量83.0 mm。

(7) 8月8—19日

8月8—19日的降雨过程持续12 d左右，雨区基本上在流域下游固镇闸站一带。8日开始降雨，此次降雨持续时间长，强度较小，全程降小到中雨。暴雨中心在固镇闸站附近，次雨量106.7 mm。

(8) 8月23日—9月1日

此次降雨过程持续10 d左右，雨区基本上在流域下游固镇闸一带。该次降雨过程造成流域出现本年度的第二场洪水。8月23—27日，流域普降小到中雨，28日降大暴雨，日雨量79.6 mm，29日雨强有所减弱，9月1日降雨渐止。本次降雨固镇闸站次雨量156.0 mm。

3) 暴雨特点

2003年浍河流域暴雨特点是雨季来得早，暴雨过程多、间隔时间短，降雨历时长、笼罩范围广，强暴雨频发、降水总量大，降雨时空分布有利于形成流域性大洪水。

(1) 暴雨过程多，间隔时间短

自4月下旬以后浍河流域连续出现8次降雨过程，而其中6—7月暴雨过程集中出现造成浍河2003年的最大洪水过程，最大7 d降水量达343.7 mm。

(2) 暴雨强度大，笼罩范围广

在汛期历次降雨过程中，暴雨中心的固镇闸站最大1 h降水量为43.3 mm，最大24 h降水量为139.7 mm。7月3日的暴雨最大，固镇闸站日雨量达120.8 mm，为全年最大日雨量。

4) 暴雨频率分析

2003年浍河流域年降水量居历史资料第1位。最大3 d降水量列第4位，相当于20年一遇；最大7、15、30 d降水量均为历史第4位，最大7、15 d降水量相当于30年一遇；最大30 d降水量相当于40年一遇。

2. 水情

1) 水情概述

2003年浍河流域发生大面积、长时间暴雨，年降水量历史排名第一。6—8月的长时间暴雨，造成流域共在7月份、8月中下旬至9月上旬发生2场洪水，洪水主要由暴雨形成，形成的洪水洪峰高、流量大，超警戒时间长。该年7月5日洪峰流量达到1 160 m^3/s，7月6日20时，浍河固镇闸站出现2003年最高水位19.49 m(距保证水位0.06 m)，仅次于1965年的历史最高水位19.55 m。

2) 洪水过程

(1) 第一场洪水

7月浍河流域连续出现2次暴雨过程，降雨集中在中下游，致使浍河流域下游固镇闸站出现较大的洪水过程。固镇闸站从6月29日20时起涨后，在7月2日10时上游水位达17.54 m，超警戒水位0.04 m。7月5日2时，固镇闸站上游水位涨至19.03 m，相应洪峰流量为1 160 m^3/s，仅次于1954年(1 340 m^3/s)和1965年(1 300 m^3/s)。7月6日20时，固镇闸站上游出现2003年最高水位19.49 m，距保证水位0.06 m，22时出现下游最高水位19.46 m。随后水位开始回落，7月20日8时，固镇闸站上游水位回落至17.48 m，超警戒水位历时达18 d。后受降水影响再度上涨，7月22日16时30分出现第二次洪峰，相应洪峰流量655 m^3/s。7月24日2时上游出现洪峰水位18.25 m，下游水位18.23 m。至7月28日8时，固镇闸站上游水位回落至17.44 m，超警戒水位历时达7 d。

(2) 第二场洪水

8月25—29日，浍河流域再次连续出现2次暴雨过程，致使浍河流域出现2003年的第二场洪水。固镇闸站自8月28日13时开始起涨，上游起涨水位16.21 m，下游水位15.48 m，流量65.9 m^3/s。8月31日0时出现洪峰流量为837 m^3/s，20时出现洪峰水位17.90 m，超警戒水位0.40 m，下游水位17.86 m，洪峰水位、洪峰流量均低于第一场洪水。至9月3日8时，固镇闸站上游水位回落至17.48 m，超警戒水位历时达 6 d。

3) 洪水特点

(1) 暴雨洪水范围广,干支流洪水并发。2003 年浍河流域暴雨场次多、历时长,而且强度大,笼罩范围广。淮河干支流洪水并发,造成流域性大洪水。

(2) 洪水水位高、量级大、持续时间长。2003 年 6 月下旬至 7 月底的连续暴雨,使得浍河在 6 月下旬至 9 月的两场洪水中出现多次洪水过程,流域主要控制站固镇闸站年最大流量及最大 1 d 洪量历史排位均为第三,两次洪水过程超警戒时间长达 31 d。

4) 洪水组成分析

第一场洪水过程中,固镇闸以上洪水总量为 11.079 亿 m^3,上游临涣集以上洪量 0.808 亿 m^3,上游洪量占比为 7.3%,临涣集到固镇闸区间洪量占比较大。

第二场洪水过程中,固镇闸以上洪水总量为 5.903 亿 m^3,上游临涣集以上洪量 2.898 亿 m^3,上游洪量占比为 49.1%。

5) 洪水重现期

根据分析,浍河固镇闸站洪水重现期相当于 30 年。

3. 灾情

浍河流域受灾 52 万亩。

4. 结语

2003 年浍河流域发生了自 1949 年以来仅次于 1954 年和 1965 年的流域性特大洪水,当年雨季开始早、暴雨次数多、强度大、笼罩范围广,形成的洪水总量大、洪峰高,洪水期间超警戒水位持续时间长。当年洪水期间同时受下游怀洪新河洪水顶托,浍河沿岸及固镇县城内涝严重。

2.4.2.5 2007 年

该年流域降水量居有资料以来的第 2 位,降水量仅次于 2003 年。降雨主要集中在流域中下游一带,暴雨场次多,降雨总量大,历时长,降雨年内分布不均,7 月降水量占全年降雨总量的一半。流域最大的一次暴雨发生在 6 月下旬到 7 月上旬,次雨量达到 403.6 mm,此次降雨造成该年度浍河流域中下游段最大的一次洪水过程。

1. 雨情

1)雨情概述

2007 年浍河流域暴雨主要集中在 6 月到 9 月。进入汛期后,暴雨频次明显增加。6 月下旬到 7 月上旬流域开始降暴雨,6 月 29 日—7 月 8 日下游固镇闸站降大暴雨,该站次雨量达到 499 mm,最大日雨量 108.5 mm,造成浍河流域中下游段第一次洪水过程,此次洪水是该年度最大洪水。7 月中旬,流域又出现一次持续时间较长、笼罩面积较大的暴雨过程。

2) 暴雨过程

5—9 月,浍河流域共出现了 6 次明显的暴雨过程。

(1) 6 月 19—22 日

6 月 19—22 日,流域出现入汛后的第一次暴雨过程,降雨主要分布在流域中下游南坪闸一带,暴雨中心南坪闸站次雨量 82.0 mm,笼罩面积为 570 km^2,占流域面积的 26.7%。固镇闸站次雨量为 53.0 mm,临涣集站为 30.5 mm。

(2) 6 月 29 日—7 月 8 日

6 月 29 日—7 月 8 日,降雨 10 d,雨区中心在流域下游固镇闸一带,最大日降水量在临涣集站。临涣集站 7 月 4 日日降水量 181.5 mm,为本次降雨最大日雨量。6 月 30 日—7 月 3 日,流域普降中到大雨;7 月 4 日雨量增大,流域的中上游普降大暴雨,临涣集站降特大暴雨,12h 雨量 175.5 mm,日雨量达到 181.5 mm,为该站年最大日雨量,南坪闸站日雨量为 101.8 mm;7 月 5 日暴雨区向流域中下游移动,临涣集站雨强有所减弱,南坪闸站、固镇闸站降大暴雨,日雨量分别为 100.2 mm、106.0 mm;7 月 6—7 日雨区继续向下游移动,雨强减弱,流域中上游地区普降小到中雨,大范围降雨停止,流域的下游地区持续降暴雨。7 月 8 日流域中上游地区降雨逐渐停止，流域下游地区降大暴雨，固镇闸站日雨量 108.5 mm，8 日夜间，流域降水基本结束。

本次降雨造成流域全年最大洪水过程。本次暴雨过程全流域平均降水量为 403.6 mm。暴雨中心固镇闸站次雨量 499.0 mm。暴雨强度为 2007 年最大。

(3) 7 月 18—25 日

7 月 18—25 日的降雨过程持续 8 d 左右，累积雨量较大。19 日流域普降大到暴雨，临涣集、南坪闸、固镇闸站日雨量分别为 53.0 mm、86.6 mm、108.5 mm，22 日开始降雨渐止；24—25 日，流域普降小到中雨。此次降水暴雨中心在固镇闸站附近，流域面平均降水量为 148.8 mm，最大日雨量为 108.5 mm。

(4) 8 月 21—22 日

8 月 21—22 日，本次降雨过程较短，主要集中在流域中下游地区，21 日夜间开始降雨，固镇闸站日雨量较大，为 68.5 mm，临涣集站、南坪闸站降小到中雨。此次降水暴雨中心为固镇闸站，次雨量为 99.0 mm，流域面平均降水量为 50.0 mm。

(5) 8 月 29—31 日

8 月 29—31 日，本次降雨过程较短，主要集中在流域中下游地区，29 日开始降雨，南坪闸站日雨量较大，为 92.3 mm，临涣集站、固镇闸站降大到暴雨。暴雨中心南坪闸站次雨量 92.3 mm，本次降雨固镇闸站、临涣集站次降水量分别为 44.5 mm、70.0 mm，流域面平均降水量为 82.0 mm。

(6) 9 月 19 日

本次降雨过程较短，强度较大，持续时间仅 9 月 19 日一天，降雨在流域中下游地区，降雨中心固镇闸站次雨量为 82.5 mm，南坪闸站次降水量仅为 9.9 mm。

3) 暴雨特点

该年度降雨主要集中在流域中下游一带，暴雨场次多，降雨总量大、历时长，降雨年内分布不均；流域最大的一次暴雨发生在 6 月下旬到 7 月上旬，次雨量达到 403.6 mm，7 月降水量占全年降雨总量的一半，全年降水量仅次于 2003 年，居有历史资料以来的第 2 位。

4) 暴雨频率分析

2007 年流域年降水量居有历史资料以来的第 2 位；最大 1 d 降水量排第 6 位，相当于 10 年一遇；最大 3 d 降水量居第 2 位，相当于 40 年一遇；最大 7 d 降水量居第 2 位，相当于 50 年一遇；最大 15、30 d 降水量分别居第 2、第 3 位，相当于 40 年一遇。

2. 水情

1) 水情概述

2007 年浍河流域发生大面积、长时间暴雨，造成流域出现比较大的洪水。7 月初流域出现洪水，洪峰流量为 1 080 m^3/s，与 1963 年持平，同列历史第 4 位。本场洪水固镇闸站出现 2007 年最高水位和最大洪峰流量。

2) 洪水过程

6 月 29 日到 7 月 8 日连续出现两场暴雨。降雨主要集中在上游临涣集站，本场洪水固镇闸站出现本年度最高水位 18.74 m，超警戒水位 1.24 m。

固镇闸站从 7 月 4 日 23 时起涨，上游起涨水位 16.14 m，7 月 6 日 8 时上游水位达 17.57 m，超警戒水位 0.07 m。在上游来水以及降雨的影响下，水位持续上涨。7 月 7 日 11 时出现洪峰流量 1 080 m^3/s，7 月 9 日 14 时上游水位达洪峰水位 18.74 m，超警戒水位 1.24 m。随后水位回落，13 日 0 时回落至警戒水位以下，上游水位 17.48 m。此次涨水过程超警戒水位 7 d。

3) 洪水特点

2007 年洪水属于长历时区域性洪水，洪峰流量与 1963 年持平，均居历史第 4 位。该年暴雨场次多、强度大、历时长，形成的洪水洪量大，洪峰高。

4) 洪水组成分析

固镇闸站洪水主要由暴雨和区间来水组成，场次洪水选取 7 月 4 日到 15 日场次，本场洪水固镇闸以上洪水总量为 5.626 亿 m^3，上游临涣集以上洪量 0.660 亿 m^3，上游洪量占比为 11.7%，流域下游临涣集到固镇闸区间洪量占比较大。

5）洪水重现期

根据分析，洪水重现期约为 20 年。

3. 结语

2007 年浍河流域大暴雨主要分布在 7—8 月，6 月下旬至 7 月上旬的暴雨是形成该年最大洪水的主要原因，洪峰流量 1 080 m^3/s，居历史第 4 位，与 1963 年持平；该年降雨持续时间长，雨量大，洪水洪量大，洪峰高，持续时间长，年降水量及洪量均居历史前列。

2.4.2.6　2018 年

2018 年浍河流域受第 18 号台风"温比亚"外围云系影响。台风登陆后，维持时间长，由于地形作用和与冷空气的结合，致使流域普降大暴雨，局部特大暴雨。该年降雨主要集中在 6 月下旬至 8 月中旬，降雨时间短，强度大。洪水历时短，涨落较快。8 月中旬由台风引起的暴雨，造成了该年度最大的一次洪水过程。

1. 雨情

1）雨情概述

2018 年浍河流域暴雨主要集中在 6 月和 8 月。进入汛期后，浍河流域受台风"温比亚"影响，暴雨频次明显增加。6 月中下旬流域开始降暴雨，6 月 26—27 日下游固镇闸站降大暴雨，最大日雨量为 214.5 mm，历史排名第三，造成浍河流域中下游段第一次洪水过程。8 月中旬，流域出现了一次持续时间较长、笼罩面积较大的暴雨过程，是该年度次雨量最大的降雨场次，其中固镇闸站次雨量为 387.5 mm，占全年降水量的近三分之一，造成浍河流域年度最大的洪水。

2）暴雨过程

2018 年 5—9 月，浍河流域共出现了 5 次明显的暴雨过程。

（1）5 月 16—25 日

5 月 16—25 日，全流域出现入汛后的第一次暴雨过程，降雨主要分布在流域中游临涣集一带，暴雨中心固镇闸站次雨量为 85.0 mm，南坪闸站次雨量为 67.5 mm，临涣集站为 57.5 mm。

（2）6 月 18—19 日

6 月 18—19 日，雨区基本上在流域中下游一带。18 日开始降暴雨，雨量较大，19 日降雨渐止。次雨量南坪闸站为 95.5 mm，固镇闸站为 50.5 mm，南坪闸站日雨量为 87.5 mm。

（3）6 月 26—28 日

6 月 26—28 日降雨过程持续 3 d 左右，雨区基本上在流域下游固镇闸站一带。26 日开始降雨，27 日雨量较大，达到特大暴雨级别。暴雨中心在固镇闸站附近，日雨量为 214.5 mm，为全年最大 1 d 降水量，位居该站有资料以来第 3 位。该次降雨造成流域较大洪水过程。本次暴雨过程全流域平均降水量为 88.3 mm。暴雨中心固镇闸站次雨量为 236.0 mm，暴雨强度为 2018 年最大。

（4）7 月 4—9 日

7 月 4—9 日降雨过程持续 6 d 左右，流域普降暴雨。4 日开始降暴雨，雨量较大，9 日降雨渐止。暴雨中心在南坪闸站附近，雨量超 100 mm 的站为南坪闸站，其日雨量为 108.0 mm，笼罩面积为 4 541 km^2，次雨量南坪闸站 165.0 mm、固镇闸站 94.5 mm 较大。

（5）8 月 12—19 日

8 月 12—19 日，受第 18 号台风"温比亚"影响，出现一次持续长达 8 d 的降雨过程，雨量较大。其中 8 月 13 日、17 日强度较大，全流域普降暴雨到大暴雨，局部地区特大暴雨，流域面平均降水量为 328.0 mm。暴雨中心固镇闸站 13 日最大 1 h 降水量达 81.0 mm，13 日降水量为 143.0 mm。本次降雨为 2018 年最大场次降雨，其中固镇闸站雨量为 387.5 mm，占全年降水量的近三分之一；临涣集站为 265.0 mm；南坪闸站为 264.5 mm。

3）暴雨特点

暴雨强度大，场次分布不均，降雨范围大。

5—9 月浍河流域发生 4 场明显的暴雨过程。8 月中旬受台风“温比亚”影响，流域出现强降雨，暴雨中心分布在流域下游固镇闸站一带。本次降雨固镇闸站最大 1 d 降水量为 214.5 mm，最大 7 d 降水量为 385.0 mm，均列历史第 3 位。该年度降雨历时短、强度大。

4) 暴雨频率分析

浍河流域 2018 年流域面降水量重现期为 10 年，在现有历史资料中排名第 9 位。最大 1 d 降水量排名历史第 16 位，重现期为 5 年。最大 3 d 降水量排名历史第 16 位，重现期为 5 年。最大 7 d 降水量排名历史第 9 位，重现期为 10 年。

2. 水情

1) 水情概述

2018 年浍河流域多次发生大范围、高强度降雨，降雨主要集中在 6—8 月，造成流域出现 3 次洪水过程。8 月 12—19 日，受第 18 号台风“温比亚”影响，出现一次较大降雨过程。12 日开始降小雨，13、17 日普降大到暴雨，部分地区特大暴雨，具有暴雨强度大、范围广等特点，此次降雨造成本年度最大的一次洪水过程。

2) 洪水过程

(1) 第一次洪水

6 月 26—28 日，浍河流域中下游出现短历时强降雨过程，暴雨中心主要集中在流域下游固镇闸站一带。受暴雨影响，自 6 月 27 日 20 时 06 分起，固镇闸站水位持续上涨，闸上起涨水位 16.75 m，闸下起涨水位 14.92 m。闸门开启高度 2 孔 0.50 m，至 21 时 54 分闸门开启加大至 6 孔 1.00 m，28 日 5 时 18 分闸门开启至 12 孔 3.00 m，出现 2018 年第一次洪峰，洪峰流量 574 m^3/s(6 月 28 日)，28 日 8 时 18 分闸门开启至 20 孔出水，29 日 7 时 24 分出现洪峰水位闸上 17.10 m，6 时闸下 17.04 m，之后闸门逐渐关小，水位回落。本次洪水持续时间较短。

(2) 第二次洪水

7 月 4—9 日，浍河流域再次普降暴雨，暴雨中心位于上游南坪闸附近。受其影响，浍河出现第二次洪水过程。固镇闸站上游水位自 7 月 5 日 6 时 24 分起涨，6 日 17 时 48 分水位涨至 16.82 m 后开始回落，17 时 12 分闸下最高水位为 16.63 m，洪峰流量为 495 m^3/s。

(3) 第三次洪水

8 月 12—19 日，浍河流域受第 18 号台风“温比亚”影响，出现一次较大降雨过程，短期内连续两次出现大暴雨，降水强度较大。此次降雨过程造成本年度最大的一次洪水过程。流域上游商丘市出现了自 1949 年以来最大的暴雨过程，截至 19 日 22 时，全市平均降水量为 292.7 mm，超 400 mm 站点有 7 处，350 mm 以上站点有 25 处，200 mm 以上站点有 111 处。因本次降雨，浍河上游黄口集闸站 18 日 17 时 30 分开始涨水，闸门全部提出水面。受上游来水影响，固镇闸站水位自 8 月 13 日 19 时起涨，闸门开 4 孔 1 m，之后逐渐开大，14 日 8 时 18 分开 12 孔 1 m，18 日 9 时 36 分开至 20 孔出水，当日 20 时起超警戒水位，20 日 17 时 12 分闸上最高水位 18.72 m，超警戒水位 1.22 m，21 日 10 时 54 分闸下最高水位 18.34 m，21 日 17 时 30 分达到洪峰流量 784 m^3/s，之后开始回落，25 日 8 时起回落至警戒水位以下。

3) 洪水特点

(1) 大范围洪水

由于台风造成的暴雨强度大，形成多次连续洪水，6—8 月，流域出现 3 次较大洪水过程。

(2) 涨落较快

2018 年浍河流域的第三次洪水，由于受 18 号台风“温比亚”影响，起涨时间较快，固镇闸站水位自 8 月 13 日 19 时起涨，20 日 17 时 12 分闸上达到洪峰值 18.72 m，超警戒水位 1.22 m，21 日 17 时 30 分闸下出现洪峰流量 784 m^3/s。

4) 洪水组成分析

场次洪水选取 8 月 12—29 日的洪水场次，经分析计算该场次固镇闸站洪量为 5.399 亿 m^3，上游临涣集站以上洪量为 2.193 亿 m^3，上游洪量占比 40.6%。

5）洪水重现期

根据分析，洪水重现期相当于10年。

3. 结语

2018年浍河流域暴雨主要受第18号台风“温比亚”的影响，暴雨中心在流域下游，形成年度最大一场洪水，该场洪水起涨急、洪峰高，流域形成内涝，其中固镇城区发生严重内涝。

2.5 茨淮新河流域

2.5.1 概述

2.5.1.1 流域概况

1. 自然地理特征

茨淮新河是安徽省淮北平原的一条人工河道，始建于1971年，1980年通水。上起颍河左岸阜阳市茨河铺，下至怀远县荆山口入淮河。全长134.2 km，流域面积6 960 km^2。

茨淮新河是为解决颍河洪水和汾泉河、黑茨河、西淝河内水出路，减轻正阳关以下淮河干流洪水压力而兴建的治淮骨干工程，兼顾航运、灌溉功能。该河从阜阳市颍泉区茨河铺北1 km处分颍河洪水，经利辛、蒙城、怀远等县，在怀远县荆山口南入淮河，全长134.2 km。自上而下截引茨河、西淝河等入茨淮新河。工程于1971年11月开工，1980年5月全线通水（插花以上属小断面），1992年全面竣工。流域地处我国南北气候过渡带，属暖温带、半湿润季风气候区。流域内为黄淮平原区，植被较好，农作物以小麦、玉米、大豆为主。

2. 水利工程

茨淮新河工程以防洪为主，兼有灌溉、航运、供水等综合效益。在防洪除涝方面，其主要功能是分泄颍河洪水，承泄黑茨河、西淝河等支流来水，减轻淮河干流洪水压力，可分泄颍河洪水2 000 m^3/s，有效减轻淮北大堤防洪压力，并截引黑茨河和西淝河上游7 127 km^{2}的来水；同时具有防洪、除涝、灌溉和航运等综合效益，设计灌溉面积近期134千公顷，远期203千公顷。在航运方面，可缩短蚌埠至阜阳航程100 km。

1）水利工程概况

茨淮新河自上而下建有茨河铺、插花、阚町、上桥4座节制闸，支流和面上各类涵闸、桥梁、排灌站4 575座。

茨河铺分洪闸为开敞式宽顶堰，共有17孔，单孔净宽10 m，底板高程24.00 m，闸孔净高6 m，设计排涝流量为1 400 m^3/s，分洪流量2 000 m^3/s。汛期闸上蓄水位为27.30～28.80 m。

插花节制闸为开敞式宽顶堰，共有17孔，单孔净宽10 m，底板高程20.85 m，闸门顶高程29.70 m，设计排涝流量为2 000 m^3/s，泄洪流量为2 400 m^3/s。汛期闸上蓄水位为26.50～27.50 m。

阚町节制闸为开敞式宽顶堰，共有15孔，单孔净宽10 m，底板高程18.40 m，闸门顶高程29.70 m，设计排涝流量为1 400 m^3/s，泄洪流量2 000 m^3/s。汛期闸上蓄水位为24.00～24.50 m。

上桥节制闸是茨淮新河入淮河的水利枢纽，共有21孔，单孔净宽8 m，底板高程13.20 m，设计5年一遇泄洪流量为2 200 m^3/s，20年一遇泄洪流量2 600 m^3/s，校核流量2 900 m^3/s。汛期闸上蓄水位为21.05 m。

2）茨淮新河洪水调度原则

（1）当预报正阳关水位将超过26.50 m或颍河阜阳闸流量超过3 000 m^3/s，启用茨淮新河分洪，茨河铺闸分洪流量不超2 000 m^3/s。

（2）当预报正阳关水位接近26.50 m或颍河阜阳闸流量达到3 000 m^3/s时，启用茨淮新河分洪，茨河铺闸分洪流量不超过1 400 m^3/s，并控制蚌埠（吴家渡站，下同）水位不超22.60 m。

（3）当涡河口以上淮北大堤、城市工矿圈堤等重要堤防发生严重险情，且蚌埠水位低于22.60 m时，可启用茨淮新河分洪，并控制蚌埠水位不超过22.60 m。

3. 水文测站

茨淮新河流域内现有水文站 4 处，雨量站 4 处，详见表 2.2-19。

表 2.2-19　茨淮新河流域主要水文测站基本情况表

序号	水系	站名	设站年份	观测项目
1	淮河	插花闸	1980 年 8 月	水位、流量、降水、水质、地下水位、地下水温、土壤墒情
2	淮河	阚町闸	1978 年 5 月	水位、流量、降水、水质、地下水位、土壤墒情
3	淮河	上桥闸	1978 年 4 月	水位、流量、降水、水质
4	淮河	茨河铺闸	1980 年 5 月	水位、流量、降水、水质
雨量站	插花闸、阚町闸、上桥闸、茨河铺闸			

茨河铺闸水文站：国家重要水文站，颍河分洪道控制站，设站时间是 1980 年 5 月，观测项目有水位、流量、降水、水质等。历年最高水位 32.53 m(1982 年 8 月 16 日)，历年最大流量 1 580 m^3/s(2003 年 7 月 13 日)，多年平均年降水量 921.8 mm，多年平均年径流量 2.28 亿 m^3。

插花闸水文站：国家重要水文站，茨淮新河控制站，设站时间是 1980 年 8 月，观测项目有水位、流量、降水、水质、地下水位、地下水温、土壤墒情等。历年最高水位 28.95 m(1998 年 7 月 7 日)，历年最大流量 1 540 m^3/s(2003 年 7 月 4 日)，多年平均年降水量 951.7 mm，多年平均年径流量 0.441 亿 m^3。

阚町闸水文站：国家重要水文站，茨淮新河控制站，设站时间是 1978 年 5 月，观测项目有水位、流量、降水、水质、地下水位、土壤墒情等。历年最高水位 26.08 m(2003 年 7 月 3 日)，历年最大流量1 680 m^3/s(1984 年 9 月 8 日)，多年平均年降水量 950.9 mm，多年平均年径流量 9.28 亿 m^3。

上桥闸水文站：国家重要水文站，大型枢纽控制站，设站时间是 1978 年 4 月，观测项目有水位、流量、降水、水质。警戒水位 22.00 m，保证水位 24.95 m。历年最高水位 23.39 m(2003 年 7 月 6 日)，历年最大流量 2740 m^3/s(2003 年 7 月 5 日)，多年平均年降水量 874.0 mm，多年平均年径流量 8.615 亿 m^3。

2.5.1.2　暴雨特性

流域属我国东部季风气候区，受季风环流影响比较明显，气候温和，四季分明，无霜期较长。流域夏热多雨，秋旱少雨。流域内降水量年际变化较大，降水量年内分布不均匀，6—9 月份降水量占年降水量的 65.0%以上。

2.5.1.3　洪水特性

该流域作为一条人工开挖河道，形成大面积洪涝灾害，主要与暴雨量级、时空分布和洪水的蓄泄具体条件、是否分泄颍河洪水、工程情况以及破圩面积等因素有关。茨淮新河流域洪水均由暴雨形成，夏季洪水频发，一般发生在 6—8 月，7 月份出现大洪水的概率最大。茨淮新河建成后，颍河未出现特大洪水，虽曾多次分泄部分洪水，但分洪流量都在 500 m^3/s 以下，1991 年为 422 m^3/s。1991 年上桥闸最大排洪流量为 1 580 m^3/s，使流域内防洪除洪能力有很明显的提高，效益显著。茨淮新河上桥闸站的洪水主要由茨河、西淝河流域降雨所产生的洪水和分引颍河洪水三部分组成。

(1) 根据实测资料分析，茨淮新河以上游站闸下和下游站闸上洪峰水位出现的时距作为两站间的洪水传播时间。插花闸—上桥闸传播时间为 10.7 h，其中，插花闸—阚町闸平均为 3.8 h，阚町闸—上桥闸平均为 6.9 h。

(2) 采用水力学公式(谢才公式 $v=CR^{1/2}I^{1/2}$、曼宁公式 $C=1/nR^{1/6}$)，以上下游闸门开启稳定期间的河段平均流速计算得插花闸—上桥闸洪水传播时间，平均传播时间为 19.3 h。

以上两种方法推算出的洪水传播时间相差较大。其原因可能为，茨淮新河上下游节制闸在大洪水期间统一调度，联动性强，往往同时开启，出流过程受人工调度影响很大，并非洪水沿河道演进的过程。闸坝站出现的最大流量、最高水位在很大程度上受节制闸调度影响，并不能完全反映上游的来水沿河道演进情况。因此本次分析不能代表该河段的洪水传播特性。

2.5.1.4 洪涝灾害

茨淮新河由于特殊的地理位置，且气候条件复杂，洪涝灾害频发，沿岸排灌站、涵闸众多，另有茨淮新河灌区利用茨淮新河上四级枢纽的拦蓄来水和上桥、阚町闸站2级抽水站抽引淮河水为灌溉水源。同时该流域地属淮北平原地区，是全省耕地最多的地区。由于地面坡度小，内部沟渠(大、中、小沟)不齐，蓄水难，排灌条件差，因此该地区洪、涝、旱、渍四害俱全，是全省水旱灾害最重的区域，也是治水任务最重的地区。平原地区洪灾，主要是漫溢或堤防溃决所造成，积涝时间长，灾区范围广。此外，东部地区灾害发生的频率大于西部地区。

根据沿岸水文站1954—2018年的水文资料分析，茨淮新河流域出现大洪水年份有1991年、2000年、2003年、2005年。

2.5.2 典型年洪水

2.5.2.1 1991年

1991年茨淮新河发生历史性洪水，梅雨季节特别长，降雨历时长，洪水场次多。茨淮新河从7月2日起先后开闸分洪蓄洪，但淮河防汛形势仍然严峻，7月4日6时，五河县以上河段全线超过警戒水位。本次洪水造成了一定程度的灾害。

1. 雨情

1）雨情概述

1991年茨淮新河流域年降水量为1 352.2 mm，降雨时间分布极为不均，其中插花闸站、阚町闸站、上桥闸站年降水量分别为1 312.3 mm、1 282.3 mm、1 461.9 mm。汛前3月即有一次强降雨过程，进入汛期后，暴雨频次明显增加，6月出现2次降雨过程，次雨量较大，造成茨淮新河流域该年最大的洪水过程，7月出现1次降雨过程，9月出现1次降雨过程。6月13日流域日雨量为110.5 mm，全年最大。全年降水量主要集中在主汛期6—7月，雨量为625.7 mm，占全年降水量的46.3%。

2）暴雨过程

茨淮新河流域共出现5次明显的暴雨过程，主要集中在6—7月，分别为3月6—10日、6月12—16日、6月28日—7月3日、7月5—10日、9月1—4日。

(1) 3月6—10日

1991年3月6—10日汛前即出现全年的第一次暴雨过程，降雨过程持续5 d，流域面平均雨量为115.9 mm，最大次降水量为阚町闸站的127.3 mm，最大1 d降水量为阚町闸站的62.8 mm。

(2) 6月12—16日

6月12—16日茨淮新河流域迎来一次全流域的强降雨。本次降雨雨强大，范围广，全流域普降大暴雨，降雨主要集中在12—14日，降雨过程持续5 d天左右，是年度最大一场强降雨，流域场次平均降水量为247.3 mm，占全年降水量的18.3%。插花闸站次雨量为233.4 mm，阚町闸站为252.0 mm，上桥闸站为256.6 mm。最大1 d降水量为阚町闸站的131.6 mm，为全年最大，插花闸站的130.8 mm次之。

(3) 6月28日—7月3日

本次降雨流域面雨量为136.1 mm。暴雨中心位于上桥闸站附近，次雨量为157.1 mm，最大1 d降水量为上桥闸站的69.0 mm。

(4) 7月5—10日

本次降雨距前次暴雨过程仅1 d，茨淮新河流域又迎来强度更大的一场暴雨过程。降雨持续6 d，流域面平均雨量为165.9 mm。暴雨中心位于上桥闸站，次雨量为267.6 mm，最大1 d降水量为上桥闸站的162.1 mm。

(5) 9月1—4日

本次降雨流域面平均雨量为92.1 mm。上桥闸站次雨量为103.7 mm，最大1 d降水量为阚町闸站的70.7 mm。

3）暴雨特点

1991年流域年降水量为1 352.2 mm，仅次于2003年的1 490.4 mm。汛期茨淮新河流域降雨总量大、雨强大、持续时间长、间隔时间短，汛期流域面雨量为 995.4 mm，占全年雨量的 73.6%。全流域 3 月即出现一次暴雨过程，6 月 12—16 日迎来自入汛以来最大强降雨，最大日雨量为 131.6 mm。6 月 28 日—7 月 3 日一场暴雨过程刚结束，7 月 5—10 日又迎来一场更大的暴雨过程，雨量集中在下游地区，7 月 6 日上桥闸站日雨量 162.1 mm 为全年最大。

4) 暴雨频率分析

1991 年年降水量为 1 352.2 mm，历史排名第二，重现期为 40 年。最大 1 d 降水量历史排名第八，重现期为 10 年；最大 3 d 降水量历史排名第一，重现期为 60 年；最大 7 d 降水量历史排名第五，重现期为 30 年；最大 15 d 降水量历史排名第七，重现期为 10 年；最大 30 d 降水量历史排名第二，重现期为 30 年。

2. 水情

1) 水情概述

受多次强降雨影响，7 月 7 日起，茨淮新河水位持续上涨，7 月 9 日 2 时(22.01 m)起超警戒水位(22.00 m)，7 月 14 日 21 时上桥闸站水位达最高水位 22.99 m，仅次于 2003 年(23.31 m)，居历史第 2 位。

2) 洪水过程

(1) 插花闸站

受流域强降雨影响，6 月 13 日 15 时 12 分起，插花闸站闸上水位开始上涨，到 14 日 12 时 33 分涨至洪峰水位 26.94 m，17 时 57 分流量达 648 m^3/s，闸下 19 时 18 分涨至洪峰水位 25.84 m，该站下游水位位列历史资料第 10 位。16 日 5 时 36 分闸上水位回落至 25.06 m 后上涨，闸下回落至 24.46 m 后上涨，17 日 0 时的流量达 511 m^3/s。19 日 6 时 12 分闸上水位落至 25.74 m，20 日 13 时 48 分下游水位为 24.46 m。7 月 1 日起，闸上水位快速上涨，7 月 6 日 16 时闸上水位涨至 27.37 m 后小幅回落，18 时 42 分闸下水位涨至 25.26 m 后回落。

(2) 阚町闸站

受强降雨影响，阚町闸站水位于 6 月 13 日 20 时起涨，起涨水位闸上游为 24.32 m，闸下游为 21.77 m。14 日 22 时闸上游洪峰水位 25.06 m，15 日 2 时闸下游达洪峰水位 24.95 m，分别达全年最高水位。6 月 16 日 8 时 52 分闸上游水位回落至 24.12 m，14 时闸下游水位回落至23.39 m。

(3) 上桥闸站

受 6 月上、中旬降雨的影响，上桥闸站 6 月 12 日 13 时 27 分开闸，上游水位持续下降，6 月 14 日 19 时 44 分洪峰水位为 21.71 m，20 时流量达 1 580 m^3/s，为全年最大，居历史第 7 位。7 月 5 日起，受强降雨影响，闸上游水位上涨迅速，11 日 9 时流量达 1 180 m^3/s，14 日 21 时上游达洪峰水位 23.01 m，超警戒水位 1.01 m，为全年最高水位，居历史第 2 位，仅次于 2003 年的历史最高水位 23.39 m。14 日 21 时下游洪峰水位为 22.98 m。

3) 洪水特点

梅雨期历时长，强降雨频发。自入汛以来，茨淮新河水位持续偏高。6 月中旬起，受多轮的强降雨叠加影响，茨淮新河水位上涨迅速，洪水来量大，造成茨淮新河流域发生超警戒水位以上洪水。

4) 洪水重现期

根据分析，1991 年茨淮新河上桥闸和插花闸洪水重现期为 10 年。

3. 结语

1991 年汛期淮河流域的强降雨频发，雨量丰沛，5 月中旬入梅，较常年提前一个月。梅雨期有多次暴雨过程，其中以 6 月中旬、7 月上旬两次暴雨过程最强，形成本年两次主要洪水过程。茨淮新河流域年降水量为 1 352.2 mm，居历史第二，控制站上桥闸站年降水量 1 461.9 mm 历史排名第一，最大流量居历史第七。

2.5.2.2 2000 年

2000 年气候异常，茨淮新河流域降水时空分配不均。雨季来得晚，4 到 5 月降水量较小，降雨主要集中在 6 到 7 月份，上游地区降水量小于中下游地区。洪水主要发生在 6 到 7 月，流域内主要控制站洪峰高、洪量较大，下游控制站上桥闸站超警戒时间长。

1. 雨情

1) 雨情概述

2000 年茨淮新河流域年降水量为 1 234.2 mm，比多年平均(1957—2018 年)降水量多近 4 成。4—5 月降水量较小，暴雨过程集中出现在 6—7 月，与常年同期比较，6 月偏多近 3 成、7 月多 3 成、9 月多 6 成。流域内年最大点降水量为插花闸站的 1 348.2 mm，汛期降水量为 1 076.9 mm，占全年降水量的 8 成。

2) 暴雨过程

2000 年茨淮新河流域共出现了 4 次明显的暴雨过程，分别为 6 月 1—3 日、6 月 20—22 日、7 月 12—14 日、9 月 21—28 日。

(1) 6 月 1—3 日

茨淮新河流域 6 月 1 日迎来入汛以来第一次暴雨过程，流域面平均降水量为 197.1 mm。暴雨中心位于茨淮新河流域中下游一带，插花闸站次雨量为 183.1 mm，阚町闸站为 207.3 mm，上桥闸站为 200.9 mm；阚町闸站最大 1 d 降水量为 155.9 mm，上桥闸站为 151.5 mm，插花闸站为 139.7 mm。

(2) 6 月 20—22 日

6 月下旬茨淮新河流域迎来第二场强降雨，本次降雨流域面平均雨量 190.1 mm。暴雨中心位于茨淮新河流域中下游一带，插花闸站次雨量为 122.7 mm，阚町闸站为 263.8 mm，上桥闸站为 183.9 mm；阚町闸站最大 1 d 降水量为 87.4 mm，插花闸站为 82.4 mm，上桥闸站为 61.5 mm。插花闸站最大 1 h 降水量为 81.0 mm，为该站历史上第 1 位。

(3) 7 月 12—14 日

本场降雨流域面雨量不大，主要为局部强暴雨，降雨集中，13 日降雨历时短、强度大。暴雨中心集中在流域上游，插花闸站次雨量为 139.8 mm，阚町闸站为 98.7 mm；插花闸站最大 1 d 降水量为 75.9 mm，阚町闸站为 70.7 mm。

3) 暴雨特点

(1) 降雨时程分布不匀，雨季来得迟

2000 年茨淮新河 4 到 5 月流域降水量较小，较常年同期偏少 2 成，6 月、7 月流域出现多场次、长时间的暴雨。

(2) 暴雨过程多、间隔时间短，历时长、降雨强度大

2000 年茨淮新河流域年降水量为 1 234.2 mm，较多年平均多 4 成，流域面平均雨量历史排名第三。

2. 水情

1) 水情概述

2000 年 6 到 7 月份茨淮新河流域发生的多场次、长时间暴雨，造成茨淮新河 7 月中旬出现了一场较大的洪水过程。此次洪水过程中，茨淮新河主要控制站插花闸站和上桥闸站均出现了较大的过闸流量。其中插花闸站的最大流量 1 340 m^3/s 历史排名第三。

2) 洪水过程

2000 年汛期主要有四场大的暴雨过程，导致茨淮新河流域主要控制站出现了两次洪水过程：6 月下旬至 7 月初的洪水和 7 月中旬的洪水。

6 月下旬茨淮新河流域出现暴雨过程，致使茨淮新河流域发生第一次洪水过程。此次洪水过程中茨淮新河流域各主要控制站上桥闸站超警戒水位时间长(非汛期 11 到 12 月基本都超警戒水位)，主要控制站水位均出现了明显的上涨，且插花闸站出现最大年过闸流量 1 340 m^3/s，位列历史第 3 位，出现日期 7 月 19 日；上桥闸站出现最大年过闸流量 1 550 m^3/s，位列历史第 8 位，出现日期 7 月 17 日。

(1) 插花闸站

受 6 月底至 7 月初的降雨影响，插花闸站水位在 6 月 3—27 日出现一次洪水过程，涨幅较小，6 月 27 日 10 时 22 分闸上游达洪峰水位 27.48 m，11 时 40 分闸下游达洪峰水位 25.28 m。7 月中下旬出现第二次洪水过程，于 7 月 18 日 17 时闸上游达洪峰水位 26.96 m，闸下游达洪峰水位 26.95 m。19 日 8 时达到年最大洪峰流量 1 340 m^3/s。

插花闸站最高洪峰水位为28.48 m(9月16日15时)。

(2) 阚町闸站

受强降雨影响,阚町闸站第一次洪水过程发生在6月底7月初。闸上游水位自6月28日23.45 m起上涨,7月1日7时48分上游达洪峰水位24.68 m,下游水位为22.25 m。之后水位有所回落;7月中旬10日10时48分再次起涨,14日6时5分上游洪峰水位25.58 m,21时下游出现洪峰水位23.7 m。

(3) 上桥闸站

受6月下旬降雨影响,该水文站水位自6月27日13时20分的17.81 m起涨,6月28日15时40分上游涨至洪峰水位22.02 m,超警戒水位0.02 m,6月29日10时15分下游洪峰水位为18.68 m。6月28日达到最大流量815 m^3/s。6月29日闸门关闭,之后水位一直超警戒水位。7月7日14时04分闸门开启,流量有所加大。7月13日受降雨影响,有一次洪水过程,14日8时40分上游洪峰水位22.29 m,17日7时55分最大流量1 550 m^3/s,为该年最大流量,历史排位第八。此次洪水过程下游最高水位是20日7时40分的21.04 m。之后水位有所回落,闸门关闭。9月下旬至10月初有一次小的洪水过程,9月27日16时40分出现洪峰水位22.38 m,10月1日20时10分出现最大流量507 m^3/s。之后水位回落,7日闸门关闭。

3) 洪水特点

受降雨影响,该年流域内洪水洪峰高,洪量大。上游控制站插花闸站年最大流量历史排名第三,流域主要控制站上桥闸站年最大流量历史排名第八,主汛期7、8月份水位高,超警戒水位时间长,整个7月几乎全部超警戒水位,非汛期11到12月份也出现长时间超警戒水位现象。

4) 洪水重现期

根据分析,2000年茨淮新河插花闸站重现期为50年,上桥闸站重现期为10年。

3. 结语

2000年茨淮新河流域年降水量为1 234.2 mm,较常年同期偏多4成,历史排名第三。汛期6到7月份流域发生多场次、长时间暴雨,造成茨淮新河7月中旬出现了一场较大的洪水过程。各主要控制站水位均出现上涨过程,下游控制站上桥闸站水位7月长时间超警戒水位,非汛期11月和12月水位也长时间超警戒水位。

2.5.2.3 2003年

2002年5月至2003年2月,赤道太平洋发生了21世纪第一次"厄尔尼诺"事件。2003年,受西太平洋副高偏强、亚洲中纬度西风急流持续偏南偏强、热带地区对流活动持续偏弱的共同影响,淮河流域出现持续时间长、范围广的强降雨,导致支流茨淮新河汛期出现暴雨。年总降水量较常年偏多,降雨持续时间长,汛后也出现较大的降雨。6—7月,茨淮新河流域连降暴雨到特大暴雨,致使茨淮新河流域水位全线上涨,出现持续时间较长的超警戒洪水。

1. 雨情

1) 雨情概述

2003年茨淮新河流域年降水量为1 490.4 mm,比多年平均(1957—2018年)偏多2成,流域内年最大点降水量为阚町闸站的1 604.5 mm。

2) 暴雨过程

2003年茨淮新河流域共出现了7次明显的暴雨过程,分别为6月29日—7月5日、7月8—13日、7月19—21日、8月11—19日、8月27—31日、10月1—5日、10月9—12日。

(1) 6月29日—7月5日

茨淮新河流6月29日—7月5日出现了第一次暴雨过程,流域面平均雨量为283.0 mm。本次降雨过程次雨量超过300 mm的笼罩面积占全流域面积的68%,暴雨中心位于茨淮新河流域上游插花闸站附近,插花闸站次雨量为357.0 mm,阚町闸站为289.5 mm,上桥闸站为203.0 mm;插花闸站最大1 d降水量为117.2 mm,年排名第一,阚町闸站为87.8 mm,上桥闸站为71.0 mm。7月2日20时36分第一次分洪。

(2) 7月8—13日

第一场暴雨刚结束，茨淮新河流域又迎来强度较大的强降雨过程。流域面平均雨量为127.5 mm，暴雨中心位于茨淮新河流域下游上桥闸站一带。插花闸站次雨量为65.5 mm，阚町闸站为138.0 mm，上桥闸站为94.9 mm；上桥闸站最大1 d降水量为94.9 mm，年排名第一，阚町闸站为91.0 mm。7月12日21时57分第二次分洪。

(3) 7月19—21日

本次降雨雨区主要在茨淮流域上中游，该河段连续2 d降大到暴雨，部分地区大暴雨，暴雨中心位于插花闸站至阚町闸站，流域面平均雨量为152.6 mm。插花闸站次雨量为205.0 mm，阚町闸站为202.5 mm，上桥闸站为50.3 mm；插花闸站最大1 d降水量为102.0 mm，阚町闸站为97.5 mm，年排名第一。7月19日13时15分第三次分洪。

(4) 8月11—19日

本次降雨过程时间长，日雨量不大，多为小到中雨。流域面平均雨量为68.7 mm。插花闸站次雨量为61.5 mm，阚町闸站为75.0 mm，上桥闸站为69.5 mm。

(5) 8月27—31日

本次降雨雨区主要在流域上中游一带，流域面平均雨量为98.9 mm，暴雨中心位于插花闸站至阚町闸站之间。插花闸站次雨量为117.5 mm，阚町闸站为130.5 mm，上桥闸站为48.8 mm；插花闸站最大1 d降水量为53.0 mm，阚町闸站为63.1 mm。

(6) 10月1—5日

汛期刚结束，茨淮新河流域又迎来一次持续时间较长的降雨过程，但是日雨量不大。流域面平均雨量为65.5 mm，插花闸站次雨量为78.5 mm，阚町闸站为71.0 mm，上桥闸站为47.1 mm；插花闸站最大1 d降水量为26.0 mm。

(7) 10月9—12日

10月9日开始雨区自北向南推进，10日受此轮降雨影响，茨淮流域上中游一带降1 d大暴雨，暴雨中心位于插花闸站至阚町闸站，流域面平均雨量为62.6 mm。插花闸站次雨量为71.5 mm，阚町闸站为83.0 mm，上桥闸站为33.2 mm；插花闸站最大1 d降水量为52.5 mm，阚町闸站为64.3 mm。

3) 暴雨特点

本次暴雨特点是汛前3、4月份就出现明显降雨过程，进入汛期后暴雨过程多、间隔时间短，且强度大、历时长，尤其6、7、8月三个月强暴雨频发，致使流域年降水量历史排名第一。流域最大15、30 d特征值历史排名均为第1位。

2. 水情

1) 水情概述

2003年，受淮河流域性暴雨影响，属淮河支流的茨淮新河流域发生多场洪水。

2) 洪水过程

(1) 插花闸站

受淮河流域暴雨影响，茨淮新河茨河铺闸7月2日20时36分第一次开闸分洪，最大分洪流量1 240 m^3/s。受暴雨和分洪的共同影响，插花闸站上游水位从7月2日0时的26.25 m起涨，5日0时出现洪峰水位28.05 m，涨幅1.80 m，历时72 h；闸下水位从7月2日0时的25.15 m起涨，5日0时出现洪峰水位28.04 m，为历年最高水位，涨幅2.89 m，历时72 h。7月4日22时达洪峰流量1 540 m^3/s，居历史第1位。

第二场较大洪水发生在10月中旬，受降雨影响，该站出现一次涨水过程。闸上于10月10日11时的27.25 m开始起涨，13日22时08分出现洪峰水位27.93 m，闸下10月14日1时42分出现洪峰水位27.21 m，同时出现洪峰流量1 510 m^3/s。

(2) 阚町闸站

7月2日至8日，受上游大暴雨和茨河铺闸分洪共同影响，阚町闸站上游水位从7月2日21时42分的 24.09 m 起涨，5 日 0 时出现洪峰水位 26.08 m，涨幅 1.99 m，为该年最高水位，居历史第 1 位；下游水位从 7 月 2 日 21 时 42 分的 23.98 m 起涨，5 日 17 时出现洪峰水位 25.97 m，居历史第 1 位，涨幅1.99 m，之后水位逐渐回落。

(3) 上桥闸站

受上游暴雨和分洪共同影响，上桥闸站上游水位自 7 月 3 日 0 时的 21.10 m 起涨，3 日 16 时 40 分达到 22.07 m，7 月 6 日 13 时 20 分达洪峰水位 23.39 m(警戒水位 22.0 m)，超警戒水位 1.39 m，居历史第 1 位，涨幅 2.29 m；下游水位自 7 月 3 日 0 时的 20.80 m 起涨，7 月 6 日 22 时达洪峰水位 23.23 m，居历史第 1 位，涨幅 2.43 m 。7 月 5 日 16 时 50 分出现洪峰流量达 2 740 m^3/s，居历史第 1 位。

7 月 5 日之后水位有所回落，7 日 20 时回落至警戒水位以下的 21.80 m，但是仅维持 4 h，水位再次涨至警戒水位。受 8 日暴雨影响，又出现两次涨水过程，13 日 20 时上游洪峰水位 23.05 m，14 日 0 时下游洪峰水位 22.97 m，洪峰流量 1 710 m^3/s ，14 日 2 时开始回落。上桥闸站抽水站于 7 月 9—14 日，开机外排及自排水量共 8.1 亿 m^3，减轻茨淮新河流域的洪水压力。

10 月 5 日受降雨影响，该控制站有一次涨水过程，闸上 14 日 6 时 45 分涨至洪峰水位 22.61 m，10 时闸下出现洪峰水位 19.36 m，9 时 42 分出现洪峰流量 1 410 m^3/s，之后水位逐渐回落。至 10 月 30 日 20 时水位降到 21.97 m。

3) 洪水特点

该年淮河流域发生了自 1949 年以来仅次于 1954 年的流域性大洪水。6 月到 8 月期间，流域内暴雨场次多，历时长，间隔短。汛后 10 月也出现暴雨场次，造成干支流洪水齐发，导致流域内控制站洪峰高、洪量大，多次洪水连续出现、持续时间长，超警戒水位时间长。

4) 洪水重现期

2003 年茨淮新河流域插花闸站重现期为 30 年；上桥闸重现期为 70 年。

3. 结语

该年淮河流域发生了自 1949 年以来仅次于 1954 年的流域性大洪水。6 月到 8 月期间，流域内暴雨场次多，历时长，间隔短。汛后 10 月也出现暴雨场次，造成干支流洪水齐发，导致流域内控制站洪峰高、洪量大，多次洪水连续出现、持续时间长，超警戒水位时间长，上桥闸控制站该年超警戒时间长达 4 个月之久。该年淮河流域发生流域性大洪水，启用茨淮新河分洪河道，以减轻颍河洪水直接下泄到淮河涡河口的压力，对降低淮河中游正阳关洪水位起到了重要作用。

2.5.2.4 2005 年

1. 雨情

1) 雨情概述

2005 年茨淮新河流域年降水量为 1 223.8 mm，降雨时间分布极为不均，其中插花闸站、阚町闸站、上桥闸站年降水量分别为 1 368.9 mm、1 183.0 mm、1 119.5 mm。汛前 1—4 月流域降水量仅为 126.0 mm，汛后 10—12 月降水量为 38.5 mm，进入汛期后，暴雨频次明显增加，7 月出现 1 次降雨过程，次雨量较大，造成茨淮新河流域该年最大的洪水过程，8 月出现 1 次降雨过程，9 月出现 1 次降雨过程。8 月 2 日流域日雨量为 96.6 mm，为全年最大。全年降水量主要集中在主汛期 7—8 月，为 705.5 mm，占全年降水量的 57.6%。

2) 暴雨过程

茨淮新河流域共出现 3 次明显的暴雨过程，主要集中在 7—9 月，分别为 7 月 4—10 日、8 月 1—7 日、9 月 11—27 日。

(1) 7 月 4—10 日

7 月 4—10 日，茨淮新河流域迎来一次全流域的强降雨，本次降雨雨强大，范围广，部分地区为大暴雨，降雨主要集中在 6—8 日，降雨过程持续 7 d 左右，为本年度最大的一次降雨。插花闸站次雨量为 282.5 mm，阚町闸站为 274.5 mm，上桥闸站为 293.1 mm；最大 1 d 降水量为上桥闸站的 101.7 mm，阚町闸站的 88.5 mm 次之。

(2) 8 月 1—7 日

本场降雨流域面平均雨量为 201.1 mm，降雨主要集中在 1—2 日，持续时间在 7 d 左右，其中 2 日流域面平均雨量为 96.6 mm，暴雨中心位于阚町闸站附近。本次降雨过程中，插花闸站降水量为225.5 mm。

(3) 9 月 11—27 日

本场降雨从 9 月 11 日开始，自上游向下游逐渐减小，暴雨中心位于流域上游插花闸站附近，流域面平均雨量为 110.9 mm。插花闸站场次降水量为 168.8 mm，最大 1 d 降水量为 14 日的 88.5 mm，是全年最大日降水量。

3) 暴雨特点

2005 年流域年降水量为 1 223.8 mm，历史排名第 4 位。汛期茨淮新河流域降雨总量大、雨强大、持续时间长，汛期流域面雨量为 1 059.3 mm，占全年雨量的 86.6%。

4) 暴雨频率分析

2005 年流域年降水量为 1 223.8 mm，历史排名第四，重现期为 20 年。最大 1 d 降水量历史排名第十四，重现期为 5 年；最大 3 d 降水量历史排名第五，重现期为 20 年；最大 7 d 降水量历史排名第一，重现期为 60 年；最大 15 d 降水量历史排名第六，重现期为 20 年；最大 30 d 降水量历史排名第四，重现期为 20 年。

2. 水情

1) 水情概述

受流域强降雨影响，流域发生较大洪水，洪峰高，洪量大。7 月 25 日 1 时 10 分(22.03 m)起上桥闸站超警戒水位(22.00 m)，10 月 15 日 21 时 35 分上桥闸站达全年最高水位 22.32 m。7 月 10 日流量达 2 720 m^3/s，为全年最大流量，仅次于 2003 年 7 月 5 日的 2 740 m^3/s，居历史第 2 位。7 月 11 日最大 1 d 洪量为 1.365 8 亿 m^3，居历史第 5 位。

2) 洪水过程

(1) 插花闸站

受流域强降雨影响，插花闸站下游水位 10 日 8 时自 24.50 m 开始上涨，到 10 日 17 时涨至洪峰水位 26.21 m，历史排第 4 位，10 日 15 时 33 分出现洪峰流量 1 020 m^3/s。

(2) 阚町闸站

受强降雨影响，阚町闸站上游水位 7 月 6 日起涨，8 日 16 时 09 分涨至 24.61 m 后开始回落，9 月 20 日涨至全年最高水位 25.51 m 后回落；闸下游水位 7 月 8 日起涨，9 日 10 时 21 分涨至 23.64 m，之后开始回落，7 月 9 日 22 时 18 分从 23.16 m 起涨，11 日 1 时出现洪峰水位 24.67 m，历史排名第 5 位。

(3) 上桥闸站

上桥闸站下游于 7 月 7 日 18 时 10 分开始开闸，闸下水位从 18.38 m 开始起涨，随着来水量增大，闸门逐渐开大，直至全部提出水面。7 月 10 日达到洪峰流量 2 720 m^3/s，仅次于 2003 年 7 月 5 日的 2 740 m^3/s，居历史第 2 位。由于受淮河洪水顶托影响，下游 7 月 16 日 7 时 30 分时出现最高水位 21.45 mm。

受 8 月初暴雨影响，8 月 3 日再次出现洪峰流量 1 450 m^3/s，相应闸下水位 19.94 m，相应闸上水位 21.45 m。

3) 洪水特点

该年受强降雨影响，茨淮新河流域发生较大洪水，洪量大，洪峰高，控制站上桥闸站最大流量历史排位第二，仅次于 2003 年；最大 1 d 洪量历史排名第三。

4) 洪水重现期

根据分析，2005 年茨淮新河插花闸站洪水重现期为 10 年，上桥闸站洪水重现期为 30 年。

3. 结语

该年淮河流域发生了流域性的大洪水。茨淮新河流域普降暴雨，年降水量为 1 223.8 mm，列历史第 4 位。受强降雨影响，茨淮新河流域发生了较大的洪水，洪峰高，洪量大。下游控制站上桥闸站年最大流量历史排名第二。

2.6 怀洪新河流域

2.6.1 概述

2.6.1.1 流域概况

1. 自然地理特征

怀洪新河是一条为分泄淮河中游超标准洪水而开挖的人工河道，起自淮干蚌埠以上20 km处涡河入淮口的何巷，北淝河、澥河、浍河汇入后经香涧湖，进入洪泽湖。

流域内土壤大部分为砂姜黑土、棕壤土、砂土。主要农作物为小麦、水稻、大豆、花生、薯类、蚕豆等。植被良好，侵蚀冲刷不严重。流域位于暖温带、半湿润季风气候区。降雨主要集中在夏季，雨量由东南向西北递减。年平均气温14～15℃，由南向北递减，年际间变化不大。

2. 水利工程

怀洪新河主要是分泄淮河干流洪水、泄湖洼内水，以提高淮北大堤及沿淮重要城市圈堤的防洪标准和排涝能力，兼有灌溉、航运等综合效益。淮河干流发生大洪水，淮干蚌埠(吴家渡)站水位达到22.47 m(1985国家高程基准)时，启用怀洪新河分洪；蚌埠(吴家渡)站水位低于22.47 m，但淮北大堤或淮南、蚌埠城市圈堤发生重大险情时，启用怀洪新河相机分洪。何巷闸枢纽设计最大分洪流量为2 000 m^3/s。当怀洪新河需排涝时，沿线穿堤涵闸及时打开排水，同时怀洪新河干流有关节制闸也要相应开闸泄水；在淮河来水允许的条件下，可利用何巷闸引水灌溉。

1) 何巷闸

何巷闸位于怀洪新河入口，担负着怀洪新河分洪、灌溉引水等重要任务。何巷闸1999年5月建成，闸底高程为15.37 m，共14孔，闸孔净宽8 m，设计流量为1 867 m^3/s；何巷船闸2000年5月建成，闸底高程为15.37 m，共1孔，闸孔净宽8 m，设计流量为133 m^3/s。

2) 新胡洼闸

新胡洼闸位于何巷闸下游26 km处，主要作用是分洪、排涝和蓄、引水灌溉。新胡洼闸1996年5月建成，闸底高程为13.37 m，共11孔，闸孔净宽10 m，设计流量为2 000 m^3/s，设计排涝流量为480 m^3/s。建闸以来，闸上最高水位为19.55 m(2003年7月6日)，闸下最高水位为19.50 m(2003年7月7日)。

3) 老胡洼闸

老胡洼闸位于澥河与怀洪新河入口处，以排涝为主，兼有蓄水灌溉、防洪作用。老胡洼闸1997年6月建成，闸底高程为11.77 m，共7孔，闸孔净宽5 m，设计排涝流量为430 m^3/s。

4) 四方湖引河闸

四方湖引河闸坐落在四方湖出口，以排涝为主，兼有蓄水、防洪等作用。四方湖引河闸1998年6月建成，闸底高程10.87 m，共7孔，闸孔净宽10 m，设计流量为1 150 m^3/s，设计排涝流量为420 m^3/s。建闸以来，闸上最高水位为21.23 m(2003年7月7日)，闸下最高水位为20.98 m(2003年7月7日)。

5) 西坝口闸

西坝口闸的主要作用是分洪、排涝和蓄水灌溉。西坝口闸1999年5月建成，闸底高程为9.87 m，共16孔，闸孔净宽10 m，设计流量为2 550 m^3/s，设计排涝流量为1 450 m^3/s。

上述各闸均采用1985国家高程基准。

3. 水文测站情况

怀洪新河流域现有18个雨量站、6个水文站，详见表2.2-20。

2.6.1.2 暴雨特性

怀洪新河流域的暴雨主要集中在6—9月。受台风影响的暴雨几乎每年都有，时间多发生在8月份，雨区多在东南部，流域内地的雨量较少。流域最大1、3、7 d降水量分别为209.0 mm、258.1 mm、373.6 mm。

表 2.2-20　怀洪新河流域水文站概况表

站名	站类	集水面积(km²)	警戒水位(m)	保证水位(m)	历史最高水位		历史最大流量		多年平均年径流量(亿 m³)	多年平均年降水量(mm)
					水位(m)	日期	流量(m³/s)	日期		
西坝口闸	国家重要站	8 173	16.80	18.03	17.06	2003-7-7	2 070	2003-7-6	13.99	914.1
新马桥	省级重要站	2 424	—	—	19.36	2003-7-7	2 030	2003-7-7	4.065	823.4
何巷闸	省级重要站	—	20.87	22.37	22.48	2003-7-6	1 670	2003-7-14	2.750	898.7
四方湖闸	防汛专用站	1 522	—	—	—	—	—	—	—	—
老胡洼闸	防汛专用站	200	17.00	18.75	19.60	2003-7-6	—	—	—	821.7
张家沟闸	防汛专用站	212	—	—	—	—	—	—	—	—

2.6.1.3　洪水特性

由于怀洪新河流域为人工开挖河道，各支流均有节制闸人为控制，且怀洪新河是分泄蚌埠以上部分淮河洪水直接入洪泽湖的分洪河道，所以洪水受大流域洪水及水利工程影响明显。本流域的洪水过程大多是由于何巷闸分洪而形成的。

洪水传播时间：何巷闸到新马桥区间，平均传播时间为 4～8 h；新马桥到西坝口闸平均传播时间为 4～8 h，但是由于有区间进水的影响，西坝口闸与新马桥可能出现洪峰同时发生的情况，需要根据区间降雨另行分析。

2.6.2　典型年洪水

2.6.2.1　2003 年

2003 年怀洪新河流域年降水量为 1 439 mm，比常年偏多 6 成，为历史最大降水量。进入汛期后，淮河流域受西风槽、低空急流、低涡和江淮切变线的影响，暴雨频次明显增加。6 月中下旬至 7 月中旬的数次暴雨与何巷闸分洪，造成怀洪新河历史最大洪水。怀洪新河全线超警戒水位，部分河段水位达到历史最高水位。7 月下旬何巷闸分洪，又造成成一场洪水。

1. 雨情

1）暴雨概述

2003 年怀洪新河流域年降水量为 1 439.0 mm，比常年同期偏多 6 成，为历史最大降水量。流域降雨最高出现在上游区。其中方店子站、鲍集站年降水量分别为 1 513.3 mm、1 514.1 mm。

怀洪新河流域汛期（以 6—10 月计算）面平均雨量为 1 062.0 mm，占全年雨量的 74%。本流域除 9 月面平均雨量比常年同期偏少外，其余 4 个月面平均雨量均较常年同期偏多。2003 年汛前 3 月份怀洪新河就出现较大范围的降雨，怀洪新河流域降水量比常年同期偏多 6 成。汛后 10 月份，全流域降水量又比常年同期偏多近 4 成。

2）暴雨过程

2003 年 6—10 月，淮河流域共出现了 4 次明显的暴雨过程，分别为 6 月 9—11 日、6 月 26 日—7 月 4 日、7 月 8—21 日、8 月 23 日—9 月 7 日。

（1）6 月 9—11 日

6 月 9—11 日怀洪新河流域迎来入汛后第一次暴雨过程，本流域普降大到暴雨，9 日降雨开始，到 10 日到达最大值，11 日降雨基本结束。本次降雨主要集中在北部区域，暴雨中心位于鲍集站（最大日降水量为 54.7 mm）。

（2）6 月 26 日—7 月 4 日

6 月 26 日—7 月 4 日为怀洪新河流域 2003 年强度最大的次暴雨过程，造成了本流域入汛后的第一次洪水。6 月 26 日降雨开始时为大到暴雨，雨区主要在流域上游，到 7 月 3 日雨强增大，暴雨中心在鲍集与方店子，7 月 5 日降雨结束。本次降雨最大日雨量为方店子站的 124.6 mm。

(3) 7月8—21日

7月8—21日降雨分布范围广,持续时间长。7月8日怀洪新河流域突降暴雨,暴雨中心许营闸日雨量更是达到113.7 mm,而后几日各站连续下小到中雨,到7月20日本流域又降暴雨,暴雨中心位于方店子站(日降水量为61.9 mm),到7月21日降雨基本结束。

(4) 8月23日—9月7日

8月23日—9月7日降雨是该年度最后一场暴雨。8月23日流域各处普降小到中雨,到8月28日突降大到暴雨,暴雨中心位于刘桥闸、许营闸、方店子站,此后雨量显著减少,普降小到中雨,到9月7日降雨基本结束。本次最大日降水量为许营闸站的77.3 mm。

3) 暴雨特点

本次暴雨特点:雨季来得早,暴雨过程多、间隔时间短,降雨历时长,强暴雨频发、降水总量大。

自6月中旬以后怀洪新河流域连续出现6次降雨过程,而其中3次暴雨过程集中出现在造成怀洪新河流域2003年最大洪水过程的7月1—21日。方店子站最大1 d降水量(7月3日)为124.6 mm,最大7 d降水量(7月6—12日)达332.2 mm。

2. 水情

1) 水情概述

6月中下旬至7月中旬的数次暴雨与何巷闸分洪,造成怀洪新河历史最大洪水。怀洪新河全线超警戒水位,部分河段水位达到历史最高水位。7月下旬何巷闸分洪,又造成一场洪水。

2) 洪水过程

2003年7月份怀洪新河流域出现多次大洪水。7月份,受怀洪新河流域降水及淮河流域大洪水影响,怀洪新河流域各站出现较大涨水过程,多站水位达到历史最高值。

(1) 何巷闸站

2003年7月份,淮河流域发生历史级大洪水。为缓解淮河中游区的洪水压力,何巷闸进行了三次开闸分洪。

第一次分洪:受淮河流域降水影响,淮河干流6月下旬至7月上旬出现第一次洪峰,7月4日10时30分吴家渡水位为21.54 m,流量8 450 m^3/s。7月4日10时何巷闸首次开启分洪,10时闸上、闸下水位为22.29 m、17.88 m,到10时40分达到流量1 140 m^3/s,相应闸下水位为18.57 m。7月5日4—10时,闸门短暂关闭,重新开启后,到6日10时达到本次分洪最大流量1 590 m^3/s,相应闸上、闸下水位为22.35 m、21.40 m。到6日22时闸上水位为22.48 m(历史最高水位),相应闸下水位为21.48 m,相应流量为1 510 m^3/s。7日20时,闸门全部关闭,流量为0 m^3/s,本次分洪结束。本次分洪历时时间较短(4 d),水位高,流量大,对吴家渡站的削峰作用明显。

第二次分洪:受淮南山区暴雨影响,淮河干流又再次起涨,形成第二次洪水过程。7月9日12时何巷闸再次分洪,到14日2时达到本次泄洪最大流量,且是建站以来最大流量(1 670 m^3/s),相应闸上、闸下水位为22.03 m、21.20 m。到18日14时30分闸门全部关闭,流量为0 m^3/s,本次分洪结束。本次分洪时间长(9 d),涨幅较缓,洪水总量大(8.5亿m^3)。

第三次分洪:受淮河干流洪水影响,7月22日2时何巷闸再次分洪,到23日13时40分达到本次泄洪最大流量(1 510 m^3/s),相应闸上、闸下水位为21.66 m、21.04 m。到23日18时闸下水位到达此次最高值(21.07 m),相应流量为1 510 m^3/s。至27日21时30分闸门全部关闭,流量为0 m^3/s,本次分洪结束。本次分洪时间长为5 d,涨幅较缓,洪水总量大(5.3亿m^3)。

(2) 新马桥站

新马桥站由于历史原因于1995年撤站,2003年复设,但未设流量测验项目,仅2003年7月份有流量资料,直到2011年,新马桥站流量资料才重新参与整编。故本次报告以新马桥站2003年7月份整编水位、流量资料进行分析计算。

7月份新马桥站发生两次明显洪水过程。

第一次洪水过程:受何巷闸分洪及怀洪新河流域降雨影响,7月1—21日新马桥站出现第一次明显的洪水过程。

新马桥站自7月1日0时起涨后，于7日0时达到本次涨水水位最高值，也是该站的历史最高水位(19.36 m)，相应流量为2 020 m^3/s，7日5时45分流量到达最大值，也是有记录的最高值(2 030 m^3/s)，相应水位为19.36 m。而后受何巷闸7月7日20时关闸影响，新马桥站水位、流量快速下降。7月9日12时何巷闸再次分洪，使得新马桥站水位呈平缓趋势，流量呈缓慢上升趋势，直至18日14时30分何巷闸闸门关闭后，新马桥站水位较快下降，本次涨水结束。本次涨水前期受何巷闸影响较大，而后受本流域暴雨影响，水量叠加变大，形成了历史最高水位与最大流量。

第二次洪水过程：受何巷闸分洪影响，7月21—31日新马桥站出现第二次明显的洪水过程。

新马桥站自7月21日8时起涨，24日6时32分到达洪峰流量1 520 m^3/s，24日8时到达洪峰水位18.23 m，比历史最高水位(19.36 m)低1.13 m。其后新马桥站水位、流量开始降低，7月31日20时，水位已降至15.8 m，流量降至28 m^3/s，本次涨水结束。本次涨水受何巷闸影响较大，主要水量均来自何巷闸分洪流量。

(3) 西坝口闸站

受淮河干流分洪及上游降雨影响，该年度西坝口闸站共出现三次较明显洪水过程。

第一次洪水过程：受上游分洪影响，6月30日—7月21日西坝口闸站出现第一次洪水过程。

西坝口闸站自6月30日16时起涨，7月6日16时到达本次洪峰流量2 070 m^3/s(历史最大流量)，7月7日10时下游达到最高水位17.02 m。其后西坝口闸站水位、流量开始降低，7月21日16时下游水位回落至15.60 m，流量变为882 m^3/s，本次涨水结束。

第二次洪水过程：受上游分洪影响，7月21日—8月8日西坝口闸站出现第二次洪水过程。

西坝口闸站自7月21日18时起涨，7月24日20时到达本次洪峰流量1 290 m^3/s，7月24日8时下游达到最高水位16.06 m。其后西坝口闸站水位、流量开始降低，8月8日16时48分下游水位回落至13.25 m，流量变为0 m^3/s，本次涨水结束。

第三次洪水过程：受上游固镇闸影响，西坝口闸站出现第三次洪水过程。

西坝口闸站自8月11日15时起涨，9月1日20时到达本次洪峰流量1 000 m^3/s，9月2日6时下游达到最高水位15.56 m。其后西坝口闸站水位、流量开始降低，9月26日10时36分下游水位回落至13.01 m，流量变为0 m^3/s，本次涨水结束。

3) 洪水特点

(1) 洪水受大流域洪水及水利工程影响明显。2003年怀洪新河流域几次主要洪水过程都是由于何巷闸对淮河干流进行分洪所形成，新马桥站30 d最大洪量中何巷闸分洪所占比例为60.2%。

(2) 洪水水位高、量级大。2003年6月下旬至7月底的连续暴雨，致使淮河流域出现自1949年以来仅次于1954年的大洪水。怀洪新河流域多站超过警戒水位。沿线何巷闸、胡洼闸、新马桥站均出现历史最高水位。7月份新马桥站过水量达28.5亿 m^3，远超同期水平。

4) 洪水组成分析

对怀洪新河流域主要控制站新马桥站，分析计算实测场次洪水、最大30 d洪量的来水量组成。

新马桥站洪水主要是由上游何巷闸分洪流量及区间来水组成，场次洪水选取7月1—21日与7月21—31日两次洪水，最大30 d洪量选取7月1—31日。

经分析计算，新马桥站7月1—21日、7月21—31日场次洪量与最大30 d洪量分别为20.4亿 m^3、8.1亿 m^3、28.5亿 m^3。上游何巷闸站分洪量分别占58.2%、65.3%、60.2%。

5) 洪水重现期

新马桥站是省级重点站，2003年发生了历史最大洪水，水位、流量均为历史最大值。由于该站资料较少，故不进行频率分析。

3. 结语

怀洪新河流域2003年洪水主要由于何巷闸分洪形成，为本流域的历史最大洪水，怀洪新河流域多站超过警戒水位。沿线何巷闸、胡洼闸、新马桥均出现历史最高水位。

怀洪新河续建工程完成后，在2003年汛期淮河大洪水中首次用于分洪。在淮河6月下旬至7月底的3次洪水过程中，怀洪新河何巷闸3次开分洪，总分洪水量为17.18亿m^3，最大分洪流量为1 670 m^3/s。

从蚌埠（吴家渡）站的水位、流量过程变化可见，何巷闸的开闸分洪对蚌埠（吴家渡）站水情有较大影响。根据推算，汛期何巷闸的3次开闸分洪降低蚌埠（吴家渡）站洪峰水位0.35～0.45 m，削减洪峰流量900～1 500 m^3/s，为实测洪峰流量的10%～20%，削峰作用十分明显。其中第二次分洪的流量和总水量最大，对削减蚌埠（吴家渡）站的洪峰作用也最大。

2.6.2.2 2007年

2007年怀洪新河流域年降水量为1 255.0 mm，比常年同期偏多4成。进入汛期后，暴雨频次明显增加，其中7月份雨量是常年同期的2.3倍。6月中下旬至7月的数次暴雨，造成怀洪新河流域多次洪水。8月初，何巷闸站分洪造成怀洪新河流域的又一场洪水。

1. 雨情

1）暴雨概述

2007年怀洪新河流域年降水量为1 255.0 mm，比常年同期偏多4成。流域降雨最高出现在北部区。其中方店子站、新马桥站年降水量分别为1 470.7 mm、1 373.0 mm。

怀洪新河流域汛期（以6—9月计算）面平均雨量为1 010.0 mm，占全年雨量的78%。本流域除9月面平均雨量比常年同期偏少外，其余3个月面平均雨量均较常年同期偏多，其中7月份是常年同期的2.3倍。

2）暴雨过程

2007年6—10月，怀洪新河流域共出现了6次明显的暴雨过程，分别为6月22—23日、6月26日—7月7日、7月13—14日、7月18—25日、8月3—30日、9月19—20日。

（1）6月22—23日

6月22—23日，怀洪新河流域迎来入汛后第一次暴雨过程，本流域普降大到暴雨，6月22日降雨开始，到23日降雨基本结束。本次降雨主要集中在北部区域，暴雨中心位于方店子站（最大日雨量为59.2 mm）。

（2）6月26日—7月7日

6月26日—7月7日为怀洪新河流域2007年强度最大的次暴雨过程，造成了本流域入汛后的第一次洪水。6月26日降雨开始时强度较小，雨区主要在流域上游，6月30日雨强增大，暴雨中心向南移动，到7月7日雨强达到最大，暴雨中心在方店子（最大1 d降水量为143.5 mm）、新马桥、鲍集站，7月8日降雨结束。

（3）7月13—14日

7月13—14日降雨持续24 h左右，暴雨中心主要位于下游区。14日暴雨中心许营闸、刘桥闸站雨量分别为30.0 mm、28.2 mm。

（4）7月18—25日

7月18—25日降雨是7月份最后一场暴雨。18日流域各处普降小雨，到19日突降大到暴雨，暴雨中心位于鲍集站（日降水量为112.9 mm），此后雨量显著减少，普降小到中雨，到7月25日降雨基本结束。本次降雨主要集中在北部区域，暴雨中心位于鲍集站（最大日雨量为112.9 mm）。

（5）8月3—30日

8月3—30日，暴雨延续时间长达一个月，各站中间一直有断断续续的小到中雨。8月3日流域各处普降小雨，之后一直延续小到中雨，到8月21日，新马桥站日雨量为98.5 mm，8月30日降雨基本结束。暴雨中心位于新马桥站（最大日雨量为98.5 mm）。

（6）9月19—20日

9月19日怀洪新河流域突降暴雨，暴雨中心位于新马桥与许营闸（何巷闸）站，到9月20日降雨基本结束。本次降雨主要集中在东南部地区，暴雨中心位于新马桥站（最大日雨量为88.0 mm）。

3）暴雨特点

雨季来得早，暴雨过程多、间隔时间短，降雨历时长，强暴雨频发。

自6月中旬，怀洪新河流域连续出现6次降雨过程，而其中2次暴雨过程的集中出现造成怀洪新河流域2007年最大洪水过程，7、8月份降水量占全年降水量的60%以上，7月份降水量为常年同期的2.3倍，8月份一直有降雨过程。最大1 d降水量为方店子站(7月7日)的143.5 mm，最大7 d降水量为方店子站(7月2日开始)的438.4 mm。

2. 水情

1) 水情概述

6月中下旬至7月的数次暴雨，造成怀洪新河流域多次洪水。8月初，何巷闸站分洪，造成怀洪新河流域的又一场洪水。

2) 洪水过程

2007年，受怀洪新河流域降水及何巷闸分洪影响，怀洪新河流域各站出现多次较大涨水过程。

(1) 何巷闸站

何巷闸主要在7月29日—8月1日进行了一次分洪。7月29日12时何巷闸开始分洪，到29日22时42分达到本次分洪最大流量(1 130 m^3/s)，相应闸上、闸下水位为20.80 m、19.56 m。30日6时闸下水位到达此次最高值(19.64 m)，相应流量为1 040 m^3/s。8月1日7时54分闸门全部关闭，流量为0 m^3/s，本次分洪结束。本次分洪时间较短(4 d)，涨落迅速，洪水总量为2.24亿m^3。

(2) 新马桥站

新马桥站由于历史原因于1995年撤站，2003年复设，但未设流量测验项目，仅2003年7月份有流量资料，直到2011年，新马桥站流量资料才重新参与整编。故本次报告以新马桥站2007年整编水位资料进行分析计算。

2007年新马桥站发生三次明显洪水过程。

第一次洪水过程：受流域降水影响，7月5—19日新马桥站出现第一次明显的洪水过程。新马桥站水位自7月5日起涨，7月10日到达本次洪峰水位18.33 m，其后新马桥站水位开始降低，7月19日水位已降至15.84 m，本次涨水结束。本次涨水主要受本流域降雨影响，主要水量均来自流域的降水量。

第二次洪水过程：在第一次洪水落水过程中，本流域又发生了局部的强降雨，导致7月19—28日新马桥站出现第二次洪水过程。新马桥站水位自7月19日起涨，7月22日到达本次洪峰水位16.96 m，其后新马桥站水位开始降低，7月28日水位已降至16.27 m，本次涨水结束。本次涨水主要受本流域降雨影响，主要水量均来自流域的降水量。

第三次洪水过程：受何巷闸分洪影响，7月29日—8月3日新马桥站出现第三次洪水过程。新马桥站水位自7月29日(16.16 m)起涨，7月31日到达本次洪峰水位17.09 m，其后新马桥站水位开始降低，8月3日水位已降至15.22 m，本次涨水结束。本次涨水主要受何巷闸分洪影响，主要水量来自何巷闸分洪量。

(3) 西坝口闸站

2007年西坝口闸站发生三次明显洪水过程。

第一次洪水过程：受流域降水影响，7月1—19日西坝口闸站出现第一次明显的洪水过程。西坝口闸站自7月1日起涨，7月10日0时达到本次洪峰流量1 830 m^3/s，10日8时达到本次洪峰水位16.26 m，其后西坝口闸站水位、流量开始降低，7月19日20时，下游水位已降至14.48 m，流量降为635 m^3/s，本次涨水结束。本次涨水主要受本流域降雨影响，主要水量均来自流域的降水量。

第二次洪水过程：在第一次洪水落水过程中，本流域又发生了局部的强降雨，导致7月19—29日西坝口闸站出现第二次洪水过程。西坝口闸站自7月19日起涨，7月22日14时达到本次洪峰流量1 160 m^3/s，其后西坝口闸站水位、流量开始降低，7月29日20时，流量已降至623 m^3/s，本次涨水结束。本次涨水主要受本流域降雨影响，主要水量均来自流域的降水量。

第三次洪水过程：受何巷闸分洪影响，7月30日—8月6日西坝口闸站出现第三次洪水过程。西坝口闸站自7月30日0时(闸下水位14.36 m，流量755 m^3/s)起涨，7月31日8时到达本次洪峰流量1 060 m^3/s，其后西坝口闸站水位、流量开始降低，8月6日，流量已降至100 m^3/s以下，本次涨水结束。本次涨水主要受何巷闸分洪影响，主要水量来自何巷闸分洪量。

3）洪水特点

(1) 洪水受大流域洪水及水利工程影响明显。2007 年何巷闸分洪后，新马桥站水位立刻就开始起涨，沿线各闸坝对水量留蓄作用比较明显。

(2) 洪水水位与量级偏小。2007 年洪水主要由何巷闸分洪形成，在何巷闸分洪后，沿线各闸门均关闭防止洪水倒灌，所以该年度洪水没有形成较大量级，到达新马桥站时洪峰已经变缓。

4）洪水重现期

新马桥站是省级重点站，2007 年发生了历史第三大洪水，水位为历史第 3 位。由于该站资料较少，故不进行频率分析。

3. 结语

怀洪新河流域 2007 年洪水主要由于何巷闸分洪形成，受本流域内降雨影响较小，为本流域的历史第二大洪水，怀洪新河流域多站超过警戒水位。

2.7 新汴河流域

2.7.1 概述

2.7.1.1 流域概况

1. 自然地理

新汴河是一条人工平地开挖的大型河道，1970 年建成并投入使用，主要用于截引新沱河、萧濉新河洪水直接汇入洪泽湖，以减轻新沱河、萧濉新河下游洪涝压力。

新汴河干流自宿州市区西北戚岭子截沱河，向东穿津浦铁路汇濉河引河后，经灵璧、泗县南，过徐岗切岭，于江苏省泗洪县付圩子汇入洪泽湖的溧河洼。新汴河全长 127.1 km，流域面积为 6 467 km^2，其中平原区面积约占流域总面积的 92%，主要支流有新沱河、萧濉新河。

新沱河是自 1949 年后对沱河进行流域调整而形成的河道，发源于河南商丘市梁园区刘口集，于宿州市区西北戚岭子入新汴河，河长 176 km，流域面积为 3 936 km^2，全部为平原区，主要支流有王引河等。

萧濉新河是 20 世纪五六十年代为保障闸河煤田有关煤矿防洪安全，部分河段在原濉河河道基础上开挖的河道，起点为萧县瓦子口，终点在黄桥闸下与濉河连通，因连接萧县和濉溪而被称为萧濉新河。1970 年开挖新汴河时，在符离集闸下游开挖一条引河（一般称为濉河引河），将濉河水引入新汴河。萧濉新河、濉河符离集段、濉河引河，现状是同一条河流的上中下三段，通常一并称为萧濉新河。萧濉新河自萧县瓦子口至入新汴河，全长 62.1 km，流域面积为 2 626 km^2，地形以平原区为主，流域东部边界约有 510 km^2 低山丘陵，主要支流有大沙河、龙岱河、闸河。

2. 水利工程

1）涵闸

新汴河干流从上游到下游的控制涵闸有宿县闸、灵璧闸和团结闸，新沱河干流有永城闸（属河南省）、徐楼闸、四铺闸，萧濉新河干流有贾窝闸、淮纺闸、黄桥闸、符离集闸等。

(1) 宿县闸

宿县闸位于埇桥区灰古镇，10 孔，单孔宽 10 m，控制面积为 6 467 km^2，设计泄洪流量为 1 460 m^3/s，警戒水位为 27.30 m，保证水位为 27.96 m（1985 国家高程基准）。

(2) 灵璧闸

灵璧闸位于灵璧县灵城镇，11 孔，单孔宽 10 m，控制面积为 6 467 km^2，设计泄洪流量为 1 460 m^3/s，警戒水位为 22.80 m，保证水位为 23.81 m（1985 国家高程基准）。

(3) 团结闸

团结闸位于泗洪县车门乡，18 孔，单孔宽 6 m，控制面积为 6 467 km^2，设计泄洪流量为 1 460 m^3/s，警戒水位为 19.50 m，保证水位为 19.97 m（1985 国家高程基准）。

(4) 符离集闸

符离集闸位于埇桥区符离镇，原13孔，单孔宽6 m；2014年拆除重建，改为7孔，单孔宽12 m，控制面积为2 381 km^2，设计泄洪流量为1 005 m^3/s，警戒水位为29.00 m，保证水位为29.54 m(1985国家高程基准)。

(5) 徐楼闸

徐楼闸位于濉溪县百善镇，原13孔，单孔宽6 m；2017年拆除重建，8孔，单孔宽10 m，控制面积为2 793 km^2，设计泄洪流量为745 m^3/s，警戒水位为30.16 m，保证水位为30.79 m(1985国家高程基准)。

2) 水库

新汴河流域中型水库1座(华家湖水库)、小(1)型水库2座(永堌、梁套水库)、小(2)型水库26座，各水库集水面积和库容均不大。

3. 水文站

新汴河流域安徽省境内基本水文站有宿县闸、团结闸、徐楼闸、符离集闸、固口闸站，防汛专用站有仲大庄闸、淮纺闸、童台闸、陈路口闸、北山闸、丁庄闸站，雨量站45个。

1) 宿县闸水文站

宿县闸站为新汴河控制站，位于埇桥区灰古镇，集水面积为6 467 km^2，1969年7月设立，1970—2020年水文资料系列完整，闸上最高水位为28.62 m(测站冻结基面)，闸下最高水位为28.48 m(测站冻结基面)，均出现在1982年7月24日；最大流量为1 450 m^3/s，出现在1982年7月23日。

2) 团结闸水文站

团结闸站为新汴河出口控制站，位于江苏省泗洪县车门乡，1972年5月设立，集水面积为6 467 km^2。根据1973—2018年水文资料系列，闸上最高水位为19.89 m(测站冻结基面)，闸下最高水位为19.73 m(测站冻结基面)，均出现在2018年8月22日；最大流量为1 320 m^3/s，出现在1982年7月25日。

3) 徐楼闸水文站

徐楼闸站为新沱河控制站，位于濉溪县百善镇，1970年1月设立，集水面积为2 793 km^2，1988—2011年闸下水位停测。根据1970—2018年水文资料系列，闸上最高水位为30.83 m(测站冻结基面)，闸下最高水位为30.71 m(测站冻结基面)，最大流量为500 m^3/s，出现在1982年7月23日。

4) 符离集闸水文站

符离集闸站为萧濉新河控制站，位于埇桥区符离镇，1973年1月设立，控制面积为2 381 km^2。根据1973—2018年水文资料系列，闸上最高水位为29.82 m(测站冻结基面)，出现在2018年8月19日；闸下最高水位为29.49 m(测站冻结基面)，最大流量为810 m^3/s，出现在2018年8月20日。

5) 固口闸水文站

固口闸站为王引河控制站，位于砀山县朱楼镇，集水面积为671 km^2，1959年2月设立，1961年停测，1971年5月复设，1975年10月—1977年5月因固口闸施工停测，1977年6月恢复测验，1988—2012年闸下游水位停测。根据1978—2018年水文资料系列，闸上最高水位为39.83 m(测站冻结基面)，闸下最高水位为39.67 m(测站冻结基面)，发生在2018年8月19日；最大流量为325 m^3/s，出现在1978年8月2日。

2.7.1.2 暴雨特性

1. 年、月降水量

安徽省新汴河流域1954—2018年多年平均年降水量为813.1 mm。降水量年内分配不均，暴雨主要发生在汛期5—9月，尤其以夏季6—8月暴雨更为集中。汛期5—9月多年平均降水量为613.4 mm，占全年雨量的75.4%；夏季6—8月多年平均降水量为467.2 mm，占全年雨量的57.5%；降雨最多的月份是7月，多年平均降水量为218.8 mm，占全年雨量的26.9%；降水量最少的月份是1月，多年平均降水量为15.2 mm，占全年雨量的1.9%。降水量区域分布总体呈西北向东南递增趋势。

按年雨量统计，安徽省新汴河流域1963年降水量最大，为1 410.0 mm；其次是1954年，为1 182.0 mm；2003年降水量为1 181.4 mm，排在第3位。

按汛期雨量统计，安徽省新汴河流域1963年汛期降水量最大，为1 254.4 mm；其次是2005年，为884.4 mm；2003年汛期降水量为866.7 mm，排在第3位。

2. 最大1、3、7、15、30 d降水量

安徽省新汴河流域多年平均最大1、3、7、15、30 d降水量分别为81.7 mm、116.1 mm、156.2 mm、211.2 mm和290.5 mm。

统计表明，最大1、3、7 d降水量多发生在7—8月份，排在前三位的最大1、3、7 d降水量及其发生日期详见表2.2-21。

表2.2-21 安徽省新汴河流域最大1、3、7 d降水量统计表

排位	不同时段降水量					
	最大1 d		最大3 d		最大7 d	
	降水量(mm)	开始日期	降水量(mm)	开始日期	降水量(mm)	开始日期
第1位	204.0	1982-7-21	304.1	2018-8-16	423.1	2018-8-13
第2位	200.5	2018-8-18	236.6	1982-7-21	274.7	1958-6-29
第3位	173.3	1964-7-31	217.5	1957-7-12	259.7	1957-7-12

安徽省新汴河流域各时段不同频率设计暴雨量详见表2.2-22。

表2.2-22 安徽省新汴河流域不同频率降水量统计表

重现期(年)	各时段设计频率降水量(mm)				
	最大1 d	最大3 d	最大7 d	最大15 d	最大30 d
2	69.8	101.8	143.2	190.7	267.8
5	104.1	146.8	192.6	263.0	357.0
10	130.4	180.1	226.9	314.8	418.4
20	156.8	213.0	260.0	365.0	477.2
50	191.9	256.4	302.5	430.1	552.8
100	218.5	289.1	334.0	478.6	608.6

2.7.1.3 洪水特性

1. 洪水出现时间

新汴河流域洪水由暴雨形成，与暴雨类似，也存在年内和年际变化不均现象。年内洪水一般在汛期发生，7—8月出现频率较高，6月和9月洪水出现的概率相对较少。1970—2018年系列，新汴河流域主要大水年份有1982年、1996年、1998年、2005年和2018年，平均约10年出现一次。

2. 洪峰流量与洪峰水位

1）洪峰流量

新汴河流域最大洪水发生在1982年7月下旬，该场洪水历时10多天，宿县闸站洪峰流量为1 450 m^3/s，峰现时间为1982年7月23日(以下称作19820723号洪水)。其次是2018年8月中下旬的洪水(以下称作20180821号洪水)，宿县闸站8月21日洪峰流量为1 320 m^3/s。其他年份洪水规模相对较小，洪水过程受宿县闸控制下泄，不是堰流状态的洪峰流量。

按年最大流量统计，1970—2020年系列新汴河宿县闸站年最大流量超过600 m^3/s的洪水共出现15次，其中年最大流量大于1 000 m^3/s的洪水出现2次，年最大流量介于800～1 000 m^3/s的洪水出现2次，年最大流量介于600～800 m^3/s的洪水出现11次。

新汴河宿县闸站1970—2020年系列年最大流量多年均值为475.7 m^3/s，相应10年、20年和50年一遇设计洪峰流量分别为977 m^3/s、1 130 m^3/s和1 390 m^3/s，详见表2.2-23。

表 2.2-23　新汴河流域宿县闸站不同重现期下的洪峰流量表

均值(m^3/s)	不同重现期下的洪峰流量(m^3/s)					
	2 年一遇	5 年一遇	10 年一遇	20 年一遇	50 年一遇	100 年一遇
475.7	399	713	977	1 130	1 390	1 580

2）洪峰水位

1970—2020 年系列新汴河宿县闸上游最高水位出现在 1982 年 7 月 24 日，为 28.62 m；排在第 2 位高的洪水位为 27.93 m，发生在 2018 年 8 月 21 日；排在第 3 位高的洪水位为 26.55 m，发生在 1985 年 8 月 22 日。

3. 洪峰滞时与洪水涨幅

新汴河洪峰滞时，受降水量及其时空分布状况影响，情形比较复杂。根据 19820723 号、20180821 号洪水分析，洪峰滞时一般为 60～70 h。

新汴河洪水涨幅，受降水量及其时空分布状况、下垫面条件与河道前期蓄水情况综合影响，情形比较复杂。19820723 号洪水，宿县闸闸上水位涨水历时 60 h、涨幅 4.40 m，超警历时 92 h、超保历时 72 h；20180821 号洪水，宿县闸站上游水位涨水历时 74 h，水位涨幅 2.19 m，超警历时 86 h。其他年份洪水规模较小，受宿县闸控制下泄，闸上水位涨幅无统计意义。

4. 洪水总量

新汴河流域 19820723 号洪水中，宿县闸站 7 月 21—28 日洪水总量为 8.337 亿 m^3，位居历年洪水总量首位；2018 年 8 月台风“温比亚”所形成的 20180821 号洪水中，宿县闸站 8 月 18 日至 31 日洪水总量为 6.79 亿 m^3，位居历年洪水总量第 2 位；2003 年新汴河流域洪水中，宿县闸站 8 月 28 日—9 月 10 日洪水总量为 3.580 亿 m^3，位居历年洪水总量第 3 位。

根据 1970—2018 年系列资料，新汴河宿县闸站各时段不同频率设计洪水总量详见表 2.2-24。

表 2.2-24　新汴河流域宿县闸站不同频率洪水总量统计表

重现期(年)	各时段设计频率洪量(亿 m^3)				
	最大 1 d	最大 3 d	最大 7 d	最大 15 d	最大 30 d
2	0.192	0.397	0.537	0.789	1.018
5	0.414	0.988	1.495	2.016	2.553
10	0.590	1.493	2.370	3.085	3.876
20	0.770	2.024	3.313	4.216	5.269
50	1.011	2.749	4.623	5.767	7.176
100	1.195	3.310	5.645	6.971	8.653

5. 洪水与暴雨关系

新汴河洪水规模受暴雨量、暴雨强度及雨区范围组合因素影响，暴雨量大、暴雨强度大的流域性暴雨，形成的洪水洪峰流量大、水位高、洪水过程持续时间长，典型洪水如 19820723 号、20180821 号洪水。其他形式组合的暴雨，一般产生中小规模的洪水，典型洪水如 1998 年 8 月洪水、2005 年 8 月洪水等。

2.7.2　典型年洪水

2.7.2.1　1982 年

1. 雨情

1）雨情概述

1982 年安徽省新汴河流域年降水量为 852.7 mm，比常年同期偏多 4.9%，在 1954—2018 年降雨系列中排第 23 位。汛期降水量为 729.7 mm，比常年同期偏多 19.0%，在 1954—2018 年汛期降雨系列中排第 16 位。7 月 21—25 日出现一场历史罕见暴雨过程。

2）暴雨过程

1982 年 7 月 21 日安徽省新汴河流域普降暴雨，局部大暴雨至特大暴雨，22—25 日连续普降中到小雨，局部大雨。7 月 21—25 日安徽省新汴河流域逐日降水量分别为 204.0 mm、29.1 mm、3.5 mm、14.7 mm和 3.6 mm。

安徽省新汴河流域 7 月 21—25 日累计降水量为 254.9 mm，暴雨中心位于萧县南部及西南部，其中张庄寨站雨量为 438.8 mm，萧县站为 433.9 mm，赵庄站为 369.4 mm，大屯站为 366.3 mm，孤山站为 355.8 mm，贾窝站为 354.7 mm。

3）暴雨特点

1982 年汛期，安徽省新汴河流域降雨特点是雨量大、雨强大、范围广。

7 月 21 日安徽省新汴河流域面平均降水量为 204.0 mm，在 1954—2018 年历年最大 1 d 降水量系列中位居第 1 位，相当于 70 年一遇。

7 月 21—23 日安徽省新汴河流域面平均降水量为 236.6 mm，在 1954—2018 年历年最大 3 d 降水量系列中位居第 2 位，超过 30 年一遇。

7 月 21—27 日连续 7 天安徽省新汴河流域降水量为 258.1 mm，在 1954—2018 年历年最大 7 d 降水量系列中居第 4 位，相当于 20 年一遇。

2. 水情

1）水情概述

相应于 7 月 21—25 日暴雨过程，1982 年汛期新汴河流域 7 月 21—28 日出现了一场新汴河流域历史最大洪水过程，新汴河宿县闸和团结闸站、新沱河徐楼闸站洪峰流量，居历史第 1 位，萧濉新河符离集闸站洪峰流量居历史第 2 位。

2）洪水过程

（1）新汴河

① 宿县闸站

宿县闸闸上水位从 7 月 21 日 22 时 50 分的 24.22 m 起涨。22 日 22 时 18 分之前洪水受控制下泄，22 日 22 时 18 分后洪水自由下泄。23 日 0 时闸上水位 27.35 m，超警戒水位 0.05 m；8 时闸上水位 27.98 m，超保证水位 0.02 m。24 日 11 时闸上洪峰水位 28.62 m，超保证水位 0.66 m，闸下游洪峰水位 28.48 m。随后水位缓落，26 日 8 时回落至保证水位以下，20 时回落至警戒水位以下，28 日 14 时回落至正常蓄水位以下。

洪水期间，宿县闸闸上水位涨水历时 60 h、涨幅 4.40 m，落水历时 135 h，超警历时 92 h、超保历时 72 h；闸下游洪峰水位 28.48 m，出现时间为 24 日 11 时；洪峰流量 1 450 m^3/s，出现时间为 23 日 20 时。

② 团结闸站

7 月 22 日 12 时 54 分团结闸闸门全部提出水面，腾空库容，迎接上游来水。闸上水位从 23 日 0 时的 14.05 m起涨，25 日 14 时到达洪峰水位 19.08 m，随后水位回落，28 日落至正常蓄水位以下。

洪水期间，团结闸闸上水位涨水历时 38 h、涨幅 5.03 m，落水历时 78 h，闸下游洪峰水位 18.97 m，洪峰流量 1 320 m^3/s，均出现在 25 日 14 时。

（2）新沱河

徐楼闸于 7 月 21 日 20 时 30 分开闸放水，当时闸上水位 28.51 m。22 日 23 时涨至警戒水位 30.16 m，23 日 23 时涨至洪峰水位 30.83 m，超过警戒水位 0.67 m，超过保证水位 0.04 m。随后水位缓慢回落，24 日 8 时落至保证水位以下，25 日 8 时落至警戒水位以下，27 日 8 时落至正常蓄水位以下。

洪水期间，闸上水位涨水历时 51 h、涨幅 2.32 m，超警历时 34 h、超保历时 16 h；闸下游洪峰水位 30.71 m，洪峰流量 500 m^3/s，均出现在 23 日 23 时。

（3）萧濉新河

符离集闸 7 月 22 日 0 时 12 分开启 11 孔 0.5 m，22 日 8 时 42 分闸门全部提出水面。闸上水位 23 日 17 时涨至 29.24 m，超警戒水位 0.24 m，24 日 12 时到达洪峰水位 29.46 m，超警戒水位 0.46 m。随后水位缓落，25 日 20 时回落至警戒水位以下，28 日 8 时落至正常蓄水位以下。

洪水期间，闸上水位涨水历时 60h，涨幅 2.95 m，超警历时 51 h；闸下游洪峰水位 29.41 m，出现时间为 24 日 12 时；洪峰流量 650 m^3/s，出现时间为 23 日 17 时。

3）洪水特点

新汴河流域 1982 年 7 月 21—28 日洪水过程具有洪峰水位高、洪峰流量和洪水总量大、洪水历时长、超警历时长等特点。

（1）洪峰水位

此次洪水期间，新汴河宿县闸闸上洪峰水位 28.62 m、闸下洪峰水位 28.48 m，团结闸下游洪峰水位 18.97 m，新沱河徐楼闸闸上洪峰水位 30.83 m、闸下洪峰水位 30.71 m，在各站 1970—2018 年历年最高水位系列中均居第 1 位。

萧濉新河符离集闸闸上洪峰水位 29.46 m、闸下洪峰水位 29.41 m，在该站 1973—2018 年历年最高水位系列中均居第 2 位。

（2）洪峰流量

此次洪水，新汴河宿县闸站洪峰流量 1 450 m^3/s，在该站 1970—2018 年历年最大流量系列中，排第 1 位。新汴河团结闸站洪峰流量 1 320 m^3/s、新沱河徐楼闸洪峰流量 500 m^3/s，在各站历年最大流量系列中，排第 1 位。萧濉新河符离集闸洪峰流量 650 m^3/s，在该站历年最大流量系列中，排第 2 位。

（3）洪水总量

此次洪水，新汴河宿县闸站最大 1、3、7 d 洪水总量分别为 1.22 亿 m^3、3.43 亿 m^3、5.45 亿 m^3，在该站历年最大 1、3、7 d 洪水总量系列中，分别居历史第 1 位、第 1 位和第 2 位。

团结站最大 1、3、7 d 洪水总量分别为 1.12 亿 m^3、3.04 亿 m^3、5.28 亿 m^3，在该站历年最大 1、3、7 d 洪水总量系列中，分别居历史第 1 位、第 1 位和第 2 位。

新沱河徐楼闸站最大 1、3、7 d 洪水总量分别为 0.422 亿 m^3、1.07 亿 m^3、1.54 亿 m^3，在该站历年最大 1、3、7 d 洪水总量系列中，均居历史第 1 位。

萧濉新河符离集闸站最大 1、3、7 d 洪水总量分别为 0.558 亿 m^3、1.67 亿 m^3、3.04 亿 m^3，在该站历年最大 1、3、7 d 洪水总量系列中，均居历史第 2 位。

（4）洪水历时

此次洪水，新汴河从 7 月 21 日起涨到 7 月 24 日出现洪峰，再到 7 月 28 日水位落平，历时 8 d。

（5）超警历时

此次洪水期间，新汴河宿县闸超警历时 92 h、超保历时 72 h，新沱河徐楼闸超警历时 34 h、超保历时 16 h，萧濉新河符离集闸超警历时 51 h。

4）洪水组成

1982 年 7 月 21—28 日，宿县闸站洪水总量为 8.337 亿 m^3，其中：萧濉新河符离集闸站下泄水量 4.721亿 m^3，占比为 56.6%；新沱河徐楼闸站下泄水 2.314 亿 m^3，占比为 27.8%；区间（主要是王引河）来水 1.303 亿 m^3，占比为 15.6%。

5）洪水重现期

1982 年 7 月 21—28 日，宿县闸站洪峰流量为 1 450 m^3/s，根据该站历年最大流量系列排频计算，此次洪水洪峰流量重现期超 50 年。

2.7.2.2 1998 年

1. 雨情

1）雨情概述

1998 年安徽省新汴河流域年降水量为 929.3 mm，比常年同期偏多 45.7%，在 1954—2018 年降雨系列中排第 15 位。汛期降水量为 630.9 mm，比常年同期偏多 2.9%，在 1954—2018 年汛期降雨系列中排第 28 位，8 月 9—14 日出现连续降雨，形成一场中等规模洪水。

2）暴雨过程

1998年8月9日，安徽省新汴河流域降中到大雨、局部暴雨，10日降小雨，11日降中雨，12日降小雨，13日中到大雨，14日大雨、局部暴雨。8月9—14日安徽省新汴河流域逐日降水量分别为51.5 mm、1.7 mm、26.2 mm、6.7 mm、44.5 mm和55.6 mm。

8月9—14日降雨过程中，安徽省新汴河流域累计降水量为186.2 mm，暴雨中心位于流域中下游，符离集闸站最大，为315.7 mm。

3）暴雨特点

1998年汛期安徽省新汴河流域暴雨特点是：

(1) 汛期降水量与常年同期相当；

(2) 8月9—14日出现一场连续降雨过程，虽然累计雨量较大，但降雨强度不大；

(3) 暴雨中心位于中下游区域。

2. 水情

1）水情概述

相应于8月9—14日降雨，新汴河流域8月12—18日出现一次较大洪水过程。

2）洪水过程

(1) 新汴河

① 宿县闸站

宿县闸8月12日18时30分开始开闸放水，当时开启2孔、开高1 m，闸上水位25.97 m。14日12时闸上水位涨至最高26.46 m，当时闸门开启9孔1.93 m，随后闸上水位开始缓慢回落。14日18时30分，宿县闸10孔全部提出水面，洪水自由下泄，闸上水位快速回落。18日洪水过程基本结束。

此次洪水期间，8月14日10时42分流量最大，为894 m^3/s，属于开闸结束瞬时下泄流量。闸下水位最高26.05 m，出现时间为15日8时，当时宿县闸10孔全部提出水面，相应流量730 m^3/s，闸上水位26.12 m。

② 团结闸站

受上游开闸放水影响，团结闸闸上水位从8月13日开始起涨，14日15时12分涨至19.57 m(超警戒水位0.07 m)，当时闸门尚未开启，随后团结闸开闸放水，闸上水位开始逐渐回落，19日洪水过程结束。

此次洪水一直受团结闸控制下泄，8月14日15时12分闸上水位最高，为19.57 m(当时闸门尚未开启)。16日15时30分下游水位最高，为17.97 m，当时闸门开启18孔3 m，相应下泄流量496 m^3/s。最大流量出现在8月14日20时42分，为797 m^3/s，属于开闸结束瞬时下泄流量。

(2) 新沱河

徐楼闸于8月13日17时12分开始开闸放水，当时开启2孔、开高0.3 m，以后又多次调整闸门，其中最大开启8孔、开高2 m。18日洪水过程结束。

此次洪水过程始终受徐楼闸控制下泄，其间闸上最高水位29.01 m(8月14日9时24分)；闸下最高水位28.45 m(8月14日11时30分)；最大流量194 m^3/s(8月14日10时12分)，为开闸结束瞬时流量。

(3) 萧濉新河

符离集闸于8月12日17时开始开闸放水，当时开启4孔、开高0.5 m，闸上水位26.82 m。12日18时18分至14日18时36分，符离集闸多次调整闸门，加大下泄水量。8月14日19时54分符离集闸13孔提出水面，洪水自由下泄，8月15日6时到达洪峰水位，闸上26.90 m、闸下26.88 m，洪峰流量253 m^3/s。随后水位逐渐回落，至18日洪水过程基本结束。

3）洪水特点

新汴河流域1998年8月12—18日洪水的特点是，洪水规模较大、洪峰水位较高、洪峰流量和洪水总量较大，洪水主要来自萧濉新河和王引河，新沱河徐楼闸以上区域来水量不大。

(1) 洪峰水位

新汴河宿县闸闸下最高水位为26.05 m，在该站历年最高水位系列中居第6位；团结闸闸下最高水位为17.97 m，在该站历年最高水位系列中居第4位。

新沱河洪水受徐楼闸控制下泄，闸下最高水位为28.45 m，在该站历年最高水位系列中居第8位。

萧濉新河符离集闸闸下洪峰水位为26.88 m，在该站历年最高水位系列中居第6位。

(2) 洪峰流量

此次洪水期间，新汴河宿县闸全部提出水面后，宿县闸站洪峰流量730 m^3/s，仅次于1982年和2018年洪峰流量，排在第3位。

萧濉新河符离集闸站洪峰流量只有253 m^3/s，新沱河徐楼闸站最大下泄流量只有194 m^3/s，均不算大。

(3) 洪水总量

此次洪水，新汴河宿县闸站最大1、3、7 d洪水总量分别为0.605 7亿m^3、1.477亿m^3、2.117亿m^3，在该站历年最大1、3、7 d洪水总量系列中，分别居历史第3位、第3位和第4位。

萧濉新河符离集闸站最大1、3、7 d洪水总量分别为0.216亿m^3、0.592 7亿m^3、0.955 8亿m^3，在该站历年最大1、3、7 d洪水总量系列中，分别居历史第7位、第6位和第5位。

但新沱河徐楼闸站洪水总量不大，该站最大1、3、7 d洪水总量分别为0.114亿m^3、0.282亿m^3、0.351 7亿m^3，在该站历年最大1、3、7 d洪水总量系列中，分别居历史第17位、第11位和第13位。

4) 洪水组成

1998年8月中旬新汴河流域洪水中，宿县闸站洪水总量为2.522亿m^3，其中：萧濉新河符离集闸站下泄水量为1.212亿m^3，占比为48.1%；新沱河徐楼闸站下泄水量为0.401 2亿m^3，占比为15.9%；区间(主要是王引河)来水0.908 9亿m^3，占比为36%。

5) 洪水峰量关系

1998年8月中旬新汴河流域洪水中，宿县闸14日18时30分全部提出水面以后，15日8时水位到达洪峰，闸上洪峰水位26.12 m、闸下洪峰水位26.05 m、洪峰流量730 m^3/s。

6) 洪水重现期

1998年8月中旬新汴河流域洪水中，宿县闸站最大下泄流量894 m^3/s，使用该站历年最大流量系列排频计算，此次洪水洪峰流量重现期接近10年。

2.7.2.3 2003年

1. 雨情

1) 雨情概述

2003年安徽省新汴河流域年降水量为1 181.4 mm，比常年同期偏多45.3%，在1954—2018年降雨系列中排第3位。汛期降水量为866.7 mm，比常年同期偏多41.3%，在1954—2018年汛期降雨系列中排第3位。6月21—22日、6月29日—7月3日、8月28日—9月3日分别出现3场较大降雨过程。

2) 暴雨过程

(1) 6月21—22日

6月21日安徽省新汴河流域普降中雨、22日普降暴雨，两日降水量分别为13.3 mm和73.3 mm，累计降水量为86.6 mm，暴雨中心萧县赵庄站雨量最大，为123.3 mm。

(2) 6月29日—7月3日

6月29日—7月3日新汴河流域连续降中到大雨，各日降水量分别为19.5 mm、15.7 mm、47.4 mm、27.1 mm和15.0 mm，累计降水量为124.7 mm，暴雨中心位于西四铺、徐楼闸、马桥、符离集闸一带，其中西四铺站275.6 mm、徐楼闸站217.8 mm、马桥站226.8 mm、符离集闸站285.7 mm。

(3) 8月28日—9月3日

8月28日—9月3日新汴河流域连续7 d降雨，各日降水量分别为48.1 mm、46.2 mm、19.7 mm、2.7 mm、9.0 mm、2.5 mm和36.5 mm，累计降水量为164.7 mm，暴雨中心位于砀山县境内，固口闸、红旗、曹庄、陇海、李庄、官庄等站雨量均超过200 mm，其中曹庄站最大，为279.8 mm。

3) 暴雨特点

2003年汛期安徽省新汴河流域降雨特点是：

(1) 汛期降雨天数多,连续降雨时间长,累计雨量较大;

(2) 降雨强度不大,最大日降水量只有72.3 mm;

(3) 汛期出现3场较大暴雨,暴雨中心分别位于萧县赵庄、淮北市境内和砀山县境内。

2. 水情

1) 水情概述

由于前期降雨少和降雨强度不大,6月21—22日降雨几乎未形成径流,6月29日—7月3日降雨仅形成较小洪水。相应于8月28日—9月3日降雨,新汴河流域8月28日—9月10日出现一次相对较大的洪水过程。

2) 洪水过程

(1) 新汴河宿县闸站

8月28日—9月10日新汴河洪水受宿县闸控制下泄,其间闸上最高水位25.92 m,出现时间为8月31日1时36分;闸下最高水位25.13 m,出现时间为9月5日9时30分;最大下泄流量768 m^3/s,为开闸结束瞬时下泄流量,出现时间为9月10日16时36分,当时宿县闸开启10孔1.6 m。

(2) 新沱河徐楼闸站

8月29日—9月10日新沱河洪水受徐楼闸控制下泄,其间闸上最高水位29.36 m,出现时间为9月4日8时27分;闸下最高水位28.61 m,出现时间为9月4日17时;最大下泄流量341 m^3/s,为开闸结束瞬时下泄流量,出现时间为9月4日16时,当时徐楼闸开启8孔1.5 m。

(3) 萧濉新河符离集闸站

8月29日—9月10日萧濉新河洪水受符离集闸控制下泄,其间闸上最高水位28.0 m(8月31日3时06分);闸下最高水位26.25 m(8月30日7时40分);最大下泄流量294 m^3/s(8月31日20时),为开闸结束瞬时下泄流量,当时符离集闸开启12孔1 m。

3) 洪水特点

新汴河流域2003年8月28日—9月10日洪水受涵闸控制下泄,洪峰水位不高,洪峰流量较大,洪水历时长、洪水总量较大。

(1) 洪峰水位

洪水受涵闸控制下泄,新汴河宿县闸闸下最高水位25.13 m,在该站历年最高水位系列中居第17位。新沱河徐楼闸闸下最高水位28.61 m,在该站历年最高水位系列中居第5位。萧濉新河符离集闸闸下最高水位26.25 m,在该站历年最高水位系列中排位偏后。

(2) 洪峰流量

此次洪水期间,新汴河宿县闸站最大下泄流量768 m^3/s,在该站历年最大流量系列中排第6位。新沱河徐楼闸最大流量341 m^3/s,在该站历年最大流量系列中排第3位。萧濉新河符离集闸洪峰流量294 m^3/s,在该站历年最大流量系列中排第16位。

(3) 洪水总量

此次洪水,新汴河宿县闸站最大1、3、7 d洪水总量分别为0.406 1亿 m^3、0.993 6亿 m^3、2.055亿 m^3,在该站历年最大1、3、7 d洪水总量系列中,分别居历史第9位、第9位和第6位。

新沱河徐楼闸站最大1、3、7 d洪水总量分别为0.218 6亿 m^3、0.532 2亿 m^3、0.921 6亿 m^3,在该站历年最大1、3、7 d洪水总量系列中,均居历史第3位。

萧濉新河符离集闸站最大1、3、7 d洪水总量分别为0.184 9亿 m^3、0.439 8亿 m^3、0.809 5亿 m^3,在该站历年最大1、3、7 d洪水总量系列中,分别居历史第10位、第9位和第5位。

(4) 洪水历时

此次洪水,新汴河流域主要控制站从8月28日起涨到9月10日基本结束,历时14 d。

4) 洪水组成

2003年8月28日—9月10日新汴河流域洪水中,宿县闸站洪水总量为3.590亿 m^3,其中:萧濉新河符离集闸站下泄水量为1.373亿 m^3,占比为38.3%;新沱河徐楼闸站下泄水量为1.383亿 m^3,占比为

38.5%；区间(主要是王引河)来水 0.833 8 亿 m^3，占比为 23.2%。

5) 洪水峰量关系

2003 年 8 月 28 日—9 月 10 日新汴河流域洪水全程受涵闸控制下泄，过闸流量与闸上水位无相关关系。

6) 洪水重现期

2003 年 8 月 28 日—9 月 10 日新汴河流域洪水中，宿县闸站最大下泄流量为 768 m^3/s，使用该站历年最大流量系列排频计算，此次洪水洪峰流量重现期为 5 年。

2.7.2.4 2005 年

1. 雨情

1) 雨情概述

2005 年安徽省新汴河流域年降水量为 1 027.1 mm，比常年同期偏多 26.3%，在 1954—2018 年降雨系列中排第 7 位。汛期降水量为 884.4 mm，比常年同期偏多 44.2%，在 1954—2018 年汛期降雨系列中排第 2 位。7 月 7—10 日、7 月 15—16 日、7 月 29 日—8 月 2 日分别出现 3 场较大降雨过程。

2) 暴雨过程

(1) 7 月 7—10 日

7 月 7 日安徽省新汴河流域淮北市境内降大暴雨、砀山县境内降小雨，8 日和 9 日连续普降小到中雨，11 日淮北市境内降大暴雨、砀山县境内降中雨，7 月 7—10 日各日面雨量分别为 71.5 mm、9.9 mm、6.7 mm和 64.9 mm，累计降水量为 153.0 mm，暴雨中心位于萧县南部及淮北市境内，其中钟楼站 334.0 mm、马桥站 302.9 mm、符离集闸站 336.0 mm、西四铺站 333.5 mm。

(2) 7 月 15—16 日

7 月 15 日安徽省新汴河流域降小到大雨，16 日大到暴雨，两日降水量分别为 121.3 mm 和 81.0 mm，累计降水量为 202.3 mm，暴雨中心位于砀山县境内，其中红旗站雨量最大，为 204.1 mm。

(3) 7 月 29 日—8 月 2 日

7 月 29 日—8 月 2 日连续 5 d 降雨，其中 8 月 1 日降大到暴雨、局部大暴雨，其他各日均降中到大雨，各日雨量分别为 22.7 mm、16.8 mm、35.9 mm、57.5 mm 和 31.1 mm，累计降水量为 164.2 mm，暴雨中心位于淮北市境内，濉溪、小时村、马桥等站雨量均超过 200 mm，其中马桥站最大，为 338.5 mm。

3) 暴雨特点

2005 年汛期安徽省新汴河流域降雨特点是：

(1) 汛期降雨天数多，连续降雨时间长，累计雨量较大；

(2) 降雨强度不大，最大日降水量只有 121.3 mm；

(3) 汛期出现 3 场较大暴雨，暴雨中心分别位于萧县以南、砀山县南部和淮北市区。

2. 水情

1) 水情概述

2005 年汛期新汴河流域 7 月 7—10 日、7 月 15—16 日、7 月 29 日—8 月 2 日出现 3 场降雨过程，其中，第一场降雨形成 7 月 8—13 日洪水过程，第二场降雨未形成洪水，第三场降雨形成 7 月 30 日—8 月 9 日洪水过程。

2) 洪水过程

(1) 7 月 8—13 日

① 新汴河宿县闸站

7 月 8—13 日，新汴河洪水受宿县闸控制下泄，其间闸上最高水位为 25.35 m(7 月 10 日 20 时 30 分)；闸下最高水位为 25.04 m(7 月 11 日 9 时 42 分)；最大下泄流量为 556 m^3/s(7 月 10 日 21 时 06 分)，为开闸结束瞬时下泄流量，当时宿县闸开启 9 孔 2 m。

② 新沱河徐楼闸站

7 月 10—13 日，新沱河洪水受徐楼闸控制下泄，其间闸上最高水位为 29.26 m(7 月 10 日 15 时 15

分)；闸下最高水位为28.18 m(7月10日20时)；最大下泄流量为190 m^3/s(7月10日18时27分)，为开闸结束瞬时下泄流量，当时徐楼闸开启6孔1 m。

③ 萧濉新河符离集闸站

7月8—13日，萧濉新河洪水受符离集闸控制下泄，其间闸上最高水位为26.45 m(7月11日19时54分)；闸下最高水位为25.61 m(7月10日19时51分)；最大下泄流量为106 m^3/s(7月10日14时06分)，为开闸结束瞬时下泄流量，当时符离集闸开启5孔0.7 m。

(2) 7月30日—8月9日

① 新汴河宿县闸站

7月30日—8月6日，新汴河洪水受宿县闸控制下泄，其间闸上最高水位为26.53 m(8月3日17时45分)；闸下最高水位为26.47 m(8月3日17时45分)；最大下泄流量为693 m^3/s(8月2日9时18分)，为开闸结束瞬时下泄流量，当时宿县闸开启10孔3.5 m。

受上游来水影响，新汴河团结闸7月31日—8月6日也有一场洪水通过，其间闸上最高水位为19.40 m(8月2日11时39分)；闸下最高水位为18.17 m(8月3日21时)；最大下泄流量为657 m^3/s(8月3日12时09分)，为开闸结束瞬时下泄流量，当时团结闸开启12孔1.83 m。

② 新沱河徐楼闸站

8月2—6日，新沱河洪水受徐楼闸控制下泄，其间闸上最高水位为29.08 m(8月3日6时45分)；闸下最高水位为27.91 m(8月3日10时)；最大下泄流量为186 m^3/s(8月3日7时42分)，为开闸结束瞬时下泄流量，当时徐楼闸开启6孔1 m。

③ 萧濉新河符离集闸站

7月30日—8月8日，萧濉新河洪水受符离集闸控制下泄，其间闸上最高水位为27.84 m(7月30日14时42分)，当时尚未开闸；闸下最高水位为27.55 m(8月3日11时)；最大下泄流量为602 m^3/s(8月3日15时24分)，为开闸结束瞬时下泄流量，当时符离集闸开启13孔4.8 m。

3) 洪水特点

2005年汛期新汴河流域7月8—13日、7月30日—8月9日出现两场洪水，其中第二场洪水较第一场洪水规模大。

7月30日—8月9日洪水，具有洪峰水位较高、洪峰流量较大、洪水历时长、洪水总量较大的特点，具体分析如下。

(1) 洪峰水位

洪水受涵闸控制下泄，新汴河宿县闸闸下最高水位为26.47 m，在该站历年最高水位系列中居第3位。萧濉新河符离集闸下最高水位为27.55 m，在该站历年最高水位系列中居第3位。但新沱河徐楼闸闸下最高水位为27.91 m，在该站历年最高水位系列中排位偏后。

(2) 洪峰流量

此次洪水期间，新汴河宿县闸站最大下泄流量为693 m^3/s，在该站历年最大流量系列中排第9位。萧濉新河符离集闸最大下泄流量为602 m^3/s，在该站历年最大流量系列中排第3位。新沱河徐楼闸最大流量为186 m^3/s，在该站历年最大流量系列中排位偏后。

(3) 洪水总量

此次洪水，新汴河宿县闸站最大1、3、7 d洪水总量分别为0.553亿m^3、1.369亿m^3、2.156亿m^3，在该站历年最大1、3、7 d洪水总量系列中，分别居历史第4位、第4位和第3位。

新沱河徐楼闸站最大1、3、7 d洪水总量分别为0.101 1亿m^3、0.154 2亿m^3、0.259 2亿m^3，在该站历年最大1、3、7 d洪水总量系列中，均居16位以后。

萧濉新河符离集闸站最大1、3、7 d洪水总量分别为0.438亿m^3、0.995 3亿m^3、1.553亿m^3，在该站历年最大1、3、7 d洪水总量系列中，均排第3位。

(4) 洪水历时

此次洪水，新汴河流域主要控制站从7月30日起涨到8月9日结束，历时11 d。

4）洪水组成

2005 年 7 月 30 日—8 月 9 日新汴河流域洪水中，宿县闸站洪水总量为 2.367 亿 m^3，其中：萧濉新河符离集闸站下泄水量为 1.736 亿 m^3，占比为 73.3%；新沱河徐楼闸站下泄水量为 0.270 2 亿 m^3，占比为 11.4%；区间（主要是王引河）来水 0.361 0 亿 m^3，占比为 15.2%。

5）洪水峰量关系

2005 年 7 月 30 日—8 月 9 日新汴河流域洪水全程受涵闸控制下泄，过闸流量与闸上水位无相关关系。

6）洪水重现期

2005 年 7 月 30 日—8 月 9 日新汴河流域洪水中，宿县闸站最大下泄流量为 693 m^3/s，使用该站历年最大流量系列排频计算，此次洪水洪峰流量重现期接近 5 年。

2.7.2.5 2018 年

1. 雨情

1）雨情概述

2018 年安徽省新汴河流域年降水量为 1 059.4 mm，比常年同期偏多 30.3%，在 1954—2018 年降雨系列中排第 5 位。汛期降水量为 835.3 mm，比常年同期偏多 36.2%，在 1954—2018 年汛期降雨系列中排第 6 位。8 月 12—14 日、8 月 16—19 日相继出现 2 场暴雨过程，由此引发新汴河流域历史罕见大洪水。

2）暴雨过程

（1）8 月 12—14 日

受台风“摩羯”影响，2018 年 8 月 12 日安徽省新汴河流域大部降小雨，13 日普降暴雨到大暴雨，14 日局部地区降小到中雨并渐止。8 月 12—14 日安徽省新汴河流域逐日降水量分别为 3.1 mm、105.5 mm 和 5.9 mm，累计降水量为 114.5 mm，砀山、固口闸、唐寨、红旗、李庄、张庄寨、大屯等 20 多个雨量站雨量均超过 100 mm，暴雨中心固口闸站雨量最大，为 179.5 mm。

（2）8 月 16—19 日

受台风“温比亚”影响，2018 年 8 月 16 日下午安徽省新汴河流域开始降雨，雨量较小，17 日普降暴雨到大暴雨，18 日流域普降大暴雨到特大暴雨，19 日小雨到中雨。8 月 16—19 日安徽省新汴河流域逐日降水量分别为 8.1 mm、95.5 mm、200.5 mm 和 7.6 mm，累计降水量为 311.7 mm，暴雨中心位于萧县南部到淮北北部一带，其中小时村站 461.5 mm、张庄寨站 435.0 mm、杨楼站 405.5 mm、贾窝闸站 403.0 mm、萧县站 402.0 mm。

3）暴雨特点

2018 年汛期安徽省新汴河流域降雨特点是：

（1）8 月 12—19 日不到 10 d 的时间里，接连出现 2 场大暴雨。

（2）两场暴雨范围均覆盖全流域，暴雨中心主要位于砀山、萧县和淮北北部地区。

（3）暴雨总量大、强度大。

8 月 18 日安徽省新汴河流域面平均降水量为 200.5 mm，在历年最大 1 d 降水量系列中居第 2 位，相当于 60 年一遇。

8 月 16—18 日安徽省新汴河流域连续 3 d 累计降水量为 304.1 mm，在历年最大 3 d 降水量系列中居第 1 位，超过 100 年一遇。

8 月 13—19 日安徽省新汴河流域连续 7 d 累计降水量为 423.1 mm，在历年最大 7 d 降水量系列中居第 1 位，超过 100 年一遇。

2. 水情

1）水情概述

相应于 8 月 12—14 日暴雨过程，新汴河流域 8 月 14—17 日出现一波小洪水过程，宿县闸最大下泄流量为 133 m^3/s，出现在 8 月 16 日 20 时，当时宿县闸开启 4 孔，孔高 0.5 m。

相应于 8 月 16—19 日暴雨过程，加之受前期降雨影响，新汴河流域 8 月 18—29 日出现历史罕见洪水过程，其中宿县闸站洪峰流量为 1 320 m^3/s，在该站历年洪峰流量系列中居第 2 位；符离集闸站洪峰流量为 810 m^3/s，居该站历年洪峰流量系列第 1 位。

2）洪水过程

受前期台风“摩羯”降雨和本次台风“温比亚”降雨共同影响，8 月 18—29 日新汴河发生历史罕见洪水。

（1）新汴河

① 宿县闸站

闸上水位从 8 月 18 日 3 时的 25.74 m 开始起涨，当时闸门开启 2 孔 0.5 m，下泄流量 65.1 m^3/s。随着洪水不断且逐渐增大到来，宿县闸不断增加开启孔数、提高开启高度，加大下泄水量，至 18 日 20 时闸上水位 26.11 m、闸下水位 25.90 m、下泄流量 687 m^3/s。18 日 20 时以后，更大洪水到来，水位快速上涨，19 日 0 时闸上水位 26.28 m、闸下水位 26.09 m，洪水开始漫滩。19 日 8 时 36 分，宿县闸 10 孔全部提出水面，洪水自由下泄，19 日 20 时 18 分闸上水位涨至警戒水位 27.30 m，21 日 5 时 36 分到达洪峰，闸上水位 27.93 m（比保证水位低 0.03 m），超警戒水位 0.63 m。以后水位缓慢回落，23 日 10 时闸上水位回落至警戒水位以下；24 日 20 时水位回落至河槽。25 日 9 时 18 分以后，宿县闸逐步调整开启孔数与高度，控制下泄水量，26 日 8 时闸上水位 25.75 m，回落至起涨前水平，29 日 7 时 12 分闸门全关。

此次洪水，宿县闸站上游水位涨水历时 74 h，水位涨幅 2.19 m，落水历时 123 h，超警历时 86 h。宿县闸下游 21 日 13 时 18 分出现洪峰水位 27.77 m，洪峰流量 1 320 m^3/s。

② 团结闸站

闸上水位从 8 月 18 日 21 时 54 分的 18.14 m 开始起涨，21 日 5 时 18 分至警戒水位 19.50 m，22 日 17 时 54 分涨至洪峰水位 19.89 m，超警戒水位 0.49 m，距保证水位 0.08 m，随后水位缓落，24 日 17 时 24 分落至警戒水位以下。

洪水期间，闸上水位涨水历时 92h，涨幅 1.75 m，落水历时 79 h，超警历时 84 h。22 日 14 时洪峰流量 1 180 m^3/s，仅次于 1982 年，为历史第 2 位洪峰流量。22 日 16 时 24 分闸下洪峰水位 19.73 m，位居历史第 1 位。

（2）新沱河

徐楼闸上水位从 13 日 14 时的 27.98 m 开始起涨，到 18 日 8 时水位涨至 28.88 m，其间，徐楼闸一直未开启。18 日 8 时 06 分，徐楼闸开启 2 孔、开高 2 m，随后不断增加开启孔数。本次洪水期间徐楼闸最大开启 8 孔、开高 4.5 m。

洪水期间，徐楼闸闸上水位 8 月 19 日 23 时 12 分最高，为 29.49 m；闸下水位 8 月 20 日 23 时 42 分最高，为 29.43 m；最大流量 271 m^3/s（8 月 21 日 10 时 18 分）。

（3）萧濉新河

符离集闸上水位自 8 月 18 日 3 时的 27.12 m 开始起涨，19 日 7 时 42 分涨至警戒水位 29.00 m，19 日 13 时 64 分涨至保证水位，19 日 17 时 24 分涨至最高 29.82 m。19 日 17 时 36 分符离集闸门全部开启，洪水自由下泄，闸上水位出现短暂下降后再次上涨，20 日 7 时 12 分涨至洪峰水位 29.63 m，随后水位缓落，21 日 12 时 06 分回落至保证水位以下，23 日 3 时 30 分落至警戒水位以下。

洪水期间，闸上水位涨水历时 46 h，涨幅 2.7 m，落水历时 123 h，超警历时 92 h，超保历时 46 h。闸下 20 日 3 时 54 分洪峰水位 29.49 m，20 日 8 时 49 分洪峰流量 810 m^3/s，为该站历史最大洪峰流量。

3）洪水特点

新汴河流域 2018 年 8 月 18—29 日洪水（20180821 号洪水）具有洪峰水位高、洪峰流量和洪水总量大、洪水历时长等特点。

（1）洪峰水位高

此次洪水，新汴河宿县闸闸上洪峰水位为 27.93 m、闸下洪峰水位为 27.77 m，在该站历年最高水位系列中均居第 2 位；团结闸闸上洪峰水位为 19.89 m、闸下洪峰水位为 19.73 m，在该站历年最高水位系列中均居第 1 位。

新沱河徐楼闸站闸上最高水位为 29.49 m、闸下最高水位为 29.43 m，在该站历年最高水位系列中均居第 2 位。

萧濉新河符离集闸站闸上洪峰水位为 29.82 m、闸下洪峰水位为 29.49 m，在该站历年最高水位系列中均居第 1 位。

(2) 洪峰流量

此次洪水，新汴河宿县闸站洪峰流量为 1 320 m^3/s，团结闸站洪峰流量为 1 180 m^3/s，在各站历年最大流量系列中，均排第 2 位。萧濉新河符离集闸站洪峰流量为 810 m^3/s，在该站历年最大流量系列中，排第 1 位。

但新沱河徐楼闸最大流量为 271 m^3/s，在该站历年最大流量系列中，只排第 8 位。

(3) 洪水总量

此次洪水，新汴河宿县闸站最大 1、3、7 d 洪水总量分别为 1.106 亿 m^3、3.093 亿 m^3、5.715 亿 m^3，在该站历年最大 1、3、7 d 洪水总量系列中，分别居历史第 2 位、第 2 位和第 1 位。

团结站最大 1、3、7 d 洪水总量分别为 1.011 亿 m^3、2.946 亿 m^3、5.978 亿 m^3，在该站历年最大 1、3、7 d 洪水总量系列中，分别居历史第 2 位、第 2 位和第 1 位。

新沱河徐楼闸站最大 1、3、7 d 洪水总量分别为 0.227 2 亿 m^3、0.641 1 亿 m^3、1.153 亿 m^3，在该站历年最大 1、3、7 d 洪水总量系列中，均居历史第 2 位。

萧濉新河符离集闸站最大 1、3、7 d 洪水总量分别为 0.692 1 亿 m^3、1.909 亿 m^3、3.555 亿 m^3，在该站历年最大 1、3、7 d 洪水总量系列中，均居历史第 1 位。

(4) 洪水历时

此次洪水，新汴河流域主要控制站从 8 月 18 日起涨到 8 月 21 日前后出现洪峰，再到 8 月 29 日前后水位落平，历时 12 d。

4) 洪水组成

2018 年 8 月台风"温比亚"所形成的新汴河流域洪水中，宿县闸站 8 月 18—31 日洪水总量为 6.79 亿 m^3，其中：萧濉新河符离集闸站下泄水量为 4.257 亿 m^3，占比为 62.7%；新沱河徐楼闸站下泄水量为 1.301 亿 m^3，占比为 19.2%；区间(主要是王引河)来水 1.232 亿 m^3，占比为 18.1%。

5) 洪水重现期

2018 年 8 月 18—29 日新汴河流域洪水中，宿县闸站洪峰流量为 1 320 m^3/s，使用该站历年最大流量系列排频计算，此次洪水洪峰流量重现期约为 50 年。萧濉新河符离集闸洪峰流量为 810 m^3/s，重现期超 50 年。

2.7.2.6 2020 年

1. 雨情

1) 雨情概述

2020 年安徽省新汴河流域年降水量为 1 016.4 mm，比常年同期偏多 25%，在 1954—2020 年降雨系列中排第 8 位。汛期降水量为 779.5 mm，比常年同期偏多 27.1%，在 1954—2018 年汛期降雨系列中排第 9 位。6 月 11—12 日、6 月 15—18 日、7 月 11—12 日、7 月 21—22 日先后出现 4 场暴雨过程。

2) 暴雨过程

(1) 6 月 11—12 日

2020 年 6 月 11 日和 12 日新汴河流域连降两天大到暴雨，两日降水量分别为 53.4 mm、44.5 mm，累计降水量为 97.9 mm，暴雨中心位于萧县境内，王寨站雨量最大，为 200.0 mm。

(2) 6 月 15—18 日

2020 年 6 月 15 日新汴河流域降小雨，16 日降大到暴雨，17 日降中到大雨，18 日零星小雨。6 月 15—18 日新汴河流域逐日降水量分别为 1.3 mm、69.3 mm、37.8 mm 和 0.2 mm，累计降水量为 108.6 mm，暴雨中心位于淮北市和萧县南部区域，符离集闸站雨量最大，为 171.5 mm。

(3) 7 月 11—12 日

2020 年 7 月 11 日新汴河流域普降暴雨到大暴雨，12 日小到中雨并渐止。两日降水量分别为

83.1 mm、8.9 mm，累计降水量为 92.0 mm，流域面上分布较均匀，小时村站雨量最大，为 127.5 mm。

(4) 7 月 21—22 日

2020 年 7 月 21 日新汴河流域普降中到大雨、局部暴雨，22 日大到暴雨，两日累计降水量为 126.5 mm。暴雨中心位于砀山县和萧县北部，红旗站雨量最大，为 197.5 mm。

3) 暴雨特点

2020 年汛期新汴河流域暴雨特点是：

(1) 汛期暴雨出现场次多，单日雨量超过 50 mm 的暴雨出现 4 次。

(2) 6 月份降水量为 266.7 mm，是常年同期雨的 2.7 倍，约占汛期雨量的 34.6%；单日雨量超过 50 mm的暴雨出现 2 次；最大 7 d 降水量，也出现在 6 月份。

4) 暴雨重现期

7 月 11 日新汴河流域面平均降水量为 83.1 mm，在历年最大 1 d 降水量系列中居第 25 位，不到 5 年一遇。

7 月 21—23 日新汴河流域累计降水量为 126.7 mm，在历年最大 3 d 降水量系列中居第 19 位，不到 5 年一遇。

6 月 11—17 日新汴河流域累计降水量为 206.3 mm，在历年最大 7 d 降水量系列中居第 10 位，超 5 年一遇。

2. 水情

1) 水情概述

相应于 6 月 11—12 日、6 月 15—18 日、7 月 11—12 日暴雨，新汴河均有 1 次涨水，但均未形成洪水。受前期降雨和 7 月 21—22 日降雨影响，新汴河 7 月 22—27 日出现了一场较大洪水过程，宿县闸最大下泄流量为 982 m^3/s，居宿县闸站历年最大流量系列第 3 位。

2) 洪水过程

(1) 新汴河

① 宿县闸站

新汴河 7 月 22—27 日洪水始终受宿县闸控制下泄。为控制闸上水位上涨，从 7 月 22 日 17 时到 23 日 18 时宿县闸调整 8 次闸门，从最初的开启 3 孔 0.5 m，到最多开启 10 孔 3.2 m。

闸上水位从 22 日 17 时的 25.80 m 开始起涨，到 23 日 17 时涨至最高水位 26.15 m，涨幅 0.35 m。闸下水位从 22 日 17 时的 21.81 m 开始起涨，至 23 日 23 时 54 分涨至最高水位 25.54 m，随后水位回落，7 月 27 日洪水退出。洪水期间宿县闸最大瞬时下泄流量 982 m^3/s，出现时间为 7 月 23 日 11 时。

② 团结闸站

此次洪水起涨初期团结闸开启 4 孔 0.6 m，随上游洪水到来逐渐增加开启孔数和高度，至 7 月 23 日 16 时 24 分 18 孔闸门全部提出水面。

团结闸上游水位从 7 月 22 日 23 时的 17.30 m 开始起涨，到 25 日 0 时涨至最高水位 18.93 m，涨幅 1.63 m。下游水位从 22 日 23 时的 14.80 m 开始起涨，至 24 日 22 时 54 分涨至最高水位 18.79 m，随后水位回落，至 7 月 27 日洪水退出。洪水期间团结闸站最大流量 729 m^3/s(7 月 24 日 23 时)。

(2) 新沱河

新沱河 7 月 22—27 日洪水不大，全程受徐楼闸控制下泄，徐楼闸最大下泄流量只有 160 m^3/s。

(3) 萧濉新河

萧濉新河 7 月 22—27 日洪水受符离集闸控制下泄，其间符离集闸最大开启 7 孔 3.3 m。

符离集闸上游起涨水位为 7 月 22 日 8 时的 26.29 m，最高水位为 23 日 18 时 22 分的 27.63 m。下游起涨水位为 7 月 22 日 8 时的 25.94 m，最高水位为 23 日 11 时 48 分的 27.26 m。符离集闸最大瞬时下泄流量492 m^3/s(7 月 23 日 19 时)，在该站历年最大流量系列中排第 4 位。

3) 洪水特点

新汴河流域 2020 年 7 月 22—27 日洪水具有以下特点。

(1) 洪峰流量较大

新汴河此次洪水受宿县闸控制下泄，没出现真正意义的洪峰。宿县闸最大下泄流量为 982 m^3/s，在该站 1970—2018 年历年最大流量系列中，排第 3 位。

(2)洪水总量较大

新汴河宿县闸站最大 1、3、7 d 洪水总量分别为 0.648 9 亿 m^3(开始时间为 7 月 23 日)、1.701 亿 m^3(开始时间为 7 月 23 日)、2.391 亿 m^3(开始时间为 7 月 22 日)，在该站历年最大 1、3、7 d 洪水总量系列中，均居历史第 3 位。

(3) 洪水主要来自萧濉新河

根据宿县闸站洪水组成分析，2020 年 7 月 22—27 日洪水 53.7%的径流量主要来自萧濉新河。

(4) 洪峰水位不高

宿县闸闸上最高水位为 26.15 m，未超过警戒水位，在该站历年最高水位系列中位居第 30 位。闸下最高水位为 25.54 m，在该站历年最高水位系列中位居第 6 位。

4) 洪水组成

2020 年 7 月 22—27 日新汴河流域洪水中，宿县闸站洪水总量为 2.252 亿 m^3，其中：萧濉新河符离集闸站下泄水量为 1.210 亿 m^3，占比为 53.7%；新沱河徐楼闸站下泄水量为 0.528 2 亿 m^3，占比为 23.5%；区间(主要是王引河)来水 0.513 9 亿 m^3，占比为 22.8%。

5) 洪水重现期

2020 年 7 月 22—27 日新汴河流域洪水中，宿县闸站最大下泄流量为 982 m^3/s，以该站历年最大流量系列资料进行分析，重现期约为 10 年。需要说明的是，该流量不是畅流状态的洪峰流量，重现期计算结果没有代表性。

3. 灾情

据民政部门统计，2020 年 7 月份洪水中新汴河流域内宿州、淮北两市灾情为：

萧县受灾人口 21 348 人，农作物累计受灾面积 1 807.6 公顷，直接经济总损失 637.8 万元。淮北市受灾人口 72 312 人；农作物累计受灾 13 623.73 公顷，其中成灾面积 5 306 公顷，绝收面积 1 037.13 公顷；累计直接经济损失 3 971.05 万元，其中农业损失 3 967.05 万元，家庭财产损失 4 万元。

2.8 新濉河流域

2.8.1 概 述

2.8.1.1 流域概况

1. 自然地理

新濉河是 20 世纪 60 年代对濉河进行两次流域调整而形成的河道。第一次调整是 1966 年，从灵璧县浍塘沟到江苏省泗洪县洪泽湖溧河洼开挖了一条新河道，将浍塘沟以上濉河来水直接引入洪泽湖。第二次调整是 1969 年，从宿州市埇桥区符离集到小吴家开挖了一条引河，将濉河张树闸以上来水截入新汴河。

新濉河干流自宿州市埇桥区张树闸起，向东流，经灰古闸至时村，纳奎河；过草坝闸进入灵璧县境，至浍塘沟，纳拖尾河；过浍塘沟闸，纳三渠沟，向东南流，至泗县时集，纳虹灵沟；过枯河闸，至小韩庄进入江苏省泗洪县境内，于泗洪县城西部折南流，注入洪泽湖的溧河洼。全长 140.4 km，流域面积2 792 km^2，其中平原区占 70.3%，低山残丘区占 26.0%，洼地占 3.7%。

新濉河主要支流有奎河、拖尾河、三渠沟。奎河发源于江苏徐州，于埇桥区时村镇汇入新濉河，流域面积 1 261 km^2。拖尾河发源于埇桥区解集乡，于灵璧县浍沟镇浍塘沟闸上汇入新濉河，流域面积 857 km^2。三渠沟发源于灵璧县朝阳镇，于浍沟镇浍塘沟闸下汇入新濉河，流域面积 196 km^2。

1998 年汛后到 2007 年新濉河流域实施了综合治理工程，该工程包括疏浚新濉河干流及主要支流奎河、拖尾河，新建新濉河干流枯河闸、支流奎河马元闸，拆除重建新濉河干流浍塘沟闸、拖尾河柏山闸和小李庄闸，整治老汪湖蓄洪区，等等。新濉河流域实施综合治理工程后与治理前相比，流域产汇流特性有较大改变。

2. 水利工程

1）涵闸

新濉河干流从上游到下游控制涵闸有张树闸、灰古闸、草坝闸、浍塘沟闸和枯河闸，奎河干流有黄桥闸（属江苏徐州）、马元闸，拖尾河有柏山闸（奎河分洪入老汪湖蓄洪区控制闸）、小李庄闸（老汪湖蓄洪区出口控制闸）。

（1）张树闸

张树闸位于埇桥区顺河乡，为新濉河源头控制闸，大洪水期间起分濉河（也称萧濉新河）水入新濉河的作用，7 孔，孔宽 12 m。

（2）灰古闸

灰古闸位于埇桥区灰古镇，5 孔，孔宽 4 m，控制面积为 66.2 km^2。

（3）草坝闸

草坝闸位于埇桥区时村镇，10 孔，孔宽 6 m，控制面积为 1 465 km^2，设计泄洪流量为 884 m^3/s，警戒水位为 23.90 m，保证水位为 25.77 m（1985 国家高程基准）。

（4）浍塘沟闸

浍塘沟闸位于灵璧县浍沟镇，2006 年重建，7 孔，孔宽 12 m，控制面积为 2 396 km^2，设计泄洪流量为 1 050 m^3/s，警戒水位为 23.20 m，保证水位为 24.43 m（1985 国家高程基准）。

（5）枯河闸

枯河闸位于泗县草庙镇，2002 年重建，9 孔，孔宽 10 m，控制面积为 2 792 km^2，设计泄洪流量为 1 367 m^3/s，警戒水位为 19.00 m，保证水位为 20.02 m（1985 国家高程基准）。

（6）马元闸

马元闸位于埇桥区栏杆镇，2007 年建成，5 孔，孔宽 8 m，控制面积为 652 km^2，设计泄洪流量为 713 m^3/s。

（7）柏山闸

柏山闸在大洪水期间起到分奎河水入老汪湖蓄洪区的作用，位于埇桥区栏杆镇柏山村奎河左岸，2006 年建成，5 孔，孔宽 7 m，设计最大分洪流量为 344 m^3/s，警戒水位为 26.10 m，保证水位为 27.01 m（1985 国家高程基准）。

（8）小李庄闸

小李庄闸是拖尾河老汪湖蓄洪区出口控制涵闸，位于埇桥区时村镇，2007 年重建，4 孔，孔宽 6 m，控制面积为 171 km^2，设计泄洪流量为 199 m^3/s，警戒水位为 24.50 m，保证水位为 25.50 m（1985 国家高程基准）。

2）水库

新濉河流域徐州市境内有云龙湖、王窑和丁塘湖 3 座小型水库，宿州市境内有马庄、镇头、伍柳、长山套、李院、宣山、洪山、九顶等 8 座小型水库。各水库集水面积和库容均不大。

3）蓄洪区

老汪湖是奎河左岸的一片洼地，治淮初期被辟为蓄洪区，老汪湖圈堤全长 27.8 km，堤顶高程 27.00～27.50 m，湖区面积 64.47 km^2，库容 1.35 亿 m^3，湖内耕地 7.8 万亩，村庄 17 个，人口 1.78 万人。奎河向老汪湖分洪受柏山闸控制，老汪湖出口由小李庄闸控制。老汪湖控制运用原则为当柏山闸上水位达到 24.60 m或浍塘沟闸上水位达 21.28 m 或草坝闸上水位达 23.06 m 并有继续上涨趋势时，关闭小李庄闸，开启柏山闸向老汪湖分洪。当老汪湖小李庄闸水位达到设计最高蓄洪水位 25.50 m 时，为确保老汪湖大堤安全，关闭柏山闸，开启小李庄闸，控制湖区水位不再上涨。

3. 水文站

新濉河流域安徽省境内基本水文站有栏杆集和浍塘沟闸水文站，防汛专用有草坝闸站、柏山闸站和小李庄闸站，雨量站 17 个。

1）栏杆集水文站

栏杆集站为奎河控制站，位于埇桥区栏杆镇，控制面积 622 km^2，始建于 1963 年，1967 年停测，1972 年复设，1972 年 7 月以后水文资料系列完整，历史资料系列中最大流量 318 m^3/s，最高水位 27.33 m（测站冻结基面）。

2）浍塘沟闸水文站

浍塘沟闸站为新濉河控制站，位于灵璧县浍沟镇，1951 年 3 月设立。1969 年以前该站集水面积 5 140 km^2，1969 年濉河张树闸以上来水截入新汴河后，集水面积变为 2 569 km^2。2008 年水文站上迁，集水面积变为 2 396 km^2。

1998 年汛后至 2007 年分期实施了新濉河流域治理工程，治理后与治理前相比，河道泄洪能力有较大提高，治理前洪峰流量小、洪峰水位高，治理后洪峰流量大、洪峰水位低，例如：

浍塘沟闸站 1970—1998 年系列，闸上游最高水位 23.99 m（测站冻结基面），闸下游最高水位 23.95 m（测站冻结基面），均出现在 1998 年 8 月 15 日，相应流量 540 m^3/s。

浍塘沟闸站 1999—2018 年系列，最高水位、最大流量均出现在 2018 年"温比亚"台风所形成的洪水期间，闸上游最高水位 23.07 m（测站冻结基面），闸下游最高水位 22.98 m（测站冻结基面），最大流量 875 m^3/s。

2.8.1.2　暴雨特性

1. 暴雨成因

新濉河流域属暖温带半湿润季风气候区，产生暴雨的天气系统主要有切变线、低涡、低空气流和台风。

2. 暴雨特性

1）年、月降水量

新濉河流域 1954—2018 年多年平均降水量为 891.0 mm。降水量年内分配不均，暴雨主要发生在汛期 5—9 月，夏季 6—8 月暴雨更为集中。汛期 5—9 月多年平均降水量为 666.9 mm，占全年雨量的 74.8%；夏季 6—8 月多年平均降水量为 512.3 mm，占全年雨量的 57.5%；降雨最多的月份是 7 月，多年平均降水量为 239.4 mm，占全年雨量的 26.9%；降水量最少的月份是 12 月，多年平均降水量为 17.0 mm，占全年雨量的 1.9%。降水量区域分布，总体呈西北向东南递增趋势。

按年雨量统计，新濉河流域 1963 年降水量最大，为 1 379.1 mm；其次是 1954 年，为 1 376.7 mm；2003 年为 1 355.2 mm，排在第 3 位。

按汛期雨量统计，新濉河流域 1963 年汛期降水量最大，为 1 208.3 mm；其次是 2007 年，为 1 101.3 mm；1954 年汛期降水量为 1 052.4 mm，排在第 3 位。

2）最大 1、3、7、15、30 d 降水量

新濉河流域多年平均最大 1、3、7、15、30 d 降水量分别为 86.3 mm、129.6 mm、170.5 mm、229.0 mm 和 319.6 mm。

统计表明，最大 1、3、7 d 降雨多发生在 7—8 月份，排在前三位的最大 1、3、7 d 降水量及其发生日期详见表 2.2-25。

表 2.2-25　新濉河流域最大 1、3、7 d 降水量统计表

排位	不同时段降水量					
	最大 1 d		最大 3 d		最大 7 d	
	降水量(mm)	开始日期	降水量(mm)	开始日期	降水量(mm)	开始日期
第 1 位	167.7	1982-7-21	260.6	2007-7-3	384.2	1954-7-4
第 2 位	163.4	1997-7-7	226.8	1954-7-4	318.5	2018-8-13
第 3 位	163.3	1996-7-3	211.5	1982-7-20	309.1	2007-7-2

新濉河流域各时段不同频率设计暴雨量详见表 2.2-26。

表 2.2-26　新滩河流域不同频率降水量统计表

重现期(年)	各时段设计频率降水量(mm)				
	最大 1 d	最大 3 d	最大 7 d	最大 15 d	最大 30 d
2	79.5	119.4	153.2	205.7	284.0
5	107.6	161.6	216.5	290.8	408.6
10	126.7	190.2	261.1	350.7	497.4
20	144.8	217.5	304.3	408.7	584.0
50	168.0	252.3	360.1	483.6	696.5
100	185.1	278.0	401.6	539.3	780.4

2.8.1.3　洪水特性

1. 洪水出现频率

新滩河流域洪水由暴雨形成，类似于暴雨，也存在年内和年际变化不均现象。年内洪水一般在汛期发生，7—8 月出现频率较高，6 月和 9 月洪水出现的概率相对较少。1970—2018 年系列，新滩河流域主要大水年份有 1996 年、1998 年、2003 年、2005—2008 年和 2018 年，平均 6～7 年出现一次。

2. 洪峰流量与洪峰水位

1）洪峰流量

新滩河流域最大洪水发生在 2018 年 8 月中下旬，该场洪水历时 10 多天，浍塘沟闸站洪峰流量为 875 m^3/s、峰现日期为 8 月 19 日(以下称作 20180819 号洪水)；其次是 2007 年 7 月上旬洪水，浍塘沟闸站 7 月 7 日洪峰流量为 860 m^3/s(以下称作 20070707 号洪水)；排在第 3 位的是 2005 年 8 月上旬洪水，浍塘沟闸站 8 月 3 日洪峰流量为 780 m^3/s(以下称作 20050803 号洪水)。

按年最大流量统计，1970—2018 年系列新滩河浍塘沟闸站洪峰流量超过 500 m^3/s 的洪水共出现 8 次，其中洪峰流量大于 800 m^3/s 的洪水出现 2 次，洪峰流量为 700～800 m^3/s 的洪水出现 3 次，洪峰流量为 600～700 m^3/s 的洪水出现 1 次，洪峰流量为 500～600 m^3/s 的洪水出现 2 次。

按年最大流量统计，1970—2018 年系列新滩河浍塘沟闸站最大流量多年平均值为 339.9 m^3/s(2008 年以前浍塘沟闸站洪峰流量按面积比折算)，相应 10 年、20 年和 50 年一遇设计洪峰流量分别为 622 m^3/s、744 m^3/s 和 897 m^3/s，详见表 2.2-27。

表 2.2-27　新滩河浍塘沟闸站不同重现期洪峰流量表

均值(m^3/s)	不同重现期下的洪峰流量(m^3/s)					
	2 年一遇	5 年一遇	10 年一遇	20 年一遇	50 年一遇	100 年一遇
339.9	298	493	622	744	897	1 010

2）洪峰水位

新滩河在 1998 年汛后进行了综合治理，治理后河道过水能力提高，与治理前相比，同等流量，河道水位有较大降低。

1999 年以后新滩河浍塘沟闸上游最高洪水位出现在 2018 年 8 月 20 日，为 23.07 m(测站冻结基面)；排在第二高的洪水位为 23.06 m，发生在 2007 年 7 月 7 日；排在第三高的洪水位为 22.89 m，发生在 2005 年 8 月 3 日。

3. 洪峰滞时与洪水涨幅

新滩河流域支流奎河上游和拖尾河上游为低山丘陵区，地势高，中下游为平原区，地势低，地形特点决定了新滩河洪水起涨较快，洪峰滞时一般为 24～30 h。

新滩河洪水涨幅，受暴雨量及其时空分布状况、下垫面条件与河道前期蓄水情况综合影响，情形比较复杂。例如，20070707 号洪水，起涨水位为 21.10 m，洪峰水位为 23.06 m，洪水涨幅 1.96 m；20180819 号洪水，起涨水位为 20.68 m，洪峰水位为 23.07 m，洪水涨幅 2.39 m。

4. 洪水总量

新滩河流域 20180819 号洪水，浍塘沟闸站 8 月 17—31 日实测径流量约为 5.18 亿 m^3，位居历年洪水总量首位；20050803 号洪水 7 月 30 日—8 月 12 日实测径流量为 4.3 亿 m^3，位居历年洪水总量第 2 位；20070707 号洪水 7 月 4—14 日实测径流量为 3.51 亿 m^3，位居历年洪水总量第 3 位。

1970—2018 年系列，新滩河流域浍塘沟闸站各时段不同频率设计洪水总量详见表 2.2-28。

表 2.2-28 新滩河流域浍塘沟闸站不同频率洪水总量统计表

重现期(年)	各时段设计频率洪量(亿 m^3)				
	最大 1 d	最大 3 d	最大 7 d	最大 15 d	最大 30 d
2	0.221	0.568	0.971	1.38	1.79
5	0.379	1.03	1.84	2.69	3.61
10	0.485	1.34	2.45	3.61	4.92
20	0.585	1.64	3.04	4.51	6.19
50	0.712	2.01	3.80	5.67	7.85
100	0.800	2.30	4.36	6.54	9.08

注：洪水总量系列统一到浍塘沟闸控制面积 2 396 km^2。

5. 洪水与暴雨关系

新滩河洪水规模取决于暴雨量、暴雨强度及雨区范围三者之间的组合。暴雨量大、暴雨强度大的流域性暴雨，形成的洪水洪峰流量大、水位高、洪水过程持续时间长，典型洪水如 20180819 号、20070707 号、20050803 号、20030703 号洪水。其他形式组合的暴雨，一般产生中小规模的洪水，典型洪水如 20060703 号、20070716 号、20080724 号、20180814 号洪水等。

6. 洪水历时与传播时间

1) 洪水历时

新滩河流域洪水历时长短与洪水总量大小有关，洪水总量大，则洪水历时长；洪水总量小，则洪水历时短。根据资料分析，浍塘沟闸站洪水总量超过 1.5 亿 m^3时，洪水历时(从起涨到洪峰，再到落平)一般在 10 d 左右；洪水总量为 0.5 亿～1.5 亿 m^3时，洪水历时一般在 6 d 左右；洪水总量小于 0.5 亿 m^3时，洪水历时一般不到 4 d。

2) 洪水传播时间

新滩河干流 2014 年以前只有浍塘沟闸站，2014 年后增加了枯河闸站，根据 20180819 号洪水分析，浍塘沟闸至枯河闸之间 54.2 km，洪水传播时间约为 6 h。

2.8.2 典型年洪水

2.8.2.1 2005 年

1. 雨情

1) 雨情概述

2005 年新滩河流域年降水量为 1 165.5 mm，比常年同期偏多 30.8%，在 1954—2018 年降雨系列中排第 7 位。汛期降水量为 1 018.9 mm，比常年同期偏多 52.8%，在 1954—2018 年汛期降雨系列中排第 4 位。7 月 7—10 日、7 月 29 日—8 月 4 日分别出现两场暴雨过程。

2) 暴雨过程

(1) 7 月 7—10 日

2005 年 7 月 7 日新滩河流域普降暴雨、局部大暴雨，8 日和 9 日连续普降中雨，10 日再次普降暴雨、局部大暴雨。7 月 7—10 日新滩河流域逐日降水量分别为 85.4 mm、15.4 mm、10.4 mm 和 116.1 mm，累计降水量为

227.3 mm，暴雨中心位于流域上游，符离集闸、夹沟、皇藏峪等三站雨量均超过 300 mm，其中符离集闸站雨量最大，为 336.0 mm。

(2) 7 月 29 日—8 月 4 日

2005 年 7 月 29 日新濉河流域开始降小到中雨，30 日和 31 日连续降中到大雨，8 月 1 日普降暴雨、大暴雨，局部特大暴雨，8 月 2 日普降中到大雨，3 日小雨，4 日小雨并渐止。7 月 29 日至 8 月 4 日新濉河流域逐日降水量分别为 5.9 mm、22.1 mm、33.3 mm、119.7 mm、32.4 mm、5.7 mm 和 4.6 mm，累计降水量为 223.7 mm，暴雨中心位于埇桥区夹沟、永安及时村一带，其中夹沟站 410.5 mm、永安站 373.6 mm、时村站 316.1 mm。本次降雨造成新濉河流域大洪水，浍塘沟闸站洪峰流量位居该站 1970—2018 年系列第 3 位。

3) 暴雨特点

2005 年汛期新濉河流域降雨特点是雨量大、雨强大、范围广。

在 2005 年 7 月 7 日至 8 月 4 日不到一个月的时间内，连续出现 2 场流域平均雨量超过 200 mm 的降雨，在新濉河流域比较罕见。

4) 暴雨重现期

8 月 1 日新濉河流域面平均降水量为 119.7 mm，在 1954—2018 年历年最大 1 d 降水量系列中居第 10 位，接近 10 年一遇。

7 月 31 日至 8 月 2 日连续 3 d 新濉河流域累计降水量为 185.4 mm，在 1954—2018 年历年最大 3 d 降水量系列中居第 11 位，接近 10 年一遇。

7 月 4 日至 10 日连续 7 d 新濉河流域累计降水量为 267.5 mm，在 1954—2018 年历年最大 7 d 降水量系列中居第 7 位，超过 10 年一遇。

2. 水情

1) 水情概述

相应于 7 月 7—10 日、7 月 29 日—8 月 4 日的暴雨过程，2005 年汛期新濉河流域 7 月 8—15 日、7 月 30 日—8 月 13 日出现两场洪水过程。

2) 洪水过程

(1) 7 月 8—15 日

① 奎河栏杆集站

此次洪水，奎河栏杆集站水位从 7 月 8 日 8 时的 20.92 m 起涨，到 7 月 11 日 5 时涨至洪峰水位 26.08 m，涨水历时 69 h，涨幅为 5.16 m，随后水位回落，7 月 15 日 12 时落至 21.80 m。洪峰流量为 162 m^3/s(7 月 11 日 2 时)。

②新濉河浍塘沟闸站

新濉河 2005 年 7 月 8—15 日洪水受浍塘沟闸控制下泄，浍塘沟闸上水位从 7 月 8 日 8 时的 18.16 m 起涨，7 月 11 日 17 时涨至最高水位 21.41 m，随后水位回落，8 月 15 日 20 时水位回落至 18.84 m。闸下 7 月 11 日 17 时水位最高，为 20.97 m。7 月 11 日 14 时流量最大，为 424 m^3/s。

(2) 7 月 30 日—8 月 13 日

① 奎河栏杆集站

此次洪水，奎河栏杆集站水位从 7 月 30 日 2 时的 21.64 m 起涨，到 8 月 3 日 14 时涨至洪峰水位 26.40 m，涨水历时 108 h，涨幅 4.76 m，随后水位回落，8 月 17 日 20 时落至 21.91 m。洪峰流量 167 m^3/s(8 月 3 日 14 时)。

② 新濉河浍塘沟闸站

此次洪水，新濉河浍塘沟闸上水位从 7 月 30 日 8 时的 18.63 m 起涨，8 月 3 日 20 时到达洪峰水位 22.89 m，涨水历时 108 h，涨幅 4.26 m，8 月 11 日 12 时水位回落至 20.37 m，8 月 13 日洪水退去。

闸下 8 月 3 日 23 时洪峰水位 22.53 m。8 月 3 日 14 时洪峰流量 780 m^3/s，为 2005 年汛期最大流量。

3）洪水特点

2005 年 7 月 7—10 日新濉河流域累计降水量为 247.3 mm，7 月 29 日—8 月 4 日新濉河流域累计降水量为 223.7 mm，两场降雨雨量大致相同，但所形成的洪水差别很大，前场降雨所形成洪水的洪峰流量远小于后场。

新濉河流域 7 月 30 日—8 月 13 日洪水中，浍塘沟闸站具有洪峰水位较高、洪峰流量大、洪水总量大和洪水过程长等特点。

（1）洪峰水位

此次洪水中，新濉河浍塘沟闸上洪峰水位为 22.89 m，闸下洪峰水位为 22.53 m，在 1999 年新濉河治理后该站历年最高水位系列中均居第 3 位。

（2）洪峰流量

此次洪水中，新濉河浍塘沟闸站洪峰流量为 780 m^3/s，在该站 1970—2018 年历年最大流量系列中排第 3 位。

（3）洪水总量

此次洪水中，新濉河浍塘沟闸站最大 1、3、7 d 洪水总量分别为 0.670 5 亿 m^3、1.884 亿 m^3、3.593 亿 m^3，在该站 1970—2018 年历年最大 1、3、7 d 洪水总量系列中，分别居历史第 3 位、第 3 位和第 2 位。

（4）洪水历时

此次洪水中，新濉河浍塘沟闸站从 7 月 30 日起涨到 8 月 3 日出现洪峰，再到 8 月 11 日水位落平，历时12 d。

4）洪水组成

2005 年 7 月 30 日—8 月 13 日新濉河流域洪水中，浍塘沟闸站洪水总量为 4.454 亿 m^3，其中：奎河栏杆集站下泄水量为 0.87 亿 m^3，占比为 19.5%；栏杆集—浍塘沟闸区间来水 3.584 亿 m^3，占比为 80.5%。

5）洪水重现期

2005 年新濉河流域 7 月 30 日—8 月 10 日洪水中，浍塘沟闸站洪峰流量为 780 m^3/s，使用该站历年最大流量系列排频计算，此次洪水洪峰流量重现期为 20 年。

2.8.2.2　2006 年

1. 雨情

1）雨情概述

2006 年新濉河流域年降水量为 868.9 mm，比常年同期偏少 2.5%，汛期降水量为 661.2 mm，比常年同期偏少 0.9%。因 6 月 27 日—7 月 3 日连续多日降雨，新濉河流域出现一场较大洪水。

2）暴雨过程

2006 年 6 月 27 日新濉河流域降小到中雨，6 月 28 日普降大到暴雨，29 日降小雨，6 月 30 日至 7 月 2 日连续普降大到暴雨，7 月 3 日降小雨并渐止。6 月 27 日—7 月 3 日新濉河流域逐日降水量分别为 12.8 mm、68.0 mm、53.2 mm、35.0 mm、75.8 mm 和 5.3 mm，累计降水量为 250.1 mm，暴雨中心位于流域下游，渔沟、高集、屏山等三站雨量均超过 300 mm，高集站雨量最大，为 318.4 mm。

3）暴雨特点

2006 年汛期新濉河流域降雨特点是：

（1）汛期累计降水量不大；

（2）6 月 27 日—7 月 3 日出现一场流域性降雨，降雨强度不大，最大日降水量只有 75.8 mm，但累计降水量较大。

2. 水情

1）水情概述

相应于 6 月 27 日—7 月 3 日的降雨，新濉河流域 2006 年 6 月 27 日—7 月 10 日出现一次较大洪水过程。

2）洪水过程

（1）奎河栏杆集站

此次洪水，奎河栏杆集站水位从7月2日2时的22.82 m起涨，7月3日17时涨至洪峰水位26.68 m，涨水历时39 h，涨幅3.86 m，随后水位回落，7月9日8时落至21.68 m。洪峰流量为293 m^3/s（7月3日14时）。

（2）新濉河浍塘沟闸站

此次洪水，新濉河浍塘沟闸上水位从6月28日8时的18.21 m起涨，7月3日20时到达洪峰水位22.76 m，涨水历时132 h，涨幅4.55 m，7月10日18时水位回落至18.67 m；随后水位逐渐回落，至7月10日水位基本落平。

洪水期间，闸下洪峰水位22.29 m，洪峰流量739 m^3/s，出现时间均为7月3日20时。

3）洪水特点

在新濉河流域6月27日—7月10日洪水过程中，浍塘沟闸站洪水具有洪峰水位较高、洪峰流量大、洪水总量较大和洪水过程长等特点。

（1）洪峰水位

此次洪水，新濉河浍塘沟闸上洪峰水位为22.76 m，闸下洪峰水位为22.29 m，在1999年新濉河治理后该站历年最高水位系列中分别居第4位和第6位。

（2）洪峰流量

此次洪水，新濉河浍塘沟闸站洪峰流量为739 m^3/s，在该站1970—2018年历年最大流量系列中排第4位。

（3）洪水总量

此次洪水，新濉河浍塘沟闸站最大1、3、7 d洪水总量分别为0.584 1亿m^3、1.581亿m^3、2.518亿m^3，在该站1970—2018年历年最大1、3、7 d洪水总量系列中，分别居历史第5位、第4位和第6位。

（4）洪水历时

此次洪水，新濉河浍塘沟闸站从6月28日起涨到7月10日退去，历时13 d。

4）洪水组成

2006年6月27日—7月10日新濉河流域洪水中，浍塘沟闸站洪水总量为2.849亿m^3，其中：奎河栏杆集站下泄水量为1.010亿m^3，占比为35.4%；栏杆集—浍塘沟闸区间来水1.839亿m^3，占比为64.6%。

5）洪水重现期

2006年6月27日—7月10日新濉河流域洪水中，浍塘沟闸站洪峰流量为739 m^3/s，使用该站历年最大流量系列排频计算，此次洪水洪峰流量重现期超过10年。

2.8.2.3　2007年

1. 雨情

1）雨情概述

2007年新濉河流域年降水量为1 298.3 mm，比常年同期偏多45.7%，在1954—2018年降雨系列中排第4位。汛期降水量为1 101.3 mm，比常年同期偏多65.1%，在1954—2018年汛期降雨系列中排第2位。7月2—8日、7月14日、8月7日、8月10日、8月30—31日先后出现5场暴雨过程。

2）暴雨过程

（1）7月2—8日

2007年7月2日新濉河流域降中到大雨，3日降大到暴雨，4日普降暴雨、大暴雨，5日普降暴雨，6日中雨，7—8日小雨并渐止。7月2—8日新濉河流域逐日降水量分别为18.2 mm、52.2 mm、131.2 mm、77.2 mm、16.9 mm、8.9 mm和4.5 mm，累计降水量为309.1 mm，暴雨中心主要位于流域中上游，符离集闸、时村、浍塘沟闸、渔沟、尤集、永安、夹沟和屏山等8站雨量均超过300 mm，其中渔沟站雨量最大，为379.4 mm。

（2）7月14日

2007年7月14日受强对流天气影响，新濉河流域上游降暴雨到大暴雨，下游降中到大雨，流域面平均降水量为93.0 mm。暴雨中心位于流域上游，褚兰、栏杆集、桃山、杨庄、夹沟、永安、尤集、刘八集等8

站雨量均超过 100 mm，其中褚兰站雨量最大，为 134.1 mm。

(3) 8 月 7 日

2007 年 8 月 7 日受强对流天气影响，新濉河流域局部地区出现大暴雨到特大降雨，流域面平均降水量为 96.7 mm。暴雨中心沿永安、尤集、刘八集、张山口一线分布，张山口站雨量最大，为 234.8 mm。

(4) 8 月 10 日

2007 年 8 月 10 日新濉河流域降暴雨到大暴雨，流域面平均降水量为 54.3 mm，暴雨中心在夹沟站，为 90.5 mm。

(5)8 月 30—31 日

2007 年 8 月 30 日和 31 日，新濉河流域连续降中到大雨，局部暴雨，两日流域面平均降水量分别为 42.8 mm、38.7 mm。暴雨中心位于时村、浍塘沟、渔沟一线，其中时村站雨量最大，为 137.3 mm。

3) 暴雨特点

2007 年汛期新濉河流域暴雨特点是：

(1) 汛期暴雨出现场次多，2007 年汛期新濉河流域先后出现 5 次暴雨过程，历史上不多见。

(2) 降雨范围广，每次降雨均是流域性普遍降雨。

(3) 雨量大、雨强大。

4) 暴雨重现期

7 月 4 日新濉河流域面平均降水量为 131.2 mm，在历年最大 1 d 降水量系列中居第 5 位，超过 10 年一遇。

7 月 3—5 日新濉河流域累计降水量为 260.6 mm，在历年最大 3 d 降水量系列中居第 1 位，相当于 60 年一遇。

7 月 2—8 日新濉河流域累计降水量为 309.1 mm，在历年最大 7 d 降水量系列中居第 3 位，超过 20 年一遇。

2. 水情

1) 水情概述

相应于 7 月 2—8 日、8 月 14 日、8 月 7 日、8 月 10 日、8 月 30—31 日的暴雨过程，2007 年汛期新濉河流域先后出现 4 次洪水过程，其中第 1 次洪水中浍塘沟闸站洪峰流量为 860 m^3/s，居该站历年最大洪峰流量系列第 2 位。

2) 洪水过程

(1) 7 月 3—14 日

相应于 7 月 2—8 日降雨，新濉河洪水过程如下。

① 奎河栏杆集站

此次洪水，奎河栏杆集站水位从 7 月 3 日 8 时的 20.98 m 起涨，7 月 6 日 16 时涨至洪峰水位26.29 m，涨水历时 80 h，涨幅 5.31 m，随后水位回落，7 月 13 日 8 时落至 21.15 m。洪峰流量 244 m^3/s(7 月 6 日 16 时 30 分)。

② 新濉河浍塘沟闸站

此次洪水，新濉河浍塘沟闸上水位从 7 月 4 日 9 时的 21.10 m 起涨，7 日 0 时到达洪峰水位 23.06 m，涨水历时 63h，涨幅 1.96 m。7 日 0 时闸下洪峰水位 22.78 m。7 日 0 时洪峰流量 860 m^3/s，为 2007 年汛期最大流量。

(2) 7 月 14—19 日

相应于 7 月 14 日降雨，新濉河流域洪水过程如下。

① 奎河栏杆集站

此次洪水，奎河栏杆集站水位从 7 月 14 日 8 时的 21.43 m 起涨，7 月 15 日 17 时 30 分涨至洪峰水位 26.01 m，涨水历时 33 h，涨幅 4.58 m，随后水位回落，7 月 18 日 9 时落至 21.96 m。洪峰流量265 m^3/s(7 月 15 日 17 时 30 分)。

② 新濉河浍塘沟闸站

浍塘沟闸于7月15日5时35分开闸，当时闸上水位20.88 m，16日0时17分闸上水位到达洪峰水位22.54 m，涨水历时约19h，涨幅1.66 m。16日0时17分闸下洪峰水位22.23 m，洪峰流量773 m^3/s，为2007年汛期第二大流量。

(3) 8月7—15日

8月7日、10日，新濉河出现一次复式洪水过程。

① 奎河栏杆集站

此次洪水，奎河栏杆集站水位从8月7日20时的21.47 m起涨，8月8日14时30分涨至第一次洪峰水位25.53 m，相应洪峰流量228 m^3/s，随后水位回落，8月10日22时落至22.48 m后再次上涨，于8月11日15时涨至第二次洪峰水位25.44 m，相应洪峰流量196 m^3/s。

② 新濉河浍塘沟闸站

此次新濉河洪水，8月7日18时浍塘沟闸开闸放水，当时闸上水位20.30 m，8日22时16分闸上水位到达洪峰水位22.48 m，相应洪峰流量756 m^3/s，涨水历时约28 h，涨幅2.18 m。洪峰过后水位逐渐回落，11日2时闸上水位回落至20.64 m。由于受10日降雨影响，11日2时后闸上水位再次上涨，至11日17时50分涨至洪峰水位22.02 m，相应洪峰流量613 m^3/s。

此次洪水期间，闸下游第一波洪峰水位22.21 m，出现时间为8月8日22时16分；第二波洪峰水位21.75 m，出现时间为8月11日17时50分。

(4) 8月31日—9月7日

相应于8月30—31日降雨，新濉河流域洪水过程如下。

① 奎河栏杆集站

此次洪水，奎河栏杆集站水位从8月31日2时的21.46 m起涨，9月1日12时42分涨至洪峰水位24.38 m，涨水历时34 h，涨幅2.92 m，随后水位回落，9月7日8时落至21.24 m。洪峰流量117 m^3/s(9月1日12时42分)。

② 新濉河浍塘沟闸站

8月31日13时浍塘沟闸开闸放水，当时闸上水位20.59 m，9月1日13时20分闸上水位到达最高21.43 m，涨水历时约24 h，涨幅0.84 m。闸下游9月1日13时20分水位最高，为20.79 m。最大流量414 m^3/s(9月1日14时)。

3) 洪水特点

2007年新濉河流域洪水特点是洪水场次多、洪峰水位高、洪峰流量大和洪水总量大。

新濉河流域汛期相继出现4次(含1次复式)洪水过程，有3次洪水洪峰流量超过600 m^3/s，这在新濉河流域绝无仅有。

新濉河流域2007年7月3—14日洪水特征如下。

(1) 洪峰水位

此次洪水，新濉河浍塘沟闸上洪峰水位为23.06 m，闸下洪峰水位为22.78 m，在1999年新濉河治理后该站历年最高水位系列中均居第2位。

(2) 洪峰流量

此次洪水，新濉河浍塘沟闸站洪峰流量为860 m^3/s，在该站1970—2018年历年最大流量系列中排第2位。

(3) 洪水总量

此次洪水，新濉河浍塘沟闸站最大1、3、7 d洪水总量分别为0.724亿m^3、1.974亿m^3、3.262亿m^3，在该站1970—2018年历年最大1、3、7 d洪水总量系列中，分别居历史第2位、第2位和第3位。

(4) 洪水历时

此次洪水，新濉河浍塘沟闸站从7月4日起涨到7月7日出现洪峰，再到7月14日水位落平，历时11 d。

4）洪水组成

2007 年 7 月 3—14 日新滩河流域洪水中，浍塘沟闸站洪水总量为 3.51 亿 m^3，其中：奎河栏杆集站下泄水量为 0.630 亿 m^3，占比为 18.0%；栏杆集—浍塘沟闸区间来水 2.88 亿 m^3，占比为 82.0%。

5）洪水重现期

2007 年 7 月 3—14 日新滩河流域洪水中，浍塘沟闸站洪峰流量为 860 m^3/s，使用该站历年最大流量系列排频计算，此次洪水洪峰流量重现期 30 年。

2.8.2.4　2008 年

1. 雨情

1）雨情概述

2008 年新滩河流域年降水量为 938.3 mm，比常年同期偏多 5.3%，汛期降水量为 741.4 mm，比常年同期偏多 11.2%。因 7 月 22—27 日连续多日降雨，新滩河流域出现一场较大洪水。

2）暴雨过程

2008 年 7 月 22 日新滩河流域普降暴雨到大暴雨，23—27 日连续降小到中雨。7 月 22—27 日新滩河流域逐日降水量分别为 82.4 mm、39.3 mm、0.5 mm、16.4 mm、10.4 mm 和 9.7 mm，累计降水量为 158.7 mm，暴雨中心位于流域上游，褚兰站雨量最大，为 216.0 mm。

3）暴雨特点

2008 年汛期新滩河流域降雨特点是：

（1）汛期累计降水量不大；

（2）7 月 22—27 日出现一场连续性降雨，降雨强度不大，最大日降水量只有 82.4 mm，暴雨中心位于流域上游，累计雨量较大。

2. 水情

1）水情概述

相应于 7 月 22—27 日降雨，新滩河流域 2008 年 7 月 22—30 日出现一次洪水过程。

2）洪水过程

（1）奎河栏杆集站

此次洪水，奎河栏杆集站水位从 7 月 22 日 9 时的 21.48 m 起涨，7 月 24 日 6 时 30 分涨至洪峰水位 26.61 m，涨水历时 45 h，涨幅 5.13 m，随后水位回落，7 月 29 日 23 时落至 21.84 m。洪峰流量294 m^3/s（7 月 24 日 6 时 30 分）。

（2）新滩河浍塘沟闸站

此次新滩河洪水，浍塘沟闸上水位从 7 月 22 日 19 时 30 分的 18.83 m 起涨，7 月 24 日 14 时到达洪峰水位 22.35 m，涨水历时 34 h，涨幅 3.52 m，7 月 30 日 16 时水位回落至 18.55 m。闸下 7 月 24 日 14 时洪峰水位 22.31 m，7 月 24 日 14 时洪峰流量 704 m^3/s。

3）洪水特点

新滩河流域 7 月 22—30 日洪水中，浍塘沟闸站具有洪峰水位较高、洪峰流量较大、洪水总量较大和洪水过程较长等特点。

（1）洪峰水位

此次洪水，新滩河浍塘沟闸上洪峰水位为 22.35 m，闸下洪峰水位为 22.31 m，在 1999 年新滩河治理后该站历年最高水位系列中分别居第 6 位和第 5 位。

（2）洪峰流量

此次洪水，新滩河浍塘沟闸站洪峰流量为 704 m^3/s，在该站 1970—2018 年历年最大流量系列中，排第 5 位。

（3）洪水总量

此次洪水，新滩河浍塘沟闸站最大 1、3、7 d 洪水总量分别为 0.591 8 亿 m^3、1.500 亿 m^3、2.505 亿 m^3，在该站 1970—2018 年历年最大 1、3、7 d 洪水总量系列中，分别居历史第 4 位、第 5 位和第 7 位。

(4) 洪水历时

此次洪水，新濉河浍塘沟闸站从7月22日起涨到7月30日退出，历时9 d。

4) 洪水组成

2008年7月22—30日新濉河流域洪水中，浍塘沟闸站洪水总量为2.718亿 m^3，其中：奎河栏杆集站下泄水量为0.842亿 m^3，占比为31.0%；栏杆集—浍塘沟闸区间来水1.876亿 m^3，占比为69.0%。

5) 洪水重现期

2008年7月22—30日新濉河流域洪水中，浍塘沟闸站洪峰流量为704 m^3/s，使用该站历年最大流量系列排频计算，此次洪水洪峰流量重现期超过10年。

2.8.2.5　2018年

1. 雨情

1) 雨情概述

2018年新濉河流域年降水量为1 012 mm，比常年同期偏多13.6%，在1954—2018年降雨系列中排第16位。汛期降水量为771.2 mm，比常年同期偏多15.6%，在1954—2018年汛期降雨系列中排第17位。8月12—14日、8月16—19日相继出现2场暴雨过程，由此引发新濉河流域历史最大洪水。

2) 暴雨过程

(1) 8月12—14日

受台风"摩羯"影响，2018年8月12日新濉河流域普降小雨，13日普降暴雨到大暴雨，14日流域上游降中到大雨、下游未降雨。8月12—14日新濉河流域逐日降水量分别为3.3 mm、109.1 mm和10.7 mm，累计降水量为123.1 mm，夹沟、桃山、杨庄、褚兰、张山、刘八集、张山口、渔沟、浍塘沟闸、高集和屏山等站雨量均超过100 mm，暴雨中心张山口站雨量最大，为258.5 mm。

(2) 8月16—19日

受台风"温比亚"影响，2018年8月16日下午新濉河流域开始降雨，雨量较小，17日普降暴雨到大暴雨，18日流域上游暴雨到大暴雨、下游中到大雨，19日小雨。8月16—19日新濉河流域逐日降水量分别为4.8 mm、73.0 mm、114.9 mm和5.2 mm，累计降水量为197.9 mm，暴雨中心位于埇桥区褚庄、永安、张山一带，其中褚庄站435.0 mm、永安站388.5 mm、张山站361.5 mm。

3) 暴雨特点

2018年汛期新濉河流域降雨特点是：

(1) 8月12—19日不到10天时间里，接连出现2场大暴雨；

(2) 两场暴雨范围均覆盖全流域，暴雨中心主要位于流域中上游；

(3) 暴雨总量大、强度大。

4) 暴雨重现期

8月18日新濉河流域面平均降水量为114.9 mm，在历年最大1 d降水量系列中居第11位，超过5年一遇。

8月17—19日新濉河流域累计降水量为193.1 mm，在历年最大3 d降水量系列中居第8位，相当于10年一遇。

8月13—19日新濉河流域累计降水量为318.2 mm，在历年最大7 d降水量系列中居第2位，相当于30年一遇。

2. 水情

1) 水情概述

相应于8月12—14日、8月16—19日暴雨过程，2018年汛期新濉河流域8月13—17日、8月17—31日相继出现2次洪水过程，其中第2次洪水中浍塘沟闸站洪峰流量为875 m^3/s，居该站历年洪峰流量系列首位。

2) 洪水过程

(1) 8月13—17日

受8月12—14日台风"摩羯"降雨影响，8月13—17日新濉河发生一场较大洪水。

① 奎河栏杆集站

此次洪水，奎河栏杆集站水位从 8 月 13 日 12 时的 22.66 m 起涨，8 月 14 日 9 时 12 分涨至洪峰水位 25.24 m，涨水历时 21 h，涨幅 2.58 m，随后水位回落，8 月 16 日 20 时落至 23.30 m。洪峰流量 145 m^3/s(8 月 14 日 7 时 12 分)。

② 新濉河浍塘沟闸站

此次洪水，新濉河浍塘沟闸 8 月 14 日 3 时 48 分开闸放水，当时闸上水位 21.82 m；14 日 17 时 48 分闸上水位涨至 22.40 m，浍塘沟闸全部提出水面，水位逐步回落，17 日 8 时水位落至 20.17 m，此次洪水基本消退。

此次洪水期间，8 月 14 日 18 时 22 分闸下最高水位为 22.07 m，14 日 18 时流量最大，为 591 m^3/s。

(2) 8 月 17—31 日

受前期台风“摩羯”降雨和本次台风“温比亚”降雨共同影响，8 月 17—31 日新濉河发生历史最大洪水。

① 奎河栏杆集站

此次洪水，奎河栏杆集站水位从 8 月 18 日 6 时 30 分的 23.06 m 起涨，8 月 19 日 4 时 42 分涨至警戒水位 26.90 m，8 月 19 日 17 时 12 分涨至洪峰水位 27.33 m，涨水历时 20 h，涨幅 4.27 m，随后水位回落，8 月 21 日 5 时回落至警戒水位以下，27 日 8 时落至 22.42 m。洪峰流量 318 m^3/s(8 月 19 日 6 时 57 分)。洪水期间超警历时 48 h。

② 新濉河浍塘沟闸站

此次洪水，新濉河浍塘沟闸上水位从 8 月 17 日 18 时 18 分的 20.68 m 起涨，20 日 2 时 18 分洪峰水位 23.07 m，涨水历时 56 h，涨幅 2.39 m；随后水位逐渐回落，8 月 31 日洪水基本退出。闸下 20 日 2 时 18 分洪峰水位 22.98 m。19 日 18 时洪峰流量 875 m^3/s，为该站历史最大流量。

3) 洪水特点

新濉河流域 2018 年 8 月 17—31 日洪水具有洪峰水位高、洪峰流量和洪水总量大、洪水历时长等特点。

(1) 洪峰水位

此次洪水，新濉河浍塘沟闸上洪峰水位为 23.07 m，闸下洪峰水位为 22.98 m，在 1999 年新濉河治理后该站历年最高水位系列中均居第 1 位。

奎河栏杆集站洪峰水位为 27.33 m，在该站历年洪峰水位系列中排第 1 位。

(2) 洪峰流量

此次洪水，新濉河浍塘沟闸站洪峰流量为 875 m^3/s，在该站 1970—2018 年历年最大流量系列中排第 1 位。

奎河栏杆集站洪峰流量为 318 m^3/s，在该站历年最大流量系列中排第 1 位。

(3) 洪水总量

此次洪水，新濉河浍塘沟闸站最大 1、3、7 d 洪水总量分别为 0.724 亿 m^3、2.094 亿 m^3、4.241 亿 m^3，在该站 1970—2018 年历年最大 1、3、7 d 洪水总量系列中，均居历史第 1 位。

奎河栏杆集站最大 1、3、7 d 洪水总量分别为 0.254 亿 m^3、0.741 3 亿 m^3、1.092 亿 m^3，在该站历年最大 1、3、7 d 洪水总量系列中，均居历史第 1 位。

(4) 洪水历时

此次洪水，新濉河浍塘沟闸站从 8 月 17 日起涨到 8 月 20 日出现洪峰，再到 8 月 31 日洪水基本退出，历时 15 d。

4) 洪水组成

2018 年 8 月 17—31 日新濉河流域洪水中，浍塘沟闸站洪水总量为 5.301 亿 m^3，其中：奎河栏杆集站下泄水量为 1.169 亿 m^3，占比为 22.1%；栏杆集—浍塘沟闸区间来水 4.132 亿 m^3，占比为 77.9%。

5）洪水重现期

2018 年 8 月 17—31 日新濉河流域洪水中，浍塘沟闸站洪峰流量为 875 m^3/s，使用该站历年最大流量系列排频计算，此次洪水洪峰流量重现期为 50 年。

2.9 淠河流域

2.9.1 概述

2.9.1.1 流域概况

1. 自然地理特征

淠河是淮河中游南岸的一条较大支流，发源于大别山北麓，由南向北流经岳西、霍山、金寨、六安市区、霍邱、寿县等县（市、区）后在正阳关处汇入淮河，全长 253 km，流域面积 6 000 km^2。

淠河有东、西两条源流。东源又称东淠河，发源于鄂、皖交界的桂龙尖，全长 103 km，流域面积 2 697 km^2。西源又称西淠河，发湖于鄂、皖交界的三省垴，长 68 km，流域面积 1 585 km^2。东、西淠河于两河口处汇合后始称淠河，北流经横排头、苏家埠、六安、马头集、迎河镇，在正阳关入淮河。两河口至横排头河道长 9 km，横排头以上流域面积 4 370 km^2，六安以上流域面积 4 920 km^2。淠河流域在两河口以上呈扇形，支流发达，河流汇流集中；两河口以下呈带状，无较大支流汇入，汇流分散。

淠河流域面积中山区占 72%，丘陵区占 17%，沿河平原洼地占 11%。流域地形呈南高北低和东西高中间低的狭长带状。按地形及汇水条件，大致将佛子岭、响洪甸水库以上划定为上游，两库坝下至横排头为中游，横排头至河口为下游。上游流域面积 3 240 km^2，为山区；中游区间面积 1130 km^2，为山丘区；下游区间面和 1 630 km^2，为丘陵和平原洼地。上游河道及中游支流河道坡降一般较大，河床下切，存在不同程度的水土流失现象。中下游干流河道比降相对平缓，平均坡降为 0.18%～0.3%，主河槽宽 100～300 m，河面相对较宽，因淤积而使河床有所抬高，河床皆为沙质，受两岸阶地的钳制，河流基本顺直。

2. 水利工程

淠河上修建的大型水利工程主要有佛子岭、磨子潭、响洪甸、白莲崖四座大型水库及横排头水利枢纽工程。佛子岭、磨子潭、响洪甸、白莲崖四大水库都是以防洪为主的综合利用工程，总库容为 38.9 亿 m^3。横排头水利枢纽工程是淠河灌区的渠首工程，设计引水流量为 300 m^3/s，设计灌溉面积为 660 万亩。

3. 水文测站

淠河流域横排头以上雨量站、水文站较多，主要站大多设立于 20 世纪五六十年代，资料完整且可靠，可靠性较好。

从 1951 年至今，淠河流域先后设立 49 个雨量站，测站逐渐增加且分布比较均匀，基本能控制流域的雨情。

横排头水文站位于六安市苏家埠镇，控制流域面积 4 370 km^2，设立于 1953 年 2 月，观测项目有降水、水位、流量等，观测至今，资料可靠。

佛子岭水库水文站位于佛子岭水库坝下，控制流域面积 1 840 km^2，设立于 1951 年 4 月，观测项目有降水、水位、流量等，观测至今，资料可靠。

磨子潭水库水文站位于磨子潭水库坝下，控制流域面积 570 km^2，设立于 1955 年，观测项目有降水、水位、流量等，观测至今，资料可靠。

白莲崖水文站位于六安市霍山县白莲崖乡，控制流域面积 747 km^2，设立于 1956 年 5 月，观测项目有降水、水位、流量、泥沙等，观测至今，资料可靠。

响洪甸水库水文站建于 1951 年 5 月，控制流域面积 1 400 km^2，观测项目有降水、水位、流量等，观测至今，资料可靠。

所采用的水文站、水位站和雨量站均选自国家基本站网，所有实测资料经安徽省水文（水资源勘测）局整编并正式发布，测验资料可靠。

2.9.1.2 暴雨特性

淠河流域洪涝灾害直接由暴雨产生。形成大暴雨的主要天气系统是涡切变和台风。暴雨出现时间一般在每年的5—9月。6—7月多为涡切变型暴雨(俗称梅雨)形成的主汛期,8—9月为台风型暴雨形成的伏汛期,暴雨历时一般3～5 d,最长可达7 d。雨量的年际及年内分配极不均匀。降水量随着地形的抬升而递增的现象较明显,在接近大别山主体处形成一个多雨中心。据雨量站观测资料统计,流域暴雨中心多发生在佛子岭、响洪甸水库上游。1969年、1991年大洪水,流域暴雨中心位于佛子岭水库上游黄尾河一带,中心区最大24 h降水量在300 mm以上。

2.9.1.3 洪水特性

淠河洪水主要来源于上中游山区,东、西淠河汇合的两河口以上流域呈扇形,支流众多,汇流集中,洪水峰高量大,陡涨陡落,易于形成灾害。

两河口以下,流域呈带状,平均宽度约为17 km,无较大支流汇入,且主要为丘陵区地形。横排头洪水过程一般为3～7 d。

下游河道两侧地势低洼,干流高水位时除少数支流洪水能进入干流外,其余洪涝水需等干流洪水回落后才能排泄。

2.9.1.4 洪涝灾害

据史料记载,从公元1450年(明景泰元年)到1949年的500年间,淠河流域共发生大小水灾121次,且常常是水旱灾害交替发生,给流域内经济社会的发展和人民生命财产造成了极大的破坏。

自1949年以来,淠河流域发生较大洪涝灾害的年份有1951年、1953年、1954年、1956年、1964年、1969年、1975年、1984年、1991年、1996年、1999年、2003年、2005年、2016年等14年(主要是1954年、1969年、1991年、2005年、2016年)。

1954年大水,淠河中下游堤防多处溃决,正阳关镇除个别楼房依稀可见外,所有的平房均被淹没,一片汪洋,仅五里尚有一片岗地未被淹没。当年正南淮堤决口8处,其中最大的一处在大店岗北的五台,决口宽480 m,冲深10 m。

1969年7月霍山城关最大24 h降水量达282.7 mm,佛子岭、磨子潭两水库相继漫坝,佛子岭水库最大下泄流量5 510 m^3/s,加上区间来水,横排头溢流洪峰流量达6 420 m^3/s ,佛子岭水库以下大部分圩区水深达数米。据当年初步统计,除农业损失外,仅霍山县城损失就达702万元(其中工商业损失506万元,财产损失196万元)。

1991年淠河流域普降暴雨,洪水成灾,横排头最大下泄流量达5 570 m^3/s。上游的霍山县城各项损失达8 600万元;淠河中下游堤防大面积翻砂鼓水,多处漫溃。民生圩的万截流决口长360 m,冲深近10 m。据调查,仅六安市洪灾损失就达1.2亿元。

2003年大水,陶洪集、青山、西河口圩堤多处决堤;苏陆圩横排头道口段管涌塌方,原南京军区运输大队200多名官兵奋战10多个小时才保住大坝;分路口镇新沟段崩岸近1 000 m,平均崩宽达25 m;顺新圩大范围崩塌;单王圩刘宁柱段溃坝;马六圩多处漫堤,瓦屋台、杨家岗、小河口、老家郢、齐郢、老胡台等多段堤防漫堤达0.3～0.4 m,管涌密布,险象环生。

2005年9月,大别山区普降特大暴雨,上游佛子岭、响洪甸、磨子潭三座大型水库相继开闸泄洪,横排头水文站洪峰流量5 480 m^3/s,六安(下龙爪)最高水位39.83 m。该次洪水造成淠河中下游众多洼地、圩区漫堤、破口行洪,损失惨重。裕安区境内淠河堤防陶洪集圩堤决口16处,总长度1 482 km,赵湾圩决口2处,总长度570 m,青山圩决口3处,总长度220 m,西河口圩决口6处,总长度5 195 m,苏陆圩决口3处,总长度410 m,顺新圩决口7处,总长度295 m,沿河两岸塌方达62 km,青山等8座排灌站机房进水,沿线损毁堤坝12座;金安区境内瓦屋台、杨家岗、小河口、滩拐子等堤段相继决堤;寿县境内民生圩多处管涌,最大管涌直径达0.3 m。沿河圩区内涝水深2.0～4.5 m,内涝淹没历时达10～28 d,裕安区境内农作物全部绝收,其他区县境内也大幅减产或绝收。

2016年,受超强"厄尔尼诺"事件影响,六安市发生了特大洪水。6月30日以后,六安市出现大范围强降雨,局部大暴雨、特大暴雨,雨情急、汛情猛、险情多、灾情重。受强降雨和区间来水影响,白莲崖水库从

6月30日8时的191.22 m开始起涨，7月2日0时出现最高水位210.02 m，水库水位总涨幅达18.80 m(其中7月1日当天陡涨16.73 m)，超汛限水位16.02 m；响洪甸、佛子岭、磨子潭、白莲崖4座大型水库一度全部超汛限水位，并先后开闸泄洪，佛子岭水库最大下泄流量达2 200 m^3/s。

2.9.2 典型年洪水

2.9.2.1 1969年

1. 雨情

1）概述

本年降水量，淮河以南在1 000 mm以上，大别山淠河、史河上游，以磨子潭水库上游最大，达2 000 mm以上，比常年同期偏大，最大出现在天河站，年降水量达2 239 mm。从时间分配上看，主要集中在7—9月，约占全年总雨量的60%；月雨量以7月最大，占年降水量的30%～40%。

2）暴雨过程

1969年主要暴雨先后发生过四次，以7月10—16日的一次暴雨为最大，是影响本年7月洪水的主要来源：此次降雨主要分布在淮南山区及江淮之间，降雨集中，强度大，淠河上游在佛、响、磨水库以上最大1、3、7 d暴雨大部分超过了1954年，最大24 h降水量为天河站的347.9 mm，最大7 d降水量为河口寺站的780.9 mm。沿淮及淮河以南地区降雨比较均匀，一般都在200 mm左右。

3）暴雨频率分析

7月10—16日，淠河上游地区遭受强暴雨袭击，霍山县上土寺站最大6、12h降水量分别为161.4 mm和252.7 mm，分别为该站有资料记录以来的第1位。最大1 d降水量为霍山县天河站的315.8 mm，重现期为50年；最大3、7 d降水量分别为霍山县河口寺站的534.0 mm和780.9 mm，均为该站有资料记录以来第1位，重现期分别为300年和500年。详见表2.2-29。

表2.2-29 1969年淠河流域7月10—16日各特征时段雨量统计表

最大1 d			最大3 d			最大7 d		
站名	雨量(mm)	重现期(年)	站名	雨量(mm)	重现期(年)	站名	雨量(mm)	重现期(年)
天河	315.8	50	河口寺	534.0	300	河口寺	780.9	500
童家河	304.5	200	上土寺	513.1	150	长山冲	769.7	500
佛子岭	282.7	200	天河	499.4	80	太平畈	766.2	300
千笠寺	272.0	100	太平畈	487.6	80	天河	742.1	120
烂泥坳	271.2	60	童家河	484.9	120	上土寺	733.5	350

2. 水情

1）水情概述

1969年7月上旬淠河流域普降暴雨，上游山区降特大暴雨，淠河上游佛子岭水库漫坝，最高水位130.64 m，最大出库流量5 510 m^3/s，水位和流量皆为有记录以来第1位；磨子潭水库漫坝，最高水位204.49 m，最大出库流量3 300 m^3/s，水位和流量皆为有记录以来第1位；响洪甸水库最高水位130.66 m，水位为有记录以来第1位；横排头站最高水位56.04 m，最大流量6 420 m^3/s，水位和流量皆为有记录以来第1位，最大30 d洪量重现期约为30年。

2）洪水过程

淠河横排头坝上站水位从7月6日23时12分的52.74 m(起涨流量0 m^3/s)起涨，7月14日20时30分出现洪峰，洪峰水位56.04 m(位居有资料记录以来第1位)，水位总涨幅3.30 m，洪峰流量6 420 m^3/s。经分析计算，横排头坝下站最大1、30、60 d洪量分别为4.8亿m^3、18.6亿m^3和18.9亿m^3。

响洪甸水库水位从7月1日8时的114.52 m开始起涨，7月21日8时出现最高水位130.66 m，水位总涨幅16.14 m，超汛限水位5.66 m。本次洪水响洪甸水库最大入库流量10 200 m^3/s，最大出库流量109 m^3/s，削峰率99%。

磨子潭水库水位从7月1日8时的171.70 m开始起涨,7月14日14时30分出现最高水位204.49 m,磨子潭水库漫坝,水位总涨幅32.79 m,超汛限水位27.49 m。本次洪水磨子潭水库最大入库流量5 780 m^3/s,最大出库流量3 300 m^3/s,削峰率43%。

佛子岭水库水位从7月1日8时的111.17 m开始起涨,7月14日13时42分出现最高水位130.64 m,佛子岭水库漫坝,水位总涨幅19.47 m,超汛限水位16.08 m。本次洪水佛子岭水库最大入库流量12 250 m^3/s,最大出库流量5 510 m^3/s,削峰率55%。

3)洪水组成分析

经分析计算,场次(7月5—23日)洪量为18.6亿 m^3。最大1 d洪量为4.8亿 m^3,最大3 d洪量为10.7亿 m^3,最大7 d洪量为15.4亿 m^3,最大15 d洪量为18.5亿 m^3,最大30 d洪量为18.6亿 m^3。

在横排头坝下站的洪水组成中,响洪甸水库来水量为0.62亿 m^3,占横排头洪量的3.3%;佛子岭水库来水量为13.64亿 m^3,占横排头洪量的73.3%;横排头区间来水量为4.35亿 m^3,占横排头洪量的23.4%。

4)洪水重现期

根据分析,1969年横排头坝下站最大1 d洪量重现期为80年,最大3 d洪量重现期为50年,最大15 d洪量重现期为30年,最大30 d洪量重现期为30年。

最大流量重现期为50年。综合评价,淠河1969年洪水为80年一遇。

2.9.2.2 1991年

1. 雨情

1)概述

1991年,淠河流域佛子岭水库区间年降水量为2 477.0 mm,比常年同期偏多4成;响洪甸水库区间年降水量为2 125.0 mm,比常年同期偏多3成;横排头区间年降水量为2 027.0 mm,比常年同期偏多3成;迎河集区间年降水量为1 519.0 mm,比常年同期偏多2成。最大累计降水量为马家河站的2 811.2 mm。

2)暴雨过程

1991年主要暴雨共发生3次,以6月30日—7月13日的一次暴雨为最大。此次降雨过程强度大、范围广、降雨历时长。6月30日淠河水系普降大暴雨,7月4日降雨强度有所减弱,7月10日再降大暴雨,7月13日降雨基本停止。最大24 h降水量为霍山县阔滩河站的346.7 mm,最大7 d降水量为马家河站的754.7 mm。

3)暴雨频率分析

6月30日—7月13日,淠河水系遭受强暴雨袭击,霍山县阔滩河站最大3、6、12 h降水量分别为113.5 mm、117.5 mm和269.5 mm,均为该站有资料记录以来的第1位。最大1 d降水量为霍山县阔滩河站的301.7 mm,重现期超百年;最大3 d降水量为霍山县天河站的579.1 mm,重现期约为200年;最大7 d降水量为霍山县马家河站的754.7 mm,重现期约为200年,且为该站有资料记录以来第1位。详见表2.2-30。

表2.2-30 1991年淠河流域6月30日—7月13日各特征时段雨量统计表

最大1 d			最大3 d			最大7 d		
站名	降水量(mm)	重现期(年)	站名	降水量(mm)	重现期(年)	站名	降水量(mm)	重现期(年)
阔滩河	301.7	130	天河	579.1	200	马家河	754.7	200
天河	288.4	30	前畈	556.9	170	天河	747.1	200
马家河	278.3	30	太平畈	540.9	130	太平畈	737.7	200
黄尾河	278.2	70	太阳	535.2	200	太阳	689.9	200
太平畈	268.7	50	马家河	525.0	80	前畈	673.2	80

2. 水情

1）水情概述

1991年7月上旬，淠河流域普降暴雨，上游山区降特大暴雨，淠河上游佛子岭水库最高水位125.59 m，出库流量4 100 m^3/s，水位和流量分别居历史第2和第4位；磨子潭水库最高水位198.88 m，水位为有记录以来第2位；响洪甸水库最高水位134.17 m，水位为有记录以来第1位；横排头站最高水位55.81 m，流量5 570 m^3/s，水位和流量分别居历史第2和第3位，最大30 d洪量重现期约为100年。

2）洪水过程

淠河横排头坝上站水位从7月8日4时30分的53.50 m(起涨流量670 m^3/s)开始起涨，7月11日3时出现洪峰，洪峰水位55.81 m(位居有资料记录以来第3位)，水位总涨幅2.31 m，超过滚水坝高程(52.75 m)3.06 m，洪峰流量5 570 m^3/s。洪水重现期约为30年。经分析计算，横排头坝下站最大1、30、60 d洪量分别为4.4亿m^3、29.9亿m^3和36.6亿m^3。

响洪甸水库水位从7月7日11时的126.61 m开始起涨，7月11日18时出现最高水位134.17 m，水位总涨幅7.56 m，超汛限水位9.17 m。本次洪水响洪甸水库最大入库流量4 750 m^3/s，最大出库流量623 m^3/s，削峰率87%。

磨子潭水库水位从7月9日17时的177.82 m开始起涨，7月11日16时出现最高水位198.88 m，水位总涨幅21.06 m，超汛限水位21.88 m。本次洪水磨子潭水库最大入库流量4 430 m^3/s，最大出库流量950 m^3/s，削峰率79%。

佛子岭水库水位从7月8日4时的117.93 m开始起涨，7月10日19时出现最高水位125.59 m，水位总涨幅7.66 m，超汛限水位11.03 m。本次洪水佛子岭水库最大入库流量9 070 m^3/s，最大出库流量4 100 m^3/s，削峰率55%。

3）洪水组成分析

经分析计算，场次(7月1—20日)洪量为28.7亿m^3。最大1 d洪量为4.4亿m^3，最大3 d洪量为10.5亿m^3，最大7 d洪量为15.6亿m^3，最大15 d洪量为25.4亿m^3，最大30 d洪量为29.9亿m^3。

在横排头坝下站的洪水组成中，响洪甸水库来水量为7.8亿m^3，占横排头洪量的27.2%；佛子岭水库来水量为14.8亿m^3，占横排头洪量的51.6%；横排头区间来水量为6.1亿m^3，占横排头洪量的21.2%。

4）洪水重现期

根据分析，1991年横排头坝下站最大1 d洪量重现期为50年，最大3 d洪量重现期为50年，最大15 d洪量重现期为80年，最大30 d洪量重现期为100年，最大流量重现期为30年。

综合评价，淠河1991年洪水为50年一遇。

2.9.2.3 2003年

1. 雨情

1）概述

2003年，淠河流域佛子岭水库区间年降水量为1 770.0 mm，比常年同期偏多2成；响洪甸水库区间年降水量为1 991.0 mm，比常年同期偏多3成；横排头区间年降水量为1 846.0 mm，比常年同期偏多3成；迎河集区间年降水量为1 616.0 mm，比常年同期偏多2成。最大累计降水量为响洪甸前畈站的2 126.1 mm。

2）暴雨过程

2003年主要暴雨以7月4—11日为最大。此次降雨横排头以上特大暴雨，横排头以下暴雨。佛子岭水库区间降水量为285.0 mm，响洪甸水库区间降水量为371.0 mm，横排头区间降水量为313.0 mm，迎河集区间降水量为274.0 mm。

3）暴雨频率分析

最大1h降水量为横排头大河厂站的70.6 mm，重现期为20年；最大3 h降水量为横排头大河厂站的94.7 mm，重现期为10年；最大6 h降水量为响洪甸前畈站的146.0 mm，重现期为20年；最大12 h降水量为响洪甸前畈站的199.3 mm，重现期为10年；最大24 h降水量为响洪甸燕子河站的268.3 mm，重现期为 30 年。

最大 1 d 降水量为响洪甸泗河站的 199.5 mm，重现期为 20 年；最大 3 d 降水量为响洪甸前畈站的 415.6 mm，重现期为 20 年；最大 7 d 降水量为响洪甸前畈站的 635.6 mm，重现期为 30 年。

2. 水情

1）水情概述

2003 年 7 月上旬，淠河流域普降暴雨，上游山区降特大暴雨，淠河上游佛子岭水库出库流量为 1 750 m^3/s，流量居历史第 9 位；响洪甸水库最高水位为 129.10 m，水位为历史第 8 位；横排头站最高水位为 55.08 m，流量为 3 250 m^3/s，水位和流量分别居历史第 6 和第 8 位，最大 30 d 洪量重现期约为 10 年。

2）洪水过程

淠河横排头坝上站水位从 7 月 1 日 0 时的 53.23 m（起涨流量 408 m^3/s）开始起涨，7 月 10 日 19 时 40 分出现洪峰，洪峰水位 55.08 m（位居有资料记录以来第 8 位），水位总涨幅 1.85 m，超过滚水坝高程（52.75 m）2.33 m，洪峰流量 3 250 m^3/s。经分析计算，横排头坝下站最大 1、30、60 d 洪量分别为 2.13 亿 m^3、13.76 亿 m^3 和 15.16 亿 m^3。

响洪甸水库水位从 7 月 1 日 0 时的 122.42 m 开始起涨，7 月 12 日 8 时出现最高水位 129.1 m，水位总涨幅 6.68 m。

磨子潭水库水位从 7 月 5 日 8 时的 174.68 m 开始起涨，7 月 11 日 14 时 30 分出现最高水位 181.56 m，水位总涨幅 6.88 m。

佛子岭水库水位从 7 月 8 日 20 时的 117.35 m 开始起涨，7 月 10 日 20 时出现最高水位 119.01 m，水位总涨幅 1.66 m。

3）洪水组成分析

经分析计算，场次（7 月 1—20 日）洪量为 11.2 亿 m^3。最大 1 d 洪量为 2.13 亿 m^3，最大 3 d 洪量为 5.66 亿 m^3，最大 7 d 洪量为 7.37 亿 m^3，最大 15 d 洪量为 10.24 亿 m^3，最大 30 d 洪量为 13.76 亿 m^3。

在横排头坝下站的洪水组成中，响洪甸水库来水量为 3.62 亿 m^3，占横排头洪量的 32.3%；佛子岭水库来水量为 5.72 亿 m^3，占横排头洪量的 51.1%；横排头区间来水量为 1.86 亿 m^3，占横排头洪量的 16.6%。

4）洪水重现期

根据分析，2003 年横排头坝下站最大 1 d 洪量重现期为 10 年，最大 3 d 洪量重现期为 10 年，最大 15 d 洪量重现期为 10 年，最大 30 d 洪量重现期为 10 年。最大流量重现期为 10 年。

综合评价，淠河 2003 年洪水为 10 年一遇。

2.9.2.4　2005 年

1. 雨情

1）概述

2005 年淠河水系年降水量约为 1 559.8 mm，比常年同期偏大，以大别山区淠河东源响洪甸水库以上流域最大。7、8 月降水量多且集中，5、6 月降水量相对偏少；9 月受超强台风“泰利”影响，大别山区及响洪甸以上流域发生了特大暴雨，最大日降水量为龙门冲站的 480.9 mm。

2）暴雨过程

2005 年降雨集中在 7—9 月，其中以 9 月 1—4 日受台风“泰利”影响的暴雨为最大，暴雨中心为淠河上游响洪甸站。9 月 1—4 日大别山区及江淮之间中部普降暴雨到大暴雨，局部特大暴雨。9 月 1 日下午开始受到台风影响，大别山区部分地区中到大雨。9 月 2 日降雨强度加大，大别山部分地区降暴雨到大暴雨，局部特大暴雨，江淮之间大部分地区降大到暴雨；9 月 3 日暴雨区东扩，大别山区普降暴雨到大暴雨，局部特大暴雨。9 月 4 日大别山区零星小雨，其余地区降雨基本结束。最大 24h 降水量为龙门冲站的 480.9 mm，最大 7 d 为青菜冲站的 715.2 mm。

3）暴雨频率分析

受台风影响，淠河水系大别山区响洪甸水库上游遭受强降雨袭击，龙门冲站和乌鸡河站最大 1 h 降水量分别为 71.0 mm 和 64.9 mm，分别为该站有资料记录以来第 1 位和第 2 位。龙门冲站最大 3、6、12 h 降水量分别为 167.0 mm、2 664.4 mm 和 359.0 mm，均为该站有资料记录以来第 1 位。

最大 1 d 降水量为石家河站的 393.7 mm，重现期超 500 年，是该站有资料记录以来第 1 位。最大 3、7 d 降水量分别为青菜冲站的 663.0 mm 和 715.2 mm，重现期均超 500 年，该为本站有资料记录以来第 1 位。详见表 2.2-31。

表 2.2-31　2005 年淠河流域 9 月 1—4 日各特征时段雨量统计表

最大 1 d			最大 3 d			最大 7 d		
站名	雨量(mm)	重现期	站名	雨量(mm)	重现期	站名	雨量(mm)	重现期
石家河	393.7	超 500 年	青菜冲	663.0	超 500 年	青菜冲	715.2	超 500 年
诸佛庵	374.2	500 年	龙门冲	592.3	500 年	龙门冲	641.8	400 年
面冲	372.2	300 年	石家河	588.4	400 年	面冲	638.0	300 年
龙门冲	350.4	400 年	面冲	577.5	300 年	石家河	633.5	300 年
青菜冲	349.1	350 年	油店	545.9	200 年	油店	602.9	100 年

2. 水情

1) 水情概述

受第 13 号台风"泰利"影响，安徽省江淮之间部分地区降大暴雨，大别山区降特大暴雨。由于暴雨来势猛、强度大，淠河发生大洪水，全线超警戒水位，大别山区五大水库超汛限水位。强降雨引发山洪、泥石流、滑坡等地质性灾害，破坏性极大，造成了严重的损失。

2) 洪水过程

淠河横排头坝上站水位从 9 月 1 日 8 时的 52.92 m 开始起涨(起涨流量 236 m^3/s)，9 月 3 日 22 时出现洪峰，洪峰水位 55.83 m(位居有资料记录以来第 2 位)，水位总涨幅 2.91 m，超过滚水坝高程(52.75 m) 3.08 m，洪峰流量 5 480 m^3/s。洪水重现期约为 30 年。经分析计算，横排头坝下站最大 1、30、60 d 洪量分别为 3.0 亿 m^3、13.4 亿 m^3 和 15.6 亿 m^3。

响洪甸水库水位从 9 月 2 日 11 时的 124.52 m 开始起涨，9 月 5 日 16 时出现最高水位 130.41 m，水位总涨幅 5.89 m，超汛限水位 5.41 m。本次洪水响洪甸水库最大入库流量 6 500 m^3/s，最大出库流量 800 m^3/s，削峰率 88%。

磨子潭水库水位从 9 月 2 日 19 时的 179.43 m 开始起涨，9 月 4 日 2 时出现最高水位 194.45 m，水位总涨幅 15.02 m，超汛限水位 17.45 m。本次洪水磨子潭水库最大入库流量 2 880 m^3/s，最大出库流量 340 m^3/s，削峰率 88%。

佛子岭水库水位从 9 月 2 日 11 时的 117.35 m 开始起涨，9 月 6 日 14 时出现最高水位 121.94 m，水位总涨幅 4.59 m。本次洪水佛子岭水库最大入库流量 4 230 m^3/s，最大出库流量 2 490 m^3/s，削峰率 41%。

3) 洪水组成分析

经分析计算，场次(8 月 22 日—9 月 18 日)洪量为 13.2 亿 m^3。最大 1 d 洪量为 3.0 亿 m^3，最大 3 d 洪量为 6.2 亿 m^3，最大 7 d 洪量为 9.3 亿 m^3，最大 15 d 洪量为 11.6 亿 m^3，最大 30 d 洪量为 13.4 亿 m^3。

在横排头坝下站的洪水组成中，响洪甸水库来水量为 4.4 亿 m^3，占横排头洪量的 33.3%；佛子岭水库来水量为 4.5 亿 m^3，占横排头洪量的 34.1%；横排头区间来水量为 4.3 亿 m^3，占横排头洪量的 32.6%。

4) 洪水重现期

根据分析，2005 年横排头坝下站最大 1 d 洪量重现期为 20 年，最大 3 d 洪量重现期为 15 年，最大 15 d 洪量重现期为 10 年，最大 30 d 洪量重现期为 10 年。最大流量重现期为 30 年。

综合评价，淠河 2005 年洪水为 20 年一遇。

2.9.2.5 2016 年

1. 雨情

1）概述

2016 年，淠河流域佛子岭水库区间年降水量为 2 026.0 mm，比常年同期偏多 2 成；响洪甸水库区间年降水量为 1 928.0 mm，比常年同期偏多 2 成；横排头区间年降水量为 1 937.0 mm，比常年同期偏多 3 成；迎河集区间年降水量为 1 519.0 mm，比常年同期偏多 3 成。最大累计降水量为霍山县马家河站的 2 244.5 mm。

2）主要过程

2016 年主要暴雨以 6 月 30 日—7 月 2 日的一次为最大。此次降雨横排头以上特大暴雨，横排头以下暴雨。佛子岭水库区间降水量为 269.0 mm，响洪甸水库区间降水量为 279.0 mm，横排头区间降水量为 268.0 mm，迎河集区间降水量为 118.0 mm。最大 1 h 降水量为响洪甸前畈站的 54.0 mm，最大 3 h 降水量为响洪甸泗州河站的 125.0 mm，最大 6h 降水量为响洪甸前畈站的 175.0 mm，最大 12 h 降水量为响洪甸泗州河站的 325.0 mm，最大 24 h 降水量为响洪甸泗州河站的 470.0 mm。

3）暴雨频率分析

最大 1 d 降水量为响洪甸前畈站的 265.0 mm，重现期为 50 年，为该站有资料记录以来的第 1 位；最大 3 d 降水量为响洪甸泗州河站的 481.0 mm，重现期为 50 年，为该站有资料记录以来的第 1 位；最大 7 d 降水量为响洪甸泗州河站的 611.5 mm，重现期为 50 年，为该站有资料记录以来的第 1 位。

2. 水情

1）水情概述

2016 年 6 月下旬至 7 月上旬，淠河流域普降暴雨，淠河上游佛子岭水库和磨子潭水库最大出库流量分别为 2 090 m^3/s、716 m^3/s，分别居历史第 6 和第 4 位；响洪甸水库最高水位 129.39 m，出库流量 1 260 m^3/s，水位和流量分别居历史第 4 和第 2 位；横排头站最高水位 55.49 m，流量 4 600 m^3/s，水位和流量分别居历史第 4 和第 5 位，最大 30 d 洪量重现期约为 50 年。

2）洪水过程

淠河横排头坝上站水位从 6 月 30 日 16:00 的 53.30 m 开始起涨（起涨流量 438 m^3/s），7 月 2 日 00:12 出现洪峰，洪峰水位 55.49 m（位居有资料记录以来第 4 位），水位总涨幅 2.19 m，超过滚水坝高程（52.75 m）2.74 m，洪峰流量 4 600 m^3/s。洪水重现期约为 20 年。经分析计算，横排头坝下站最大 1、30、60 d 洪量分别为 3.1 亿 m^3、22.6 亿 m^3 和 27.3 亿 m^3。

响洪甸水库水位从 6 月 30 日 8 时的 123.83 m 开始起涨，7 月 2 日 19 时出现最高水位 129.39 m，水位总涨幅 5.56 m，超汛限水位 4.39 m，超汛限水位时间从 7 月 1 日 10 时到 7 月 9 日 13 时。本次洪水响洪甸水库最大入库流量 6 200 m^3/s，最大出库流量 1 260 m^3/s，削峰率 79.7%。

白莲崖水库从 6 月 30 日 8 时的 191.22 m 开始起涨，7 月 2 日 0 时出现最高水位 210.02 m，水位总涨幅 18.8 m，超汛限水位 16.02 m，超汛限水位时间从 7 月 1 日 8 时到 7 月 3 日 5 时。本次洪水白莲崖水库最大入库流量 4 200 m^3/s，最大出库流量 1 580 m^3/s，削峰率 62.4%。

磨子潭水库水位从 6 月 30 日 8 时的 178.74 m 开始起涨，7 月 2 日 15 时出现最高水位 188.61 m，水位总涨幅 9.87 m，超汛限水位 8.61 m，超汛限水位时间从 7 月 1 日 16 时到 7 月 6 日 4 时。本次洪水磨子潭水库最大入库流量 2 500 m^3/s，最大出库流量 716 m^3/s，削峰率 71.4%。

佛子岭水库水位从 6 月 30 日 8 时的 117.35 m 开始起涨，7 月 2 日 6 时出现最高水位 120.07 m，水位总涨幅 2.72 m，超汛限水位 1.52 m，超汛限水位时间从 7 月 1 日 13 时到 7 月 3 日 14 时。本次洪水佛子岭水库最大入库流量 2800 m^3/s，最大出库流量 2 090 m^3/s，削峰率 25.4%。

3）洪水组成分析

经分析计算，场次（6 月 20 日—7 月 20 日）洪量为 22.6 亿 m^3，最大 1 d 洪量为 3.1 亿 m^3，最大 3 d 洪量为 7.1 亿 m^3，最大 7 d 洪量为 14.1 亿 m^3，最大 15 d 洪量为 18.6 亿 m^3，最大 30 d 洪量为 22.6 亿 m^3。

在横排头坝下站的洪水组成中，响洪甸水库来水量为 9.4 亿 m^3，占横排头洪量的 41.6%；佛子岭水库来水量为 9.6 亿 m^3，占横排头洪量的 42.5%；横排头区间来水量为 3.6 亿 m^3，占横排头洪量的

15.9%。

4）洪水重现期

根据分析，2016年横排头坝下站最大1 d洪量重现期为20年，最大3 d洪量重现期为20年，最大15 d洪量重现期为30年，最大30 d洪量重现期为50年。最大流量重现期为20年。

综合评价，淠河2016年洪水为20年一遇。

2.10 史河流域

2.10.1 概述

2.10.1.1 流域概况

1. 自然地理

史河古称决水，发源于大别山北麓，其主源流为牛山河。史河主源从金寨县关庙起点，转向东南，有竹根河入，折东北，先后有牛食畈河、南溪河、麻河诸水注入后，进入梅山水库区。史河出库后，呈S形向北流9 km至史河灌区红石嘴渠首枢纽工程。

红石嘴以下，史河进入丘陵区，河道宽阔，河滩地大。在该段有金寨县境内的洪家河从史河总干渠的洪河泄水闸及胡庄泄水闸泄入史河；左岸有长江河汇入，长江河是豫皖省界河流，于彭州对岸入史河。自进入彭州后，史河成为豫皖两省分界的界河，左岸是河南省固始县，右岸是安徽省六安市叶集区，至叶集区沈家沟口后，进入河南固始县境内。流经固始县城后，至蒋集与灌河相汇，称史灌河。再向北在固始县三河尖入淮河。

2. 河流水系

史河全长220 km，平均比降为1.31‰，流域面积为6 850 km^2，其中安徽省境内2 685 km^2。红石嘴以上为山区，流域面积为2 004 km^2，河长101 km，平均比降为2.5‰；红石嘴以下为丘陵区，其中六安市与河南省以孙家沟为界。从红石嘴至孙家沟口，河长19 km，区间面积为507 km^2。

梅山水库以上史河主要支流有竹根河、白沙河、麻河和白水河等11条，各支流均为坡陡流急的山溪性河流，洪水汇流快，具有陡涨陡落、峰高量大、历时短等特点。水库下游主要支流有洪家河、长江河、马道河、叶集沿岗河和泉河等。

梅山水库大坝下游9 km建有红石嘴水利枢纽工程，是安徽史河灌区和河南省南干渠灌区的引水渠首。史河灌区设计灌溉面积为298万亩，总干渠设计引水流量为145 m^3/s。

竹根河，史河主要支流之一，发源于棋盘石山系的献旗岭与香炉观一带，流经吴家店、果子园、斑竹园及南溪等乡镇，在丁埠村与史河汇合后注入梅山水库，全长40.8 km，流域面积391 km^2。其主要支流有：龙潭河、蔡家河、杨柳河、董家河等。

白水河，上游称桥边河，发源于三省垴山系的马宗岭与帽顶山一带，流经花石、古碑、槐树湾等乡镇，至张公山南面的程家湾注入史河。河道全长39.9 km，流域面积212.0 km^2。其主要支流有：黄堰河、洪堰河、姊妹河、王家河等。

牛山河，发源于鄂皖交界的羊角尖北麓，流经沙河乡、关庙乡及南溪镇，注入史河上游的梅山水库，全长64.91 km，流域面积563.8 km^2。其主要支流有：西河、白沙河、八道河、银山冲河及牛食畈河等。

麻河，发源于金刚台南麓，源头为梅子河，中游为四道河，下游为麻河。流经汤家汇、南溪、双河及桃岭等乡镇，注入梅山水库，全长43.34 km，流域面积348.6 km^2。其主要支流有：石落河、双河等。

长江河，史河主要支流之一，发源于大伏山系金刚台东南麓平天铺，流经汤家汇、铁冲、全军及梅山等乡镇，至红石嘴下游徐冲刘老庄的河嘴处注入史河，河道全长49.22 km，流域面积246.0 km^2。主要支流有：皂河、夹河、铁冲河、潘家河等。长江河上源为皂靴河，至铁冲下游的易家楼称长江河，为安徽省金寨县与河南省固始县的界河。

叶集沿岗河，发源于叶集区平岗村莞岭头，由东北向西南至新桥，转向西北经叶集区城区，在叶集区政府西侧有支流二道河汇入，再向北至河南固始县孙家沟入史河，流域面积62.7 km^2，河道全长17.8 km，平均坡降1‰。

泉河，一条跨省河流，发源于安徽省六安市叶集区平岗村莞岭头，上游又称石龙河，由南向北经孙岗桥头店，至河南固始县万家坝，穿过河南梅山东干渠，再向北经河南固始县泉河镇、陈集镇，至安徽省霍邱县临水镇小店圩汇入史河。河长80 km，流域面积753 km^2，其中河南固始县河长59 km，流域面积535 km^2。

史河梅山水库下游有金寨县和叶集区两个县级城区。金寨老城区位于梅山水库下游两岸，新城区位于红石嘴枢纽至长江河口河段右岸；叶集城区位于马道河口至沈家沟河段右岸。

3. 水文气象

史河流域地处北亚热带季风气候区，其特点是：四季分明，气候温和，雨量充沛；春秋短，冬夏长。春末夏初，随着东南季风的输入，太平洋与印度洋孟加拉湾水汽的增加，开始进入梅雨季节。6至7月上旬，太平洋副热带高压北上，北方冷空气南下，冷暖气团的交锋往往就发生在皖西大别山一带，再加上地形抬升作用，属典型的山地暴雨多发区。8月至10月受台风影响，伴有狂风暴雨产生。冬季少雨干燥。年平均气温15.6℃，年平均最高气温16.3℃(1978年)，年平均最低气温15.0℃(1969年)。最热月(7月)平均气温27.9℃，最冷月(1月)平均气温2.7℃。历年极端最高气温41.2℃(1966年8月7日)，极端最低气温−13.9℃(1969年1月31日)，大约每年3月下旬入春，5月下旬入夏，8月中旬入秋，11月中旬入冬。由于地形差异，西南部山区比东部岗丘的入春时间偏迟，秋季偏早。年平均地温18.1℃，极端最高地温69.9℃(1969年7月30日)，最低地温−24.6℃(1977年1月30日)。史河流域多年平均年降水量为1 391.4 mm，降雨年际变化大，年内分配不均，当年10月至次年3月降水量占全年降水量的31%，4—9月降水量占全年降水量的69%，降雨主要集中在5—7月。史河流域多年平均蒸发量为815.3 mm。

史河流域洪水主要由暴雨形成，而形成大暴雨的主要天气系统为涡切变和台风。该地区出现暴雨的时间一般为5—9月。每年主汛期6—8月，多发生涡切变型暴雨(俗称梅雨)。该地区暴雨历时一般较短，受上游地形抬升等因素影响，降雨强度大，雨量集中。洪水的季节特点、时空变化与该地区的暴雨相应。6—9月份是洪水的多发期，洪水汇流迅速，具有起涨快、退水快和历时短等特点。史河流域洪水主要由降雨形成，史河流域上游山区雨量充沛，暴雨集中，地形陡峻，河流坡降大，河槽调蓄能力小，降雨汇流迅速，6—7月洪水峰高量大、水位陡涨陡落。一场大洪水一般历时为3～5 d，发生复式洪峰时多则3～7 d。洪水进入下游丘陵区后，由于地势相对平坦，河道河床落差小，水流相对平缓。多年来，受梅山水库蓄洪错峰影响，梅山水库对下游河道的洪峰起到了一定的拦蓄作用，明显降低了下游各河道水位，对下游城市防洪与削减淮河洪峰起到了积极的作用。

4. 水利工程

史河水系共修建大型水库1座，总库容为23.37亿 m^3，灌区渠首1座。

1) 梅山水库

梅山水库是一座以防洪、灌溉为主，结合发电、供水等综合利用的大型水电工程。水库枢纽工程由水库大坝、泄水设备、发电设备等组成。水库控制了史河上游山区1 970 km^2的流域面积，总库容22.63亿 m^3，水库按500年一遇标准设计，5 000年一遇标准校核。水库校核洪水位139.93 m(废黄高程，2.10节下同)，防洪高水位133.00 m，防洪限制水位125.27 m，正常蓄水位128.00 m，死水位107.07 m；水库调洪库容10.65亿 m^3，兴利库容9.57亿 m^3，死库容4.02亿 m^3。水库工程于1954年3月动工，1956年4月竣工。1959年5月1日，电站机组全部投入运行，并网发电，2010年完成除险加固工程建设。

2) 红石嘴灌溉枢纽工程

红石嘴灌溉枢纽工程是淠史杭灌区史河渠首工程，距梅山水库大坝约9 km，1958年建成。整个枢纽工程由滚水坝、史河总干渠进水闸、南干渠进水闸、冲沙闸、水电站组成。坝体系砂芯砼壳滚水坝，坝顶高程69.20 m，设计安全泄量5 000 m^3/s；坝右岸有淠史杭史河灌区进水闸一座，设计最大流量170 m^3/s；左岸有河南固始南干渠首工程，进水流量为40 m^3/s。史河下游河南省在固始县黎集建有块石溢流坝，设计过水流量2 600 m^3/s。红石嘴水利枢纽坝上拦蓄上游史河梅山水库泄水和区间径流。被拦截后，大部分史河来水通过史河总干渠进入淠史杭灌区。

3）其他工程

安徽省沿史河现有圩区 9 处，其中上游金寨、叶集 7 处，下游霍邱 2 处，防洪保护面积为 75.2 km^2，耕地约 7 万亩，人口 12.2 万人。2006 年以后，史河先后对红石嘴枢纽上游金寨县老城区河道进行整治，对新城区江店圩、园艺场进行退建，对河咀圩、叶集圩堤防进行封闭，对史河梅山水库下游堤防进行全面加固，目前，大部分工程已经完成，部分工程正在实施，工程全面完成后干流防洪标准将达到为 20 年一遇。对金寨新城区洪家河、三岔河部分河段进行了治理，防洪标准为 20 年一遇。

5. 水文站网

史河流域（安徽境内，下同）有各种观测站 40 个（站网密度 67 km^2/站），水位站 10 个，雨量站 30 个（站网密度为 89.5 km^2/站）。史河水系水文站网分布较合理，站网密度较大，基本能控制史河水文特性的变化规律。

2.10.1.2 暴雨特性

史河流域四季分明，气候温和，雨量充沛；春秋短，冬夏长。春末夏初，随着东南季风的输入，太平洋与印度洋孟加拉湾水汽的增加，开始进入梅雨季节。6 至 7 月上旬，太平洋副热带高压北上，北方冷空气南下，冷暖气团的交锋往往就发生在皖西大别山一带，再加上地形抬升作用，山地暴雨多发。8 月至 10 月受台风影响，伴有狂风暴雨产生。冬季少雨干燥。

2.10.1.3 洪水特性

史河梅山水库以上河流主要为坡陡流急的山溪性河流，洪水暴涨暴落，峰高量大，洪水次数频繁，洪水历时短，流速大；史河梅山水库以下受水库调蓄以及河道坡降变化影响，洪水流速变小，容易形成内涝。

2.10.1.4 洪涝灾害

由于特殊的气候和地理条件以及降水时空分布极不均匀，加上极端天气的影响，史河流域洪涝灾害频发。1949 年以来，史河共发生较大洪水 10 次，其中以 1954 年、1969 年、1991 年、2003 年、2016 年洪涝灾害最甚。

2.10.1.5 暴雨洪水分析

史河流域暴雨大致分为两类。一是发生在 6、7 月的由涡切变形成的流域性大暴雨，面广、量大、持续时间长，极易造成洪涝灾害，如 1954 年、1991 年发生的暴雨；二是发生在 8 月的台风型暴雨，强度大、历时短、范围小，易造成局部地区洪涝灾害。

2.10.2 典型年洪水

2.10.2.1 1954 年

1954 年史河流域梅雨季节比往年要早一个月，即 5 月份史河流域开始进入梅雨期。7 月北半球上空环流形势异常，亚欧地区高空槽脊系统持续出现在特定地区，较为稳定。在这种形势下，地面锋带、气旋路径以及降雨带有集中和稳定的趋势。此时，鄂霍次克海至贝加尔湖附近存在一个稳定的阻塞高压，其南侧有一切断低压，北方冷空气得以不断向南侵袭。同时，由于西太平洋副热带高压边缘位于沿江地区，脊线在北纬 22°附近，东南季风势力弱；来自印度洋和我国南海的暖湿气流来势强劲，流域上空水汽含量丰沛，且大气层又极不稳定，易引起大暴雨的不断产生。来自西伯利亚的冷空气和来自低纬度的暖湿空气频繁交汇于史河流域，使得该地区长时间地维持阴雨天气，降雨从 5 月开始，6 月相继出现大雨和暴雨，7 月连续发生 5 次大暴雨。由于暴雨发生次数多，覆盖面积广，雨期持续时间长，史河流域发生了 20 世纪以来最严重的一次水灾。

1. 雨情概述

1954 年，史河流域年降水量为 2 303.0 mm，比常年同期偏多近 4 成，其中汛期（5—9 月）降水量为 1 658.0 mm，主汛期（6—8 月）降水量为 1 323.8 mm，汛期雨量占全年的 7 成以上，主汛期降水量历史排位第二。吴店、关庙站年降水量是流域内最大年降水量，分别为 2 993.8 mm、2 492.1 mm。

2. 暴雨过程

1954 年史河流域持续性强降水天气始于 7 月 1 日，到 7 月 31 日集中性强降水告一段落，其间经历了

5 次暴雨天气过程，分别是 7 月 1—6 日、7 月 7—14 日、7 月 15—18 日、7 月 19—22 日及 7 月 26—31 日。

1）7 月 1—6 日

本次降雨流域面平均雨量为 195.2 mm，本轮最大降水量为皮坊站的 225.8 mm，最大 1 d 降水量为皮坊站的 110.3 mm，出现在 7 月 2 日。1954 年最大 15、30 d 降水量开始时间出现在本轮降雨内，分别为 7 月 3 日、1 日，历史排位分别为第 3、第 2 位。

2）7 月 7—14 日

本次降雨流域面平均雨量为 248.1 mm，本轮最大降水量为吴店站的 535 mm，最大日降水量为吴店站的 422.6 mm，出现在 7 月 11 日。1954 年最大 1、3、7 d 降水量开始时间出现在本轮降雨内，均为 7 月 11 日，历史排位分别为第 1、第 3、第 3 位。

3）7 月 15—18 日

本次降雨流域面平均雨量为 111.4 mm，本轮最大降水量为吴店站的 219 mm，最大日降水量为吴店站的 188.4 mm，出现在 7 月 17 日。

4)7 月 19—22 日

本次降雨流域面平均雨量为 132.2 mm，本轮最大降水量为皮坊站的 137.6 mm，最大日降水量为吴店站的 111.8 mm，出现在 7 月 22 日。

5）7 月 26—31 日

本次降雨流域面平均雨量为 163.1 mm，本轮最大降水量为吴店站的 235.4 mm，最大日降水量为吴店站的 108 mm，出现在 7 月 29 日。

3. 暴雨特征值分析

1954 年史河流域从 5 月份开始，降雨过程较为持续，暴雨过程多、间隔时间短，降雨历时长、笼罩范围广，强暴雨频发、降水总量大，降雨时空分布有利于形成流域性大洪水。

吴店站最大 1、3、7 d 降水量分别为 422.6 mm、448.6 mm、597.8 mm，分别为该站有资料记录以来历史排位第 1、第 3、第 3 位。

2.10.2.2 1969 年

1969 年史河流域梅雨开始得迟，但结束得也晚，梅雨季节较长，比正常年份梅雨长 10 天左右，在梅雨期间多次出现大雨或暴雨。

1. 雨情

1）雨情概述

1969 年，史河流域年降水量为 1 759.8 mm，比常年同期偏多近 2 成，其中汛期（5—9 月）降水量为 1 250.3 mm，主汛期（6—8 月）降水量为 1 031.3 mm，汛期雨量占全年的 7 成以上，主汛期降水量历史排位第四。吴店、桥边河站年降水量是流域内最大年降水量，分别为 1 950.2 mm、1 944.8 mm。

2）暴雨过程

1969 年史河流域持续性强降水天气始于 7 月 3 日，到 7 月 16 日集中性强降水告一段落，其间经历了 3 次暴雨天气过程，分别是 7 月 3—5 日、7 月 6—10 日、7 月 11—16 日。

(1) 7 月 3—5 日

本次降雨流域面平均雨量为 128.6 mm，本轮最大降水量为禅堂站的 175.9 mm，最大日降水量为禅堂站的 88.0 mm，出现在 7 月 4 日。1969 年最大 15 d 降水量 923.4 mm 开始时间为 7 月 3 日，历史排位为第 2 位。

(2) 7 月 6—10 日

本次降雨流域面平均雨量为 203.4 mm，本轮最大降水量为桥边河站的 247.7 mm，最大日降水量为禅堂站的 135.9 mm，出现在 7 月 6 日。1969 年最大 7 d 降水量 549.6 mm 开始时间为 7 月 10 日，历史排位为第 4 位。

(3) 7 月 11—16 日

本次降雨流域面平均雨量为 413.5 mm，本轮最大降水量为桥边河站的 247.7 mm，最大日降水量为吴店站的 184.8 mm，出现在 7 月 13 日。1969 年最大 1、3 d 降水量 244 mm、353.2 mm 开始时间均为 7 月 11 日，历史排位分别为第 8、第 12 位。

2. 水情

红石嘴总干渠闸下水位从 7 月 14 日 0 时的 63.40 m 开始起涨，7 月 14 日 15 时 30 分出现最高水位 66.75 m，历史排名第四，水位总涨幅 3.35 m。红石嘴坝上年最高水位 69.95 m(7 月 14 日)。梅山坝下年最高水位 72.48 m(7 月 15 日)；最大流量 1 560 m^3/s(7 月 15 日)。

3. 工情

梅山水库 1958 年初建成试运行，1969 年 7 月 14 日入库洪峰流量为 13 020 m^3/s，排历史第 1 位，重现期约为 100 年。

1969 年梅山水库在确保水库大坝安全的前提下，科学决策，灵活调度，适时开闸泄洪，充分发挥了防洪效益，起到了明显的蓄洪、削峰作用。在 1969 年的特大洪水中，将入库流量 13 020 m^3/s 削减为 1 560 m^3/s，为淮河流域战胜特大洪水，特别是水库下游金寨县城的防汛抢险、减小灾害损失做出了一定贡献。

梅山水库坝上水位从 7 月 4 日 9 时的 117.45 m 开始起涨，7 月 15 日 7 时出现最高水位 133.35 m，居历史第 2 位，水位总涨幅 15.90 m。梅山水库最大 1 d 洪量为 1.27 亿 m^3，最大 3 d 洪量为 3.133 亿 m^3，最大 7 d 洪量为 5.104 亿 m^3。

4. 结语

1969 年史河流域降水日数、暴雨日数多，总的灾害不如 1954 年和 1991 年，但由于降雨时间长、暴雨强度大，雨量集中，洪水峰高量大，水库没有提前腾空库容以及河道防洪能力偏低等因素影响，造成史河梅山水库下游内涝严重。

2.10.2.3 1991 年

1991 年汛期史河流域雨季来得早，从 5 月中旬后期起，西太平洋副热带高压明显西伸北抬，其脊线稳定在北纬 23°附近，导致史河流域较常年偏早一个月进入雨季。6 月中旬前期和下旬后期至 7 月上旬，副高脊线在北纬 24°附近稳定少动，史河流域受副高边缘较强的西南暖湿气流控制，同时中纬度西风带不断有冷空气侵入，冷暖两股气流相遇，多次造成史河流域暴雨天气。从 5 月中旬起，阴雨天气持续近 2 个月。流域内吴店站最大 30 d 降水量为 1 292.0 mm，超百年一遇，由于雨季来得早，雨期长、雨量大、范围广，造成史河流域大范围洪涝灾害。

1. 雨情

1) 雨情概述

1991 年史河流域年降水量为 2 015.9 mm，比常年同期偏多近 4 成，其中汛期(5—9 月)降水量为 1 546.3 mm，主汛期(6—8 月)降水量为1 333.5 mm，汛期降水量占全年的 7 成以上，主汛期降水量历史排位第一。吴店、桥边河站年降水量是流域内最大年降水量，分别为 2 448.7 mm、2 332.7 mm。

2) 暴雨过程

1991 年史河流域从 5 月中旬到 7 月中旬的 60 天内出现多次持续性强降水天气，其间经历了 3 次暴雨天气过程，分别是 6 月 12—15 日、6 月 30 日—7 月 3 日、7 月 5—10 日。

(1) 6 月 12—15 日

本次降雨流域面平均雨量为 115.6 mm，本轮最大降水量为金寨站的 135.5 mm，最大日降水量为金寨站的 92.1 mm，出现在 6 月 12 日。

(2) 6 月 30 日—7 月 3 日

本次降雨流域面平均雨量为 390.4 mm，本轮最大降水量为吴店站的 481.6 mm，最大日降水量为吴店站的 214.3 mm，出现在 6 月 30 日。1969 年最大 7 d 降水量 659.2 mm 开始时间为 7 月 3 日，历史排位第 1 位。

(3) 7 月 5—10 日

本次降雨流域面平均雨量为 457.3 mm，本轮最大降水量为吴店站的 743.1 mm，最大日降水量为桥边河站的293.2 mm，出现在7月9日。1969年最大1、3 d降水量293.2 mm、538.6 mm开始时间分别为7月9日、8日，历史排位分别为第4、1位。

3）暴雨特征值分析

桥边河站最大1 d降水量为293.2 mm，是该有资料记录以来第4位；吴店站最大3、7 d降水量分别为538.6 mm和659.2 mm，均为该站有资料记录以来第1位。

2. 水情

1991年淮河流域的大洪水中，由于淮干持续高水位，史河流域发生了严重内涝。红石嘴总干渠闸下水位7月10日出现最高水位66.28 m，5月28日出现最大流量153 m^3/s。红石嘴坝上年最高水位为71.16 m，发生时间为7月10日。梅山坝下年最高水位为74.52 m，发生时间为7月10日；最大流量为3 010 m^3/s，发生时间为7月10日。

3. 工情

梅山水库坝上水位从7月6日8时的129.05 m开始起涨，7月10日7时出现最高水位135.75 m，历史排位第一，水位总涨幅6.7 m。梅山水库7月2日水位125.43 m开始超汛限水位（125.27 m），超汛限历时28 d。

7月10日，史河梅山水库实测最大下泄流量3 010 m^3/s，入库流量8 500 m^3/s，排建库后第4位，重现期约为20年。最大1、3、7 d洪量分别为2.32亿m^3、5.48亿m^3、8.32亿m^3，重现期均为50年。

7月上旬，在淮河干流出现接近保证水位的同时，史河又遇到了超过1969年记录的暴雨，7月8日6时到11日6时，水库上游面平均雨量达370 mm。水库在承担淮河干流错峰任务后，紧接着转入保坝运用，其关键时刻是7月6—10日五天，具体调度运用过程如下：

6月30日，梅山水库水位低于汛限水位3.75 m。7月1日起，库区降雨，7月3日6时水库水位125.85 m，超汛限水位。11时开隧洞泄洪，加上发电流量共650 m^3/s，20时入库洪峰4 200 m^3/s。

7月5日20时到6日9时，淮河王家坝以上沿淮和淮南山区降大暴雨，水文预报王家坝第二次开闸蓄洪后，润河集水位将超过保证水位0.3 m，正阳关将接近保证水位28.50 m，当时城西湖蓄洪大堤和正南淮堤都出现了严重的险情，而天气预报仍有强降雨，因此在增加淮干行洪区行洪、扩大已行洪的行洪区口门、茨淮新河分洪的同时，国家防总确定梅山和响洪甸两座大型水库为淮干错峰。7月7日12时24分，梅山水库关闭泄洪隧洞，下泄流量100 m^3/s。7月7日20时水库水位129.48 m，淮河干流润河集水位已达27.51 m；超过保证水位0.41 m，正阳关水位26.11 m。7月8日8时，泄量减为50 m^3/s。

7月8日到9日，库区普降大暴雨，流域面平均降水量为244.0 mm。9日9时水库水位131.67 m，入库流量5 936 m^3/s，预报水库水位将超过136.46 m。11时40分，恢复机组满发和隧洞泄洪，流量为530 m^3/s。9日15时水库水位达133.60 m，入库流量5 820 m^3/s，已超过1969年最高水位。考虑到梅山水库大坝和坝基加固以后未受过较高水位考验，且天气预报史河流域仍受雨区控制并有强降水过程，因此确保大坝安全已成为水库防洪调度的首要任务。为逐步加大泄洪流量，以减轻下游转移的难度，16时40分关闭隧洞，全开溢洪道泄洪，泄量1 600 m^3/s，此时水库水位已达134.40 m，超过了全开隧洞和溢洪道的规定水位。

7月9日21时起，库区又降大暴雨，到10日3时流域面平均降水量为90 mm，水库水位继续上涨，10日7时40分隧洞全开，泄洪流量增加到700 m^3/s。增开隧洞之前，水库水位已达135.68 m，溢洪泄洪流量随水位上升已逐步增加到2 200 m^3/s。7月10日9时30分出现最大入库流量8 655 m^3/s，10日10时水库出现最高水位135.75 m，共滞蓄洪水9.18亿m^3。

随着降雨形势缓解，水库水位下降，泄洪量逐步减小，到7月15日10时溢洪道断流，隧洞继续泄洪。

4. 灾情

史河金寨段城区最高水位达75.20 m，80%地段被洪水淹没，最大水深达3.5 m。江店镇街道、黄林街道等因受下游支流来水和史河大流量洪水的顶托，水深达1.0～1.5 m，内涝十分严重。红石嘴枢纽坝下史河主、子堤及副坝破口5处，洪水顺主干堤脚而下，沿河1.8万亩土地淹没，水深达2.7 m，受灾人口6 000余人，倒塌房屋2 500间，直接经济损失过亿元。史河叶集段堤距狭窄，泄流不畅，沿线15.4 km老防洪堤(含马道河堤防)因堤身单薄,全线崩溃,叶集湾一片汪洋,沿河彭洲、柳林、茶棚、叶南、古心畈、绳铺、花元、赵郢和新桥等村积水 2 m 左右,最深达 3 m 以上;农作物减产 50%左右,4 000 多亩绝收;冲毁水利设施 300 余处,倒塌房屋 3 万多间,淹死 1 人,伤 115 人,3 万余人无家可归。

5. 结语

1991 年的降水量大而集中,洪水来势猛、持续时间长,出现多次复式峰。从暴雨和洪水情况分析来看,1991 年史河流域暴雨洪水大于 1969 年,小于 1954 年,是 1949 年以来第二大洪水。

2.10.2.4 2003 年

2003 年进入汛期后,史河流域受西风槽、低空急流、低涡和江淮切变线的影响,暴雨频次明显增加。6 月中下旬至 7 月中旬出现数次暴雨。

1. 雨情

1) 雨情概述

2003 年史河流域年降水量为 1 884.0 mm,比常年同期偏多 2 成,其中汛期(5—9 月)降水量为 1 242.4 mm,主汛期(6—8 月)降水量为 1 027.1 mm,汛期降水量占全年的 6 成以上。禅堂、桥边河站年降水量是流域内最大年降水量,分别为 2 106.0 mm、2 097.5 mm。

2) 暴雨过程

2003 年从 6 月中旬到 7 月中旬,史河流域出现多次强降水过程。主要暴雨过程有 2 次,分别是 6 月 20—23 日、7 月 7—11 日。

(1) 6 月 20—23 日

本次降雨流域面平均雨量为 138.0 mm,本轮最大降水量为吴店站的 198.0 mm,最大日降水量为吴店站的 138.7 mm(6 月 22 日)。

(2) 7 月 7—11 日

本次降雨流域面平均雨量为 352.1 mm,本轮最大降水量为吴店站的 394.7 mm,最大日降水量为桥边河站的 200.0 mm(7 月 9 日)。

2. 水情

红石嘴总干渠闸下水位 6 月 9 日出现最高水位 64.78 m。经分析计算,红石嘴总干渠站最大 1、30、60 d 洪量分别为 0.108 9 亿 m^3、2.448 亿 m^3 和 2.786 亿 m^3。红石嘴坝上年最高水位为 70.16 m(7 月 11 日)。梅山坝下年最高水位为 71.36 m(7 月 11 日);最大流量为 950 m^3/s(7 月 11 日)。

3. 工情

2003 年 7 月 10 日梅山水库入库流量 7 400 m^3/s,排建库后第 7 位,重现期约为 20 年。2003 年梅山水库的入库洪水,以 7 月 8—14 日为最大,梅山水库入库洪峰流量 6 900 m^3/s(7 月 10 日 12 时 30 分)。为减轻史河下游和淮河干流的防洪压力,梅山水库进行了控制运用。梅山水库 6 月 22 日 22 时 48 分起涨时水位为 120.27 m,相应蓄量为 9.262 亿 m^3。7 月 5 日 8 时水位为 125.41 m,超汛限水位(125.27 m) 0.14 m。7 月 8—11 日大别山区又降大暴雨,梅山水库出现 2003 年的最大入库洪水,10 日 12 时 30 分最大入库流量6 900 m^3/s,11 日 16 时最大出库流量 950 m^3/ m。11 日 16 时出现年最高库水位 131.31 m,历史排名第三,相应蓄量 15.78 亿 m^3。为与淮河干流洪水错峰,梅山水库于 7 月 12 日 22 时—15 日上午将出库流量控制在 400 m^3/s。2003 年洪水中,史河梅山水库在洪水期发挥了重要调蓄作用,降低润河集最高水位 0.54 m。

梅山水库 7 月 8—14 日次洪入库水量达到 6.71 亿 m^3,入库洪峰流量 6 900 m^3/s。梅山水库最大1 d 洪量为 0.808 亿 m^3,最大 3 d 洪量为 2.201 亿 m^3,最大 7 d 洪量为 4.057 亿 m^3,详见表 2.2-32。

表 2.2-32　2003 年梅山水库拦洪与削峰效果统计表

水库名称	入库洪水起止时间	洪水总量(亿 m^3)		占入库洪水总量的百分比(%)	入库洪峰		出库最大流量		削减洪峰流量(m^3/s)	占入库洪峰流量的百分比(%)
		入库	最大拦蓄		流量(m^3/s)	时间	流量(m^3/s)	时间		
梅山	6 月 29 日—7 月 2 日	0.564	0.502	89	560	6 月 30 日 20:00	20.3	7 月 3 日 20:00	540	96.4

4. 灾情

由于史河梅山水库泄洪加上马道河、长江河等支流和区间来水，史河过水流量最高达 1 700 m^3/s。由于史河水位高，叶集区沿岗河来水无法错峰抢排，多段漫堤进水，彭洲、新桥两圩区漫堤上水。叶集城区史河路、南海路等主干道水深达 50 cm 以上，交通局、工商宾馆、大别山木材市场等单位及 1 300 多间商铺进水，沿岗河沿线的万福、柳林等村平均水深 2 m，倒塌房屋 192 间，水利、交通、电力等基础设施和商贸服务业损失惨重。因涝灾造成的经济损失达 3 000 万元以上。

5. 结语

从暴雨和洪水情况分析来看，2003 年史河流域暴雨洪水重现期超过 10 年。

2.10.2.5　2016 年

2016 年 6 月 30 日，六安市境内普降大到暴雨，南部大别山区暴雨中心区域最大 24 h 雨量近 300 mm。强降雨造成淠河、史河上游水库全部超警戒水位，7 月 1 日 14 时开始，史河梅山水库泄洪，最高泄流量达 912 m^3/s。

1. 雨情

1）雨情概述

2016 年史河流域年降水量为 1 802.3 mm，比常年同期偏多近 2 成，其中汛期（5—9 月）降水量为 1 104.3 mm，主汛期（6—8 月）降水量为 818.7 mm。桥边河、吴店站年降水量是流域内最大年降水量，分别为 2 233.9 mm、2 030.4 mm。

2）暴雨过程

2016 年史河流域从 6 月中旬到 7 月中旬连续阴雨，多次出现暴雨或者大暴雨天气，主要经历 2 次暴雨过程，分别是 6 月 18—27 日、6 月 30 日—7 月 8 日。

（1）6 月 18—27 日

本次降雨流域面平均雨量为 163.8 mm，本轮最大降水量为吴店站的 186.0 mm，最大日降水量为桥边河站的 85.0 mm（6 月 24 日）。

（2）6 月 30 日—7 月 8 日

本次降雨流域面平均雨量为 380.2 mm，本轮最大降水量为桥边河站的 546.0 mm，最大日降水量为桥边河站的 201.5 mm（7 月 1 日）。

2. 水情

红石嘴坝上最高水位为 70.01 m（7 月 9 日），最低水位为 65.74 m（4 月 11 日）；最大滚水流量为 684 m^3/s（7 月 9 日）。2016 年史河红石嘴闸下站过水量为 11.4 亿 m^3，比常年同期过水量偏多 49.6%。梅山坝下年最高水位为 70.81 m（7 月 9 日）；最大流量为 912 m^3/s（7 月 9 日）。梅山水库最大 1 d 洪量为 0.743 亿 m^3，最大 3 d 洪量为 2.198 亿 m^3，最大 7 d 洪量为4.952 亿 m^3。

3. 工情

6 月 30 日 8 时至 7 月 2 日 8 时，大别山区降特大暴雨。受本次强降雨影响，梅山水库水位从 6 月 30 日 8 时的 123.19 m 开始起涨，7 月 2 日 16 时出现最高水位 129.76 m，水位总涨幅 6.57 m，超汛限水位 4.49 m，超汛限水位时间从 7 月 1 日 13 时到 7 月 11 日 16 时。涨水段 1 h 最大涨幅为 50 cm（时间从 7 月 1 日 11 时开始，水位从 124.37 m 到 124.87 m），2 h 最大涨幅为 98 cm（时间从 7 月 1 日 11 时开始，水位从 124.37 m 到 125.35 m），6 h 最大涨幅为 257 cm（时间从 7 月 1 日 11 时开始，水位从 124.37 m 到 126.94 m）。

2016 年梅山库内最高水位为 129.76 m，最大蓄水量 14.72 亿 m^3，出现在 7 月 2 日 15 时 50 分；库内最低水位为 119.56 m，出现在 9 月 24 日 10 时 56 分；最大出库流量为 912 m^3/s，出现在 2016 年 7 月 7 日 2 时。本次洪水梅山水库最大入库流量 8 000 m^3/s，最大出库流量 912 m^3/s，削峰率 88.6%。

4. 灾情

金寨县受灾人口 29.447 万人，因灾死亡 6 人。农作物受灾面积 19.36 万亩，成灾面积 11.53 万亩，绝收面积 7.09 万亩，毁坏耕地 2.5 万亩；倒塌房屋 990 户 1 982 间，严重损坏 1 209 户 2 383 间，一般损坏 2 135 户 3 801 间；中小河道堤防、护岸损毁损坏 661 处 207.5 km，竹根河、燕子河、荞麦河、黄石河、南河、龙潭河、南流河、桥边河等 8 条支流河道堤防水毁特别严重，严重冲毁塘坝 579 口、堰坝 514 处、渠道 50 处 20.7 km，损毁农村饮水工程 111 处，损坏供水管网 69 km，有 30 座水电站遭到不同程度破坏，其中燕子河镇境内的 19 座水电站厂房全部进水被淹；交通、供电、通信等基础设施损毁严重，大别山旅游通道及部分村组道路遭受大面积损坏，天堂寨、长岭、燕子河、吴家店等 11 个乡镇固话、手机、网络、供电一度中断，天堂寨、长岭两乡镇长时间处于失联状态，全县因灾直接经济损失 21.14 亿元。

5. 结语

2016 年暴雨洪水主降雨过程降雨强度大，大暴雨和特大暴雨笼罩面积广，区间平均降水量超常年同期，最大 24 h 降水量为历史罕见。本次洪水重现期超过 10 年。

2.11 池河流域

2.11.1 概述

2.11.1.1 流域概况

1. 自然地理特征

池河为淮河的一级支流，池河河口以上总流域面积为 5 021 km^2，其中：女山湖以上流域面积为 4 215 km^2，明光(二)水文站断面以上流域面积为 3 501 km^2。1993 年明光水文站向下游迁移 1.6 km，为明光(二)水文站，该站位于安徽省明光市西郊约 1.5 km 处，河长 131 km，河道坡降 0.17‰。池河流域内绝大部分为丘陵区，其中：湖泊面积为 200 km^2，约占流域面积的 4.0%；平畈地和圩区面积为 560 km^2，约占流域面积的 11.0%；低山区面积为 680 km^2，约占流域面积的 13.5%；丘陵区面积为 3581 km^2，约占流域面积的 71.5%。

2. 水利工程

池河女山湖以上流域现有塘坝 4.2 万处；小型水库 380 座，蓄水容量为 3.354 亿 m^3；中型水库 18 座，控制来水面积 1 152.3 km^2，蓄水容量为 3.448 亿 m^3。水库塘坝总蓄水量为 6.802 亿 m^3。

池河从三和集以下开始有圩堤，现有 31 个圩，其中潘村圩、东西涧圩、安淮圩是淮河的行洪区。其余 28 个圩圩堤总长 104.4 km，保护总面积 58.7 km^2。池河堤防上穿堤建筑物较多，现有涵闸 25 座。

池河上共有闸门四座，具体详见表 2.2-33。

表 2.2-33 池河闸门工程调查表

工程名称	工程位置	建设年份	与水文站距离(km)	闸底高程(m)	闸孔数	单孔宽(m)	设计过闸流量(m^3/s)
池河闸	安徽省定远县池河镇池河村	1980 年 12 月	上游 40	18.9	24	5	1 500
山许闸	安徽省明光市明西街办新农村	1982 年 3 月	上游 7	13.6	30	5	—
旧县闸	安徽省明光市女山湖镇	1982 年 6 月	下游 38	11.3	18	7	2 750
石角桥闸	安徽省定远县藕塘镇	2016 年 10 月	上游 0.4	21.5	5	8	1 420

3. 水文测站

池河流域有各种观测站 198 个，其中水文站 3 个（站网密度 69.2 km^2/站），水位站 80 个，蒸发站 1 个，雨量站 114 个（站网密度为 44 km^2/站）。池河流域水文站网分布较合理，站网密度较大，基本能控制池河流域水文特性的变化规律。

2.11.1.2 暴雨特性

由于池河在气候上处于南北过渡带，冷暖气团交绥频繁，同时受低涡、台风等影响，降雨时空分布极不均匀。暴雨多集中在汛期，一般发生在 6—8 月，占全年降雨的 50%，降水最少发生在 12 月，仅占全年降雨的 2.6%。

池河流域暴雨历时一般为 3～5 d，最长可达 7 d。一般情况下锋面雨过程较长，台风雨过程较短。

2.11.1.3 洪水特性

池河流域 6—8 月为洪水发生的主要季节，降雨强度大，历时长，产生的洪水往往也是峰高量大。洪水过程既有单峰，也有双峰或多峰。上游河道窄深弯曲，下游滩槽明显，河道平槽泄量小，洪水主要靠漫滩行洪。明光以上河流比降较陡，水势涨落快者 1～3 d，慢者 3～7 d；明光以下河流比较平缓，且受淮水洪泽湖蓄水的影响，圩区长期不可自排，两岸冲洼地常被淹。

2.11.1.4 洪涝灾害

池河沿河湖两岸洪涝灾害频繁，受洪水影响成灾分三种类型区：①上中游沿河一带河谷冲积平原，两岸无堤防、河槽窄浅，汛期漫滩行洪、洪涝灾害发生较多；②池河下游明光段圩区，防洪除涝标准不高，洪涝灾害频繁；③沿河洼地，由于淮河水位长期居高不下，池河水位上升，该低洼地区的集水不能及时下泄入河，而沿河洼地的自排能力较差，导致了严重的"关门淹"。1949—2019 年的 71 年间，池河干流发生 16 次洪水，其中：1954 年、1957 年、1971 年、1980 年、1991 年、2003 年 6 年为全流域性的洪水；1964 年、1969 年、1974 年 3 年上游洪水比较大；1956 年、1972 年、1975 年、1987 年 4 年下游洪水比较大；1982 年、1983 年、1998 年虽也是全流域性洪水，但洪水量级较小。

2.11.2 典型年洪水

2.11.2.1 1954 年

1954 年江淮梅雨季节比正常年份长 1 个月，池河流域降水量 1 234.1 mm，比常年同期偏多 3 成。5 月份开始，阴雨绵绵，池河底水充足，7 月份两场暴雨形成两次洪水过程。第一次洪水过程较大，石角桥水文站最高水位 31.22 m，最大流量 1 360 m^3/s，明光站最高水位 17.78 m，最大流量 2 610 m^3/s。第二次洪水过程较小。

1. 雨情

1）雨情概述

1954 年夏季开始较迟，西风环流北退的时间约迟一个月。江淮流域梅雨季节因此延长一个月。由于西太平洋副热带高压边缘位于沿江地区，脊线在北纬 22°附近，东南季风势力弱，来自印度洋和我国南海的暖湿气流更为强盛。流域上空水汽含量丰沛，且大气层极不稳定，易发生大暴雨。两股冷暖空气交锋相持于淮河流域，致使该地区长期保持阴雨天气，最终造成池河流域大洪水。

1954 年池河流域年降水量为 1 234.1 mm，比常年同期偏多 3 成。汛期面平均雨量 888.6 mm，占年降水量的 72%，形成两场洪水的面平均雨量为 440.7 mm，占年降水量的 35.7%。由于 1954 年流域内雨量站点仅有 3 处，可考证资料甚少，故不做雨量分布、暴雨中心等概述。

2）暴雨过程

1954 年池河流域雨季提前，汛期较正常年份来得早，5 月中下旬池河流域出现了一次大到暴雨过程。主汛期，池河流域共出现了 2 次暴雨过程，分别为 7 月 1—10 日、7 月 15—22 日。7 月 1—10 日出现第 1 次暴雨过程，面平均雨量为 337.6 mm；7 月 15—27 日出现第 2 次暴雨过程，面平均雨量为 103.1 mm；两场强降雨形成该年的两场洪水。

3）暴雨特点

梅雨季节长，暴雨强度大，持续时间长。

入汛以来有2次暴雨过程，并且都产生洪水过程。在7月1—10日降雨过程中，石角桥站单日最大降水量达120.9 mm，流域内3处站点降水量均超过300 mm，详见表2.2-34。

表2.2-34　1954年池河流域各特征时段部分站点雨量统计表

站名	最大1 d		最大3 d		最大7 d	
	起始日期	降水量(mm)	起始日期	降水量(mm)	起始日	降水量(mm)
定远	7月5日	98.9	7月5日	222.6	7月5日	322.7
石角桥	7月5日	120.9	5月19日	197.4	7月1日	268.6
明光	8月5日	118.2	7月5日	189.4	7月4日	243.0

2. 水情

1）水情概述

1954年淮河发生全流域大洪水，池河河口以下长期受洪泽湖高水位顶托，洪水下泄困难。池河长期在高水位运行，明光水文站最高水位达17.78 m，位于历史第4位，最大流量2 610 m^3/s，位于历史第1位。石角桥站最高洪水位达31.22 m，位于历史第二高水位，洪峰流量1 360 m^3/s，位于历史第3位。

2）洪水过程

(1) 石角桥水文站

第1场洪水于7月2日6时起涨，起涨水位22.25 m，起涨流量1.10 m^3/s，7月6日12时水位达洪峰水位31.22 m，洪峰流量为1 360 m^3/s。水位涨幅8.97 m，最大涨率36 cm/h。13日以后流量降至100 m^3/s以下。

第2场洪水于7月21日6时起涨，起涨水位22.10 m，起涨流量10.2 m^3/s，7月23日0时水位达洪峰水位30.90 m，洪峰流量为1 200 m^3/s。水位涨幅8.80 m，最大涨率41 cm/h。25日流量降至100 m^3/s以下。

(2) 明光水文站

第1场洪水于7月2日6时起涨，起涨水位12.84 m，起涨流量1.60 m^3/s，7月7日9时水位达洪峰水位17.78 m，水位涨幅4.94 m，最大涨率10 cm/h，并连续42 h在17.00 m以上运行，连续8 d在16.00 m以上。7日9时达到洪峰流量2 610 m^3/s，15日流量降至100 m^3/s以下。

3）洪水特点

5月份的一场大到暴雨使池河流域下垫面的水量充沛，7月份两次降雨强度大，笼罩范围广，雨量约占全年总量的35.7%。两次降雨时间间隔为5 d，两次大洪水过程涨水速度快，水位高、量级大，且受洪泽湖高水位顶托影响，明光水文站长时间高水位运行，直至9月中旬，明光水文站水位才降至15.00 m以下。

4）洪水组成分析

对池河石角桥水文站、明光水文站两个控制站分别分析计算实测场次洪水，最大1、3、7、14 d洪量的来水量。

1954年石角桥水文站场次洪水的起讫时间选取7月2—16日、7月21日—8月2日；明光水文站场次洪水的起讫时间选取7月3—17日、7月20日—8月6日。1954年池河明光水文站场次洪水组成详见表2.2-35。

表2.2-35　1954年池河明光水文站场次洪水组成情况

洪水起讫时间	明光水文站洪水总量(亿 m^3)	上游及区间			
		石角桥水文站		区间	
		洪量(亿 m^3)	占总量的百分比(%)	洪量(亿 m^3)	占总量的百分比(%)
7月3—17日	8.1	4.2	51.9	3.9	48.1
7月20日—8月6日	4.1	2.5	61.0	1.6	39.0

经分析计算，明光水文站第一场洪水的最大1、3、7、14 d洪量分别为2.1亿m^3、4.2亿m^3、7.0亿m^3、8.1亿m^3；第二场洪水最大1、3、7、14 d洪量分别为1.2亿m^3、2.6亿m^3、3.3亿m^3、3.9亿m^3。

石角桥水文站第一场洪水最大1、3、7、14 d洪量分别为1.0亿、2.6亿m^3、3.6亿m^3、4.2亿m^3；第二场洪水最大1、3、7、14 d洪量分别为0.9亿、1.8亿m^3、2.3亿m^3、2.5亿m^3。

5）洪水重现期

依据最大流量的频率分析成果，1954年池河流域洪水约为60年一遇；综合池河流域降雨及洪泽湖顶托影响，1954年池河流域洪水约为50年一遇。

2.11.2.2　1956年

1956年池河流域年降水量为1 185.0 mm，比常年同期偏多3成。明光水文站最高洪水位为17.51 m，相应洪峰流量为1 780 m^3/s，石角桥水文站最高洪水位为30.48 m，相应洪峰流量为994 m^3/s。

1. 雨情

1）雨情概述

1956年池河流域年降水量为1 185.0 mm，比常年同期偏多3成。流域内共有三个人工雨量站：石角桥、定远、明光。三个雨量站分布在流域的中下游，年降水量分别为1 173.3 mm、1 185.9 mm、1 195.9 mm。流域内年降水量分布较平均。

2）暴雨过程

1956年汛期，池河流域共出现了8次明显的降雨过程，分别为5月21—22日、6月3—11日、6月23—30日、7月6—8日、7月11日、8月1—4日、8月19日、9月4—5日。其中面雨量较大的两场暴雨分别为6月3—11日和8月1—4日，两次强降雨致使池河出现两次洪水过程。

（1）6月3—11日

6月3—11日降雨致使池河出现了1956年最大的一场洪水过程。定远、明光、石角桥三站降水量分别为310.8 mm、396.2 mm、265.7 mm，面平均雨量为323.7 mm。

（2）8月1—4日

8月1—4日强降雨使池河出现了1956年第二次明显的洪水过程，面平均雨量约为99.7 mm，定远、明光、石角桥三站降水量分别为120.6 mm、70.6 mm、108.1 mm。

3）暴雨特点

（1）暴雨总量大，持续时间长

1956年汛期共出现了8次明显的降雨过程，总降水量约为893.0 mm，占年降水量的75%，其中6月3—11日降雨持续近10日，主降雨在6月7—9日。其中最大7 d(6月3—9日)降水量为380.5 mm。

（2）暴雨强度大，时空分布不均

6月3—11日降雨过程中，明光站降水量为396.2 mm，石角桥站为265.0 mm，相差131.2 mm。池河流域各时段最大点雨量详见表2.2-36。

表2.2-36　1956年池河流域各特征时段部分站点雨量统计表

站名	最大1 d		最大3 d		最大7 d	
	起始日期	降水量(mm)	起始日期	降水量(mm)	起始日	降水量(mm)
明 光	6月8日	131.0	6月6日	279.2	6月3日	380.5
石角桥	6月8日	87.0	6月6日	214.0	6月3日	250.1
定 远	6月8日	105.3	6月6日	242.1	6月3日	290.5

2. 水情

1）水情概述

1956年5月池河流域出现一次强降雨过程，之后流域下垫面湿润，河道底水充足。6月发生的全流域、长时间暴雨，造成池河出现一次大洪水过程。8月初的一次强降雨导致池河出现第二次洪水过程。

2）洪水过程

（1）石角桥水文站

第一场洪水，石角桥水文站从6月4日17时起涨，起涨水位22.23 m，起涨流量0.48 m^3/s，6月10日4时达到洪峰流量994 m^3/s，历史排名第9位，同时达到洪峰水位30.48 m，位于历史第6位，水位涨幅8.25 m，最大涨率0.69 cm/h。6月13日水位降至26.00 m以下，流量降至200 m^3/s以下。第二场洪水洪峰流量为759 m^3/s，洪峰水位为29.56 m。

（2）明光水文站

第一场洪水，明光水文站从6月4日0时起涨，起涨水位13.48 m，起涨流量10 m^3/s，6月9日14时洪峰流量1 780 m^3/s，历史排名第4位，相应最高水位为17.51 m，历史排名第6位，水位涨幅4.03 m，最大涨率0.16 cm/h。第二场洪水洪峰流量558 m^3/s，洪峰水位16.05 m。

3）洪水特点

（1）涨水速度快。因前期底水充足，6月份形成第一次洪水，面雨量超过300.0 mm，单日降雨超过100 mm，池河涨水速度快，石角桥水文站第一次洪水最大涨率0.69 cm/h，明光水文站0.16 cm/s。

（2）下游洪水大于上游。第一场洪水的降水量由下游向上游递减，下游汇水速度快于上游，河口附近明光水文站洪峰流量出现时间比上游石角桥水文站提前14 h。

4）洪水组成分析

对池河石角桥、明光两个控制站分别分析计算实测场次洪水，最大1、3、7、14 d洪量的来水量。

1956年石角桥水文站场次洪水的起讫时间选取6月4—19日，明光水文站场次洪水的起讫时间选取6月4—19日。1956年池河明光水文站场次洪水组成情况见表2.2-37。

表2.2-37　1956年池河明光水文站场次洪水组成情况

洪水起讫时间	明光水文站洪水总量（亿 m^3）	上游及区间			
		石角桥水文站		区间	
		洪量（亿 m^3）	占总量的百分比（%）	洪量（亿 m^3）	占总量的百分比（%）
6月4—19日	6.2	2.8	45.2	3.4	54.8

经分析计算，明光水文站次洪最大1、3、7、14 d洪量分别为1.3亿 m^3、3.7亿 m^3、5.5亿 m^3和6.2亿 m^3，石角桥水文站次洪最大1、3、7、14 d洪量分别为0.8亿 m^3、1.8亿 m^3、2.1亿 m^3和2.5亿 m^3。

5）洪水重现期

根据洪峰流量频率分析，1956年池河石角桥水文站洪峰流量（994 m^3/s）重现期约为5年，明光水文站洪峰流量（1 780 m^3/s）重现期接近20年。综合外水影响分析，池河流域1956年洪水约为10年一遇。

2.11.2.3　1980年

1980年自5月中旬开始阴雨绵绵，池河底水充足，大部分水库达到控制水位，蔡桥、城北、解放、芝麻、南店、朗峰、得胜、湾孙水库超过了汛限水位。6月下旬至7月中旬共发生三次暴雨过程，其中7月中旬的暴雨过程使沿河和低洼地区洪水泛滥成灾。叠加中小型水库大部分溢洪和女山湖高水位顶托，池河明光站出现了仅次于1954年的第二高水位。

1. 雨情

1）雨情概述

1980年池河流域全年降水量为1 068.0 mm，较常年同期偏多2成，其中汛期降水量为934.3 mm。6月下旬至7月中旬有三次暴雨过程，降水总量427.1 mm，占汛期的43.5%。

2）暴雨过程

从5月中旬至7月中旬共发生13次降雨过程，其中的3次暴雨过程为6月23—27日、7月8—9日、7

月 16—20 日，面平均雨量分别为 97.4 mm、104.9 mm、204.3 mm。

(1) 6 月 23—27 日

本次暴雨是入梅后第 3 场降雨，雨量大于 100 mm 的笼罩面积为 2 275 km^2，占全流域面积的 65%，单日最大降水量为西三十里店站的 48.5 mm。本次降雨强度不大，但降雨时间长，共历时 5 d。

(2) 7 月 8—9 日

本次暴雨强度大，单日降水量除明光和三和集雨量站在 100 mm 以下，其他各站都大于 100 mm，雨量大于 100 mm 的笼罩面积占全流域的 82.3%。最大 1 d 降水量为定远站的 142.6 mm，其次是西三十里店站的 127.4 mm。

(3) 7 月 16—20 日

本次暴雨为本年度最大的一场降雨，面平均雨量为 204.3 mm，历时 5 d，雨量超过 200 mm 的笼罩面积占全流域的 72.3%。最大次雨量为吴圩站的 254.0 mm，最大 1 d 降水量为蒋集站的 175.2 mm。暴雨中心沿蒋集到池河镇一线呈带状分布，降水量沿此中心向西北和东南方向递减。

3) 暴雨特点

(1) 暴雨过程多，暴雨强度大。5 月中旬以后阴雨不断，至 7 月中旬共发生 13 次降雨过程，其中有两次降雨的单日面雨量超过 100 mm。

(2) 降雨时间长，降雨总量大。从 5 月至 7 月，共发生降雨 36 d，降水总量为 703.8 mm，占整个汛期的 75.3%。

2. 水情

1) 水情概述

1980 年自 6 月下旬开始，池河水位陡涨，大部分水库达到控制水位，蔡桥、城北、解放、芝麻、南店、朗峰、得胜、湾孙水库超过了汛限水位。7 月 17—18 日，24 h 内降雨 170.0 mm，沿河和低洼地区洪水泛滥成灾。全县中小型水库大部分溢洪，再加上女山湖高水位顶托，池河明光站出现了仅次于 1991 年的第二高水位(18.29 m)。

池河在 7 月中下旬发生了 2 次洪水过程，第一次较小。石角桥水文站的第一次洪水最大流量为 519 m^3/s，第二次从 16 日起涨，19 日到达洪峰水位 30.85 m，洪峰流量 1 280 m^3/s。

明光水文站第一次在 12 日到达洪峰流量 575 m^3/s，第二次从 17 日起涨，20 日到达洪峰水位 18.29 m，21 日到达洪峰流量 1 460 m^3/s。

2) 洪水过程

(1) 石角桥水文站

该年度石角桥水文站水文要素摘录表丢失，水位流量过程线采用日均水位和日均流量数据，7 月 1 日流量从 8.3 m^3/s 起涨，10 日出现洪峰流量 519 m^3/s，16 日继续起涨，起涨流量 12.2 m^3/s，19 日达洪峰水位 30.85 m，洪峰流量为 1 280 m^3/s，水位涨幅 8.41 m。27 日洪水基本退去。

(2) 明光水文站

7 月 1 日流量从 27.4 m^3/s 起涨，12 日出现了流量为 575 m^3/s 的洪峰后，17 日流量从 20 m^3/s 再次起涨，21 日 8 时出现洪峰流量为 1 460 m^3/s，相应最高水位为 18.29 m，仅次于 1991 年的 18.31 m。26 日流量退至 100 m^3/s 以下。

3) 洪水特点

(1) 峰高量大

前期降雨较多，下垫面湿润，5 月以后暴雨场次多，致使涨水速度快。7 月份的 2 场洪水都为单峰。池河明光水文站最高水位历史排名第二，最大流量历史排名第五。

(2) 下泄不畅致洪峰水位居高不下

流域内部分中型水库超汛限后下泄流量，加上女山湖一直在高水位运行，池河水下泄不畅，使池河在 1980 年出现了仅次于 1991 年的高水位。

4）洪水组成分析

对池河石角桥、明光两个控制站分别分析计算实测场次洪水，最大1、3、7、14 d洪量的来水量。

1980年石角桥水文站场次洪水的起讫时间选取7月8—27日，明光水文站场次洪水的起讫时间选取7月8—27日。1980年池河明光水文站场次洪水组成情况见表2.2-38。

表2.2-38　1980年池河明光站场次洪水组成情况

洪水起讫时间	明光水文站洪水总量(亿 m^3)	上游及区间			
		石角桥水文站		区间	
		洪量(亿 m^3)	占总量的百分比(%)	洪量(亿 m^3)	占总量的百分比(%)
7月8—27日	7.8	4.5	57.7	3.3	42.3

经分析计算，石角桥水文站最大1、3、7、14 d洪量分别为1.0亿 m^3、2.1亿 m^3、3.1亿 m^3、4.3亿 m^3，明光水文站最大1、3、7、14 d洪量分别为1.2亿 m^3、3.1亿 m^3、5.3亿 m^3、6.9亿 m^3。

5）洪水重现期

从洪水流量频率分析，1980年池河石角桥水文站洪峰流量重现期略高于5年，明光水文站洪峰流量重现期约为5年。综合工况影响及池河流域降雨分析，池河流域1980年洪水约为5年一遇。

2.11.2.4　1991年

1. 雨情

1）雨情概述

1991年副热带高压偏强，5—7月较明显，5月下旬至7月中旬副高脊线位置持续稳定在北纬19°～24°，致使雨带一直徘徊于长江至淮河流域一带。江淮梅雨来得早，且持续时间长，池河流域形成多强降雨过程。池河流域年降水量为1 456.0 mm，比常年同期偏多6成。流域年降水量的高值区位于三界。其中三界水文站年降水量为1 755.8 mm，为流域最大雨量。

2）暴雨过程

5月中下旬至7月中旬，池河流域共出现了4次明显的降雨过程，分别为5月18—26日、5月29日—6月6日、6月7—19日、6月28日—7月16日。5月18—26日池河流域出现入汛后的第一次降雨过程，面平均雨量约为67.0 mm；5月29日—6月6日出现第二次降雨过程，面平均雨量约为63.0 mm；6月7—19日出现第三次降雨过程，面平均雨量约为274.0 mm；6月28日—7月16日出现第四次降雨过程，面平均雨量约为459.0 mm。

(1) 6月7—19日

本次降雨面平均雨量达274.0 mm，雨量在250 mm以上的笼罩面积为2 520.7 km^2，占全流域面积的50.2%，暴雨中心在定远，由定远向南北两个方向递减，西三十里店的338.0 mm为流域最大雨量。本次暴雨造成了石角桥水文站自有资料以来最大洪水。

(2) 6月28日—7月16日

6月28日—7月16日池河全流域出现暴雨、大暴雨，面平均雨量约为459.0 mm。雨量在450 mm以上的笼罩面积为1 936 km^2，占全流域面积的38.6%，暴雨中心蒋集站降水量为556.8 mm，降雨由东北至西南呈递减趋势，本次暴雨过程造成了明光水文站自建站以来最高洪水位。

3）暴雨特点

1991年暴雨特点是雨季来得早，暴雨过程多、间隔时间短，降雨历时长、笼罩范围广，强暴雨频发、降雨总量大，形成流域性洪水。

(1) 暴雨过程多，间隔时间短

3月上旬便出现了一次暴雨过程，自5月中下旬以后池河流域连续出现4次暴雨过程，而其中2次暴雨过程集中出现造成池河1991年最大洪水过程。其中最大19 d(6月28日—7月16日)降水量为459.0 mm。

(2) 暴雨强度大，笼罩范围广

在汛期两次造洪降雨过程中，暴雨中心的最大日雨量均超过 100 mm。最大 6 h 降水量为137.0 mm(池河站)，最大 12 h 降水量为 181.0 mm(池河站)，最大 24 h 降水量为 192.2 mm(西三十里店站)。

2. 水情

1) 水情概述

池河明光水文站 5 月下旬至 7 月中旬出现 2 次洪峰流量超过 2 000 m^3/s 的洪水过程。相应于 6 月上旬至 7 月中下旬的 2 次暴雨过程，1991 年池河流域出现了 2 场大洪水。石角桥水文站 6 月出现了 1991 年第 1 次洪水过程，最大流量(1 760 m^3/s)以及最高水位(31.28 m)也是建站以来的排名第 1 位；明光水文站 7 月出现了第 2 次洪水过程，最高水位(18.31 m)是建站以来的最大值，相应流量(2 160 m^3/s)仅次于 1954 年的洪峰流量。

2) 洪水过程

(1) 石角桥水文站

石角桥水文站第 1 场洪水从 6 月 8 日 8 时起涨，起涨水位 22.45 m，起涨流量 9.82 m^3/s。6 月 15 日 8 时水位达洪峰水位 31.28 m，洪峰流量为 1 760 m^3/s，水位涨幅 8.83 m。6 月 19 日洪水基本退去。

(2) 明光水文站

第 1 场洪水从 5 月 27 日起始，5 月 31 日 8 时明光水文站出现流量为 180 m^3/s 的洪峰后，6 月 8 日流量从 75 m^3/s 再次起涨，6 月 15 日 16 时和 6 月 16 日 4 时先后出现 2 个洪峰，其流量分别为 2 090 m^3/s 和 2 150 m^3/s，相应最高水位分别为 18.08 m 和 18.15 m，均超过保证水位(18.00 m)和保证流量(1 780 m^3/s)。

7 月上旬的连续降雨，造成明光水文站出现 1991 年第 2 次且为 1991 年最大的洪水过程。7 月 3 日、7 月 6 日、7 月 9 日和 7 月 11 日连续出现 4 个大于 1 000 m^3/s 的洪峰，其中 7 月 9 日 17 时出现 1991 年最高水位 18.31 m(超过保证水位 0.31 m)，居 1949 年以来首位，相应的洪峰流量为 2 160 m^3/s(保证流量 380 m^3/s)，仅次于 1954 年。详见表 2.2-39。

表 2.2-39　1991 年池河主要控制站洪水特征值

站名	1991 年最大值				历史最大值				最高水位排序		最大流量排序	
	最高水位(m)	出现时间	最大流量(m^3/s)	出现时间	最高水位(m)	出现时间	最大流量(m^3/s)	出现时间	资料系列(年)	序位	资料系列(年)	序位
明光	18.31	7 月 9 日	2 160	7 月 9 日	18.31	1991 年 7 月	2 610	1954 年 7 月	74	1	67	2
石角桥	31.28	6 月 15 日	1 760	6 月 15 日	31.28	1991 年 6 月	1 760	1991 年 6 月	68	1	67	1

3) 洪水特点

(1) 峰高量大

前期降雨较多，下垫面湿润，5 月以后暴雨场次多，时间间隔短，致使涨水速度快。6 月出现的第 1 场洪水为单峰形式，7 月份的第 2 场洪水出现 3 个洪峰。最高水位历史排名第一，最大流量历史排名第二。

(2) 长期高水位运行

伴随着淮河干流洪水并发，洪泽湖高水位顶托，池河流域洪水峰高量大，下泄困难，有 16 天在超警戒水位运行。

4) 洪水组成分析

对池河石角桥、明光两个控制站分别分析计算实测场次洪水，最大 1 d、3 d、7 d、14 d 洪量的来水量。

1991 年石角桥水文站场次洪水的起讫时间选取 6 月 8 日—7 月 18 日，明光水文站场次洪水的起讫时间选取 6 月 8 日—7 月 18 日。1991 年池河明光站场次洪水组成情况见表 2.2-40。

表 2.2-40　1991 年池河明光站场次洪水组成情况

洪水起讫时间	明光水文站洪水总量(亿 m^3)	上游及区间			
		石角桥水文站		区间	
		洪量(亿 m^3)	占总量的百分比(%)	洪量(亿 m^3)	占总量的百分比(%)
6 月 8 日—7 月 18 日	20.7	11.2	54.1	9.5	45.9

经分析计算，石角桥水文站最大 1、3、7、14 d 洪量分别为 1.4 亿 m^3、3.0 亿 m^3、5.0 亿 m^3、6.7 亿 m^3，明光水文站最大 1、3、7、14 d 洪量分别为 1.8 亿 m^3、4.7 亿 m^3、8.9 亿 m^3、12.4 亿 m^3。

5) 洪水重现期

从洪水流量频率分析，1991 年池河石角桥水文站洪峰流量重现期约为 60 年，明光水文站洪峰流量重现期约为 20 年。综合洪泽湖水位顶托影响及池河流域降雨分析，池河流域 1991 年洪水约为 30 年一遇。

2.11.2.5　2003 年

2003 年受“厄尔尼诺”事件影响，梅雨期较常年偏长 10 d；冷暖空气稳定交汇在江淮和黄淮地区，导致淮河流域出现持续时间长、范围广的强降雨。6 月中下旬—7 月中旬的数次暴雨，致使池河流域水位全线快速上涨，明光(二)水文站最高水位达 18.06 m，最大流量 1 950 m^3/s，均排历史第 3 位。同时淮河全流域也普降大到暴雨，洪泽湖、高邮湖出现 1949 年以来第二高水位。池河流域“外压内涨”，沿岸部分圩区相继决口溃堤、漫破，经济损失严重。明光城区虽未溃破，但圩区堤防出现多处险情。

1. 雨情

1) 雨情概述

2003 年池河流域年降水量为 1 306.0 mm，比常年同期偏多 4 成。流域年降水量的高值区位于石角桥水文站上游地区。其中蒋集雨量站年降水量 1 539.0 mm，为流域最大雨量。

2) 暴雨过程

6 月中旬至 7 月中旬，池河流域共出现了 4 次明显的降雨过程，分别为 6 月 20—22 日、6 月 26—27 日、6 月 29 日—7 月 5 日、7 月 8—11 日。6 月 20—22 日池河水系出现入汛后的第一次降雨过程，面平均雨量约为 20.0 mm；6 月 26—27 日出现第二次降雨过程，面平均雨量约为 33.0 mm；6 月 29 日—7 月 11 日两场暴雨是形成本次大洪水的主要降雨。两次暴雨面平均雨量达 488.0 mm，雨量在 400 mm 以上的笼罩面积为 3 193.2 km^2，占全流域面积的 63.6%，雨量在 500 mm 以上的笼罩面积为 2 086.6 km^2，占全流域面积的 41.6%。石角桥站的 593.0 mm 为流域最大雨量。

(1) 第一场暴雨(6 月 29 日—7 月 5 日)

本次暴雨流域的面平均雨量达 295.0 mm，雨量在 300 mm 以上的笼罩面积为 2 250 km^2，占全流域面积的 44.8%，雨量分布由北到南，由流域下游至上游呈递增趋势，暴雨中心大桥站降水量为 406.0 mm。

(2) 第二场暴雨(7 月 8—11 日)

7 月 8—11 日池河全流域又出现暴雨、大暴雨，本次暴雨过程造成了池河流域 2003 年最大洪水。雨量在 200 mm 以上的笼罩面积为 1 326.5 km^2，占全流域面积的 26.4%，其中蒋集站 228.0 mm 为流域内最大次雨量，本轮暴雨过程时空分布较均匀。

3) 暴雨特点

2003 年暴雨特点是雨季来得早，暴雨过程多、间隔时间短，降雨历时长、笼罩范围广，强暴雨频发、降雨总量大，降雨时空分布有利于形成流域性洪水。

(1) 暴雨过程多，间隔时间短

自 6 月中下旬以后池河流域连续出现 5 次降雨过程，其中 6 月底至 7 月上旬的 2 次暴雨过程集中出现造成池河 2003 年最大洪水过程，最大 14 d(6 月 29 日—7 月 12 日)降水量为 482.6 mm。

(2) 暴雨强度大，笼罩范围广

在汛期两次造洪降雨过程中，暴雨中心的最大日雨量均超过 100 mm，不少站点超过 200 mm。最大 6 h 降水量为 190.0 mm(大桥雨量站)，最大 12 h 降水量为 200.5 mm(大桥雨量站)，最大 24 h 降水量为

210.5 mm(大桥雨量站)。

2. 水情

1) 水情概述

2003 年池河流域发生仅次于 1954 年、1991 年的大洪水。池河上游石角桥水文站出现最大流量 1 620 m^3/s,最高水位为 31.12 m,下游明光(二)水文站出现最大流量 1 950 m^3/s,最高水位为 18.06 m。

2) 洪水过程

(1) 石角桥水文站

石角桥水文站从 6 月 30 日 20 时起涨,起涨水位 20.94 m,起涨流量 0 m^3/s,7 月 6 日出现第一个洪峰水位 30.53 m,流量 1 160 m^3/s ,回落后 7 月 9 日再次回涨,11 日 23 时出现 2003 年最高水位 31.12 m,洪峰流量 1 620 m^3/s。水位涨幅 10.18 m,最大涨率 42 cm/h。

(2) 明光(二)水文站

明光(二)水文站从 6 月 30 日 20 时起涨,起涨水位 13.62 m,7 月 3 日 11 时水位超过警戒水位(16.50 m)。7 月 4 日 6 时出现第一个洪峰,水位 16.78 m,流量为 1 030 m^3/s。稍有下落后再次回涨,12 日 2 时出现 2003 年最高水位 18.06 m(距保证水位 0.25 m),相应洪峰流量为 1 950 m^3/s。19 日后,流量回落到100 m^3/s以下。主要控制站洪水特征值见表 2.2-41。

表 2.2-41 2003 年池河主要控制站洪水特征值

站名	2003 年最大值				历史最大值				最高水位排序		最大流量排序	
	最高水位(m)	出现时间	最大流量(m^3/s)	出现时间	最高水位(m)	出现时间	最大流量(m^3/s)	出现时间	资料系列(年)	序位	资料系列(年)	序位
明光(二)	18.06	7 月 12 日	1 950	7 月 12 日	18.31	1991 年 7 月	2 610	1954 年 7 月	74	3	67	3
石角桥	31.12	7 月 11 日	1 620	7 月 11 日	31.28	1991 年 6 月	1 760	1991 年 6 月	68	3	67	3

3) 洪水特点

(1) 暴雨洪水范围广,涨水速度快。2003 年池河流域暴雨不仅次数多、历时长,而且强度大,笼罩范围广,主要降雨区域位于池河上游地区,有一次大洪水过程。

(2) 洪水水位高、量级大,持续时间长。2003 年 6 月下旬至 7 月中旬的连续暴雨,致使池河水系出现 21 世纪第一次大洪水。池河石角桥水文站最高水位 31.12 m,为有记录以来第三高水位。淮河下游高邮湖 13 日出现历史最高水位 9.52 m。受下游顶托影响,明光(二)水文站长时间高水位运行,连续超警戒水位 17 d。

4) 洪水组成分析

对池河石角桥、明光(二)两个控制站分别分析计算实测场次洪水水量,最大 1、3、7、14 d 洪量。

2003 年石角桥水文站场次洪水的起讫时间选取 6 月 30 日—8 月 3 日,明光(二)水文站场次洪水的起讫时间选取 6 月 30 日—8 月 10 日。2003 年池河明光(二)水文站场次洪水组成情况见表 2.2-42。

表 2.2-42 2003 年池河明光(二)水文站场次洪水组成情况

洪水起讫时间	明光(二)水文站洪水总量(亿 m^3)	上游及区间			
		石角桥水文站		区间	
		洪量(亿 m^3)	占总量的百分比(%)	洪量(亿 m^3)	占总量的百分比(%)
6 月 30 日—8 月 10 日	18.6	7.8	41.9	10.8	58.1

经分析计算,石角桥水文站最大 1、3、7、14 d 洪量分别为 1.1 亿 m^3、2.7 亿 m^3、4.3 亿 m^3、7.3 亿 m^3,明光(二)水文站最大 1、3、7、14 d 洪量分别为 1.6 亿 m^3、4.7 亿 m^3、10.1 亿 m^3、16.7 亿 m^3。

5) 洪水重现期

根据各频率洪峰流量分析,2003 年池河石角桥水文站和明光(二)水文站洪峰流量重现期均约为 20

年；结合流域内暴雨情况以及下游洪泽湖、高邮湖洪水影响综合分析，池河流域 2003 年洪水约为 20 年一遇。

2.12 白塔河流域

2.12.1 概述

2.12.1.1 流域概况

1. 自然地理特征

天长水文站位于距高邮湖口上游 13 km 的白塔河堤防北岸，为白塔河控制断面，属淮河下游区入江水道水系。控制断面以上流域面积为 1 159 km^2，河道长 70.4 km，境内地面海拔在 3.5～216 m，流域平均高程为 40.45 m，流域坡度为 6.50 dm/km^2，流域形状系数为 0.23，河道坡度为 0.57‰，植被率为 63.2%。白塔河为淮河一级支流，最大泄洪能力为 1 100 m^3/s，最大引水能力为 40 m^3/s，河道航运能力达五级航道标准。

天长水文站为国家重要水文站，白塔河测验河段顺直，冲淤变化不大，便于布设测验断面，河床为黄黏土，较稳定，区间有 5 条较大支流汇入。本站属二类精度站、安徽与江苏省界站、江淮丘陵区 1 000～2 000 km^2 区域代表站兼白塔河总控制站，于 2012 年由水利部批复为国家重要水文站。

本站原采用测站基面（与废黄河口基面较差值为＋0.000 m），自 2015 年起改为冻结基面（与 1985 国家高程基准面较差值为－0.230 m）。

2. 水利工程

白塔河流域共有化农、车冲、时湾、釜山、川桥、高峰 6 座中型水库，均在天长水文站水文测验控制断面上游，6 座中型水库集水总面积为 677 km^2，占流域总面积的 58.4%，总库容为 3.19 亿 m^3，兴利库容为 1.28 亿 m^3；流域现有排涝泵站 42 座，总装机 117 台共 7 328 kW，抽排总流量为 70.5 m^3/s，主要圩口有排涝站 31 座，装机 99 台共 6 410 kW，抽排总流量为 62.54 m^3/s，设计灌溉面积为 37.06 万亩。

3. 水文测站

白塔河流域有各种观测站，其中入江水道水系水文站 1 个（站网密度为 1 159 km^2/站），水位站 2 个，蒸发站 1 个，雨量站 61 个（站网密度为 19 km^2/站）。白塔河流域水文站网分布较合理，站网密度较大，基本能控制流域水文特性的变化规律。

2.12.1.2 暴雨特性

天长市位于北亚热带向暖温带的过渡带内，在气候上具有明显的过渡性特点，属亚热带季风性湿润气候，表现为季风明显、四季分明、气候温和、光照充足、雨量适中、旱雨季分明。

天长站多年平均年降水量为 1 048.0 mm，雨季长达 5 个月（5—9 月），雨季多年平均年降水量为 708.9 mm，占年降水量的 68%。前汛期（5—6 月）多年平均降水量为 229.2 mm，占雨季降水量的 32%；后汛期（7—9 月）多年平均降水量为 479.7 mm，占雨季降水量的 68%。暴雨（日降水量＞50 mm）平均每年 3.6 次，最大日暴雨量为 258.4 mm（1958 年 7 月 26 日）。

白塔河流域暴雨历时一般为 1～2 d，最长可达 5 d。一般情况下，锋面雨过程较长，台风雨过程较短。

2.12.1.3 洪水特性

白塔河流域 6—8 月为洪水发生的主要季节，降雨强度大，历时长，产生的洪水往往也是峰高量大。洪水过程既有单峰，也有双峰或多峰。上游河道窄深弯曲，下游滩槽明显，河道平槽泄量小，洪水主要靠漫滩行洪。水势涨落快者 1～2 d，慢者 2～3 d；受下游高邮湖水位顶托影响，退水时间长。

2.12.1.4 洪涝灾害

1978—2017 年，天长市境内共发生不同程度的水灾 15 次，平均不到两年就发生一次，累计受灾面积 277 万亩，成灾面积 159 万亩。其中大水、特大水灾 7 次，平均 8 年发生一次。区域内分别在 1991 年、2003 年发生特大洪涝灾害 2 次，受灾面积达 150.5 万亩，成灾面积为 118.6 万亩。其中 1991 年全县 67

个圩漫堤破决，受灾面积达 110.5 万亩(包括午秋两季)，成灾面积为 94.3 万亩，粮食绝收面积为 23.76 万亩，直接经济损失达 4.2 亿元。

2.12.2 典型年洪水

2.12.2.1 1987 年洪水

1987 年河流域年降水量为 1 497.0 mm，比常年同期偏多 4 成，天长站最高洪水位达 8.90 m，重现期约为 6 年。

1. 雨情

1）雨情概述

1987 年白塔河流域年降水量为 1 497.0 mm，比常年同期偏多 4 成。流域年降水量的高值区位于天长站上游地区。其中天长水文站年降水量为 1 497.0 mm，为流域最大雨量点。

2)暴雨过程

自 7 月上旬至 9 月上旬，白塔河流域共出现了 2 次明显的降雨过程，分别为 7 月 3—11 日、8 月 4 日—9 月 4 日。1987 年 7 月 3—11 日入江水道水系出现入汛后的第一次降雨过程，面平均雨量约为 307.0 mm，8 月 4 日—9 月 4 日出现第二次降雨过程，面平均雨量约为 424.0 mm。

(1) 7 月 3—11 日

本次降雨，流域面平均雨量达 307.0 mm，雨量在 300 mm 以上的笼罩面积为 575 km^2，占全流域面积的 49.6%，雨量由东到西、由流域下游至上游呈递减趋势，暴雨中心天长站次雨量为 381.7 mm。

(2) 8 月 4 日—9 月 4 日

8 月 4 日—9 月 4 日白塔河全流域又出现大雨、暴雨，本次洪水造成了白塔河流域 1987 年最大洪水。雨量在 400 mm 以上的笼罩面积为 847.4 km^2，占全流域面积的 73.1%，暴雨中心石梁站次雨量为 847.0 mm，降雨时空分布较均匀。

3) 暴雨特点

雨季来得稍迟，暴雨过程多、间隔时间短，降雨历时长、笼罩范围广，强暴雨频发、降水总量大，降雨时空分布有利于形成流域性洪水。

(1) 暴雨过程多，间隔时间短

7 月上旬以后，白塔河流域出现 2 次降雨过程，而 2 次暴雨过程的集中出现造成白塔河 1987 年最大洪水过程。其中最大 14 d(8 月 16—29 日)降水量为 268.2 mm。

(2) 暴雨强度大，笼罩范围广

在汛期两次造洪降雨过程中，暴雨中心的最大日雨量均超过 100 mm，不少站点超过 150 mm。最大 6 h降水量为 118.0 mm(石梁雨量站)，最大 12 h 降水量为 159.9 mm(石梁雨量站)，最大 24 h 降水量为 198.1 mm(石梁雨量站)。白塔河流域各时段最大点雨量详见表 2.2-43。

表 2.2-43 1987 年白塔河流域各特征时段部分站点雨量统计表

站名	最大 1 h		最大 3 h		最大 6 h		最大 12 h	
	起始日期	雨量(mm)	起始日期	雨量(mm)	起始日期	雨量(mm)	起始日期	雨量(mm)
半塔	8 月 5 日	40.4	7 月 5 日	80.8	8 月 5 日	65.9	7 月 5 日	119.3
釜山水库	8 月 28 日	42.5	8 月 28 日	52.3	7 月 5 日	87.5	7 月 5 日	128.0
于洼	8 月 28 日	45.7	7 月 5 日	62.1	7 月 5 日	86.6	7 月 5 日	108.1
石梁	8 月 29 日	52.2	7 月 5 日	86.0	7 月 5 日	118.0	7 月 5 日	159.9
天长	7 月 5 日	54.8	7 月 5 日	117.6	7 月 5 日	83.8	7 月 5 日	136.5

站名	最大 24 h		最大 1 d		最大 3 d		最大 7 d	
	起始日期	雨量(mm)	起始日期	雨量(mm)	起始日期	雨量(mm)	起始日期	雨量(mm)
半塔	7 月 5 日	166.2	7 月 5 日	149.5	7 月 4 日	176.5	7 月 1 日	206.1

（续表）

站名	最大 24 h		最大 1 d		最大 3 d		最大 7 d	
	起始日期	雨量(mm)	起始日期	雨量(mm)	起始日期	雨量(mm)	起始日期	雨量(mm)
釜山水库	7月5日	172.0	7月5日	168.1	7月3日	197.1	7月1日	238.7
于洼	7月5日	154.7	7月5日	140.6	7月3日	190.9	7月1日	230.8
石梁	7月5日	198.1	7月5日	187.8	7月3日	233.5	7月1日	267.7
天长	7月5日	179.5	7月5日	167.4	7月3日	220.4	7月5日	262.3

2. 水情

1）水情概述

1987 年白塔河流域发生大面积、长时间暴雨，造成白塔河出现大洪水。最高水位为 8.90 m，入江水道水系洪水在有水文记录中排名第 9 位。

2）洪水过程

1987 年 7 月 3—11 日白塔河流域发生一场洪水。8 月上旬至 9 月上旬，白塔河流域连续降雨，并出现一次暴雨过程，致使白塔河再次发生大洪水过程。

第一场洪水天长水文站自 7 月 3 日 8 时 28 分起涨，起涨水位为 5.56 m，起涨流量为 11.5 m^3/s，7 日 0 时水位达洪峰水位 8.73 m，洪峰流量为 592 m^3/s。水位涨幅为 3.17 m，最大涨率为 11.5 cm/h。

第二场洪水天长水文站自 8 月 4 日 8 时 30 分起涨，起涨水位为 6.80 m，起涨流量为 31.6 m^3/s，30 日 20 时水位达洪峰水位 8.90 m，洪峰流量为 619 m^3/s。水位涨幅为 2.10 m，最大涨率为 12.0 cm/h。

3）洪水特点

(1) 暴雨洪水范围广，涨水速度快。1987 年白塔河流域暴雨不仅次数多、历时长，而且强度大、笼罩范围广，主要降雨区域位于白塔河上游地区。

(2) 洪水水位高、量级大，持续时间长。1987 年 8 月上旬至 9 月上旬的连续暴雨，致使入江水道水系出现 1987 年第二次大洪水。白塔河天长水文站 8.90 m 排名自有记录以来第 9 位，超警戒水位 4 d。

4）洪水重现期

根据分析，1987 年白塔河天长水文站洪峰水位重现期约为 5 年。

2.12.2.2　1991 年洪水

1991 年是一个典型的大水年份，汛期特点是入汛早、雨量大、来势猛、范围广、雨期长、水位高、险象多、灾情重。二次入汛，春汛连夏汛；二次入梅，从 5 月 18 日起，梅雨持续 57 d，历史罕见，进入 7 月份后，汛情逐步升级，形势日趋严峻，工程四面告急，险情频频发生，紧张的抗洪斗争持续近两个月。

1. 雨情

1）雨情概述

1991 年白塔河流域年降水量为 1 782.2 mm，比常年同期偏多 7 成。流域年降水量的高值区位于天长站上游地区。其中半塔雨量站年降水量为 1 839.5 mm，为流域最大雨量点，大通、安乐、跃进、川桥、高峰、大涧口水库年降水量在 1 650.0 mm 左右，焦涧水库、天长气象站达 1 780.0 mm。比常年同期 1 140.0 mm 多 600～740 mm，比 1954 年年降水量 1 140.0 mm 多 500～640 mm，比 1972 年年降水量1 107.8 mm多 500～670 mm。七月份降水量为 659.9 mm，比 1954 年同期 543.6 mm 多116.3 mm。最大 3 d 降水量为 250.0 mm，最大 5 d 降水量为 360.0 mm，最大 10 d 降水量为 554.0 mm，均达到或超过了历史极值。几乎每场暴雨波及各乡各镇。7 月 3 日、6 日、9 日降水量均在 100 mm 以上。

2）暴雨过程

1991 年白塔河流域共出现了 2 次明显的暴雨过程，分别为 5 月 30 日—6 月 18 日、6 月 27 日—9 月 4 日。

(1) 第 1 场暴雨(5 月 30 日—6 月 18 日)

本次降雨，流域面平均雨量达 293.0 mm，雨量在 300 mm 以上的笼罩面积为 680 km^2，占全流域面积的 58.7%，雨量由北到南、由流域下游至上游呈递增趋势，暴雨中心于洼雨量站次雨量为 315.5 mm。

(2) 第 2 场暴雨(6 月 27 日—9 月 4 日)

本次降雨，流域面平均雨量达 792.5 mm，雨量在 800 mm 以上的笼罩面积为 378.9 km^2，占全流域面积的 32.7%，雨量由北到南、由流域上游至下游呈递增趋势，暴雨中心天长站次雨量为 839.7 mm。

3) 暴雨特点

(1) 二度梅雨，暴雨强度大

雨季来得早，梅雨时间持续长，暴雨过程多、间隔时间短，暴雨天数多、笼罩范围广，强暴雨频发、降水总量大，降雨时空分布有利于形成流域性洪水。

(2) 分布不均，汛期雨水多

1991 年 6 月、7 月白塔河流域出现长时间的降雨，7 月降水量比常年同期偏多 1 倍，6 月降水量比常年同期偏多近 4 成，6—8 月总降水量比常年同期偏多近 5 成，占全年降水量的 60.9%，详见表 2.2-44。

表 2.2-44　1991 年白塔河流域各月面平均雨量统计表

月份	1 月	2 月	3 月	4 月	5 月	6 月	7 月
降水量(mm)	33.1	83.2	260.1	26.8	82.5	339.2	611.0
占全年比例(%)	1.9	4.7	14.6	1.5	4.6	19.0	34.3
月份	8 月	9 月	10 月	11 月	12 月	年降水量	6—8 月
降水量(mm)	134.5	143.5	2.8	14.1	51.4	1 782.2	1 084.7
占全年比例(%)	7.5	8.1	0.2	0.8	2.9	—	60.9

2. 水情

1) 水情概述

1991 年 6、7 月份白塔河流域出现两次洪水过程。据统计，白塔河天长站有 25 d 超警，最高水位达 10.23 m，为历史少见。下游高邮湖在 9.00 m 以上高水位持续运行了 11 d，外湖高水位压迫着内水外泄，致使天长出现内涝和破圩。

2) 洪水过程

第一场洪水天长站自 5 月 30 日起涨，起涨水位为 5.73 m，6 月 15 日达洪峰水位 8.93 m，涨幅为 3.20 m，最大涨率为 5.2 cm/h。

第二场洪水天长站自 6 月 27 日起涨，起涨水位为 7.89 m，7 月 10 日达洪峰水位 10.23 m，涨幅为 2.34 m，最大涨率为 5.7 cm/h。

3) 洪水特点

(1) 暴雨洪水范围广，涨水速度快。1991 年白塔河流域暴雨不仅次数多、历时长，而且强度大、笼罩范围广，主要降雨区域位于白塔河上游地区。

(2) 洪水水位高、量级大，持续时间长。1991 年 7 月 3 日天长站雨量达 173.0 mm，7 月 6—9 日又出现连续暴雨过程，4 日平均雨量达 81.5 mm，致使入江水道水系出现 21 世纪第一次大洪水。白塔河天长水文站 10.23 m 位列自有记录以来第一大洪水，天长水文站达历史最高水位，超警戒水位 25 d。

4) 洪水重现期

根据分析，1991 年白塔河天长站洪峰水位重现期约为 50 年。

3. 工情

从水情来看，由于雨日多、雨量大，先后出现"三个抬高"。

1) 库塘内水抬高

今年属丰水年份，加之天长四面来安、盱眙、高邮、仪征、金湖、六合等县均降暴雨影响天长，产水量高于往年，三月春汛连着六月份连阴雨，接着七月份特大洪涝，库塘水位均出现过去少见的极端值。跃进水库水位达 23.80 m，创自建库以来最高值。釜山、时湾、川桥、高峰、大涧口等中型水库的最高水位都是近二十年来所没有的。大多数小水库、塘坝水位都蓄得较高。根据省、地防指关于中、小型水库控制运用办法的规定，陆续开闸泄洪。除小水库、塘坝外，中型水库全年泄洪量达 9.6 亿 m^3，相当于 96 个中型水库蓄水量的总和，如此泄洪量在历史上还是第一次。时湾水库最大泄洪量为 349 m^3/s，总泄洪量为2.63 亿m^3。因为来水面积小，过去很少泄洪的安乐、跃进水库，今年泄量都达 50～80 m^3/s，连续泄洪时间大大长于往年。

2）内河、湖水位抬高

中型水库超汛限水位泄洪，小水库、塘坝既满又足，大部分塘坝漫水，加上暴雨连续，圩内排涝，河、湖汇流急，水位猛涨，新白塔河、老白塔河、杨村河、川桥河、铜龙河、秦栏河、沂湖、洋湖都超过了历史最高水位。白塔河七月上旬最大过水流量为 1 700 m^3/s（水文站调查，根据马林公式测算），超过设计流量 200 多立方米每秒，7 月 10 日 13 时水位为 10.39 m，比历史最高水位 1972 年 7 月的10.06 m高出 0.33 m。沂湖和老白塔河水位高达 9.42 m，不少堤段水位距堤顶只有 10 cm 左右，堤防时有晃动之感。由于跃进和大涧口等中型水库超蓄泄洪，加之内圩排涝，沂湖、洋湖水位持续上涨，形成"外水高于内水，内水不能外排"局面。

3）高邮湖水位抬高

高邮湖是淮河主要入江水道，承担淮河上、中游行洪重任。今年淮河中上游暴雨集中，降水量大，数次形成洪峰，自四月份以来，几乎没有关过三河闸，对天长堤防压力很大。三河闸 7 月 18 日 17 时最大下泄流量高达 8 900 m^3/s，加之淮水、山水、江水同频率相遇，相互顶托，淮水不能顺畅入江，高邮湖涨势十分惊人，7 月 3 日水位达 8.03 m，7 月 11 日水位达 9.33 m，8 天时间上涨1.3 m，净滞洪近 8 亿 m^3，相当于增加 8 个大型水库。涨势最凶猛的 7 月 3—4 日一天，水位提高 0.42 m。整个汛期 7.50 m 以上设防水位持续 57 d，9.00 m 以上高水位持续了 11 d。外湖高水位压迫着内水外泄，是天长内涝、破圩的主要原因。

全县最高开动柴油机 624 台 9 201 马力①，电动机 432 台 10 093 kW。截至 8 月 30 日，低洼圩区的上泊湖站、桥湾站，排涝动力 1 000 kW 全部开动，共开机 127 001 h，排水量达 3 587.7 万 m^3。

4. 灾情

全县先后破圩 127 个，农作物受灾面积（包括午秋两季）计 110.5 万亩，成灾面积为 94.3 万亩，其中粮食绝收面积为 23.76 万亩，经济作物绝收 7.8 万亩；共减产粮食 20.1 万 t；成灾人口为 27.99 万人，重灾民有 7.9 万人，特重灾民有 11.59 万人；损毁房屋 59 230 间，其中全倒 25 514 间；有 87 个村、577 个生产队、7 760户、30 551 人被水围困；全县因灾造成的直接经济损失达 5.336 7 亿元，其中农业经济损失达 2.813 7 亿元。杨村、桥湾、龙岗、芦龙、界牌、万寿、新华、秦栏等乡镇成为我县农业的"重灾户"。往日丰产丰收的杨村、桥湾等乡良田被洪水淹没后寸草不生，有 5 万多人缺吃缺住缺穿。

5. 结语

二次入汛，春汛连夏汛；二次入梅，从 5 月 18 日起，梅雨持续 57 d。从水情情况看，由于雨日多、雨量大，先后出现"三个抬高"：库塘内水抬高；内河、湖水位抬高；高邮湖水位抬高。从降雨情况看，一是春雨量大；二是降雨日、阴雨天多，整个汛期多阴寡照，5—7 月，阴雨日达 52 d，比常年同期多 21.2%；三是暴雨频发。这些因素叠加是造成 1991 年白塔河流域大洪水的主要原因。

2.12.2.3 2003 年洪水

2003 年河流域年降水量为 1 448.0 mm，比常年同期偏多 4 成，天长水文站最高洪水位达 10.08 m，重现期约为 39 年。6 月下旬至 7 月上旬的数次降雨、1 次大暴雨、4 次暴雨，造成白塔河流域仅次于 1991 年的大洪水，市区老川桥河缺口漫堤，三溃三堵，危及市区居民生命财产安全；杨村河堤防抢险失利后，省道天铜公路杨村大桥段中断交通三周。全市共漫破圩口 54 个，淹没耕地 40 156 亩；农作物受灾面积为 40 万亩，因灾直接经济损失达 2.2 亿元，其中农业经济损失 1.3 亿元。

1. 雨情

1）雨情概述

2003 年白塔河流域年降水量为 1448.0 mm，比常年同期偏多 4 成。流域年降水量的高值区位于天长

① 1 马力≈735.5 W。

站上游地区。其中天长雨量站年降水量为 1 501.0 mm，为流域最大雨量点。

2）暴雨过程

6 月下旬至 7 月中旬，白塔河流域共出现了 3 次明显的降雨过程，分别为 6 月 29 日—7 月 3 日、7 月 4—5 日、7 月 8—11 日，面平均雨量分别为 254.7 mm、85.1 mm、154.0 mm。

（1）6 月 29 日—7 月 3 日

本次降雨，流域面平均雨量达 254.7 mm，雨量在 200 mm 以上的笼罩面积为 847 km^2，占全流域面积的 73.1%，雨量由南到北、由流域上游至下游呈递增趋势，暴雨中心石梁站次雨量为 281.0 mm。

（2）7 月 4—5 日

7 月 4—5 日白塔河全流域又出现降雨，本次降雨使白塔河出现了复式峰。雨量在 80 mm 以上的笼罩面积为 949 km^2，占全流域面积的 81.9%，暴雨中心于洼站次雨量为 108.8 mm，降雨时空分布较均匀。

（3）7 月 8—11 日

7 月 8—11 日白塔河全流域又出现降雨，本次降雨造成了白塔河流域 2003 年最大一场洪水。雨量在 150 mm 以上的笼罩面积为 739 km^2，占全流域面积的 63.8%，暴雨中心天长站次雨量为 156.9 mm。

3）暴雨特点

本次暴雨特点是雨季来得早，暴雨过程多、间隔时间短，降雨历时长、笼罩范围广，强暴雨频发、降水总量大，降雨时空分布有利于形成流域性洪水。

（1）暴雨过程多，间隔时间短

自 6 月中下旬白塔河流域连续出现降雨过程，而其中 1 次大暴雨过程、2 次暴雨过程造成白塔河 2003 年最大洪水过程。其中最大 14 d(6 月 28 日—7 月 11 日)降水量为 502.3 mm。

（2）暴雨强度大，笼罩范围广

在汛期三次造洪降雨过程中，暴雨中心的最大日雨量均超过 100 mm，不少站点超过 120 mm。最大 6 h 降水量为 74.4 mm(于洼雨量站)，最大 12 h 降水量为 101.2 mm(半塔雨量站)，最大 24 h 降水量 146.9 mm(石梁雨量站)。白塔河流域各时段最大点雨量详见表 2.2-45。

表 2.2-45　2003 年白塔河流域各特征时段部分站点雨量统计表

站名	最大 1 h		最大 3 h		最大 6 h		最大 12 h	
	起始日期	雨量(mm)	起始日期	雨量(mm)	起始日期	雨量(mm)	起始日期	雨量(mm)
半塔	5 月 6 日	44.8	5 月 6 日	48.9	7 月 10 日	57.7	7 月 10 日	101.2
釜山水库	5 月 6 日	34.5	5 月 6 日	55.8	7 月 5 日	68.8	7 月 4 日	96.7
于洼	5 月 6 日	39.4	5 月 6 日	43.1	7 月 5 日	74.4	7 月 4 日	100.4
石梁	5 月 6 日	42.6	5 月 6 日	45.8	6 月 30 日	62.0	6 月 30 日	92.1
天长	6 月 30 日	38.9	6 月 30 日	46.2	6 月 30 日	51.3	6 月 30 日	88.8

站名	最大 24 h		最大 1 d		最大 3 d		最大 7 d	
	起始日期	雨量(mm)	起始日期	雨量(mm)	起始日期	雨量(mm)	起始日期	雨量(mm)
半塔	6 月 30 日	133.9	6 月 30 日	101.5	6 月 30 日	219.3	6 月 29 日	336.0
釜山水库	6 月 30 日	140.0	6 月 30 日	115.0	6 月 30 日	203.4	6 月 29 日	351.5
于洼	6 月 30 日	136.7	7 月 4 日	96.5	6 月 29 日	188.9	6 月 29 日	330.0
石梁	6 月 30 日	146.9	6 月 30 日	125.5	6 月 30 日	231.2	6 月 29 日	350.7
天长	6 月 30 日	133.9	6 月 30 日	109.6	6 月 29 日	211.2	6 月 29 日	369.0

2. 水情

1）水情概述

2003 年白塔河流域发生的大面积、长时间暴雨、大暴雨过程，造成白塔河出现 21 世纪的第一场大洪水，入江水道水系出现自1949年以来的第二大洪水。相应于6月下旬的暴雨过程，2003年入江水道水系出现了一场大洪水，7月上旬至8月下旬，白塔河干流水位全线超过警戒水位，超警29 d，历史罕见，最高水位为10.10 m。

2）洪水过程

2003年6月下旬至8月上旬连续降雨，一次大暴雨、四次暴雨过程，致使白塔河发生21世纪的最大洪水过程。

8月13日至10月8日，白塔河流域连续降雨，并出现第二次洪水过程。10月上旬至11月上旬，白塔河流域又连续降雨，并出现一次暴雨过程，致使白塔河退水过程延长。

第一场洪水天长水文站自6月27日起涨，起涨水位为5.88 m，7月11日达洪峰水位10.10 m，涨幅为4.22 m，最大涨率为2.4 cm/h。

第二场洪水天长水文站自8月13日起涨，起涨水位为7.28 m，9月11日达洪峰水位8.29 m，涨幅为1.01 m，最大涨率为0.5 cm/h。

第三场洪水天长水文站自10月8日起涨，起涨水位为6.54 m，10月19日达洪峰水位7.54 m，涨幅为1.00 m，最大涨率为1.2 cm/h。

3）洪水特点

（1）暴雨洪水范围广，涨水速度快。2003年白塔河流域暴雨不仅次数多、历时长，而且降雨强度大、笼罩范围广，主要降雨区域位于白塔河上游地区。

（2）洪水水位高、量级大，持续时间长。2003年6月下旬至7月中下旬的连续暴雨、大暴雨过程，致使入江水道水系出现21世纪的第一次大洪水。白塔河天长水文站10.10 m位列自有记录以来的第二大洪水，超警戒水位29 d。

4）洪水重现期

根据分析，2003年白塔河天长水文站洪峰水位重现期约为40年。

3. 灾情

2003年是继1991年大水后降水量最大的年份，全年降水量为1 448.0 mm，其中梅雨量为430.0～643.3 mm，约为多年平均值230.0 mm的2.5倍。7月4日，时湾水库最高洪水位达26.01 m，超过历史最高水位29.99 m，最大泄洪流量达333 m^3/s，接近1991年的最大下泄流量349 m^3/s。7月13日9时，高邮湖水位为9.52 m，超过9.50 m的保证水位线，是高邮湖自有水文记载以来的历史最高水位。整个汛期，高邮湖水位三涨三落，9.00 m以上的高水位持续19 d，退水时间长达4个多月，为历史罕见。

汛期全市发生各类险情500多处，其中，中小水库出险55座，堤防损坏190多处，圩堤47处缺口共1 527 m，毁坏护岸70多处，冲毁塘坝100多座，毁坏机电站60多座，毁坏涵闸等其他防洪设施190多处。市区老川桥河缺口漫堤，三溃三堵，危及市区居民生命财产安全；杨村河堤防抢险失利后，省道天铜公路杨村大桥段中断交通三周。全市共漫破圩口54个，淹没耕地40 156亩；农作物受灾面积为40万亩，成灾面积为24.3万亩，绝收面积为14.27万亩，减产粮食15.5万t；受灾人口为15.8万人，成灾人口为9.86万人，被水围困人口为3.2万人，转移安置人口为31 294人；损毁房屋12 733间，倒塌房屋2 191间；公路中断31条18 km，毁坏公路路基170 km，毁坏输电线路50 km，毁坏通信线路16 km；停产工矿企业102个。因灾直接经济损失达2.2亿元，其中农业经济损失1.3亿元。

抗洪抢险最高动员农村劳力、机关干部职工22万人，解放军指战员739人。防汛抢险消耗的物资器材有：化纤袋225万条、草包84.4万条、麻袋42.3万条、木材239 m^3、铁丝20.3 t、块石700 m^3、导渗料170 m^3、稻草近100万kg。投入防汛抢险资金2 500多万元。

2.12.2.4 2005年洪水

2005年夏季，天长市连续遭受旱魔、冰雹、洪涝灾害和第9号、15号强台风等多种自然灾害的袭击，2005年是近50年来天长市受台风影响最多的一年，尤以台风“麦莎”“泰利”“卡努”影响最为严重，这三次台风过程给天长市带来的降水量都在50 mm以上。

1. 雨情

1）雨情概述

从今年雨情情况看，主要有以下几个方面的特点：一是降水总量偏多，属丰水年。2005 年白塔河流域年降水量为 1 241.2 mm，比常年同期偏多 2 成。流域年降水量的高值区位于天长站上游地区。其中半塔雨量站年降水量为 1 305.7 mm，为流域最大雨量点。9 座中型水库年降水量为 1 010.3～1 287.4 mm，平均年降水量为 1 145.0 mm，超过全市多年平均值 1 020.0 mm。二是降水年内分布不均。1—5 月份降水量为 251.2 mm，比常年同期偏少 3 成；主汛期（6—9 月）降水量为 902.3 mm，占全年降水量的 72.7%，是多年平均值 612.0 mm 的 1.47 倍。三是强降雨过程比常年偏多。全年日雨量超过50 mm 的暴雨过程有 8 次，日雨量超过 100 mm 的大暴雨过程有 3 次，其中，7 月 6 日跃进水库最大日雨量达 207.1 mm。

2）暴雨过程

2005 年白塔河流域共出现了 2 次明显的暴雨过程，分别为 7 月 4 日—8 月 28 日、8 月 29 日—10 月 24 日。

（1）7 月 4 日—8 月 28 日

本次降雨，流域面平均雨量达 581.6 mm，雨量在 550 mm 以上的笼罩面积为 955 km^2，占全流域面积的 82.4%，雨量由南到北、由流域上游至下游呈递增趋势，暴雨中心天长站次雨量为 637.6 mm。

（2）8 月 29 日—10 月 24 日

8 月 29 日—10 月 24 日白塔河全流域又出现暴雨，本次降水造成了白塔河流域 2005 年第二大洪水。雨量在 200 mm 以上的笼罩面积为 740.6 km^2，占全流域面积的 63.9%，暴雨中心石梁站次雨量为 244.4 mm，降雨时空分布较均匀。

3）暴雨特点

（1）暴雨强度大，笼罩范围广

7 月上旬以后，白塔河流域出现连续降雨过程，而其中 2 次大暴雨、2 次暴雨过程造成白塔河 2005 年最大洪水过程。其中最大 14 d（7 月 27 日—8 月 9 日）降水量为 321.4 mm。在汛期两次造洪降雨过程中，暴雨中心的最大日雨量均超过 100 mm，不少站点超过 150 mm。最大 6 h 降水量为 161.8 mm（半塔雨量站），最大 12 h 降水量为 200.6 mm（半塔雨量站）。

（2）主汛期雨水多

2005 年 7 月、8 月白塔河流域出现长时间的降雨，7 月降水量比常年同期偏多 5 成，8 月降水量比常年同期偏多近 9 成，7—9 月总降水量比常年同期偏多近 7 成，占全年的降水量的 66.5%，详见表 2.2-46。

表 2.2-46　2005 年白塔河流域各月面平均雨量统计表

月份	1 月	2 月	3 月	4 月	5 月	6 月	7 月
降水量（mm）	20.9	62.2	41.7	74.4	52.0	77.4	344.1
占全年比（%）	1.7	5.0	3.4	6.0	4.2	6.2	27.7
降水量（mm）	338.3	142.5	31.7	36.8	19.2	1 241.2	824.9
占全年比（%）	27.3	11.5	2.6	3.0	1.5	—	66.5

2. 水情

1）水情概述

从内水情况看，由于 2005 年入春后一直没有大的降雨，库塘蓄水一直不足，最多时只有 1.5 亿 m^3（中型水库蓄水 1.1 亿 m^3，小型水库及塘坝蓄水 0.4 亿 m^3），仅为正常蓄水量的一半。抗旱抢栽抢种结束后，内水已所剩无几，至 7 月 5 日，全市蓄水总量只有 6 000 多万 m^3，其中中型水库蓄水量 5 650 万 m^3，跃进水库、安乐水库干枯，高峰、焦涧、大涧口 3 座水库蓄水不到 150 万 m^3。7 月 6 日普降大暴雨后，多数本已干枯的库塘得到补充，此后由于连续发生几次强降雨过程，内水迅猛增加，至 8 月 4 日，天长市多数小水库、塘坝蓄满溢洪，9 座中型水库也相继溢洪或开闸泄洪，全年泄洪总量达 3.2 亿 m^3，其中时湾水库泄洪量最多，达 0.75 亿 m^3。

从外水情况看，2005 年上半年及抗旱期间，高邮湖水位基本保持在 5.60 m 以上，为天长市翻提外水抗旱提供了较好的水源条件。自 7 月上、中旬淮河流域连降大暴雨后，洪泽湖三河闸 7 月 11 日至 10 月 18 日连续泄洪达 100 d，8 月 9 日最大泄量达 7 480 m^3/s，高邮湖水位居高不下，7.50 m 的高水位持续两个月，最高水位达 8.61 m，超过警戒水位 0.11 m，与高邮湖连通的内河水位也随之上涨，圩区及洼地受涝严重。2005 年白塔河流域发生的大面积、长时间暴雨，造成白塔河出现自 21 世纪以来的第四场大洪水。相应于 7 月上旬的暴雨过程，白塔河流域出现了一场大洪水，白塔河干流水位超过警戒水位达25 d，最高水位为 8.92 m。

2）洪水过程

第一场洪水天长水文站自 7 月 4 日 0 时起涨，起涨水位为 5.68 m，8 月 7 日 20 时达洪峰水位 8.84 m，涨幅为 3.16 m，最大涨率为 0.55 cm/h。

第二场洪水天长水文站自 8 月 29 日 0 时起涨，起涨水位为 7.10 m，9 月 12 日 8 时达洪峰水位 8.34 m，涨幅为 1.24 m，最大涨率为 2.3 cm/h。

3）洪水特点

（1）暴雨洪水范围广，涨水速度慢。2005 年白塔河流域暴雨不仅次数多、历时长，而且强度大、笼罩范围广，主要降雨区域位于白塔河上游地区。

（2）洪水水位高、量级大，持续时间长。2005 年 7 月上旬的连续降雨、一次特大暴雨，致使入江水道水系出现 21 世纪第二场大洪水。白塔河天长水文站 8.90 m 位列自有记录以来第八大洪水，超警戒水位 9 d。

4）洪水重现期

根据分析，2005 年白塔河天长水文站洪峰水位重现期约为 7 年。

3. 工情

1）湖库

7 月 6 日突降大暴雨以后，天长市由全面抗旱阶段转入紧张防汛阶段，市领导紧急调拨财政资金 8 万元用于抢排涝水。7 月 8 日安排组织好防汛排涝工作，圩区及城区各排涝站要全部开动，抢排涝水，做到及时排涝不成灾。

（1）三河闸

7 月中旬后，由于淮河流域连降暴雨，洪泽湖三河闸持续大流量泄洪，最大泄量达 7 480 m^3/s，高邮湖水位居高不下，圩区及洼地受涝严重，各有关乡镇把排涝减灾作为重中之重来抓，全力组织抢排涝水工作，千方百计地减轻内涝造成的损失。

（2）中型水库

8 月 6 日，为抗御第 9 号“麦莎”台风，对 5 座中型水库提前泄洪，最大下泄流量达 340 m^3/s，将所有中型水库蓄水都降到汛限水位以下，并腾出一定库容迎战即将到来的台风雨，为抗台抗洪做好充分准备。

2）抗洪、抗台主要实绩

抗台、抗洪期间，全市共投入农村劳力、机关干部职工及解放军指战员 1.2 万人参与抗台、抗洪斗争，其中解放军指战员 330 人。全市共出动抢险运输车辆 80 辆 700 台次，投入石料 7 000 t、塑料编织袋 39.2 万条、麻袋 6 万条、草包 9 万条、铁丝 4 t、粗尼龙绳 5 000 m、木材 121 m^3，投入抗台抢险经费 1 180 余万元。

4. 灾情

台风吹毁农舍、树木、电力通信设施、水利设施等，给天长市造成了极大经济损失，特别是高邮湖大堤受风浪冲刷严重，迎水面块石护坡被冲刷坍塌、毁坏达 470 余处，累计损坏面积达 50 000 多平方米。9 月 12 日凌晨，第 15 号台风“卡努”袭击天长市，天长市境内又出现了大范围的狂风暴雨，平均降水量在 50 mm 左右，平均风力在 6～7 级，阵风 9 级，高邮湖湖面风速达 33.8 m/s，风力最高达到 12 级，民房、交通、电力、通信及水利等设施遭到不同程度的破坏。

据统计，全市共有 219 个行政村、1 395 个组、21 066 户农户受灾，受灾人口为 70 957 人，成灾人口为 30 882 人；倒塌房屋 497 间，损坏房屋 1 977 间；农作物受灾面积为 17.9 万亩，成灾面积为 6.9 万亩，绝收 1.3 万亩，5.4 万亩水面养殖损失严重；台风摧毁各类水利设施 300 多处，树木 5 万多棵，毁坏市乡公路路基77.2 km、输电线路 36.7 km、通信线路 4.6 km，造成企业停产 165 家，直接经济损失达 1.32 亿元。

5. 结语

2005 年是天长市近 50 年来受台风影响最多的一年，尤以台风“麦莎”“泰利”“卡努”影响最为严重。8 月 6 日 3 时 40 分第 9 号台风“麦莎”从浙江玉环登陆，6 日下午起台风外围开始影响天长市，偏东风逐渐加大，平均风力在 6～7 级，7 号凌晨起阵风 9 级，高邮湖湖面风力最高达到 10 级以上，至中午 12 时后风力逐渐减弱。此次台风带来全市普降大暴雨，雨量平均在 100 mm 以上。台风雨是造成 2005 年白塔河流域大洪水的主要原因。

2.12.2.5 2007 年洪水

2007 年白塔河流域年降水量为 1 194.8 mm，比常年同期偏多近 15%，天长站最高洪水位达 9.53 m，重现期约为 16 年。7 月中下旬至 8 月中旬的数次暴雨，造成白塔河流域发生仅次于 1991 年、2003 年、2008 年大洪水。

1. 雨情

1）雨情概述

2007 年白塔河流域年降水量为 1 194.8 mm，比常年同期偏多近 15%。流域年降水量的高值区位于天长站上游地区。其中石梁雨量站年降降水量为 1 215.6 mm，为流域最大雨量点。

2）暴雨过程

6 月下旬至 7 月上中旬，白塔河流域出现了连续降雨过程。7 月 7—8 日大暴雨、9 月 18—30 日两场降雨是形成本次大洪水的主要原因。两次降雨面平均雨量达 734.0 mm，雨量在 700 mm 以上的笼罩面积为 747.6 km^2，占全流域面积的 64.5%，雨量在 750 mm 以上的笼罩面积为 334.9 km^2，占全流域面积的 28.9%，石梁站的 847.8 mm 为流域最大点雨量。

（1）7 月 7—8 日

本次降雨，流域面平均雨量达 595.6 mm，雨量在 500 mm 以上的笼罩面积为 1 102 km^2，占全流域面积的 95.1%，雨量由南到北，由流域下游至上游呈递增趋势，暴雨中心石梁站次雨量为 689.1 mm。

（2）9 月 18—30 日

9 月 18—30 日白塔河全流域又出现暴雨，本次洪水造成了白塔河流域 2007 年第二大洪水。雨量在 130 mm 以上的笼罩面积为 955.0 km^2，占全流域面积的 82.4%，暴雨中心石梁站次雨量为 157.8 mm，降雨时空分布较均匀。

3）暴雨特点

本次暴雨特点：雨季来得早，暴雨过程多、间隔时间短，降雨历时长、笼罩范围广，强暴雨频发、降水总量大，降雨时空分布有利于形成流域性洪水。

（1）暴雨过程多，间隔时间短

自 7 月中上旬以来，白塔河流域连续出现 7 次降雨过程，而其中一次暴雨、一次大暴雨过程集中出现造成白塔河 2007 年最大洪水过程，其中最大 14 d（6 月 26 日—7 月 9 日）降水量为 379.0 mm。

（2）暴雨强度大，笼罩范围广

在汛期两次造洪降雨过程中，暴雨中心的最大日雨量均超过 100 mm，不少站点超过 150 mm。最大 6 h 降水量为 126.9 mm（石梁雨量站），最大 12 h 降水量为 168.4 mm（石梁雨量站），最大 24 h 降水量 189.9 mm（石梁雨量站）。白塔河流域各时段最大点雨量详见表 2.2-47。

表 2.12-47　2007 年白塔河流域各特征时段部分站点雨量统计表

站名	最大 1 h		最大 3 h		最大 6 h		最大 12 h	
	起始日期	雨量(mm)	起始日期	雨量(mm)	起始日期	雨量(mm)	起始日期	雨量(mm)
半塔	7 月 8 日	40.4	7 月 8 日	57.6	7 月 8 日	103.0	7 月 8 日	138.5
釜山水库	7 月 9 日	29.0	7.9	61.5	7 月 8 日	108.8	7 月 8 日	147.5

（续表）

站名	最大 1 h		最大 3 h		最大 6 h		最大 12 h	
	起始日期	雨量(mm)	起始日期	雨量(mm)	起始日期	雨量(mm)	起始日期	雨量(mm)
于洼	7 月 9 日	36.6	7.9	50.2	7 月 8 日	95.9	7 月 8 日	120.2
石梁	7 月 9 日	34.8	7.9	71.5	7 月 8 日	126.9	7 月 8 日	168.4
天长	8 月 27 日	46.5	7.9	76.0	7 月 8 日	126.0	7 月 8 日	148.0

站名	最大 24 h		最大 1 d		最大 3 d		最大 7 d	
	起始日期	雨量(mm)	起始日期	雨量(mm)	起始日期	雨量(mm)	起始日期	雨量(mm)
半塔	7 月 8 日	165.8	7 月 8 日	158.8	7 月 6 日	243.0	7 月 3 日	294.9
釜山水库	7 月 8 日	169.5	7 月 8 日	169.5	7 月 6 日	228.0	7 月 3 日	327.0
于洼	7 月 8 日	146.5	7 月 8 日	146.5	7 月 7 日	200.7	7 月 3 日	246.2
石梁	7 月 8 日	189.9	7 月 8 日	189.9	7 月 6 日	299.1	7 月 3 日	350.7
天长	7 月 8 日	170.0	7 月 8 日	162.0	7 月 6 日	268.0	7 月 3 日	316.0

2. 水情

1）水情概述

2007 年白塔河流域发生的大面积、长时间暴雨，造成白塔河出现较大洪水，入江水道水系洪水仅次于自 1949 年以来的 1991 年、2003 年大洪水。相应于 7 月上旬的暴雨过程，2007 年白塔水系出现了一场大洪水：7 月初至 9 月中下旬。白塔河干流水位超过警戒水位达 25 d，最高水位为 9.53 m。

2）洪水过程

2007 年 7 月 5 日白塔河河流域出现一场洪水。

9 月 18—30 日，白塔河流域再次降雨，致使白塔河再次发生大洪水过程。

天长水文站自 7 月 5 日 8 时起涨，起涨水位为 5.70 m，7 月 10 日 20 时达洪峰水位 9.53 m，涨幅为 3.83 m，最大涨率为 14.5 cm/h。

3）洪水特点

（1）暴雨洪水范围广，涨水速度快。2007 年白塔河流域暴雨不仅次数多、历时长，而且强度大，笼罩范围广，主要降雨区域位于白塔河上游地区。

（2）洪水水位高、量级大，持续时间长。2007 年 6 月下旬至 7 月上中旬的连续降雨，一次大暴雨，一次暴雨过程，致使入江水道水系出现较大洪水。白塔河天长水文站 9.53 m 位列自有记录以来的第四大洪水，超警戒水位 25 d。

4）洪水重现期

根据分析，2007 年白塔河天长水文站洪峰水位重现期约为 16 年。

第三章　新安江流域

新安江，又称徽港，钱塘江水系干流上游段。新安江上游分两支：南支率水，北支横江。南支率水为新安江正源，发源于休宁县西南五股尖北麓。率水流至屯溪区与横江汇合后，始称新安江。新安江由歙县街口镇流入浙江省淳安县境内，至建德市梅城镇与兰江汇合始称桐江，至桐庐县桐庐镇与分水江汇合，始称富春江（其中桐庐县段称桐江）。富春江流经富春县至闻家川与浙江省的衢江汇合后，方称钱塘江。新安江干流长 373 km，流域面积 1.1 万多平方千米，其中安徽境内屯溪至街口 78 km，流域面积为 6 341 km^2。屯溪以上多为峡谷，屯溪至深度，河形弯曲，右岸靠山，左岸河谷平原，河面宽窄不一，枯水宽 100～350 m。深度以下至街口又是狭谷河段。安徽省境内河床总落差 49.9 m，平均比降 0.64‰，屯溪至深度平均比降 0.73‰。

3.1　新安江流域

3.1.1　概述

3.1.1.1　流域概况

1. 自然地理特征

安徽省境内新安江流域（以下简称新安江流域）面积为 6 341 km^2，其中黄山市境内 5 615 km^2，宣城市境内 726 km^2。新安江发源地及上游地区位于黄山山脉与白际山脉之间，包括休宁、屯溪、歙县、绩溪的全部或一部。盆谷由盆底平原[休歙（徽州）盆地、绩溪盆地]、台地和盆缘（丘陵、低山地貌类型）组成。盆底是长期发育的断陷带，随着断陷中心不断向北迁移和扩大，盆谷的规模日益增加，东部最宽处 20～25 km，西部最宽达 12～18 km。新安江主支流流经其中，形成了宽广的平原。平原后缘有狭长台地，平原上散落一些由紫红色砂岩、粉砂岩组成的浑圆状低丘。盆缘由丘陵、低山组成，海拔分别为 300～400 m、500～600 m，坡度陡峻，坡度为 25°～30°，多由千枚岩、片岩和板岩等组成。

2. 水利工程

新安江流域共修建中型水库 2 座（丰乐水库、东方红水库），总库容为 1.084 亿 m^3，在建大型水库 1 座（月潭水库），总库容为 1.57 亿 m^3。

1）月潭水库

月潭水库为大(2)型水库，总库容 1.57 亿 m^3，位于安徽省黄山市休宁县境内的新安江主源率水河上，坝址距休宁县城约 18.5 km，距黄山市（屯溪区）约 29 km，坝址以上控制流域面积 908 km^2，是一座以防洪为主，结合城镇供水，兼顾灌溉和发电等综合利用的水利枢纽工程。

水库坝基高程 137.0 m，坝顶高程 173.6 m，死水位 157.00 m，汛限水位 160.50 m，正常蓄水位 165.00 m，20 年一遇洪水位 165.80 m，50 年一遇洪水位 168.70 m，相应防洪库容 0.73 亿 m^3，100 年一遇设计最高洪水位 170.30 m，相应防洪库容 0.96 亿 m^3，1 000 年一遇校核标准洪水位 172.10 m，总库容 1.57 亿 m^3。电站装机容量 20 MW，多年平均发电量 0.43 亿 kW·h。设计年均供水量 6 846 万 m^3，设计灌溉面积1.46 万亩。

月潭水库工程主要建筑物由拦河坝、溢流表孔、泄洪底孔、生态放水管、发电引水管道、发电厂房和升压开关站等组成。拦河坝为混凝土重力坝，最大坝高 36.6 m，坝顶长度 214 m。截至 2019 年汛期前，月潭水库主体工程基本完成。

2）丰乐水库

丰乐水库为安徽省重点中型水库，总库容 8 400 万 m^3，位于歙县西北新安江一级支流练江的支流丰乐河上，坝址以上控制流域面积 297 km^2，是一座以防洪、灌溉为主，结合发电、养殖等综合利用的水利枢纽工程。

水库枢纽由大坝、放水底孔、泄洪隧洞和发电引水隧洞等部分组成。大坝为混凝土薄型双曲拱式，是全省中型水库中唯一的一座混凝土双曲拱坝水库。大坝坝顶高程 211.0 m，防浪墙顶高程 212.2 m，最大坝高 54.0 m。

丰乐水库的防洪标准为 50 年一遇设计，设计水位 207.84 m，500 年一遇校核，校核水位 210.72 m，最高洪水位 210.65 m，正常蓄水位和汛期限制水位均为 201.00 m，总库容 8 400 万 m^3。水电站装机容量 6 400 kW，设计灌溉面积 11.2 万亩。

3）东方红水库

东方红水库为中型水库，总库容 2 445 万 m^3，位于黟县境内新安江水系二级支流东亭河上，坝址以上控制流域面积 60 km^2，是一座以防洪、灌溉为主，结合发电、养殖、旅游等综合利用的水利枢纽工程。

水库坝顶高程 296.9 m，最大坝高 29.96 m，坝顶长度 114 m。死水位 276.80 m，汛限水位 291.50 m，正常蓄水位 292.50 m，设计水位 293.77 m，校核水位 295.11 m。水电站装机容量 400 kW，设计灌溉面积 4.5 万亩。

3. 河流水系

新安江上游分两支：南支称率水，北支称横江，于屯溪区附近的老桥下汇合后，始称新安江。干流经休宁县、歙县，于歙县浦口汇支流练江，至街口入浙江省新安江水库。其主要支流情况如下。

1）率水

率水又名南港，集水面积 1 494 km^2，依浙赣山区，主河道长约 139 km，河道坡度 1.67‰，植被较好。发源于休宁县六股尖，为冯源河；至棣甸附近会梅溪源、用畲河，为大源河；至流口会小源河，经祁门县凫峰，会琅溪河；再入休宁县，会磅溪河；经冰潭，会杭溪河、桐子溪；经江潭至上溪口会沂源河；经陈霞，会回溪河；经首村，会汪溪河；经月潭至龙湾会颜公溪；再经洪里至雁塘村附近会蓝水入屯溪区境，然后经枧忠、黎阳至阳湖与横江会流，注入新安江。

2）横江

横江又名吉阳水、东港、白鹤溪，集水面积 1 058 km^2，位于黄山西南侧，主河道长约 76.3 km，河道坡度 2.59‰。发源于黟县漳岭的白顶山，经渔亭东流入休宁县境，至东亭会东亭河；经岩前，至蓝渡会龙源河；至杨村会紫溪河；又至川湖万全山会夹源水；继续东流至万安镇，在富来桥会柳州河、松萝水，在观音桥会琅源水；再经潜阜，至梅林附近会陈坑水入屯溪区境。然后经新潭、隆阜至阳湖与率水汇流，注入新安江。

3）练江

练江集水面积为 1 609 km^2，主河道长约 78.5 km，河道坡度 3.50‰，也是新安江上游的一条比较大的支流。位于左岸，发源于黄山之东麓，由丰乐水、富资水、布射水、杨之水（练河）4 条河于歙县汇合后始称练江，至浦口入新安江。

4. 水文测站

新安江流域水文部门设有各种观测站 95 个，其中基本水文站 7 个（站网密度 906 km^2/站），中小河流新建水文站 4 个，水位站 8 个，雨量站 76 个（站网密度为 83.4 km^2/站）。新安江流域水文站网分布较合理，站网密度较大，基本能控制新安江流域水文特性的变化规律。

1）屯溪水文站

屯溪水文站属钱塘江流域新安江水系，站址位于黄山市屯溪区阳湖镇黄口村，流域面积 2 670 km^2。该站设于 1950 年 6 月，为皖南山区 1 000～3 000 km^2面积上的区域代表站，新安江上游干流主要控制站，也是黄山市唯一一个国家重要水文站。

2）渔梁水文站

渔梁水文站位于歙县徽城镇渔梁街，是新安江上游主要支流练江的控制站，流域面积 1 599 km^2，设于 1955 年 7 月。

3）月潭水文站

月潭水文站是新安江上游南支率水上的控制站，位于皖南山区休宁县五城镇月潭村，设于 1958 年 12 月 19 日，流域面积 954 km^2。

4）万安水文站

万安水文站地处新安江支流横江上，站址位于休宁县万安镇下富琅村，1986 年成立屯溪水文勘测队时所设，为常年巡测站，流域面积 869 km^2。2002 年，在万安坝投资兴建万安坝水电站，利用上、下游水位差发电，为大流量、小水位差径流式无调节电站，2003 年 5 月正式运行。由于水电站的无序运行，该站测验、整编工作难以正常进行，收集的资料精度及可靠性难以保证。经安徽省水文局批准，2003 年底撤销该站。

3.1.1.2 暴雨特性

新安江流域暴雨类型主要为锋面型暴雨、低压型暴雨、台风外围型暴雨和对流型暴雨，呈现出强度大、历时短、降水集中的特点。以锋面型暴雨和低压型暴雨居多，一般 6 月上旬及之前出现的暴雨多为锋面型暴雨，6 月中旬至 7 月上旬多为低压型暴雨。暴雨历时一般为 2～4 d，短的仅几小时。

3.1.1.3 洪水特性

新安江流域内洪水均由降雨造成，洪水的季节特点、时空变化与降雨基本一致。流域内河流属山区性河流，河道坡度大，洪水陡涨陡落，有“四大、两快、一短”的特征，即：流速大、冲刷力大、含沙量大及破坏力大，洪水过程涨得快、落得快、历时短。6、7 月份梅雨期，尤其是 6 月下旬至 7 月上旬为洪水多发期，往往出现峰高量大的洪水，易致涝成灾。小流域洪水一般持续 1～2 d，大、中流域次洪水历时一般为 3～5 d。8、9 月份亦有洪水发生，多为台风雨形成，但一般量级不大。

3.1.1.4 洪水灾害

本次分析共选编了新安江流域的 6 场洪水，其中：19960701 号、19690705 号两场洪水为流域性大洪水，其中 19960701 号洪水为自 1949 年以来新安江干流屯溪段最大的一场洪水；19910707 号、20160619 号和 20200707 号洪水为区域性洪水；20130630 号洪水为山洪灾害性洪水。下一章节将按洪水发生时间依次介绍这 6 场暴雨洪水。

1949 年以来各站较大洪水最高水位、最大流量排位详见表 2.3-1。

表 2.3-1　1949 年以来安徽省新安江流域各站较大洪水情况简表

项目	水文站	年份											
		1959 年	1969 年	1973 年	1991 年	1993 年	1996 年	1999 年	2006 年	2008 年	2011 年	2016 年	2020 年
最高水位(m)	屯溪	126.77	127.23	—	—	126.73	127.85	—	126.60	126.35	126.13	125.37	126.51
	月潭	143.33	144.00	—	—	143.79	144.49	—	144.02	143.74	143.48	144.44	142.89
	万安	—	—	—	143.37	143.36	143.99	143.30	—	—	—	—	—
	渔梁	116.83	120.74	117.38	117.56	—	118.71	—	—	116.71	—	—	118.31
最大流量(m^3/s)	屯溪	4 890	5 390	—	—	4 700	6 500	—	5 200	5 290	5 250	4 290	5 160
	月潭	1 710	2 030	—	—	2 080	2 420	—	2 190	2 050	1 950	2 460	1 780
	万安	—	—	—	1 930	1 850	3 010	2 000	—	—	—	—	—
	渔梁	3 140	6 630	3 580	4 190	—	4 950	—	—	3 020	—	—	5 100

3.1.2 典型年洪水

3.1.2.1 1969 年

1969 年 7 月 4—5 日，新安江流域发生了特大暴雨，加之前期降雨丰沛，下垫面湿润，致使流域内发生了历史罕见的特大洪水，练江渔梁站、新安江屯溪站发生了自 1949 年以来的第 1、第 2 位洪水。这场暴雨洪水自 7 月 5 日 2 时至 14 时的流域平均雨量达 157.8 mm，其暴雨量之多、暴雨强度之大、水位之高，均为历史所罕见。

1. 雨情

1）雨情概述

1969 年 6、7 月份新安江流域降雨连绵，尤其是 6 月下旬和 7 月上中旬持续降雨且暴雨频发。1969 年 6 月 23 日—7 月 8 日流域降雨情况见表 2.3-2。

表 2.3-2 1969 年 6 月 23 日—7 月 8 日新安江流域降雨实况 单位：mm

日期	日降水量			
	率水流域	横江流域	练江流域	全流域
6 月 23 日	147.8	109.7	70.6	100.9
6 月 24 日	77.2	38.3	22.9	47.5
6 月 25 日	0.2	0.0	0.0	0.2
6 月 26 日	0.1	0.0	0.0	0.1
6 月 27 日	1.9	3.4	1.6	2.2
6 月 28 日	83.6	60.7	38.0	62.7
6 月 29 日	50.9	62.0	43.1	49.8
6 月 30 日	11.0	8.6	6.6	6.9
7 月 1 日	79.4	67.0	49.0	59.3
7 月 2 日	0.1	0.6	0.1	0.2
7 月 3 日	0.1	0.8	1.9	0.8
7 月 4 日	21.4	112.9	133.2	79.4
7 月 5 日	165.7	120.9	124.3	146.9
7 月 6 日	20.1	40.4	47.9	40.1
7 月 7 日	49.6	28.7	26.7	37.8
7 月 8 日	2.7	4.3	1.9	2.6

新安江流域 19690705 号洪水的主要造峰雨发生在 7 月 5 日 2 时至 14 时，其间全流域降水量为 157.8 mm，详见表 2.3-3。

2）暴雨时空分布

本次暴雨首先从流域西北部开始，5 日 2 时横江开始降雨，然后暴雨依次向南发展，5 时开始新安江流域除率水流域以外区域均发生强降雨，9 时起率水流域发生强降雨，14 时以后全流域强降雨基本停止，但是之后降雨一直持续多日。

本次降雨，新安江流域 7 月 5 日 2 时至 14 时降水量为 157.8 mm，其中 8 时至 14 时降水量为 105.7 mm；练江流域强降雨最早开始，5 日 5 时至 11 时降水量为 114.0 mm；练江流域强降雨开始于 5 日 4 时，4 时至 11 时降水量为 139.8 mm；率水流域强降雨最晚发生，5 日 9 时才开始强降雨，9 时至 14 时降水量为 127.3 mm。

表 2.3-3　1969 年 7 月 4 日 14 时至 5 日 14 时新安江流域降雨实况　　单位：mm

日期	时段		时段降水量			
	起	讫	率水流域	横江流域	练江流域	全流域
7 月 4 日	14 时	15 时	1.0	0.0	0.0	4.0
	15 时	16 时	0.1		0.1	
	16 时	17 时	0.0		0.4	
	17 时	18 时	0.0	5.6	0.0	
	18 时	19 时	0.7		0.8	
	19 时	20 时	2.6		2.3	
	20 时	21 时	3.5	32.4	6.0	25.6
	21 时	22 时	0.9		10.8	
	22 时	23 时	0.2		6.3	
	23 时	24 时	1.0	4.2	7.0	
7 月 5 日	0 时	1 时	0.8		5.2	
	1 时	2 时	0.1		1.0	
	2 时	3 时	0.0	33.0	1.4	52.1
	3 时	4 时	0.0		2.2	
	4 时	5 时	2.3		11.8	
	5 时	6 时	0.4	64.2	16.2	
	6 时	7 时	0.4		21.7	
	7 时	8 时	7.6		30.3	
	8 时	9 时	8.2	49.8	29.6	105.7
	9 时	10 时	22.6		19.8	
	10 时	11 时	45.9		10.4	
	11 时	12 时	34.8	32.2	5.7	
	12 时	13 时	17.6		6.7	
	13 时	14 时	6.4		7.5	
合计			157.1	221.4	203.2	187.4

3）暴雨特点

本次暴雨分布广、强度大，点雨量不少超历史水平，各主要雨量站各不同降雨历时降水量见表 2.3-4。

表 2.3-4　1969 年新安江流域部分雨量站点特征时段降水量统计表

站点	最大 3 h		最大 6 h		最大 12 h		资料年限
	降水量(mm)	重现期(年)	降水量(mm)	重现期(年)	降水量(mm)	重现期(年)	
屯溪	98.2	20	152.4	100	169.5	20	1950—2018 年
渔梁	102.6	50	142.6	50	184.8	25	1957—2018 年
大连	145.4	100	170.5	25	199.6	20	1968—2018 年
许村	89.8	10	145.3	100	202.2	100	1957—2018 年
三阳坑	83.8	10	147.6	100	195.3	100	1967—2018 年
岔口	—	—	134.2	50	158	20	1965—2018 年

19690705 号洪水流域各站最大 6 h 降水量均位历史前列，重现期基本为 50～100 年，故认为本次暴雨等级为 50～100 年一遇。

2. 水情

1）水情概述

从 7 月 4 日到 5 日，新安江流域由北向南接连出现大暴雨，新安江干流及支流率水、横江、练江相继出现大洪峰，干流屯溪站和练江渔梁站洪水量级均达到自 1949 年以来前列（受历史原因影响，19690705 号洪水仅有屯溪站和渔梁站的水文资料）。

2）洪水过程

1969 年 6、7 月，新安江流域内接连发生多场洪水，其中 19690705 号洪水等级最高。练江渔梁站 7 月 5 日 2 时水位 111.29 m，流量 138 m^3/s，至 5 日 17 时到达最高水位 120.74 m，流量 6 630 m^3/s，15 个小时内水位上涨了 9.45 m，流量上涨了 6 492 m^3/s；干流屯溪站 7 月 5 日 10 时水位 121.16 m，流量 515 m^3/s，至 5 日 20 时 48 分到达最高水位 127.23 m，流量 5 390 m^3/s，11 个小时内水位上涨了 6.07 m，流量上涨了 4 875 m^3/s。

3）洪水等级

19690705 号洪水练江渔梁站最高洪水位为 120.74 m，洪峰流量 6 630 m^3/s，是自 1949 年以来第一大洪水，重现期超 100 年一遇，最大 3 d 洪量为 5.33 亿 m^3，为自 1955 年设站以来第二大洪量；新安江干流屯溪站最高洪水位为 127.23 m，洪峰流量为 5 390 m^3/s，为自 1949 年以来第二大洪水，重现期为 15 年，最大 3 d 洪量为 5.27 亿 m^3，为自 1930 年以来第三大洪量。调查发现，横江万安站 19690705 号洪水大于 19960701 号洪水，为自 1949 年以来最大，详见表 2.3-5。

表 2.3-5　屯溪站和渔梁站 19690705 号洪水等级分析统计表

站点	集水面积(km^2)	最高水位(m)	洪峰流量(m^3/s)	重现期(年)	水位排位	流量排位	资料年限
屯溪	2 670	127.23	5 390	15	2	2	1951—2018 年
渔梁	1 599	120.74	6 630	＞100	1	1	1956—2018 年

3. 灾情

据统计，歙县有一半的乡镇受灾，受灾人口 207 720 人。农作物成灾面积达 132 932 亩，冲失、淹没粮食 159.1 万斤，化肥 174 000 斤，木材 3 020 m^3，茶叶 58 700 斤，其他商品损失折价 211 300 元；冲毁房屋 3 658幢、仓库 370 幢，茶厂 91 幢，水碓 88 座，猪牛栏等 3 284 间；毁坏桥梁 643 处，毁坏水利工程 3 388 处[其中小(2)型水库 5 座被毁坏]，死亡 87 人。

3.1.2.2　1991 年

1991 年 7 月 1—7 日，新安江流域内普降大到暴雨，7 d 降水量达 261.9 mm，位于暴雨中心的黄山风景区(部分属新安江流域)出现历史罕见的特大暴雨，整个风景区 7 d 累计面雨量在 800 mm 以上。由于暴雨集中，强度大，总量大，致使山洪暴发，洪水泛滥，农田被淹，道路桥梁被冲毁，给黄山市造成直接损失 3 亿元。

1. 雨情

1）暴雨成因

新安江流域气候湿润、雨量充沛、暴雨频繁，全区多年平均降水量为 1 400～2 500 mm，汛期(4—8 月)降水量约占全年降水量的 6 成以上。从多年统计资料看，暴雨多集中在春末夏初，且强度大，流域北侧的黄山风景区是流域暴雨中心之一。形成本地暴雨的主要天气系统是高空切变和西南低涡以及台风影响。黄山山高坡陡，迫使暖湿气流抬升，增强辐合作用，更加剧了暴雨强度。1991 年 7 月的这场特大暴雨洪水(19910707 号洪水)就是在大气环流形式有利的条件下由黄山特殊地形造成的。

2）降雨实况

本次强降雨主要集中在流域北部，练江和横江流域 7 d 降水量分别达到 425.3 mm 和 335.0 mm，流域内监测到 7 d 最大点降水量为芳田站的 717.7 mm。流域北侧的黄山风景区为暴雨中心，7 d 累计面雨量在 700 mm 以上，其中云谷寺站 7 d 降水量达 934.7 mm，最大 3 d 降水量为 531.0 mm，最大 24 h 降水量为 319.0 mm，最大 3、7 d 降水量为自 1949 年以来最大值。流域降雨情况见表 2.3-6。

表 2.3-6　1991 年 7 月 1—7 日新安江流域降雨实况

单位：mm

日期	日降水量				
	率水流域	横江流域	练江流域	流域其他	全流域
7 月 1 日	1.2	8.0	2.9	0.2	2.4
7 月 2 日	43.0	75.5	110.1	36.6	63.2
7 月 3 日	4.2	5.5	5.6	0.7	3.6
7 月 4 日	51.1	100.3	99.1	82.1	82.1
7 月 5 日	11.1	18.6	40.6	29.5	26.2
7 月 6 日	4.3	62.6	76.2	10.0	34.2
7 月 7 日	21.4	64.5	90.8	32.8	50.1
总计	136.3	335.0	425.3	192.0	261.9

7 月 7 日新安江流域洪峰的造峰雨主要发生在 6 日晚间至 7 日中午，强降雨主要发生在流域北部，表 2.3-7 选取其中部分站点统计其在 6—7 日的时段降水量。

表 2.3-7　新安江流域部分站点 1991 年 7 月 6—7 日时段雨量摘录表

单位：mm

日期	时段		时段降水量			
			横江流域		练江流域	
	起	讫	芳田	东方红	新田	扬溪
7 月 6 日	20 时	21 时	1.9	1.9	1.0	0.2
	21 时	22 时	7.2	2.0	2.0	0.2
	22 时	23 时	3.1	2.0	2.0	0.2
	23 时	24 时	13.8	15.1	7.0	0.4
7 月 7 日	0 时	1 时	14.7	6.2	8.0	10.8
	1 时	2 时	34.3	22.3	28.1	12.3
	2 时	3 时	8.8	4.3	10.9	19.7
	3 时	4 时	20.5	11.7	16.3	6.5
	4 时	5 时	27.3	15.3	16.3	22.3
	5 时	6 时	23.4	28.6	27.7	15.3
7 月 7 日	6 时	7 时	23.1	13.0	17.0	22.4
	7 时	8 时	22.4	14.2	10.6	5.8
	8 时	9 时	23.8	40.6	32.9	21.6
	9 时	10 时	46.8	40.5	41.2	17.6
	10 时	11 时	12.7	7.9	9.3	9.0
	11 时	12 时	11.9	7.9	3.4	7.0
	12 时	13 时	6.8	9.8	23.6	26.0
	13 时	14 时	2.3	2.0	3.8	18.5
	14 时	15 时	3.8	0.9	0.4	1.5
	15 时	16 时	0.5	0.9	0.4	1.6

3）暴雨时空分布

时间上，本次暴雨7月1—7日一直持续，较强降雨主要是在7月2日、4日上午和7日凌晨至上午。7日的降雨总量最大，造成了本次的最大洪峰。空间上，本次降雨北多南少，暴雨中心位于北部的黄山风景区。

本次暴雨强度大，历时长，7 d降水量不少站点超历史水平，紧靠流域北部的黄山风景区最大7 d降水量为自1949年以来最大，部分雨量站最大7 d降水量见表2.3-8。

表2.3-8　1991年新安江流域部分雨量站点最大7 d降水量统计表

区域	站点	最大7 d降水量(mm)	重现期(年)
横江流域	芳田	717.7	50
	儒村	531.1	40
练江流域	新田	597.7	30
	扬溪	602.6	40
	大源	549.5	35

依照最大7 d降水量数据，19910707号洪水横江和练江北部的暴雨量级为20～50年一遇，越靠近北侧分水岭，暴雨量级越高，流域北部黄山风景区的暴雨量级达100年一遇，历史罕见。

4）暴雨特点

根据以上的数据分析，这次暴雨的主要特点是：暴雨中心最大24 h降水量除少数站外一般约在第2位，但雨强大。最大3、7 d降水量为有实测记录以来最大值，且超出原实测系列最大值。暴雨主雨峰偏后，面上分布不均匀。

（1）雨强大。以玉屏楼和云谷寺站为例：玉屏楼最大1 h降水量53.0 mm，最大3 h降水量110.0 mm，最大12 h降水量287.3 mm，最大24 h降水量334.3 mm；云谷寺站最大1 h降水量63.7 mm，最大3 h降水量108.8 mm，最大12 h降水量264.8 mm，最大24 h降水量319.0 mm。其中最大12、24 h降水量为有实测记录以来最大值。

（2）7 d总量特大。位于暴雨中心的黄山风景区各雨量站1—7日累计雨量均超过700 mm，雨量最大的云谷寺站7 d总量达934.7 mm，7 d雨量超过800 mm的面积达200 km^2，超过500 mm的面积达1 700 km^2，为自1949年以来最大值。一些年逾古稀的老人说："从没见过这么大的雨。"

（3）主雨峰偏后。在1—7日的降雨中，主要降水集中在后4天，且6日雨量最大，4—7日降水量占总雨量的70%左右。这种次雨峰在前、主雨峰在后且强度大、总量大的降水，所造成的危害是很大的。

（4）面上分布不均。流域北部暴雨中心雨量很大，北侧黄山风景区7 d平均雨量超800 mm，而南部则雨量较小，7 d平均雨量仅为100～200 mm。

2. 水情

1）水情概述

自7月2日8时以后，各水文站水位先后起涨，各断面洪水过程由大小不等的3～6个洪峰组成，除黄山山岔断面主峰出现在7月6日外，其余各站主峰（最高水位）均出现在7月7日。与降雨分布相对应，洪水在面上的分布也很不均匀，流域北部横江、练江部分干支流洪水较大，南部率水等河流洪水较小，干流洪水亦相对较小。

2）洪水过程

靠近流域北部分水岭的横江支流考溪金家站6日23时12分水位16.82 m（假定基面高程），流量1.40 m^3/s，7日9时50分出现最高水位18.27 m，推算得洪峰流量49.1 m^3/s；横江干流万安站7日3时水位140.58 m，流量119 m^3/s，7日9时50分出现最高水位143.37 m，洪峰流量1 850 m^3/s；练江支流扬之水临溪站7日2时18分水位130.75 m，流量86.2 m^3/s，7日13时30分出现最高水位147.22 m，洪峰流量1 960 m^3/s；练江干流渔梁站7日4时30分水位121.38 m，流量192 m^3/s，7日19时12分出现最高水位 117.56 m，洪峰流量 4 190 m^3/s。

3）洪水等级

金家站断面以上流域靠近暴雨中心，洪峰流量 49.1 m^3/s，重现期达到 50 年，为设站以来的最大值，据调查考证也是自 1949 年以来最大值；万安站洪峰流量 1 850 m^3/s，重现期约 5 年；临溪站洪峰流量 1 960 m^3/s，重现期约 12 年；渔梁站洪峰流量 4 190 m^3/s，重现期约 20 年；对于流域南部的率水等河流，本次降水量不大，洪水较小；至于新安江干流，仅流域北部降水较大，其余雨量很小，汇集在干流只形成一般性的洪水。各站 19910707 号洪水等级分析详见见表 2.3-9。

表 2.3-9　新安江流域部分站点 19910707 号洪水等级分析统计表

站点	集水面积(km^2)	最高水位(m)	洪峰流量(m^3/s)	重现期(年)	水位排位	流量排位	资料年限
金家	2.8	18.27	49.1	50	1	1	1980—2001 年
万安	869	143.37	1 850	5	3	3	1987—2001 年
临溪	585	147.22	1 960	12	2	2	1988—2018 年
渔梁	1 599	117.56	4 190	20	3	3	1956—2018 年
屯溪	2 670	123.58	2 100	一般	—	—	1951—2018 年

注：除金家站基面为假定基面外，其余站点为黄海基面。

3. 灾情

这次暴雨洪水给黟县、黄山区造成的灾情最严重，黟县碧山乡清代建造的老石桥被冲毁，太平一些 100 多年的老桥也未能幸免。这两地产生特大洪水的主要原因是：这两区县大部在暴雨中心及附近，7 月 1—3 日流域上有 100 mm 以上的降水，这部分流域下垫面已基本饱和，塘库基本蓄满。虽然 3 日 18 时至 4 日 6 时有近 8 h 基本无雨，第一次洪峰已过，但土壤和塘库仍处于饱和状态。4 日，流域又降大暴雨，5—7 日又连降大暴雨和特大暴雨，据调查，黟县泗溪乡、际联乡、碧山乡、红旗乡、龙江乡最大 24 h 降水量都在 300 mm 以上。这么大强度、高总量的连续大暴雨降在下垫面饱和、塘库蓄满的流域之上，必然引起山洪暴发。黄山区的一些乡镇处在暴雨中心或其外围，本地雨量很大，又离降雨中心很近，再加上上游风景区的大量来水，使得一些乡镇也出现了历史罕见的特大洪水。

3.1.2.3　1996 年

1996 年 6 月底至 7 月初，新安江流域发生了历史罕见的特大暴雨洪水，域内屯溪站、月潭站、渔梁站、临溪站、三阳坑站等站均发生了自 1949 年以来的第 1、第 2 位洪水。自 6 月 29 日 8 时到 7 月 3 日 8 时，流域平均雨量达 442.9 mm，加之前期降雨影响，导致出现全域性的特大洪水。这场暴雨洪水的暴雨量之多、暴雨强度之大、洪峰持续之长、洪量之大、水位之高，均为历史所罕见。

1. 雨量

1）暴雨成因

新安江流域地处黄山南麓，山峦重叠，隔岭近海，来自太平洋的暖湿气流经黄山山脉提升，对降水产生增幅作用。梅雨锋长期静止，摆动于长江中下游，锋上低气压扰动不断出现。1996 年梅雨期江淮切变与西南急流叠加，加之黄山山脉地形影响，冷暖空气交汇，降雨带南跃，出现梅雨反常，导致 19960701 号特大暴雨洪水。

2）降雨实况

19960701 号洪水的降雨自 6 月 29 日至 7 月 2 日，历时 4 天，暴雨覆盖整个新安江流域及周边地区。据水文资料统计，新安江流域平均雨量 442.9 mm，其中练江流域面平均雨量为 553.1 mm。前期 6 月 23—27 日也发生过一场较强降雨，6 月 23 日—7 月 2 日流域降雨情况见表 2.3-10。

表 2.3-10　1996 年 6 月 23 日—7 月 2 日新安江流域降雨实况　　单位:mm

日期	日降水量				
	率水流域	横江流域	练江流域	流域其他	全流域
6 月 23 日	12.4	13.0	16.0	14.9	14.3
6 月 24 日	73.8	108.1	102.6	41.1	75.6
6 月 25 日	47.4	31.9	34.0	47.0	41.1
6 月 26 日	17.1	17.0	22.0	16.0	17.9
6 月 27 日	2.4	9.7	9.7	1.9	5.3
6 月 28 日	2.8	0.8	3.7	21.7	9.2
6 月 29 日	56.5	94.3	102.4	47.7	71.4
6 月 30 日	196.9	168.1	172.6	131.9	163.6
7 月 1 日	160.2	175.7	177.7	102.1	147.3
7 月 2 日	45.6	58.1	100.3	42.8	60.6
6 月 29 日—7 月 2 日	459.2	496.2	553.0	324.5	442.9

19960701 号洪水的降雨历时较长，短历时强度相对不大，其中强度较大的时段出现在 6 月 30 日，部分站点 6 月 29 日 23 时至 7 月 1 日 2 时降雨情况见表 2.3-11。

表 2.3-11　新安江流域部分站点 1996 年 6 月 29 日—7 月 1 日时段雨量摘录表　　单位:mm

日期	时段		时段降水量						
	起	讫	芳田	屯溪	大连	渔梁	扬溪	三阳坑	小川
6 月 29 日	23 时	24 时	3.7	0.0	2.8	1.0	12.7	2.0	0.8
6 月 30 日	0 时	1 时	5.8	1.4	3.0	1.0	14.9	4.6	0.8
	1 时	2 时	16.8	1.4	4.6	1.1	27.1	1.8	0.9
	2 时	3 时	13.8	3.2	9.6	4.2	6.5	2.3	1.7
	3 时	4 时	2.2	2.2	16.7	5.0	5.8	5.5	4.4
	4 时	5 时	3.9	3.2	0.8	6.5	5.4	8.6	4.6
	5 时	6 时	12.6	0.7	0.4	4.1	3.7	8.5	1.0
	6 时	7 时	18.7	0.7	0.5	1.0	21.6	10.5	1.1
	7 时	8 时	6.1	0.7	2.9	4.1	10.8	15.6	1.1
	8 时	9 时	1.6	1.3	4.6	2.8	12.3	8.0	4.0
	9 时	10 时	7.9	1.3	7.5	4.4	15.0	5.8	0.5
	10 时	11 时	19.9	1.3	8.7	1.9	9.5	16.0	6.5
	11 时	12 时	11.4	2.6	12.5	5.1	14.5	8.6	1.8
	12 时	13 时	12.7	4.9	9.7	9.5	15.7	11.3	4.5
	13 时	14 时	12.2	1.4	9.1	4.5	14.9	12.5	3.7
	14 时	15 时	4.4	3.6	13.8	6.0	10.2	10.7	5.0
	15 时	16 时	22.7	4.1	12.4	6.7	11.2	11.7	5.5
	16 时	17 时	29.5	2.2	16.3	8.7	29.2	26.8	6.4
	17 时	18 时	9.9	13.0	8.9	14.5	10.3	31.0	14.1

（续表）

日期	时段		时段降水量						
	起	讫	芳田	屯溪	大连	渔梁	扬溪	三阳坑	小川
6月30日	18时	19时	28.2	9.3	20.9	8.0	1.4	2.7	6.3
	19时	20时	18.5	6.7	20.8	7.9	1.5	5.4	6.9
	20时	21时	13.1	10.9	23.1	6.8	0.4	14.9	12.0
	21时	22时	23.5	9.9	12.0	8.3	37.0	11.1	6.7
	22时	23时	3.5	12.3	11.3	9.1	12.0	3.8	21.7
	23时	24时	3.4	14.3	13.9	4.3	0.4	2.4	21.3
7月1日	0时	1时	0.2	4.6	4.6	0.4	5.0	3.0	4.9
	1时	2时	0.0	0.2	1.6	0.5	0.4	2.2	0.2

3）暴雨时空分布

本次暴雨分布范围广，暴雨是先上游后下游乃至全流域，中上游雨量大于下游，横江大于率水，以暴雨不均系数 K 衡量，$K=0.78$，对洪峰产生叠加作用，推高洪峰。

本次暴雨持续时间长，分为三次暴雨。第一次暴雨于6月29日上午自流域西北部开始，至6月30日半夜基本暂停，其间流域面雨量超200 mm，其中练江流域面雨量超250 mm，流域暴雨中心位置位于流域北部分水岭附近，最大点雨量为芳田站的374.8 mm；第二次暴雨自7月1日凌晨到半夜，其间流域面雨量超120 mm；第三次暴雨自7月2日凌晨到夜间，其间流域面雨量超100 mm；至3日凌晨，降雨基本停止。

（1）长、短历时暴雨量

本次暴雨分布广，覆盖黄山市全境及周边市县，其特征是强度大、总量大、持续时间长。该次暴雨量接近自1930年以来6、7月份多年平均值总和，点雨量不少超历史水平，部分雨量站各不同降雨历时降水量见表2.3-12。

表2.3-12 1996年新安江流域部分雨量站点特征时段降水量统计表

站点	最大24 h			最大3 d			最大7 d			资料年限
	降水量（mm）	重现期（年）	排位	降水量（mm）	重现期（年）	排位	降水量（mm）	重现期（年）	排位	
三阳坑	300.4	70	1	579.0	>100	1	737.6	>100	1	1967—2018年
扬溪	309.6	40	2	536.5	>100	1	695.4	>100	1	1971—2018年
渔梁	220.2	35	2	402.8	>100	1	518.6	75	1	1957—2018年
芳田	314.5	30	2	606.2	100	1	766.0	75	1	1970—2018年
大连	262.8	15	5	553.5	100	1	665.8	40	3	1968—2018年
小川	233.6	50	1	452.0	100	1	555.2	50	2	1967—2018年
屯溪	164.9	5	9	334.7	65	2	383.7	10	7	1950—2018年
黄山	314.2	25	3	598.4	45	2	802.8	50	2	1951—2018年

（2）暴雨量级

19960701号洪水新安江流域最大3 d降水量约为380 mm，而根据表2.3-3，新安江流域最大3 d降水量的重现期基本达到或超过100年，认为本次暴雨量级为100年一遇。

2. 水情

1）水情概述

从6月29日到7月2日，新安江流域连续出现三次大暴雨，新安江干流及支流率水、横江、练江相继出现三次大洪峰，量级均位于自1949年以来前列，各河道连续数天保持高位，各站三天洪量均达到100年一遇。

2) 洪水过程

新安江干流屯溪站6月29日16时30分水位120.41 m，流量为249 m^3/s，7月1日8时30分出现最高水位127.85 m，洪峰流量为6 500 m^3/s，之后7月2日5时水位为127.58 m，流量为4 840 m^3/s，17时水位为127.55 m，流量为4 810 m^3/s。

练江干流渔梁站6月29日17时水位111.07 m，流量141 m^3/s，7月1日2时48分出现最高水位118.71 m，洪峰流量4 950 m^3/s，之后7月2日6时30分水位117.50 m，流量3 380 m^3/s，21时水位118.33 m，流量4 030 m^3/s。

率水干流月潭站6月29日16时水位137.49 m，流量90.7 m^3/s，7月1日9时30分出现最高水位144.49 m，洪峰流量2 420 m^3/s；横江干流万安站6月29日13时水位140.31 m，流量71.2 m^3/s，7月1日1时42分出现最高水位143.99 m，洪峰流量3 010 m^3/s。

3)洪水等级

新安江干流屯溪站最高洪水位为127.85 m，洪峰流量6 500 m^3/s，为自1949年以来第一大洪水、50年一遇洪水；率水月潭站最高洪水位为144.49 m，洪峰流量2 420 m^3/s，水位为自1949年以来最高、35年一遇洪水；横江万安站最高洪水位为143.99 m，洪峰流量3 010 m^3/s，为自1949年以来第一大洪水、50年一遇洪水；练江渔梁站最高洪水位为118.71 m，洪峰流量4 950 m^3/s，因丰乐水库起到了削减洪峰的作用，此次洪水是自1949年以来仅次于19690705号洪水的第二大洪水、40年一遇洪水；新安江水库水位由6月29日8时的100.81 m猛涨到7月3日的约107.34 m，两次开闸泄洪188.1 h，泄洪量13.38亿 m^3，为自建库以来之最。19960701号洪水屯溪站最大3 d洪量高达10.11亿 m^3，从历史资料分析，这是自1930年以来的最大值，接近百年一遇。见表2.3-13。

表2.3-13 新安江流域部分站点19960701号洪水等级分析统计表

站点	集水面积(km^2)	最高水位(m)	洪峰流量(m^3/s)	重现期(年)	水位排位	流量排位	资料年限
屯溪	2 670	127.85	6 500	50	1	1	1951—2018年
渔梁	1 599	118.71	4 950	40	2	2	1956—2018年
临溪	585	137.24	3 080	100	1	1	1988—2018年
月潭	954	144.49	2 420	35	1	2	1959—2018年
万安	869	143.99	3 010	50	1	1	1987—2001年

3. 灾情

本次洪水给新安江流域带来极大的灾害：歙县死亡12人，倒塌房屋4 200间，农作物受灾263 000亩，经济损失2.31亿元。徽州区丰乐河两岸的芝篁、琶村、石桥、富山、临河、信行等九个村被洪水围困，岩寺至潜口、洽舍、杨村、西溪南、洪坑等区内主要道路及至歙县、屯溪国道全部中断，道路多处塌方，民房倒塌，农作物受灾面积71 700亩，冲毁堤防3.5 km。休宁县农田成灾面积12万亩，水利设施损坏131处，倒塌民房247间，死亡4人，全县经济损失3.5亿元。屯溪周边河道两岸一片汪洋，城区50%的面积受淹，屯溪老街水深达2 m；原新大桥桥面上水2.58 m，江心洲全部淹没水中；街道持续48 h未退水，城区7万人受洪水围困达50 h之久；交通、供电、通信设施被冲毁，供水、供电中断，对外公路、铁路交通瘫痪，黄山机场关闭；企业停产，商店停业，大批水利设施毁坏严重，部分防洪护岸和许多城市基础设施遭受破坏，仅屯溪城区直接经济损失就达2.8亿元。在这场洪灾中，黄山市因灾死亡19人，直接经济损失近14亿元。

3.1.2.4 2013年

2013年6月30日，受强对流天气和黄山山脉地形抬升共同影响，新安江流域北部降特大暴雨，暴雨中心区域短历时降水重现期超百年。特大暴雨导致水位暴涨，河道两岸房屋受淹，山体滑坡多发，人员伤亡重，给百姓带来巨大的灾难。

1. 雨情

1）降雨实况

自 2013 年 6 月 30 日 5 时起，丰乐河丰乐水库上游区域开始普降暴雨和大暴雨，并向东漫延至富资水、布射水、双溪河、大源河等流域。本次短时暴雨最大累计降水量为徽州区富溪站的 215 mm，降水量较大的站点降雨情况见表 2.3-14。

表 2.3-14　新安江流域部分站点 2013 年 6 月 30 日时段雨量摘录表　　单位：mm

时段		时段降水量										
		丰乐水库流域				富资水流域		布射水流域		大源河流域		
起	讫	儒村	岗村	芳村	洽舍	富溪	许村	上丰	岑山	呈川	临溪	大源
5 时	6 时	0.5	0.0	1.0	1.0	5.0	0.0	0.0	0.0	0.0	0.0	0.0
6 时	7 时	7.5	8.0	7.0	13.0	6.0	6.5	5.5	3.5	10.5	0.0	0.0
7 时	8 时	19.0	12.0	17.0	19.0	23.0	6.0	11.0	26.5	19.5	0.0	0.0
8 时	9 时	51.5	64.0	47.0	23.0	48.0	23.0	26.0	56.0	28.0	5.5	2.0
9 时	10 时	49.5	38.0	42.0	83.0	92.0	27.0	29.5	28.0	33.5	20.5	12.5
10 时	11 时	0.0	3.0	10.0	32.0	33.0	46.0	59.5	45.5	57.0	27.5	14.5
11 时	12 时	0.0	0.0	1.0	0.0	0.0	0.0	0.5	0.0	1.0	47.5	55.0
12 时	13 时	1.5	1.0	2.0	1.0	1.0	0.5	0.0	0.0	0.0	1.0	35.0
13 时	14 时	5.0	4.0	3.0	2.0	1.0	9.0	3.5	3.0	2.5	3.0	3.5
14 时	15 时	3.0	4.0	4.0	4.0	5.0	4.0	4.0	3.0	3.0	2.0	2.0

2）暴雨时空分布

暴雨中心先在黄山南麓丰乐河流域上游，最大雨强出现在 8—10 时，之后暴雨中心向东偏北移动，富资水流域和布射水流域最大雨强出现在 10—11 时，大源河流域最大雨强出现在 11—12 时。

本次暴雨短历时强度极大，区域集中。黄山、宣城两市累计降水量超过 50 mm 降雨笼罩面积 0.90 万 km^2，超过 100 mm 降雨笼罩面积 0.24 万 km^2。暴雨中心区域丰乐水库上游富溪站、杨村站最大 1 h 降水量分别达 92.0 mm、93.0 mm。中心点富溪站最大 3、6 h 降水量分别达 173.0 mm、207.0 mm，均超百年一遇；杨村站最大 3 h 降水量超百年一遇，最大 6 h 降水量近百年一遇，洽舍站最大 3、6 h 降水量分别达到百年一遇。部分雨量站点特征时段降水量见表 2.3-15。

表 2.3-15　2013 年新安江流域部分雨量站点特征时段降水量统计表

站点	最大 1 h		最大 3 h		最大 6 h	
	降水量(mm)	重现期(年)	降水量(mm)	重现期(年)	降水量(mm)	重现期(年)
富溪	92.0	>100	173.0	>100	207.0	>100
洽舍	83.0	100	138.0	100	171.0	100
岑山	56.0	10 年左右	129.5	50 年左右	159.5	50
呈川	57.0		118.5		149.5	
上丰	59.5		115.0		132.0	10～20
儒村	51.5		120.0		128.0	
岗村	64.0		114.0		125.0	
芳村	47.0		106.0	10～20	124.0	
大源	55.0		104.5		122.5	
许村	46.0		96.0		108.5	

3）暴雨量级

20130630 号洪水各站点短历时暴雨量重现期均在 50 年以上，暴雨中心丰乐河上游区域甚至达到或超过百年一遇，故认为本次暴雨等级约为 50～100 年一遇。

2. 水情

受短历时超强降雨影响，山溪河流水位暴涨，河流两岸普遍受淹，山体滑坡多发，人员伤亡惨重。经调查，东坑口（流域面积 85.8 km^2）、篁村（流域面积 17.9 km^2）、桃源村（流域面积 20.2 km^2）、呈坎镇（流域面积 26.1 km^2）河道断面，洪峰流量分别为 677 m^3/s、201 m^3/s、234 m^3/s、244 m^3/s，洪峰模数分别为 7.89 $m^3/(s\cdot km^2)$、11.2 $m^3/(s\cdot km^2)$、11.6 $m^3/(s\cdot km^2)$、9.35 $m^3/(s\cdot km^2)$。经与《黄山市水文手册》百年一遇洪峰模数比较，本次洪水典型断面洪峰流量超过（达到或接近）百年一遇。暴雨中心下游丰乐水库 30 日 13 时 05 分出现最高水位 205.95 m，超汛限水位 4.95 m，经过反推计算，最大入库洪峰流量为 1 450 m^3/s，仅小于 1991 年 7 月 7 日入库洪峰流量（1 600 m^3/s），位于建库以来第 2 位。受丰乐水库泄洪和降雨的共同影响，练江渔梁站水位快速上涨，30 日 14 时水位 114.63 m，超警戒水位 0.13 m，18 时 06 分出现洪峰水位 115.89 m，超警戒水位 1.39 m，相应流量 3 000 m^3/s。

3. 灾情

20130630 号洪水虽然降雨范围不大，但导致的灾害却非常严重，强降雨导致山体滑坡、山洪暴发，房舍摧毁无数，道路沿河侧被掏空，桥梁被毁，特别是人员伤亡惨重，且多为山体滑坡所致。受灾最严重区域为杨村乡篁村和桃源村、呈坎镇呈坎村和容溪村小容组。呈坎镇呈坎村沿河护岸损毁严重，公路多处路面下被水掏空，一座新建的碣坝上游护坝被冲毁，洪水高于路面 50 cm，河岸边农田过水，庄稼倒伏。沿潨川河河道近 1 m 的呈坎镇街道，普遍受淹 1 m 以上。始建于明嘉靖年间（约 1542 年），至今 400 多年的古代建筑宝纶阁被淹近 2 m，村落一片狼藉。

容溪村小容组居民主要居住在山上小容溪下游源头，地势陡峭，坡度大多超 60°，很多房屋建在山坳两边，部分房屋跨溪建筑，阻水严重。沿溪两岸护岸冲毁严重，多处河道被沙石淤积。沿河公路大部分临水侧被水掏空，形成悬空“栈道”，沿溪多处房屋被山洪泥石流冲毁，位于小容溪上游源头的大部分房屋被泥石流带来的石块和泥沙淹没，有些被掩埋至屋顶，仅仅露出马头墙。村落地处河流源头，只有极小的集水面积（两个山坳坡面），一般情况下没有太大的径流（这也是此村落长期存在的原因），村头有 1 m 宽左右小溪，到了村尾就以暗道方式过水，但是本次暴雨雨强特别大，使山坳发生山体滑坡，几百年老树顺坡而下，水流裹挟石头、树木、泥土贯村而过，破坏力极大，若非及时撤离，绝无生还可能。此村落受降水影响，山上多处尚留有明显隙缝，存在滑坡隐患。伴随着强降雨，山洪泥石流发生在 6 月 30 日上午 9 时多，当时有老人听到山上异响，凭直觉预感危机在即，通知村干部（此时通信还未中断），组织大多数村民向山上疏散转移。居民转移数分钟后，泥石流就冲毁房屋，但还有 2 人不幸遇难。该村一位 90 多岁老人称，他们家族从安庆迁移到这里 13 代，从未见过这么大的洪水。

桃源河小流域沿线的杨村乡篁村受灾最重，沿河两岸护岸几乎全部受损，公路路面下大半被水掏空，沿岸房屋绝大部分进水，篁村村委会 4 层大楼等几处建在山洪沟口（山村地基紧张）的房屋一层几乎完全被顺山沟而下的山洪泥石流淹埋。据村民介绍，7 时开始下雨，9—10 时雨强最大（和雨量遥测数据较为一致）。山洪泥石流过程约 2 h，涨落速度极快，上午 9 时多涨上路面，约 11 时洪峰退去。泥石流发生在河流洪峰之前，为了躲避洪水，居民向后山转移，但后山山体滑坡，让人防不胜防。

因农饮工程供水管网被洪水冲刷而裸露，取水工程取水口被冲毁，堰坝被堵塞，居民自取山泉水饮用。在取水困难的地方，水利部门组织了临时供水车进行应急供水。

伴随着山体滑坡、房舍冲毁，洪水过程向下游输移了大量漂浮物，聚集下游库区。丰乐水库洽舍段有大量漂浮物（205 国道 1 590 km 附近），除了植物和树木，还有动物尸体，成为水源污染的隐患。

3.1.2.5 2016 年

1. 雨情

1）降雨实况

2016 年 6 月 18—19 日，新安江流域普降大到暴雨，其中横江和率水流域降大暴雨，全域累计降水量为 143.0 mm，区域降水量见表 2.3-16，强降雨主要发生在 19 日 7—21 时，其间时段降雨详见表 2.3-17。

表 2.3-16　20160619 号洪水流域降雨实况　　单位：mm

区域	率水流域	横江流域	练江流域	其他区域	月潭以上	全流域
降水量	207.6	195.0	118.0	91.0	262.0	143.0

表 2.3-17　2016 年 6 月 19 日新安江流域时段降水量(节选)　　单位：mm

起	讫	时段降水量					
		率水流域	横江流域	练江流域	其他区域	月潭以上	全流域
7 时	8 时	7.8	2.3	0.7	1.1	10.3	2.8
8 时	9 时	13.9	4.3	1.2	2.6	19.0	5.2
9 时	10 时	13.2	16.1	4.8	4.4	18.2	8.5
10 时	11 时	23.7	15.8	10.1	5.8	32.6	12.8
11 时	12 时	16.8	16.5	11.2	6.3	17.0	11.7
12 时	13 时	11.8	5.7	8.2	9.8	10.4	9.2
13 时	14 时	17.2	6.1	3.3	4.6	21.6	7.5
14 时	15 时	17.0	7.1	5.1	11.8	21.3	10.5
15 时	16 时	7.7	7.5	3.1	8.7	7.5	6.8
16 时	17 时	2.1	9.4	7.3	8.2	2.0	6.7
17 时	18 时	0.6	9.0	11.1	1.4	0.8	4.9
18 时	19 时	4.3	7.1	8.5	1.9	5.9	5.0
19 时	20 时	3.6	5.4	2.5	3.0	2.9	3.4
20 时	21 时	7.8	3.2	1.7	2.2	10.4	3.6

2）暴雨时空分布

时间上，本次暴雨在 18 日和 19 日分别降雨两次，主要以 19 日的降雨为主；空间上，本次暴雨降水量西多东少，暴雨中心位于率水源头，监测累计最大点降水量为休宁田里站的 361.0 mm。

3）长、短历时暴雨量

本次暴雨主要分布在率水和横江流域，其中率水上游降雨强度尤其大，部分站点雨量超 50 年一遇，部分站点特征时段降水量见表 2.3-18。

表 2.3-18　2016 年新安江流域特征时段降水量统计表

站点	最大 6 h		最大 12 h		最大 24 h	
	降水量(mm)	重现期(年)	降水量(mm)	重现期(年)	降水量(mm)	重现期(年)
董坑坞	119.0	—	122.5	—	238.0	—
四门	170.0	25	236.0	40	305.5	40
田里	196.5	>50	256.0	>50	313.5	45
大连	192.5	>50	230.0	30	291.0	—
黟县	138.0	—	160.0	—	285.0	—
西武	126.5	—	179.5	—	323.5	50
月潭以上流域	121.0	—	167.0	—	229.0	—

4)暴雨量级

依照表 2.3-18 的统计分析成果，横江流域和率水流域本次暴雨量级在 20～50 年一遇，其中率水上游区域暴雨量级达到 40 年一遇，尤其是源头靠近分水岭的区域超 50 年一遇。

2. 水情

1) 洪水过程

新安江干流屯溪站6月18日21时水位为122.35 m,流量为114 m^3/s,6月20日1时12分出现最高水位125.37 m,洪峰流量4 290 m^3/s;率水干流月潭站6月18日21时30分水位136.56 m,流量45.6 m^3/s,6月20日5时30分出现最高水位144.44 m,洪峰流量2 460 m^3/s,水位为建站以来第2位,仅次于1996年,流量为建站以来最大;横江休宁站6月19日2时水位为134.85 m,6月19日23时06分出现最高水位138.85 m。

2) 洪水重现期

经过对实测水文资料和调查资料的细致分析:20160619号洪水新安江干流屯溪站洪峰流量4 290 m^3/s,重现期为6年;率水月潭站洪峰流量2 460 m^3/s,为自设站以来第一大洪水,重现期为40年;横江休宁站推算洪峰流量1 530 m^3/s,为一般性洪水;率水上游调查点车田、呈村、上福州调查洪峰流量分别为760 m^3/s、1 380 m^3/s、1 910 m^3/s,重现期约为40年。详见表2.3-19。

表2.3-19 20160619号洪水等级分析统计表

站点	集水面积(km^2)	最高水位(m)	洪峰流量(m^3/s)	洪峰模数[$m^3/(s\cdot km^2)$]	重现期(年)
屯溪	2670	125.37	4 290	1.61	6
月潭	954	144.44	2 460	2.58	40
车田	106	255.8	760	7.17	40
呈村	290	239.36	1 380	4.76	40
上福州	416	207.23	1 910	4.59	40

注:车田、呈村、上福州的成果为调查所得。

3. 灾情

这次暴雨洪水给率水河上游带来较严重灾害,影响范围包括休宁县鹤城镇、汪村镇、流口镇、溪口镇、板桥镇、陈霞镇以及祁门县凫峰镇。历史罕见的大雨造成河道水位陡涨,沿河道路、农田、护岸、碣坝等基础设施严重受损,供水、供电、通信等全部中断,沿河绝大多数房屋受淹,民房倒塌、损失严重。据休宁县民政部门统计,此次洪灾已造成全县乡镇5.8万人受灾,紧急转移安置6 700余人,直接经济损失1.68亿元。

3.1.2.6 2020年

1. 全域概述

2020年6月以来,安徽省新安江流域连续多次出现暴雨、大暴雨天气。7月6日20时至7日20时域内再次普降大暴雨,局部特大暴雨,全域面平均雨量为175.6 mm,其中练江流域175.0 mm,横江流域187.3 mm,黄山市中心城区以上流域194.0 mm。

降雨自流域北部开始,自北向南发展至全流域,练江、横江、昌源河、棉溪河等河流暴雨主要发生在6日夜间,率水及域内东南部诸河暴雨主要发生在7日白天。从6日21时起至7日9时止,全域范围连续12 h降雨强度保持在5 mm/h以上,其中7日6—7时雨强近20 mm/h。

此次降雨强度高、总量大、持续时间长、覆盖范围广,历史罕见。

受强降雨影响,加之前期下垫面已经极度饱和,域内各干支流均发生大洪水,其中练江更是发生了50年一遇的罕见大洪水,给域内居民带来巨大的灾害。歙县城区沿河区域遭洪水淹没导致7日高考取消,居民商户损失惨重,黄山市屯溪区有着近500年历史的古桥——镇海桥被洪水冲毁。

据相关部门统计,本次暴雨洪水中,黄山市受灾人口567 438人,农作物受灾面积27 273公顷,转移人口156 935人,直接经济总损失565 609.394万元,其中水利工程设施直接经济损失42 974.30万元。绩溪县受灾人口95 688人,农作物受灾面积2 362.4公顷,转移人口9 144人,直接经济总损失34 520万元,其中水利工程设施直接经济损失 8 994 万元。详见表 2.3-20。

表 2.3-20　2020 年新安江流域涉及区县洪涝灾害基本情况统计表

地区	区县	受灾人口（人）	农作物受灾面积（公顷）	转移人口（人）	直接经济总损失（万元）	水利工程设施直接经济损失（万元）
黄山市	屯溪区	16 954	995.2	1 154	27 109.884	825
	徽州区	49 100	3 365.0	7 794	31 865	8 500
	歙县	205 750	9 583.0	70 397	370 828	12 155
	休宁县	72 232	4 058.8	17 846	31 567.3	7 115
	黟县	59 367	1 705.0	10 154	31 886.96	3 808
宣城市	绩溪县	95 688	2 362.4	9 144	34 520	8 994

注：绩溪县和黟县统计成果包括其境内属长江流域的区域。

2. 练江流域

1）雨情

（1）降雨实况

7 月 6 日 20 时至 7 日 8 时，练江流域普降大暴雨、特大暴雨，区域平均雨量 163 mm。从 6 日 21 时起至 7 日 7 时止，全域范围连续 10 h 降雨强度保持在 10 mm/h 以上，其中 7 日 1—2 时雨强最大(38 mm/h)，上丰、许村、溪头等站 1 h 雨量均超 50 mm。本场降雨 12 h 雨量仅次于 19690705 号洪水，为有实测记录以来第 2 位。降雨强度之大、持续时间之长、总量之大实为历史罕见。

（2）暴雨时空分布

7 月 6 日夜间练江持续高强度降雨，除徽州区和歙县的城区周边区域外，12 h 降水量均达特大暴雨量级。

（3）短历时暴雨量

本次暴雨分布广，强度大，点雨量不少超历史水平，各主要雨量站各不同降雨历时降水量见表 2.3-21。

表 2.3-21　2020 年练江流域部分雨量站点特征时段降水量统计表雨量　　单位：mm

县(市、区)	站名	最大 1 h	最大 2 h	最大 3 h	最大 6 h	最大 12 h
歙县	黄村	66.5	79.5	134.0	169.0	208.5
歙县	溪头	67.0	79.5	130.5	167.5	207.0
徽州区	丰乐	56.0	96.5	119.0	159.0	179.5
徽州区	张村村	66.5	98.5	110.5	156.5	203.5
徽州区	下杨干	51.0	92.0	115.5	156.5	175.0
徽州区	篁村	56.5	72.0	84.0	144.0	209.0
绩溪县	临溪	38.0	73.0	95.0	144.0	184.0
歙县	岑山	43.0	70.0	82.5	143.0	167.5
歙县	许村	51.0	73.0	101.0	142.5	181.5
歙县	上丰	61.0	780	101.5	142.0	196.5
歙县	五昌庙	49.0	79.5	92.0	140.0	173.5
绩溪县	伏岭下	37.0	54.5	82.5	132.5	145.5
绩溪县	扬溪	39.0	59.0	80.0	132.5	142.5
绩溪县	绩溪	47.0	59.0	72.0	130.5	184.5
绩溪县	龙川	47.5	54.5	71.5	127.0	166.0

（续表）

县(市、区)	站名	最大 1 h	最大 2 h	最大 3 h	最大 6 h	最大 12 h
徽州区	呈坎	51.5	73.0	88.0	126.5	160.0
歙县	呈川	41.0	61.5	68.0	126.5	156.0
徽州区	梅川村	36.5	61.5	82.0	123.0	168.5
绩溪县	大源	30.5	57.5	71.0	123.0	134.5
徽州区	蜀源	36.0	60.0	82.0	121.0	135.5
歙县	大谷运	38.0	58.0	73.0	120.0	161.0
徽州区	新田	35.5	61.5	66.0	112.5	144.5
徽州区	潜口	33.5	60.0	80.5	101.0	118.5

（4）暴雨量级

20200707 号洪水练江流域各站最大 3、6、12 h 降水量均达历史前列，许多站点重现期达到甚至超过 50 年，综合分析练江流域本次暴雨等级为 50 年一遇。

2）水情

受强降雨影响，练江四条支流扬之水、丰乐水、富资水、布射水均发生大洪水。

练江渔梁站 7 日 0 时起涨水位为 113.03 m，之后水位即迅猛上涨，其中 7 日 2 时到 4 时间的 2 h，断面水位涨幅超过 2 m。7 日 3 时水位 114.85 m，超警戒水位 0.35 m；7 日 4 时水位 115.83 m，超过警戒水位 1.33 m。7 日 5 时水位 116.59 m，超过警戒水位 2.09 m。9 时 18 分洪峰水位 118.31 m，超警戒 3.81 m，洪峰流量 5 100 m^3/s，洪水等级 50 年一遇。本次洪水洪峰水位低于 1969 年（120.74 m）、1996 年（118.71 m），但因洪峰段未受新安江干流顶托影响，洪峰流量大于 1996 年。

扬之水临溪站自 6 日 23 时起快速上涨，起涨水位 131.01 m，7 日 0—1 时水位涨幅 1.21 m，7 日 5 时 50 分洪峰水位 136.93 m，洪峰流量 2 630 m^3/s，洪水等级为 50 年一遇。

丰乐水库 12 h 面雨量 161.0 mm。强降雨导致水库上游各支流洪水快速上涨，最大入库流量达 1 300 m^3/s。通过科学合理调度，丰乐水库出库流量基本控制在 700 m^3/s 以下，水库错峰削峰作用大，大大减轻了下游压力。丰乐水徽州站水位自 7 日 1 时起快速上涨，起涨水位 123.04 m，7 日 10 时 18 分洪峰水位 125.06 m，洪峰流量 1 150 m^3/s。

3）灾情

本次洪水给练江流域带来极大的灾害：歙县城区包括开发区、政务区、商贸城在内多处遭洪水淹没，最深处达 3 m，给当地居民、企业、商铺造成了巨大的损失，洪水还导致 7 日歙县的高考取消，很多基础设施和水利设施遭受破坏。除此以外，暴雨引发的山洪造成山体塌方等地质灾害，并导致部分道路中断，村庄房屋受损，人员被迫转移。歙县直接经济总损失 370 828 万元，其中水利工程设施直接经济损失 12 155 万元，共有 292 处护岸、72 座塘坝、10 处灌溉设施、2 座水文测站和 310 处其他水利设施遭到毁坏；徽州区直接经济总损失 31 865 万元，其中水利工程设施直接经济损失 8 500 万元，共有 254 处护岸遭到毁坏；绩溪县直接经济总损失 34 520 万元，其中水利工程设施直接经济损失 8 994 万元。

3. 横江流域

1）雨情

（1）降雨实况

自 2020 年 6 月以来，横江流域连续多次出现暴雨、大暴雨天气，截至 7 月 7 日，总雨量为 987.0 mm，是常年同期的 2.2 倍。7 月 2 日以来横江连续降暴雨、大暴雨，7 月 2—7 日降水量为 450.0 mm。7 月 6 日 20 时至 7 日 8 时，横江普降大暴雨，12 h 累计降水量为 140.0 mm，黟县、西武、兰田等站最大 1 h 降水量均大于等于 58 mm，最大 2 h 降水量均超 110 mm。

(2) 暴雨时空分布

7 月 6 日夜间横江持续高强度降雨，北部上游区域较大，部分区域 12 h 降水量超 200 mm，南部则相对较小，不足 100 mm。流域最强降雨出现在 7 日 4—7 时。

(3) 短历时暴雨量

本次暴雨分布广、强度大，点雨量不少超历史水平，各主要雨量站各不同降雨历时降水量见表 2.3-22。

表 2.3-22　部分雨量站点特征时段降水量统计表　　单位：mm

县(市、区)	站名	最大 1 h	最大 2 h	最大 3 h	最大 6 h	最大 12 h
黟县	黟县	64.5	128.5	139.5	196.0	227.5
黟县	梧村	61.5	118.5	134.0	194.0	239.0
休宁县	兰田	73.5	124.0	135.0	180.5	224.5
休宁县	南塘	53.0	99.0	119.0	172.5	191.5
黟县	叶村	64.5	109.5	120.5	162.0	200.0
黟县	西武	58.0	110.0	117.5	159.5	195.5
休宁县	儒村	54.5	72.5	86.0	138.5	200.5
黟县	丰登	39.5	60.0	76.0	108.5	150.0
黟县	芳田	32.0	49.5	60.5	105.0	132.0
黟县	东方红	39.0	62.5	78.0	102.0	149.5

(4) 暴雨量级

20200707 号洪水横江流域北部各站最大 3、6、12 h 降水量均达历史前列，多数站点重现期达到 20 年，部分站点重现期达到甚至超过 50 年，综合分析横江流域本次暴雨等级为 20～50 年一遇。

2) 水情

受强降雨影响，6 月份以来横江已发生 5 场洪水。7 月 7 日发生大洪水，洪水等级为该年最高，同时也是 1987 年之后横江干流发生的第二大洪水，仅次于 19960701 号洪水。

横江休宁站 7 日 1 时起涨水位 135.98 m，之后水位即迅猛上涨，7 日 3 时到 5 时 2h 水位涨幅 1.65 m，4 时到 5 时水位涨幅 1.01 m，7 时 30 分水位上涨至警戒水位(139.60 m)，12 时到达洪峰，洪峰水位 140.81 m，洪峰流量 2 800 m^3/s，洪水重现期约为 30 年。

峡溪新亭站 6 日 23 时起涨水位 162.78 m，之后水位快速上涨，最大 1 h 涨幅达 1.27 m，7 日 7 时 36 分洪峰水位 167.06 m，洪峰流量 1 100 m^3/s，洪水重现期约为 20 年。

3) 灾情

本次洪水给横江流域带来很大的灾害，直接导致横江上有着近 500 年历史的古桥——镇海桥被冲毁。除此以外，暴雨引发的山洪造成山体塌方等地质灾害，并导致部分道路中断，村庄房屋受损，人员被迫转移。休宁县直接经济总损失 31 567.3 万元，其中水利工程设施直接经济损失 7 115 万元，共有 312 处护岸、40 座塘坝、3 座机电井、1 座机电泵站和 3 座小型水电站遭到毁坏；黟县直接经济总损失 31 886.96 万元，其中水利工程设施直接经济损失 3 808 万元，共有 36 处护岸、20 座塘坝、1 处灌溉设施和 5 座水文测站遭到毁坏。

4. 黄山市中心城区

1) 降雨实况

自 2020 年 6 月以来，黄山市中心城区以上流域连续多次出现暴雨、大暴雨天气。7 月 6 日 20 时至 7 日 20 时，中心城区以上的横江、率水流域先后普降暴雨、大暴雨，局部特大暴雨，流域累计降雨194.0 mm。

本次暴雨由北向南发展，6 日夜间强降雨主要发生横江流域，7 日 7 时起转移至率水流域，最终形成全流域大暴雨，许多站点最大 12 h 降水量已达到或超过特大暴雨标准。其间最强降雨出现在 7 日 6—7 时，雨强达到 25.7 mm/h。

2）洪水分析

受强降雨影响，新安江屯溪站7日6时起涨水位122.75 m，11时达警戒水位124.8 m，16时24分到达洪峰，洪峰水位126.51 m，超警戒水位1.71 m，洪峰流量5 160 m^3/s，洪水重现期为15年。

2020年汛期月潭水库空库运行，但仍起到了一定的错峰削峰滞洪作用。水库上游24 h面雨量197.0 mm，最大入库流量达2 300 m^3/s。最大出库流量1 800 m^3/s，削减洪峰20%以上，6日23时至7日9时共拦蓄洪水约5 000万 m^3，减轻了下游的压力。率水月潭站7日6时起涨水位137.93 m，8日4时30分到达洪峰，洪峰水位142.89 m，洪峰流量1 780 m^3/s。

3）灾情

受洪水影响，黄山市中心城区沿河部分区域因河水经排水管等倒灌而出现积水，导致包括屯溪老街在内的沿河低洼地段被洪水淹没。屯溪区直接经济损失27 109.884万元，其中水利工程设施直接经济损失825万元，共有7处护岸、3处其他水利设施遭到毁坏。

3.2 阊江流域

3.2.1 概述

3.2.1.1 流域概况

1. 自然地理特征

安徽省境内阊江流域（以下简称阊江流域）面积为1 599.7 km^2，位于皖南山区，地貌以山地丘陵为主，中山、低山、丘陵、山间盆地和狭窄的河谷平畈相互交织，呈网状分布。地势北高南低，是除新安江流域外，黄山局辖区另一个较大的暴雨闭合区，流域内河溪众多、水利资源丰富，现植被覆盖率为76.70%。

本流域属亚热带季风气候，四季分明，气候温和，无霜期长，雨量充沛。暴雨类型主要有锋面型暴雨、低压型暴雨、台风外围型暴雨和对流单体形暴雨，其中以锋面型和低压型暴雨居多，降水强度大，雨量集中，4—7月降水量约占年总量的60%，降水的年际年内分配极不均匀。

2. 水利工程

阊江流域没有大型水利工程，但小型水利工程较多。其中芦溪水文站断面以上流域有小(1)型水库1座、小(2)型水库11座，总库容达341.4万 m^3，总集水面积为30.5 km^2，占流域面积的30.9%，流域内有排灌提水85处装机，总容量达1 293.2 kW，总的灌溉面积达6 948亩，小水电123处，装机159台，装机总量达3 585.7 kW。

3. 河流水系

阊江，又名阊江河，是昌江河在安徽省祁门县境内的称呼，主要分为大洪水和大北水两条支流。阊江发源于安徽省祁门县大洪岭深处，称柏溪河，向南流经祁门县城，汇金字牌河，河道转向东南，称大洪水，在芦溪乡倒湖汇大北水，继续向下流淌约2 km即出安徽省，入江西省，安徽省境内全长82.5 km。阊江流域特征值见表2.3-23。

表2.3-23 阊江流域特征值表

流域名称	流域面积(km^2)	流域平均高程(m)	流域长度(km)	流域平均宽度(km)	流域平均坡度(°)
阊江	1 599.7	305.8	52.9	30.2	15.3
流域形状系数	主河道长(km)	河道平均坡度(‰)	面积坡度(dm/km^2)	河网总长度(km)	河网密度(km/km^2)
0.571	82.6	1.52	2.97	1 325.2	0.83

4. 水文测站

阊江流域水文部门设有各种观测站20个。其中水文/水位站3个（站网密度533.2 km^2/站），包括基本水文站1个（芦溪站），中小河流新建水文站1个（祁门站），水位站1个（祁门水位站）；雨量站17个（站网密度为94.1 km^2/站）。阊江流域水文站网分布较合理，站网密度较大，基本能控制流域水文特性的变化规律。主要水文站简介如下。

1）芦溪水文站

芦溪水文站是阊江上游大洪水上的控制站，位于皖南山区祁门县芦溪乡樟村，设于1958年5月31日，流域面积为988 km^2。

该站属于山溪性河流，高水受下游弯道控制，枯水受水草生长影响，断面无冲淤变化，无分流、漫滩，两岸无决口现象，水位流量关系为单一线。

该站原有测验项目为雨量、蒸发、水位、流量，现有雨量、蒸发、水位项目，流量于2015年停测，其中蒸发为委托观测，雨量、水位为遥测。主要测验设施有E601型蒸发皿、人工观测水尺、自记水位计、比降水尺、电动缆道、翻斗式雨量计，以缆道流速仪法测流为主。

2）祁门水文站

祁门水文站是阊江上游大洪水上的防汛专用站，位于祁门县城下游，具体位置为祁门县祁山镇黎明村，设于2015年1月，流域面积382 km^2。

该站属于山溪性河流，高水受下游弯道控制，枯水受水草生长影响，断面无冲淤变化，无分流、漫滩，两岸无决口现象，水位流量关系为单一线。该站现有雨量、水位、流量、墒情等测验项目，其中墒情、流量为人工测验，雨量、水位为遥测。主要测验设施有人工观测水尺、自记水位计、比降水尺、电动缆道、流速仪、电波流速仪、翻斗式雨量计，以缆道流速仪法测流为主。

3.2.1.2 暴雨特性

阊江流域暴雨类型主要为锋面型暴雨、低压型暴雨、台风外围型暴雨和对流型暴雨，呈现出强度大、历时短、降水集中的特点。以锋面型暴雨和低压型暴雨居多，一般6月上旬及之前出现的暴雨多为锋面型暴雨，6月中旬至7月上旬多为低压型暴雨。

从时间上来看，暴雨历时一般为2～4 d，短的仅几小时。从空间上来看，一般，暴雨量呈现东北多西南少的态势，即北部靠近黄山山脉的区域暴雨量较多，西南侧靠近省界的区域暴雨量较少。

3.2.1.3 洪水特性

阊江流域内洪水均由降雨造成，洪水的季节特点、时空变化与降雨基本一致。流域内河流属山区性河流，河道坡度大，洪水陡涨陡落，有“四大、两快、一短”的特征，即流速大、冲刷力大、含沙量大及破坏力大，洪水过程涨得快、落得快、历时短。6、7月份梅雨期，尤其是6月下旬至7月上旬为洪水多发期，往往出现峰高量大的洪水，易致涝成灾。小流域洪水一般持续1～2 d，大、中流域次洪历时一般为3～5 d。8、9月份亦有洪水发生，多为台风雨形成，但一般量级较小。

3.2.1.4 洪水灾害

本次分析共选编了阊江流域的5场洪水，分别是19690705号、19820621号、19960701号、19980626号、19990630号洪水，其中19960701号洪水为自1949年以来阊江干流芦溪段最大的一场洪水。5场暴雨洪水的详细介绍以发生先后顺序列在下一章节。

自1949年以来芦溪站较大洪水最高水位、最大流量排位详见表2.3-24。

表2.3-24 自1949年以来阊江流域芦溪站较大洪水情况简表

年份	最高水位(m)	水位排位	最大流量(m^3/s)	流量排位
1959年	78.50	4	2 190	7
1969年	78.23	7	2 290	5
1973年	76.71	—	1 970	10
1982年	77.59	10	2 410	3
1993年	77.26	—	2 130	9
1995年	77.65	9	2 140	8
1996年	80.75	1	3 540	1
1998年	78.46	5	2 350	4

（续表）

年份	最高水位(m)	水位排位	最大流量(m^3/s)	流量排位
1999 年	79.32	2	2 780	2
2008 年	78.38	6	2 280	6
2016 年	78.91	3	2 580	—
2017 年	77.99	8	2 180	—

3.2.2 典型年洪水

3.2.2.1 1969 年

1969 年 6 月 23 日—7 月 15 日，阊江流域梅雨连续不断，总降水量达 840.4 mm，雨量之大为历年罕见。其中 7 月 4—5 日，流域发生特大暴雨，加之前期降雨丰沛，下垫面湿润，致使流域内发生大洪水。这场暴雨洪水中，阊江流域最大 24 h 雨量超 150 mm，干流芦溪站断面水位暴涨近 10 m，暴雨量之多、强度之大、水位之高，难得一见。

1. 雨情

1）降雨实况

1969 年 6、7 月份阊江流域降雨连绵，尤其是 6 月下旬和 7 月上中旬持续降雨且暴雨频发。1969 年 6 月 23 日—7 月 15 日流域内有资料站点降雨情况见表 2.3-25。

表 2.3-25　1969 年 6 月 23 日—7 月 15 日阊江流域降雨实况　　单位：mm

日期	日降水量					
	联枫	祁门	汉口	芦溪	历口	平均
6 月 23 日	94.6	122.1	196.8	179.0	123.7	143.2
6 月 24 日	30.0	41.8	70.6	60.1	41.3	48.8
6 月 25 日	0.0	0.0	0.0	0.0	0.1	0.1
6 月 26 日	0.0	0.1	0.0	0.0	0.0	0.1
6 月 27 日	4.8	3.0	3.2	2.3	2.9	3.2
6 月 28 日	83.2	46.8	46.5	44.0	72.3	58.6
6 月 29 日	106.0	58.5	53.9	59.3	121.2	79.8
6 月 30 日	5.5	13.0	8.2	23.9	6.3	11.4
7 月 1 日	49.7	73.0	82.7	96.9	56.8	71.8
7 月 2 日	2.7	0.3	0.7	0.3	1.7	1.1
7 月 3 日	0.8	0.3	0.0	0.0	0.3	0.3
7 月 4 日	130.5	133.0	29.9	29.5	45.0	73.6
7 月 5 日	52.5	81.4	131.2	151.7	39.6	91.3
7 月 6 日	54.0	14.0	24.6	10.1	24.5	25.4
7 月 7 日	50.4	36.9	40.1	67.1	49.1	48.7
7 月 8 日	5.7	6.1	1.2	2.0	8.4	4.7
7 月 9 日	6.2	15.3	12.6	10.7	4.5	9.9
7 月 10 日	60.5	65.8	62.5	85.5	51.6	65.2
7 月 11 日	10.1	4.7	2.2	1.9	2.1	4.2
7 月 12 日	16.3	7.1	1.8	2.2	12.6	8.0

（续表）

<table>
<tr><th rowspan="2">日期</th><th colspan="6">日降水量</th></tr>
<tr><th>联枫</th><th>祁门</th><th>汊口</th><th>芦溪</th><th>历口</th><th>平均</th></tr>
<tr><td>7月13日</td><td>27.3</td><td>21.3</td><td>46.2</td><td>53.6</td><td>19.6</td><td>33.6</td></tr>
<tr><td>7月14日</td><td>0.6</td><td>0.3</td><td>0.0</td><td>0.1</td><td>0.0</td><td>0.3</td></tr>
<tr><td>7月15日</td><td>51.5</td><td>47.5</td><td>59.4</td><td>86.8</td><td>40.9</td><td>57.2</td></tr>
<tr><td>合计</td><td>842.9</td><td>792.3</td><td>874.3</td><td>967.0</td><td>724.5</td><td>840.4</td></tr>
</table>

19690705 号洪水中，阊江流域主要造峰雨发生在 7 月 4 日 14 时—7 月 5 日 14 时，其间全流域降雨超 150 mm，详见表 2.3-26。

表 2.3-26　1969 年 7 月 4—5 日阊江流域降雨实况　　单位：mm

<table>
<tr><th rowspan="2">日期</th><th colspan="2">时段</th><th colspan="4">时段降水量</th></tr>
<tr><th>起</th><th>讫</th><th>联枫</th><th>汊口</th><th>芦溪</th><th>历口</th></tr>
<tr><td rowspan="10">7月4日</td><td>14时</td><td>15时</td><td rowspan="6">19.0</td><td rowspan="6">11.0</td><td rowspan="4">1.0</td><td rowspan="4">0.0</td></tr>
<tr><td>15时</td><td>16时</td></tr>
<tr><td>16时</td><td>17时</td></tr>
<tr><td>17时</td><td>18时</td></tr>
<tr><td>18时</td><td>19时</td><td>6.7</td><td rowspan="2">1.7</td></tr>
<tr><td>19时</td><td>20时</td><td>5.9</td></tr>
<tr><td>20时</td><td>21时</td><td rowspan="4">55.1</td><td rowspan="4">4.5</td><td rowspan="4">2.6</td><td>9.4</td></tr>
<tr><td>21时</td><td>22时</td><td rowspan="3">1.6</td></tr>
<tr><td>22时</td><td>23时</td></tr>
<tr><td>23时</td><td>24时</td></tr>
<tr><td rowspan="14">7月5日</td><td>0时</td><td>1时</td><td rowspan="2">0.0</td><td rowspan="2">0.0</td><td rowspan="2">0.0</td><td>0.0</td></tr>
<tr><td>1时</td><td>2时</td><td>1.4</td></tr>
<tr><td>2时</td><td>3时</td><td rowspan="6">56.2</td><td rowspan="6">14.0</td><td></td><td>4.9</td></tr>
<tr><td>3时</td><td>4时</td><td>5.8</td><td>0.3</td></tr>
<tr><td>4时</td><td>5时</td><td rowspan="2">1.9</td><td>3.4</td></tr>
<tr><td>5时</td><td>6时</td><td>12.8</td></tr>
<tr><td>6时</td><td>7时</td><td>3.4</td><td>3.8</td></tr>
<tr><td>7时</td><td>8时</td><td>2.0</td><td>3.2</td></tr>
<tr><td>8时</td><td>9时</td><td rowspan="6">29.5</td><td rowspan="6">124.6</td><td>21.0</td><td>3.5</td></tr>
<tr><td>9时</td><td>10时</td><td>34.7</td><td>1.2</td></tr>
<tr><td>10时</td><td>11时</td><td>40.5</td><td>6.0</td></tr>
<tr><td>11时</td><td>12时</td><td>32.7</td><td>9.7</td></tr>
<tr><td>12时</td><td>13时</td><td>8.7</td><td>4.9</td></tr>
<tr><td>13时</td><td>14时</td><td>0.8</td><td>3.3</td></tr>
<tr><td colspan="3">合计</td><td>159.8</td><td>154.1</td><td>167.7</td><td>71.1</td></tr>
</table>

2）暴雨时空分布

由表 2.3-26 可知，本次暴雨首先从流域北部开始，4 日下午北部联枫开始明显降雨，然后暴雨依次向南发展。联枫的最强降雨发生在 4 日夜间，汉口和芦溪的最强降雨发生在 5 日上午，5 日 14 时后流域强降雨渐止。

从空间上来说，大洪水流域降水量较大，大北水流域降水量较少。

3）长、短历时暴雨量

本次暴雨涵盖全流域，最大 3、6、12、24 h 暴雨量位于有资料以来前列。芦溪站短历时暴雨量见表 2.3-27。

表 2.3-27　1969 年芦溪站短历时暴雨量统计表

站点	最大 180 min			最大 360 min			最大 720 min			最大 1 440 min			资料年限
	降水量（mm）	重现期（年）	排位	降水量（mm）	重现期（年）	排位	降水量（mm）	重现期（年）	排位	降水量（mm）	重现期（年）	排位	
芦溪	112.1	15	5	139.6	10	4	164.9	8	5	211.5	10	5	1965—2018 年

4）暴雨量级

19690705 号洪水中，芦溪站最大 3、6、12、24 h 暴雨量位于有资料以来前列，重现期约为 10 年，故认为本次暴雨等级为 10 年一遇。

2. 水情

由于 1969 年 6、7 月间阊江流域内接连发生的多场暴雨，阊江干流洪水频发，水位一直居高不下。大洪水芦溪站断面 6 月 24 日至 7 月 21 日期间共出现 5 次较明显的洪峰，水位一直维持在 68.00 m 以上。5 次洪峰中出现在 7 月 5 日 17 时的洪峰等级最高，洪峰水位 78.23 m，涨幅 9.68 m，洪峰流量 2 290 m^3/s，重现期约为 10 年，与暴雨重现期相当。

3.2.2.2　1982 年

1. 雨情

1）降雨实况

19820621 号洪水的降雨自 6 月 19 日至 21 日历时 3 d，连续发生 3 场暴雨，覆盖整个阊江流域及周边地区。据水文资料统计，阊江流域平均雨量 272.5 mm，其间流域降雨情况见表 2.3-28。

表 2.3-28　1982 年 6 月 19—21 日阊江流域降雨实况

日期站点	降水量(mm)			
	6 月 19 日	6 月 20 日	6 月 21 日	累计
大洪岭	32.7	223.0	65.5	321.2
联枫	30.6	307.1	42.1	379.8
祁门	38.6	222.2	22.1	282.9
北坑	53.3	236.7	15.2	305.2
寺前	35.3	251.0	28.3	314.6
乔山	50.4	172.6	10.6	233.6
汉口	62.9	148.4	10.5	221.8
贵溪	48.7	178.0	14.6	241.3
舍会山	52.3	136.2	16.0	204.5
芦溪	54.9	158.4	8.9	222.2
历口	30.5	218.0	21.7	270.2
平均	44.6	204.7	23.2	272.5

2）暴雨时空分布

将当时有实测资料的 10 个雨量站 6 月 19—21 日时段降水量算数平均，得到流域时段降水量过程。本次暴雨持续时间 2 d，但强降雨主要出现在 20 日，分为 2 场；第一场暴雨 20 日早晨开始，至 20 日下午基本暂停，其间流域面雨量超 110 mm；第二场暴雨自 20 日夜间开始，到 21 日凌晨结束，其间流域面雨量超 80 mm；至 21 日夜间，降雨基本停止。

3）长、短历时暴雨量

19820621 号洪水流域内雨量站点长、短历时暴雨量分析成果，见表 2.3-29、表 2.3-30、表 2.3-31。

表 2.3-29　1982 年闽江流域内部分雨量站点短历时暴雨量统计表(1)

站点	最大 60 min			最大 120 min			最大 180 min			资料年限
	降水量(mm)	重现期(年)	排位	降水量(mm)	重现期(年)	排位	降水量(mm)	重现期(年)	排位	
芦溪	35.8	<5	—	53.4	<5	—	76.2	5	—	1965—2018 年
联枫	61.3	6	7	90.3	8	5	116.7	10	4	1972—2018 年
历口	46.5	<5	—	55.4	<5	—	66.8	<5	—	1971—2018 年
站点	最大 1 h			最大 2 h			最大 3 h			资料年限
	降水量(mm)	重现期(年)	排位	降水量(mm)	重现期(年)	排位	降水量(mm)	重现期(年)	排位	
贵溪	34.3	<5	—	56.0	<5	—	69.9	<5	—	1967—2018 年
舍会山	35.6	<5	—	56.8	<5	—	72.4	<5	—	1972—2018 年

表 2.3-30　1982 年闽江流域内部分雨量站点短历时暴雨量统计表(2)

站点	最大 360 min			最大 720 min			最大 1 440 min			资料年限
	降水量(mm)	重现期(年)	排位	降水量(mm)	重现期(年)	排位	降水量(mm)	重现期(年)	排位	
芦溪	108.8	<5	—	140.0	<5	—	209.7	8	8	1965—2018 年
联枫	166.5	15	5	212.8	18	4	319.8	50	1	1972—2018 年
历口	107.5	<5	—	144.2	<5	—	230.7	8	7	1971—2018 年
站点	最大 6 h			最大 12 h			最大 24 h			资料年限
	降水量(mm)	重现期(年)	排位	降水量(mm)	重现期(年)	排位	降水量(mm)	重现期(年)	排位	
贵溪	111.7	5	9	149.9	5	8	215.7	10	7	1967—2018 年
舍会山	96.5	<5	—	121.4	<5	—	180.8	<5	—	1972—2018 年

表 2.3-31　1982 年闽江流域内部分雨量站点长历时暴雨量统计表

站点	最大 1 d			最大 3 d			最大 7 d			资料年限
	降水量(mm)	重现期(年)	排位	降水量(mm)	重现期(年)	排位	降水量(mm)	重现期(年)	排位	
芦溪	158.4	5	10	222.2	<5	—	323.0	<5	—	1958—2018 年
联枫	307.1	100	1	379.8	15	4	387.1	6	10	1958—2018 年
历口	218.0	10	6	270.2	6	8	273.7	<5	—	1958—2018 年
贵溪	178.0	8	8	241.3	5	9	247.7	<5	—	1966—2018 年
舍会山	136.2	<5	—	204.5	<5	—	218.3	<5	—	1977—2018 年

4）暴雨量级

由表 2.3-29 至表 2.3-31 可以看出，19820621 号洪水的暴雨量级主要体现在最大 24 h 降水量上，联枫站最大 24 h 降水量达 50 年一遇。综合来看，流域的暴雨量级在 10 年一遇左右。

2. 水情

虽然19820621号洪水单站暴雨量级不高，但是两次降雨过程间隔很短，造成洪峰叠加，推高了第二次洪峰，导致本次洪水量级较高。受强降雨影响，芦溪站6月20日1时起涨水位为67.72 m，流量为6.48 m^3/s，6月21日8时30分洪峰水位77.59 m，洪峰流量2 410 m^3/s，重现期约15年。本次洪水涨幅为9.87 m。最大1 d(6月21日)洪量为1.175亿 m^3，最大3 d(6月20—22日)洪量为1.905亿 m^3。

3.2.2.3　1996年

1996年6月底至7月初，阊江流域发生了历史罕见的特大暴雨洪水，干流芦溪站发生了自1949年以来的第一大洪水。自6月29日8时到7月3日8时流域平均雨量达442.9 mm，加之前期降雨影响，导致全域性的特大洪水。这场暴雨洪水的暴雨量之多、暴雨强度之大、洪峰持续之长、洪量之大、水位之高，均为历史所罕见。

1. 雨情

1）暴雨成因

阊江流域地处黄山西南麓，山峦重叠，隔岭近海，来自太平洋的暖湿气流经山脉提升，对降水产生增幅作用。梅雨锋长期静止，摆动于长江中下游，锋上低气压扰动不断出现。1996年，梅雨期江淮切变与西南急流叠加，加之黄山山脉地形影响，冷暖空气交汇，降雨带南跃，出现梅雨反常，导致19960701号特大暴雨洪水。

2）降雨实况

19960701号洪水的降雨自6月29日至7月2日历时4 d，连续发生3场暴雨，覆盖整个阊江流域及周边地区。据水文资料统计，阊江流域面平均雨量为491.0 mm。6月29日—7月2日流域降雨情况见表2.3-32。

表2.3-32　1996年6月29日—7月2日阊江流域降雨实况

日期站点	降水量(mm)				
	6月29日	6月30日	7月1日	7月2日	累计
大洪岭	110.7	143.0	196.6	65.0	515.3
联枫	98.9	189.9	194.2	66.5	549.5
祁门	110.0	204.0	225.0	47.0	586.0
北坑	66.5	209.9	153.7	54.4	484.5
寺前	95.9	203.0	212.3	55.2	566.4
乔山	71.9	176.6	130.2	30.4	409.1
汊口	80.1	159.7	186.3	42.5	468.6
贵溪	111.9	208.8	178.6	38.8	538.1
舍会山	67.0	155.1	187.8	28.0	437.9
芦溪	84.7	157.8	125.8	36.7	405.0
历口	80.5	159.1	144.1	57.1	440.8
平均	88.9	178.8	175.9	47.4	491.0

3）暴雨时空分布

本次暴雨持续时间长，分为3次暴雨。第一次暴雨6月29日上午自流域北部开始，至6月30日夜间基本暂停，其间流域面雨量超260 mm；第二次暴雨自7月1日凌晨到半夜，其间流域面雨量超120 mm；第三次暴雨自7月2日凌晨到夜间，其间流域面雨量超100 mm，至3日凌晨，降雨基本停止。

4）长、短历时暴雨量

19960701号洪水流域内雨量站点长短历时暴雨量分析成果，见表2.3-33、表2.3-34、表2.3-35。

表 2.3-33　1996 年闽江流域内部分雨量站点短历时暴雨量统计表(1)

站点	最大 60 min			最大 120 min			最大 180 min			资料年限
	降水量(mm)	重现期(年)	排位	降水量(mm)	重现期(年)	排位	降水量(mm)	重现期(年)	排位	
芦溪	53.8	<5	—	62.1	<5	—	84.5	<5	—	1965—2018 年
联枫	78.5	15	3	83.3	6	7	88.9	<5	—	1972—2018 年
历口	108.4	50	1	183.4	>100	1	232.1	>100	1	1971—2018 年
站点	最大 1 h			最大 2 h			最大 3 h			资料年限
	降水量(mm)	重现期(年)	排位	降水量(mm)	重现期(年)	排位	降水量(mm)	重现期(年)	排位	
贵溪	84.5	50	1	164.9	>100	1	228.9	>100	1	1967—2018 年
舍会山	38.2	<5	—	62.2	<5	—	81.8	<5	—	1972—2018 年

表 2.3-34　1996 年闽江流域内部分雨量站点短历时暴雨量统计表(2)

站点	最大 360 min			最大 720 min			最大 1 440 min			资料年限
	降水量(mm)	重现期(年)	排位	降水量(mm)	重现期(年)	排位	降水量(mm)	重现期(年)	排位	
芦溪	112.5	<5	—	143.6	5	—	179.5	5	—	1965—2018 年
联枫	113.4	<5	—	173.9	7	7	244.9	10	8	1972—2018 年
历口	349.5	>100	1	366.6	>100	1	367.4	100	1	1971—2018 年
站点	最大 6 h			最大 12 h			最大 24 h			资料年限
	降水量(mm)	重现期(年)	排位	降水量(mm)	重现期(年)	排位	降水量(mm)	重现期(年)	排位	
贵溪	254.0	100	1	254.0	50	1	256.3	50	1	1967—2018 年
舍会山	111.9	5	10	156.7	7	5	193.5	6	9	1972—2018 年

表 2.3-35　1996 年闽江流域内部分雨量站点长历时暴雨量统计表

站点	最大 1 d			最大 3 d			最大 7 d			资料年限
	降水量(mm)	重现期(年)	排位	降水量(mm)	重现期(年)	排位	降水量(mm)	重现期(年)	排位	
芦溪	157.8	5	—	368.3	45	2	425.0	12	4	1958—2018 年
联枫	194.2	8	7	483.0	60	1	616.1	40	2	1958—2018 年
历口	366.6	100	1	512.9	100	1	525.7	40	2	1958—2018 年
贵溪	254.0	50	1	499.3	70	1	564.0	35	2	1966—2018 年
舍会山	187.8	8	6	409.9	40	1	460.5	10	7	1977—2018 年

5）暴雨量级

由表 2.3-33 至表 2.3-35 可以看出，在最大 7 d 降水量的特征时段上，19960701 号洪水的暴雨量几乎在全流域上位列有资料以来前列，历史罕见，综合来看其量级达到 100 年一遇。

2. 水情

19960701 号洪水从 6 月 29 日到 7 月 2 日，闽江流域连续出现 3 次大暴雨，闽江干流出现 3 次大洪峰，长时间的暴雨导致闽江水位持续居高不下，芦溪站连续近 5 d 水位保持在 70.00 m 以上，其洪峰量级和持续时间均达到自 1949 年以来前列，给流域造成极其严重的灾害。芦溪站发生 1958 年设站以来第一大洪水，水位从 6 月 29 日 14 时起涨，起涨水位 68.78 m，流量 83.1 m^3/s，到 7 月 1 日 3 时洪峰水位为 80.75 m，洪峰流量为 3 540 m^3/s，重现期达 100 年。本次洪水涨幅 11.97 m，6 月 30 日 15 时至 7 月 1 日 3 时涨幅 7.03 m。最大 1 d(7 月 1 日)洪量为 1.62 亿 m^3，最大 3 d(6 月 30 日—7 月 2 日)洪量为 3.65 亿 m^3。

3.2.2.4 1998 年

1. 雨情

1) 雨情概述

19980626 号洪水的降雨自 6 月 23 日至 27 日历时 5 天，连续发生 2 场暴雨，覆盖整个阊江流域及周边地区。据水文资料统计，阊江流域平均雨量近 400 mm。6 月 23 日至 27 日流域降雨情况见表 2.3-36。

表 2.3-36 1998 年 6 月 23—27 日阊江流域降雨实况

日期站点	降水量(mm)					
	6 月 23 日	6 月 24 日	6 月 25 日	6 月 26 日	6 月 27 日	累计
大洪岭	48.7	106.4	214.9	39.9	41.4	451.3
联枫	46.6	117.1	210.6	21.3	48.5	444.1
祁门	47.0	167.0	150.0	14.0	11.0	389.0
北坑	42.1	150.3	140.6	12.7	4.8	350.5
寺前	34.8	137.6	198.7	25.9	0.6	397.6
乔山	61.3	141.7	151.5	12.2	6.4	373.1
汊口	40.7	144.6	149.9	11.6	4.8	351.6
贵溪	31.1	176.3	143.3	15.2	16.6	382.5
舍会山	31.5	174.9	151.3	10.8	10.1	378.6
芦溪	32.0	151.8	151.5	14.7	13.4	363.4
历口	44.9	114.9	220.0	42.2	17.2	439.2
平均	41.9	143.9	171.1	20.0	15.9	392.8

2) 暴雨时空分布

本次暴雨持续时间长，分为 2 次暴雨。第一次暴雨自 6 月 23 日傍晚开始，至 24 日下午基本暂停，其间流域面雨量超 80 mm；第二次暴雨自 6 月 24 日夜间到 26 日凌晨，其间流域面雨量超 260 mm，至 26 日夜间，降雨基本停止。

3) 长、短历时暴雨量

19980626 号洪水流域内雨量站点长、短历时暴雨量分析成果，见表 2.3-37、表 2.3-38、表 2.3-39。

表 2.3-37 1998 年阊江流域内部分雨量站点短历时暴雨量统计表(1)

站点	最大 60 min			最大 120 min			最大 180 min			资料年限
	降水量(mm)	重现期(年)	排位	降水量(mm)	重现期(年)	排位	降水量(mm)	重现期(年)	排位	
芦溪	57.9	<5	—	75.0	<5	—	86.5	<5	—	1965—2018 年
联枫	58.3	5	10	59.1	<5	—	75.3	<5	—	1972—2018 年
历口	58.9	<5	10	63.7	<5	21	80.2	<5	—	1971—2018 年
站点	最大 1 h			最大 2 h			最大 3 h			资料年限
	降水量(mm)	重现期(年)	排位	降水量(mm)	重现期(年)	排位	降水量(mm)	重现期(年)	排位	
贵溪	43.7	<5	—	47.8	<5	—	57.6	<5	—	1967—2018 年
舍会山	58.0	10	6	96.2	25	2	112.4	20	2	1972—2018 年

表 2.3-38　1998 年闾江流域内部分雨量站点短历时暴雨量统计表(2)

站点	最大 360 min			最大 720 min			最大 1 440 min			资料年限
	降水量(mm)	重现期(年)	排位	降水量(mm)	重现期(年)	排位	降水量(mm)	重现期(年)	排位	
芦溪	125.5	6	9	137.6	<5	—	250.5	50	2	1965—2018 年
联枫	95.3	<5	—	133.7	<5	—	251.6	12	5	1972—2018 年
历口	117.4	<5	—	156.6	<5	—	258.8	15	2	1971—2018 年
站点	最大 6 h			最大 12 h			最大 24 h			资料年限
	降水量(mm)	重现期(年)	排位	降水量(mm)	重现期(年)	排位	降水量(mm)	重现期(年)	排位	
贵溪	91.1	<5	—	143.3	5	10	229.6	15	5	1967—2018 年
舍会山	134.0	10	4	141.9	5	9	278.7	20	2	1972—2018 年

表 2.3-39　1998 年阊江流域内部分雨量站点长历时暴雨量统计表

站点	最大 1 d			最大 3 d			最大 7 d			资料年限
	降水量(mm)	重现期(年)	排位	降水量(mm)	重现期(年)	排位	降水量(mm)	重现期(年)	排位	
芦溪	196.2	15	6	350.7	35	3	473.3	25	2	1958—2018 年
联枫	210.6	15	5	374.3	15	7	450.6	10	4	1958—2018 年
历口	220.0	10	4	379.8	20	3	454.8	15	4	1958—2018 年
贵溪	176.3	8	9	350.7	15	3	383.1	7	9	1966—2018 年
舍会山	223.4	20	3	396.7	35	2	568.3	35	2	1977—2018 年

4）暴雨量级

由表 2.3-37 至表 2.3-39 可以看出，在最大 24h 至最大 7 d 的特征时段上，19980626 号洪水的暴雨量基本在 10～20 年一遇的等级上，综合来看其量级达到 10～20 年一遇。

2. 水情

受强降雨影响，芦溪站水位从 6 月 24 日 3 时起涨，起涨水位为 68.12 m，流量为 33.9 m^3/s；26 日 5 时洪峰水位为 78.46 m，涨幅为 10.34 m，洪峰流量为 2 350 m^3/s，重现期约为 15 年。最大 1 d(6 月 25 日)洪量为 1.331 亿 m^3，最大 3 d(6 月 25—27 日)洪量为 2.827 亿 m^3。

3.2.2.5　1999 年

1. 雨情

1）降雨实况

1999 年 6 月下旬连续发生 10 场降雨，覆盖整个阊江流域及周边地区，降雨自 6 月 22 日持续至 7 月 1 日，中间只有 6 月 27 日短暂停歇。据水文资料统计，阊江流域平均雨量近 691.8 mm。6 月 22 日—7 月 1 日流域降雨情况见表 2.3-40。

表 2.3-40　1999 年 6 月 22 日—7 月 1 日阊江流域降雨实况

日期站点	降水量(mm)									
	6 月 22 日	6 月 23 日	6 月 24 日	6 月 25 日	6 月 26 日	6 月 27 日	6 月 28 日	6 月 29 日	6 月 30 日	7 月 1 日
大洪岭	12.1	117.0	44.8	41.3	90.1	32.4	76.8	180.6	89.9	4.0
联枫	9.9	113.6	53.6	54.7	77.9	26.1	101.4	234.0	116.2	8.0

（续表）

日期站点	降水量(mm)									
	6月22日	6月23日	6月24日	6月25日	6月26日	6月27日	6月28日	6月29日	6月30日	7月1日
祁门	0.8	89.2	70.3	85.3	42.1	13.5	112.0	186.7	91.2	11.1
北坑	7.4	67.8	73.2	100.8	22.1	6.2	111.1	131.8	73.5	9.5
寺前	22.6	104.7	61.0	57.7	59.5	25.4	111.1	258.7	90.1	9.4
乔山	1.6	65.6	80.2	112.2	14.2	5.8	138.5	132.5	80.9	15.6
汉口	0.1	62.8	110.6	133	31.5	2.6	158.8	116.3	91.4	14.7
贵溪	10.6	77.5	74.7	77.8	25.3	8.9	118.4	199.6	89.9	9.0
舍会山	0.9	43.7	130.8	109.9	16.1	5.2	151.6	115.1	71.1	13.4
芦溪	0.9	54.1	79.1	99.9	13.5	5.6	153.1	158.4	66.9	6.9
历口	2.1	95.3	41.4	47.4	41.2	18.9	84.5	244.8	76.2	11.3
平均	6.3	81.0	74.5	83.6	39.4	13.7	119.8	178.0	85.2	10.3

2）暴雨时空分布

形成19990630号洪水的暴雨主要发生在6月28—30日，其间共发生大小4场暴雨。第一场暴雨自6月28日凌晨开始，至当日傍晚基本暂停，其间流域面雨量近70 mm；第二场自6月28日半夜到29日中午，其间流域面雨量近100 mm；第三场自6月29日傍晚到30日下午，其间流域面雨量超190 mm，为4场暴雨中最高；第四场自6月30日半夜到7月1日早晨，其间流域面雨量超70 mm，至7月1日上午，降雨基本停止。

3）长、短历时暴雨量

19990630号洪水在流域内雨量站点长、短历时暴雨量分析成果，见表2.3-41、表2.3-42、表2.3-43。

表2.3-41　1999年阊江流域内部分雨量站点短历时暴雨量统计表(1)

站点	最大60 min	重现期(年)	排位	最大120 min	重现期(年)	排位	最大180 min	重现期(年)	排位	资料年限
芦溪	44.3	<5	—	54.4	<5	—	60.2	<5	—	1965—2018年
联枫	44.8	<5	—	44.9	<5	—	54.5	<5	—	1972—2018年
历口	55.6	<5	—	69.8	<5	—	108.2	5	9	1971—2018年
站点	最大1 h	重现期(年)	排位	最大2 h	重现期(年)	排位	最大3 h	重现期(年)	排位	资料年限
贵溪	27.6	<5	—	51.6	<5	—	66.2	<5	—	1967—2018年
舍会山	57.6	8	7	77.0	6	10	83.1	<5	—	1972—2018年

表2.3-42　1999年阊江流域内部分雨量站点短历时暴雨量统计表(2)

站点	最大360 min	重现期(年)	排位	最大720 min	重现期(年)	排位	最大1 440 min	重现期(年)	排位	资料年限
芦溪	102.0	<5	—	146.9	5	10	202.6	8	9	1965—2018年
联枫	98.0	<5	—	183.0	8	6	247.7	10	7	1972—2018年
历口	120.0	<5	—	192.7	8	6	258.0	15	3	1971—2018年
站点	最大6 h	重现期(年)	排位	最大12 h	重现期(年)	排位	最大24 h	重现期(年)	排位	资料年限
贵溪	112.5	5	8	181.4	10	5	218.0	10	6	1967—2018年
舍会山	87.9	<5	—	141.2	5	10	173.5	<5	—	1972—2018年

表 2.3-43　1999 年闽江流域内部分雨量站点长历时暴雨量统计表

站点	最大 1 d			最大 3 d			最大 7 d			资料年限
	降水量（mm）	重现期（年）	排位	降水量（mm）	重现期（年）	排位	降水量（mm）	重现期（年）	排位	
芦溪	158.4	5	10	378.4	50	1	576.5	80	1	1958—2018 年
联枫	234.0	20	2	451.6	40	2	663.9	70	1	1958—2018 年
历口	244.8	15	2	405.5	30	2	573.5	70	1	1958—2018 年
贵溪	199.6	15	4	407.9	30	2	594.6	45	1	1966—2018 年
舍会山	155.6	<5	—	337.8	10	6	599.8	45	1	1977—2018 年

4）暴雨量级

由表 2.3-41 至表 2.3-43 可以看出，在最大 24 h 的特征时段上，19990630 号洪水的暴雨量级为 10～20 年一遇，在最大 3 d 和最大 7 d 的特征时段上，其暴雨量级为 50～100 年一遇，综合来看其量级达到 20～50 年一遇。

2. 水情

受连续的强降雨影响，芦溪站水位自 6 月 23 日 20 时起涨，起涨水位为 68.08 m，流量为 30.1 m^3/s，之后形成两次洪峰，其中 30 日 9 时 25 分洪峰水位为 79.32 m，洪峰流量为 2 780 m^3/s，重现期约为 25 年。本次洪水涨幅为 11.24 m。最大 1 d(6 月 30 日)洪量为 1.581 亿 m^3，最大 3 d(6 月 29 日—7 月 1 日)洪量为3.167 亿 m^3。本场洪水等级高，持续时间长，芦溪站连续近 5 天水位保持在 70 m 以上，给流域带来巨大灾害。